例のように，与えられた問題文中の用語から物理的な状態を読み取ることで，鉛直方向の速度成分が0になるまでの時間を求めればよいことがわかる。このように，問題を解くにあたって，これらの用語に含まれる物理的な状態を考えることが重要である。

次の表には，「物理基礎」「物理」科目に関連する用語を取り上げた。それぞれ確認しよう。

用語	意味	例文とその解説
非弾性衝突	反発係数が $0 \leqq e < 1$ である	「2つの物体AとBが非弾性衝突をした。」 ➡2つの物体AとBが反発係数 $0 \leqq e < 1$ の衝突をした。 非弾性衝突では，衝突前後において，各物体の力学的エネルギーの和は保存されない。
物体が面からはなれる	物体が面から受ける垂直抗力が0になる	「物体は，点Bで曲面からはなれた。」 ➡物体は，点Bで曲面から受ける垂直抗力が0になった。
糸やひもがたるむ	糸やひもの張力が0になる	「このとき，物体をつり下げている糸がたるんだ。」 ➡このとき，物体をつり下げている糸の張力が0になった。
物体が無限遠に遠ざかる	物体の運動エネルギーが無限遠で0以上である	「地球上から，鉛直上向きに物体を打ち上げる。この物体が無限遠に遠ざかる条件を求めよ。」 ➡地球上から，鉛直上向きに物体を打ち上げる。この物体の運動エネルギーが無限遠で0以上である条件を求めよ。
熱のやりとり	熱の移動	「容器に入れられた気体は，周囲と熱のやりとりがなく，…」 ➡容器に入れられた気体は，周囲に熱が移動することがなく(熱は周囲に逃げない)，…
点電荷	大きさを無視できる小さな帯電体のもつ電荷	「xy 平面上の点A，Bに，$+Q$，$-Q$ の点電荷を置いた。」 ➡xy 平面上の点A，Bに，$+Q$，$-Q$ の大きさを無視できる小さな帯電体のもつ電荷を置いた。
重力の影響は無視する	重力は静電気力(磁気力)に比べて十分に小さく，無視できる	「粒子にはたらく重力の影響は無視する。」 ➡粒子にはたらく重力は静電気力(磁気力)に比べて十分に小さく，無視できる。 電子のような粒子の運動では，重力を無視して扱うことが多い。
十分に時間が経過	平衡状態になるまで時間が経過	「スイッチを閉じて十分に時間が経過したとき，コンデンサーにたくわえられる電荷はいくらか。」 ➡スイッチを閉じてコンデンサーへの電荷の移動がなくなるまで時間が経過したとき，コンデンサーにたくわえられる電荷はいくらか。 問題設定に応じて，どのような平衡状態に達するのかは異なる。
十分に小さい	近似できるほど小さい	「d は L に比べて十分に小さい。」 ➡$\dfrac{d}{L} \ll 1$ として，近似式を用いることができる。

本書の構成と利用法

本書は，「物理」科目の学習書として，高校物理の知識を体系的に理解するとともに，問題の解法を確実に体得できるよう，特に留意して編集してあります。本書を平素の授業時間に教科書と併用することによって，学習の効果を一層高めることができます。また，大学入試に備えて，学力を着実に養うための自習用整理書としても最適です。

本書では，「物理」科目の内容を6章・20節に分け，次のように構成しています。

まとめ 図や表を用いて，重要事項をわかりやすく整理しました。特に重要なポイントは赤色で示し，的確に把握できるようにしています。

プロセス 公式の使い方など，基礎的事項を確認する問題を取り上げました。解答は同じページに示し，すぐに確認できるようにしています。（124題）

基本例題 基本的な問題を取り上げ，解法の「指針」と「解説」を丁寧に示しました。また，関連する「基本問題」の番号を示しています。（65題）

基本問題 授業で学習した事項の理解と定着に効果のある基本的な問題を取り上げました。創作問題を中心に構成しています。（245題）

発展例題 やや発展的な問題を取り上げ，解法の「指針」と「解説」を丁寧に示しました。関連する「発展問題」の番号を示しています。（41題）

発展問題 応用力を養成するために，最近の大学入試問題を中心に構成しました。すべての問題に「ヒント」を添えています。（116題）

総合問題 各章末には，各節では取り上げにくい広範な内容を扱った大学入試問題を取り上げました。すべての問題に「ヒント」を添えています。（59題）

【その他】巻末には，「大学入学共通テスト対策問題」，「論述問題」を設けています。必要に応じてご利用ください。（24題）

次のマークをそれぞれの内容に付し，利用しやすくしています。

資質・能力を表すマーク
- 知識 ……知識・技能を特に要する問題。
- 思考 ……思考力・判断力・表現力を特に要する問題。

発展の内容を表すマーク
- 発展 ……「物理基礎」「物理」科目の範囲外の内容。

問題のタイプを表すマーク
- 記述 ……記述形式の設問を含む問題。
- 実験 ……実験を題材とした問題。
- やや難 ……やや難しい問題。

本書に掲載している大学入試問題の解答・解説は弊社で作成したものであり，各大学から公表されたものではありません。

CONTENTS

■学習支援サイト「プラスウェブ」のご案内

スマートフォンやタブレット端末機などを使って，以下のコンテンツにアクセスすることができます。　https://dg-w.jp/b/2d80001

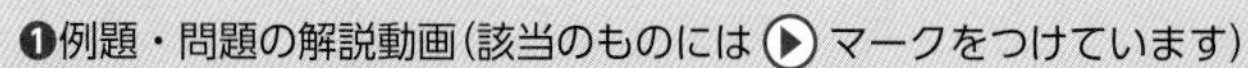

❶例題・問題の解説動画（該当のものには ▶ マークをつけています）
❷大学入試問題の分析と対策
❸セルフチェックシート（学習状況の記録用）

［注意］コンテンツの利用に際しては，一般に，通信料が発生します。

1 平面運動と放物運動

1 平面運動の変位・速度

❶位置ベクトル　物体の位置Aは，基準点Oからの向きと距離で表され，位置を表すベクトル $\vec{r_1}$ ($\overrightarrow{OA}$) を**位置ベクトル**という。

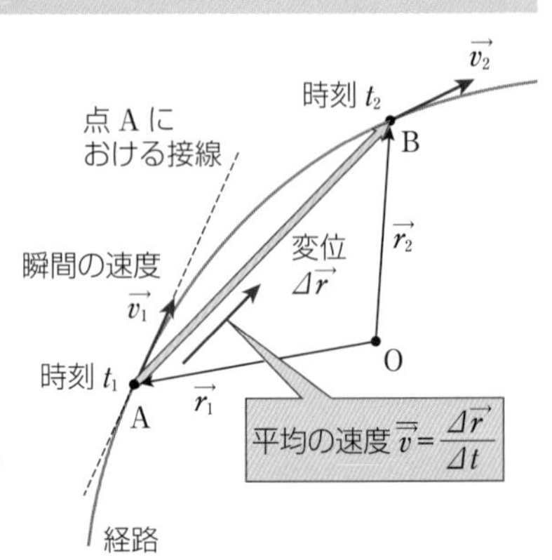

❷変位　物体の位置の変化。物体が位置 $\vec{r_1}$ の点Aから位置 $\vec{r_2}$ の点Bまで移動したとき，変位 $\Delta\vec{r}$ は，　$\boldsymbol{\Delta\vec{r}=\vec{r_2}-\vec{r_1}}$　…①

❸速度　単位時間あたりの物体の変位。

(a)　**平均の速度**　時間 $\Delta t(=t_2-t_1)$ の物体の変位が $\Delta\vec{r}\,(=\vec{r_2}-\vec{r_1})$ のとき，平均の速度 $\vec{\bar{v}}$ は，

$$\vec{\bar{v}}=\frac{\vec{r_2}-\vec{r_1}}{t_2-t_1}=\frac{\Delta\vec{r}}{\Delta t}\quad\cdots②$$

平均の速度 $\vec{\bar{v}}$ の向きは，変位 $\Delta\vec{r}$ の向きと同じとなる。

(b)　**瞬間の速度**　式②で，時間 Δt をきわめて短くしたときの速度。瞬間の速度の向きは物体の進む向きであり，経路の接線方向に一致する(図中の $\vec{v_1}$，$\vec{v_2}$)。

❹速度の合成　速度 $\vec{v_1}$ と $\vec{v_2}$ の合成速度 $\vec{v}$ は，平行四辺形の法則を用いて，次式で表される。　$\boldsymbol{\vec{v}=\vec{v_1}+\vec{v_2}}$　…③

❺速度の分解　1つの速度を2つの速度に分解すること。速度 $\vec{v}$ を互いに垂直な x 方向と y 方向に分解し，$\vec{v_x}$，$\vec{v_y}$ の大きさに，向きを示す正，負の符号をつけた v_x，v_y を **x 成分**，**y 成分**といい，これらを**速度の成分**という。

$$\left.\begin{aligned}v_x&=v\cos\theta\\ v_y&=v\sin\theta\end{aligned}\right\}\quad\cdots④$$

$$v=\sqrt{v_x^2+v_y^2}\quad\cdots⑤$$

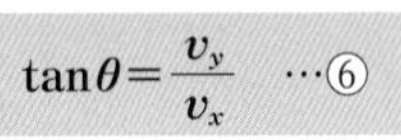

$$\tan\theta=\frac{v_y}{v_x}\quad\cdots⑥$$

❻相対速度　速度 $\vec{v_A}$ で運動している物体Aから，速度 $\vec{v_B}$ で運動している物体Bを見たとき，Aに対するBの相対速度 $\vec{v_{AB}}$ は，

$$\boldsymbol{\vec{v_{AB}}=\vec{v_B}-\vec{v_A}}\quad\cdots⑦$$

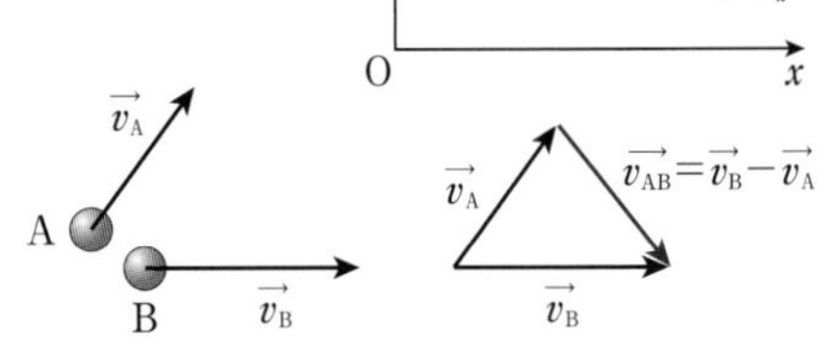

2 平面運動の加速度

❶加速度　単位時間あたりの速度の変化。

(a)　**平均の加速度**　時間 Δt の間に速度が $\Delta\vec{v}$ $(=\vec{v_2}-\vec{v_1})$ だけ変化したとき，平均の加速度 $\vec{\bar{a}}$ は，

$$\vec{\bar{a}}=\frac{\vec{v_2}-\vec{v_1}}{t_2-t_1}=\frac{\Delta\vec{v}}{\Delta t}\quad\cdots⑧\quad(\vec{\bar{a}}\text{ の向きは }\Delta\vec{v}\text{ と同じ})$$

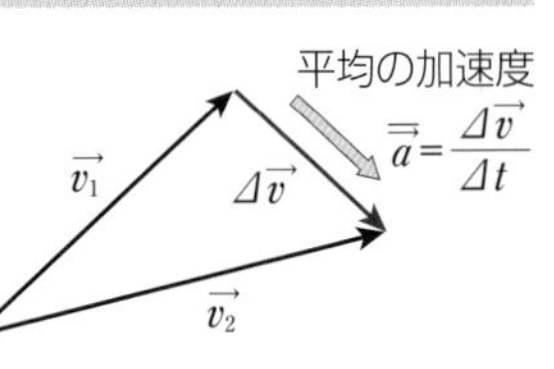

(b)　**瞬間の加速度**　式⑧で，Δt をきわめて短くしたときの加速度。

3 放物運動

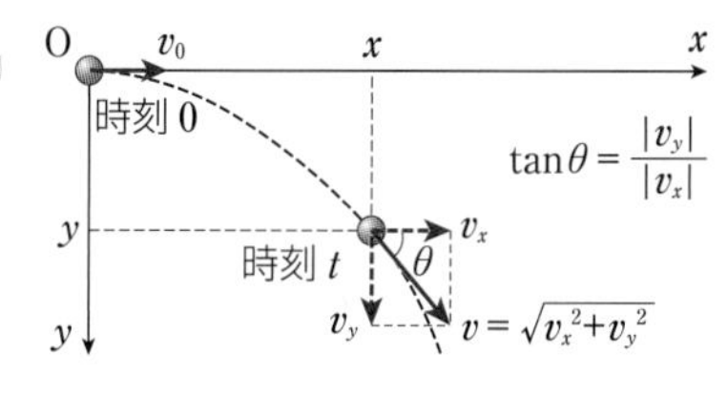

❶水平投射　初速度 v_0〔m/s〕で水平に投げ出された物体の運動。*

水平方向…速度 v_0〔m/s〕の等速直線運動。

$$v_x=v_0 \quad \cdots⑨ \qquad x=v_0t \quad \cdots⑩$$

鉛直方向…自由落下と同じ運動。

$$v_y=gt \quad \cdots⑪ \qquad y=\frac{1}{2}gt^2 \quad \cdots⑫$$

＊本書では，特にことわらない限り，物体が受ける空気抵抗を無視して考える。

❷斜方投射　水平から角度 θ 上向きに，初速度 v_0〔m/s〕で投げ出された物体の運動。

水平方向…速度 $v_0\cos\theta$〔m/s〕の等速直線運動。

$$v_x=v_0\cos\theta \quad \cdots⑬ \qquad x=v_0\cos\theta\cdot t \quad \cdots⑭$$

鉛直方向…初速度 $v_0\sin\theta$〔m/s〕の鉛直投げ上げと同じ運動。

$$v_y=v_0\sin\theta-gt \quad \cdots⑮ \qquad y=v_0\sin\theta\cdot t-\frac{1}{2}gt^2 \quad \cdots⑯$$

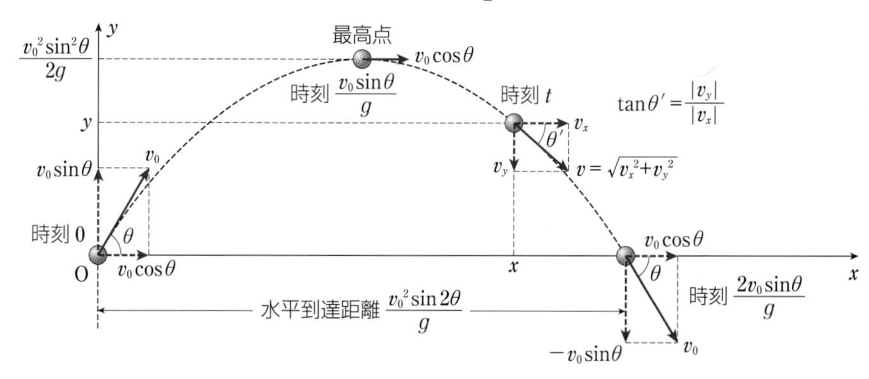

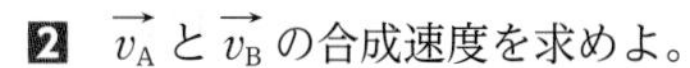

重力加速度の大きさを 9.8m/s²として，次の各問に答えよ。

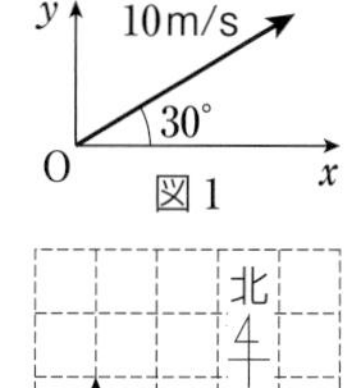

図 1

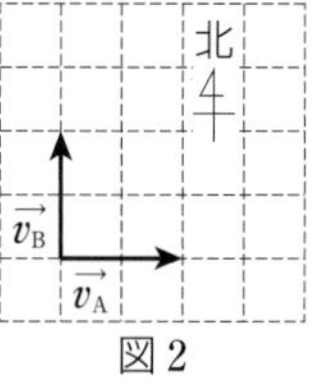

図 2

1　図 1 の速度の x 方向，y 方向の成分をそれぞれ求めよ。

（**2**～**4**は図 2 をもとに答えよ。1 目盛りは 1.0m/s を表す。）

2　$\vec{v}_A$ と $\vec{v}_B$ の合成速度を求めよ。

3　速度 $\vec{v}_A$ の物体から見た速度 $\vec{v}_B$ の物体の相対速度を求めよ。

4　速度が 7.0s 間で $\vec{v}_B$ から $\vec{v}_A$ に変化した。平均の加速度を求めよ。

5　がけの上から小球を水平右向きに14.7m/sの速さで投げた。2.0s 後，小球は空中にあった。このときの小球の速さを求めよ。

6　水平な地面から小球を初速 19.6m/s，仰角 30° で投げ出した。小球が再び地面にもどってくるのは何 s 後か。

解答

1 x 方向：8.7m/s，y 方向：5.0m/s　**2** 北東向きに 2.8m/s　**3** 北西向きに 2.8m/s
4 南東向きに0.40m/s²　**5** 25m/s　**6** 2.0s 後

解説動画

基本例題1　平面運動の速度の合成

➡基本問題1

静水中での速さが4.0m/sの船で，流れの速さ2.0m/s，川幅60mの川を渡る。

(1)　船首を流れに直角に向けて渡るとき，出発点の真向かいから何m下流に到着するか。

(2)　流れに垂直に渡るには，船首をどちらに向けるとよいか。また，このとき，川を渡るのにかかる時間は何sか。

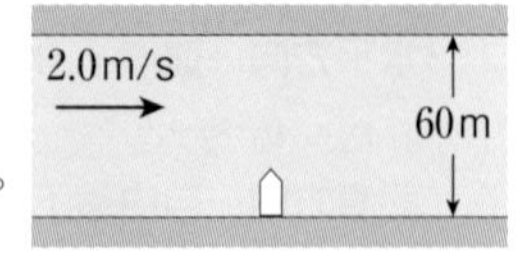

指針　(1)　船の運動は，川の流れに垂直な方向と平行な方向に分けて考える。
(2)　静水中の船の速度と流れの速度を合成した速度が，川の流れに垂直になればよい。

解説　(1)　岸に垂直な船の速度成分は4.0m/sである(図1)。したがって，対岸に着くまでの時間 t_1〔s〕は，　$t_1=\frac{60}{4.0}=15\text{s}$

また，岸に平行な速度成分は2.0m/sである。船は，t_1〔s〕間，流れの向きに流されるので，下流に流される距離を x〔m〕とすると，

$x=2.0\times15=$ **30m**

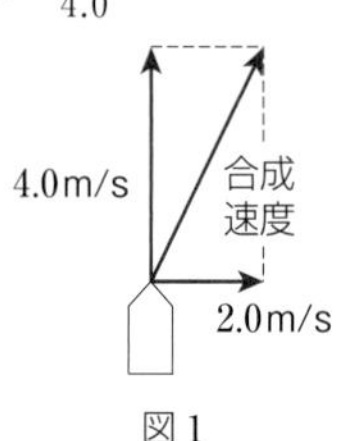

図1

(2)　船首を図2のような向きに向ければ，合成速度が岸に垂直な向きとなる。船首を**上流に30°の向き**にすればよい。このとき，合成速度の大きさ v〔m/s〕は，

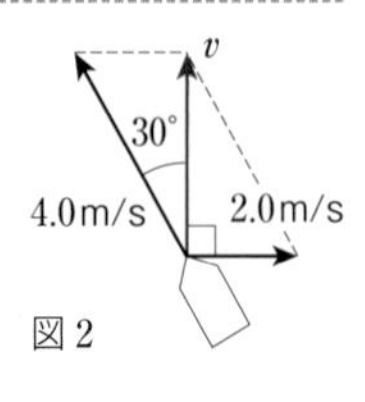

図2

$v=4.0\times\cos30°=4.0\times\frac{\sqrt{3}}{2}=2\sqrt{3}\text{ m/s}$

求める時間 t_2〔s〕は，

$t_2=\frac{60}{2\sqrt{3}}=10\sqrt{3}=10\times1.73=17.3$　　**17s**

Point　平面運動は，直交する2つの方向に速度を分解し，各方向における直線運動に分けて考えることができる。

基本例題2　斜方投射

➡基本問題7，8，9

水平な地面から，水平とのなす角が60°の向きに，速さ20m/sで小球を投げ上げた。重力加速度の大きさを9.8m/s²として，次の各問に答えよ。

(1)　投げ上げてから最高点に達するまでの時間を求めよ。

(2)　地面に達したときの水平到達距離を求めよ。

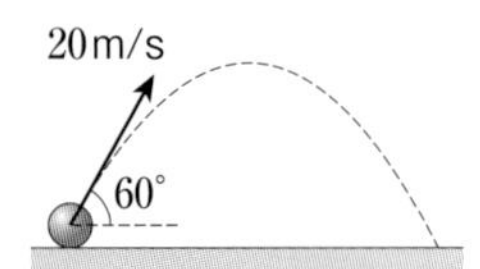

指針　小球は，水平方向には速さ20cos60°〔m/s〕の等速直線運動，鉛直方向には初速度20sin60°〔m/s〕の鉛直投げ上げと同じ運動をする。最高点に達したとき，小球の速度の鉛直成分は0となる。また，投げ上げてから地面に達するまでの時間は，最高点に達するまでの時間の2倍となる。

解説　(1)　求める時間は，小球の鉛直方向の速度成分 v_y が，$v_y=0$ となるときであり，「$v_y=v_0\sin\theta-gt$」から，

$0=20\sin60°-9.8\times t$　　$0=20\times\frac{\sqrt{3}}{2}-9.8\times t$

$t=\frac{10\sqrt{3}}{9.8}=\frac{10\times1.73}{9.8}=1.76\text{s}$　　**1.8s**

(2)　投げ上げてから地面に達するまでの時間は，(1)で求めた時間の2倍となる。また，水平方向には，速さ20cos60°〔m/s〕の等速直線運動をするので，水平到達距離 x〔m〕は，

$x=20\cos60°\times2t=\left(20\times\frac{1}{2}\right)\times(2\times1.76)$

$=35.2\text{m}$　　**35m**

Point　水平投射や斜方投射では，水平方向の等速直線運動，鉛直方向の等加速度直線運動にそれぞれ分けて考えることができる。

基本問題

知識

1. 平面運動の速度の合成 図のように，流れの速さが 1.5 m/s，川幅が 20m の川を船で対岸に渡る。次の(1)，(2)において，岸から見た船の速さ，船が川を渡るのにかかる時間は，それぞれいくらか。

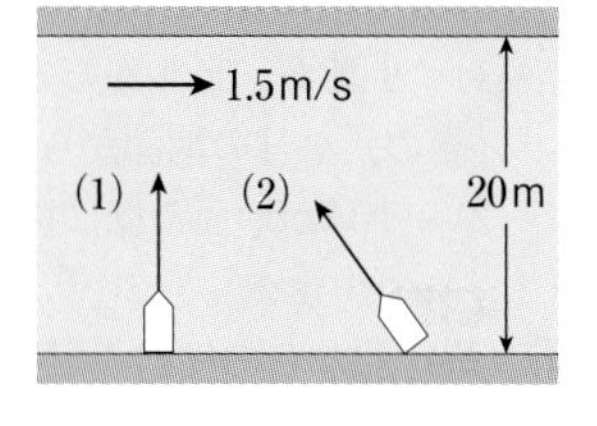

(1) 静水中における船の速さを 2.0m/s にして，船首の向きを岸と垂直な向きにしたとき。

(2) 静水中における船の速さを 2.5m/s にして，船首の向きを岸と垂直な向きから上流に向け，岸から見た船の速度の向きを岸と垂直にしたとき。

➡ 例題1

知識

2. 自動車の相対速度 図のように，南北方向の道路Ⅰの上を，東西方向の高架道路Ⅱが通っている。自動車Aが道路Ⅰを南向きに速さ 20m/s で進み，自動車Bが道路Ⅱを東向きに速さ 20m/s で進んでいる。AとBは，同時に立体交差点を通過し，そのまま一定の速度で進み続けた。次の各問では，水平方向の運動のみを考えるものとする。

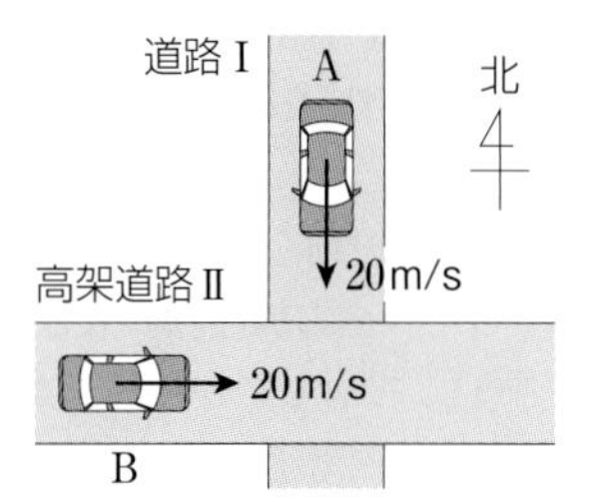

(1) 自動車Aから見た自動車Bの相対速度はいくらか。また，自動車Bから見た自動車Aの相対速度はいくらか。

(2) 立体交差点を通過してから5.0s 後では，自動車A，Bの間の距離はいくらか。

思考

3. 雨の相対速度 一定の速度で水平面を走行する電車内の観測者が，雨を観察すると，図のように，雨滴は鉛直下向きから 30° だけ後方に傾いて降っているように見えた。雨滴の速度は，水平面に対して鉛直下向きに 10m/s とする。

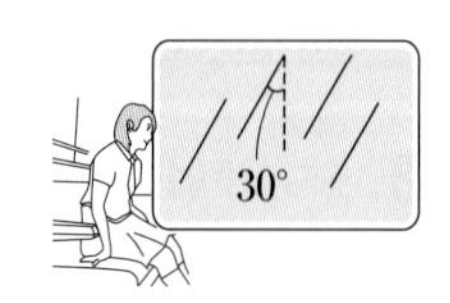

(1) 水平面に対する観測者の速さを求めよ。

(2) 電車の速さが大きくなると，観測者から見た雨滴の速さはどのように変化するか。また，観測者から見た雨滴の速度の向きは，図の状態からどのように変化するか。

知識

4. 水平投射 高さ 44.1m のがけから水平方向に投げ出された小球が，投げ出された地点の真下から前方 30m の水面に落下した。重力加速度の大きさを 9.8m/s² とする。

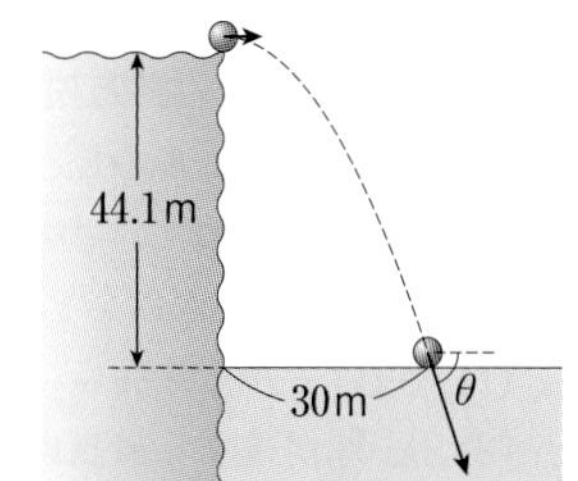

(1) 水面に達するまでの時間はいくらか。

(2) 初速度の大きさはいくらか。

(3) 水面に達する直前の小球の速度と水平方向とのなす角を θ とするとき，$\tan\theta$ の値はいくらか。

ヒント (3) 速度の水平成分を v_x，鉛直下向きの成分を v_y とすると，$\tan\theta=\frac{v_y}{v_x}$ と表される。

知識

5. 柵を越える水平投射 高さHのビルの屋上から，小球を水平方向に速さv_0で投げ出した。ビルからの距離がLのところに，高さが$h(h<H)$の柵がある。重力加速度の大きさをgとする。

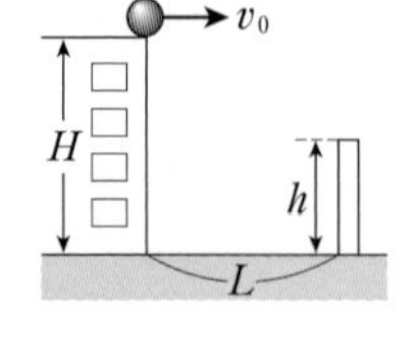

(1) 小球が，ビルから水平方向にLだけはなれた点を通過するときの，小球の地面からの高さを求めよ。

(2) 小球が地面や柵に接触することなく，柵を越えるためのv_0の条件を求めよ。

思考

6. 飛行船からの投射 図のように，速さ20m/sで水平に飛行している飛行船から，小球を静かにはなしたところ，5.0s後に地面の的に命中した。重力加速度の大きさを9.8m/s^{2}とする。

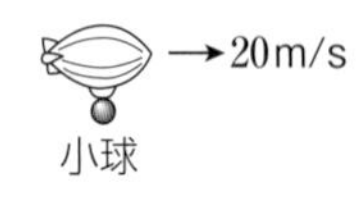

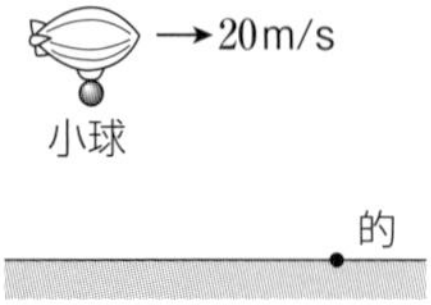

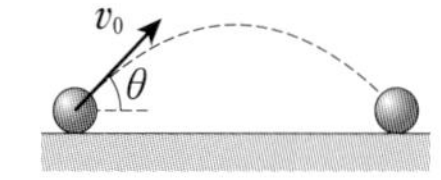

(1) 飛行船から見ると，小球はどのような運動に見えるか。

(2) 飛行船の高度は何mか。

(3) 小球をはなした位置は，的から水平距離で何mはなれているか。

知識

7. 斜方投射 水平な地面から初速v_0，投射角θで小球を投げ出した。重力加速度の大きさをgとして，次の各問に答えよ。

(1) 投射してから最高点に達するまでの時間，最高点の高さ，最高点での速さをそれぞれ求めよ。

(2) 投射してから再び地面に達するまでの時間と，その間の水平距離を求めよ。ただし，水平距離は$2\sin\theta\cos\theta=\sin2\theta$の関係を用いて表せ。

(3) 小球の初速v_0を変えずに，(2)で求めた水平距離が最大になる投射角θを求めよ。また，そのときの水平距離を求めよ。 ➡ 例題2

知識

8. 斜方投射の初速度 水平な地面上の点Oから小球を投射して，水平に距離Lはなれた点Pに落下させるための初速度の条件を考える。重力加速度の大きさをgとする。

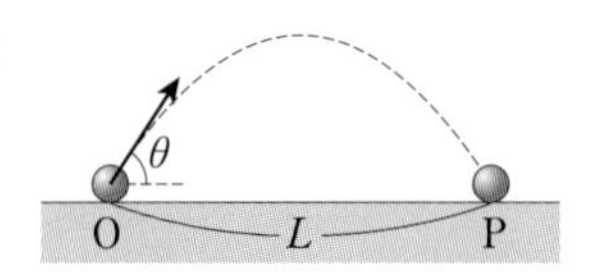

(1) 初速度の向きを水平から角θをなす向きとすると，初速度の大きさはいくらにすればよいか。$2\sin\theta\cos\theta=\sin2\theta$の関係を用いて求めよ。

(2) 初速度の大きさの最小値はいくらか。また，そのときのθはいくらか。 ➡ 例題2

知識

9. ビルの上からの斜方投射 水平な地面からの高さが39.2mのビルの屋上から，水平方向に対して30°上方に向かって，小球を速さ19.6m/sで投げた。重力加速度の大きさを9.8m/s^{2}とする。

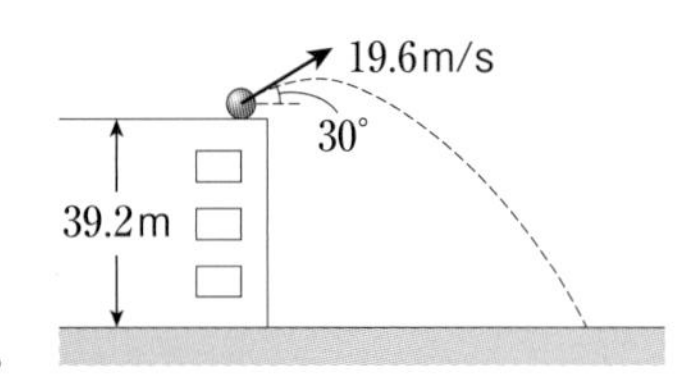

(1) 投げてから最高点に達するまでの時間は何sか。

(2) 小球が達する最高点は，屋上から何m上の点か。

(3) 小球を投げてから地面に達するまでの時間は何sか。

(4) 地面に落下する位置は，投射点から水平方向に何mはなれているか。 ➡ 例題2

発展例題1 水平投射と自由落下

➡発展問題 11

地上からの高さhの点Pにある小球Bに向けて，同じ高さで距離lだけはなれた点Qから，水平に速さv_0で小球Aを投げ出した。小球Aが投げ出されると同時に，小球Bは自由落下を始め，2つの小球は点Pの真下の点Rで衝突した。重力加速度の大きさをgとして，次の各問に答えよ。

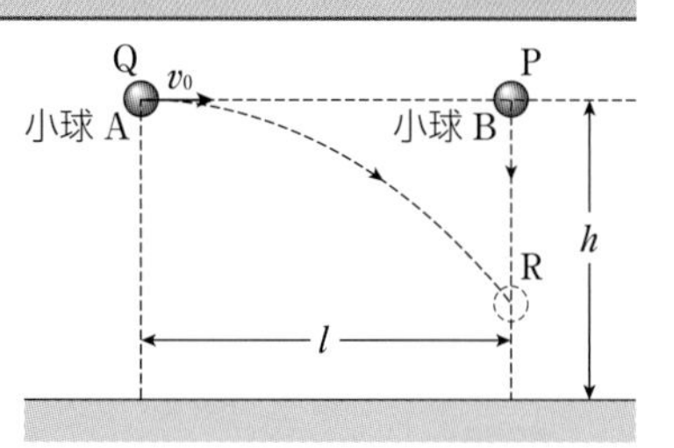

(1) 小球Aが点Rに達するまでの時間を求めよ。

(2) 地面に達するまでに2つの小球が衝突するためには，速さv_0はいくらよりも大きくなければならないか。

指針 小球Aは，水平方向に速さv_0の等速直線運動をし，鉛直方向に自由落下と同じ運動をする。(1)で求める時間は，小球Aが水平方向に距離lだけ進む時間に相当する。また，(2)では，(1)で求めた時間における小球Bの落下距離が，距離hよりも小さければ衝突がおこる。

解説 (1) 小球Aが，水平方向に距離lだけ進むのに要する時間tは，

$$t=\frac{\boldsymbol{l}}{\boldsymbol{v_0}}$$

(2) AとBが衝突するとき，Bの落下距離yは，(1)で求めた時間を用いて，

$$y=\frac{1}{2}gt^2=\frac{1}{2}g\left(\frac{l}{v_0}\right)^2=\frac{gl^2}{2v_0{}^2} \quad \cdots①$$

地面に達するまでに2つの小球が衝突するためには，$y<h$の関係があればよい。式①から，

$$\frac{gl^2}{2v_0{}^2}<h \qquad v_0{}^2>\frac{gl^2}{2h} \qquad v_0>\sqrt{\frac{\boldsymbol{g}}{\boldsymbol{2h}}}\,\boldsymbol{l}$$

Point 小球AとBは，どちらも鉛直方向に自由落下をしており，衝突するまでの間，どの時刻においても両者の高さは等しい。したがって，Aが水平方向に距離lだけ運動したとき，衝突がおこる。

発展例題2 斜面への斜方投射

➡発展問題 12，13

図のように，傾斜角θの斜面上の点Oから，斜面と垂直な向きに小球を初速v_0で投げ出したところ，小球は斜面上の点Pに落下した。重力加速度の大きさをgとして，OP間の距離を求めよ。

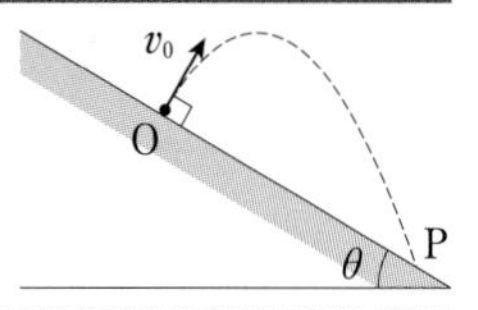

指針 重力加速度を斜面に平行な方向と垂直な方向に分解する。このとき，各方向における小球の運動は，重力加速度の成分を加速度とする等加速度直線運動となる。

解説 図のように，斜面に平行な方向にx軸，垂直な方向にy軸をとる。重力加速度のx成分，y成分は，それぞれ次のように表される。

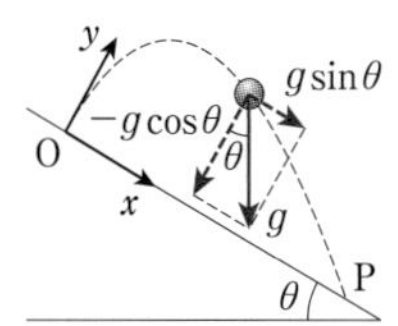

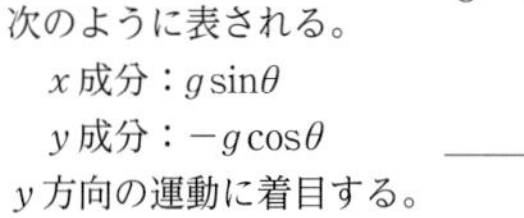

x成分：$g\sin\theta$

y成分：$-g\cos\theta$

y方向の運動に着目する。Pは$y=0$の点であり，落下するまでの時間をtとして，$y=v_0t-\frac{1}{2}g\cos\theta\cdot t^2$の式から，

$$0=v_0t-\frac{1}{2}g\cos\theta\cdot t^2 \qquad 0=t\left(v_0-\frac{1}{2}g\cos\theta\cdot t\right)$$

$t>0$から，$\quad t=\dfrac{2v_0}{g\cos\theta}$

x方向の運動に着目すると，$x=\frac{1}{2}g\sin\theta\cdot t^2$から，OP間の距離$x$は，

$$x=\frac{1}{2}g\sin\theta\cdot\left(\frac{2v_0}{g\cos\theta}\right)^2=\frac{\boldsymbol{2v_0{}^2\tan\theta}}{\boldsymbol{g\cos\theta}}$$

発展問題

知識

10. 平面運動の相対速度 風が吹く中を雨が一定の方向に降っている。水平な地面を速さ3.0m/sで，ある方向に移動する観測者Aには，雨滴は，鉛直下向きに降っているように見えた。また，観測者Aと同じ向きに速さ7.0m/sで移動する観測者Bには，雨滴は，鉛直方向と45°の角をなして降っているように見えた。地面に静止している観測者から見た雨滴の速度の大きさを求めよ。

思考

11. 斜方投射と鉛直投げ上げ 図のように，小球Aを鉛直上向きに速さv〔m/s〕で打ち上げる。同時に，小球BをAの側に向けて，水平面上と角度θをなす向きに速さ$2v$〔m/s〕で打ち上げると，Aの最高点でAとBは衝突した。重力加速度の大きさをg〔m/s²〕として，次の各問に答えよ。

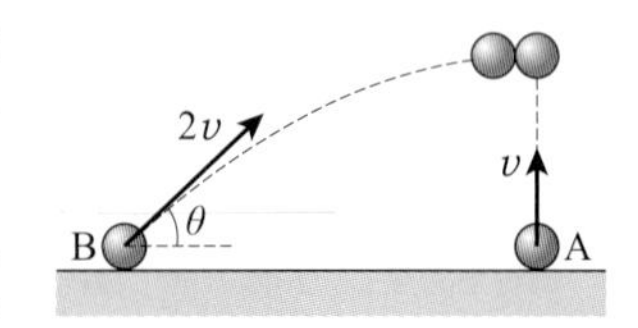

(1)　角度θを求めよ。

(2)　A，Bをそれぞれ打ち上げた点の間の距離を，v，gを用いて表せ。

(3)　AからBを見たとき，両者が衝突するまでの間，Bはどのような運動をするように見えるか。

➡ 例題1

知識

12. 斜面への水平投射 図のように，水平とのなす角が30°の斜面がある。時刻$t=0$に，斜面の上端の点Oから，水平方向に大きさvの速度で物体が飛び出した。その後，物体は，時刻$t=t_1$に斜面上の点Pに衝突した。点Oを原点として，斜面に沿って下向きにx軸，それに垂直な上向きにy軸をとる。次の各問に答えよ。ただし，重力加速度の大きさをgとする。

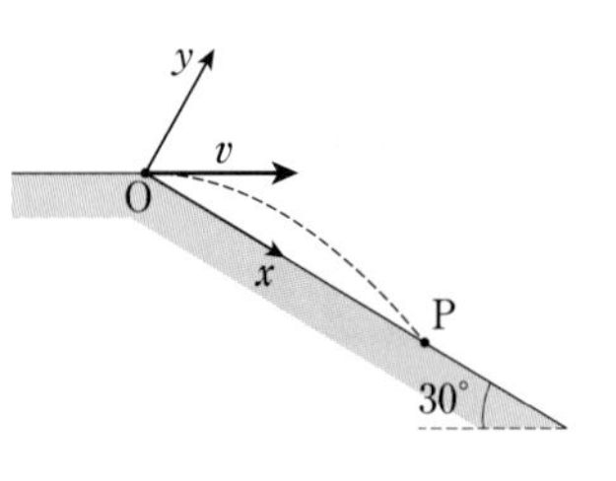

(1)　時刻$t(0 \leqq t \leqq t_1)$における物体の速度のx成分を表す式を示せ。

(2)　時刻$t(0 \leqq t \leqq t_1)$における物体の速度のy成分を表す式を示せ。

(3)　物体が斜面から最もはなれた位置に達する時刻を，v，gを用いて表せ。

(4)　時刻t_1とOP間の距離を，v，gを用いてそれぞれ表せ。

(15. 成蹊大　改)　➡ 例題2

ヒント

10　観測者A，Bから見た雨滴の相対速度が，問題条件とそろうようにベクトルで図示する。このとき，A，B，雨滴のそれぞれの地面に対する速度ベクトルは，始点をそろえて示す。

11　(1) 衝突した時刻において，両者の高さは等しい。
(3) Aから見たBの相対速度を調べる。

12　(3) 速度のy成分が0となるとき，小球は斜面から最もはなれた位置に達している。
(4) 点OとPは，いずれもy座標が0となる点である。

知識

13. 斜面への斜方投射 傾斜角αのなめらかな斜面があり，Oを原点として水平右向きにx軸，鉛直上向きにy軸をとる。重力加速度の大きさをgとする。時刻0に，原点Oからx軸とθの角をなす向きに，小球Aを速さv_0で投げ上げた。同時に，原点Oから小球Bを静かにはなすと，大きさ$g\sin\alpha$の加速度で斜面をすべりおりた。次の各問に答えよ。

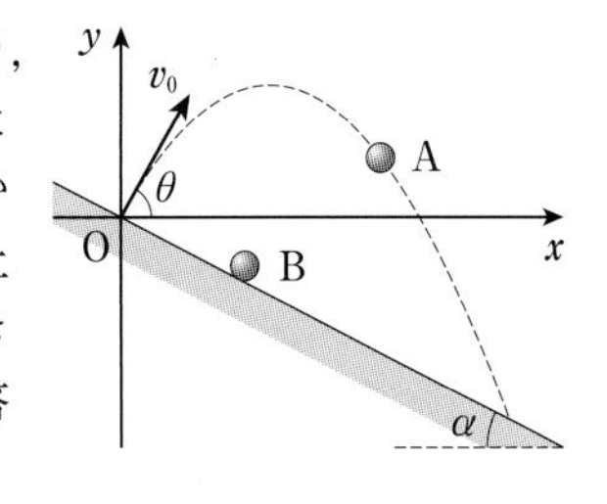

(1) 時刻tにおける小球Aの座標$(x_A,\ y_A)$を求めよ。

(2) 時刻tにおける小球Bの座標$(x_B,\ y_B)$を求めよ。

(3) 小球AとBが斜面上で衝突するための$\tan\theta$の条件を，v_0を含まない式で表せ。

(北海道大　改) ➡ 例題2

思考

14. 動いている物体からの投射 地上から20.0mの高さで，ツバメがエサをくわえて，10m/sの速さで水平に直線的に飛んでいる。このツバメは，ある時刻でエサを落としてしまったが，そのまま飛び続けた。エサを落としてから1.5s後，ツバメはエサをとりもどすため飛ぶ方向を変え，一定の速さで直線的に下降し，地上から40cmの高さで，再びエサをくわえることに成功した。ツバメから見て，エサは初速度0で落ちていったとして，次の各問に答えよ。ただし，エサにはたらく空気抵抗の影響は無視できるものとし，重力加速度の大きさを9.8 m/s^{2}とする。また，図の1目盛りは5.0mである。

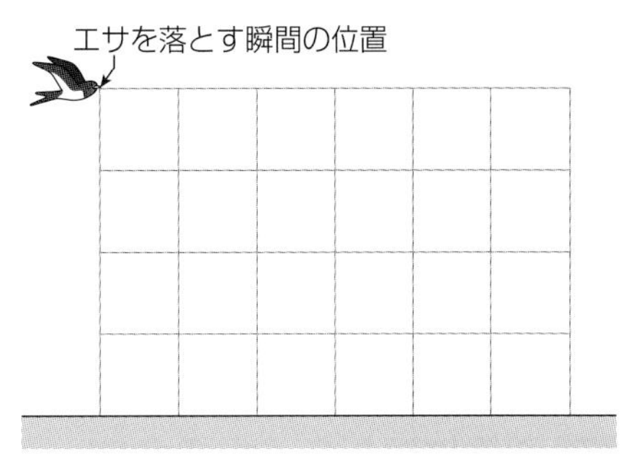

(1) エサを落としてから，ツバメが再びエサをくわえるまでの時間を求めよ。

(2) エサを落としてから，ツバメが再びエサをくわえるまでの，地上から見たツバメとエサの軌跡の概形をそれぞれ図に描け。

(3) ツバメが最初飛んでいた向きと下降した向きとのなす角をθとするとき，$\tan\theta$の値を求めよ。

(21．奈良女子大　改)

ヒント

13 (2) 小球Bが，時間tの間に斜面に沿って移動した距離を求める。
(3) 時刻tにおいて，小球A，Bの座標が一致すればよい。

14 (1) ツバメが落としたエサの運動は，地上から見ると水平投射になる。
(2) ツバメの運動は直線的であり，エサを落としてから1.5秒後にその向きが変わる。

2 剛体にはたらく力

1 力のモーメント

❶力のモーメント　物体を回転させる力のはたらき。力の大きさを F，回転軸上の点Oから作用線におろした垂線の長さ(うでの長さ)を L とすると，力のモーメント M は，

$$M = FL \quad \cdots①$$

(力のモーメント〔N·m〕＝力〔N〕×うでの長さ〔m〕)

$M=FL$　作用線　F　L　O
$M=-FL$　作用線　F　L　O

単位は**ニュートンメートル**(記号 N·m)。力のモーメントは，反時計まわりのときを正，時計まわりのときを負とすることが多い。

◎力のモーメントの求め方

図のような，回転軸上の点Oのまわりの力のモーメントを求めるには，(a)，(b)の2通りの方法がある。

(a)　うでの長さを求める	(b)　力を分解する
L　O　θ　$L\sin\theta$　F	L　O　θ　$F\sin\theta$　F
$M=F\times L\sin\theta$	$M=F\sin\theta\times L$

❷質点と剛体　**質点**…大きさを無視できる物体。平行移動のみを考え，力のモーメントを考慮しなくてよい。

剛体…大きさがあり，力を加えても変形しない理想的な物体。平行移動だけでなく回転運動もするので，力のモーメントを考慮する必要がある。

2 剛体にはたらく力の合成

❶平行でない2力の合成　力 $\vec{F_1}$，$\vec{F_2}$ を作用線上で平行移動させ，平行四辺形の法則を用いて合成する。

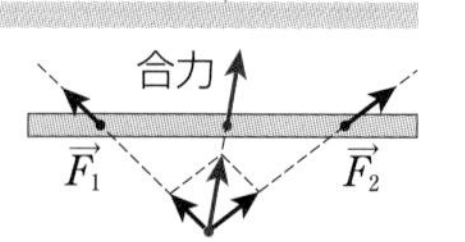

❷平行な2力の合成

	平行で同じ向きの2力	平行で逆向きの2力($F_1 \neq F_2$)
合力の作用線の位置	合力の作用線　O　F_2　F_1　$\vec{F_1}$　合力 $\vec{F}$　$\vec{F_2}$ 2力の作用点間を，力の大きさの逆比 $F_2:F_1$ に内分する点Oを通る。	合力の作用線　O　F_1　$\vec{F_2}$　F_2　合力 $\vec{F}$　$\vec{F_1}$ 2力の作用点間を，力の大きさの逆比 $F_2:F_1$ に外分する点Oを通る(大きい方の力の外側)。
合力の大きさ	$\boldsymbol{F=F_1+F_2}$	$\boldsymbol{F=\lvert F_1-F_2\rvert}$
合力の向き	$\vec{F_1}$，$\vec{F_2}$ と同じ向き	$\vec{F_1}$，$\vec{F_2}$ の大きい方の力と同じ向き
合力のモーメント	回転軸によらず，合力 $\vec{F}$ による力のモーメントは，$\vec{F_1}$，$\vec{F_2}$ のそれぞれの力のモーメントの和と等しい。	

❸偶力 同じ大きさで，互いに逆向きの平行な2力の組を**偶力**という。偶力は合成できない。偶力は，物体を平行移動させるはたらきはないが，回転運動させるはたらきがある。これを**偶力のモーメント**という。偶力のモーメントは，回転軸のとり方によらず，各力の大きさを F，作用線間の距離を a とし，　$\boldsymbol{M=Fa}$　…②

❹重心 剛体の各部分にはたらく重力の合力の作用点。質量 m_1，m_2，…，m_n の各物体が座標$(x_1,\ y_1)$，$(x_2,\ y_2)$，…，$(x_n,\ y_n)$にあるとき，全体の重心Gの座標 $(x_G,\ y_G)$ は，

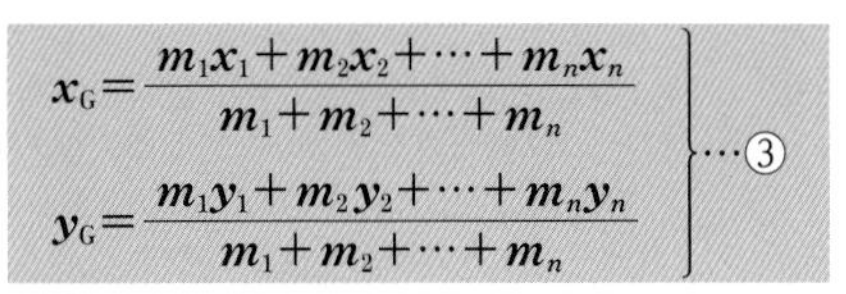

$$\left.\begin{aligned} x_G &= \frac{m_1x_1+m_2x_2+\cdots+m_nx_n}{m_1+m_2+\cdots+m_n} \\ y_G &= \frac{m_1y_1+m_2y_2+\cdots+m_ny_n}{m_1+m_2+\cdots+m_n} \end{aligned}\right\} \cdots③$$

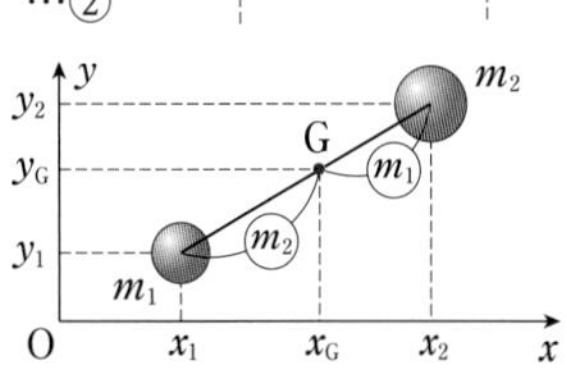

2つの物体の重心は，物体間を m_2：m_1 に内分する点となる。

3 剛体のつりあい

剛体が静止するためには，次の2つの条件が成り立つ必要がある。

条件(1)　平行移動しないための条件⇨剛体にはたらく力のベクトルの和が0

$$\vec{F_1}+\vec{F_2}+\cdots+\vec{F_n}=\vec{0} \quad \cdots④$$

条件(2)　回転運動しないための条件⇨任意の点のまわりの力のモーメントの和が0

$$M_1+M_2+\cdots+M_n=0 \quad \cdots⑤$$

式④が成り立つとき，式⑤の関係は，ある1つの点のまわりで成り立てば，任意の点のまわりで成り立つ。

プロセス　次の各問に答えよ。

1 図1のように，点Pに2.0Nの力を加える。点Oのまわりの力のモーメントの大きさを求めよ。OQは力の作用線に引いた垂線で，OPは25cm，OQは22cmである。

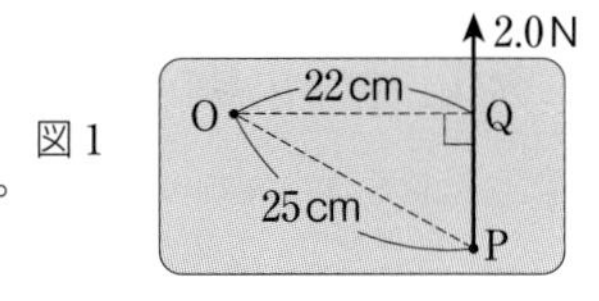

2 図2のように，点Pに8.0Nの力を加える。点Oのまわりの力のモーメントの大きさはいくらか。

3 図3のように，点A，Bに平行で逆向きの5.0Nの力を加える。点A，B，Cのまわりの力のモーメントの和はそれぞれいくらか。反時計まわりを正とする。

4 図4のように，軽い一様な棒に重さ w，$4w$，$3w$ の物体が固定してある。全体の重心はどこか。

5 図5のように，重さ5.0N，長さ1.0mの一様な棒の一端をちょうつがいで固定し，他端に鉛直上向きの力を加えて棒を水平に保つ。何Nの力を加えればよいか。

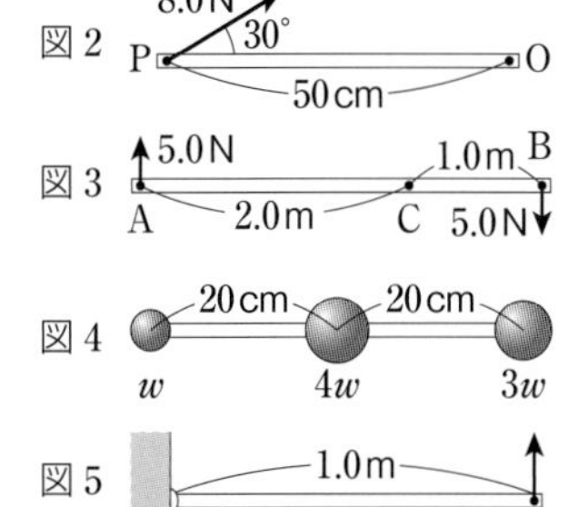

解答

1 0.44N·m　**2** 2.0N·m　**3** すべて −15N·m　**4** 左端から25cmの位置　**5** 2.5N

解説動画

基本例題3　力のつりあいとモーメント

➡基本問題 16，20

図のように，長さ 1.0m の軽い棒の両端A，Bに，それぞれ重さが 30N，20N のおもりをつるし，点Oにばね定数 2.5×10^2 N/m の軽いばねをつけてつるしたところ，棒は水平になって静止した。

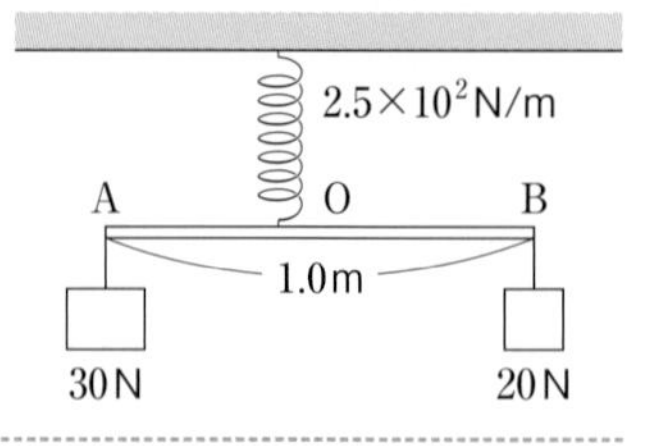

(1)　ばねの伸びはいくらか。

(2)　AO の長さはいくらか。

指針　棒(剛体)は静止しており，棒が受ける力はつりあっている。また，力のモーメントもつりあっている。(1)では，鉛直方向の力のつりあいの式を立てる。(2)では，点Oのまわりの力のモーメントのつりあいの式を立てる。

解説

(1)　棒が受ける力は，図のようになる。ばねの伸びを x とすると，フックの法則「$F=kx$」から，ばねの弾性力の大きさは，$(2.5\times10^2)\times x$〔N〕である。

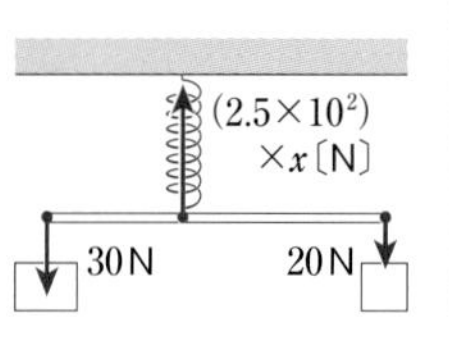

鉛直方向の力のつりあいから，

$(2.5\times10^2)\times x-30-20=0$　　$x=\mathbf{0.20\,m}$

(2)　AO の長さを L〔m〕とすると，BO の長さは，$(1.0-L)$〔m〕と表される。点Oのまわりで力のモーメントの和が 0 となるので，

$30L-20(1.0-L)=0$　　$L=\mathbf{0.40\,m}$

Point　力のモーメントのつりあいの式を立てるとき，どの点のまわりに着目するのかは任意に選べる。計算が簡単になる点を選ぶとよい。

基本例題4　剛体のつりあい

➡基本問題 21，23

図のように，なめらかな壁と摩擦のある床に，一様な太さの棒を立てかける。棒と床のなす角を θ，棒の重さを W，棒の長さを L とする。

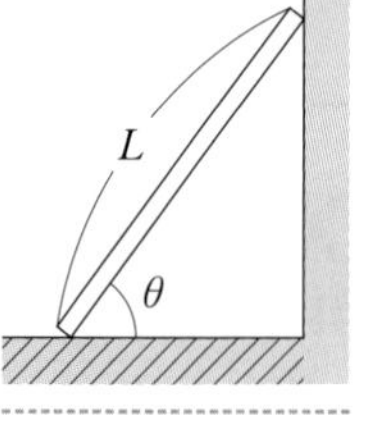

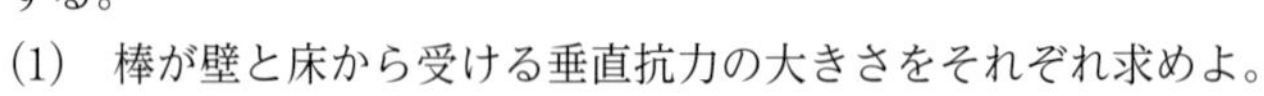

(1)　棒が壁と床から受ける垂直抗力の大きさをそれぞれ求めよ。

(2)　棒が倒れないための θ の条件を，$\tan\theta$ を用いた式で表せ。ただし，棒と床との間の静止摩擦係数を μ とする。

指針　棒が受ける力を図示し，剛体のつりあいの条件を用いて式を立てる。(2)では，棒が倒れないために，棒が床から受ける摩擦力が最大摩擦力以下であればよい。

解説

(1)　棒は，重力以外に，接触する他の物体から力を受ける(図)。

地球から…重力 W

壁から…垂直抗力 N_1

床から…垂直抗力 N_2

床から…静止摩擦力 F

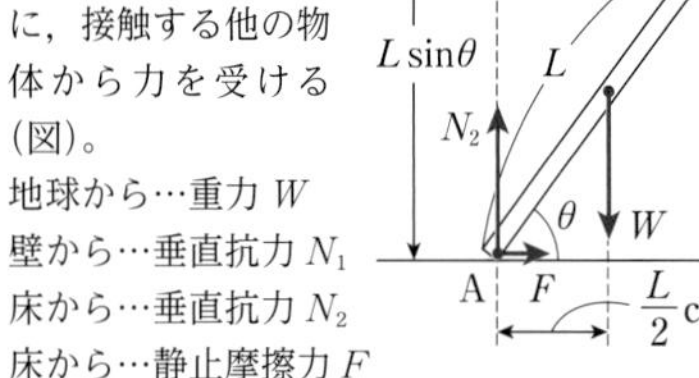

点Aから N_1，W までのうでの長さは，それぞれ $L\sin\theta$，$\dfrac{L}{2}\cos\theta$ となる。点Aのまわりの力のモーメントのつりあいから，

$$N_1\times L\sin\theta-W\times\frac{L}{2}\cos\theta=0$$

$$N_1=\boldsymbol{\frac{W}{2\tan\theta}}$$

鉛直方向の力のつりあいから，

$N_2-W=0$　　$N_2=\boldsymbol{W}$

(2)　水平方向の力のつりあいから，

$$F-N_1=0 \qquad F=N_1=\frac{W}{2\tan\theta} \quad \cdots①$$

棒が倒れないためには，点Aで棒がすべらなければよい。F が最大摩擦力 μN_2 以下となり，

$F\leqq\mu N_2=\mu W$　…②

式①，②から，

$$\frac{W}{2\tan\theta}\leqq\mu W \qquad \boldsymbol{\tan\theta\geqq\frac{1}{2\mu}}$$

基本問題

知識

15. 剛体にはたらく力の合成 次の(1)～(4)について，剛体の各点にはたらく力の合力の作用線を図示せよ。また，合力の大きさを求めよ。

(1)

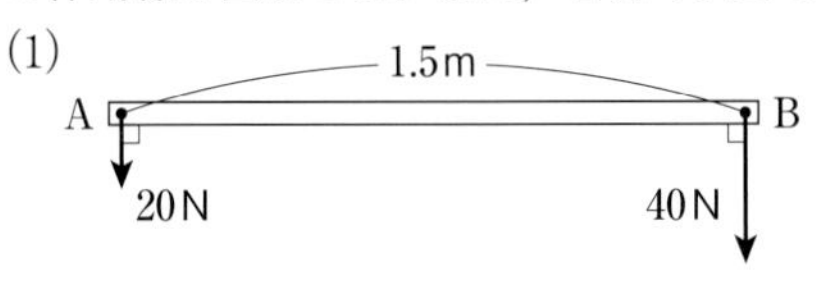

(2)

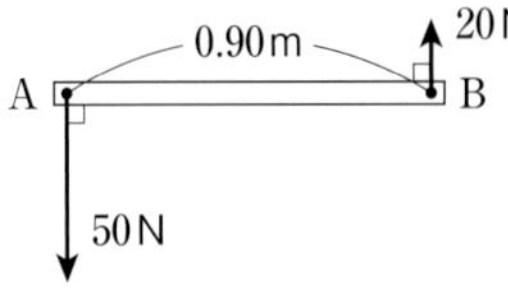

(3)

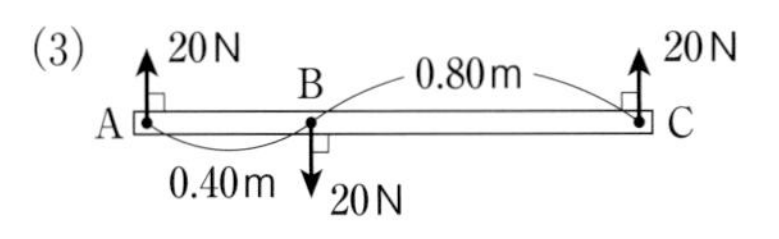

(4)

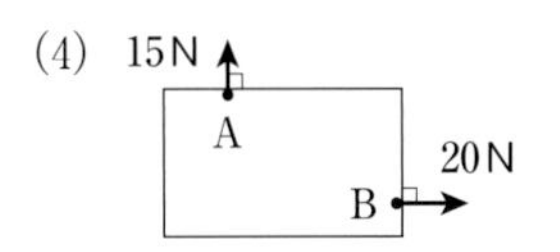

知識

16. 棒のつりあい 重さ 60N，長さ 0.80m の一様な太さの棒を，次のようにつるして静止させた。各図に示された糸の張力の大きさ T_1，T_2，長さ x を求めよ。

(1)

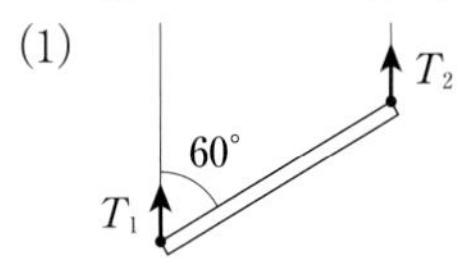

(2)

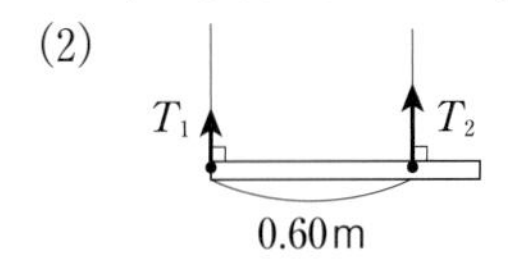

(3)

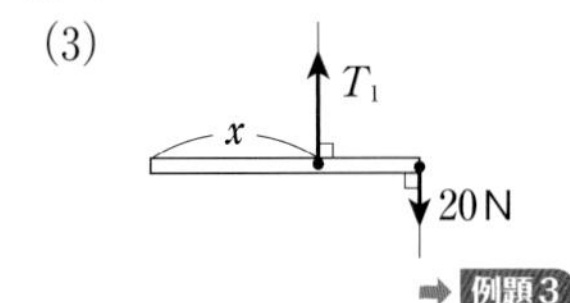

➡ 例題3

知識

17. 針金の重心 長さ 1.80m の一様な太さの針金を，図のように直角に折り曲げ，折り曲げた点を原点として，x 軸，y 軸をとる。針金の重心の位置の座標を求めよ。

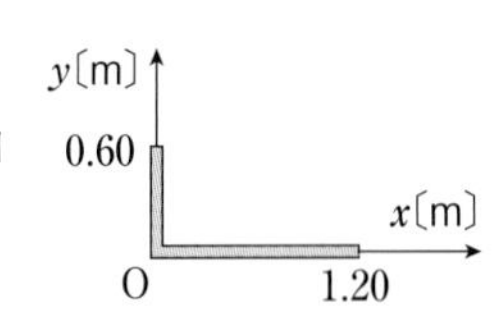

ヒント 一様な太さの針金なので，針金の質量は長さに比例する。

知識

18. 板の重心 一様な厚さで，一辺の長さが 2.0m の正方形の板 ABCD があり，図のように，x 軸，y 軸をとる。

(1) 板 ABCD から正方形 EFGC を切り取った。残った板の重心の座標を求めよ。

(2) 切り取った正方形 EFGC を残った板の AHFI に重ねた。板全体の重心の座標を求めよ。

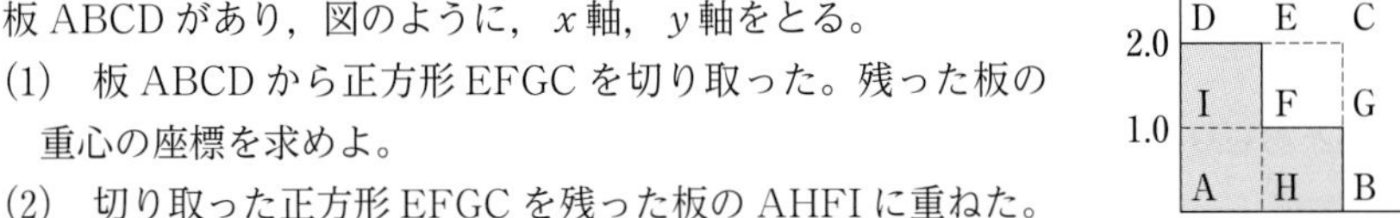

ヒント (1) 正方形，長方形の部分に分けて考える。それぞれの重心は各図形の中心にある。

知識

19. 棒の重心の決定 水平面上に重さ 50N，長さ 1.0m の太さが一様でない棒が置かれている。一方の端Aを少しもち上げるには，鉛直上向きに 20N の力が必要であった。

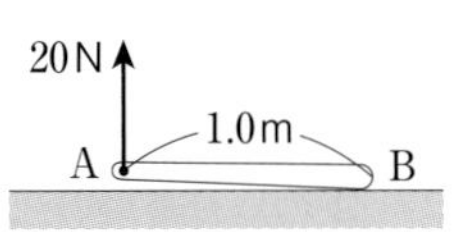

(1) 棒の重心は端Aから何mのところにあるか。

(2) もう一方の端Bを少しもち上げるには，鉛直上向きに何Nの力が必要か。

知識

20. ばねでつるした棒 自然の長さがいずれも等しく，ばね定数がそれぞれ k，$5k$，$3k$ の軽いばねA，B，Cを用いて，図のように，一様な太さの棒を水平につるして静止させた。AB間の長さ L_1 とBC間の長さ L_2 の比を求めよ。なお，$L_1 < L_2$ である。 ➡例題3

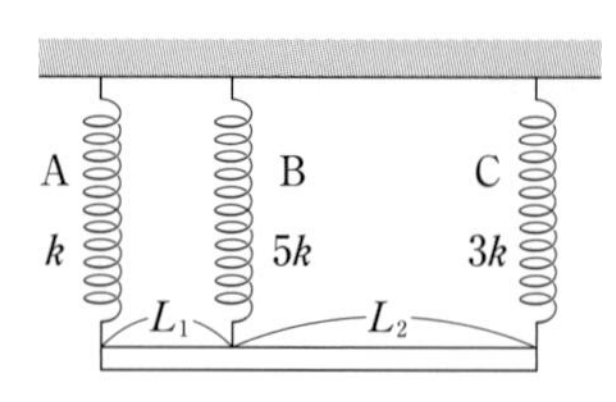

知識

21. 棒のつりあい 図のように，長さ L，重さ W の一様な太さの棒の一端を壁にちょうつがいで固定し，他端に糸をつけて，棒が水平と 30° の角度となるように，糸を水平にして壁に固定した。

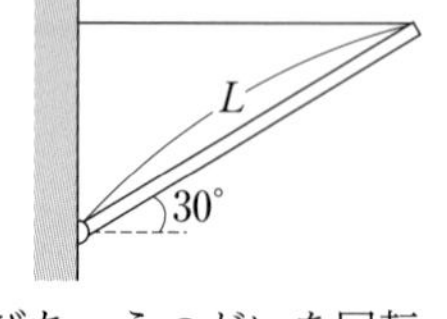

(1) 棒が受ける重力 W，糸の張力 T，ちょうつがいから受ける力の水平成分 N，鉛直成分 F を図中に示せ。

(2) 棒が受ける力の水平方向と鉛直方向のつりあいの式，およびちょうつがいを回転の中心とした力のモーメントのつりあいの式を示せ。

(3) T，N，F の大きさを，W を用いてそれぞれ求めよ。 ➡例題4

思考

22. 水平台にのせた棒のつりあい 図のように，長さ1.50mの太さが一様でない棒の左側0.50mの部分を水平台にのせ，棒の右端に糸をとりつけて鉛直上向きに張力を加える。張力が15Nよりも大きくなると，棒は点Aを回転軸として反時計まわりに回転し始めた。また，張力が10Nよりも小さくなると，棒は点Bを回転軸として時計まわりに回転し始めた。

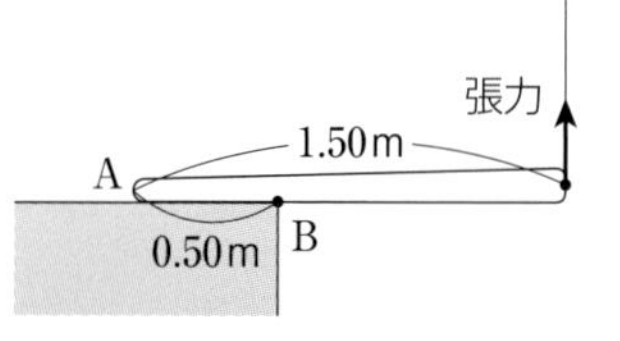

(1) 棒の重さを W〔N〕，点Aから棒の重心までの距離を x〔m〕とする。糸の張力が15Nのとき，棒が受ける力を図示し，点Aのまわりの力のモーメントのつりあいの式を示せ。

(2) 糸の張力が10Nのとき，棒が受ける力を図示し，点Bのまわりの力のモーメントのつりあいの式を示せ。

(3) W〔N〕，x〔m〕をそれぞれ求めよ。

知識

23. 棒とおもりのつりあい 図のように，長さ L，質量 M の一様な太さの棒を粗い水平面上に置き，棒の一端に，質量 m のおもりをつけた軽い糸をつないで，糸を定滑車にかけた。このとき，棒と水平面のなす角，糸と鉛直線のなす角が，ともに θ となって静止した。重力加速度の大きさを g として，次の各問に答えよ。

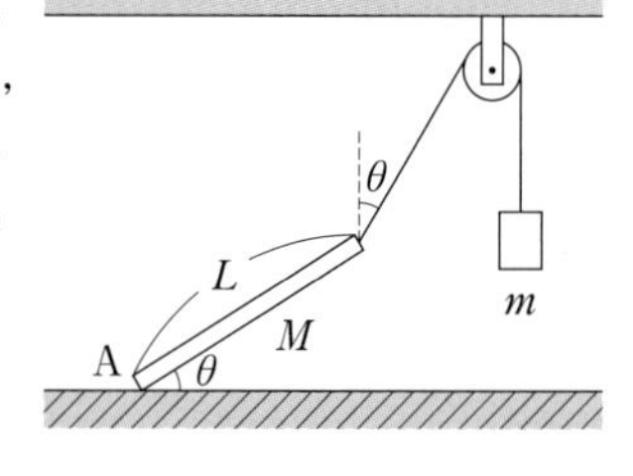

(1) 点Aを回転軸として，棒にはたらく力のモーメントのつりあいの式を示せ。

(2) おもりの質量 m を，M，θ を用いて表せ。 ➡例題4

ヒント (1) 棒が受ける糸の張力を，棒に平行な方向と垂直な方向に分解して考える。

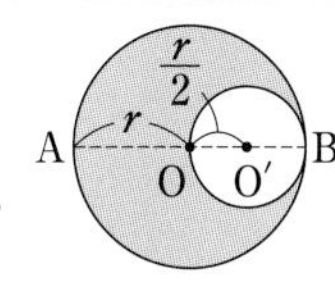

発展例題3　円板の重心

➡発展問題 24

　図のように，半径 r の一様な円板から，それに内接する半径 $\frac{r}{2}$ の円形部分を切り抜いた。切り抜いた後の板の重心の位置を求めよ。なお，図の点Oは切り抜く前の円板の中心，O′ は切り抜いた円形の中心，A，Bは円板の端であり，OとO′ を結ぶ直線上にある。

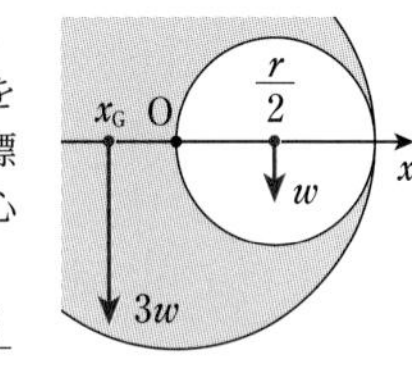

指針　切り抜いた円形部分をもとの位置にもどしたとする。このとき，もどした円形部分の重心にはたらく重力と，切り抜いた後の板の重心にはたらく重力の合力の作用線は，切り抜く前の円板の重心を通る。なお，切り抜いた後の板は上下対称で，その重心は AB の線上にある。

解説　切り抜いた円形部分の重さを w とすると，面積比から，切り抜いた後の板の重さは $3w$ となる。円形部分をもとの位置にもどすと，全体の重心はOになる。Oを原点として x 座標をとり，求める重心の座標を x_G とする（図）。重心の公式から，

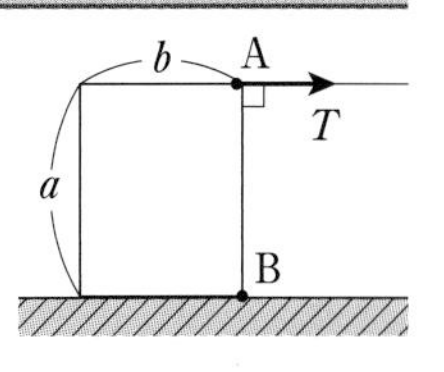

$$0=\frac{3w\times x_G+w\times(r/2)}{3w+w}$$

$x_G=-\frac{r}{6}$　　**Oから A の向きに $\frac{r}{6}$ の位置**

発展例題4　剛体のつりあい

➡発展問題 25

　粗い床上に，重さ W，高さ a，幅 b の直方体が置かれている。図の点A，Bは，直方体の側面に平行で重心を通る断面の点を表す。点Aに糸をとりつけ，水平右向きに大きさ T の張力で引いた。はじめ直方体は静止していたが，T を徐々に大きくすると，やがて点Bを回転軸として倒れた。次の各問に答えよ。

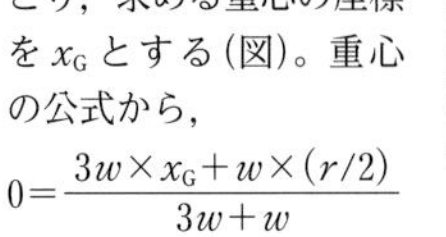

(1)　直方体が静止しているとき，直方体が床から受ける垂直抗力の作用点は，点Bから左向きにいくらの距離にあるか。a，b，T，W を用いて表せ。

(2)　直方体が回転し始めるのは，T がいくらをこえたときか。

(3)　床と直方体の間の静止摩擦係数 μ は，いくらより大きくなければならないか。

指針　垂直抗力の作用点は，$T=0$ のときに重力の作用線上にある。T を大きくすると，作用点は徐々に右側にずれていき，やがて点Bに達する。さらに T を大きくすると，直方体は点Bを回転軸として倒れる。

解説

(1)　垂直抗力を N，点Bからその作用点までの距離を x，静止摩擦力を F とすると，直方体にはたらく力は図のようになる。鉛直方向の力のつりあいから，

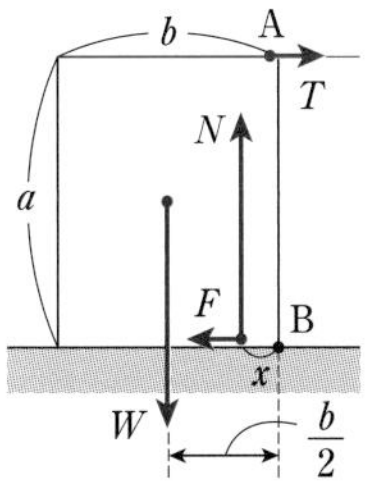

$N=W$　…①

点Bのまわりの力のモーメントのつりあいから，　$W\frac{b}{2}-Ta-Nx=0$　…②

式①を②に代入して，　$x=\frac{b}{2}-\frac{T}{W}a$

(2)　T を大きくすると，垂直抗力の作用点は右側にずれる。(1)の x が 0 になるときの張力を T_1 とすると，張力がこれよりも大きくなると倒れるので，　$0=\frac{b}{2}-\frac{T_1}{W}a$　　$T_1=\frac{b}{2a}W$

(3)　直方体にはたらく水平方向の力のつりあいから，　$F=T$　…③

静止摩擦力 F は最大摩擦力 μN 以下であるので，　$F\leqq\mu N$

式①，③をそれぞれ代入すると，直方体がすべらないためには，　$T\leqq\mu W$

これから，T が μW をこえると直方体はすべり始める。直方体はすべる前に倒れるので，

$T_1<\mu W$　　$\frac{b}{2a}W<\mu W$　　$\mu>\frac{b}{2a}$

解説動画

発展問題

知識

24. 切り取った立方体の重心 密度が一様で，一辺の長さがLの立方体の一部分を直方体形に切り取り，残った部分を物体Aとする。切り取った直方体Bの奥行きはL，横の長さはl，高さはlである。図のように，Aを水平面上に置いて静止させた。

(1)　Aの重心の位置は，Aの左端からどれだけ右にあるか。L，lを用いて表せ。

(2)　l(切り取る横の長さ，高さ)を大きくしていくと，ある値l_0をこえたとき，Aは静止できずに倒れた。l_0を，Lを用いて表せ。　（藤田医科大　改）　➡例題3

思考

25. 斜面上の直方体のつりあい 図のように，水平とのなす角がθの斜面上に，質量がm，底面の2辺の長さがともにl，高さがhの直方体を置いたところ，直方体は静止した。図は，直方体の側面に平行で重心を通る断面を表す。このとき，斜面の傾斜角は直方体が静止できる最大角θであり，垂直抗力は，点Pに作用すると考えることができる。直方体はすべり出さないものとし，重力加速度の大きさをgとする。

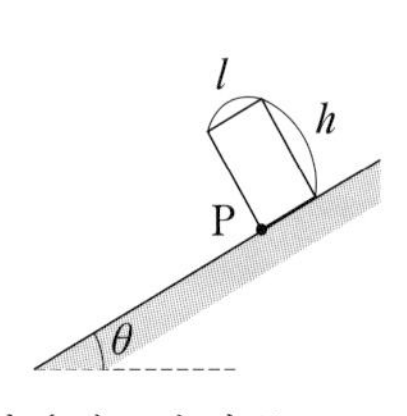

(1)　直方体にはたらく静止摩擦力と垂直抗力を図示し，それぞれの大きさを求めよ。

(2)　重力の斜面に平行な成分と垂直な成分について，点Pのまわりの力のモーメントの大きさをそれぞれ求めよ。

(3)　$\tan\theta$を求めよ。

(4)　斜面と直方体の間の静止摩擦係数μはいくら以上か。h，lで表せ。　➡例題4

知識

26. 壁に立てかけたはしご 図のように，水平で粗い床と鉛直でなめらかな壁に，質量m，長さLのはしごを床とのなす角がθとなるように立てかけた。質量$2m$の人がはしごを登ると，下端Dから距離$\frac{3}{4}L$の点Bをこえたところで，はしごがすべり始めた。はしごの重心は，はしごの中央Cにあり，人の大きさは無視できるとする。また，重力加速度の大きさをgとする。

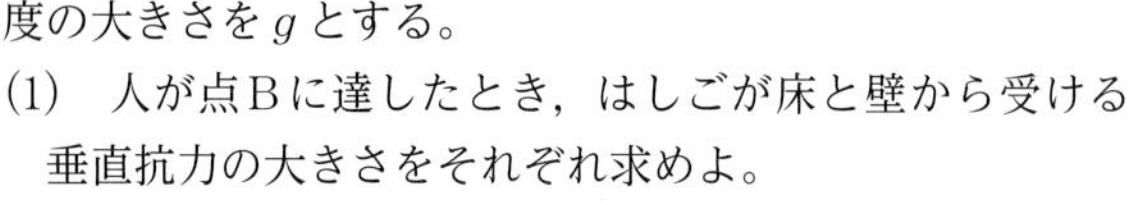

(1)　人が点Bに達したとき，はしごが床と壁から受ける垂直抗力の大きさをそれぞれ求めよ。

(2)　はしごと床との間の静止摩擦係数を求めよ。　（17．富山県立大　改）

ヒント

24　(1) Aを2つの直方体に分けて，重心の位置を考える。

25　(3) 点Pのまわりで力のモーメントのつりあいの式を立てる。

26　(2) 人が点Bに達したときに，静止摩擦力は最大摩擦力となる。

知識

27. 棒のつりあい 質量がM〔kg〕，重心Gまでの距離が，端AからL_1〔m〕，端BからL_2〔m〕となる棒がある。この棒の端Aを天井の点Pに軽いひもでつなぎ，端Bを水平右向きに大きさF〔N〕の力で引いたとき，端Aに結んだひもと水平方向とのなす角がθ_1，棒ABと水平方向とのなす角がθ_2となった。重力加速度の大きさをg〔m/s²〕として，次の各問に答えよ。

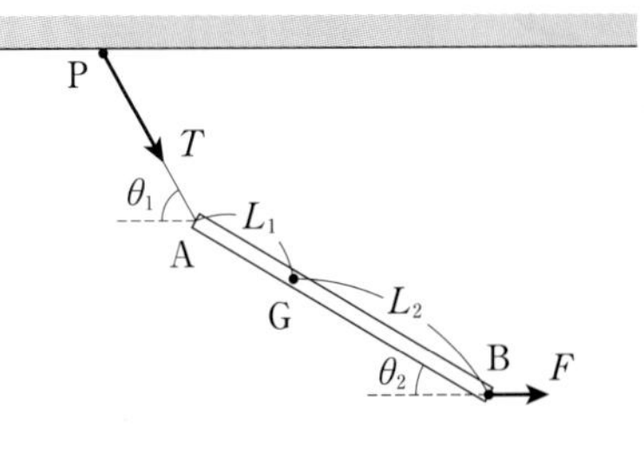

(1) 点Pでのひもの張力の大きさをT〔N〕として，棒にはたらく力のつりあいの式を，水平方向，鉛直方向のそれぞれについて示せ。

(2) ひもの張力の大きさTを，F，M，gを用いて表せ。

(3) 端Aのまわりの力のモーメントのつりあいの式を示せ。

(4) $\tan\theta_1$を，θ_2，L_1，L_2を用いて表せ。

(5) $\theta_1=60°$，$\theta_2=30°$となる場合，比$L_1:L_2$を求めよ。 （東京理科大 改）

思考

28. 半円柱に立てかけた棒 半径rの半円柱が水平な床の上に固定されている。図のように，長さL，質量mの細い一様な棒ABを，床となす角が60°になるように半円柱に立てかけたところ，棒は静止した。Oは半円柱の断面の中心，Pは棒と半円柱の接点であり，A，B，O，Pは同じ鉛直面内にある。重力加速度の大きさをgとし，棒と半円柱の間には摩擦がなく，棒と床の間には摩擦があるものとする。

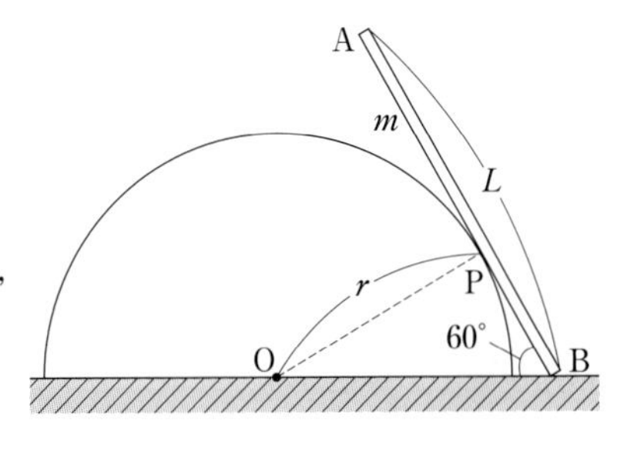

(1) 棒と床の間の静止摩擦係数をμ，棒が床から受ける垂直抗力の大きさをN，棒が床から受ける摩擦力の大きさをFとする。棒がすべらないための条件式を，μ，N，Fを用いて表せ。

(2) 棒が半円柱から受ける垂直抗力の大きさRを，m，g，r，Lを用いて表せ。

(3) 棒が床から受ける摩擦力の大きさFと，垂直抗力の大きさNを，m，g，r，Lを用いてそれぞれ表せ。

(4) 床となす角が60°で，すべることなく半円柱に棒を立てかけるための棒の長さLの条件を，r，μを用いて示せ。 （21．公立小松大 改）

ヒント

27 (4) (1)の式から$\tan\theta_1$を求める。また，$\tan\theta_1$の式と(3)の式を用いて不要な記号を消去し，$\tan\theta_1$とθ_2の関係を求める。

28 (1) 棒がすべり始める直前には，静止摩擦力は最大摩擦力となっている。最大摩擦力をF_0とすると，$F_0=\mu N$と表される。

(4) すべることなく半円柱に棒を立てかけることができる最小の長さも考える。

3 運動量の保存

1 運動量と力積

❶運動量　質量 m〔kg〕，速度 $\vec{v}$〔m/s〕の物体の運動量 $\vec{p}$ は，

$$\vec{p} = m\vec{v} \quad \cdots ①$$

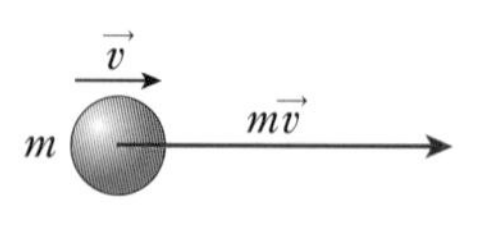

運動量の単位は**キログラムメートル毎秒**（記号 kg·m/s）。運動量は，運動の激しさを表す目安の１つで，ベクトルである。

❷運動量の変化と力積

(a)　**力積**　力 $\vec{F}$〔N〕を時間 Δt〔s〕だけ物体に加えると，物体が受ける力積は，

$$力積 = \vec{F}\Delta t \quad \cdots ②$$

力積の単位は**ニュートン秒**（記号 N·s）。

力積は，力と同じ向きをもつベクトルである。**物体の運動量の変化は，その間に物体が受けた力積に等しい。**単位では，kg·m/s＝N·s が成り立つ。

(b)　**直線上の運動**　　　　(c)　**平面上の運動**

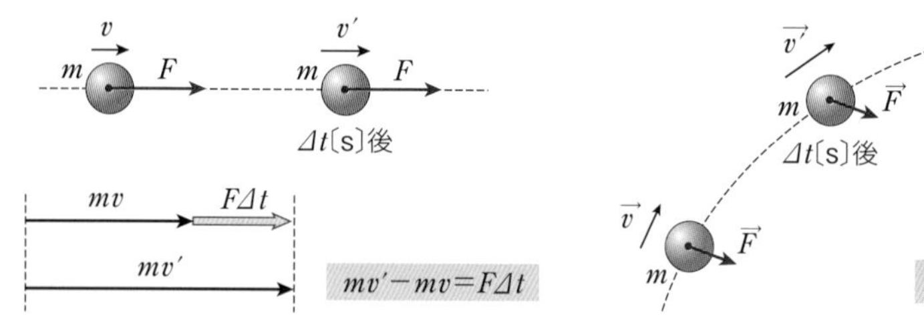

❸力が変化する場合の力積

(a)　**平均の力**　物体の受ける力が図の $F-t$ グラフで示されるとき，力積（運動量の変化）は，斜線部の面積に等しい。このとき，物体が受けた平均の力 $\overline{F}$〔N〕は，次式で示される。

$$\overline{F} = \frac{力積}{\Delta t} = \frac{運動量の変化}{\Delta t} = \frac{斜線部の面積}{\Delta t} \quad \cdots ③$$

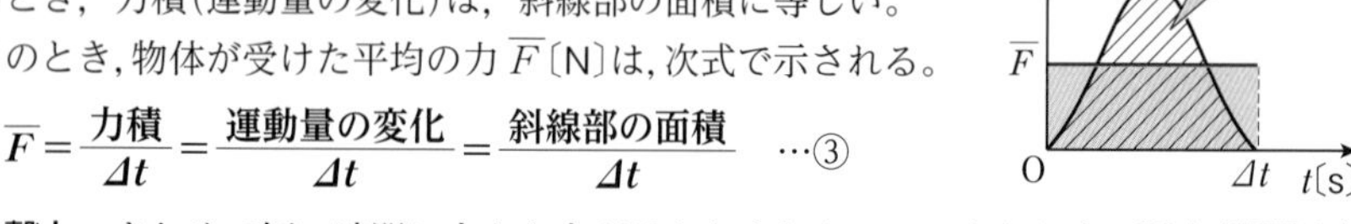

(b)　**撃力**　きわめて短い時間に大きな力がはたらくとき，このような力を**撃力**（**衝撃力**）という。

2 運動量保存の法則

❶物体系と内力・外力　いくつかの物体をひとまとまりにして考えるとき，そのまとまりを物体系という。

内力…物体系の中で互いにおよぼしあう力。　**外力**…物体系の外からおよぼされる力。

❷運動量保存の法則　いくつかの物体が内力をおよぼしあうだけで，外力を受けなければ，これらの物体（物体系）の運動量の総和は変化しない（**運動量保存の法則**）。

(a)　**直線上の衝突**　各物体の速度（運動量）を正，負の符号で表し，運動量保存の式を立てると，　$m_1v_1 + m_2v_2 = m_1v_1' + m_2v_2'$

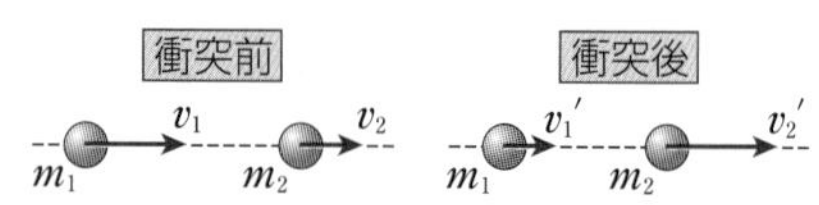

(b) **平面上の衝突**　各物体の速度ベクトルを用いて運動量保存の式を立てると，
$m_1\vec{v_1}+m_2\vec{v_2}=m_1\vec{v_1}'+m_2\vec{v_2}'$ となる。

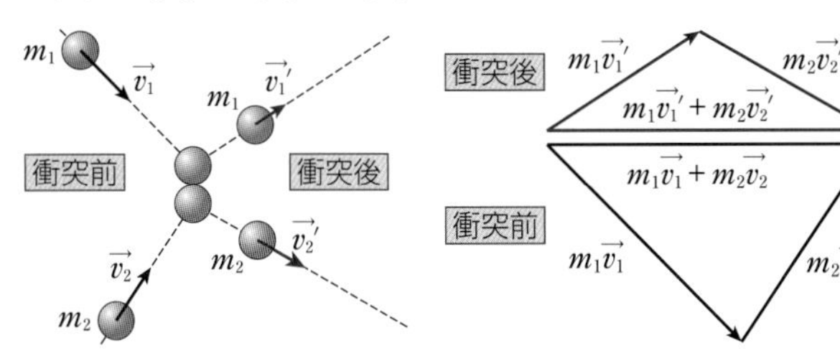

互いに垂直な2つの方向に軸をとり，運動量を各方向の成分に分けて，保存の式を立てることもできる。

(c) **合体・分裂**　物体が合体，分裂する場合も，運動量は保存される。

3 反発係数(はねかえり係数)

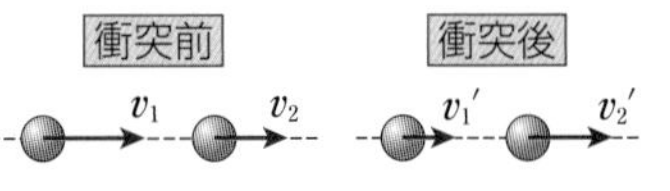

❶反発係数　直線上の2物体の衝突では，衝突前後の各物体の速度を用いると，反発係数 e は，

$$e=\frac{|v_1'-v_2'|}{|v_1-v_2|}=-\frac{v_1'-v_2'}{v_1-v_2}\quad\left(\text{反発係数}=\frac{|\text{衝突後の相対速度}|}{|\text{衝突前の相対速度}|}\right)\quad\cdots④$$

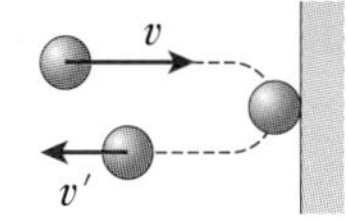

◎壁との垂直な衝突　反発係数 e は，　$e=\dfrac{|v'|}{|v|}=-\dfrac{v'}{v}$　…⑤

◎なめらかな面への斜めの衝突

面に平行な方向　$v_x'=v_x$　…⑥

面に垂直な方向　$v_y'=-ev_y$　…⑦

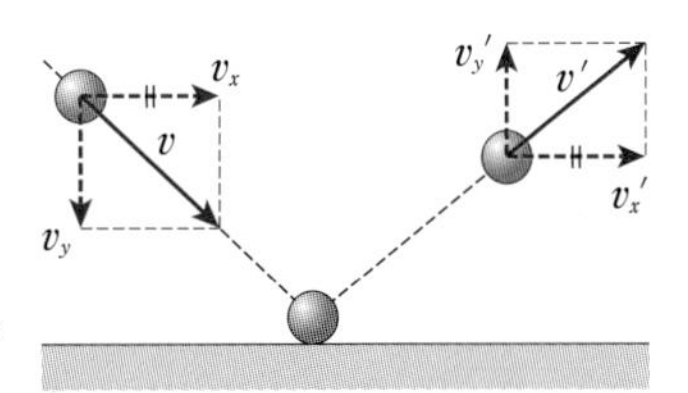

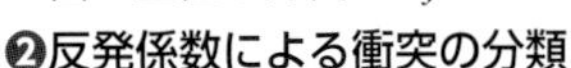

❷反発係数による衝突の分類

$e=1$ ……**(完全)弾性衝突**。力学的エネルギーは保存。

$0\leqq e<1$ …**非弾性衝突**。力学的エネルギーは減少。

$e=0$ ……**完全非弾性衝突**。衝突した2物体は一体となる。

プロセス　次の各問に答えよ。

1　東向きに10m/sで運動する質量1500kgの自動車の運動量を求めよ。

2　西向きに運動する物体に10Nの力を40s間加えると，物体は静止した。物体が受けた力積を求めよ。

3　右向きに10m/sで運動する質量0.10kgのボールをラケットで打つと，ボールは左向きに10m/sで運動した。このとき，ボールが受けた力積を求めよ。

4　質量1.0kgの物体が速さ10m/sで運動し，静止している質量1.0kgの物体に衝突した。衝突後，両者は一体となって運動した。衝突後の速さを求めよ。

5　ボールを速さ20m/sで壁に垂直にあてると，10m/sではね返った。反発係数を求めよ。

解答

1 東向きに 1.5×10^4 kg·m/s　**2** 東向きに 4.0×10^2 N·s　**3** 左向きに2.0N·s　**4** 5.0m/s
5 0.50

解説動画

基本例題5 運動量の変化と平均の力

➡基本問題 29, 31

速さ 20m/s で水平に飛んできた質量 0.14kg のボールをバットで打つと，逆向きに 30 m/s で飛んでいった。ボールがバットから受けた力積の大きさはいくらか。また，ボールとバットの接触時間が 1/200s のとき，ボールが受けた平均の力の大きさはいくらか。

指針 ボールの運動量の変化は，ボールが受けた力積に等しい。また，ボールが受けた平均の力の大きさを $\overline{F}$，接触時間を Δt とすると，$\overline{F}$＝(力積の大きさ)/Δt と表される。

解説 ボールを打ち返した向きを正とすると，打ち返す前後のボールの速度は図のようになる。ボールが受けた力積の大きさは，

$$(\text{力積})=0.14\times30-0.14\times(-20)$$
$$=\mathbf{7.0\,N\cdot s}$$

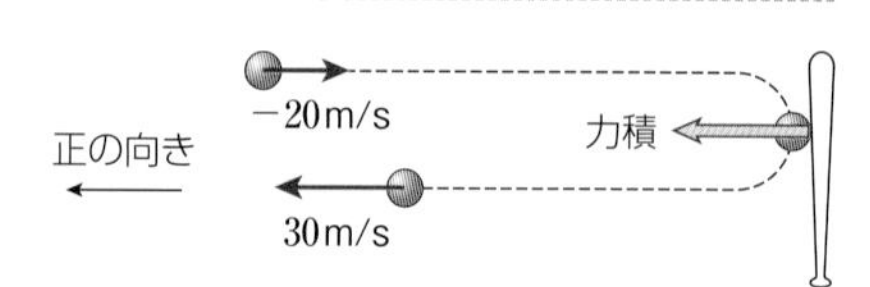

平均の力の大きさ $\overline{F}$ は，力積の大きさを接触時間 Δt で割って，

$$\overline{F}=\frac{\text{力積の大きさ}}{\Delta t}=\frac{7.0}{1/200}=\mathbf{1.4\times10^3\,N}$$

基本例題6 運動量の変化と力積

➡基本問題 30

速さ 20m/s で水平に飛んできた質量 0.14kg のボールをバットで打つと，ボールは，90° 上向きに速さ15m/s で飛んでいった。このとき，ボールがバットから受けた力積の大きさを求めよ。

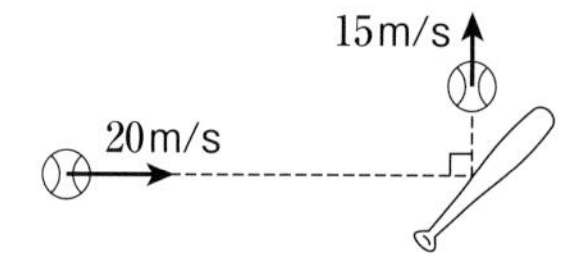

指針 ボールの運動量の変化は，ボールが受けた力積に等しい。バットで打つ前後の運動量(ベクトル)を図で表し，三平方の定理を用いて，力積の大きさを計算する。

解説 打つ前後のボールの運動量，および力積の関係は，図のように示される。力積の大きさ $F\Delta t$ は，

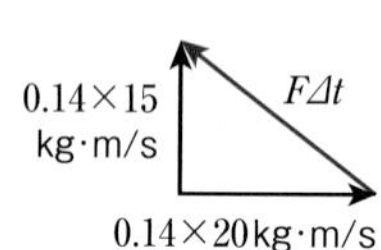

$$F\Delta t=\sqrt{(0.14\times15)^2+(0.14\times20)^2}$$
$$=0.14\times\sqrt{15^2+20^2}$$
$$=0.14\times5.0\times\sqrt{3.0^2+4.0^2}$$
$$=0.14\times5.0\times5.0=\mathbf{3.5\,N\cdot s}$$

Point 「$m\vec{v'}-m\vec{v}=\vec{F}\Delta t$」の関係から，運動量の変化(力積)のベクトルは，はじめの運動量ベクトルの終点から，後の運動量ベクトルの終点に引いた矢印で表される。

基本例題7 直線上での分裂

➡基本問題 34, 35, 36

右向きに速さ 5.0m/s で進んできた質量 10.0kg の物体Aが，B，Cの 2 つに直線上で分裂した。Bの質量は 8.0kg で，右向きに速さ 10m/s であった。Cの速度を求めよ。

指針 分裂するとき，内力のみをおよぼしあうので，運動量保存の法則が成り立つ。

解説 Cの質量は，10.0−8.0＝2.0kg である。分裂する前後の運動のようすは，図のように示される。右向きを正の向きとし，Cの速度を v とすると，運動量保存の法則から，

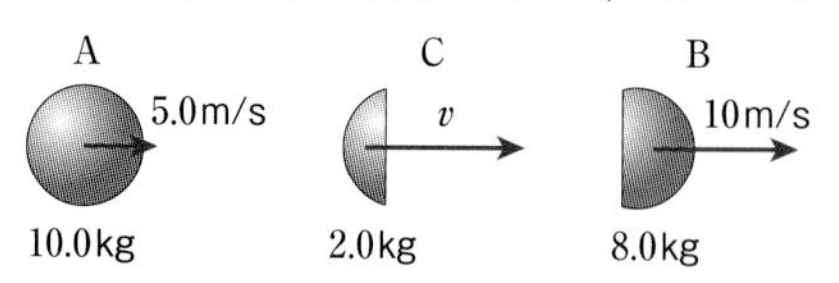

$$10.0\times5.0=8.0\times10+2.0\times v$$
$v=-15\,\text{m/s}$　**左向きに 15m/s**

Point Cの速度の向きが未知なので，正の向きに進むと仮定して式を立て，計算結果の符号から向きを判断する。

解説動画

基本例題8　平面上での合体

➡基本問題 32，38，44

図のように，なめらかな水平面上で，東向きに速さ 2.0 m/s で進んできた質量 60kg の物体Aと，北向きに速さ 3.0 m/s で進んできた質量 40kg の物体Bが衝突し，両者は一体となって進んだ。次の各問に答えよ。

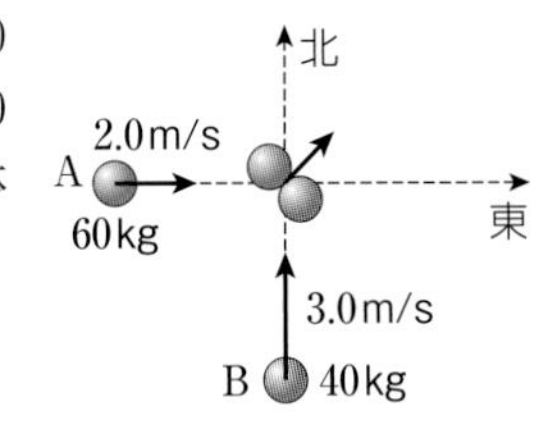

(1)　衝突後，一体となった物体の速度を求めよ。

(2)　衝突によって失われた力学的エネルギーを求めよ。

指針　(1)　運動量保存の法則から，東西，南北の各方向において，A，Bの運動量の成分の和は保存される。　(2)　衝突前後の力学的エネルギーの差を求める。

解説　(1)　東向きに x 軸，北向きに y 軸をとり，衝突後，一体となった物体の速度成分をそれぞれ v_x，v_y とする。各方向の運動量の成分の和は保存されるので，

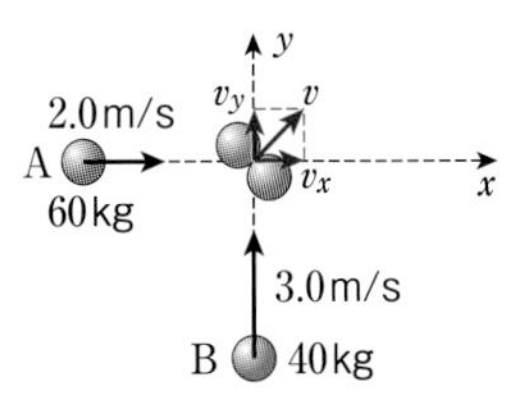

x 成分：$60\times2.0=(60+40)\times v_x$　$v_x=1.2\,\text{m/s}$

y 成分：$40\times3.0=(60+40)\times v_y$　$v_y=1.2\,\text{m/s}$

$v_x=v_y$ から，速度の向きは北東向きである。一体となった物体の速度 v は，三平方の定理から，

$v=\sqrt{1.2^2+1.2^2}=1.2\sqrt{2}=1.2\times1.41$

$=1.69\,\text{m/s}$　　**北東向きに 1.7m/s**

(2)　衝突前のA，Bの運動エネルギーの和は，

$\frac{1}{2}\times60\times2.0^2+\frac{1}{2}\times40\times3.0^2=300\,\text{J}$

衝突後のA，Bの運動エネルギーの和は，

$\frac{1}{2}\times(60+40)\times(1.2\sqrt{2})^2=144\,\text{J}$

位置エネルギーは，衝突の前後で変化しない。したがって，失われた力学的エネルギーは，

$300-144=156\,\text{J}$　　**1.6×10^2J**

基本例題9　衝突と力学的エネルギー

➡基本問題 42，43

右向きに速さ 2.0m/s で進む質量 20kg の球Aと，左向きに速さ 1.0m/s で進む質量 10kg の球Bが正面衝突をした。両球間の反発係数を 0.50 として，次の各問に答えよ。

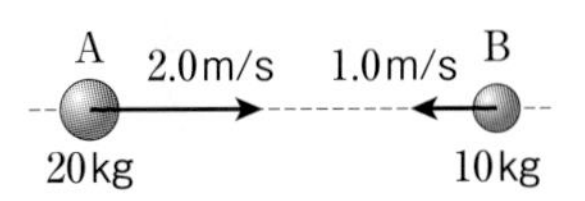

(1)　衝突後のA，Bの速度をそれぞれ求めよ。

(2)　衝突によって失われた力学的エネルギーを求めよ。

指針　運動量保存の法則の式と反発係数の式をそれぞれ立て，連立させて解く。

$m_1v_1+m_2v_2=m_1v_1'+m_2v_2'$

$e=-\frac{v_1'-v_2'}{v_1-v_2}$

解説　(1)　右向きを正の向きとし，衝突後のA，Bの速度をそれぞれ v_1'，v_2' とする。運動量保存の法則から，

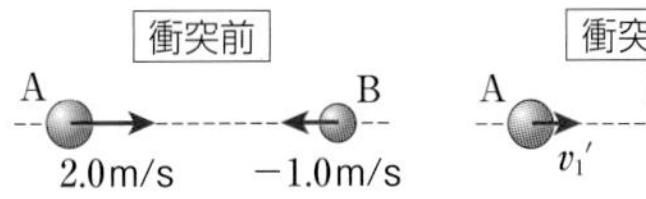

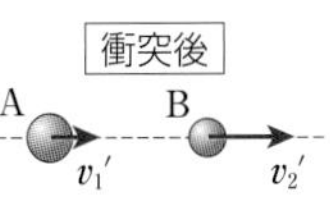

$20\times2.0+10\times(-1.0)=20v_1'+10v_2'$

反発係数の式は，　$0.50=-\frac{v_1'-v_2'}{2.0-(-1.0)}$

2つの式から，$v_1'=0.50\,\text{m/s}$，$v_2'=2.0\,\text{m/s}$

A：**右向きに 0.50m/s**，B：**右向きに 2.0m/s**

(2)　位置エネルギーは，衝突の前後で変化しない。失われた力学的エネルギーは，(衝突前)−(衝突後)の運動エネルギーを計算して求められる。

$\left(\frac{1}{2}\times20\times2.0^2+\frac{1}{2}\times10\times1.0^2\right)$

$-\left(\frac{1}{2}\times20\times0.50^2+\frac{1}{2}\times10\times2.0^2\right)$

$=22.5\,\text{J}$　　**23J**

基本問題

知識

29. 運動量の変化と力積 なめらかな水平面上で静止していた質量0.50kgの台車に，右向きに4.0Nの力を0.20s間加えた。台車が受けた力積と台車の速度を求めよ。

➡ 例題5

知識

30. 運動量の変化と力積 水平右向きに速さ40m/sで飛んできた質量0.15kgのボールをバットで打ったところ，鉛直上向きに同じ速さで飛んだ。次の各問に答えよ。

(1) ボールがバットから受けた力積の大きさと向きを求めよ。

(2) ボールとバットの接触時間が1.0×10^{-2}sであるとき，ボールがバットから受けた平均の力の大きさを求めよ。

➡ 例題6

思考

31. 力積と $F-t$ グラフ 質量5.0kgの物体が，x軸上を正の向きに進んでおり，原点を速さ8.0m/sで通過した瞬間から，x軸の正の向きに図のように変化する力を受けた。

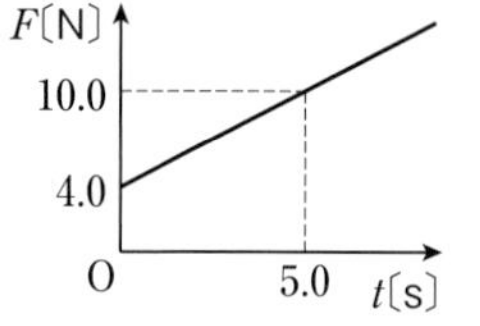

(1) はじめの5.0s間で物体が受けた力積の大きさを求めよ。

(2) $t=5.0$sにおける物体の速さを求めよ。

➡ 例題5

知識

32. 直線上での運動量の保存 なめらかな水平面上で，質量1.5kgの台車Aが，右向きに速さ4.0m/sで進み，左向きに2.0m/sで進んできた質量1.0kgの台車Bと正面衝突し，一体となって運動した。衝突後，一体となった台車の速度を求めよ。また，衝突によって失われた力学的エネルギーを求めよ。

➡ 例題8

思考 記述

33. 摩擦のある台上での運動 図のように，なめらかな床面ABCDの水平面CD上に，上面が粗く，質量$3m$の水平な台が置かれている。質量mの小物体が，速さvで水平面AB上をすべってきて，台上に移動し，しばらくすると小物体は台に対して静止し，台と一体となって運動した。小物体と台との間の動摩擦係数をμ'とする。

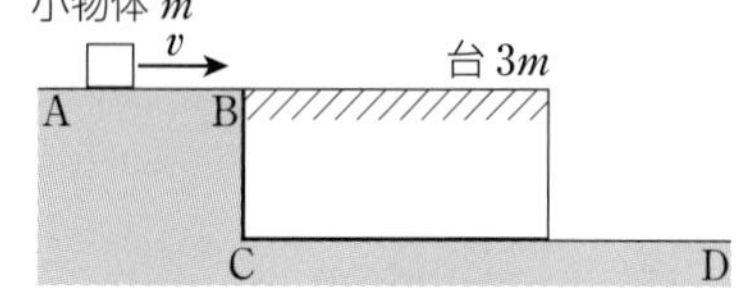

(1) 小物体と台が一体となって運動するときの速さを求めよ。

(2) 小物体が台上に移動してから台に対して静止するまでの間に，小物体と台の力学的エネルギーの和は変化する。その理由を答えよ。

ヒント (2) 内力が保存力であるかを考える。

知識

34. 平面上での分裂 なめらかな水平面上を北東の向きに進む質量5.0kgの物体が，3.0kgのA，2.0kgのBの2つに分裂した。Aは北向きに進み，Bは東向きに10m/sで進んだ。

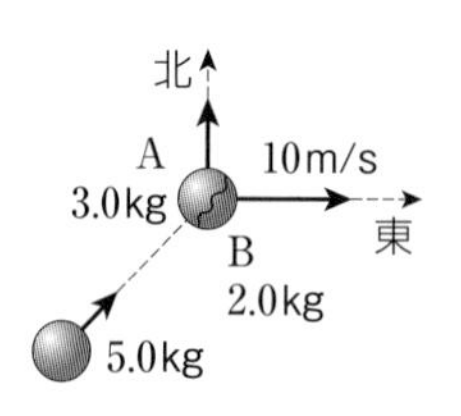

(1) 分裂前の物体の速さを求めよ。

(2) 分裂後のAの速さを求めよ。

➡ 例題7

知識

35. **ばねと分裂** 質量1.0kgの台車Aと，おもりをのせて質量2.0kgにした台車Bを，押し縮めた軽いばねをはさんで糸でつないで静止させる。糸を静かに切ると，Aは速さ1.0m/sで左向きに動き始めた。

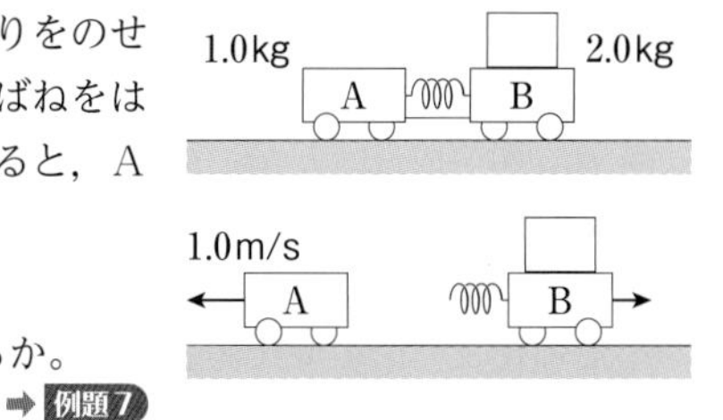

(1) 台車Bはいくらの速さで動き始めるか。

(2) ばねがたくわえていたエネルギーはいくらか。

➡ 例題7

知識

36. **ロケットの分離** 質量mの宇宙船Sと，エンジンEが結合したロケットがある。エンジンEの燃焼が終了したとき，その質量はMになり，ロケットの速さはVになった。このとき，ロケットはエンジンEを後方に分離し，分離後の宇宙船Sに対するエンジンEの相対的な速さはu，宇宙船Sの速さはv_Sであった。

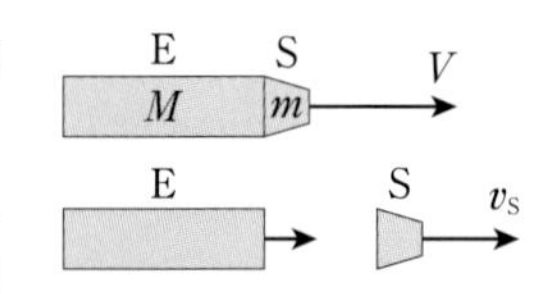

(1) 分離後のエンジンEの進む向きは，宇宙船Sの進む向きと同じであった。エンジンEの速さをu，v_Sを用いて表せ。

(2) 分離後の宇宙船Sの速さv_Sを求めよ。

➡ 例題7

思考

37. **重心の運動** なめらかな水平面上に台ABが置かれ，その中央に人がのっている。図のように，水平方向にx軸をとると，台と人をまとめて1つの物体系としたときの重心は原点Oにあった。この状態から，人が歩いて端Bに達したときの物体系の重心の位置は，$x<0$，$x=0$，$x>0$のどこにあるか答えよ。

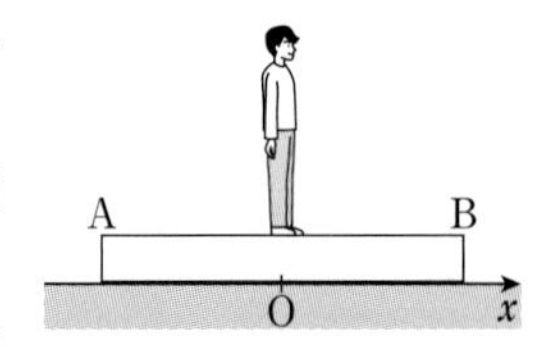

知識

38. **平面上での衝突** なめらかな水平面上で，東向きに速さ6.0m/sで進んできた質量2.0kgの物体Aと，北向きに速さ2.0m/sで進んできた質量3.0kgの物体Bが衝突し，Aは北向きに，Bは東向きに進んだとする。衝突後のA，Bの速さをそれぞれ求めよ。

➡ 例題8

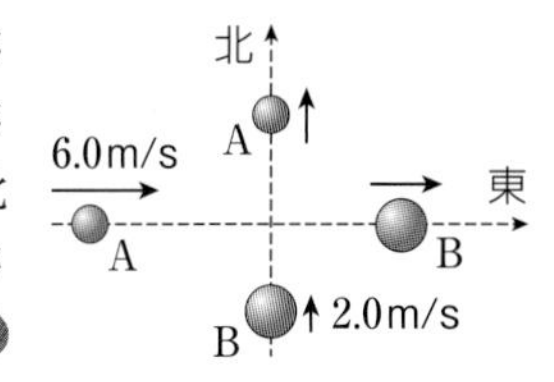

知識

39. **反発係数** 床からの高さ1.0mの位置から，小球を静かに落とすと，床にあたってはねかえり，0.64mの高さまで上がった。次の各問に答えよ。

(1) 小球と床との間の反発係数はいくらか。

(2) 小球が再び床に落下して，2回目にはね上がる高さはいくらか。

知識

40. **斜めの衝突** 図のように，ボールが，速さ2.0m/sで床とのなす角が60°で衝突し，床と30°の角をなしてはねかえった。ボールと床との間の反発係数はいくらか。ただし，床に平行な方向の速さは，衝突によって変化しないものとする。

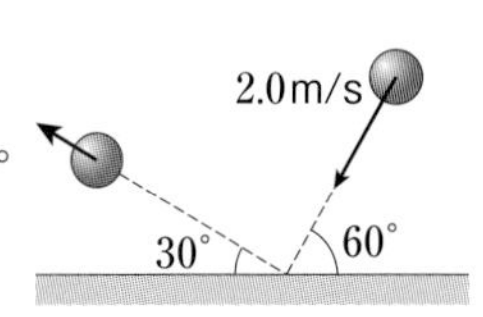

知識

41．壁との衝突 図のように，水平な床の点Pから距離Sはなれた鉛直な壁に向かって，初速度$\vec{v_0}$(水平成分の大きさv_x，鉛直成分の大きさv_y)で小球を発射したところ，小球は，床から高さhの点Qで壁に垂直に衝突してはねかえり，壁の前方の点Rに落下した。重力加速度の大きさをg，小球と壁との間の反発係数を0.60とする。次の各問に答えよ。

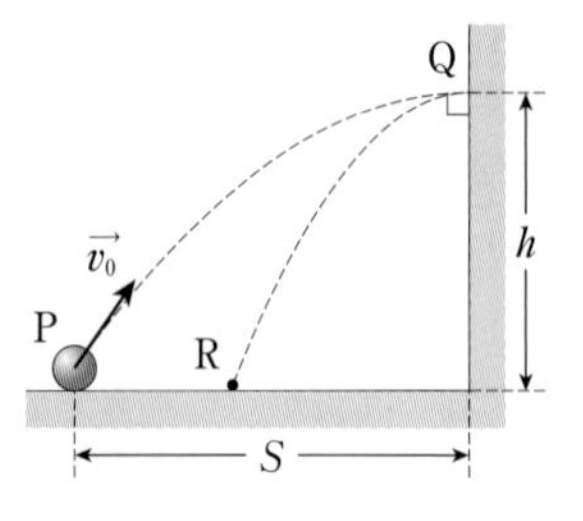

(1)　小球が点Pから点Qに到達するまでの時間を，v_y，gを用いて表せ。

(2)　点Pでの小球の速度成分v_x，v_yを，h，g，Sのうち，必要なものを用いて表せ。

(3)　小球が点Qから点Rに到達するまでの時間を，h，gを用いて表せ。

(4)　壁から点Rまでの距離を，Sを用いて表せ。

ヒント　壁に垂直に衝突とは，最高点で衝突したことを意味し，P→QとQ→Rに要する時間は等しい。

知識

42．衝突とエネルギー なめらかな水平面上で，速さ2.0m/sで運動していた質量1.0kgの物体Aが，後方から速さ8.0m/sで進んできた質量2.0kgの物体Bに追突された。その後，A，Bは，図のように，それぞれ速さv_A，v_Bで運動を続けた。次の各問に答えよ。

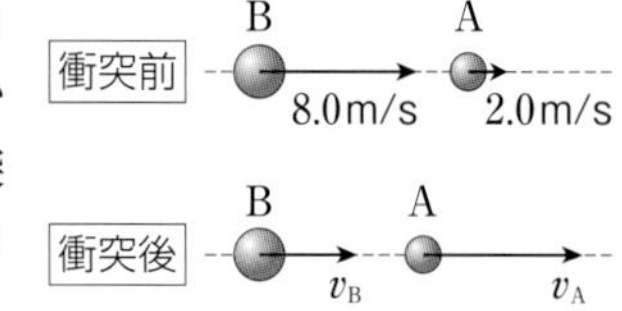

(1)　AとBとの間の反発係数を0.50として，v_A，v_Bをそれぞれ求めよ。

(2)　衝突によって失われた力学的エネルギーを求めよ。

➡例題9

知識

43．さまざまな衝突 なめらかな水平面上に，等しい質量m〔kg〕の小球A，Bがある。Aが速さv〔m/s〕で等速直線運動をして，静止しているBに正面衝突をした。反発係数eが，次の(1)～(3)の場合，衝突後のA，Bの速さと，衝突のときの力学的エネルギーの変化量をそれぞれ求めよ。

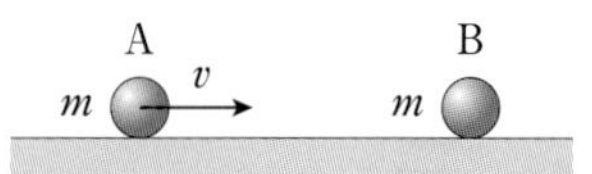

(1)　$e=1$　　(2)　$e=\frac{3}{5}$　　(3)　$e=0$

➡例題9

知識

44．合体とエネルギー 図のように，なめらかな水平面上に，ばね定数kのばねにつながれた質量Mの物体が置かれており，ばねは壁に固定されている。そこに，質量mの弾丸が右向きに飛んできて，速さv_0で物体に衝突し，一体となって運動してばねを押し縮めた。衝突は瞬間的におこったとする。

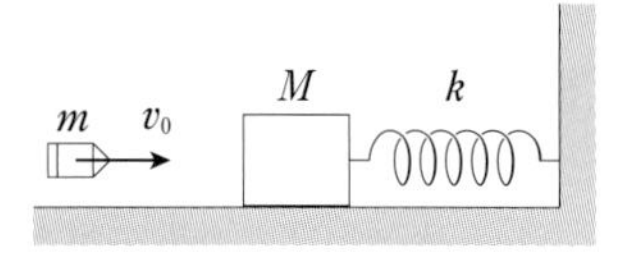

(1)　一体となった直後の物体と弾丸の速さを求めよ。

(2)　衝突によって失われた力学的エネルギーを求めよ。

(3)　衝突後，ばねは最大どれだけ縮むか。

➡例題8

ヒント　(1) 衝突前，なめらかな水平面上で物体が静止しており，ばねは自然の長さである。衝突は瞬間的であり，衝突前と衝突直後で，ばねは力をおよぼさず，物体と弾丸の運動量の和は保存される。

発展例題5　重ねた物体との衝突

➡発展問題 46，47

図のように，水平でなめらかな床の上に，質量 $2m$ の物体Aが置かれ，その上に質量 m の物体Bが置かれている。AとBの間には摩擦がなく，AとBの間には摩擦があるとする。物体Aの左側から，質量 m の物体Cを速さ v_0 で衝突させると，衝突は瞬間的におこり，最初，物体Bは動かなかったが，やがてBはAの上にのったまま，Aと同じ速度で運動するようになった。AとCの間の反発係数を e とし，右向きを正とする。衝突直後のAとCの速度をそれぞれ求めよ。また，一体となったときのAとBの速度を求めよ。

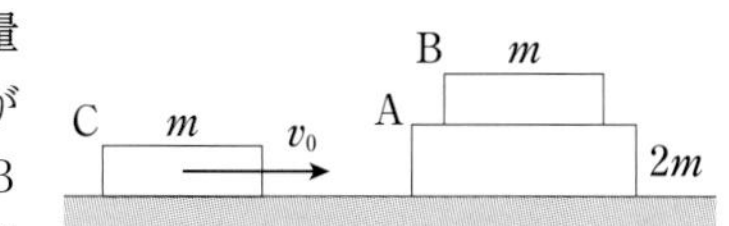

指針　衝突は瞬間的におこるので，衝突直後では，AとBの間でおよぼしあう摩擦力による力積は0とみなせ，Bの速度は0である。したがって，衝突前と衝突直後で，AとCの運動量の和は保存される。その後，Bは動き出すが，衝突直後とそのときのA，Bの運動量の和は保存される。

解説　衝突直後のCの速度を v_C，Aの速度を v_A とする(図)。このとき，AがBから受ける力積は0とみなせる。したがって，運動量保存の法則から，右向きが正なので，

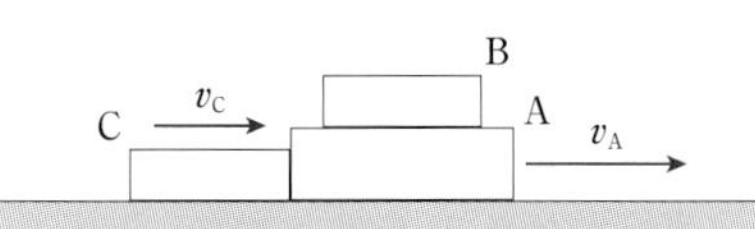

$$mv_0 = mv_C + 2mv_A$$

反発係数の式は，　$e = -\dfrac{v_A - v_C}{0 - v_0}$

2式から，　$v_A = \dfrac{\mathbf{1+e}}{\mathbf{3}}\boldsymbol{v_0}$　　$v_C = \dfrac{\mathbf{1-2e}}{\mathbf{3}}\boldsymbol{v_0}$

また，一体となったときのAとBの速度を v_{AB} とする。衝突直後と一体となったときとで，AとBの運動量の和は保存されるので，

$$2mv_A + 0 = (2m+m)v_{AB}$$

$$2m\frac{1+e}{3}v_0 + 0 = 3mv_{AB} \qquad v_{AB} = \frac{\mathbf{2(1+e)}}{\mathbf{9}}\boldsymbol{v_0}$$

発展例題6　斜めの衝突

➡発展問題 48

高さ h の点Aから，小球を速さ v_0 で水平に投げたところ，水平でなめらかな床の上の点Bで衝突してはねかえり，再び点Cで床に衝突した。小球と床との間の反発係数を e，重力加速度の大きさを g として，BC 間の距離を求めよ。

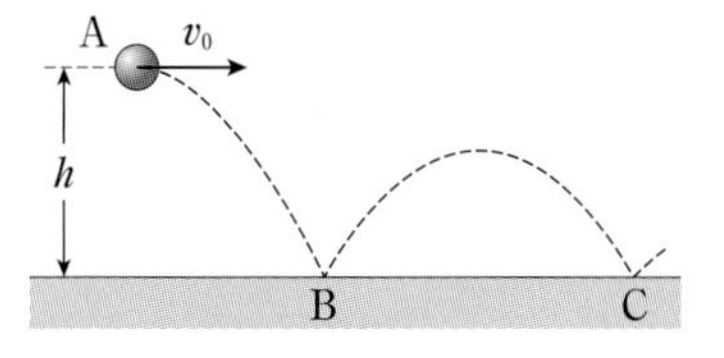

指針　衝突の際，摩擦力がはたらかないので，小球の速度の水平成分は変わらず，衝突直後の鉛直成分の大きさは e 倍になる。この鉛直成分を用いて，点Bから次の最高点までの時間 t を求めると，BC 間の時間は $2t$ なので，BC 間の距離は $v_0 \times 2t$ として求められる。

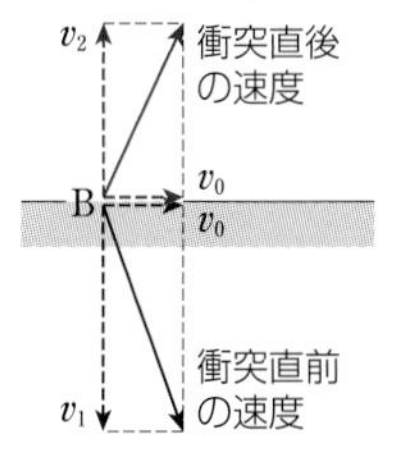

解説　点Bでの衝突直前の速度の鉛直成分の大きさを v_1 とすると，自由落下の公式「$v^2=2gy$」から，

$$v_1{}^2 = 2gh \qquad v_1 = \sqrt{2gh}$$

衝突直後の速度の鉛直成分の大きさを v_2 とすると，　$v_2 = ev_1 = e\sqrt{2gh}$

点Bから次の最高点までの時間を t とすると，最高点では速度の鉛直成分が0なので，公式「$v = v_0 - gt$」から，

$$0 = v_2 - gt \qquad t = \frac{v_2}{g} = \frac{e\sqrt{2gh}}{g} = e\sqrt{\frac{2h}{g}}$$

したがって，BC 間の距離 x は，

$$x = v_0 \times 2t = \boldsymbol{2ev_0\sqrt{\frac{2h}{g}}}$$

発展問題

思考 記述

45. 斜め方向の衝突 なめらかな水平面上を，質量mの小球Aが速さvで一直線上を進み，静止していた質量mの小球Bに衝突した。衝突後，小球Aは衝突前の進行方向から右へ30°の向きに速さv_Aで進み，小球Bは左へ60°の向きに速さv_Bで進んだ。

(1) v_A，v_Bをそれぞれvを用いて表せ。

(2) この衝突が弾性衝突であることを示せ。

(21．滋賀県立大　改)

知識

46. 台と小球の運動 図のように，なめらかな曲面と水平面，鉛直な壁Wをもつ質量Mの台が，摩擦のない床の上に置かれている。台上の点Pから，質量mの小球を静かにすべらせた。壁Wと小球の間の反発係数を$e(0<e<1)$，点Pの水平面ABからの高さをh，重力加速度の大きさをgとし，速度はすべて床に対するものとして，右向きを正とする。

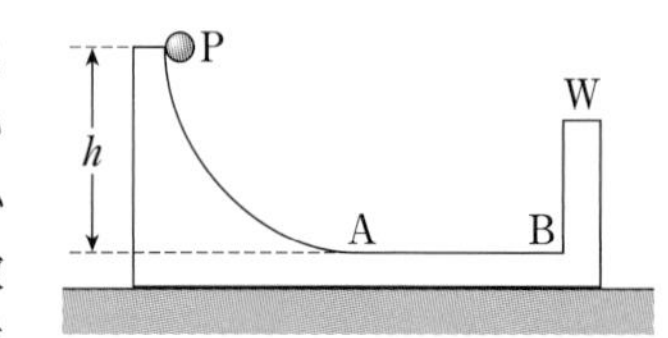

(1) 小球と台が運動している間，小球と台の運動量の水平成分の和を求めよ。

(2) 小球が最初に点Aを通過するときの，小球の速度vと台の速度Vを求めよ。

(3) 小球が壁Wと最初に衝突した直後の，小球の速度v'と台の速度V'を求めよ。

(4) 衝突後，小球が達する最高点の水平面ABからの高さh'を求めよ。

(17．兵庫県立大　改) ➡例題5

知識

47. ばねと衝突 図のように，小球A，B，Cが一直線上に並んでいる。A，Cの質量をm，Bの質量をMとする。AとBは，ばね定数kの軽いばねでつながれている。はじめ，ばねは自然長であり，A，Bは静止している。また，Aは壁に接している。小球の運動は一直線上でおこり，床はなめらかであるものとする。

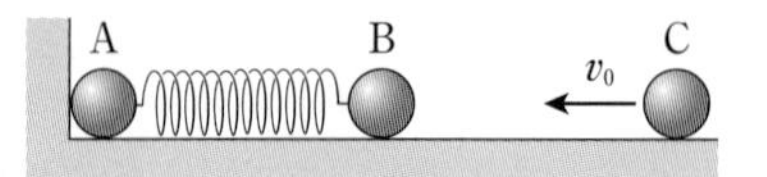

(1) Cが左向きに一定の速さv_0で運動し，Bと弾性衝突をした後，運動方向を右向きに変えた。この衝突直後のBの速さVを，m，M，v_0を用いて表せ。

(2) (1)の衝突の直後から，Bの運動に伴い，ばねはいったん縮んだ後，再び伸びて自然長にもどる。この間に壁がAに与える力積の大きさを，Vを用いて表せ。

(3) ばねが自然長にもどった後，Aは壁をはなれ，ばねは伸縮を繰り返しながら，全体として右向きに運動する。この運動でばねが最も縮んだときの自然長からの縮み，およびそのときのA，Bの速さを，Vを用いてそれぞれ表せ。

(13．神戸大　改)

ヒント

45 (2) 弾性衝突の場合，力学的エネルギーは保存される。

46 小球と台をまとめて1つの物体系と考えると，運動量の水平成分の和は保存される。

47 (3) ばねが最も縮んだとき，A，Bの速さは等しい。

知識

48. 小球と床との繰り返し衝突 なめらかで水平な床上の点Oから，水平面からθの角度に小球を速さv_0で投げ上げた。点Q_1で床との1回目の衝突をし，再び放物運動をした後，点Q_2で2回目の衝突をした。その後，小球は床と衝突を繰り返し，点Rを通過して以降，はねかえらずに床の上をすべり出した。小球と床との間の反発係数を$e(<1)$，重力加速度の大きさをgとして，次の各問に答えよ。

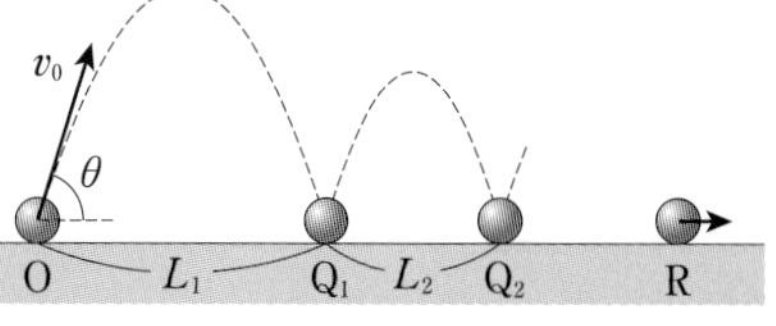

(1) 点OからQ_1に達するまでの時間はいくらか。

(2) 点OとQ_1の距離L_1はいくらか。

(3) 点Q_1とQ_2の距離L_2はいくらか。また，$\dfrac{L_2}{L_1}$はいくらか。

(4) 点OとRの距離Lを，v_0，θ，g，eを用いて表せ。 （大阪工業大　改） ➡例題6

思考 やや難

49. 平面上での衝突 水平な氷の表面上で静止している円盤Aに，円盤Bが衝突する。A，Bはともに質量mで，側面はなめらかであり，底面は粗いとする。重力加速度の大きさをg，A，Bと氷の間の動摩擦係数をμ'とする。

図1のように，Bがy軸と平行な線上を正の向きに進んできて，原点に静止しているAと衝突する。衝突する直前のBの速さをvとし，AとBの間の反発係数を1とする。次の各問に答えよ。

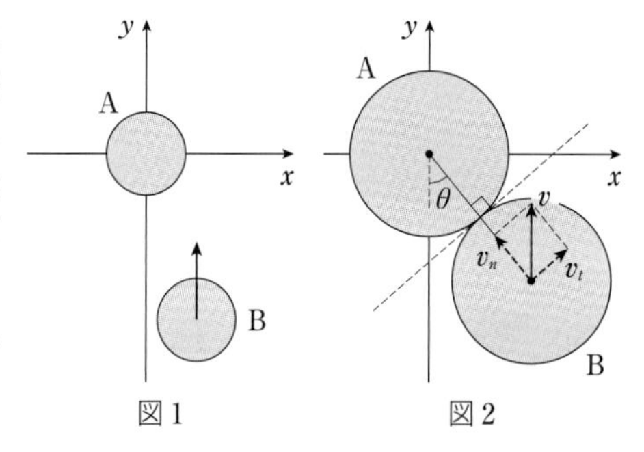

図1　図2

(1) 図2のように，衝突する瞬間の円盤A，Bの各中心を結ぶ線分とy軸のなす角をθとする。衝突する直前のBの速度ベクトルの，破線(A，Bの接触点において各中心を結ぶ線分と直交する線)に垂直な成分v_nと，平行な成分v_tを，vとθを用いてそれぞれ表せ。ただし，図2のv_nとv_tの向きを，垂直方向と平行方向のそれぞれの正の向きとする。

(2) 衝突した直後のAの速度ベクトルを，破線に垂直な成分w_nと平行な成分w_tに分解したとき，w_nとw_tをそれぞれ求めよ。ただし，垂直方向と平行方向のそれぞれの正の向きを(1)と同じとする。

(3) 衝突して動き出したAが静止するときの，Aの中心点のx座標，y座標をそれぞれ求めよ。

（東京都立大　改）

ヒント

48 (2)(3) 水平方向の速度は，衝突によって変化しない。

(4) 無限等比級数の和の公式「$1+e+e^2+\cdots=\dfrac{1}{1-e}$」を利用する。

49 (2) 図2の破線に垂直な方向で，反発係数の式を考える。

4 円運動

1 円運動

❶弧度法　円の半径に等しい長さの弧に対する中心角は，円の大きさに関係なく常に一定である。この一定の角を1**ラジアン**(記号 rad)として，角の大きさを表す方法を**弧度法**という。半径 r，弧の長さ L のときの中心角 θ は，

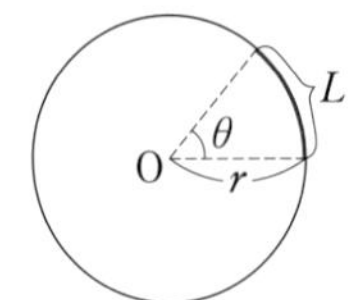

$$\boldsymbol{\theta=\frac{L}{r}}\text{〔rad〕}\quad\cdots①\qquad \boldsymbol{L=r\theta}\quad\cdots②$$

円周に対する中心角は 2π rad。　$2\pi\,\text{rad}=360^\circ$　　$1\,\text{rad}=\dfrac{180^\circ}{\pi}\ (\fallingdotseq 57.3^\circ)$

❷等速円運動　円周上を一定の速さで動く運動を**等速円運動**という。

(a)　**角速度**　半径 r〔m〕の円周上を物体が等速円運動をしているとする。このとき，単位時間あたりの物体の回転角を**角速度**という。t〔s〕間に θ〔rad〕回転したときの角速度を ω とすると，

$$\boldsymbol{\omega=\frac{\theta}{t}}\quad\left(\textbf{角速度}\text{〔rad/s〕}=\frac{\textbf{回転角}\text{〔rad〕}}{\textbf{経過時間}\text{〔s〕}}\right)\quad\cdots③$$

角速度の単位は**ラジアン毎秒**(記号 rad/s)。

(b)　**速度**　等速円運動をする物体の速度の方向は円の接線方向であり，その大きさ(速さ) v〔m/s〕は，

$$\boldsymbol{v=r\omega}\quad(\textbf{速さ}\text{〔m/s〕}=\textbf{半径}\text{〔m〕}\times\textbf{角速度}\text{〔rad/s〕})\quad\cdots④$$

(c)　**周期と回転数**　等速円運動をする物体の周期を T〔s〕，回転数を n〔Hz(ヘルツ)〕(Hz＝1/s)とすると，

$$\boldsymbol{T=\frac{2\pi r}{v}=\frac{2\pi}{\omega}}\quad\cdots⑤\qquad \boldsymbol{n=\frac{1}{T}}\quad\cdots⑥$$

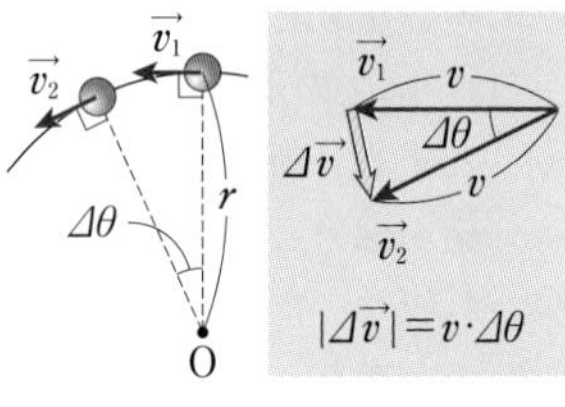

(d)　**加速度**　加速度の大きさ a〔m/s²〕は，

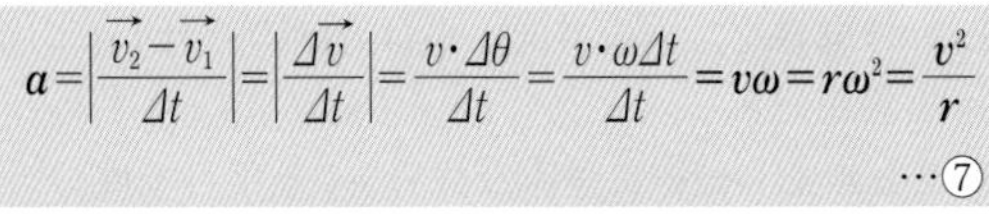

$$\boldsymbol{a=\left|\frac{\vec{v_2}-\vec{v_1}}{\Delta t}\right|=\left|\frac{\Delta\vec{v}}{\Delta t}\right|=\frac{v\cdot\Delta\theta}{\Delta t}=\frac{v\cdot\omega\Delta t}{\Delta t}=v\omega=r\omega^2=\frac{v^2}{r}}\quad\cdots⑦$$

向きは，常に円の中心に向かう向き(向心加速度)。

(e)　**向心力**　円運動をする質量 m〔kg〕の物体は，常に円の中心に向かう向心力を受ける。その大きさを F〔N〕とすると，

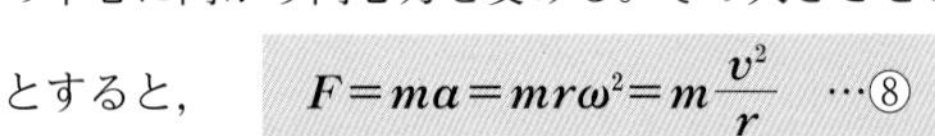

$$\boldsymbol{F=ma=mr\omega^2=m\frac{v^2}{r}}\quad\cdots⑧$$

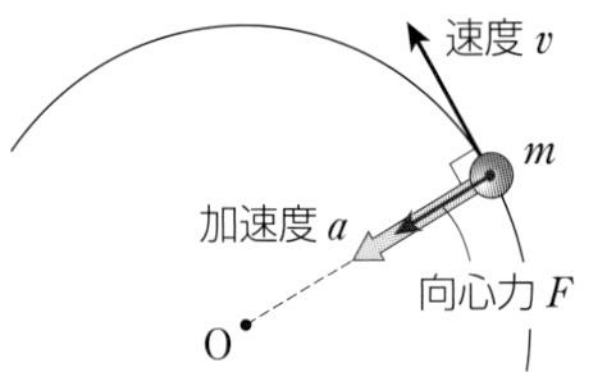

❸鉛直面内の円運動　振り子のように，物体が鉛直面内の円軌道上を運動するとき，速さが刻々と変化するため，等速円運動ではない。しかし，円軌道上の任意の位置において，物体にはたらく円の中心方向(半径方向)の力と加速度との関係は，等速円運動と同じと考え，運動方程式を立てることができる。

2 慣性力

❶慣性系　加速度運動をしていない観測者の立場を**慣性系**という。慣性系では，実際にはたらく力だけで運動の法則が成り立つ。

❷慣性力と非慣性系　観測者が加速度運動をしていることで現れる見かけの力を**慣性力**といい，加速度運動をしている観測者の立場を**非慣性系**という。加速度 $\vec{a}$ で運動をしている観測者から質量 m の物体を見たとき，物体には，本来の力 $\vec{F}$ のほかに，慣性力 $-m\vec{a}$ がはたらくように見える。

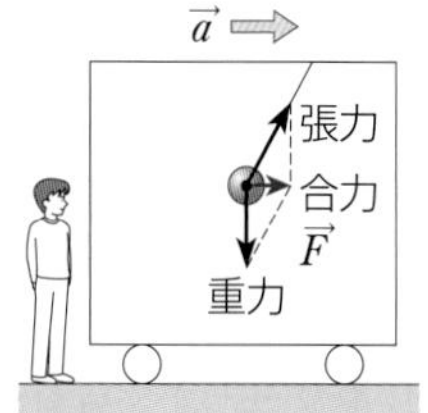

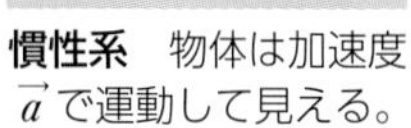
慣性系　物体は加速度 $\vec{a}$ で運動して見える。

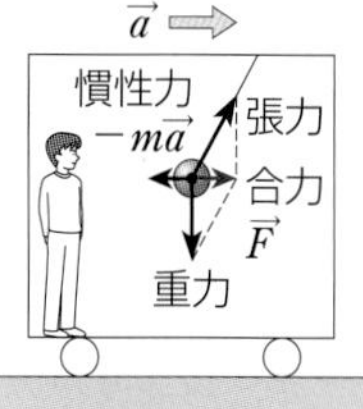

非慣性系　物体は静止して見える。

❸遠心力　観測者が物体とともに円運動をするときの慣性力。半径 r〔m〕，角速度 ω〔rad/s〕で，物体とともに等速円運動をする観測者の立場(非慣性系)を基準にすると，物体には，回転軸から遠ざかる向きに遠心力がはたらく。遠心力の大きさ F'〔N〕は，

$$F'=mr\omega^2=m\frac{v^2}{r} \quad \cdots⑨$$

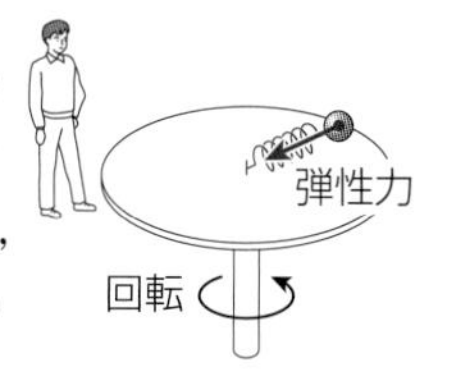

慣性系　物体は弾性力を向心力として円運動をして見える。

非慣性系　物体は弾性力と遠心力がつりあって静止して見える。

プロセス　次の各問に答えよ。

1　直角は何 rad か。また，60° は何 rad か。

2　物体が一定の速さで円運動をしている。このとき，物体の速度と加速度はそれぞれどの向きであるか。また，物体が受けている力の合力はどの向きか。

3　図のように，水平な粗い回転盤の上で，物体が回転盤とともに等速で回転している。このとき，物体が回転盤から受ける摩擦力の向きは，ア～エのどれか。

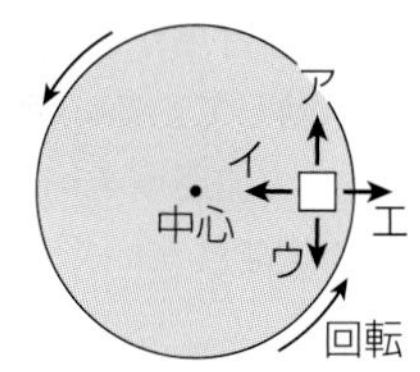

4　質量 1.0kg の物体が，半径 1.0m の円周上を 6.0s 間に 3.0 回転の割合で等速円運動をしている。周期，速さ，角速度，向心力の大きさをそれぞれ求めよ。

5　振り子が最下点を通るとき，糸の張力の大きさとおもりが受ける重力の大きさは，どちらが大きいか，または等しいか。

6　速度 20m/s の車が，ブレーキをかけて 10s 後に止まった。この間の運動を等加速度直線運動として，車内にいる質量 50kg の人が受ける慣性力の大きさを求めよ。

7　車が速さ 10m/s で，半径 20m のカーブを曲がっている。車に乗っている質量 50kg の人も同じ運動をしているとして，人が受けている遠心力の大きさを求めよ。

解答

1 $\frac{\pi}{2}$ rad, $\frac{\pi}{3}$ rad　**2** 速度：円の接線の向き，加速度：円の中心の向き，合力：円の中心の向き　**3** イ
4 2.0s，3.1m/s，3.1rad/s，9.9N　**5** 張力の方が大きい　**6** 1.0×10^2N　**7** 2.5×10^2N

解説動画

基本例題10　等速円運動

➡基本問題 50, 51, 52, 53

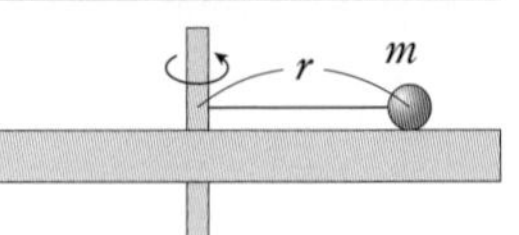

図のように，長さ r〔m〕の糸の一端に質量 m〔kg〕の小物体をつけ，なめらかな水平台上で周期 T〔s〕の等速円運動をさせる。次の各問に答えよ。

(1)　この等速円運動について，次の各量を求めよ。

(ア)　角速度　(イ)　小物体の速さ　(ウ)　糸の張力の大きさ

(2)　この糸は張力が 18N をこえると，切れるものとする。$r=1.0$m，$m=0.50$kg のとき，角速度がいくらよりも大きくなると糸が切れるか。

指針　物体にはたらく力は，重力，糸の張力，垂直抗力の3力であり，物体は，張力を向心力として等速円運動をする。

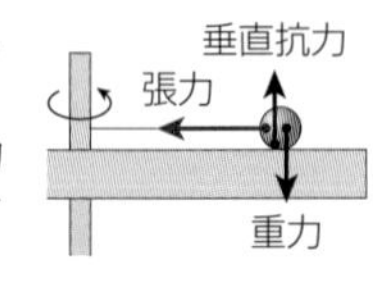

解説　(1)　角速度を ω_1〔rad/s〕とする。

(ア)　$T=\dfrac{2\pi}{\omega}$ から，　$\omega_1=\dfrac{\boldsymbol{2\pi}}{\boldsymbol{T}}$〔rad/s〕

(イ)　速さ v〔m/s〕は，　$v=r\omega_1=\dfrac{\boldsymbol{2\pi r}}{\boldsymbol{T}}$〔m/s〕

(ウ)　物体は，糸の張力を向心力として等速円運動をしている。糸の張力の大きさ S〔N〕は，

$$S=mr\omega_1{}^2=mr\left(\frac{2\pi}{T}\right)^2=\frac{\boldsymbol{4\pi^2 mr}}{\boldsymbol{T^2}}\text{〔N〕}$$

(2)　切れる直前の糸の張力は 18N なので，求める角速度を ω_2〔rad/s〕とすると，

$$mr\omega_2{}^2=18 \qquad \omega_2{}^2=\frac{18}{mr}$$

$$\omega_2=\sqrt{\frac{18}{mr}}=\sqrt{\frac{18}{0.50\times1.0}}=\sqrt{36}$$

$=\boldsymbol{6.0}$**rad/s**

基本例題11　慣性力

➡基本問題 58, 59, 60

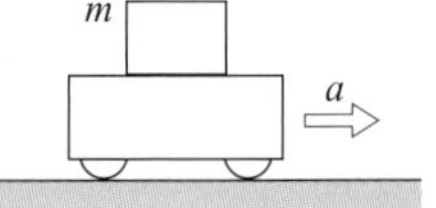

水平面上に台車があり，台車の上に質量 m〔kg〕の物体を置く。台車と物体の間の静止摩擦係数を μ，重力加速度の大きさを g〔m/s²〕として，次の各問に答えよ。

(1)　台車が右向きに加速度 a〔m/s²〕で物体と一体となって運動している。台車上から見た物体にはたらく力を図示し，摩擦力の大きさを求めよ。

(2)　加速度を徐々に大きくすると，物体は台車上をすべり出す。物体がすべり出すのは，加速度がいくらよりも大きくなるときか。

指針　台車上から見ると，物体には重力，垂直抗力，静止摩擦力，慣性力がはたらいている。加速度を大きくし，すべり出す直前になったとき，静止摩擦力は，最大摩擦力となる。

解説

(1)　台車上の観測者から見た物体にはたらく力は，図のように示される。慣性力の大きさは ma〔N〕で，その向きは観測者の加速度と逆向きである。

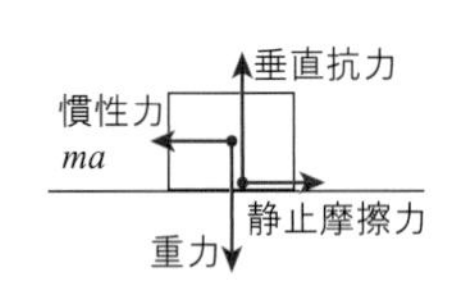

台車上の観測者から見ると，物体は静止しており，力がつりあっている。静止摩擦力の大きさを F〔N〕として，水平方向の力のつりあいの式を立てると，

$F-ma=0 \qquad F=\boldsymbol{ma}$〔N〕

(2)　すべり出す直前，静止摩擦力は最大摩擦力となる。鉛直方向と水平方向のそれぞれの力のつりあいから，

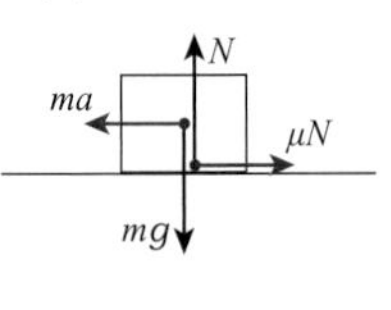

鉛直：$N-mg=0$　…①

水平：$\mu N-ma=0$　…②

式①から，$N=mg$　これを式②に代入し，

$\mu mg-ma=0 \qquad a=\boldsymbol{\mu g}$〔m/s²〕

基本例題12　円錐振り子

➡基本問題 54, 55, 56

図のように，長さLの糸の一端を固定し，他端に質量mのおもりをつけて，水平面内で等速円運動をさせた。糸と鉛直方向とのなす角をθ，重力加速度の大きさをgとして，次の各問に答えよ。

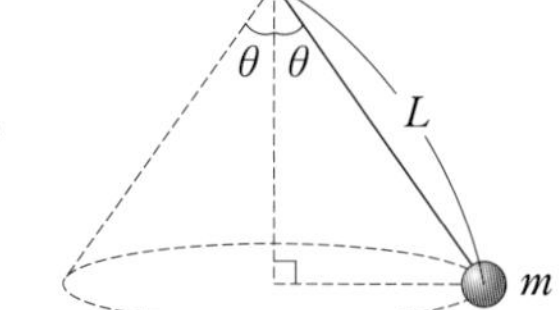

(1)　おもりが受ける糸の張力の大きさはいくらか。

(2)　円運動の角速度と周期は，それぞれいくらか。

指針　地上で静止した観測者には，おもりは重力と糸の張力を受け，これらの合力を向心力として，水平面内で等速円運動をするように見える。この場合の向心力は糸の張力の水平成分である。(1)では，鉛直方向の力のつりあいの式，(2)では，円の中心方向(半径方向)の運動方程式を立てる。なお，円運動の半径は$L\sin\theta$である。

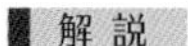

解説

(1)　糸の張力の大きさをSとすると，鉛直方向の力のつりあいから，

$$S\cos\theta - mg = 0$$

$$S = \frac{mg}{\cos\theta}$$

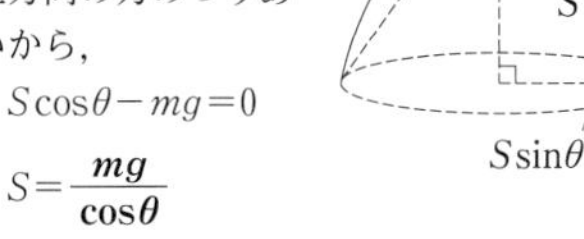

(2)　糸の張力の水平成分$S\sin\theta = mg\tan\theta$が向心力となる。運動方程式「$mr\omega^2 = F$」から，

$$m(L\sin\theta)\omega^2 = mg\tan\theta \qquad \omega = \sqrt{\frac{g}{L\cos\theta}}$$

周期Tは，$T = \dfrac{2\pi}{\omega} = 2\pi\sqrt{\dfrac{L\cos\theta}{g}}$

別解

(2)　おもりとともに円運動をする観測者には，Sの水平成分と遠心力がつりあってみえる。力のつりあいの式を立てると，(2)の運動方程式と同じ結果が得られる。

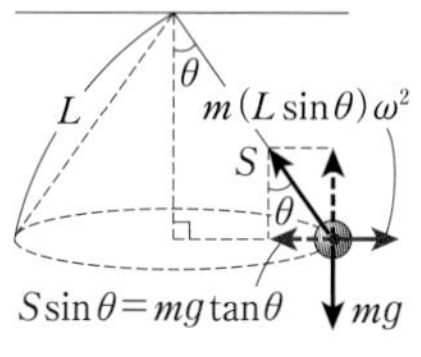

$$m(L\sin\theta)\omega^2 - mg\tan\theta = 0$$

Point　向心力は，重力や摩擦力のような力の種類を表す名称でなく，円運動を生じさせる原因となる力の総称で，常に円の中心を向く。

基本例題13　鉛直面内の円運動

➡基本問題 57

図のように，質量mの小物体が，摩擦のない斜面上の高さhの点から静かにすべりおりた。斜面の最下点は半径rの円の一部になっている。重力加速度の大きさをgとして，次の各問に答えよ。

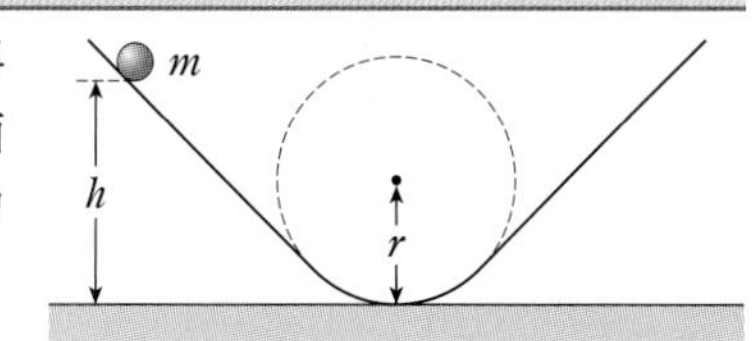

(1)　斜面の最下点での小物体の速さを求めよ。

(2)　斜面の最下点で，小物体が面から受ける垂直抗力の大きさを求めよ。

指針　(1)では，力学的エネルギー保存の法則から速さを求める。この結果を用いて，(2)では，最下点での半径方向の運動方程式を立てる。

解説　(1)　最下点での速さをvとし，すべり始めた直後と最下点に達したときとで，力学的エネルギー保存の法則を用いる。最下点を高さの基準とすると，

$$mgh = \frac{1}{2}mv^2 \qquad v = \sqrt{2gh}$$

(2)　重力と垂直抗力の合力が，最下点での小物体の向心力になる。半径方向の運動方程式は，

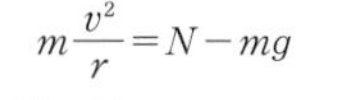

$$m\frac{v^2}{r} = N - mg$$

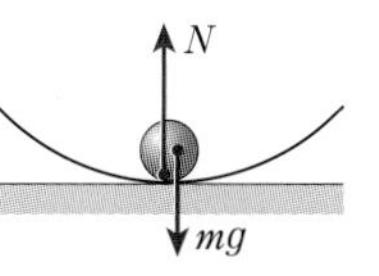

(1)の結果を用いて，

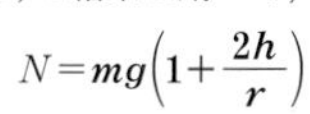

$$N = mg\left(1 + \frac{2h}{r}\right)$$

Point　鉛直面内の運動は等速円運動とならないが，各瞬間において，等速円運動と同様の運動方程式を立てることができる。

基本問題

知識

50. 地球の公転運動 地球の公転は，太陽を中心とした等速円運動と考えることができ，その周期を T，半径を R とする。このとき，地球の角速度，速さ，向心加速度(太陽に向かう加速度)の大きさをそれぞれ求めよ。 ➡例題10

知識

51. 等速円運動 質量 1000kg の自動車が，半径 100m の円周上を速さ 36km/h で等速円運動をしている。次の各問に答えよ。

(1) 自動車の角速度と加速度の大きさをそれぞれ求めよ。

(2) 自動車を円運動させている向心力の大きさを求めよ。また，この自動車の速さだけが 72km/h に変わるとき，向心力の大きさはいくらになるか。 ➡例題10

知識

52. 等速円運動 自然の長さが L のばねの一端に，質量 m のおもりをつけ，他端を回転軸にとりつける。おもりは，水平に置かれた円盤上の，半径に沿ったなめらかな溝の中にあり，円盤の回転にあわせて回転する。この円盤を角速度 ω で回転させると，ばねは長さ x だけ伸びた。

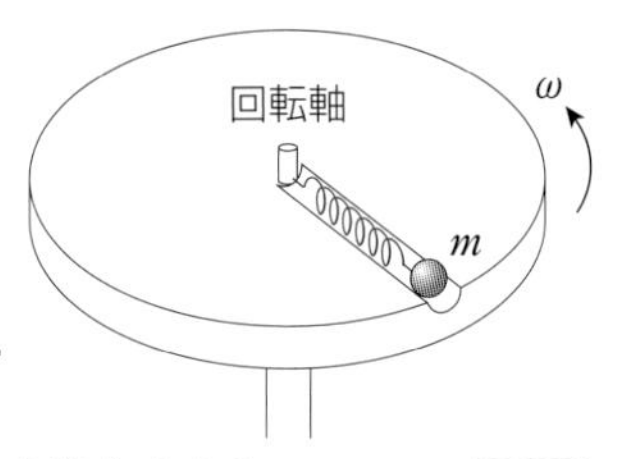

(1) このときのおもりの周期，回転数，速さを求めよ。

(2) おもりが受けている向心力の大きさと，ばねのばね定数を求めよ。 ➡例題10

知識

53. 摩擦と向心力 粗い回転盤の上で，回転軸からの距離が 10cm のところに物体を置き，円盤の回転数をゆっくりと大きくしていくと，毎分60回転をこえたとき，物体がすべり始めた。重力加速度の大きさを 9.8m/s² として，物体と回転盤の間の静止摩擦係数を求めよ。 ➡例題10

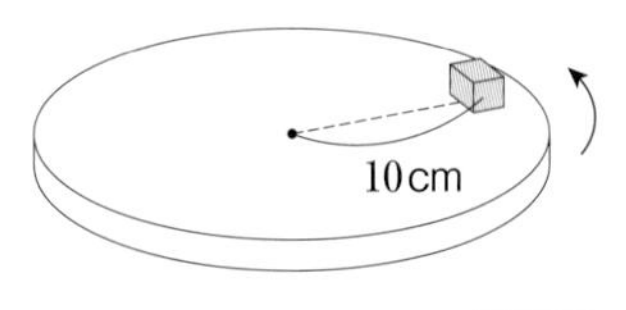

ヒント すべり始める直前で，物体は，最大摩擦力を向心力として等速円運動をしている。

思考

54. 円錐振り子 自然の長さ L，ばね定数 k の軽いばねの一端を天井に固定し，他端に質量 m のおもりをとりつける。図のように，天井からの距離が L の水平面内で，おもりを等速円運動させた。重力加速度の大きさを g とする。

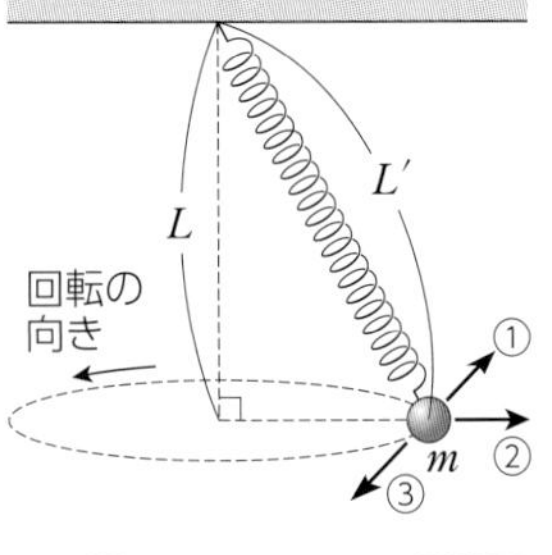

(1) ばねの長さ L' を，k，L，m，g を用いて表せ。

(2) 等速円運動の角速度と周期を，L，g を用いてそれぞれ表せ。

(3) 等速円運動をしているとき，図の状態でおもりがばねから外れた。このとき，おもりは①～③のどちら向きに飛び始めるか。 ➡例題12

ヒント (1) ばねの弾性力の大きさは $k(L'-L)$ であり，この力の鉛直成分と重力がつりあっている。

知識

55. 円錐面内での等速円運動 図のように，内面がなめらかな円錐形容器が，中心軸が鉛直方向と一致するように，頂点を下にして固定されている。頂点を原点とし，鉛直上向きに z 軸をとる。z 軸と側面とのなす角(半頂角)は θ である。円錐形容器の内側の面上にある $z=z_A$ の点Aから，面に沿って水平方向に，質量 m の小球を速さ v_0 で打ち出したところ，小球は一定の高さを保ったまま等速円運動をした。重力加速度の大きさを g とする。

(1) 小球が容器の面から受ける垂直抗力の大きさを，m，g，θ を用いて表せ。

(2) 等速円運動の向心力の大きさを，m，g，θ を用いて表せ。

(3) v_0 を z_A，g を用いて表せ。

(4) 等速円運動の周期を，z_A，g，θ を用いて表せ。

➡ 例題12

ヒント (1)(2) 小球は，重力と垂直抗力を受け，等速円運動をする。水平面内を運動するので，垂直抗力の鉛直成分と重力はつりあっている。また，向心力は水平面内での円の中心を向いている。

思考 記述

56. 円錐面上での等速円運動 図のように，なめらかな側面をもつ半頂角が θ の円錐形容器が，水平面上に固定されている。長さ L の糸の一端を円錐の頂点に固定し，他端に質量 m の小球をつける。円錐面上で，小球を速さ v で等速円運動をさせた。このとき，小球が受ける糸の張力の大きさを T，垂直抗力の大きさを N，重力加速度の大きさを g として，次の各問に答えよ。

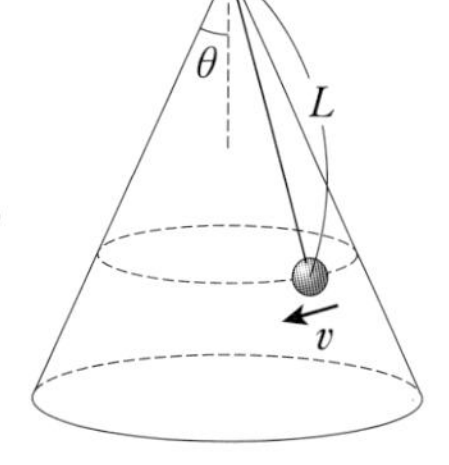

(1) 小球が受ける鉛直方向の力のつりあいの式を示せ。

(2) 小球の半径方向の運動方程式を示せ。

(3) 垂直抗力の大きさ N を，m，L，v，θ，g を用いて表せ。

(4) v がある値 v_0 をこえると，小球が面からはなれる。v_0 を L，θ，g を用いて表せ。

(5) 糸の長さ L を長くすると，v_0 は大きくなるか，小さくなるか。理由とともに答えよ。

ヒント (1)(2) 小球は，重力，張力，垂直抗力を受け，それらの鉛直成分はつりあっている。また，円の中心方向の成分を向心力として，等速円運動をしている。 ➡ 例題12

知識

57. 鉛直面内の円運動 長さ L の糸の一端に質量 m のおもりをつけ，他端を点Oに固定して，振り子とする。糸が鉛直方向と角 θ をなすように，おもりを点Aまでもち上げ，静かにはなした。おもりの最下点をB，重力加速度の大きさを g として，次の各問に答えよ。

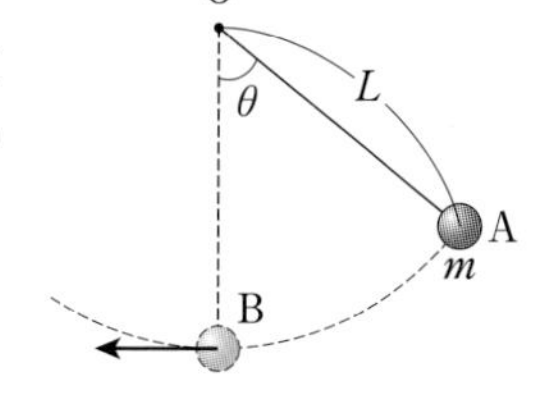

(1) おもりをはなした直後の糸の張力の大きさはいくらか。

(2) 最下点Bにおけるおもりの速さはいくらか。

(3) 最下点Bにおける糸の張力の大きさはいくらか。

➡ 例題13

ヒント (1) このとき，おもりの速さは0なので，向心力は0となる。
(3) おもりは，重力と糸の張力の合力を向心力として円運動をする。

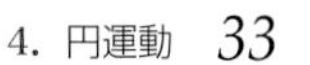

知識

58. エレベーター内の慣性力 エレベーターの床上に体重計を置き，その台の上に質量50kgの人が乗っている。このエレベーターが，鉛直下向きに $2.0\,\mathrm{m/s^2}$ の加速度で下降を始めた。重力加速度の大きさを $9.8\,\mathrm{m/s^2}$ とする。エレベーターとともに運動する観測者の立場で考えるものとして，次の各問に答えよ。

(1) 人が受ける慣性力の大きさと向きを求めよ。

(2) 体重計が示す値は何kgであるか。 ➡ 例題11

知識

59. 台車の運動と慣性力 傾角 θ のなめらかな斜面をもつ台車が，水平面上に置かれている。斜面上の頂点に糸の一端をつけて，他端に質量 m の物体をつなぎ，斜面上に置く。台車に力を加え，大きさ a の加速度で等加速度直線運動をさせたとき，物体は，斜面に対して静止したままであった。重力加速度の大きさを g とする。

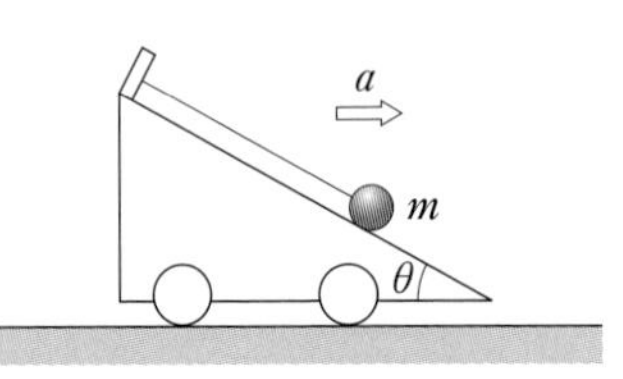

(1) このときの糸の張力の大きさを求めよ。

(2) 加速度の大きさ a がある値 a_0 をこえると，物体が斜面上向きにすべり始めた。a_0 を求めよ。 ➡ 例題11

思考 記述

60. 電車内の慣性力 水平右向きに等加速度直線運動をする電車内に，おもりが天井から糸でつるされている。図のように，電車内の観測者には，おもりが糸と鉛直方向とのなす角が θ となる位置で静止して見えた。重力加速度の大きさを g とする。

(1) 電車の加速度の大きさはいくらか。

この加速度で電車が走行しているとき，糸が切れたとする。

(2) 電車内の人から見ると，おもりの運動はどのように見えるか。

(3) 電車外で静止している人から見ると，おもりの運動はどのように見えるか。

➡ 例題11

知識

61. 遠心力 円筒形の部屋が回転する乗り物に，人が乗っている。円の中心から人までの距離を R，回転数を n とする。部屋とともに回転する人は，壁に押しつけられるような力を感じる。重力加速度の大きさを g として，次の各問に答えよ。

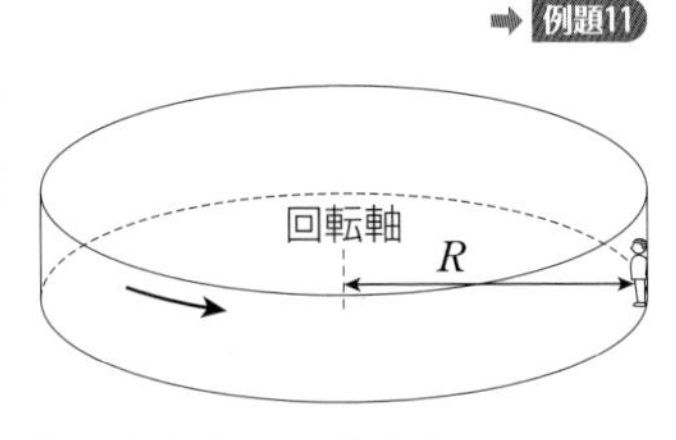

(1) 人の質量を m とすると，人が壁に押しつけられる力の大きさはいくらか。

(2) 人と壁の間の静止摩擦係数を μ とする。床がなくても壁に押しつけられた人がすべり落ちなくなるのは，回転数がいくら以上になったときか。

ヒント (2) 回転数が大きいほど，人が受ける垂直抗力が大きくなり，最大摩擦力も大きくなる。

発展例題 7　斜面上の物体と慣性力

➡発展問題 66, 67

図のように，摩擦のない溝がある，水平面となす角が θ の斜面をもつ台を，点Qを通る鉛直な軸のまわりに一定の角速度で回転させる。質量 m の物体が，回転軸から距離 r の点Pに置かれているとき，物体がすべり落ちないための最小の角速度を求めよ。ただし，重力加速度の大きさを g とする。

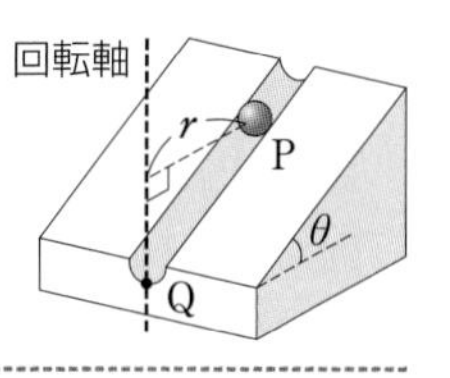

指針　台とともに回転する観測者の立場(非慣性系)で考える。物体には，重力，垂直抗力，遠心力がはたらき，最小の角速度では，それらの力はつりあっている。

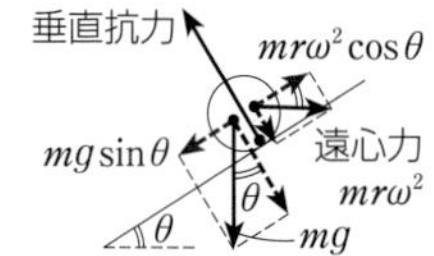

解説　求める角速度を ω とする。台とともに回転する観測者には，物体に図のような力がはたらくように見える。斜面に平行な方向の力のつりあいから，

$$mg\sin\theta - mr\omega^2\cos\theta = 0$$

$$\omega = \sqrt{\frac{g}{r}\tan\theta}$$

発展例題 8　鉛直面内での円運動

➡発展問題 63, 64, 65

図のような傾斜軌道を下り，半径 r の円形のレールを滑走する台車について考える。台車の質量を m，重力加速度の大きさを g とし，台車は質点として扱い，台車とレールとの間の摩擦を無視する。

(1)　台車の出発点Aの高さを h とし，レールの円形部分の頂点をCとする。∠COBが θ となる点Bで，レールが台車におよぼす力の大きさ N を求めよ。

(2)　台車が点Cを通過するための，出発点の高さ h の最小値 h_0 を求めよ。

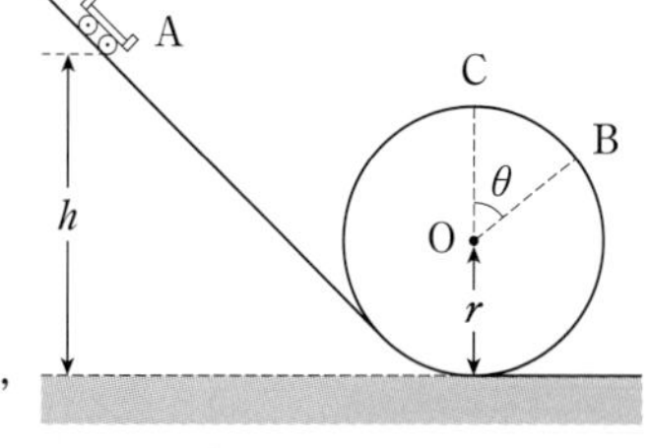

指針　(1)　力学的エネルギー保存の法則を用いて，点Bでの速さを求め，台車の半径方向の運動方程式を立てる。

(2)　(1)の結果を利用する。点Cで $N \geqq 0$ であれば，台車は点Cを通過できる。すなわち，高さ h_0 から出発したとき，点Cで $N=0$ となる。

解説　(1)　点Bの高さは，図から，$r(1+\cos\theta)$ と表される。点Bでの速さを v とし，水平面を基準の高さとして，AとBとで，力学的エネルギー保存の法則を用いると，

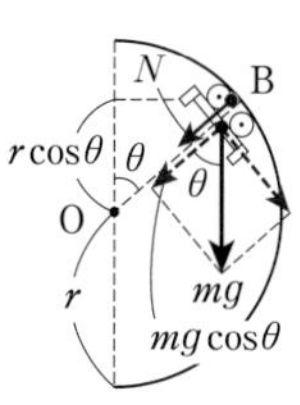

$$mgh = \frac{1}{2}mv^2 + mgr(1+\cos\theta) \quad \cdots①$$

地上から見ると，点Bにおいて台車が受ける力は，重力，垂直抗力である。重力の半径方向の成分の大きさは $mg\cos\theta$ であり，半径方向の運動方程式は，

$$m\frac{v^2}{r} = mg\cos\theta + N \quad \cdots②$$

式①，②から v を消去し，N を求めると，

$$N = \frac{mg}{r}(2h - 2r - 3r\cos\theta)$$

(2)　点Cでの垂直抗力 N は，(1)の N に $\theta=0$ を代入した値で表される。また，求める高さ h_0 は，点Cで $N=0$ になるときの値である。(1)の結果から，　$0 = \frac{mg}{r}(2h_0 - 5r)$　　$h_0 = \frac{5}{2}r$

Point　$h_0=5r/2$ のとき，点Cで台車の速さが0となるわけではなく，h_0 は，力学的エネルギー保存の法則だけでは求められない。$N=0$ となるとき，台車は，点Cで重力を向心力とする円運動をしている。

解説動画

発展例題9 円盤上の円錐振り子

➡発展問題 62

高さHの支柱に，長さがL，質量が無視できる細い棒の上端を固定し，他端に質量mのおもりを取りつける。水平でなめらかな円盤上で，支柱を中心として，おもりを角速度ωで回転させる。重力加速度の大きさをgとする。

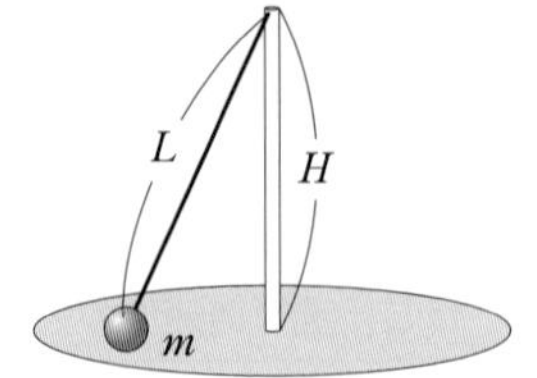

(1) おもりが，棒と円盤から受ける力の大きさを求めよ。

(2) ωを大きくすると，おもりは円盤からはなれる。はなれる直前のωを求めよ。

指針 (1) 地上で静止した観測者には，おもりは，重力，棒からの力，円盤からの垂直抗力を受け，これら3力の合力を向心力として，水平面内で等速円運動をするように見える。向心力(合力)は円の中心向きとなるので，棒からは引かれる向きに力を受ける。この場合の向心力は，棒から受ける力の水平成分である。

(2) 円盤からはなれる直前で，おもりが受ける垂直抗力が0となる。(1)で求めた円盤から受ける力の大きさの式を用いる。

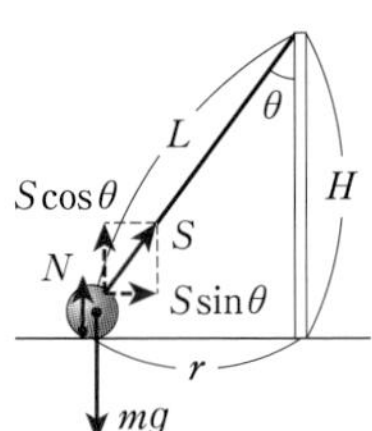

解説 (1) 棒がおもりを引く力をS，円盤からの垂直抗力をN，棒と支柱とのなす角をθとする。円運動の半径をrとすると，$r=L\sin\theta$なので，半径方向の運動方程式は，

$mr\omega^2=S\sin\theta \qquad m(L\sin\theta)\omega^2=S\sin\theta$

したがって，$S=\boldsymbol{mL\omega^2}$

また，鉛直方向の力のつりあいから，

$S\cos\theta+N-mg=0$

$\cos\theta=H/L$とSを代入してNを求めると，

$N=mg-S\cos\theta=mg-mL\omega^2\cdot H/L$

$=\boldsymbol{m(g-\omega^2H)}$

(2) (1)のNが0となるωを求めればよい。

$0=m(g-\omega^2H)$ 　これから，$\omega=\sqrt{\dfrac{\boldsymbol{g}}{\boldsymbol{H}}}$

発展例題10 円錐容器内の運動

➡発展問題 62，67

z軸を中心軸とする頂角2θの円錐状の容器がある。容器の内側に質量mの小球があり，容器の底にある小さな穴を通して，質量Mのおもりと糸で結ばれている。小球は，穴から円錐の側面に沿って距離Lの位置を保ち，容器内のなめらかな斜面上を速さv_0で等速円運動しており，おもりは静止している。糸と容器との間に摩擦はなく，重力加速度の大きさをgとする。小球の速さv_0を，m，M，L，θ，gを用いて表せ。 (筑波大　改)

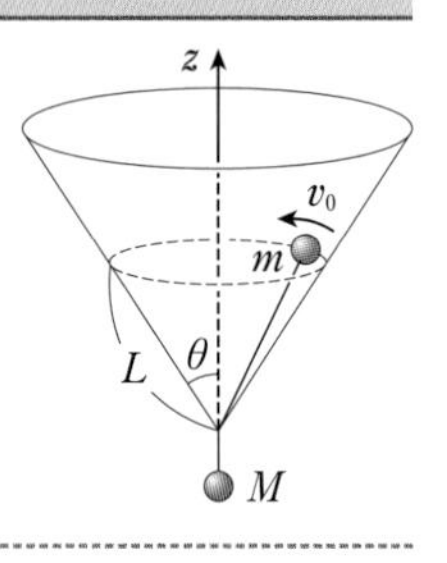

指針 小球とともに回転する観測者には，距離Lが一定なので，小球は，重力，糸の張力，垂直抗力，遠心力を受けて，力がつりあって静止しているように見える。円錐の側面に沿った方向の力のつりあいの式を立てる。なお，静止した観測者には，小球は重力，糸の張力，垂直抗力を受けて，等速円運動をするように見える。

解説 小球とともに回転する観測者を基準に考えると，小球には図のような力がはたらく。糸の張力は，おもりが受ける力のつりあいから，Mgである。円運動の半径は$L\sin\theta$なので，遠心力の大きさは$mv_0^2/(L\sin\theta)$となる。円錐の側面に沿った方向の力のつりあいから，

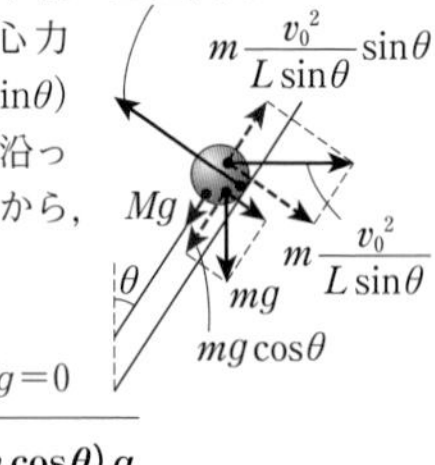

$m\dfrac{v_0^2}{L\sin\theta}\sin\theta-mg\cos\theta-Mg=0$

$v_0=\sqrt{\dfrac{\boldsymbol{L}}{\boldsymbol{m}}\boldsymbol{(M+m\cos\theta)g}}$

発展問題

思考 実験

62. 物体のついた円錐振り子

軽い糸を細い管に通し，糸の両端に，質量がmの質点Pと質量がMの質点Qをそれぞれ固定する。図のように，管が鉛直方向となるように支えて，水平面内で質点Pを一定の周期で等速円運動をさせた。このとき，管と糸のなす角はθであった。糸と管壁との間の摩擦はないものとし，管径は十分小さく，円運動の中心はずれないものとする。重力加速度の大きさをgとして，次の各問に答えよ。

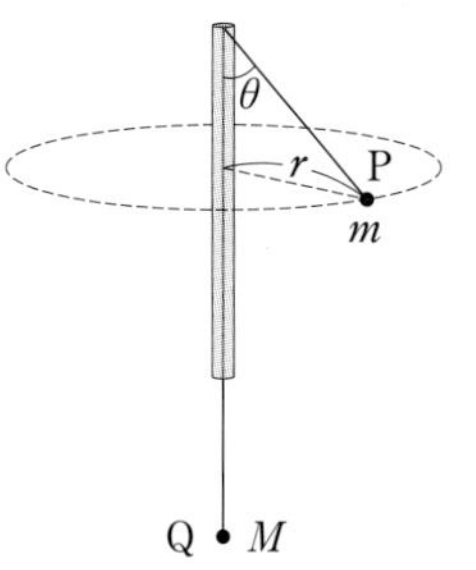

(1)　質点Pが受ける等速円運動の向心力の大きさを，M，g，θを用いて表せ。

(2)　質点Qの質量Mと質点Pの質量mの関係式を求めよ。

(3)　このときの質点Pの等速円運動の半径をrとする。質点Pの速さvを，r，g，θを用いて表せ。

(4)　質点P，Qの質量を変えないで，質点Pの速さを2倍にして等速円運動をさせた。このとき，角θと半径rは，もとの値に比べて，それぞれ何倍となるか。

（山形大　改）　➡ 例題9・10

知識

63. 円筒面をすべりおりる物体

図のように，なめらかな水平面上で，一端を固定した，質量が無視できるばね定数kのばねが置かれている。ばねの他端に質量mの小物体を押しあて，ばねを自然長からaの長さだけ縮め，静かに手をはなした。小球は，ばねからはなれて，断面が半径Rの円弧となる曲面の頂上からすべりおり，点Aを通過したのち，点Bで曲面からはなれた。点Aの位置は図の角θ，点Bの位置は角θ_Bで表される。重力加速度の大きさをgとする。

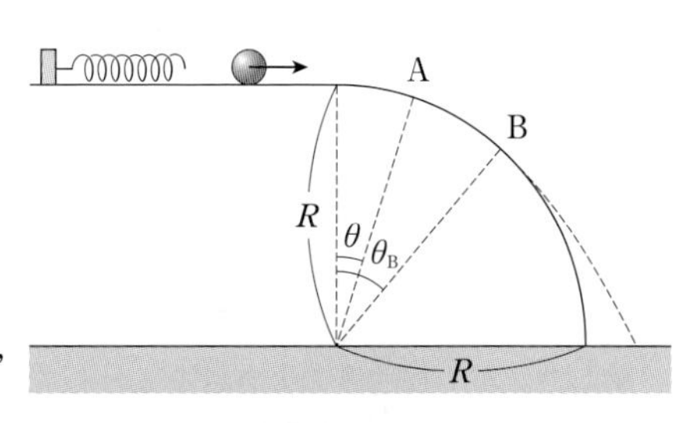

(1)　ばねからはなれた直後の小物体の速さはいくらか。

(2)　点Aにおける小物体の速さはいくらか。

(3)　点Aで，小物体が面から受ける垂直抗力の大きさはいくらか。

(4)　$\cos\theta_B$はいくらか。

(5)　点Bで曲面を飛び出すときの，小物体の運動エネルギーはいくらか。

（12．信州大　改）　➡ 例題8

ヒント

62　(1) 糸がその両端でおよぼす力の大きさは等しく，Mgである。

(4) 角θ，半径rを含むそれぞれの式が，速さの変化でどのような影響を受けるかを考える。

63　(3) 半径方向の運動方程式を立て，垂直抗力の大きさを求める。

(4) 点Bでは，小物体が面から受ける垂直抗力が0になる。

64. 振り子と円運動 図のように，点Oに一端が固定された長さLの軽い糸に，質量mの小球がとりつけられている。点Oから鉛直下向きに距離$\frac{3}{7}L$はなれた点Qに釘を固定した。糸がたるまないように小球を点Oと同じ高さの点Aまでもち上げ，静かにはなしたところ，小球は曲線を描いて運動し，点Cに達した直後に糸がたるみ始めた。このとき，QCが水平となす角度をθ，重力加速度の大きさをgとする。

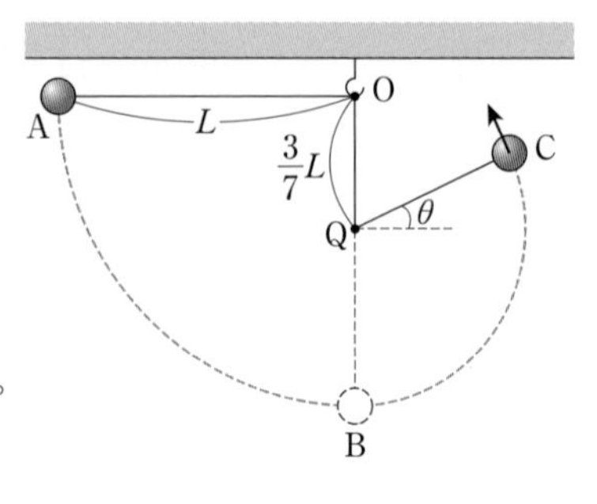

(1) 小球が最下点Bを通過した直後の糸の張力の大きさを，m，gを用いて表せ。
(2) θを求めよ。
(3) 点Cにおける小球の速さを，g，Lを用いて表せ。
(4) 小球は点Cを通過した後，放物運動をした。放物運動の最高到達点Dと点Aはどちらが高いか。理由とともに答えよ。

(21．愛知教育大　改) ➡ 例題8

知識

65. くぼみを通過する小球 図のように，A→Bの間は鉛直，B→C→Dの間は点O_1を中心とする半径rの円周の一部，D→Eの間は水平面に対して角θをなす斜面，E→Fの間は点O_2を中心とする半径rの円周の一部，F→Gの間は水平となっているなめらかな軌道がある。また，点BとEは同じ高さである。O_1に対して高さhの点Aから，質量mの小球Pを自由落下させたところ，Pは軌道に沿って同じ鉛直面内を運動した。重力加速度の大きさをgとして，次の各問に答えよ。

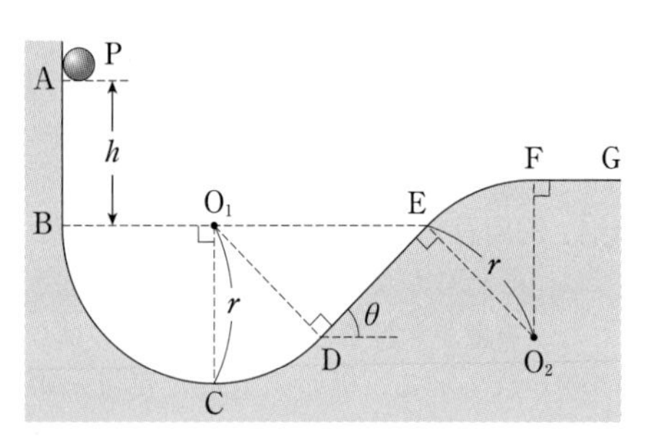

(1) Pが点Bを通過する瞬間の速さを求めよ。
(2) 点Cを通過する瞬間の，Pの運動エネルギーと速さをそれぞれ求めよ。
(3) 点Cで，Pが軌道から受ける力の大きさを求めよ。
(4) Pが点Dを通過した直後の速さを求めよ。また，このとき，点DでPが軌道から受ける力の大きさと，(3)で求めた点Cで受ける力の大きさの大小を比較せよ。
(5) 点Eを通過した直後に，Pが軌道からはなれないためのhの条件を，θ，h，rを用いて表せ。
(6) 点Fを通過した直後に，Pが軌道から受ける力の大きさを求めよ。

(北里大　改) ➡ 例題8

ヒント

64 (1) 点Bを通過した後の小球の回転半径は $\frac{4}{7}L$ である。

65 (5) 向心力の向きは，常に円軌道の中心を向く。Eを通過した直後がEF間で最も速く，大きな向心力が必要になり，このとき，向心力はE→O_2の向きとなる。軌道からはなれないためには，小球が受ける垂直抗力が0以上となる必要がある。

解説動画

思考

66. 斜面と慣性力 図のように，水平な床の上に，上面が角度30°で傾斜した台を置く。この台の上に質量mの小球を置き，その運動について考える。重力加速度の大きさをgとし，小球と台の間の摩擦は無視できるとする。なお，小球，および台の運動は，紙面内に限られるものとする。

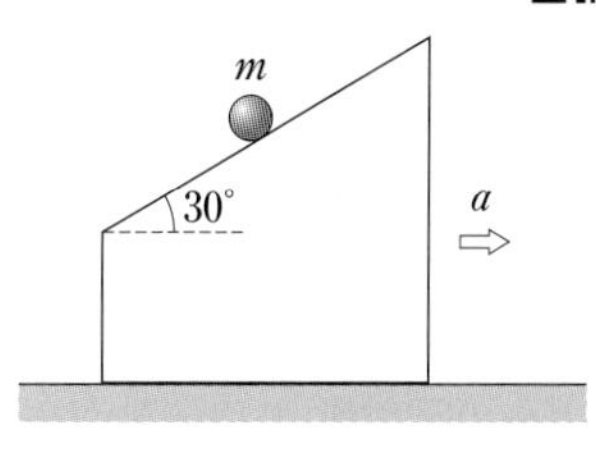

台に外部から水平右向きの力を加え，台を右向きに加速度$a(a>0)$で等加速度直線運動をさせた。このとき，台の速度も右向きであった。台の加速度を維持しながら，台との相対速度が0となるように小球を台上に置いた。小球を台に置いた後，小球が台の上面に接しながらすべっていくためには，加速度aはある条件式を満たす必要がある。この条件式を，a，gを用いて表せ。

（東北大　改） ➡ 例題7

知識

67. 回転するリング 半径aの円形状につくられた針金が，鉛直面内に立てられており，針金は，中心を通る鉛直軸のまわりに回転することができる。また，針金には，質量mのリングRが通してあり，リングRは，針金に沿って自由に運動することができる。重力加速度の大きさをgとして，次の各問に答えよ。

まず，針金とリングRとの間に摩擦がない場合を考える。図のように，針金を鉛直軸のまわりに一定の角速度で回転させたところ，リングRは，Rと針金の中心Oを結ぶ直線と鉛直軸が角度θをなす位置で，針金に対して静止した。

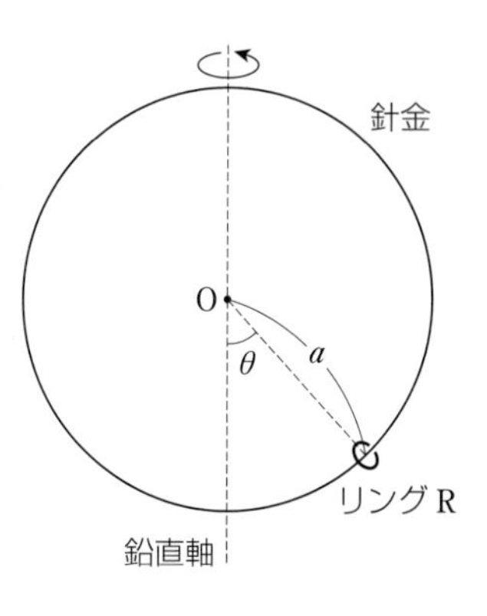

(1)　リングRが受ける重力の，針金の接線方向の成分の大きさはいくらか。

(2)　針金が鉛直軸のまわりに回転する角速度はいくらか。

(3)　リングRが針金から受ける垂直抗力の大きさはいくらか。

次に，針金とリングRとの間に摩擦がある場合を考える。針金を一定の角速度で回転させたところ，リングRは，Rと針金の中心Oを結ぶ直線と鉛直軸が角度θをなす位置で，針金に対して静止した。針金とリングRとの間の静止摩擦係数をμとする。

(4)　リングRを針金に対して静止させるための，針金が鉛直軸のまわりに回転する角速度の最大値はいくらか。ただし，$\mu<\dfrac{\cos\theta}{\sin\theta}$とする。

（獨協医科大　改） ➡ 例題7・10

ヒント

66 台から見た小球の運動を考える。台は床に対して加速度運動をしているので，台から見ると，小球には慣性力がはたらく。

67 (2)(3) リングRとともに回転する観測者から見ると，重力，遠心力，垂直抗力がつりあっている。
(4) リングRが受ける静止摩擦力の向きは，針金の接線方向の下向きである。角速度が最大値のとき，静止摩擦力は最大摩擦力となっている。

5 単振動

1 単振動

等速円運動をする物体Pの x 軸上への正射影P′の運動が，単振動である。

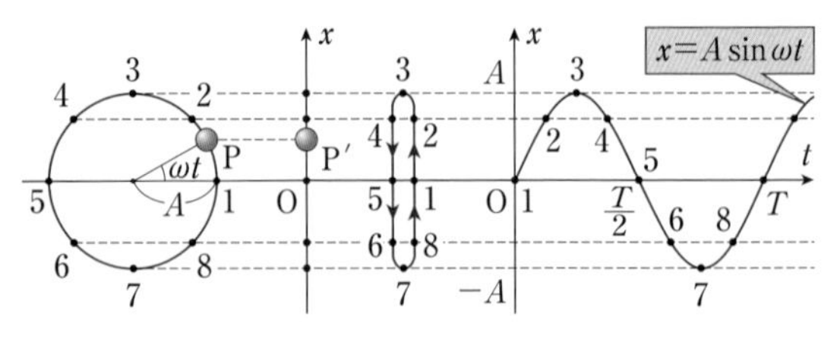

❶変位　振幅を A〔m〕，等速円運動の角速度に相当する角振動数を ω〔rad/s〕，周期を T〔s〕，振動数を f〔Hz〕とすると，原点Oから x 軸の正の向きに始まった単振動の時間 t〔s〕後の変位 x〔m〕は，

$$\boldsymbol{x=A\sin\omega t=A\sin\frac{2\pi}{T}t=A\sin 2\pi ft} \quad \cdots①$$　$\left(f=\frac{1}{T},\ \omega=\frac{2\pi}{T}=2\pi f\right)$

●**位相**　式①の ωt〔rad〕を**位相**といい，物体がどのような振動状態にあるのかを示している。また，時刻 $t=0$ における位相を**初期位相**という。式①では初期位相を 0 としているが，これを θ_0 とすると，式①は次式で表される。　$\boldsymbol{x=A\sin(\omega t+\theta_0)}$　…②

❷速度・加速度　単振動における速度，加速度は，等速円運動をする物体Pの速度，加速度の x 軸方向の成分である。

速度　$\boldsymbol{v=A\omega\cos\omega t}$　…③

加速度　$\boldsymbol{a=-A\omega^2\sin\omega t=-\omega^2 x}$　…④

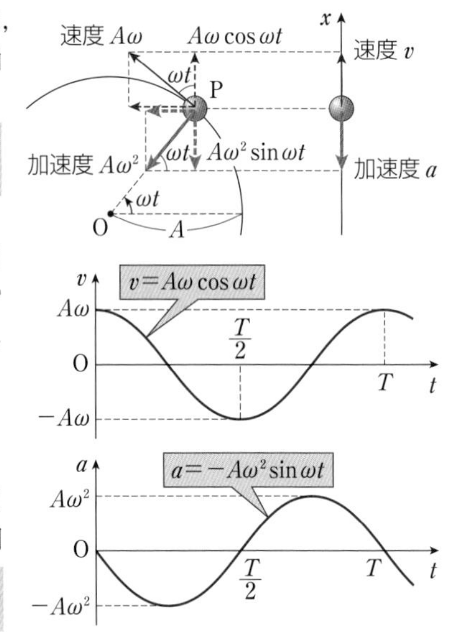

❸復元力と周期

(a)　**復元力**　質量 m〔kg〕の物体が，変位 x〔m〕の大きさに比例した変位と，逆向きの力 F〔N〕を受けると，つりあいの位置を中心として単振動をする。この力 F を**復元力**という。

$$\boldsymbol{F=ma=-m\omega^2 x=-Kx} \quad \cdots⑤$$

復元力の比例定数：$\boldsymbol{K=m\omega^2}$

(b)　**周期**　質量 m〔kg〕の物体が，$F=-Kx$〔N〕の復元力を受けて単振動をするとき，その周期 T〔s〕は，

$$\boldsymbol{T=\frac{2\pi}{\omega}=2\pi\sqrt{\frac{m}{K}}} \quad \cdots⑥$$

❹ばね振り子

(a)　**水平ばね振り子**　弾性力を復元力とする。振動の中心は，ばねの自然の長さの位置(つりあいの位置)。振動の周期 T〔s〕は，

$$T=2\pi\sqrt{\frac{m}{k}} \quad \cdots⑦$$

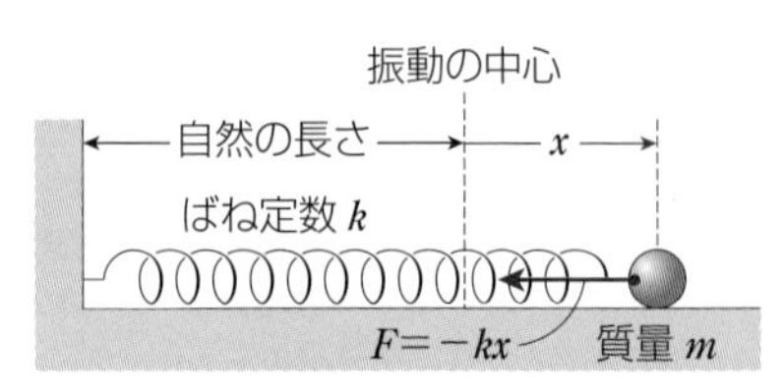

(b) **鉛直ばね振り子**

重力と弾性力の合力を復元力とする。振動の中心はつりあいの位置。振動の周期は，水平ばね振り子と同じ式⑦で示される。

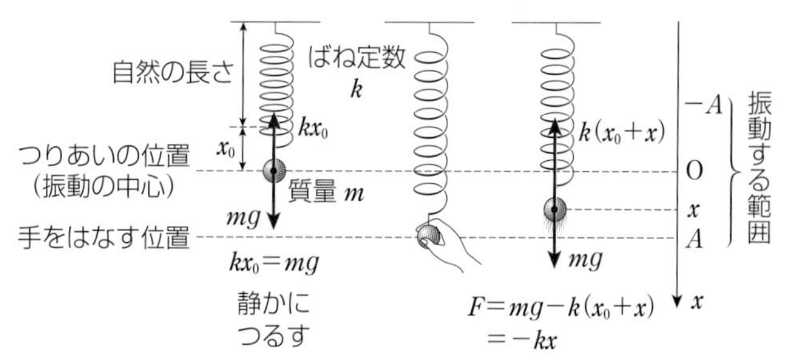

❺単振り子 振れが小さいとき，重力の接線方向の成分を復元力とする。長さ L〔m〕の単振り子の周期 T〔s〕は，

$$T=2\pi\sqrt{\frac{L}{g}} \quad \cdots⑧$$

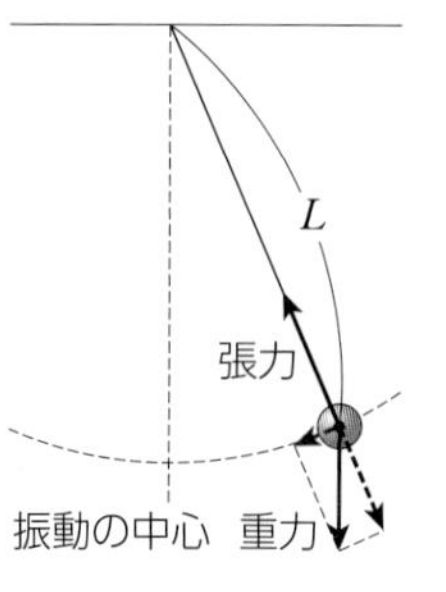

2 単振動のエネルギー

❶復元力による位置エネルギー 質量 m の物体が復元力 $-Kx$，角振動数 ω の単振動をするとき，復元力による位置エネルギーは，

$$\frac{1}{2}Kx^2=\frac{1}{2}m\omega^2x^2 \quad \cdots⑨$$

❷単振動のエネルギー 振動数 f，振幅 A の単振動をする質量 m の物体の単振動のエネルギー E は，(単振動のエネルギー)＝(運動エネルギー)＋(復元力による位置エネルギー)

$$E=\frac{1}{2}mv^2+\frac{1}{2}Kx^2=\frac{1}{2}m(A\omega\cos\omega t)^2+\frac{1}{2}m\omega^2(A\sin\omega t)^2=\frac{1}{2}m\omega^2A^2=2\pi^2mf^2A^2 \quad \cdots⑩$$

プロセス 重力加速度の大きさを 9.8m/s² として，次の各問に答えよ。

1 周期 0.25s の単振動の振動数はいくらか。また，その角振動数はいくらか。

2 物体が，変位 x〔m〕と時刻 t〔s〕との関係が $x=0.5\sin\pi t$ で示される単振動をする。この単振動の振幅，周期，振動数，角振動数を求めよ。角振動数は π を用いて表せ。

3 図のように，物体が，点Oを中心として x 軸上の AB 間で単振動をしている。次の物理量が 0 となる位置，最大となる位置を，それぞれ点O，A，B からすべて選べ。

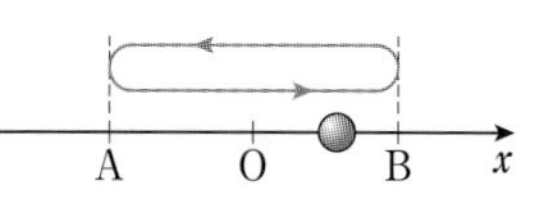

(1) 速さ　(2) 復元力の大きさ　(3) 加速度の大きさ

4 ばね定数 2.5N/m のばねの一端を固定し，他端に質量 100g のおもりをつるして単振動をさせた。この単振動の周期は何 s か。

5 長さ 0.20m の糸の一端に，質量 100g の小さなおもりをつるして単振り子にした。振れが小さいときの単振り子の周期は何 s か。

6 地球上と月面上で周期が等しいのは，単振り子とばね振り子のどちらであるか。

解答

1 4.0Hz，25rad/s　**2** 0.5m，2s，0.5Hz，π rad/s　**3** (1) 0：A，B，最大：O
(2) 0：O，最大：A，B　(3) 0：O，最大：A，B　**4** 1.3s　**5** 0.90s　**6** ばね振り子

解説動画

基本例題14　単振動の式

➡基本問題 68，69，70，71

図のように，質量 1.0kg の物体が，原点Oを中心として，x 軸上で振幅 5.0m の単振動をしている。$x=3.0$m の点Pにあるとき，物体は 12N の力を受けているとする。

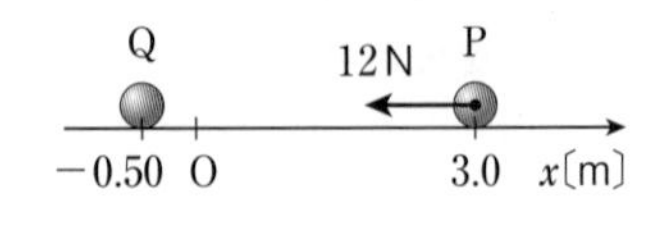

(1)　単振動の角振動数と周期を求めよ。
(2)　物体が点Pにあるとき，その速さはいくらか。
(3)　振動の中心を通過するとき，物体の速さはいくらか。
(4)　物体が $x=-0.50$m の点Qにあるときの加速度を求めよ。
(5)　物体の加速度の大きさの最大値はいくらか。

指針　単振動の基本式を用いて計算する。
(1)　運動方程式「$F=-m\omega^2x$」から角振動数 ω を求め，「$T=2\pi/\omega$」から周期を計算する。
(2)(3)　「$x=A\sin\omega t$」を用いて $\sin\omega t$ を求め，$\cos\omega t$ を計算し，速度を示す式「$v=A\omega\cos\omega t$」から算出する。また，振動の中心では速さが最大になる。
(4)(5)　「$a=-\omega^2x$」を用いる。加速度の大きさが最大となるのは，振動の両端である。

解説　(1)　運動方程式「$F=-m\omega^2x$」に，点Pでの値を代入すると，

$-12=-1.0\times\omega^2\times3.0$

$\omega^2=4.0\qquad\omega=$**2.0rad/s**

周期は，

$$T=\frac{2\pi}{\omega}=\frac{2\pi}{2.0}=\pi=3.14\qquad\textbf{3.1 s}$$

(2)　変位 x を表す式「$x=A\sin\omega t$」から，

$3.0=5.0\sin\omega t\qquad\sin\omega t=\dfrac{3}{5}$

$\sin^2\omega t+\cos^2\omega t=1$ から，$\cos\omega t=\pm\dfrac{4}{5}$

点Pでの速さは，

$$v=|A\omega\cos\omega t|=5.0\times2.0\times\frac{4}{5}=\textbf{8.0 m/s}$$

(3)　振動の中心では，物体の速さが最大になる。

$v=A\omega=5.0\times2.0=$**10m/s**

(4)　加速度と変位の関係式「$a=-\omega^2x$」を用いると，　$a=-2.0^2\times(-0.50)=2.0\text{m/s}^2$

右向きに 2.0m/s²

(5)　振動の両端で加速度の大きさが最大となる。

$a=A\omega^2=5.0\times2.0^2=$**20m/s²**

Point　単振動の特徴
単振動において，振動の中心では，速さが最大，加速度および復元力の大きさが 0 となる。また，振動の両端では，速さが 0，加速度および復元力の大きさが最大となる。

基本例題15　鉛直ばね振り子

➡基本問題 73，74

自然の長さ l の軽いばねの一端を天井に固定し，他端に質量 m の小球をつるすと，ばねが a の長さだけ伸びて静止した。ここで，小球を鉛直方向にもち上げ，ばねの長さが l となるようにして急に手をはなすと，小球は単振動をした。重力加速度の大きさを g とする。次の各問に答えよ。

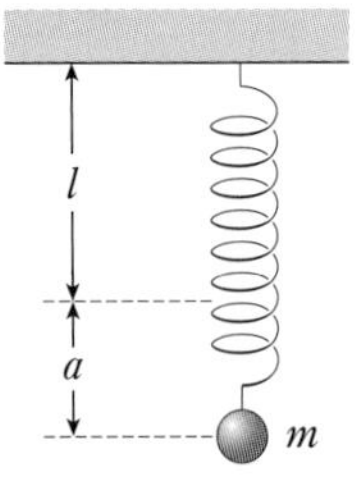

(1)　天井から振動の中心までの距離を求めよ。
(2)　単振動の振幅はいくらか。
(3)　単振動の周期はいくらか。
(4)　振動の中心を通過するとき，小球の速さはいくらか。

指針 小球は，重力とばねの弾性力の合力を復元力として，つりあいの位置を中心に単振動をする。手をはなした位置が振動の端となる。単振動の周期Tは，復元力の比例定数をKとして，$T=2\pi\sqrt{\dfrac{m}{K}}$ と表される。鉛直ばね振り子では，Kはばね定数に相当する。

解説 (1) この一連の運動において，小球とばねのようすは，図のように示される。単振動の中心は，小球にはたらく力がつりあう位置である。ばねの伸びがaのときにつりあうので，天井からの距離は $\boldsymbol{l+a}$

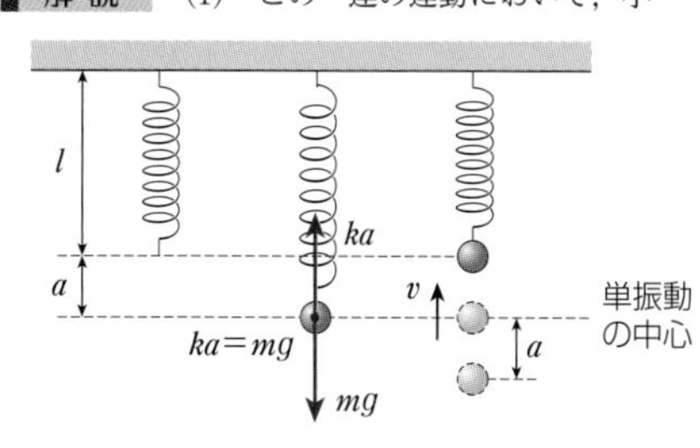

(2) 手をはなした位置が振動の端であり，その位置は，振動の中心(つりあいの位置)からaだけはなれている。したがって，振幅は $\boldsymbol{a}$

(3) ばね定数kは，小球が静止しているときの力のつりあいから，　$ka-mg=0$　$k=\dfrac{mg}{a}$

周期Tは，　$T=2\pi\sqrt{\dfrac{m}{k}}=\boldsymbol{2\pi\sqrt{\dfrac{a}{g}}}$

(4) 振動の中心では速さが最大となる。「$v=A\omega$」の式に，$A=a$，$\omega=2\pi/T$ を代入し，(3)の結果を用いて整理すると，

$$v=A\omega=a\times\frac{2\pi}{T}=2\pi a\times\frac{1}{2\pi}\sqrt{\frac{g}{a}}=\boldsymbol{\sqrt{ag}}$$

基本例題16　電車の中の単振り子

➡基本問題 76，78

長さLの糸の一端に質量mのおもりをつけて，これを電車の天井につるして単振り子とする。重力加速度の大きさをgとして，次の各問に答えよ。

(1) 電車が水平方向に等速度で走行している状態で，おもりを電車に対して静止させたとき，糸はどの方向になるか。

(2) (1)の状態で，単振り子を小さく振らせたときの周期はいくらか。

(3) 次に，図のように，電車が水平方向に大きさaの一定の加速度で走行しているとする。おもりが単振動の中心にあるときの，糸と鉛直方向とのなす角をθとすると，$\tan\theta$はいくらか。

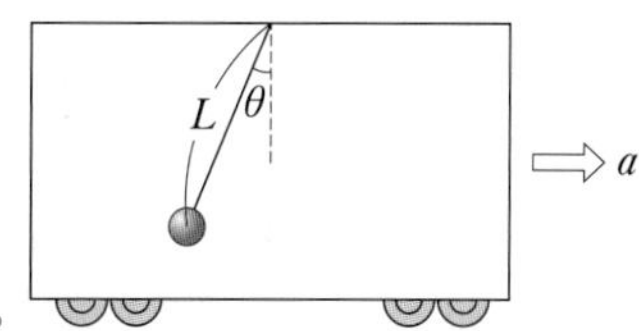

(4) (3)での単振り子の周期を，L，g，aを用いて表せ。

指針 (1)(2) 電車は等速直線運動をしており，おもりに慣性力ははたらかない。したがって，単振り子の運動は，電車が静止している場合の状況下のものと同じである。

(3)(4) 電車は等加速度直線運動をしており，電車内から見ると，おもりには糸の張力S，重力mg，慣性力maがはたらく。これらのつりあう位置が，単振動の中心となる。重力と慣性力の合力は，鉛直方向からθ傾いた方向になり，見かけの重力mg'がその方向にはたらくとみなせる。

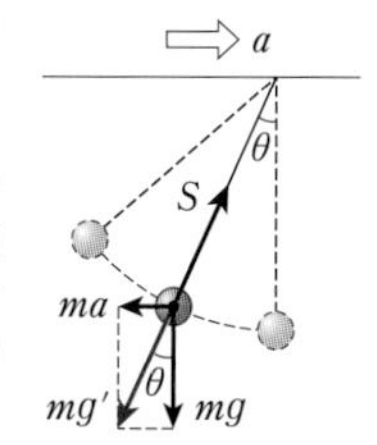

解説 (1) おもりに慣性力ははたらかないので，糸は**鉛直方向**となる。

(2) 単振り子の周期Tは，　$T=\boldsymbol{2\pi\sqrt{\dfrac{L}{g}}}$

(3) 糸の張力S，重力mg，慣性力maの3力がつりあう位置が単振動の中心となる。

$$\tan\theta=\frac{ma}{mg}=\boldsymbol{\frac{a}{g}}$$

(4) 見かけの重力加速度の大きさg'は，

$g'=\sqrt{g^2+a^2}$

求める周期をT'とする。T'は，(2)のTの式でgをg'に置き換えて求められる。

$$T'=2\pi\sqrt{\frac{L}{g'}}=\boldsymbol{2\pi\sqrt{\frac{L}{\sqrt{g^2+a^2}}}}$$

基本問題

知識

68. 等速円運動と単振動 次の文の(　　)に入る適切な式，語句を答えよ。

図のように，物体が，半径 A，角速度 ω の等速円運動をしている。この物体が，円周上の点 P_0 を出発した時刻を0とし，時刻 t に点Pまで移動していたとする。この間の回転角 θ は，$\theta=$(ア)である。また，周期は(イ)である。

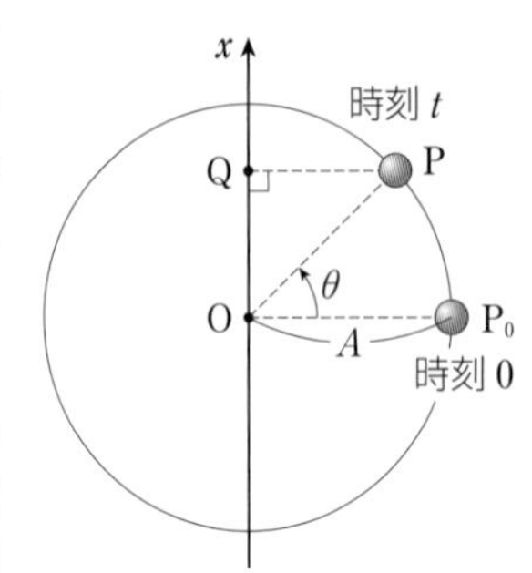

この等速円運動をする物体を真横から見ることにする。円の中心Oを原点として，上向きに x 軸をとり，点Pから x 軸におろした垂線の足を点Qとする。時刻 t における点Qの原点Oからの変位は(ウ)である。また，x 軸へ投影された点Qにおける速度は(エ)，加速度は(オ)である。変位 x と加速度 a の間には，$a=$(カ)の関係がある。等速円運動の正射影と同じ動きをする振動を単振動という。単振動の変位や速度などの式において，等速円運動の回転角に相当する部分を(キ)という。なお，$t=0$ で θ が0ではなく，θ_0 であったとき，θ_0 は初期位相とよばれ，各式における位相は(ク)で表される。

➡ 例題14

知識

69. 単振動の式 原点Oを中心として，x 軸上で単振動をする物体がある。この単振動の振幅は A〔m〕，振動数は f〔Hz〕である。物体が，原点Oを正の向きに通過する時刻を $t=0$ とする。

(1) 角振動数を求めよ。

(2) 時刻 $t(>0)$ における変位 x〔m〕を表す式を示せ。

(3) 時刻 $t(>0)$ における速度 v〔m/s〕を表す式を示せ。

(4) 速さの最大値を求めよ。

(5) 加速度の大きさの最大値を求めよ。

➡ 例題14

思考

70. 単振動と時間 ある物体が，原点Oを中心として，x 軸上で周期6.0sの単振動をしている。図の点A，Bは単振動の両端であり，物体が点Aにある時刻を $t=0$ とする。

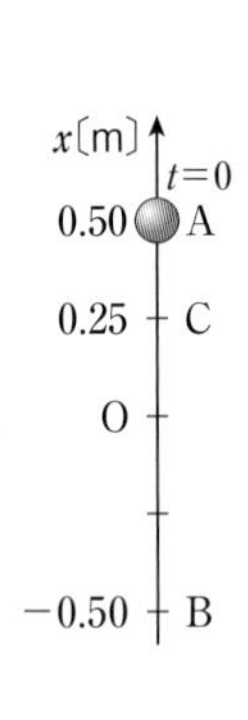

(1) 単振動の振幅はいくらか。

(2) 物体が点Aから原点Oに達するまでにかかる時間はいくらか。

(3) 物体が点Aから $x=0.25$m の点Cに達するまでにかかる時間はいくらか。

(4) 縦軸に変位 x〔m〕，横軸に時刻 t〔s〕をとり，$t=0$～6.0s における $x-t$ グラフを描け。

➡ 例題14

ヒント (3) 物体は，$t=0$ のとき変位が最大なので，初期位相は $\frac{\pi}{2}$ となる。

知識

71. 単振動とエネルギー ● 質量 5.0kg の物体が，周期 4.0s，振幅 2.0m の単振動をしている。この単振動について，次の各問に答えよ。

(1) 角振動数は何 rad/s か。

(2) 振動数は何 Hz か。

(3) 変位が 1.0m の点で，物体が受ける復元力の大きさは何Nか。

(4) 物体が受ける復元力の大きさの最大値は何Nか。

(5) 単振動のエネルギーは何 J か。

➡ 例題14

思考 記述

72. 水平ばね振り子 ● 図のように，ばね定数 k の軽いばねをなめらかで水平な台上に置き，一端を壁につけ，他端には質量 m の物体をつなぐ。点Oから左向きに距離 A はなれた点Pまでばねを縮め，手をはなすと，物体は点Oを中心とする PQ 間で単振動をした。

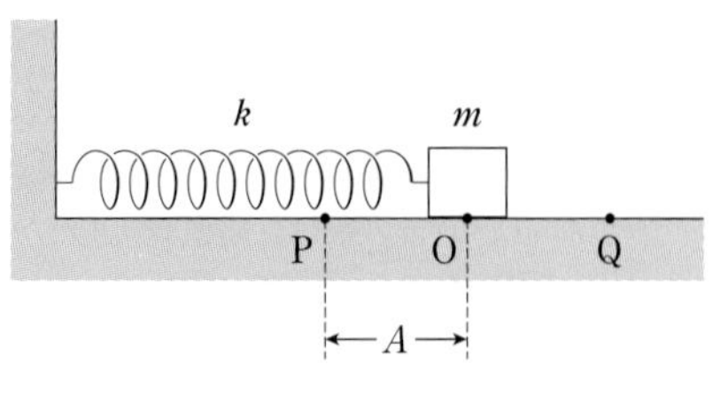

(1) 点Pで手をはなしたとき，物体にはたらく水平方向の力の大きさはいくらか。

(2) 物体が PQ 間で単振動をしているとき，点Oでの物体の速さはいくらか。

(3) 点Qでの物体の加速度を求めよ。

(4) 物体が，点Pから点Oまで進むのにかかる時間はいくらか。

(5) 物体が点Qに達した瞬間，物体とばねとの接続が外れた。その後，物体はどのような運動をするか。簡潔に説明せよ。

思考

73. 鉛直ばね振り子 ● ばね定数 k の軽いばねAの上端を天井の点Pに固定し，下端に質量 m の小球Bをとりつけた。図のように，Bをつりあいの位置から d だけ引き下げて静かにはなすと，Bは鉛直方向に単振動をした。

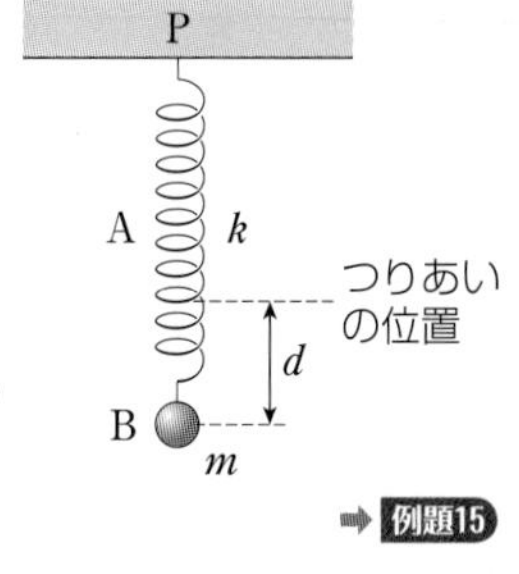

(1) Bの単振動の周期はいくらか。k，m を用いて表せ。

(2) Bの速さの最大値はいくらか。d，k，m を用いて表せ。

(3) つりあいの位置からBを引き下げる距離を $\frac{d}{2}$ としたとき，単振動の周期はどのように変化するか。

➡ 例題15

知識

74. 斜面上のばね振り子 ● 図のように，水平面との傾角が θ のなめらかな斜面上に，ばね定数 k の軽いばねを置く。ばねの一端を斜面上に固定し，他端に質量 m のおもりをつけて，斜面上で単振動をさせる。重力加速度の大きさを g として，次の各問に答えよ。

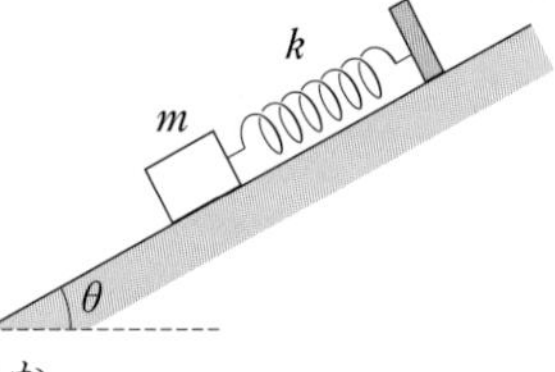

(1) 単振動の中心は，ばねの伸びがいくらになったところか。

(2) 単振動の周期を求めよ。

➡ 例題15

ヒント (2) 単振動の復元力は，ばねの弾性力と重力の斜面方向の成分との合力である。

知識

75. ばね振り子 図のように，なめらかな水平面上に質量mの物体が置かれ，物体には，ばね定数がk_1，k_2の2本の軽いばねがつけられている。はじめに，それぞれのばねは自然の長さになっており，このときの物体の位置を原点Oとして，右向きにx軸をとる。物体をx軸方向に少し動かしてはなすと，物体は水平面上で単振動をした。

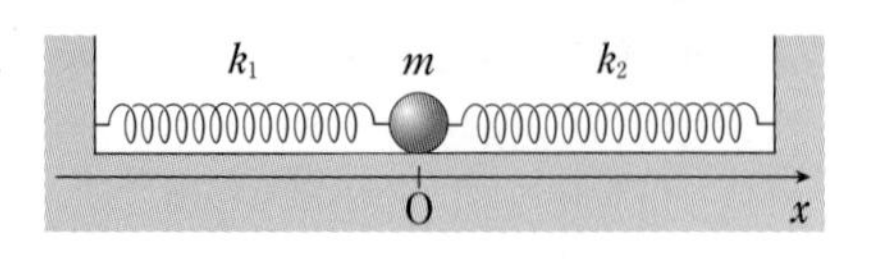

(1)　物体が位置xにあるとき，物体にはたらくx軸方向の力を求めよ。

(2)　この単振動の周期を求めよ。

知識

76. 単振り子 次の文の(　　)に入る適切な式，語句を答えよ。

図のように，振り子の長さがL，おもりの質量がmの単振り子がある。いま，糸は，鉛直線OO′から小さな角θだけ傾いている。このとき，おもりが受けている力は，(　ア　)と糸の張力である。重力加速度の大きさをg，角θの増加する向きを正にとると，運動方向の力の成分Fは，F=(　イ　)である。角θは十分に小さいので，円弧O′Pの長さをxとすると，$\sin\theta \fallingdotseq \frac{x}{L}$とみなすことができ，近似的に$F \fallingdotseq$(　ウ　)となる。これは単振動を表す式である。

一方，質量mの質点が，角振動数ωで単振動をしているとき，変位をxとすると，復元力Fは，F=(　エ　)である。単振動の周期Tと角振動数ωの関係は，T=(　オ　)と表される。これから，単振り子の周期Tを求めると，T=(　カ　)となる。

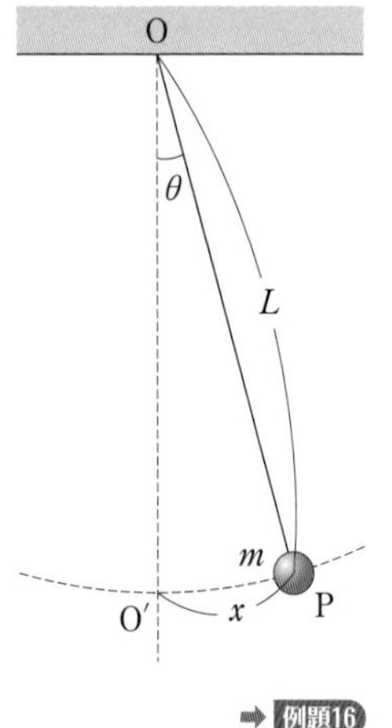

➡ 例題16

思考

77. ばね振り子と単振り子 ばね振り子と単振り子について，次の(1)～(3)の操作を行ったとき，それぞれの周期は，もとの周期の何倍になるか。

(1)　振り子につけるおもりの質量を2倍にする。

(2)　ばね振り子のばねの長さ，単振り子の長さをそれぞれ2倍にする。長さだけを変えて，それ以外の条件はもとと同じであるとする。

(3)　振り子を月面上で振動させる。ただし，重力加速度の大きさは地球上の$\frac{1}{6}$とする。

思考

78. 加速度運動と単振り子 ある長さの糸の先におもりをつけた振り子がある。これを，等加速度直線運動をしている乗り物の中で，天井から静かにつるしたところ，図のように，糸と鉛直線とのなす角はθを保っていた。この振り子を小さな角度で振らせたときの周期は，乗り物が静止しているときの周期の何倍になるか。

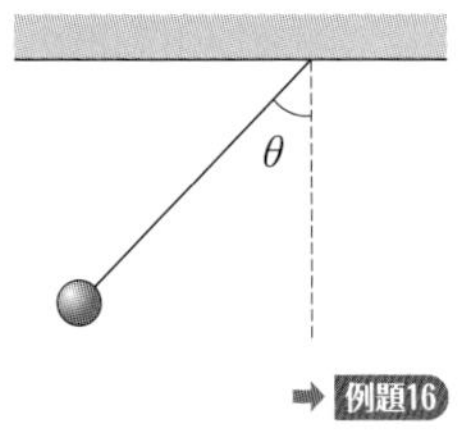

➡ 例題16

ヒント　重力と慣性力の合力の向きが，鉛直方向とθの向きになる。したがって，見かけの重力加速度の大きさg'は，$g'=g/\cos\theta$と表される。

発展例題11　振動する台上の物体の運動

➡発展問題 79，80

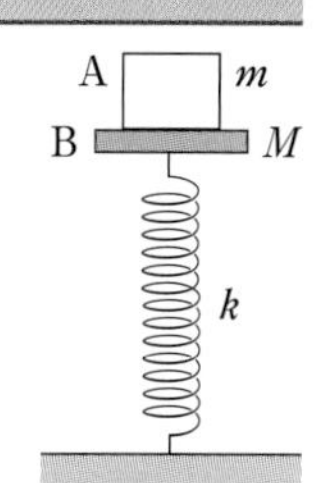

図のように，ばね定数kの軽いばねの下端を固定し，上端に質量Mの水平な台Bを取りつけ，その上に質量mの物体Aをのせた装置がある。物体Aと台Bを，つりあいの位置を中心に鉛直方向に単振動をさせる。このとき，物体Aが台Bからはなれることがないとすると，AとBは同じ単振動をする。重力加速度の大きさをgとして，次の各問に答えよ。

(1)　装置全体がつりあいの状態にあるとき，自然長からのばねの縮みΔlはいくらか。

(2)　台Bとともに単振動をしている，物体Aの加速度aはいくらか。鉛直上向きを正，Aのつりあいの位置からの変位をxとして，加速度aをxの関数として表せ。

(3)　台Bが物体Aを押す力fを，Aのつりあいの位置からの変位xの関数として表せ。

(4)　台Bが最高点に達したとき，台Bが物体Aを押す力fがちょうど0になったとする。このときの単振動の振幅r_0を，M，m，k，gを用いて表せ。

(5)　台Bをつりあいの位置から$\sqrt{2}\,r_0$だけ押し下げ，静かにはなすと，物体Aは，つりあいの位置からの変位がx_1のところで台Bからはなれた。変位x_1，およびそのときの物体Aの速さを，M，m，k，gを用いてそれぞれ表せ。　　（京都産業大　改）

指針　(1)　装置全体について，力のつりあいの式を立てる。

(2)　A，Bが一体となって運動しているので，AとBを一体とみなして運動方程式を立てる。

(3)(4)　Aにはたらく力を考え，Aについての運動方程式から，力fを求める。(4)では，(3)の結果を利用する。

(5)　AがBからはなれるのは，$f=0$のときである。また，単振動におけるエネルギー保存の法則では，運動エネルギーと復元力による位置エネルギーの和は一定である。復元力による位置エネルギーは，つりあいの位置からの変位xを用いて，$kx^2/2$と表される。

解説　(1)　AとBを一体とみなす。力のつりあいから，

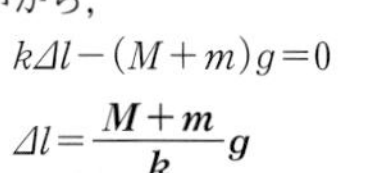

$$k\Delta l-(M+m)g=0$$

$$\Delta l=\frac{M+m}{k}g$$

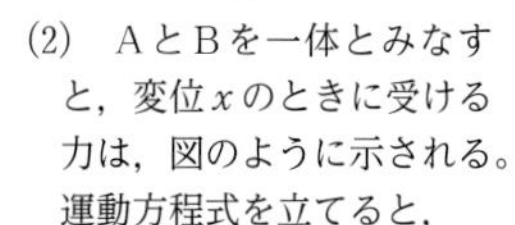

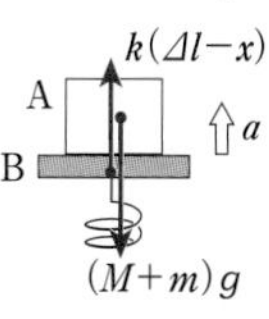

(2)　AとBを一体とみなすと，変位xのときに受ける力は，図のように示される。運動方程式を立てると，

$$(M+m)a=k(\Delta l-x)-(M+m)g$$

$k\Delta l-(M+m)g=0$を用いて，$a=-\dfrac{k}{M+m}x$

(3)　Aが受ける力は，図のように示される。Aの運動方程式を立てると，

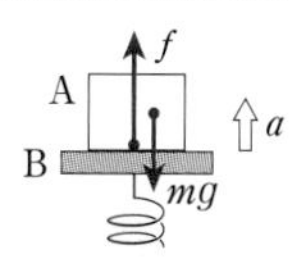

$$ma=f-mg$$

$$f=m(g+a)$$

$$=m\left(g-\frac{k}{M+m}x\right)$$

(4)　このとき，Aは振動の端に達しており，(3)の式で$x=r_0$のとき，$f=0$になったと考えられる。

$$0=m\left(g-\frac{k}{M+m}r_0\right)\qquad r_0=\frac{M+m}{k}g$$

(5)　AがBからはなれるのは，$f=0$になるときである。(4)の結果から，変位x_1は，

$$x_1=r_0=\frac{M+m}{k}g$$

はなれたときのA，Bの速さをvとする。Bを$\sqrt{2}\,r_0$だけ押し下げてはなした直後と，AとBがはなれるときとでは，AとBの単振動のエネルギーの和は保存される。単振動におけるエネルギー保存の法則を用いると，

$$\frac{1}{2}k(\sqrt{2}\,r_0)^2=\frac{1}{2}kx_1^2+\frac{1}{2}(M+m)v^2$$

x_1とr_0に値を代入して，vを求めると，

$$v=\sqrt{\frac{M+m}{k}}\,g$$

解説動画

発展問題

知識

79. 2つの物体の単振動 図1のように，ばね定数kの軽いばねの一端を壁に固定し，他端に質量Mの物体Aをつける。床は水平でなめらかである。このばねを自然の長さからaだけ縮めた状態にして，質量mの物体Bを物体Aに接するように置き，手で押さえておく。手をはなしたときの時刻を$t=0$として，その後の物体AとBの運動について考える。次の各問に答えよ。

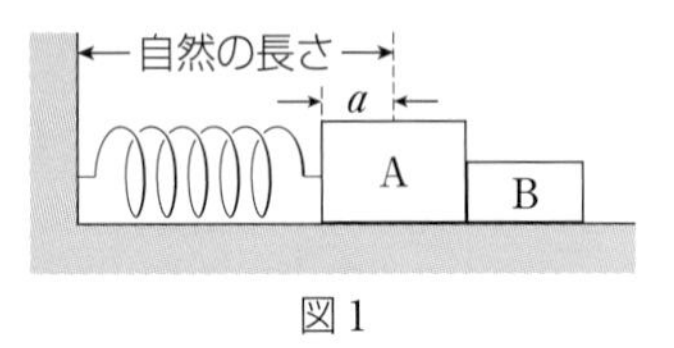

図1

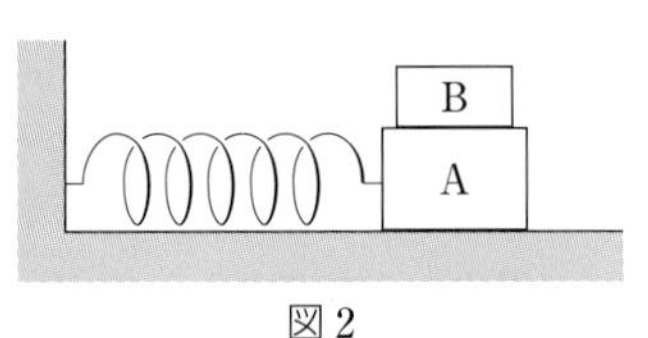

図2

(1) 物体AとBがはなれる瞬間のばねの伸びはいくらか。

(2) 物体AとBがはなれる時刻を求めよ。

(3) 物体AとBがはなれた後，物体Bは等速直線運動をする。物体Bの速さを求めよ。

(4) 物体AとBがはなれた後，物体Aは単振動をする。この単振動の振幅を求めよ。

次に，図2のように，物体BをAの上にのせ，物体Aを単振動させる。物体AとBとの間の静止摩擦係数をμ，重力加速度の大きさをgとする。

(5) 物体Bが物体Aの上をすべることなく，物体Aが単振動をするためには，振幅はいくら以下でなければならないか。

(京都工芸繊維大　改) ➡例題11

思考

80. 板とおもりの単振動 図のように，ばね定数kの軽いばねの一端を水平な床に固定し，他端に質量がm_1で厚さが無視できる板をとりつけ，その上に質量m_2のおもりをのせた。これらは，鉛直方向にのみ運動する。板とおもりが静止しているときの板の位置を原点Oとし，鉛直下向きにx軸をとる。板を$x=A$まで押し下げて，静かにはなしたところ，板とおもりは一体となって単振動をした。重力加速度の大きさをgとする。

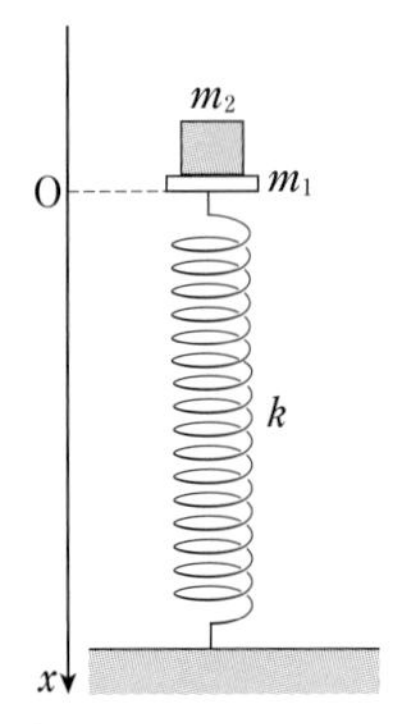

(1) 板が位置xにあるとき，板とおもりの加速度を求めよ。

(2) この単振動の角振動数を求めよ。

(3) 板が位置xにあるとき，板がおもりにおよぼす垂直抗力の大きさを求めよ。

(4) 板を押し下げる距離Aを大きくすると，単振動の途中でおもりが板からはなれるようになる。両者が一体となって振動するための，Aの条件を表せ。

(21. 甲南大　改) ➡例題11

79 (1) ばねが自然の長さよりも伸びると，物体Aには，左向きの弾性力がはたらくようになる。
(5) 物体Bは，物体Aとの間にはたらく静止摩擦力で単振動をする。

80 (4) 板をAだけ押し下げてはなすと，板は$-A\leqq x\leqq A$の範囲で単振動をする。

知識

81. ばねの両端につけられた物体の運動

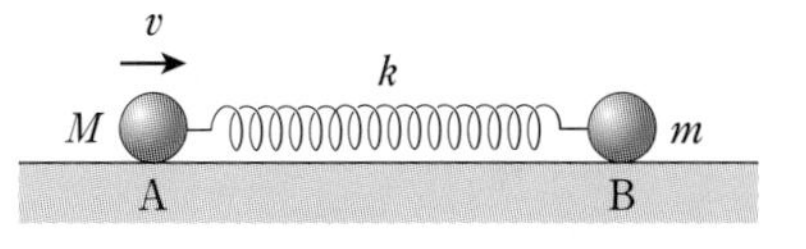

水平面上に，なめらかな溝をもつ直線のレールがある。この溝の中に，質量M，mの小球A，Bを置き，両者をばね定数kのばねでつないだ。ある瞬間に，Aに大きさvの右向きの速度を与えると，その後，AとBは，振動しながら全体として右向きに進んでいく。次の各問に答えよ。

(1) AとBをまとめて1つの物体とみなしたとき，その重心の速度の大きさを求めよ。

(2) 重心から見たBの運動は単振動になる。その周期を求めよ。

(3) 重心から見たBの単振動の振幅を求めよ。

知識

82. 微小振動

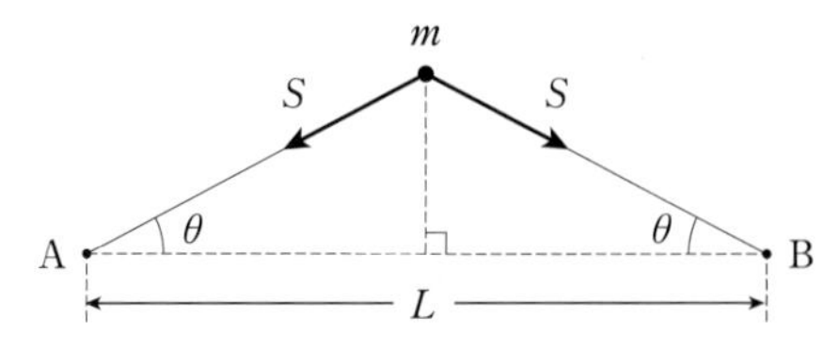

なめらかな水平面上での，質点の微小振動を考える。図のように，距離LだけはなれたAB間に，弾性のある糸を大きさSの張力で張り，その中央に，質量mの質点をとりつける。この質点をABを結ぶ線と垂直な方向に，わずかにずらしてはなすことによって，水平面上で質点の微小振動をさせる。この微小振動の周期Tを求めよ。重力，摩擦力の影響は無視して，必要があれば，θが十分に小さい場合の近似式，$\sin\theta \fallingdotseq \tan\theta$を用いてよい。(千葉大 改)

知識 やや難

83. 水中での単振動

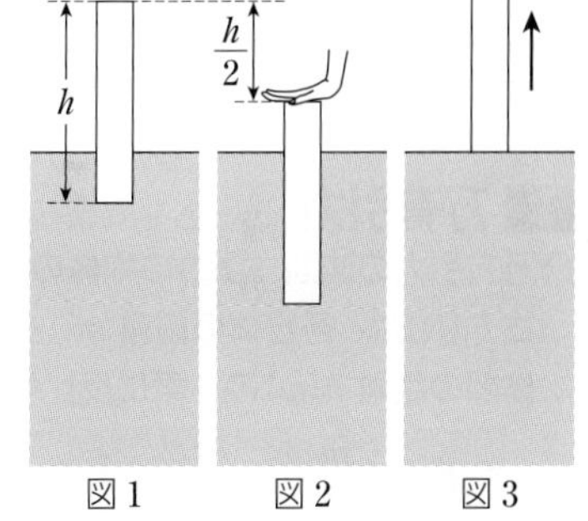

図1　図2　図3

密度ρの水中に，断面積S，高さh，密度$\frac{\rho}{4}$の円柱状の物体を浮かべる。重力加速度の大きさをgとして，次の各問に答えよ。ただし，物体は鉛直方向にのみ運動するものとして，水のおよぼす抵抗力，および水面の高さの変化は無視する。

(1) 物体は，図1の状態で静止した。物体が水面よりも上に出ている部分の高さを求めよ。

(2) (1)の状態から，手で物体を$\frac{h}{2}$だけ押し下げて，手をはなすと，物体は鉛直上向きに運動を始めた。手をはなしてから，物体が(1)のときの位置を最初に通過するまでの時間を求めよ。

(3) その後，物体は水面から飛び出す(図3)。このときの速さを求めよ。

ヒント

81 (2) 重心は等速直線運動をするので，重心から見るときの座標系は慣性系である。重心から左側の部分のばねと右側の部分のばねを分けて考える。

82 微小振動なので，糸の伸びは無視でき，張力の大きさはSで一定とみなせる。

83 (2) この間の物体の運動は，重力と浮力の合力を復元力とした単振動となる。

6 万有引力

1 ケプラーの法則

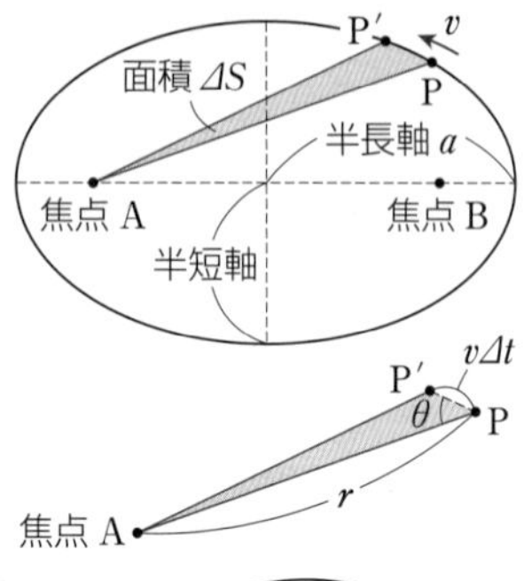

❶楕円　2つの定点からの距離の和が一定となる点を結んでできる曲線。この2つの定点を楕円の**焦点**といい，2つの焦点を通る径の半分を**半長軸**(長さ a)，それに垂直な方向の径の半分を**半短軸**という。

❷面積速度　ごく短い時間 $\varDelta t$ の間に，線分 AP が描く面積 $\varDelta S$ は，図の三角形 PP′A の面積 $\frac{1}{2}rv\varDelta t\sin\theta$ と近似され，単位時間の面積の増加(面積速度) $\varDelta S/\varDelta t$ は，

$$\frac{\varDelta S}{\varDelta t}=\frac{1}{2}rv\sin\theta \quad \cdots ①$$

❸ケプラーの法則　ケプラーが発表した惑星の運動に関する3つの法則。

第1法則　惑星は太陽を1つの焦点とする楕円軌道を描く。

第2法則　惑星と太陽を結ぶ線分が，一定時間に描く面積は一定である(**面積速度一定の法則**)。

第3法則　惑星の公転周期 T の2乗と，楕円軌道の半長軸 a の3乗の比は，すべての惑星で同じ値となる。

$$\frac{T^2}{a^3}=k \quad (k \text{ は定数}) \quad \cdots ②$$

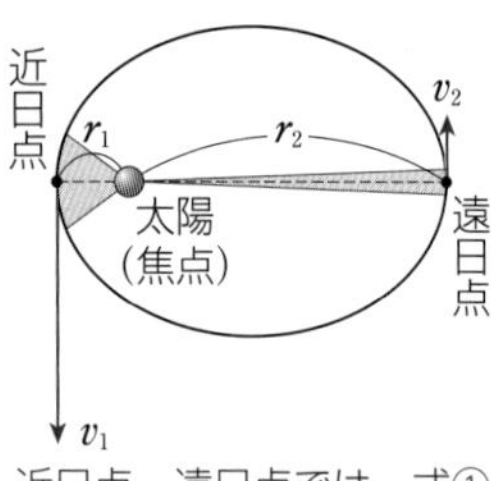

近日点，遠日点では，式①の θ は 90° であり，面積速度一定の法則は，

$$\frac{1}{2}r_1v_1=\frac{1}{2}r_2v_2$$

2 万有引力

❶万有引力の法則　2つの物体の間にはたらく万有引力の大きさ F〔N〕は，各物体の質量 m_1〔kg〕，m_2〔kg〕の積に比例し，物体間の距離 r〔m〕の2乗に反比例する(万有引力の法則)。

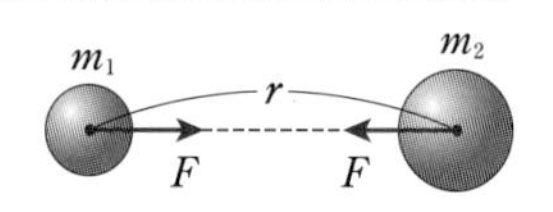

$$F=G\frac{m_1m_2}{r^2} \quad \cdots ③$$

万有引力定数：$G=6.67\times10^{-11}\,\mathrm{N\cdot m^2/kg^2}$

❷万有引力と重力　地球上の物体にはたらく重力は，地球との間の万有引力と地球の自転による遠心力との合力である。しかし，遠心力は，万有引力に比べて無視できるほど小さく，重力は地球との間の万有引力とみなせる。物体と地球の質量をそれぞれ m〔kg〕，M〔kg〕，地球の半径を R〔m〕，地表における重力加速度の大きさを g〔m/s²〕とすると，

$$mg=G\frac{Mm}{R^2} \qquad g=\frac{GM}{R^2} \quad (GM=gR^2) \quad \cdots ④$$

●地表から高さ h〔m〕の点　重力加速度の大きさを g'〔m/s²〕とすると，

$$mg'=G\frac{Mm}{(R+h)^2} \qquad g'=\left(\frac{R}{R+h}\right)^2 g \quad \cdots ⑤$$ (式④の「$GM=gR^2$」の関係を利用)

❸万有引力による位置エネルギー　地球の質量を M〔kg〕とすると，地球の中心から距離 r〔m〕はなれた位置にある，質量 m〔kg〕の物体の万有引力による位置エネルギー U〔J〕は，

$$U=-G\frac{Mm}{r}\quad\cdots⑥$$

（無限遠を基準）

❹万有引力による運動

(a)　**第１宇宙速度**　地表付近を等速円運動する速さ v_{I} は，　$m\frac{v_{\mathrm{I}}{}^2}{R}=mg$　　$v_{\mathrm{I}}=\sqrt{gR}$　…⑦

(b)　**第２宇宙速度**　地表から打ち上げられた物体が，無限遠まで飛び去るために必要な最小限の速さ v_{II} は，

$$\frac{1}{2}mv_{\mathrm{II}}{}^2+\left(-G\frac{Mm}{R}\right)=0\qquad v_{\mathrm{II}}=\sqrt{\frac{2GM}{R}}=\sqrt{2gR}\quad\cdots⑧$$

(c)　**力学的エネルギーの保存**　楕円軌道の焦点にある天体の質量を M とする。軌道上を運動する質量 m の天体が，距離 r_1 はなれているときの速さを v_1，距離 r_2 はなれているときの速さを v_2 とすると，力学的エネルギー保存の式は，

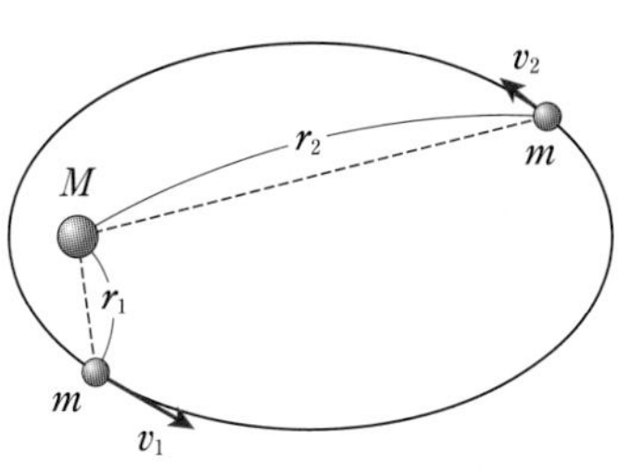

$$\frac{1}{2}mv_1{}^2+\left(-G\frac{Mm}{r_1}\right)=\frac{1}{2}mv_2{}^2+\left(-G\frac{Mm}{r_2}\right)\quad\cdots⑨$$

プロセス　次の各問に答えよ。（　）には適切な語句を入れよ。

1　惑星は太陽を１つの（　ア　）とする（　イ　）上を運動する。

2　太陽から近日点までの距離を r_1，その点での惑星の速さを v_1 として，面積速度の式を示せ。また，太陽から遠日点までの距離を r_2 として，遠日点での惑星の速さを求めよ。

3　太陽のまわりをまわる惑星の公転軌道の半長軸が，地球の9.0倍であるとする。地球の公転周期を1.0年とすると，この惑星の公転周期は何年か。

4　質量1.0kgの２つの物体が1.0mはなれているとき，２物体間にはたらく万有引力の大きさを求めよ。ただし，万有引力定数を 6.7×10^{-11} N·m²/kg² とする。

5　地球の半径を 6.4×10^3 km，質量を 6.0×10^{24} kg，万有引力定数を 6.7×10^{-11} N·m²/kg² として，地表での重力加速度の大きさを求めよ。

6　地球の自転の影響を考慮し，赤道上の点，東京，北極点の３つの地点について，重力加速度が大きい順に答えよ。

7　地球の半径を R，質量を M，万有引力定数を G とする。地表から高さ $2R$ の軌道をまわっている，質量 m の人工衛星の万有引力による位置エネルギーを求めよ。ただし，万有引力による位置エネルギーの基準を無限遠とする。

解答

1（ア）焦点　（イ）楕円軌道　**2** $r_1v_1/2$，r_1v_1/r_2　**3** 27年　**4** 6.7×10^{-11} N　**5** 9.8m/s²
6 北極点，東京，赤道上の点　**7** $-GMm/(3R)$

解説動画

基本例題17　惑星の運動

➡基本問題 84, 85, 89

惑星が，太陽のまわりを等速円運動をしているとする。太陽の質量をM，惑星の質量をm，惑星の公転の速さをv，軌道半径をr，万有引力定数をGとする。

(1)　惑星の等速円運動の運動方程式を示せ。

(2)　ケプラーの第3法則「$\dfrac{T^2}{r^3}=k$」を導け。Tは公転周期，kは定数である。

指針　(1)　惑星は，太陽との万有引力を向心力として，等速円運動をしている。

(2)　(1)の運動方程式と，「$v=2\pi r/T$」の関係を利用して，ケプラーの第3法則を導く。

解説　(1)　万有引力の法則から，惑星と太陽との間にはたらく万有引力の大きさFは，$F=GMm/r^2$である。

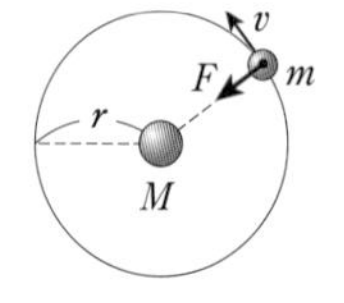

また，向心加速度の大きさaは，「$a=v^2/r$」なので，運動方程式「$ma=F$」は，

$$\boldsymbol{m\frac{v^2}{r}=G\frac{Mm}{r^2}}\quad \cdots①$$

(2)　惑星の速さvは，公転周期T，軌道半径rを用いて，$v=2\pi r/T$と表される。これを式①に代入して，T^2について整理すると，

$$\frac{m}{r}\left(\frac{2\pi r}{T}\right)^2=G\frac{Mm}{r^2}\qquad \frac{T^2}{r^3}=\frac{4\pi^2}{GM}$$

ここで，$\dfrac{4\pi^2}{GM}$は定数であり，これをk(定数)とおくと，$\dfrac{T^2}{r^3}=k$が導かれる。

基本例題18　人工衛星の力学的エネルギー

➡基本問題 92, 93, 94

質量mの人工衛星が，質量Mの地球の中心から距離rの円軌道上をまわっている。万有引力定数をGとし，万有引力による位置エネルギーの基準を無限遠とする。

(1)　人工衛星の速さを求めよ。

(2)　人工衛星の周期を求めよ。

(3)　人工衛星の力学的エネルギーを求めよ。

指針　(1)　人工衛星は，地球との万有引力を向心力として等速円運動をする。速さをvとして運動方程式を立て，vを求める。

(2)　(1)で求めたvと「$T=\dfrac{2\pi r}{v}$」の関係を利用して求める。

(3)　力学的エネルギーは，運動エネルギーと万有引力による位置エネルギーの和である。運動エネルギー$mv^2/2$のvは，問題の条件に適した記号に置き換えるため，運動方程式を用いて消去する。

解説　(1)　円運動の運動方程式は(図)，

$$m\frac{v^2}{r}=G\frac{Mm}{r^2}\quad \cdots①$$

これをvについて解いて，

$$v=\boldsymbol{\sqrt{\frac{GM}{r}}}$$

(2)　人工衛星の周期Tは，速さv，軌道半径rを用いて，$T=\dfrac{2\pi r}{v}$と表される。これに(1)のvを代入すると，

$$T=\frac{2\pi r}{v}=\boldsymbol{2\pi r\sqrt{\frac{r}{GM}}}$$

(3)　人工衛星の運動エネルギーK，万有引力による位置エネルギーUは，次のように表される。

$$K=\frac{1}{2}mv^2\quad \cdots②\qquad U=-G\frac{Mm}{r}\quad \cdots③$$

式①から，$v^2=G\dfrac{M}{r}$であり，これを式②に代入して，$K=G\dfrac{Mm}{2r}$となる。力学的エネルギーは，

$$E=K+U=G\frac{Mm}{2r}-G\frac{Mm}{r}=\boldsymbol{-G\frac{Mm}{2r}}$$

Point　式②にはvが含まれており，式①の運動方程式を用いて変形することによって，記号をM，m，r，Gにそろえることができる。

基本問題

知識
84. ケプラーの第３法則 木星と地球はいずれもほぼ円軌道を描き，太陽を中心として公転している。木星と太陽の距離は，地球と太陽の距離の5.2倍である。木星の公転周期は何年か。有効数字２桁で求めよ。ただし，地球の公転周期を１年とし，必要であれば，$\sqrt{5.2}=2.28$ として計算せよ。

➡ 例題17

知識
85. 地球の質量 地球の半径を 6.4×10^{6} m，地表における重力加速度の大きさを 9.8 m/s²，万有引力定数を 6.7×10^{-11} N·m²/kg² とする。このとき，地球の質量は何 kg になるか。

➡ 例題17

知識
86. 自転による遠心力 地球の自転による遠心力について，次の各問に答えよ。

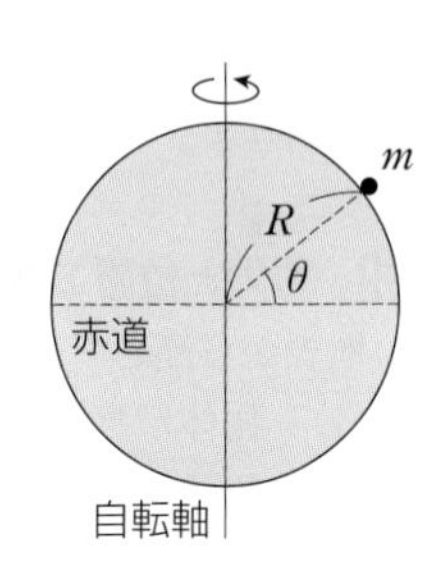

(1) 地球の自転の周期を T，半径を R とするとき，緯度 θ にある質量 m の物体が受ける遠心力の大きさを求めよ。

(2) 北極での重力加速度の大きさを g とする。物体が赤道上で受ける遠心力の大きさは，北極で受ける重力の大きさの何倍になるか。R，T，g を用いて表せ。

知識
87. 月の重力 月の質量は地球の質量の $\frac{1}{81}$，月の半径は地球の半径の $\frac{3}{11}$ であるとする。月面上での重力加速度の大きさは，地表面上での値の何倍になるか。有効数字を２桁として答えよ。

ヒント 万有引力の式から，地表面上，月面上のそれぞれの重力加速度の大きさを求め，比較する。

知識
88. 第１宇宙速度 地表付近を円軌道を描いてまわる人工衛星について，重力加速度の大きさを g，地球の半径を R として，次の各問に答えよ。

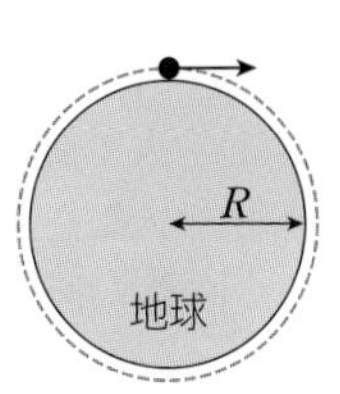

(1) 人工衛星の速さ(第１宇宙速度)はいくらか。

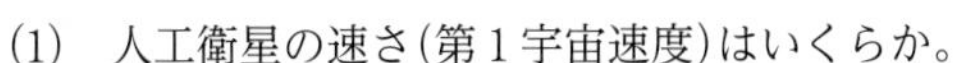

(2) 人工衛星の周期はいくらか。

思考
89. 人工衛星 人工衛星が，地球の中心を中心として，地球の半径の n 倍を軌道半径とする円軌道を一定の速さでまわっている。地球の半径を R，地表での重力加速度の大きさを g として，次の各問に答えよ。

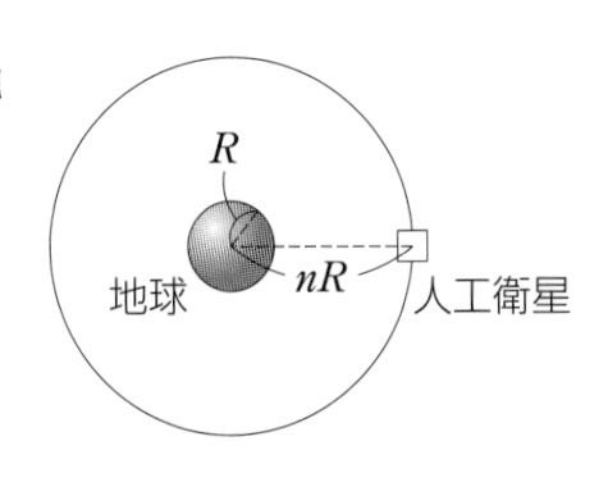

(1) この円軌道上では，重力は地表の何倍になるか。

(2) 人工衛星の周期を求めよ。

(3) 半径 nR の円軌道上での重力加速度の大きさを g' とする。縦軸に g'，横軸に n をとり，$1\leqq n\leqq4$ における g' と n の関係を表すグラフを描け。

➡ 例題17

知識

90. 静止衛星 静止衛星は，地球の自転と同じ周期 T〔s〕で赤道上空を等速円運動する人工衛星である。地球の質量を M〔kg〕，半径を R〔m〕，万有引力定数を G〔N·m²/kg²〕とする。この人工衛星について，次の各問に答えよ。

(1) 人工衛星の角速度を求めよ。

(2) 人工衛星の地上からの高さ h を求めよ。

ヒント (2) 地球の中心から人工衛星までの距離は $R+h$ となる。

思考 記述

91. 人工衛星の軌道 仮に，日本の鉛直上方に静止して見える人工衛星を考えると，その人工衛星は，図のような軌道をまわる必要がある。しかし，地球による重力のみで運動している人工衛星は，そのような軌道をまわることはできない。静止衛星が，赤道上空の円軌道をまわらなければならない理由を簡単に説明せよ。

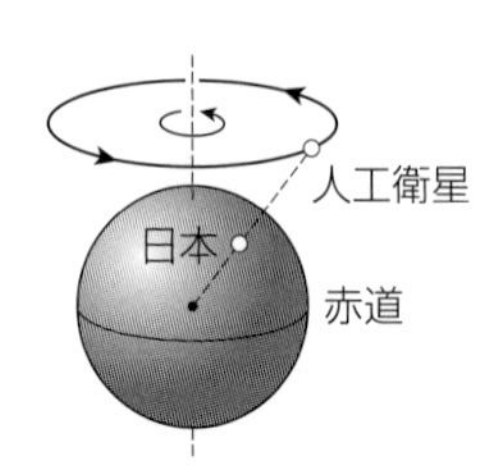

知識

92. 重力と位置エネルギー 地球の半径を R，地表での重力加速度の大きさを g とする。地表から高さ h の点にある質量 m の物体について，次の各問に答えよ。

(1) 物体が高さ h の点で受けている重力の大きさを，m，g，R，h を用いて表せ。

(2) 物体が高さ 0 の地表にあるときと比べて，高さ h の点では，無限遠を基準にした万有引力による位置エネルギーはどれだけ大きいか。m，g，R，h を用いて表せ。

ヒント 万有引力定数を G，地球の質量を M として計算し，$GM=gR^2$ の関係を利用する。 ➡ 例題18

知識

93. 人工衛星の力学的エネルギー 地球の半径を R，地表での重力加速度の大きさを g とする。地表から，高度 R の円軌道をまわっている質量 m の人工衛星について，次の各問に答えよ。

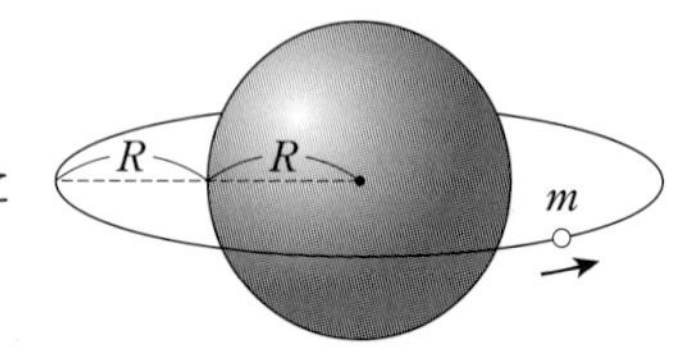

(1) 人工衛星の速さを求めよ。

(2) 人工衛星の力学的エネルギーを，m，g，R を用いて表せ。ただし，万有引力による位置エネルギーの基準を無限遠とする。 ➡ 例題18

知識

94. 第2宇宙速度 地球の表面から，ある初速度で鉛直上方に物体を打ち上げる。地球の半径を R，地表での重力加速度の大きさを g として，次の各問に答えよ。

(1) 打ち上げた物体が，地表から高さ h の点まで上昇した後，地面に向かって落ち始めた。打ち上げの初速 v_1 を求めよ。

(2) 打ち上げた物体が，無限遠方まで飛び去るようにしたい。そのために必要な，打ち上げの最小の初速（第2宇宙速度）v_2 を求めよ。 ➡ 例題18

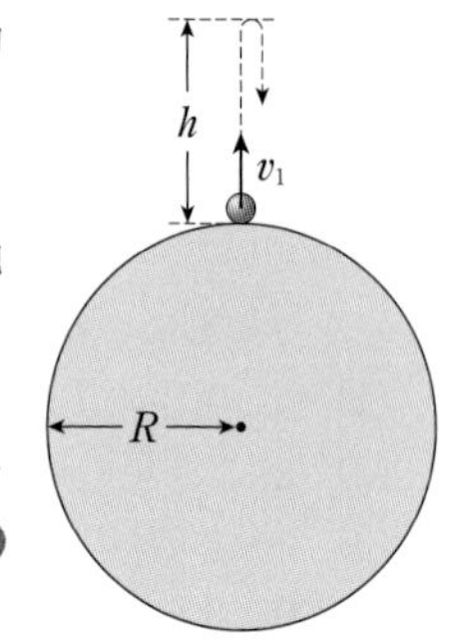

ヒント (2) (1)の v_1 の式で，h を無限大にするとどうなるかを考える。

発展例題12 連星の質量

➡発展問題 96

複数の天体がそれらの重心を中心として，そのまわりを運動するものを連星という。質量の等しい2つの天体からなる連星があるとする。天体間の距離はRであり，各天体は半径 $\frac{R}{2}$ の円周上を等速円運動している。これらの天体の円軌道は同一平面上にあり，いずれも同じ周期で回転する。連星の公転周期をT，万有引力定数をGとして，1つの天体の質量を求めよ。

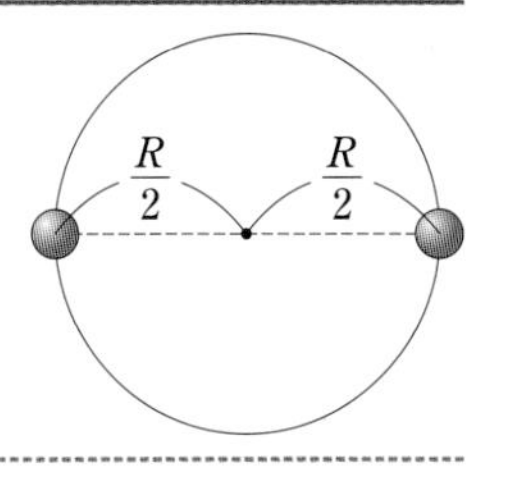

指針 それぞれの天体は，天体間の万有引力を向心力として，等速円運動をしている。周期Tを用いて角速度を表し，等速円運動をする天体の運動方程式を立てる。

解説 1つの天体の質量をMとすると，天体が互いにおよぼしあう万有引力の大きさは，$G\frac{M^2}{R^2}$ となる(図)。天体の角速度をωとすると，$\omega=2\pi/T$ である。等速円運動の運動方程式「$mr\omega^2=F$」から，1つの天体について式を立てると，$m=M$，$r=R/2$ なので，

$$M\frac{R}{2}\left(\frac{2\pi}{T}\right)^2=G\frac{M^2}{R^2}$$

これから，$M=\boldsymbol{\frac{2\pi^2R^3}{GT^2}}$

発展例題13 人工衛星の打ち上げ

➡発展問題 98

半径R，質量Mの地球から，地球の中心から距離$3R$の円軌道に，人工衛星を2段階の操作で打ち上げる。まず，地球を1つの焦点とし，点Pで地表に接し，点Qで半径$3R$の円軌道に接する楕円軌道にのせる。次に，点Qで円軌道に移行させる。万有引力定数をGとして，次の各問に答えよ。

(1) 楕円軌道上を動く人工衛星の点Pでの速さv_P，点Qでの速さv_Qをそれぞれ求めよ。

(2) 円軌道上を動く人工衛星の速さv_3を求め，v_3，v_P，v_Qの大小関係も答えよ。

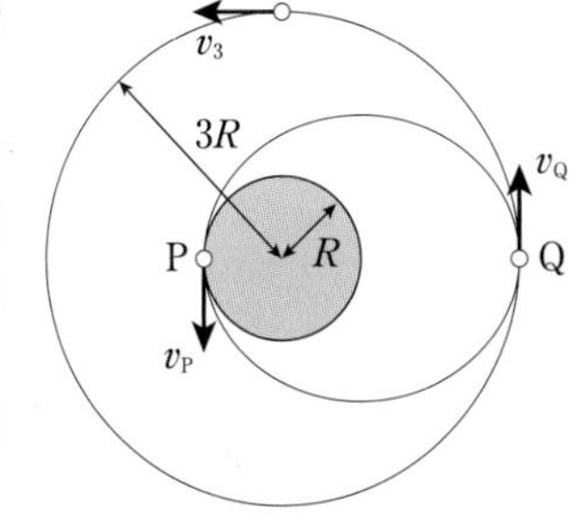

指針 (1) 人工衛星の質量を定義し，楕円軌道上を動くときの点Pと点Qでの面積速度一定の法則，力学的エネルギー保存の法則の式をそれぞれ立て，v_P，v_Qを求める。
(2) v_3は円運動の運動方程式から求める。

解説 (1) 人工衛星の質量をmとする。点PとQでの面積速度一定の法則から，

$$\frac{1}{2}Rv_P=\frac{1}{2}(3R)v_Q \qquad v_P=3v_Q$$

無限遠を位置エネルギーの基準として，点Pと点Qでの力学的エネルギー保存の法則から，

$$\frac{1}{2}mv_P{}^2-G\frac{Mm}{R}=\frac{1}{2}mv_Q{}^2-G\frac{Mm}{3R}$$

これら2式から，$v_Q=\boldsymbol{\sqrt{\frac{GM}{6R}}}$　$v_P=\boldsymbol{\sqrt{\frac{3GM}{2R}}}$

(2) 人工衛星は，万有引力を向心力として，半径$3R$の円軌道を運動する。運動方程式から，

$$m\frac{v_3{}^2}{3R}=G\frac{Mm}{(3R)^2} \qquad v_3=\boldsymbol{\sqrt{\frac{GM}{3R}}}$$

$$v_P=\sqrt{\frac{3GM}{2R}}=\sqrt{\frac{9GM}{6R}},\quad v_3=\sqrt{\frac{GM}{3R}}=\sqrt{\frac{2GM}{6R}}$$

したがって，$\boldsymbol{v_Q<v_3<v_P}$

Point 楕円軌道上(PQ間)を運動しているとき，保存力である万有引力だけを受けて運動しており，人工衛星の力学的エネルギーは保存される。このような運動では，面積速度一定の法則，力学的エネルギー保存の法則の式を立て，連立させて答えを求めることが多い。

発展問題

知識

95. 惑星の運動 地球と海王星の軌道はほぼ円に近い。ここで，太陽の中心から半径 r の円周上をまわる質量 m の惑星について考える。太陽の質量を M，万有引力定数を G として，次の文の(　　)に入る適切な式，数値を答えよ。

この惑星の速さを v とすると，円運動について，半径方向の運動方程式は(　ア　)となり，これから，速さ $v=$(　イ　)が得られる。惑星の公転周期 T と軌道半径 r の間には，$T^2=$(　ウ　)の関係がある。地球と太陽の間の軌道半径を r_e とするとき，海王星の軌道半径はほぼ $30r_e$ である。地球の公転周期を1年とすると，海王星の公転周期は，有効数字2桁で，(　エ　)年となる。また，円軌道を描く惑星の運動エネルギー K と，無限遠を基準にした位置エネルギー U との比 $\left|\dfrac{U}{K}\right|$ の値は，(　オ　)となる。

(芝浦工業大　改)

知識

96. 連星の運動 図のように，質量 m_1 の天体Aと，質量 m_2 の天体Bが，同一平面内で2つの天体の重心Oのまわりに等速円運動をする場合を考える。天体A，B以外の天体からの力は無視でき，A，Bの大きさは，軌道半径に比べて十分に小さく，天体の大きさの影響も無視できるとする。天体A，Bの軌道半径を r_1，r_2，万有引力定数を G とする。次の文の(　　)に入る適切な式を答えよ。

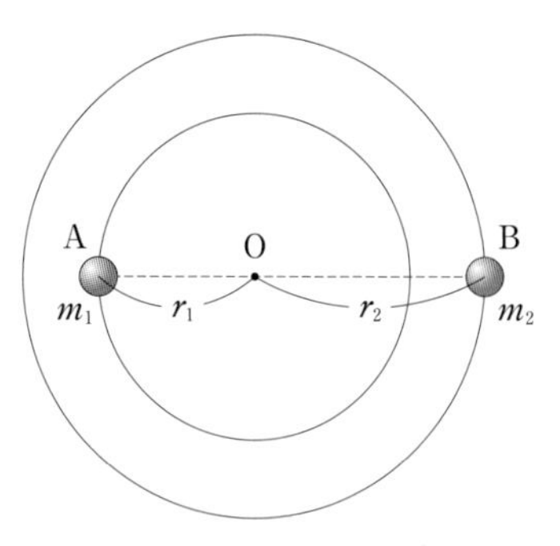

重心Oのまわりをまわる2つの天体の円運動の周期 T は等しい。この T を用いると，2つの天体の角速度 ω は，$\omega=$(　ア　)である。天体AB間の万有引力の大きさ F は，$F=$(　イ　)であり，天体A，Bはこの万有引力を向心力として円運動をしている。ω を用いると，天体Aに対して，$F=m_1\times$(　ウ　)が，天体Bに対して，$F=m_2\times$(　エ　)が成立する。AB間の距離を $r_1+r_2=r$ として，これらの式を用いて，2つの天体の質量の和 m_1+m_2 を，角速度 ω と天体間の距離 r，および G を用いて表すと，$m_1+m_2=$(　オ　)が成り立つ。また，(ア)を利用して，周期 T と天体間の距離 r，および G を用いて表すと，$m_1+m_2=$(　カ　)である。(オ)を用いて，天体Aの円運動の速さ v_1 を r_1，r，G，m_1，m_2 を用いて表すと，$v_1=$(　キ　)となる。天体Bの円運動の速さについても，同様の式を導くことができる。したがって，天体の軌道の観測から，周期 T と天体間の距離 r がわかると，(ア)から角速度 ω が，(カ)から天体AとBの質量の和が計算できる。さらに，天体A，あるいは天体Bの速さがわかれば，天体A，およびBの軌道半径と質量も求めることができる。

(近畿大　改)

➡ 例題12

ヒント

95 (ア) 惑星は，太陽との万有引力を向心力として円運動をしている。

96 (オ) 2つの天体の運動方程式について，辺々の和をとって整理する。

思考

97. 人工衛星と空気抵抗 質量mの人工衛星が，地球の中心のまわりを，速さv，半径rの等速円運動をしている。地球の質量をM，万有引力定数をGとして，次の各問に答えよ。

(1) 人工衛星の力学的エネルギーEを，G，M，m，rを用いて表せ。

次に，地球のまわりの大気の影響を考える。大気の影響は非常に小さく，軌道の変化はきわめてゆっくりであり，十分に短い時間に限れば，人工衛星の運動は等速円運動とみなせる。はじめ，(1)のような等速円運動をしていた人工衛星が，数年の間に，大気の抵抗力のために力学的エネルギーを4％だけ失い，速さv_F，半径r_Fの等速円運動をするようになった。このときの力学的エネルギーE_Fには，Eを用いて，
$E_F-E=-0.04|E|$の関係が成り立つ。

(2) 有効数字を2桁として，$\dfrac{r_F}{r}$を求めよ。また，$\dfrac{v_F}{v}$を小数点以下2桁まで求めよ。なお，必要であれば，$|x|\ll1$のとき，$(1+x)^n\fallingdotseq1+nx$の近似式を用いてよい。

（大阪大　改）

知識

98. 楕円軌道の周期 図のように，地球を中心とする半径rの円軌道上をまわる人工衛星を加速し，楕円軌道にのせる運動を考える。万有引力定数をG，地球の質量をMとして，次の各問に答えよ。ただし，万有引力だけを受けて，地球のまわりを円運動や楕円運動する人工衛星についても，惑星の運動に関するケプラーの法則と同じ法則が成り立つ。

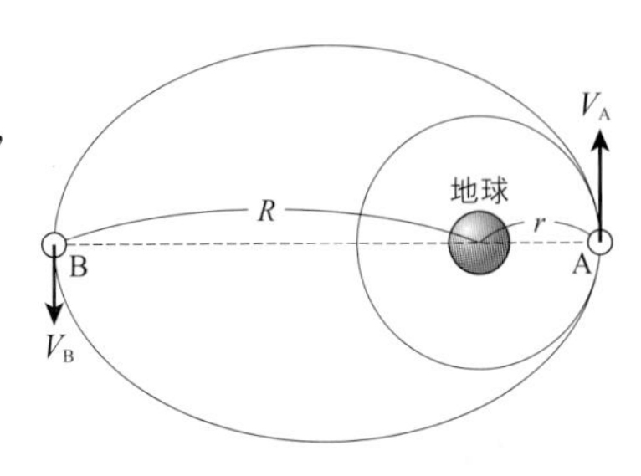

(1) 地球を中心とする半径rの円軌道上をまわる人工衛星の速さV_0と，円運動の周期T_0を求めよ。

点Aで人工衛星の速さを，V_0から瞬時に加速してV_Aにしたところ，人工衛星はABを長軸とする楕円軌道上を運動し，地球から最も遠ざかった点Bにおける速さはV_Bであり，地球から点Bまでの距離はRであった。

(2) ケプラーの第2法則から，点AとBで面積速度が等しいことを表す式を示せ。

(3) V_Aを，G，M，R，rを用いて表せ。

(4) 楕円軌道上を運動する人工衛星の周期をTとする。ケプラーの第3法則を用いて，Tを，T_0を含んだ式で表せ。

(5) V_Aがある値V_A'以上である場合，人工衛星は楕円軌道にのらず，無限遠まで飛び去ってしまう。$\dfrac{V_A'}{V_0}$を求めよ。

（16．名古屋工業大　改）➡例題13

ヒント

97 (1) 力学的エネルギーの式は，運動方程式を利用して，与えられた記号だけに整理する。

98 (4) 円軌道，楕円軌道のそれぞれで，$\dfrac{T^2}{a^3}$（T…公転周期，a…半長軸）の式を立てる。

総合問題

思考

99. 斜面上の小球の運動◀ 次の文の(　　)に入る適切な式を答えよ。

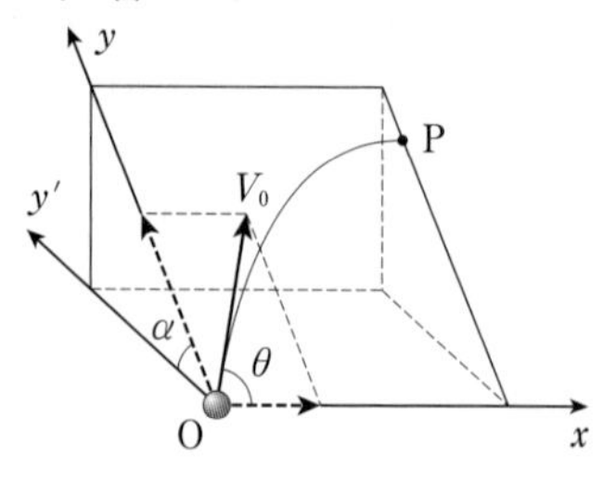

水平面に対して角α傾いたなめらかな斜面上において，小球の運動を考える。重力加速度の大きさをg〔m/s²〕とする。図のように，斜面の左下端を原点Oとし，Oを通り水平右向きにx軸，x軸と垂直で斜面に沿って上向きにy軸をとる。また，原点Oを通り，水平面内でx軸に垂直にy'軸をとる。x軸と角θをなす向きに，速さV_0〔m/s〕で小球を原点Oから斜面上に発射した。斜面を上っていった小球は，すべり落ち始める直前に，斜面の右端で最高点Pに達した。小球を発射した時刻を$t=0$sとする。OP間を移動する間の，時刻t〔s〕における小球のx軸方向の速さu〔m/s〕と，y軸方向の速さv〔m/s〕は，それぞれ$u=$(　1　)，$v=$(　2　)と表すことができる。時刻t〔s〕における小球の斜面上の位置$(x,\ y)$は，それぞれ$x=$(　3　)〔m〕，$y=$(　4　)〔m〕となる。したがって，小球の斜面上の最高点Pの位置$(x_m,\ y_m)$は，それぞれ$x_m=$(　5　)〔m〕，$y_m=$(　6　)〔m〕となる。最高点Pの水平面からの高さh_m〔m〕は，$h_m=$(　7　)である。小球は，斜面上の最高点Pに達した後，Pから飛び出し，水平面上の点Qに落下した。xy'平面上での点Qの位置を$(x_Q,\ y_Q')$とすると，$x_Q=$(　8　)〔m〕，$y_Q'=$(　9　)〔m〕となる。

(中部大　改)

思考

100. 斜面への斜方投射◀ 水平とβの角をなす斜面の最下点から，斜面と垂直に交わる鉛直面内で，時刻$t=0$において，斜面と$\alpha(\alpha+\beta<90^\circ)$の角をなす向きに速さ$v_0$で小球を投射した。図のように，投射した点を原点，斜面に平行な方向にx軸，垂直な方向にy軸をとる。重力加速度の大きさをgとする。

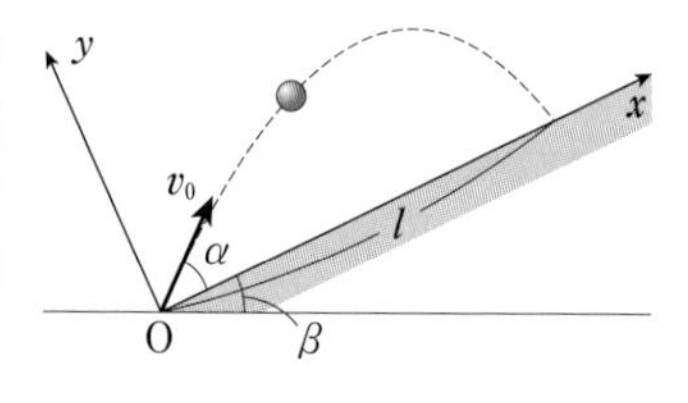

(1)　小球が斜面に落下するまでの，時刻tにおける速度のx成分，y成分を求めよ。

(2)　小球が斜面に落下する時刻t_1を求めよ。

(3)　落下点までの斜面に沿った距離lを求めよ。必要ならば，以下の式を用いよ。

$\sin(A\pm B)=\sin A\cos B\pm\cos A\sin B$　　$\cos(A\pm B)=\cos A\cos B\mp\sin A\sin B$

(4)　さまざまな角で投射したとき，距離lが最大となる場合の投射角αと，そのときの距離lの最大値Lを求めよ。

(佐賀大　改)

ヒント

99　小球が斜面上を運動する間，x方向には等速直線運動，y方向には加速度$-g\sin\alpha$の等加速度直線運動をする。

100　(4) $2\sin A\cos B=\sin(A+B)+\sin(A-B)$の関係式を利用する。

思考

101. ジェットコースターの運動 図のように，水平面，および水平面からθ傾いた斜面からなるジェットコースターのレールがある。そこに，全長l，全質量mのジェットコースターが，長さsだけ水平面から外れて斜面上に固定されている。ジェットコースターはどの部分も質量が一様であるとし，レールからはなれることなくなめらかに移動でき，車輪の回転によるエネルギーは無視する。また，位置エネルギーの基準は，ジェットコースターの水平面上にある部分の重心を通る図の直線ABの高さにとる。位置エネルギーは，質量がすべて重心に集まったものとして計算できる。重力加速度の大きさをgとする。

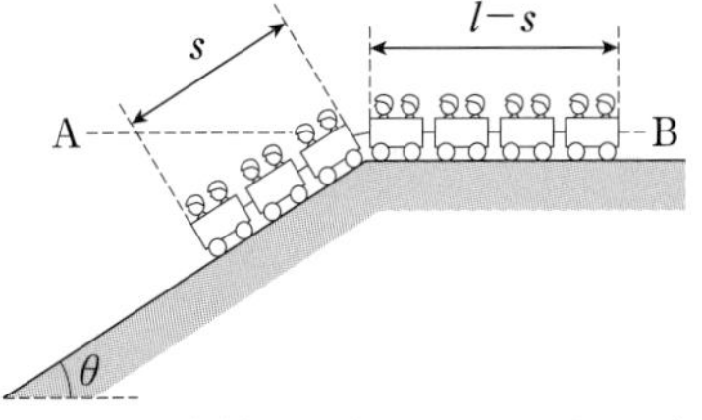

(1)　図において，斜面上にある部分の位置エネルギーU_aはいくらか。

(2)　ジェットコースターの固定が外され，静かに動き始める。$s=l$になったとき，ジェットコースター全体の位置エネルギーU_bはいくらか。

(3)　$s=l$になったとき，ジェットコースターの速さvを求めよ。

(4)　ジェットコースターの最後尾が，水平面をはなれてから時間tの間に斜面に沿って進む距離をdとする。dを，g，l，s，θ，tを用いて表せ。　(北海学園大　改)

思考

102. 斜面のある台を上る小球 図のように，底辺QOの長さがL，質量がMの一様な台が，水平な床の上に置かれている。質量mの小球が，床から$\theta\left(0<\theta<\frac{\pi}{2}\right)$だけ傾いた台のなめらかな斜面PQ上を，点Qから速さvで上りはじめ，台の頂点Pから飛び出した。このとき，台は静止したままであった。点Oを原点とし，水平方向にx軸，鉛直方向にy軸をとると，台の重心は$\left(-\frac{L}{3},\ \frac{L\tan\theta}{3}\right)$にあった。すべての運動は$xy$平面内に限られているものとする。また，台と床との間の静止摩擦係数をμ，重力加速度の大きさをgとする。

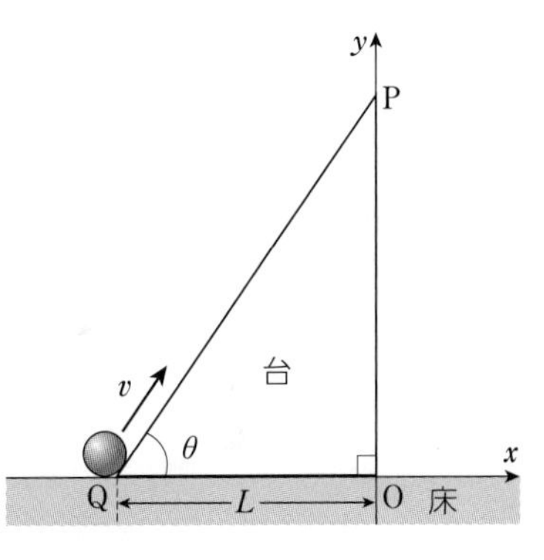

(1)　小球が頂点Pから飛び出すための，速さvの満たす条件を求めよ。

(2)　小球が頂点Pから飛び出した後，到達できるy座標の最大値を求めよ。

(3)　小球が斜面PQ上を運動している間，台がx軸方向にすべらないための静止摩擦係数μの満たす条件を求めよ。

(4)　小球が斜面PQ上を運動している間，台が点Oのまわりに回転しないための，台の質量Mの満たす条件を求めよ。　(21．京都府立医科大　改)

ヒント

101　(1)で計算したエネルギーが，このジェットコースターの力学的エネルギーになる。

102　(3) 台が受ける小球からの垂直抗力の大きさは，小球がPQ間のどこにあっても一定である。
(4) 小球が頂点Pにあるとき，台が小球から受ける時計まわりの力のモーメントが最大となる。

思考

103. 容器の中のおもり◀ 次の文の(　　)の中に適切な式を入れよ。

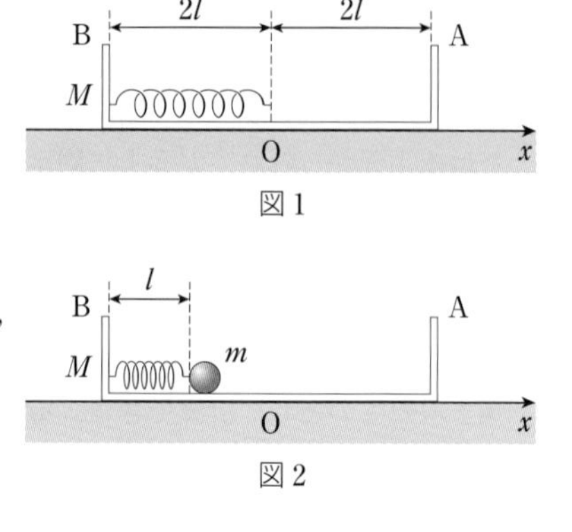

図1

図2

水平でなめらかな床の上に質量Mの箱が置かれ，端Bに自然の長さ$2l$の軽いばねが固定されている(図1)。図2のように，このばねに質量mの質点を押しつけて，ばねを長さlまで縮め，はなしたときの運動について考える。ただし，ばねのばね定数をkとする。また，ばねは，図のx軸方向にのみ伸び縮みするものとし，箱もx軸方向にのみ動くものとする。床と箱，箱と質点との間に摩擦はなく，AB間の距離は$4l$である。なお，箱の重心はAB間の中間にあるとする。

(1) 図2の状態から質点をはなすと，質点は右向き(x軸の正の向き)に，箱は左向きに動き始める。質点の速度をv，箱の速度をVとすると，はじめに両者の速さは0なので，(　ア　)の式が成立する。

(2) 箱に対する質点の相対速度を$v_r=v-V$とする。このとき，$v=$(　イ　)$\times v_r$，$V=$(　ウ　)$\times v_r$と表される。

(3) 質点がばねからはなれるとき，質点の速度は(　エ　)$\times l$となり，箱の速度は(　オ　)$\times l$となる。また，図のように，Oを原点とすると，そのときの質点の位置座標は(　カ　)$\times l$で，端Aの位置座標は(　キ　)$\times l$である。　(東京理科大　改)

思考

104. 摩擦のある台上での運動◀ 図のように，

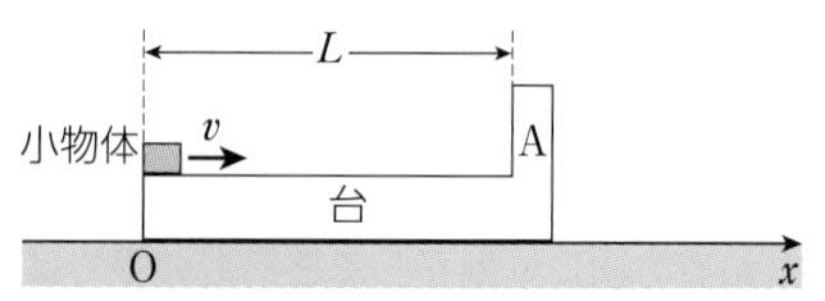

なめらかな水平面上に，質量Mの台が，左端の位置がx軸の原点($x=0$)となるように置かれている。台の右端には垂直な壁Aがあり，台の左端からAの左側までの距離はLである。台の左端に質量mの小物体を置き，時刻tが0のときに小物体に速度v($v>0$)を与えたところ，小物体はAの左側と衝突する前に台と速度が一致した。小物体と台の間には摩擦があり，その動摩擦係数をμ'，重力加速度の大きさをgとする。

(1) 小物体と台の速度が一致したときの速度Vを求めよ。

(2) 小物体と台の速度が一致する時刻t_1を求めよ。

(3) 時刻t($0\leqq t\leqq 2t_1$)におけるAの左側の位置$x_1(t)$と，小物体の位置$x_2(t)$を，tの関数としてグラフの概形を示せ。なお，グラフの縦軸にはLの値，横軸にはt_1，$2t_1$の値のみを示せばよい。

(4) 小物体がAの左側に衝突するためのvの条件を求めよ。　(22．名古屋市立大　改)

ヒント

103　一連の運動において，運動量保存の法則と力学的エネルギー保存の法則が成り立つ。

104　(3) 時刻$0\sim t_1$と$t_1\sim 2t_1$の範囲に分け，小物体と台の変位をそれぞれ考える。

思考 記述

105. 動く斜面上の物体◀ 質量Mの小物体と質量$3M$の台車が，摩擦のない水平な床に置かれている。台車の上面は，摩擦のある水平面と摩擦のない斜面で構成され，2つの面は点Aでなめらかに接続されている。台車の水平面と小物体との間の動摩擦係数をμとし，重力加速度の大きさをgとする。床に静止して運動を観測するものとし，右向きを正として，次の各問に答えよ。

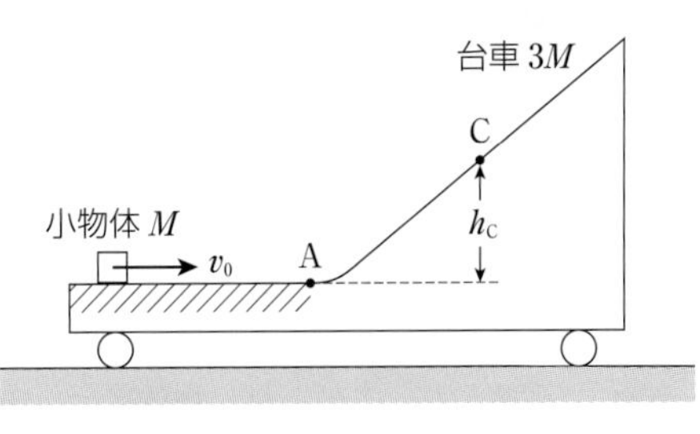

小物体を台車の水平面に置き，時刻tが0のとき，小物体に右向きに速さv_0を与えた。小物体は，$t=t_A$のとき，速さ$\frac{v_0}{2}$で点Aを通過し，斜面を上がって最高点Cに達した瞬間，台車と小物体の速度が互いに等しくなった。

(1) 次の文の(　　)に，適切な数式を記入して文章を完成させよ。

小物体が台車の水平面上を運動しているとき，時刻tにおける小物体の加速度は(　ア　)，速度は(　イ　)である。また，台車の加速度は(　ウ　)，速度は(　エ　)である。なお，t_Aは(　オ　)となる。

(2) 時刻tが0からt_Aまで経過する間に，小物体が床に対して移動した距離は，その間に台車が移動した距離の何倍になるか。

(3) 小物体がCに達した瞬間，小物体の速さは$\frac{v_0}{4}$になることを導け。

(4) Cの高さh_Cはいくらか。

(岡山県立大　改)

思考

106. 斜めの円運動◀ 図のように，床面から角度φ〔rad〕だけ傾いたなめらかな平板を用意する。長さl〔m〕の糸の一端に質量m〔kg〕の小球を結び，他端を点Oに取りつけ，平板上で点Oのまわりに円運動させる。回転の方向は，鉛直上方から見て反時計まわりとする。重力加速度の大きさをg〔m/s^2〕として，次の文の［　　］の中に適切な式を入れよ。

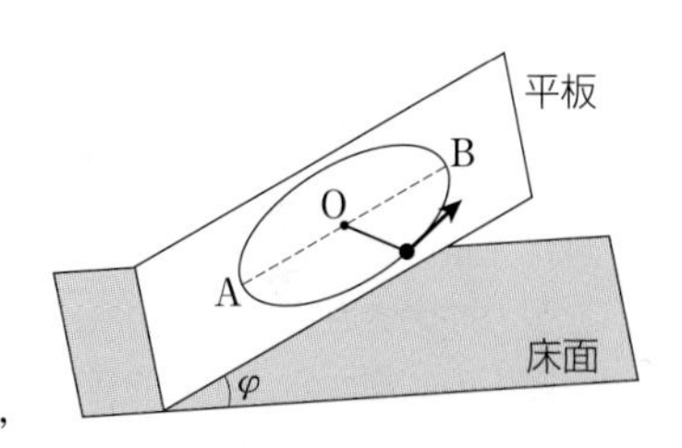

小球が円運動の最下点Aを通過するときの速さがv_0〔m/s〕であったとすると，そのときの小球の円運動の加速度の大きさは［(1)］〔m/s^2〕である。このとき，糸から小球にはたらく張力の大きさは［(2)］〔N〕となる。また，小球が円運動の最高点Bを通過する際，糸から小球にはたらく張力の大きさは［(3)］〔N〕となる。したがって，最高点で糸がたるまない条件は$v_0 \geqq$［(4)］〔m/s〕である。

(17. 北海道大　改)

ヒント

105 (3) 小物体と台車を1つの物体系と考えると，動摩擦力は内力であり，水平方向についての運動量保存の法則が成り立つ。

106 (2) 平板は床面から傾いているが，向心力の向きは常に円の中心Oの向きである。
(3) 円運動の運動方程式と，力学的エネルギー保存の法則の式を立て，連立させて求める。

思考

107. 半円筒形物体との衝突◀ 水平でなめらかな床面上に，表面を半円筒形 ABC（中心O，半径 r）にくり抜かれた，質量 $2M$ の物体Wが置いてある。質量 M の小球Pが，点Gから大きさ V_0 の初速度で動き出し，物体Wの壁面 ABC からはなれることなく上昇して，点Cに到達した。このとき，物体Wは，床面上を速さ V で水平右向きに動いていた。また，点Cでの小球Pの物体Wに対する相対速度の大きさは V_P であった。右向きを正とし，重力加速度の大きさを g とする。

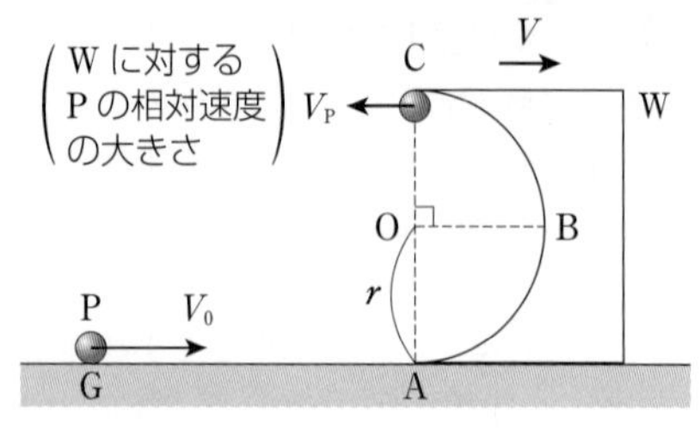

(1) 点Cでの小球Pの床面に対する速度を，V と V_P を用いて表せ。

(2) 小球Pと物体Wの間に成り立つ，力学的エネルギー保存の法則の式を示せ。

(3) 小球Pと物体Wの間に成り立つ，水平方向の運動量保存の法則の式を示せ。

(4) 物体Wの速さ V を，V_0 と V_P を用いて表せ。

(5) 相対速度の大きさ V_P を，V_0，g，r を用いて表せ。 (大阪公立大　改)

思考

108. 慣性力と円錐振り子◀ 列車が水平面上を一定の加速度 αg で走行している。ここで，g は重力加速度の大きさ，α は0よりも大きい定数である。以下では，列車内で静止している人の立場から見ることとする。

列車の天井に，長さ L の軽い糸の上端を固定し，下端に質量 m の小球をつけると，図1のように，糸は鉛直方向から角 ϕ だけ傾いて小球とともに静止した。

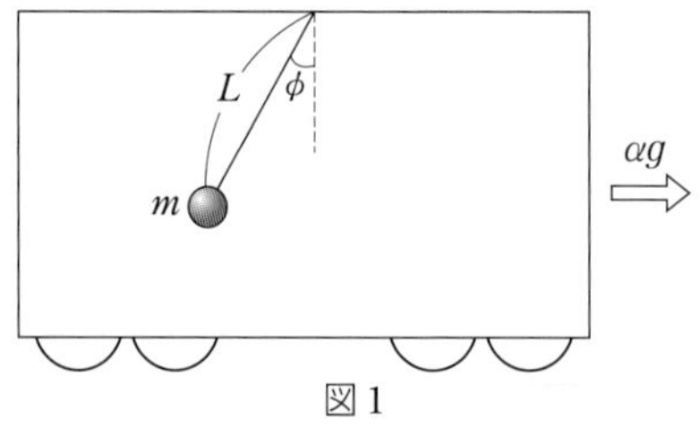

図1

(1) $\tan\phi$ を，α を用いて表せ。また，糸の張力の大きさを，m，g，α を用いて表せ。

図1の状態から，小球を等速円運動させた（図2）。小球は，図1での糸に沿った方向を回転軸とし，それに垂直な面内で等速円運動をしている。回転軸と糸のなす角を θ とし，$\phi+\theta<\frac{\pi}{2}$ であり，小球は天井にぶつからないものとする。

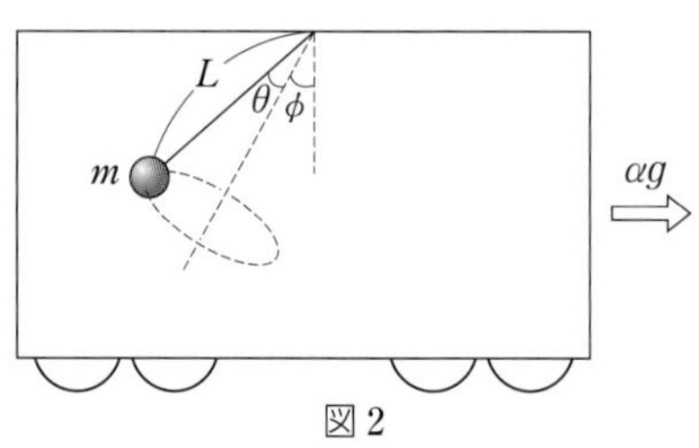

図2

(2) 等速円運動の周期を，ϕ を含まない形で表せ。

(3) $\theta=\phi$ となるように等速円運動をするとき，小球の速さを，ϕ と θ を含まない形で表せ。 (21. 山形大　改)

ヒント

107 (1) 床面に対する小球Pの速度を V' とすると，$-V_P=V'-V$ となる。
(2)(3) 床面に対する小球Pの速度を用いて，それぞれ式を立てる。

108 (2)(3) 小球の受ける重力と慣性力の合力を，見かけの重力として考えると，糸の張力の回転軸に平行な成分は，見かけの重力とつりあっている。

思考

109. 面積速度一定の法則◀ 図のように，長さ $3l$ の糸の一端に質量 m の小球をつけ，中央に小孔Oがあるなめらかな水平板の上にのせ，糸の他端を小孔から通して，質量 M のおもりをつける。重力加速度の大きさを g として，次の各問に答えよ。

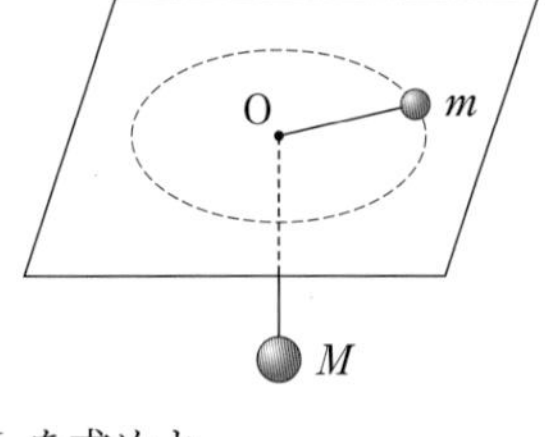

(1)　小球が半径 $2l$ の等速円運動をし，おもりが静止している。このときの小球の角速度 ω_1 と，運動エネルギー K_1 を求めよ。

(2)　(1)の状態から，おもりを静かに手で引き下げ，おもりが l だけ移動した位置で止めたところ，小球は等速円運動をしていた。このときの小球の角速度 ω_2 と，運動エネルギー K_2 を求めよ。また，糸の張力の大きさ T を求めよ。

(3)　(1)の状態から(2)の状態に移るとき，手がこの系に対してした仕事 W を求めよ。

(4)　(2)の状態で，おもりからそっと手をはなした直後の，おもりの加速度の向きと大きさを求めよ。

思考

110. 棒でつながれた物体の運動◀ 図のように，長さ l の軽い棒によってつながれた，質量 M の物体Aと質量 m の物体Bの運動を考える。ただし，$M>m$ とする。棒はなめらかに回転でき，棒が鉛直方向となす角を θ とする。はじめ，物体Aは，水平な床上で鉛直な壁に接していた。一方，物体Bは，物体Aの真上($\theta=0°$)から初速度0で右側へ動き始めた。その後の運動について，次の各問に答えよ。ただし，重力加速度の大きさを g とし，物体AとBの大きさは考えなくてよい。また，物体Aと床との間に摩擦はないものとする。

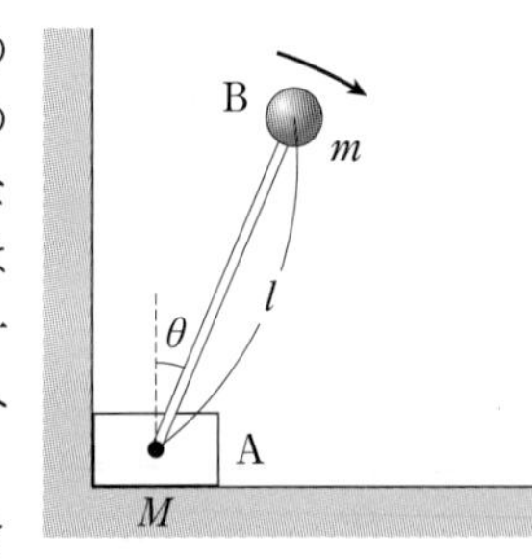

(1)　物体Bが動き出してからしばらくの間，物体Aは壁に接したままであった。この間の物体Bの速さ v を，θ を含んだ式で表せ。

(2)　(1)のとき，棒から物体Bにはたらく力 F を，θ を含んだ式で表せ。ただし，棒がおよぼす力は棒に平行であり，棒が物体Bを押す向きを正とする。

(3)　$\theta=\alpha$ のとき，物体Aが壁からはなれて床の上をすべり始めた。$\cos\alpha$ を求めよ。

(4)　$\theta=\alpha$ において，物体Bの運動量の水平成分の大きさ P を求めよ。

(5)　物体BがAの真横($\theta=90°$)にきたときのAの速さ V を，P を含んだ式で表せ。

(6)　$\theta=90°$ に達した直後に，物体Bが床と弾性衝突をした。その後，物体Bが一番高く上がったとき，$\theta=\beta$ であった。$\cos\beta$ を P を含んだ式で表せ。

（東京大　改）

ヒント

109　(2) 小球は，常にOに向かう中心力を受けるので，面積速度一定の法則が成り立つ。

110　(5) このとき，2物体の速度の水平成分は等しい。

(6) 最高点での速度は水平成分のみとなる。

思考 やや難

111. ベルトコンベア上のばね振り子◀ 図のように，速さVで動く十分に長い水平なベルトの上に，質量mの小物体Pをのせ，ばね定数kの軽いばねで壁とつなぐ。ばねは常に水平に保たれる。水平右向きにx軸をとり，Pとベルトの間の静止摩擦係数をμ，動摩擦係数をμ'とし，重力加速度の大きさをgとする。

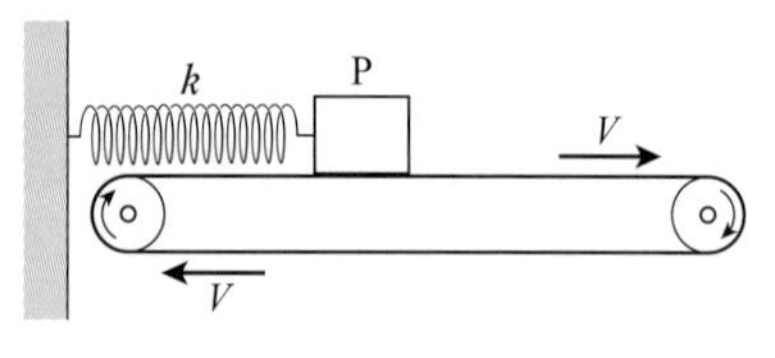

(1)　Pが壁に対して静止している場合，自然の長さからのばねの伸びを求めよ。

以降，(1)におけるPの位置をx軸の原点とする。原点で壁に対して静止しているPに，時刻$t=0$において，水平右向きに大きさv_0の初速度を与えた場合について考える。

(2)　$v_0<V$の場合，Pは単振動をする。この単振動の周期と振幅を求めよ。

(3)　$v_0=V$の場合，Pは時刻t_1までベルトと同じ速度で動いた。時刻t_1，およびそのときのPの位置x_1を求めよ。

(4)　(3)の後，時刻t_2において，Pは運動の向きを右から左に変えた。そのときのPの位置x_2を，x_1を含んだ式で表せ。　（16．大阪公立大　改）

思考

112. 単振動とエネルギー◀ 水平な床に軽いばねの下端を固定する。鉛直上向きをx軸の正の向きにとり，ばねが自然の長さのときのばねの上端を原点とする。このばねに質量Mの板をとりつけると，ばねは長さlだけ縮み，ばねの上端は$x=-l$となった。この状態で，$x=h$から質量mの小球を自由落下させ，板に衝突させた。小球と板は完全非弾性衝突をし，一体となって鉛直方向に単振動をした。ばねは鉛直方向のみに運動するものとし，重力加速度の大きさをgとする。

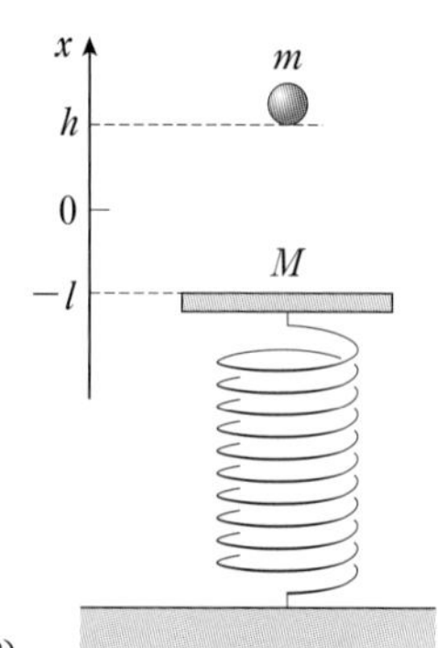

(1)　ばねのばね定数はいくらか。

(2)　小球が板に衝突する直前と直後の速さはそれぞれいくらか。

(3)　単振動の中心の位置はいくらか。

(4)　単振動の周期はいくらか。

(5)　単振動の振幅はいくらか。

小球を$x=H$から自由落下させると，ばねが1周期の振動をする間に，小球は板からはなれた。なお，小球と板との間には，垂直抗力Nだけがはたらいているものとする。

(6)　小球が板からはなれるまでの間，ある位置$x=-x_1$において，小球と板の加速度をaとし，小球，板の運動方程式をそれぞれ示せ。

(7)　小球が板からはなれる位置はいくらか。x座標で答えよ。

(8)　小球が板からはなれるためのHの条件を求めよ。　（大阪公立大　改）

ヒント

111　(2) 位置xにおいて，Pが水平方向に受ける力の合力を考える。

112　(5) 単振動のエネルギー保存の法則を利用する。
(7) 小球が板からはなれるとき，垂直抗力Nは0となる。

思考

113. 地球のトンネルと単振動◀

図のように，地球の中心Oを通り，地表のある地点AとBを結ぶ細長いトンネル内での，小球の直線運動を考える。地球を半径R，一様な密度ρの球とみなし，万有引力定数をGとして，次の各問に答えよ。なお，地球の中心Oから距離rの位置において，小球が地球から受ける力は，中心Oから距離r以内にある地球の部分の質量が，中心Oに集まったと仮定した場合に，小球が受ける万有引力に等しい。ただし，地球の自転と公転の影響，トンネルと小球の間の摩擦は無視するものとし，地球の質量は小球の質量に比べて十分大きいとする。

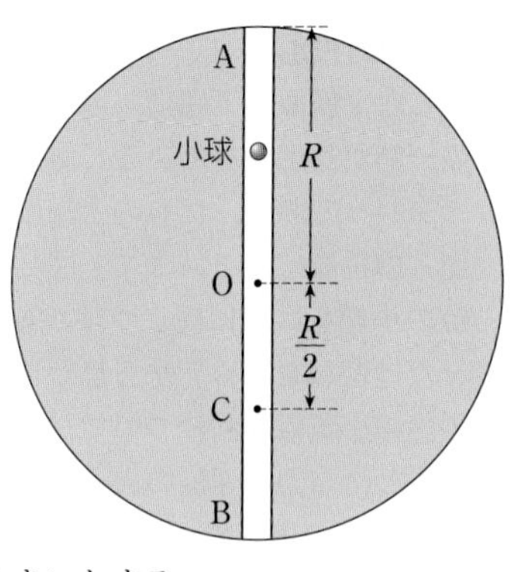

(1) 質量mの小球を地点Aから静かにはなした。小球が地球の中心Oから距離r ($r<R$)の位置にあるとき，小球にはたらく力の大きさを求めよ。

(2) 小球が運動を開始した後，はじめて地点Aにもどるまでの時間Tを求めよ。

(3) 同じ質量mの2つの小球P，Qがある。時刻0に小球Pを，時刻t_1に小球Qを同一の地点Aで静かにはなしたところ，2つの小球はOBの中点Cで衝突した。t_1をTを用いて表せ。ただし，t_1は(2)で求めた時間Tよりも小さいものとする。

(4) 衝突後，2つの小球は一体となって運動した。2つの小球P，Qが衝突してから，はじめて中心Oを通過するまでの時間をTを用いて表せ。（東京大　改）

思考　やや難

114. 摩擦のある面上での振動◀

ばね定数kの軽いばねの一端に質量mの小物体をつけ，他端を壁に固定する。ばねが自然の長さになるときの小物体の位置を原点とし，図の右向きにx軸をとる。床と小物体との間の静止摩擦係数をμ，動摩擦係数をμ'とする。時刻0において，小物体は，原点を速さv_0でx軸の正の向きに通り過ぎた。重力加速度の大きさをgとする。

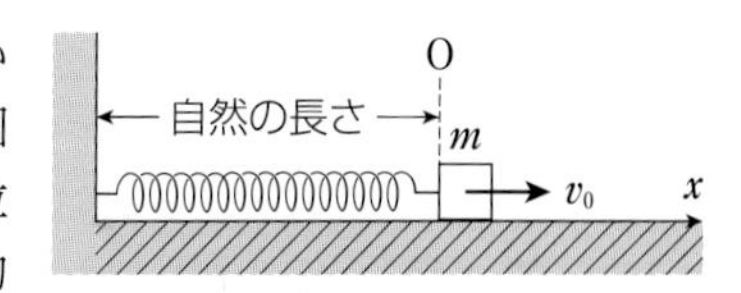

(1) 小物体の速度が最初に0となる時刻t_1での，小物体の位置x_1を求めよ。

(2) 小物体が(1)の位置に静止せず，再び負の向きに運動するためのv_0の条件を求めよ。

(3) v_0が(2)の条件を満たしているとき，2回目に小物体の速度が0になる時刻をt_2とする。t_1からt_2までの間で，小物体の速さが最大になる位置を求めよ。

(4) 時刻t_2における小物体の位置x_2を，x_1を含んだ式で表せ。

(5) 小物体はこのような運動を繰り返すとする。n回目に速度が0となるときの小物体の位置x_nを，x_1を含んだ式で表せ。ただし，nは奇数である。（12. 東京理科大　改）

ヒント

113 (1) (密度)×(体積)が質量になる。(2) (1)の結果から，小球は単振動をすることがわかる。
(3) 落下を始めてからの経過時間は，等速円運動に置き換えて考える。

114 (3) 復元力が0となる位置を考える。(5) 振動の向きが変わるたびに振動の中心が入れ替わる。

思考
115. 斜方投射 ◀ 図1のように，傾斜角θのなめらかな斜面の下端に，ばね定数kの軽いばねの一端が固定されている。斜面は点Aで水平面と交わっており，ばねの上端は自然長のとき，点Aの位置にある。次に，図2のように，質量mの小球をばねに押しつけ，斜面に沿って距離xだけばねを縮めてから静かに手をはなす。その後の小球の運動について，次の各問に答えよ。ただし，重力加速度の大きさをgとする。

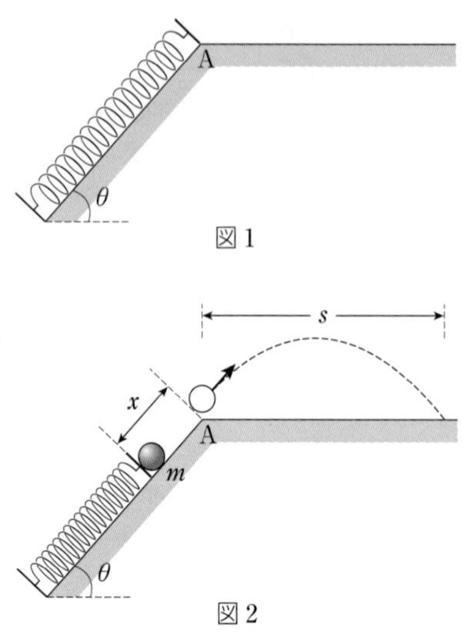

図1
図2

(1)　$x=x_0$のとき，手をはなしても小球は静止したままであった。x_0を求めよ。

(2)　手をはなした後，小球が斜面から飛び出して水平面に投げ出されるためのxの条件を，k，m，g，θを用いて表せ。

(3)　$x=3x_0$のとき，小球が動き出してから点Aに達するまでの時間を求めよ。

次に(2)の条件が成立し，小球が投げ出された後の運動を考える。小球は点Aから速さvで投げ出されたところ，水平距離sだけはなれたところに落下した。点Aでの速さが一定の場合，$\theta=45°$のとき，sが最大になることが知られている。ただし，本問では，θを変えるとvも変わるため，sが最大となる条件は$\theta=45°$と異なる可能性がある。必要であれば，以下の(6)～(7)で表1の三角関数表を利用してよい。

表1

θ	15°	25°	35°	45°
$\sin\theta$	0.26	0.42	0.57	0.71
$\cos\theta$	0.97	0.91	0.82	0.71
$1-\sin\theta$	0.74	0.58	0.43	0.29
$\sin 2\theta$	0.50	0.77	0.94	1

(4)　点Aでの小球の速さvを，x，k，m，g，θを用いて表せ。

(5)　水平距離sを，x，k，m，g，θを用いて表せ。また，$\sin 2\theta=2\sin\theta\cos\theta$の関係式を用いよ。

(6)　本問では，θが大きくなると，vが小さくなるため，$0<\theta\leqq 45°$の範囲でsが最大となる。$x=\dfrac{2mg}{k}$のとき，sが最も大きくなる角度を表1の中から選んで答えよ。

(7)　xを大きくしていくと，sが最大となるθは何度に近づくと考えられるか。表1の角度の中から選んで答えよ。　　(14．東京大　改)

ヒント
115　(6) 表1のそれぞれの角度で値を計算し，最大になる角度を求める。
(7) xが大きくなったとき，sがどのような式に近づくかを考える。

思考

116. 抵抗力を受ける物体の $v-t$ グラフ◀ 次の文章を読んで，［ア］～［キ］に適した式，もしくは数値を答えよ。また，以下の設問(1)～(3)にも答えよ。ただし，重力加速度の大きさを g とし，物体にはたらく浮力は無視する。

質量 m の物体が，重力と空気からの抵抗力を受けて，鉛直下向きに速度 v で落下している場合を考える。物体にはたらく抵抗力の大きさは，物体の速さに比例すると仮定し，その比例定数を k (k は物体の形状で決まる) とする。鉛直下向きを正の向きとすると，この物体の速度が微小時間 Δt で Δv だけ変化したとき，物体の加速度は［ア］と表され，物体の運動方程式は，m，Δv，Δt，k，v，g を用いて，

$$m \times \boxed{\text{ア}} = \boxed{\text{イ}} \quad \cdots\text{(i)}$$

と表される。この状況では，落下を始めて一定時間後には，物体の運動は，近似的に等速運動になる。このときの速度を終端速度という。終端速度 v_f は，重力と抵抗力がつりあう条件で決まり，$v_f=$［ウ］で与えられる。式(i)を，m，Δv，Δt，k，v，v_f を用いて書き直すと，

$$m \times \boxed{\text{ア}} = -k(v-v_f) \quad \cdots\text{(ii)}$$

と表される。ここで，物体の速度と時刻との関係を表す $v-t$ グラフを描くために，$v=v_f+\overline{v}$ で定義される v の終端速度からのずれ $\overline{v}$ を導入する。ずれ $\overline{v}$ の微小時間 Δt での変化 $\Delta\overline{v}$ が，Δv と等しいことに注意すると，式(ii)から，$\Delta\overline{v}$ の時間変化は，

$$\frac{\Delta\overline{v}}{\Delta t} = -\frac{\overline{v}}{\boxed{\text{エ}}}$$

と表される。ここで $\tau=$［エ］は緩和時間とよばれ，速度が終端速度 v_f に近づく目安の時間である。また，終端速度 v_f と緩和時間 τ の間には，次のような関係がある。

$$v_f = \boxed{\text{オ}} \times \tau$$

初速度が 0 の場合，$v-t$ グラフは図の実線のようになる。また，図中の原点を通る点線Lは，$t=0$ における接線であり，その傾きは［カ］である。また，時間が経過するにつれ，物体の加速度は［キ］に近づくことが読み取れる。

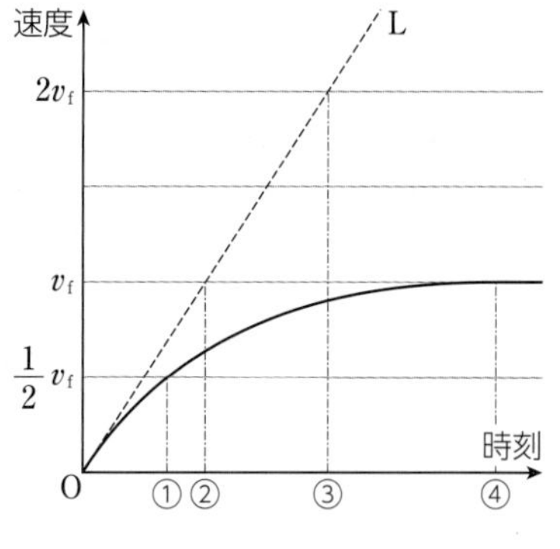

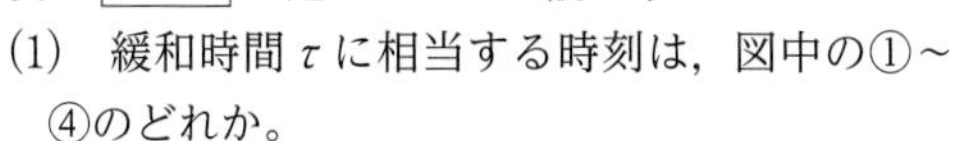

(1) 緩和時間 τ に相当する時刻は，図中の①～④のどれか。

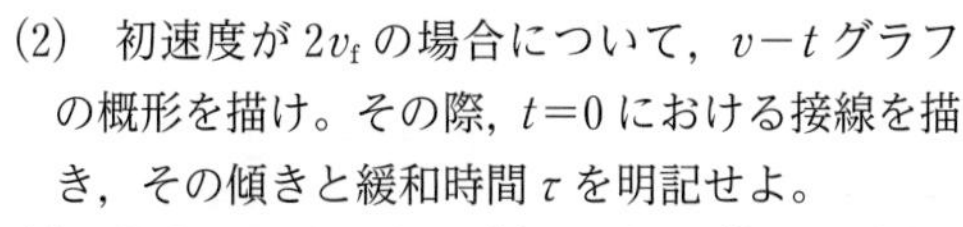

(2) 初速度が $2v_f$ の場合について，$v-t$ グラフの概形を描け。その際，$t=0$ における接線を描き，その傾きと緩和時間 τ を明記せよ。

(3) 物体の形状を変えず(k を変えず)，初速度を 0，質量を 2 倍にした場合の $v-t$ グラフの概形を描け。その際，$t=0$ における接線を描き，その傾きと緩和時間を明記せよ。

(18. 京都大 改)

ヒント

116 (2)(3) $t=0$ における加速度は，運動方程式を用いて計算する。初速度に関わらず，一定時間後の物体の速度は，終端速度になっている。

第Ⅱ章　熱力学

7 気体の法則と分子運動

1 気体の圧力と大気圧

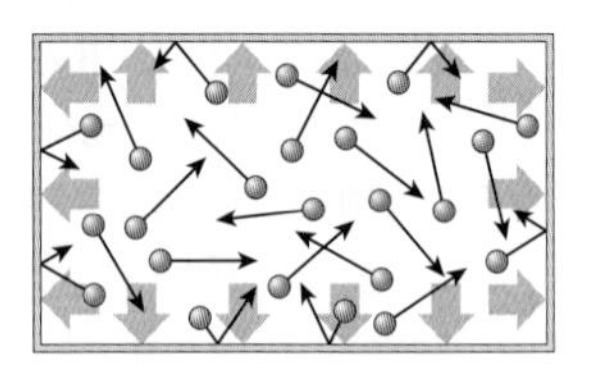

❶気体の圧力　気体を構成する分子が，衝突することによって生じる圧力。容器内の気体の圧力は，面に対して常に垂直にはたらき，その大きさは，容器内のどの部分においても等しい。

◎圧力の式　面積 S〔m²〕の面に垂直に，大きさ F〔N〕の力がはたらくとき，圧力 p〔Pa〕は，

$$p=\frac{F}{S}\quad\left(\text{圧力〔Pa〕}=\frac{\text{力〔N〕}}{\text{面積〔m}^2\text{〕}}\right)\quad\cdots①$$

❷大気圧　地球の大気が物体におよぼす圧力。地上の大気圧は約 1.0×10^5 Pa である。

2 気体の法則

❶ボイルの法則　温度が一定のとき，一定質量の気体の体積 V は圧力 p に反比例する。

$$pV=\text{一定}\quad\cdots②$$

❷シャルルの法則　圧力が一定のとき，一定質量の気体の体積 V は絶対温度 T に比例する。

$$\frac{V}{T}=\text{一定}\quad\cdots③$$

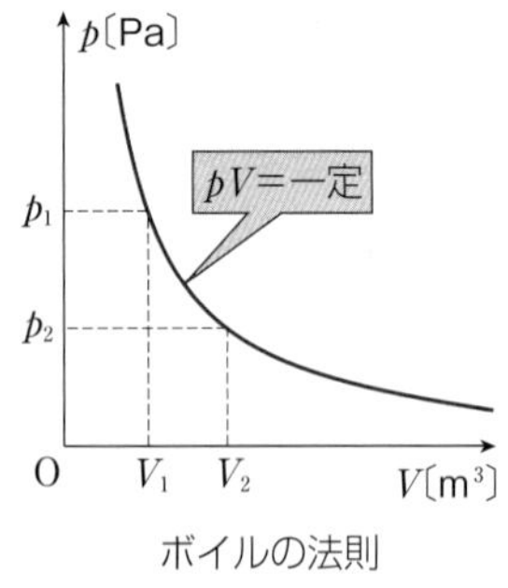

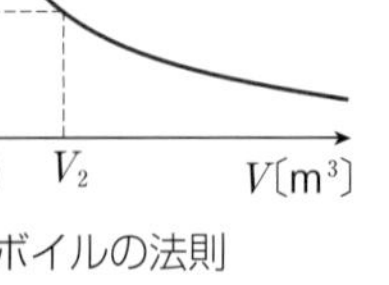

ボイルの法則

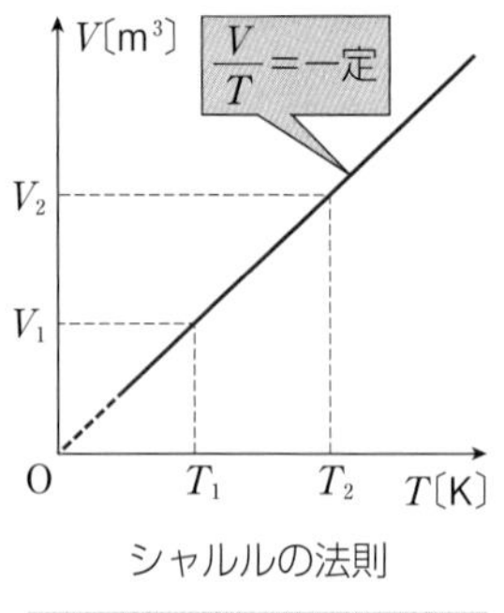

シャルルの法則

❸ボイル・シャルルの法則　一定質量の気体の体積 V は，絶対温度 T に比例し，圧力 p に反比例する。

$$\frac{pV}{T}=\text{一定}\quad\cdots④$$

❹理想気体の状態方程式

(a)　**物質量**　原子，分子，イオンなどは，6.02×10^{23} 個の集団を単位として扱う。この集団を1**モル**(記号 mol)といい，モルを単位として表された物質の量を**物質量**という。また，1 mol あたりの粒子の数 6.02×10^{23}/mol を**アボガドロ定数**という。

(b)　**気体定数**　0℃，1気圧の状態において，気体1 mol の占める体積は，その種類に関係なく，2.24×10^{-2} m³/mol(22.4 L/mol)である。気体1 mol について，式④の一定値を**気体定数**という。気体定数 R は，

2.24×10^{-2} m³
28.2 cm
28.2 cm
28.2 cm

$$R=\frac{(1.013\times10^5)\times(2.24\times10^{-2})}{273}=8.31\ \text{J/(mol·K)}\quad\cdots⑤$$

(c)　**理想気体の状態方程式**　n〔mol〕の気体の圧力を p〔Pa〕，体積を V〔m³〕，絶対温度を T〔K〕とすると，次式が成り立つ。　**理想気体の状態方程式**　$pV=nRT\quad\cdots⑥$

式⑥に厳密にしたがう気体を**理想気体**という。理想気体は，分子間にはたらく力が存在せず，分子そのものの体積は0であると仮定した気体である。

3 気体の分子運動

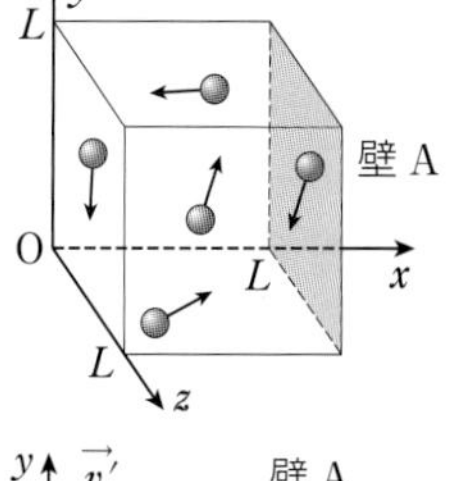

❶気体の圧力と分子運動　立方体の容器内の気体の圧力は，次のように求められる。

質量mの分子が壁Aに垂直な速度成分v_xで衝突する。

(1)分子1個から壁Aが受ける力積　1回あたり$2mv_x$

(2)分子1個が時間tの間に壁Aと衝突する回数　$\dfrac{v_x t}{2L}$

(3)壁Aが分子1個から受ける平均の力

$\overline{f}\,t=2mv_x\times\dfrac{v_x t}{2L}$ から，　$\overline{f}=\dfrac{m{v_x}^2}{L}$

(4)N個の分子から受ける平均の力の総和　$F=\dfrac{Nm\overline{{v_x}^2}}{L}$

(5)気体の圧力p　$\overline{v^2}=\overline{{v_x}^2}+\overline{{v_y}^2}+\overline{{v_z}^2}$，$\overline{{v_x}^2}=\overline{{v_y}^2}=\overline{{v_z}^2}\Rightarrow\overline{{v_x}^2}=\dfrac{\overline{v^2}}{3}$

$V=L^3$ から，　$\boldsymbol{p=\dfrac{Nm\overline{v^2}}{3V}}$　…⑦

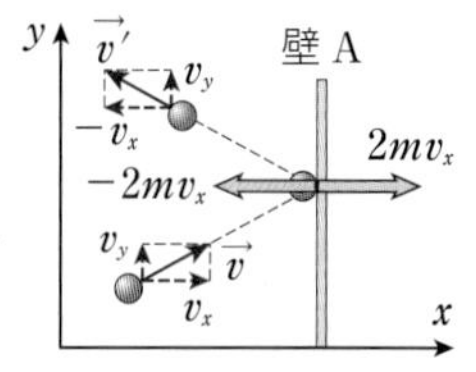

❷気体の温度と分子運動　n〔mol〕の気体では，アボガドロ定数をN_A〔1/mol〕として，式⑦から，$pV=\dfrac{nN_Am\overline{v^2}}{3}=nRT$ が成り立つ。これから，気体分子の運動エネルギーの平均値 $\dfrac{1}{2}m\overline{v^2}$〔J〕は，　$\dfrac{1}{2}m\overline{v^2}=\dfrac{3R}{2N_A}T=\dfrac{3}{2}kT$　（kは**ボルツマン定数**）　…⑧

$$\boldsymbol{k=\frac{R}{N_A}=\frac{8.31}{6.02\times10^{23}}=1.38\times10^{-23}\,\text{J/K}}\quad\cdots⑨$$

理想気体の分子1個あたりの運動エネルギーの平均値は，気体の種類によらず，気体の絶対温度だけで決まり，絶対温度に比例する。

❸分子の二乗平均速度　分子量M，絶対温度T〔K〕の気体分子の二乗平均速度$\sqrt{\overline{v^2}}$〔m/s〕は，$N_Am=M\times10^{-3}$〔kg/mol〕から，　$\boldsymbol{\sqrt{\overline{v^2}}=\sqrt{\dfrac{3RT}{N_Am}}=\sqrt{\dfrac{3RT}{M\times10^{-3}}}}$　…⑩

プロセス　アボガドロ定数を6.0×10^{23}/mol，気体定数を8.3J/(mol･K)，ボルツマン定数を1.38×10^{-23}J/Kとして，次の各問に答えよ。

1　一定温度，一定質量の気体を圧縮すると，圧力は大きくなるか，小さくなるか。

2　圧力1.0×10^5Paの気体0.20m³を，温度一定のままで0.10m³に圧縮すると，圧力はいくらになるか。

3　一定圧力，一定質量の気体が膨張したとき，温度は高くなるか，低くなるか。

4　27℃，体積0.30m³の気体を圧力一定のままで127℃にすると，体積はいくらになるか。

5　27℃，2.0×10^5Paで体積0.30m³の気体は87℃，体積0.40m³になると，圧力はいくらか。

6　圧力1.0×10^5Pa，体積8.3×10^{-3}m³の気体が0.20molある。この気体の温度は何Kか。

7　27℃，1.0×10^5Paの状態で，体積1.0m³に含まれる空気の分子数はいくらか。

8　127℃のヘリウム分子1個あたりの平均運動エネルギーは何Jか。

解答

1 大きくなる　**2** 2.0×10^5Pa　**3** 高くなる　**4** 0.40m³　**5** 1.8×10^5Pa
6 5.0×10^2K　**7** 2.4×10^{25}個　**8** 8.28×10^{-21}J

解説動画

基本例題19　ボイル・シャルルの法則

➡基本問題 119，120，122

図のような円筒容器に，なめらかに動くピストンをとりつけ，一定質量の気体を封入した。最初，容器内の気体の温度は 27℃，体積は 2.0×10^{-3}m³，圧力は 1.0×10^{5}Pa であった。

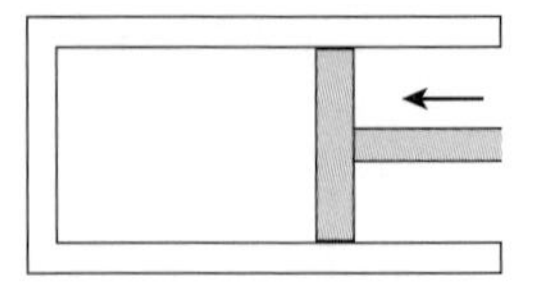

(1)　ピストンの断面積が 0.25m² であるとき，容器内の気体がピストンを押している力の大きさは何Nか。

(2)　ピストンを押して容器内の気体を圧縮したところ，最初の状態から，気体の体積が 1.0×10^{-3}m³，圧力が 2.2×10^{5}Pa に変化した。このとき，気体の温度は何℃か。

指針　(1)　圧力は単位面積を押す力の大きさである。面積 S〔m²〕に大きさ F〔N〕の力がはたらいているとき，圧力 p〔Pa〕は，「$p=F/S$」と表される。

(2)　一定質量の気体では，体積 V は，圧力 p に反比例し，絶対温度 T に比例する(ボイル・シャルルの法則)。

$$\frac{pV}{T}=一定$$

解説　(1)　求める力の大きさを F〔N〕とすると，「$p=F/S$」の関係から，

$F=pS=(1.0\times10^{5})\times0.25=\mathbf{2.5\times10^{4}}$ **N**

(2)　変化後の気体の温度を T〔K〕とする。変化の前後でボイル・シャルルの法則を用いると，

$$\frac{(1.0\times10^{5})\times(2.0\times10^{-3})}{273+27}=\frac{(2.2\times10^{5})\times(1.0\times10^{-3})}{T}$$

$T=330$K

計算結果をセルシウス温度に換算する。

「$T=t+273$」から，　$t=330-273=$ **57℃**

(注)　ボイル・シャルルの法則の式における T は，セルシウス温度でなく，絶対温度であることに注意する。

基本例題20　連結された容器内の気体

➡基本問題 128，129

容積 V〔m³〕の容器Aと容積 $3V$〔m³〕の容器Bを細い管でつなぎ，容器の中に，温度 T〔K〕，圧力 p〔Pa〕の水素を入れる。Aの温度を T〔K〕に保ったまま，Bの温度を $3T$〔K〕にするとき，容器中の圧力はいくらになるか。また，温度条件を変えたことによって，何 mol の水素が細い管を移動したか。ただし，細い管の容積を無視し，気体定数を R〔J/(mol·K)〕とする。

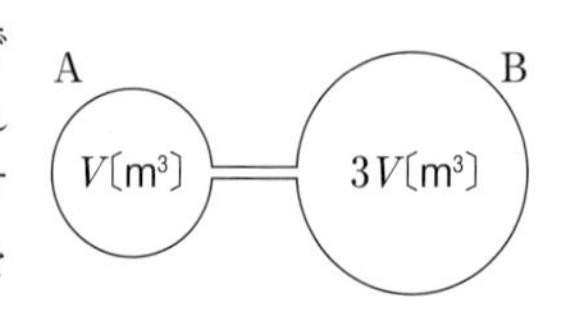

指針　容器A，Bの中の圧力が等しくなるまで，BからAへ水素分子が移動する。このとき，Aの物質量は増え，Bの物質量は減るが，AとBの物質量の和は一定に保たれる。

解説　最初，Aに n_A〔mol〕，Bに n_B〔mol〕，最終的に，Aに n_A'〔mol〕，Bに n_B'〔mol〕の水素があるとする。最終的な圧力を p'〔Pa〕とすると，各状態でのA，B中の理想気体の状態方程式は，

最初(A)：$p\times V=n_A\times R\times T$　…①

最初(B)：$p\times 3V=n_B\times R\times T$　…②

最終(A)：$p'\times V=n_A'\times R\times T$　…③

最終(B)：$p'\times 3V=n_B'\times R\times 3T$　…④

また，変化の前後で，AとBの物質量の和は一定に保たれるので，

$n_A+n_B=n_A'+n_B'$　…⑤

式①，②，③，④を各物質量について整理し，式⑤に代入して p' を求める。

$$\frac{pV}{RT}+\frac{3pV}{RT}=\frac{p'V}{RT}+\frac{3p'V}{3RT}$$

これから，$p'=\mathbf{2p}$〔Pa〕　…⑥

また，式①から，$n_A=\dfrac{pV}{RT}$〔mol〕となり，式⑥を③に代入すると，$n_A'=\dfrac{2pV}{RT}$〔mol〕となる。したがって，BからAへ移動した水素の物質量は，

$$n_A'-n_A=\frac{2pV}{RT}-\frac{pV}{RT}=\boldsymbol{\frac{pV}{RT}}〔mol〕$$

解説動画

基本例題21　気体の分子運動と圧力

➡基本問題 131

次の文の(　　)に入る適切な語句，式を答えよ。

質量 m の気体分子が速さ v で右向きに運動しており，分子は，一辺の長さが L の正方形の壁に垂直に衝突(弾性衝突)をしてはねかえる。1個の分子から壁が受ける力積は，(　ア　)向きに大きさ(　イ　)である。単位時間あたり，N 個の気体分子が壁に衝突しているとする。壁が時間 t の間に受ける力積の大きさは(　ウ　)なので，壁が受ける圧力は(　エ　)となる。

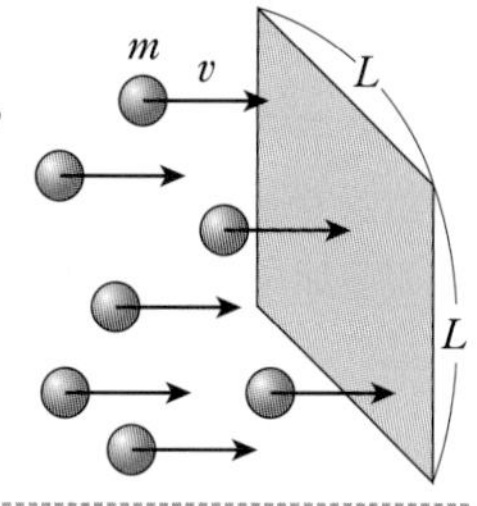

指針　(ア)(イ)　分子の運動量の変化は，分子が壁から受けた力積に等しい。その力積の反作用として，壁が受けた力積を求められる。

(ウ)(エ)　時間 t の間に壁に衝突する分子の総数は，Nt 個である。また，壁が受ける圧力は，単位面積あたりに受ける力の大きさである。

解説　(ア)(イ)　分子と壁は弾性衝突をするので，右向きを正とすると，衝突後の分子の速度は $-v$ となる(図)。分子の運動量の変化と力積の関係から，

$(-mv)-mv=-2mv$

壁が分子から受けた力積は，作用・反作用の法則から，$2mv$ となる。したがって，壁が受けた力積は，**右**向きに大きさ $\boldsymbol{2mv}$ となる。

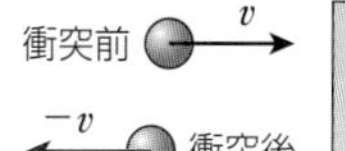

(ウ)　時間 t の間に壁に衝突する分子の数は Nt 個であり，求める力積の大きさは，(イ)の結果を用いて，　$2mv\times Nt=\boldsymbol{2Ntmv}$

(エ)　壁が N 個の分子から受ける力の大きさを F とすると，壁が受ける力積 Ft は，(ウ)の $2Ntmv$ に等しいので，

$Ft=2Ntmv$　　$F=2Nmv$

圧力は，単位面積あたりの力の大きさなので，

$$p=\frac{F}{L^2}=\boldsymbol{\frac{2Nmv}{L^2}}$$

基本問題

知識

117. 気体の圧力　図のように，断面積が $2.5\times10^{-3}\,\mathrm{m^2}$ の円筒容器を鉛直に立て，重さ 50N のなめらかなピストンで気体を密封する。このとき，内部の気体の圧力はいくらか。ただし，大気圧を $1.0\times10^5\,\mathrm{Pa}$ とする。

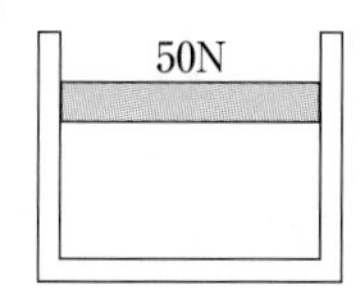

知識

118. ボイルの法則とシャルルの法則　温度27℃，圧力 $1.0\times10^5\,\mathrm{Pa}$，体積 $3.0\times10^{-2}\,\mathrm{m^3}$ の気体について，次の各問に答えよ。

(1)　温度を一定に保ったまま，体積を $1.0\times10^{-2}\,\mathrm{m^3}$ にすると，圧力はいくらになるか。

(2)　圧力を一定に保ったまま，温度を87℃にすると，体積はいくらになるか。

知識

119. 気体の冷却　熱を通し，栓によって気体を閉じこめることのできる容器がある。まず容器の栓を開け，温度27℃，圧力 $1.0\times10^5\,\mathrm{Pa}$ の大気中に置く。その後，開栓したまま容器内の空気を加熱し，温度が127℃に達した瞬間に栓を閉じ，大気中に放置した。

(1)　栓をした直後の内部の空気の圧力はいくらか。

(2)　栓をして十分に時間が経過したときの，内部の空気の圧力はいくらか。　➡例題19

ヒント　栓をした後は，内部の空気が一定質量となり，ボイル・シャルルの法則が成り立つ。

知識

120. ボイル・シャルルの法則 図のように，円筒形の容器が水平に置かれ，断面積 5.0×10^{-3}m² のなめらかに動くピストンによって空気が閉じこめられている。はじめ，容器内の空気は27℃であり，ピストンは容器の底から 0.30m の位置で静止していた。その後，空気の温度を77℃にし，ピストンに垂直に 2.0×10^{2}N の力を加えると，ピストンは移動し，ある位置で静止した。大気圧を 1.0×10^{5}Pa とする。

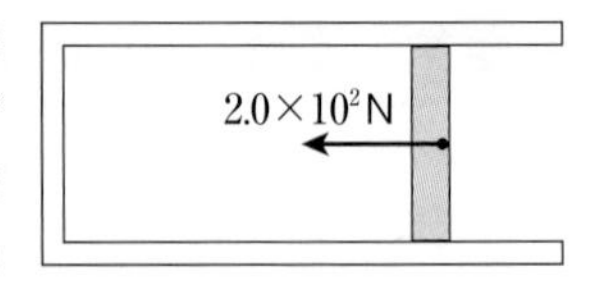

(1) はじめにピストンが静止しているとき，容器内の空気の圧力はいくらか。

(2) ピストンが移動した後の容器内の空気の圧力はいくらか。

(3) 移動した後の，容器の底からピストンまでの距離はいくらか。 ➡例題19

知識

121. 円筒容器内の気体 円筒形の容器内に，重さ 1.0×10^{2}N，断面積 5.0×10^{-3}m² のなめらかに動くピストンによって，空気が閉じこめられている。この円筒容器を水平に置いたところ，容器の底からピストンまでの距離が 0.24m であった。図(a)，(b)のように，容器を鉛直に立てたとき，容器の底からピストンまでの距離は，それぞれいくらになるか。ただし，空気の温度は一定とし，大気圧を 1.0×10^{5}Pa とする。

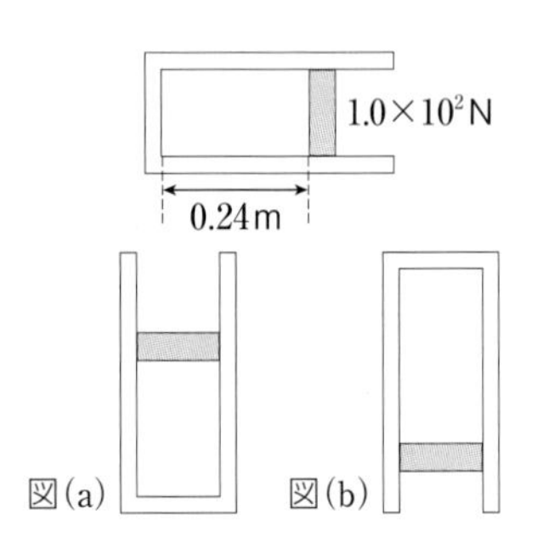

知識

122. 池の底の泡 深さ 4.0m，7.0℃の池の底で発生した泡が，27℃，1.0 気圧の水面まで上昇するとき，その体積は最初の何倍になるか。ただし，水中では，10m 深くなるごとに圧力は 1.0 気圧ずつ増加し，泡に含まれる気体の温度は周囲と常に等しいとする。 ➡例題19

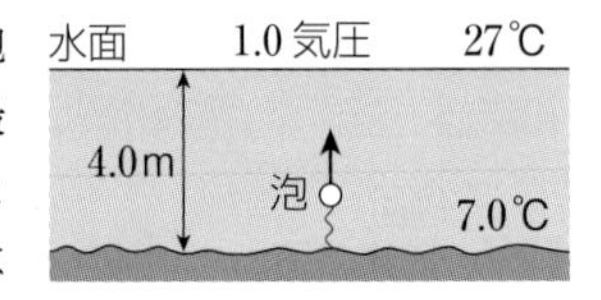

思考

123. $p-V$ グラフ 一定質量の理想気体の状態を，図の矢印の順にゆっくりと変化させた。

(1) CD 間は，温度が一定の変化である。CD 間での圧力 p と体積 V との関係を式で示せ。

(2) CD 間の温度を 9.0×10^{2}K とすると，A，Bの温度はそれぞれ何Kか。

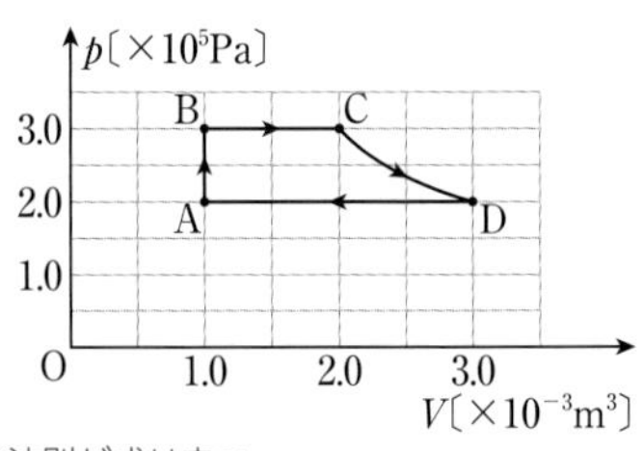

ヒント (1) C→Dの変化では，温度が一定であり，ボイルの法則が成り立つ。

思考

124. 理想気体の状態変化 一定量の理想気体について，その圧力を一定に保ちながら状態を変化させる。この気体の体積 V と絶対温度 T の関係を表すグラフとして最も適当なものを，ア～エの中から選べ。

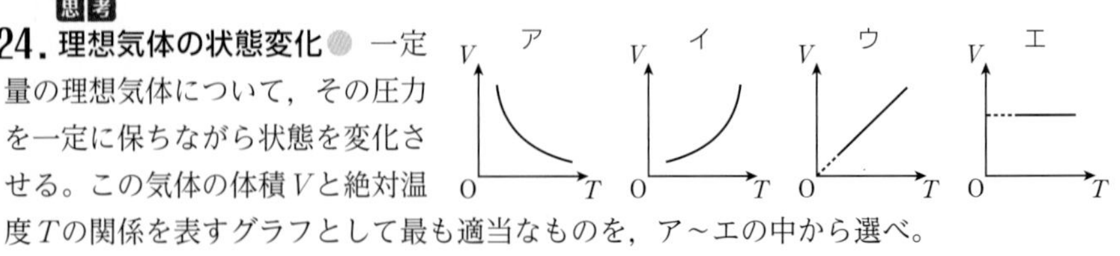

思考

125. 仕切られた容器内の気体 図のように，円筒形の容器が，なめらかに動くピストンによって，A，Bの2つの部分に区切られている。はじめA，Bの気体はともに圧力p_0，温度T_0であり，容器の底からピストンまでの長さはともにLであった。Aの気体の温度をT_0に保ったまま，Bの気体の温度をTにすると($T>T_0$)，ピストンは移動して，静止した。

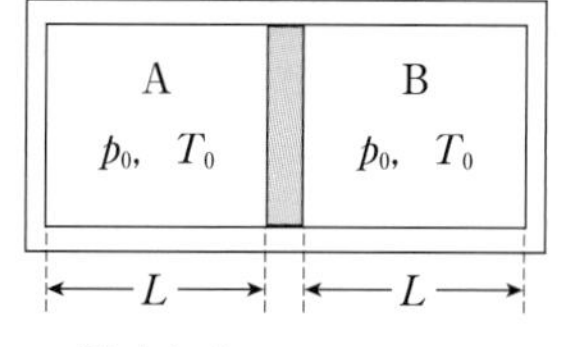

(1) ピストンはA側，B側のどちらに移動したか。

(2) ピストンの移動距離を，T，T_0，Lを用いて表せ。

ヒント ピストンはなめらかに動くので，A，Bの気体の圧力は等しい。

知識

126. 気体の状態方程式 圧力5.0×10^5Pa，温度27℃，体積2.0×10^{-3}m^{3}の気体がある。この気体の圧力が2.0×10^5Pa，温度が77℃になったとき，体積はいくらになるか。また，この気体の物質量はいくらか。ただし，気体定数を8.3J/(mol·K)とする。

知識

127. 気体の状態方程式 断面積S〔m^2〕の円筒容器を鉛直に立て，質量m〔kg〕のなめらかに動くピストンによって，容器内にn〔mol〕の気体が密封されている。気体の温度をT_0〔K〕，大気圧をp_0〔Pa〕，気体定数をR〔J/(mol·K)〕，重力加速度の大きさをg〔m/s^2〕として，次の各問に答えよ。

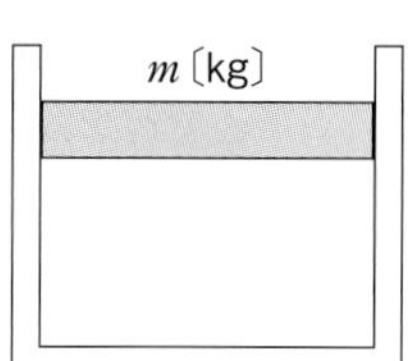

(1) 内部の気体の圧力はいくらか。

(2) 容器の底からピストンまでの高さは何mか。

(3) 温度をT_1〔K〕に変化させたとき，容器の底からピストンまでの高さはいくらか。

知識

128. 連結された容器内の気体 図のように，容積が4.0Lと2.0Lの2つの容器A，Bが細い管でつながれ，中に温度300K，圧力1.0×10^5Paの空気が密閉されている。容器Aを300Kに保ち，容器Bの温度を600Kに上昇させると，容器内の圧力は何Paになるか。ただし，細い管の容積は無視する。

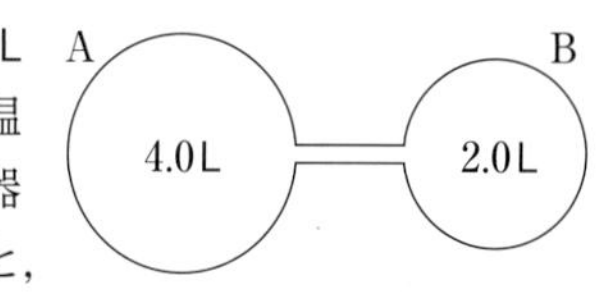

➡ 例題20

知識

129. 連結された容器内の気体 容積が6.0Lの容器Aと3.0Lの容器Bが，コックKをもつ細い管でつながれている。はじめ，コックは閉じられており，Aには温度27℃，圧力1.0×10^5Pa，Bには温度27℃，圧力2.5×10^5Paの空気が入れられている。気体定数を8.3J/(mol·K)とし，細い管の容積は無視する。

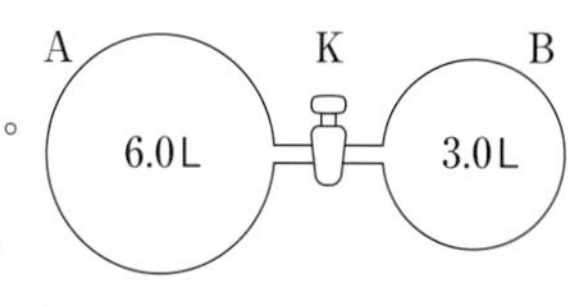

(1) 容器A，Bの物質量はそれぞれ何molか。

(2) コックを開いて十分に時間が経過すると，容器内の温度はともに27℃となった。容器内の圧力はいくらになるか。

(3) (2)において，BからAへ移動した空気の物質量は何molか。

➡ 

解説動画

知識

130. 気体分子の運動エネルギー 温度がともに27℃の，ヘリウム(原子量4)とネオン(原子量20)がある。各気体は，いずれも単原子分子からなる理想気体である。

(1) ヘリウム1分子あたりの平均の運動エネルギーは，ネオン1分子あたりの平均の運動エネルギーの何倍か。

(2) ヘリウム分子の二乗平均速度は，ネオン分子の何倍か。答えはルートをつけたままでよい。

(3) ヘリウム1分子あたりの平均の運動エネルギーは，温度が327℃になると，27℃のときの何倍になるか。

知識

131. 窒素分子の運動 窒素分子の運動について，次の各問に答えよ。ただし，窒素分子の分子量を28，アボガドロ定数を6.0×10^{23}/mol，気体定数を8.3 J/(mol·K)とする。

(1) 窒素分子1個の質量は何kgか。

(2) 7℃における窒素分子の二乗平均速度は何m/sか。$\sqrt{24.9}\fallingdotseq5.0$として計算せよ。

(3) (2)の速さの窒素分子1個が，容器の壁に垂直に弾性衝突をしてはねかえるとき，壁に与える力積の大きさは何N·sか。

(4) 窒素分子が，(3)と同じ条件で容器の壁に衝突する。1.0×10^{5}Pa(1気圧)の圧力が生じるためには，壁の面積1m²あたりに，毎秒何個の窒素分子が衝突すればよいか。

ヒント (2) 二乗平均速度$\sqrt{\overline{v^2}}$は，気体定数をR，絶対温度をT，アボガドロ定数をN_A，分子1個の質量をmとして，$\sqrt{\overline{v^2}}=\sqrt{\dfrac{3RT}{N_Am}}$と表される。 ➡例題21

発展例題14 容器から逃げる気体

➡発展問題133

口の開いたフラスコが，気温t_1〔℃〕，圧力p_1〔Pa〕の大気中に放置されている。このフラスコをt_2〔℃〕までゆっくり温める。次の各問に答えよ。

(1) 温める前後におけるフラスコ内の空気の圧力は，それぞれいくらか。

(2) t_2〔℃〕まで温めるとき，フラスコ内の空気が大気中へ逃げる。大気中へ逃げた空気の質量は，温める前にフラスコ内にあった空気の質量の何倍か。

指針 気体の状態方程式を用いて，加熱の前後におけるフラスコ内の空気の物質量の関係を求める。(気体の質量)=(分子量)×(物質量)の関係から，フラスコ内の空気と大気中へ逃げた空気の質量比を求める。

解説 (1) フラスコの口は開いており，大気に通じているので，温める前と後のいずれの場合も，フラスコ内の空気の圧力は大気圧に等しく，$\boldsymbol{p_1}$〔Pa〕

(2) フラスコの容積をV〔m³〕，気体定数をR〔J/(mol·K)〕，加熱の前後におけるフラスコ内の空気の物質量をそれぞれn_1〔mol〕，n_2〔mol〕として，気体の状態方程式を立てると，

温める前：$p_1V=n_1R(273+t_1)$ …①

温めた後：$p_1V=n_2R(273+t_2)$ …②

式①，②の辺々を割ると，

$$1=\frac{n_1(273+t_1)}{n_2(273+t_2)} \qquad \frac{n_2}{n_1}=\frac{273+t_1}{273+t_2}$$

(気体の質量)=(分子量)×(物質量)であり，分子量は変わらないので，気体の質量比は物質量の比に等しい。したがって，温める前にフラスコ内にあった空気の質量をm〔g〕，大気中に逃げた空気の質量をΔm〔g〕とすると，

$$\frac{\Delta m}{m}=\frac{n_1-n_2}{n_1}=1-\frac{n_2}{n_1}=\boldsymbol{\frac{t_2-t_1}{273+t_2}}\textbf{倍}$$

発展例題15 気体の分子運動

➡発展問題 136，137

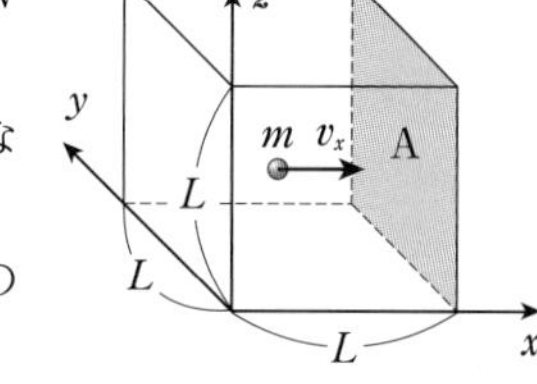

一辺の長さがLの立方体容器に，質量mの気体分子がN個入っている。分子は，容器内の壁と弾性衝突をする。

(1)　1個の分子の速度のx成分をv_xとする。x軸に垂直な壁Aが，1個の分子から受ける力の大きさfはいくらか。

(2)　各分子の速度成分の二乗平均を$\overline{v_x^2}$とすると，N個の分子全体から壁Aが受ける力の大きさFはいくらか。

(3)　全分子の速度の二乗平均を$\overline{v^2}$とすると，壁Aが受ける圧力pはいくらか。

指針　(1)　分子が壁の間を往復する距離は$2L$であり，往復にかかる時間は$2L/v_x$なので，単位時間あたり，壁Aに$v_x/(2L)$回衝突する。時間tの間では，$v_xt/(2L)$回衝突する。

(3)　分子の数はきわめて多く，速度の二乗平均には，$\overline{v_x^2}=\overline{v_y^2}=\overline{v_z^2}=\overline{v^2}/3$の関係が成り立つ。

解説　(1)　1回の衝突で分子が受ける力積は，$-mv_x-mv_x=-2mv_x$であり，その反作用として，壁Aは$2mv_x$の力積を受ける。分子は，時間tの間に，$v_xt/(2L)$回衝突するので，力の大きさfは，

$$ft=2mv_x\times\frac{v_xt}{2L}\qquad f=\boldsymbol{\frac{mv_x^2}{L}}$$

(2)　$\dfrac{\sum v_x^2}{N}=\overline{v_x^2}$なので，力の大きさ$F$は，

$$F=\sum\frac{mv_x^2}{L}=\boldsymbol{\frac{Nm\overline{v_x^2}}{L}}$$

(3)　圧力pは，　$p=\dfrac{F}{L^2}=\dfrac{Nm\overline{v_x^2}}{L^3}$

$\overline{v_x^2}=\dfrac{\overline{v^2}}{3}$から，　$p=\boldsymbol{\dfrac{Nm\overline{v^2}}{3L^3}}$

発展問題

知識

132. 連結されたピストン　断面積がそれぞれS，$2S$のシリンダーA，Bを水平に固定し，なめらかに動くピストンを棒で連結した。最初，Aの気体の温度，体積，圧力はそれぞれT，V，pで，ピストンは静止していた。ヒーター以外に熱の出入りはなく，大気圧をp_0とする。

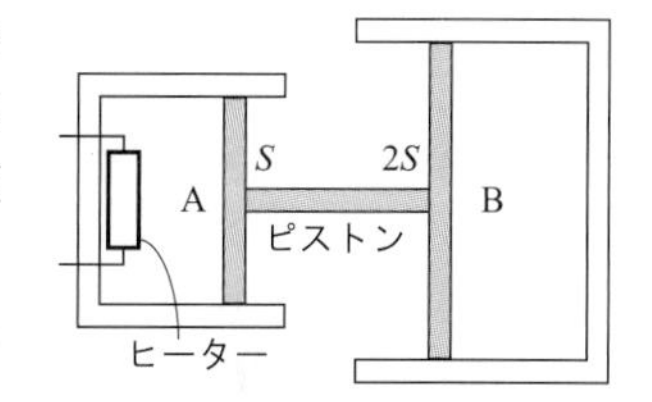

(1)　Bの気体の圧力はいくらか。

(2)　Aの気体をヒーターでゆっくりと温めると，ピストンは右に距離x移動して静止し，Aの温度はT'になった。A，Bの気体の圧力はそれぞれいくらか。（16．千葉大　改）

知識

133. 容器から逃げる気体　コックのついた細い管を口につけた，容積$1.0\times10^{-3}\,\mathrm{m^3}$のフラスコがある。はじめ，$1.0\times10^5\,\mathrm{Pa}$，27℃の大気中で，コックを開いたままにしておいた。次に，図のように，フラスコを100℃の湯につけて放置した。

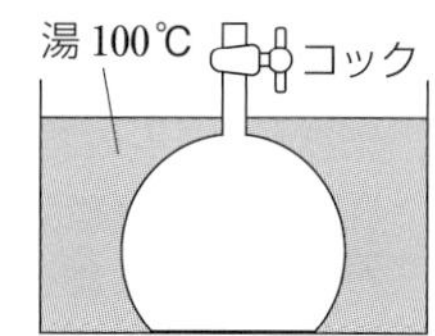

(1)　このとき，フラスコ内の空気の何％が外に逃げたか。

(2)　コックを閉めて，フラスコを湯から出し，再び27℃の空気中に放置した。このとき，フラスコ内の空気の圧力はいくらになるか。

➡例題14

ヒント

132　連結されたピストンにはたらく力はつりあっている。

133　(1) 気体の状態方程式を用いて，フラスコ内の気体の物質量の比を求める。

思考

134. 熱気球 風船部とバーナーのついたゴンドラからなる熱気球を，風船部内の空気を加熱することで上昇させる。風船部の容積は常にVであり，風船部内の空気を除いた熱気球全体の質量はMである。風船の下部には小さな開口部があり，内部と外部の空気の圧力は常に等しい。大気の絶対温度はT_0で，高度によらず一定である。また，気体定数をR，重力加速度の大きさをgとし，風船部以外の体積は無視できるものとする。

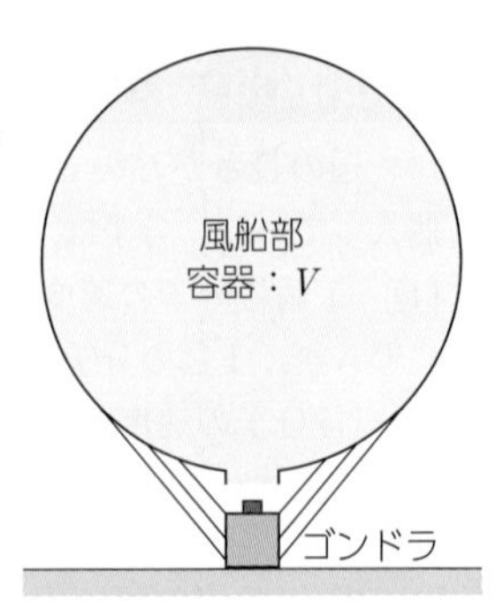

最初，図のように，ゴンドラは地表に静止し，風船部は加熱されて浮いていた。また，地表での大気の圧力はp_0，密度はρ_0であった。

(1) 熱気球が受ける浮力の大きさを求めよ。

(2) 空気 1 mol の質量をm_0とする。密度ρ_0を，R，m_0，T_0，p_0を用いて表せ。

風船部内の空気をバーナーで加熱し続けると，風船部内の空気の絶対温度がT_1，密度がρ_1になったときに，熱気球が上昇を始めた。

(3) 風船部内の空気を含む熱気球全体が受ける重力の大きさを，ρ_1，M，V，gを用いて表せ。

(4) 風船部内の空気の密度ρ_1を，ρ_0，T_0，T_1を用いて表せ。

(5) 風船部内の空気の絶対温度T_1を，ρ_0，M，V，T_0を用いて表せ。(22. 名城大 改)

知識

135. 連結された容器内の気体 図の容器では，A室とB室はコックのついた細い管でつながれ，なめらかに動くピストンでB，Cの部屋が分けられている。ピストンと容器，細い管は断熱材でつくられている。A室には$2n$〔mol〕，C室にはn〔mol〕の気体が入っている。

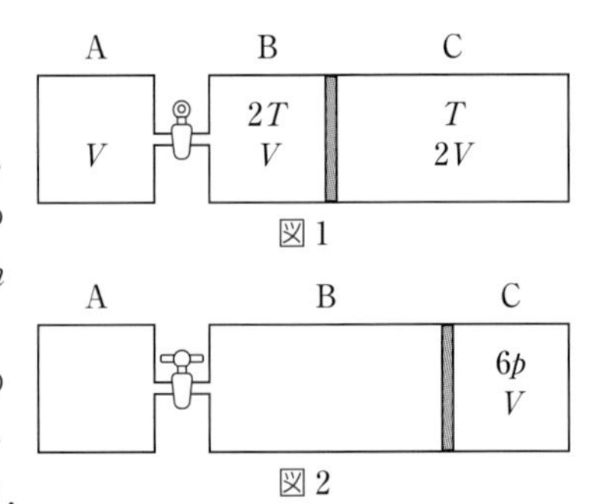

最初，コックは閉じられており，A，B，C室の体積はそれぞれV〔m³〕，V〔m³〕，$2V$〔m³〕であった。また，B，C室の温度は$2T$〔K〕，T〔K〕であり，C室の圧力はp〔Pa〕であった(図1)。次に，コックを開けると，図2のようにピストンが移動して静止し，C室の体積はV〔m³〕，圧力は$6p$〔Pa〕になった。ピストンの体積は無視できるものとし，気体定数をR〔J/(mol·K)〕として，次の各問に答えよ。

(1) 図1の状態でのC室の気体の圧力pを，n，R，T，Vを用いて表せ。

(2) 図1の状態でのB室の気体の物質量を，nを用いて表せ。

(3) 図2の状態でのC室の気体の温度を，Tを用いて表せ。

(4) 図2の状態でのB室の気体の温度を，Tを用いて表せ。 (21. 山口大 改)

ヒント

134 (2)(4) それぞれの状態において，1 mol の空気の状態方程式を立てる。

135 ピストンが静止しているとき，B室とC室の気体の圧力は等しい。

解説動画

思考 記述

136. 気体の分子運動と圧力 図のように，一辺の長さがLの立方体の容器の中に，1 mol の理想気体が入っている。気体分子は容器の壁と弾性衝突をして，分子どうしは衝突しないものとする。気体分子の質量をm，アボガドロ定数をN，気体定数をRとして，次の各問に答えよ。

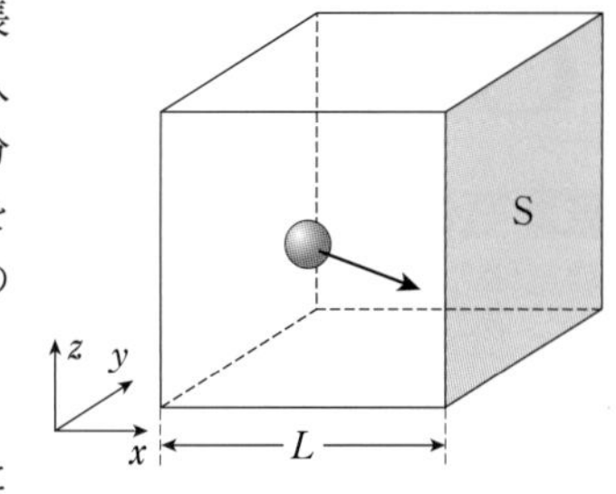

(1) 次の文の(　　)に入る適切な式を答えよ。

気体中のある分子のx軸方向の速度成分をv_xとする。その分子が図に示した壁Sに衝突してから，次に壁Sに衝突するまでにかかる時間は(　ア　)であり，時間tの間に分子は(　イ　)回，壁Sに衝突する。この間に壁Sが受ける力積から，壁Sはこの分子から(　ウ　)の力を受けていることがわかる。分子の速度のx成分，y成分，z成分の二乗の平均値は等しく，分子の速さの二乗の平均値を$\overline{v^2}$とすると，壁Sが気体から受ける力Fは(　エ　)，圧力pは(　オ　)である。

(2) 理想気体の状態方程式を用いて，気体分子1個の運動エネルギーの平均値と気体の絶対温度Tの関係を表す式を導け。

(3) 気体がヘリウムで温度が0℃のとき，分子の速さの二乗の平均値を有効数字2桁で求めよ。ただし，ヘリウム1 mol あたりの質量を4.0g，$R=8.3$ J/(mol·K) とする。

(13. 熊本大　改) ➡ 例題15

知識 やや難

137. 球形容器内の気体分子 半径rの球形容器内に物質量nの理想気体が入っており，個々の気体分子は器壁と弾性衝突を繰り返している。気体分子の質量をm，アボガドロ定数をN_A，気体定数をRとして，次の各問に答えよ。

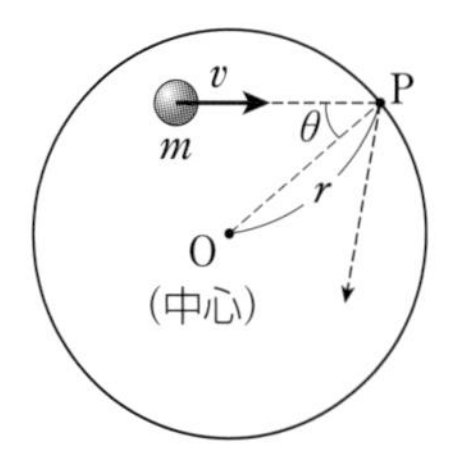

(1) 図のように，速さvの気体分子が，器壁の点Pに入射角θで衝突した。1回の衝突による分子の運動量の変化の大きさはいくらか。

(2) この分子が，器壁と衝突してから次に器壁に衝突するまでに進む距離はいくらか。

(3) この分子が1秒間あたりに器壁に衝突する回数はいくらか。

(4) 器壁が1個の分子から受ける力の大きさの，1秒間あたりの平均はいくらか。

(5) 容器内の気体分子の速さの二乗平均を$\overline{v^2}$とする。気体分子全体が器壁に与える力の大きさはいくらか。

(6) 容器の体積をVとする。気体の圧力pを，V，N_A，n，m，$\overline{v^2}$を用いて表せ。

(7) 気体分子の平均の運動エネルギーを，絶対温度Tを用いて表せ。

(15. 高知大　改) ➡ 例題15

ヒント

136 (2) 理想気体の状態方程式「$pV=nRT$」と，(オ)の圧力pの式とを比較する。

137 (5) 器壁が1個の分子から受ける力の大きさはそれぞれ異なる。気体分子全体が器壁に与える力の大きさを考えるには，(4)で求めた結果と$\overline{v^2}$を利用する。

8 気体の内部エネルギーと状態変化

1 気体の内部エネルギーと仕事

❶気体の内部エネルギー　分子の熱運動による運動エネルギーと，分子間にはたらく力による位置エネルギーの総和。理想気体では，分子間にはたらく力はないものとして扱うので，内部エネルギーは，分子の運動エネルギーだけの和となる。

◎単原子分子　1個の原子からなる分子。n〔mol〕の単原子分子からなる理想気体の内部エネルギー U〔J〕は，温度が T〔K〕のとき，

$$\boldsymbol{U=\frac{3}{2}nRT}\quad\cdots①\qquad\left(U=\frac{1}{2}m\overline{v^2}\times nN_A=\left(\frac{3R}{2N_A}T\right)\times nN_A=\frac{3}{2}nRT\right)$$

理想気体の内部エネルギーは，物質量 n と絶対温度 T で決まり，それらに比例する。

（2個の原子からなる分子を**二原子分子**，3個以上の原子からなる分子を**多原子分子**という）

❷熱力学の第1法則　気体に外部から加えられた熱量 Q と，気体が外部からされる仕事 W の和は，気体の内部エネルギーの変化 $\varDelta U$ となる。

$$\boldsymbol{\varDelta U=Q+W}\quad\cdots②$$

この法則は，熱を含めたエネルギー保存の法則である。

気体から熱が放出される場合：$Q<0$，気体が外部に仕事をする場合：$W<0$

❸気体の体積変化による仕事　気体は，体積の変化をともなって，外部に仕事をしたり，外部から仕事をされたりする。気体が膨張して，ピストンが微小な距離 $\varDelta L$ だけ移動するとき，この間の圧力 p はほぼ一定とみなせる。気体がピストンを押す力は pS なので，体積変化を $\varDelta V$ とすると，気体がする仕事 W' は，　$\boldsymbol{W'=pS\varDelta L=p\varDelta V}\quad\cdots③$

逆に，気体が外部からされる仕事 W は，

$$\boldsymbol{W=-W'=-p\varDelta V}\quad\cdots④$$

	膨張（$\varDelta V>0$）	収縮（$\varDelta V<0$）
気体がする仕事 W'	$W'>0$	$W'<0$
気体がされる仕事 W	$W<0$	$W>0$

熱力学の第1法則は，$\boldsymbol{\varDelta U=Q-W'}$ とも表される。

2 気体の状態変化

❶定積変化　気体の体積を一定に保ち，状態を変化させる過程。定積変化では気体は仕事をされないので，熱力学の第1法則から，　$\boldsymbol{\varDelta U=Q}\quad\cdots⑤$

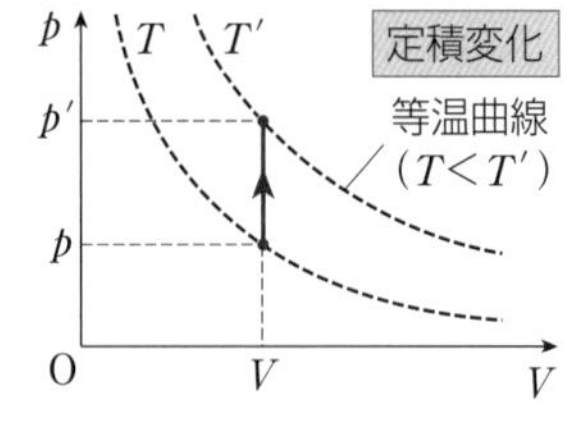

◎定積モル比熱　定積変化で，気体1molの温度を1K上昇させるのに必要な熱量。定積モル比熱 C_V〔J/(mol·K)〕は，気体定数を R として，　単原子分子 $\boldsymbol{C_V=\frac{3}{2}R}\quad\cdots⑥$　$\left(\text{二原子分子 } C_V=\frac{5}{2}R\right)$

n〔mol〕の気体の温度を $\varDelta T$〔K〕だけ上昇させるのに必要な熱量 Q〔J〕は，

$$\boldsymbol{Q=nC_V\varDelta T}\quad\cdots⑦$$

❷定圧変化　気体の圧力を一定に保ち，状態を変化させる過程。気体の圧力を p，体積変化を $\varDelta V$ とすると，気体が外部にする仕事 W' は，　$\boldsymbol{W'=p\varDelta V}$　…⑧

熱力学の第 1 法則から，$\boldsymbol{\varDelta U=Q-W'=Q-p\varDelta V}$　…⑨

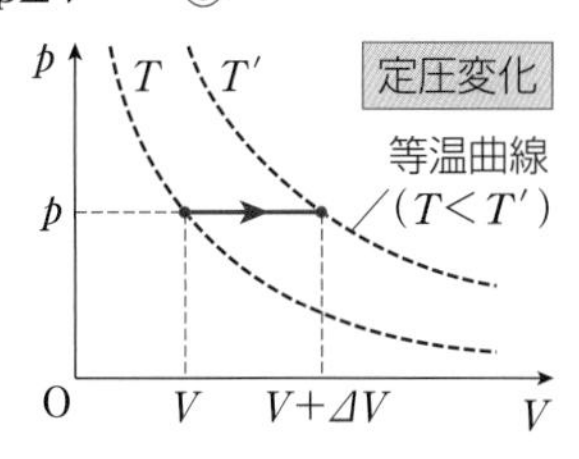

◎定圧モル比熱　定圧変化で気体 1 mol の温度を 1 K 上昇させるのに必要な熱量。定圧モル比熱 C_p〔J/(mol·K)〕は，

単原子分子 $\boldsymbol{C_p=\frac{5}{2}R}$　…⑩　$\left(\text{二原子分子 } C_p=\frac{7}{2}R\right)$

n〔mol〕の気体の温度を $\varDelta T$〔K〕だけ上昇させるのに必要な熱量 Q〔J〕は，　$\boldsymbol{Q=nC_p\varDelta T}$　…⑪

◎マイヤーの関係　C_p と C_V の関係。$\boldsymbol{C_p=C_V+R}$　…⑫

◎比熱比　C_p と C_V の比。　$\boldsymbol{\gamma=\frac{C_p}{C_V}}$　…⑬

（単原子分子 $\gamma=5/3$，二原子分子 $\gamma=7/5$）

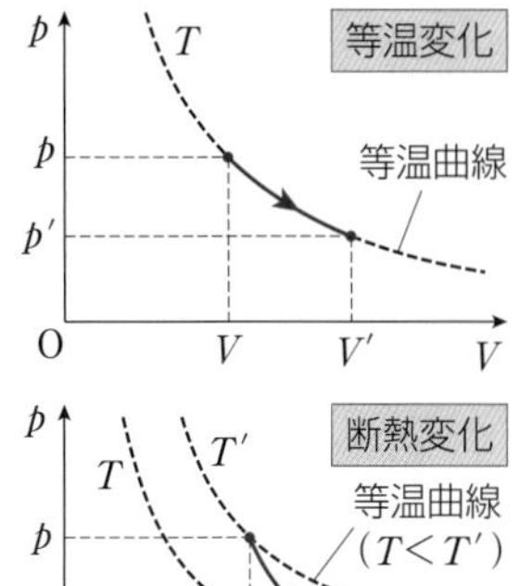

❸等温変化　気体の温度を一定に保ち，状態を変化させる過程。等温変化では内部エネルギーは変化しない。熱力学の第 1 法則から，　$\boldsymbol{Q=-W=W'}$　…⑭

❹断熱変化　気体が外部と熱のやりとりをせずに状態を変える過程。熱力学の第 1 法則から，$\boldsymbol{\varDelta U=W=-W'}$　…⑮

◎ポアソンの法則　断熱変化では，次式が成り立つ。

$\boldsymbol{pV^{\gamma}=}$**一定**　…⑯　$\boldsymbol{TV^{\gamma-1}=}$**一定**　…⑰　（$\gamma$ は比熱比）

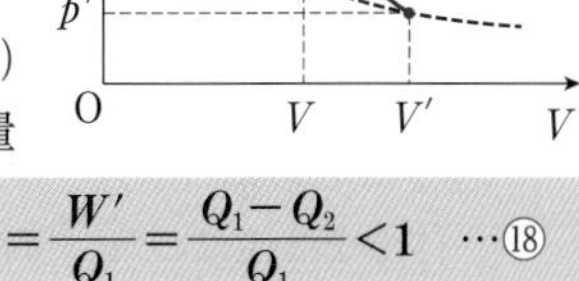

❺熱機関　1 サイクルで取り入れた熱量を Q_1，捨てた熱量を Q_2，外部にした仕事を W' とすると，熱効率 e は，　$\boldsymbol{e=\frac{W'}{Q_1}=\frac{Q_1-Q_2}{Q_1}<1}$　…⑱

プロセス　気体は理想気体であるとし，気体定数を 8.3 J/(mol·K) とする。

1　単原子分子の気体 1.0 mol の内部エネルギーは，400 K においていくらか。

2　単原子分子の気体 2.0 mol を，体積一定のまま 0 ℃から 100℃に加熱した。加えた熱は何 J か。

3　圧力 2.0×10^5 Paの気体が，圧力を一定に保ちながら膨張し，体積が 1.0×10^{-3} m^3 だけ増加した。このとき，気体がした仕事は何 J か。

4　定積変化，定圧変化，等温変化の各場合において，気体に熱を加えた。このとき，加えた熱はどのようになるか。次の①～③から適切なものをそれぞれ選べ。

①すべて内部エネルギーの増加分になる。

②すべて外部にする仕事として使われる。

③一部が内部エネルギーに，残りが外部への仕事に使われる。

5　気体が断熱膨張，断熱圧縮をするとき，気体の温度はそれぞれどのように変化するか。

解答

1 5.0×10^3 J　**2** 2.5×10^3 J　**3** 2.0×10^2 J　**4** 定積変化：①，定圧変化：③，等温変化：②

5 断熱膨張：下降する，断熱圧縮：上昇する

解説動画

基本例題22　内部エネルギーの保存

➡基本問題 140

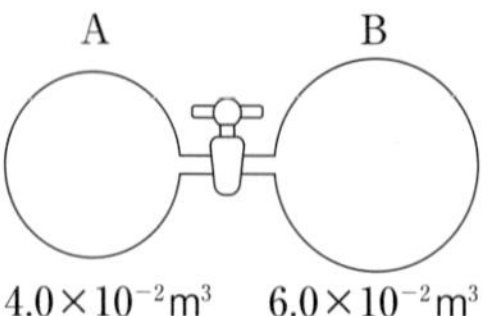

図のような，容積 $4.0\times10^{-2}\,\mathrm{m^3}$ の容器Aに 2.0mol，300K の気体，容積 $6.0\times10^{-2}\,\mathrm{m^3}$ の容器Bに 3.0mol，400K の気体を入れる。いずれも単原子分子からなる理想気体である。周囲と熱のやりとりはなく，気体定数を 8.3J/(mol·K)とする。コックを開いたときについて，次の各問に答えよ。

(1)　十分に時間が経過したとき，容器内の気体の温度は何Kか。

(2)　容器内の気体の圧力はいくらになるか。

指針　周囲と熱のやりとりがないので，コックを開く前後で，A，Bの気体の内部エネルギーの和は保存される。また，十分に時間が経過したとき，平衡状態に達し，A，Bの気体の温度，圧力は等しくなる。物質量の和も一定である。

解説　(1)　気体の温度が T〔K〕になったとする。コックを開く前のAの温度は 300K，Bの温度は 400K である。A，Bの気体の内部エネルギー U_A，U_B の和は保存される。

「$U=\frac{3}{2}nRT$」から，

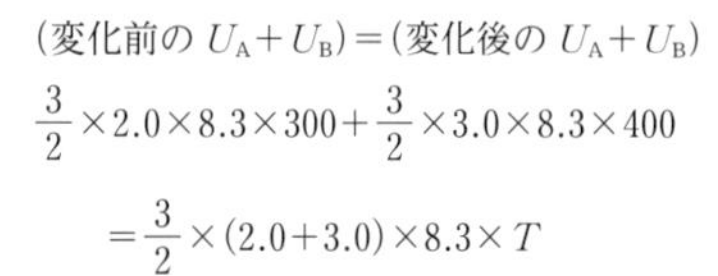

(変化前の U_A+U_B)＝(変化後の U_A+U_B)

$$\frac{3}{2}\times2.0\times8.3\times300+\frac{3}{2}\times3.0\times8.3\times400$$
$$=\frac{3}{2}\times(2.0+3.0)\times8.3\times T$$

$T=$**3.6×10²K**

(2)　気体の圧力を p として，A，Bの気体全体について状態方程式「$pV=nRT$」を立てると，

$$p\times\{(4.0+6.0)\times10^{-2}\}$$
$$=(2.0+3.0)\times8.3\times(3.6\times10^2)$$

$p=1.49\times10^5$Pa　　**1.5×10⁵Pa**

基本例題23　定圧変化

➡基本問題 143，144，148，149

温度 27℃の単原子分子からなる理想気体が 1.0mol ある。この気体の圧力を一定に保ち，体積を 2 倍にした。気体定数 R を 8.3 J/(mol·K)として，次の各問に答えよ。

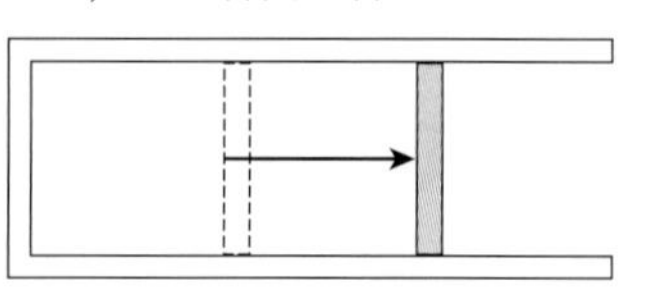

(1)　このときの気体の温度 t〔℃〕を求めよ。

(2)　気体の内部エネルギーの増加 ΔU〔J〕を求めよ。

(3)　気体が得た熱量 Q〔J〕を求めよ。

(4)　気体が外部にした仕事 W'〔J〕を求めよ。

指針　(1)　シャルルの法則を用いる。

(2)　気体の内部エネルギーの変化 ΔU は，「$U=\frac{3}{2}nRT$」から，$\Delta U=\frac{3}{2}nR\Delta T$ となる。

(3)　定圧モル比熱 C_p を用いて，気体が得た熱量 Q は，「$Q=nC_p\Delta T$」となる。

(4)　熱力学の第 1 法則「$\Delta U=Q-W'$」から，$W'=Q-\Delta U$ である。

解説　(1)　最初の気体の体積を V，変化後の体積を $2V$ とする。シャルルの法則から，

$$\frac{V}{27+273}=\frac{2V}{t+273}\qquad t=327℃$$

(2)　(1)の結果から，気体の上昇温度 ΔT は 300 K なので，内部エネルギーの増加 ΔU は，

$$\Delta U=\frac{3}{2}nR\Delta T=\frac{3}{2}\times1.0\times8.3\times300$$

$=3.73\times10^3$J　　**3.7×10³J**

(3)　定圧モル比熱 C_p は，「$C_p=5R/2$」なので，

$$Q=nC_p\Delta T=\frac{5}{2}nR\Delta T=\frac{5}{2}\times1.0\times8.3\times300$$

$=6.22\times10^3$J　　**6.2×10³J**

(4)　熱力学の第 1 法則から，

$W'=Q-\Delta U=6.22\times10^3-3.73\times10^3$

$=2.49\times10^3$J　　**2.5×10³J**

Point　熱力学の第 1 法則には，複数の表記の仕方があるので注意する。W_{in} を気体が外部からされた仕事，W_{out} を気体が外部へした仕事とすると，　$\Delta U=Q+W_{in}$　　$\Delta U=Q-W_{out}$

基本例題24 $p-V$ グラフ

➡基本問題 150，152，153，154

単原子分子からなる理想気体を容器中に入れ，図のように，圧力 p と体積 V をA→B→C→Aの順にゆっくりと変化させた。Aの温度は 200K，B→Cは温度一定であった。気体定数を8.3 J/(mol·K)とする。

(1)　この気体の物質量は何 mol か。

(2)　A→Bの過程で気体が吸収した熱量を求めよ。

(3)　C→Aで気体がされた仕事を求めよ。

(4)　BC 間における p と V の関係式を求めよ。

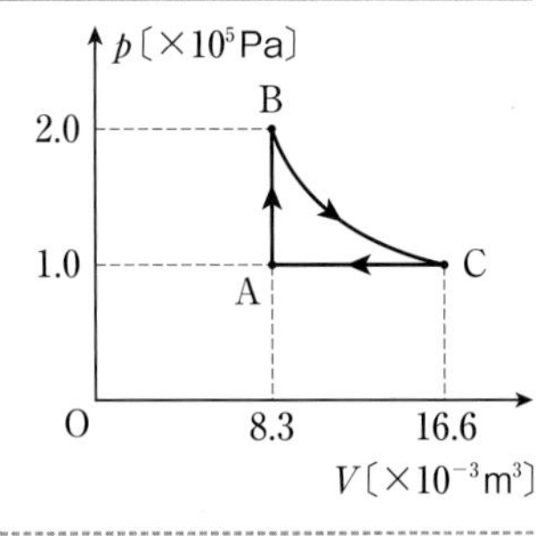

指 針　(1)　気体の状態方程式を用いる。

(2)　ボイル・シャルルの法則を用いてBの温度 T_B を求め，「$Q=nC_V\Delta T$」から熱量を計算する。

(3)　C→Aは定圧変化で，「$W=-p\Delta V$」となる。

(4)　B→Cは，温度が一定なので，ボイルの法則が成り立つ。

解 説　(1)　Aについて，気体の状態方程式「$pV=nRT$」から，

$$n=\frac{pV}{RT}=\frac{(1.0\times10^5)\times(8.3\times10^{-3})}{8.3\times200}=\mathbf{0.50\,mol}$$

(2)　AとBにボイル・シャルルの法則を用いて，

$$\frac{(1.0\times10^5)\times(8.3\times10^{-3})}{200}=\frac{(2.0\times10^5)\times(8.3\times10^{-3})}{T_B}$$

$T_B=400$ K　　A→Bの上昇温度は 200K

AB 間は定積変化なので，吸収した熱量 Q は，

$$Q=nC_V\Delta T=\frac{3}{2}nR\Delta T=\frac{3}{2}\times0.50\times8.3\times200$$

$=1.24\times10^3$ J　　$\mathbf{1.2\times10^3}$ **J**

(3)　気体がされた仕事 W は，

$W=-p\Delta V=-(1.0\times10^5)\times(8.3-16.6)\times10^{-3}$

$=\mathbf{8.3\times10^2}$ **J**

(気体は圧縮されており，正の仕事をされる)

(4)　Bの体積，圧力に着目し，「$pV=$一定」から，

$pV=(2.0\times10^5)\times(8.3\times10^{-3})=1.66\times10^3$

$\boldsymbol{pV=1.7\times10^3}$

基本例題25 断熱変化

➡基本問題 147

状態 A(500K)の単原子分子からなる理想気体 0.10 mol を，図のように，断熱的に変化させたところ，状態 B(900K, 3.0×10^5Pa)となった。この変化について，次の各問に答えよ。ただし，気体定数を 8.3 J/(mol·K)とする。

(1)　気体の内部エネルギーの増加はいくらか。

(2)　気体がされた仕事はいくらか。

(3)　状態Bのときの気体の体積はいくらか。

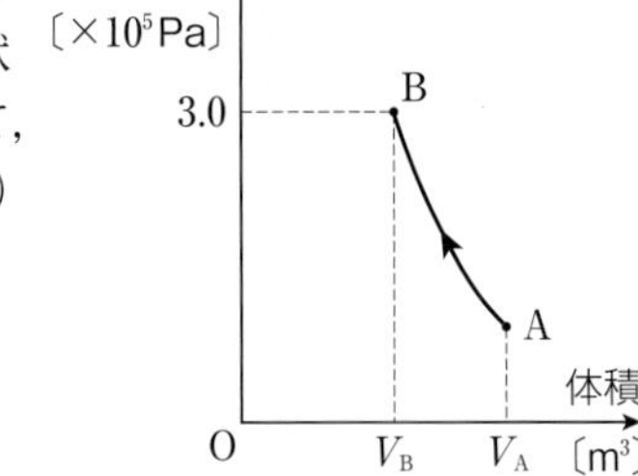

指 針　断熱変化では熱の出入りがなく，熱力学の第1法則「$\Delta U=Q+W$」は，$\Delta U=0+W$ となり，された仕事の分だけ内部エネルギーが増加する。(3)では，気体の状態方程式を用いる。

解 説　(1)　内部エネルギーの変化 ΔU は，

$$\Delta U=\frac{3}{2}nR\Delta T=\frac{3}{2}\times0.10\times8.3\times(900-500)$$

$=498$ J　　$\mathbf{5.0\times10^2}$ **J**

(2)　熱の出入りはなく，された仕事 W が，そのまま内部エネルギーの増加 ΔU となる。

$W=\Delta U=\mathbf{5.0\times10^2}$ **J**

(3)　気体の状態方程式「$pV=nRT$」に，状態Bの温度と圧力を代入して，気体の体積 V_B は，

$$V_B=\frac{nRT}{p}=\frac{0.10\times8.3\times900}{3.0\times10^5}$$

$=2.49\times10^{-3}$ m³　　$\mathbf{2.5\times10^{-3}}$ **m³**

基本問題

知識
138. 内部エネルギー 温度0℃，圧力1.0×10^5Pa(1気圧)，体積4.48×10^{-2}m^{3}のアルゴン(単原子分子からなる理想気体)を，体積を一定に保って温度を10℃とするとき，内部エネルギーの変化量はいくらか。ただし，気体定数を8.3J/(mol·K)とする。

知識
139. 内部エネルギーと状態方程式 単原子分子からなる理想気体が，容積5.0×10^{-3}m^{3}の容器に入れられている。この気体の圧力が1.2×10^5Paであるとき，気体の内部エネルギーはいくらか。

知識
140. 内部エネルギーの保存 図のような，容積2.0Lの容器Aに1.0×10^5Pa，27℃のアルゴンを，容積3.0Lの容器Bに2.0×10^5Pa，127℃のアルゴンを入れ，コックKを開く。周囲と熱のやりとりはないものとして，次の各問に答えよ。

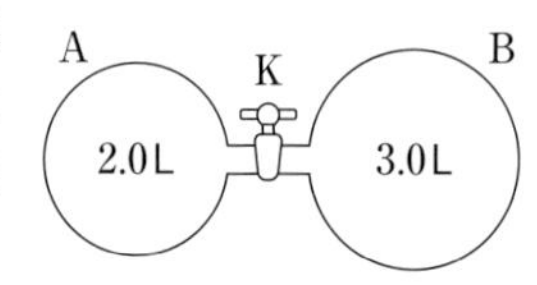

(1) 十分に時間が経過した後，容器内の気体の圧力はいくらか。
(2) 容器内の気体の温度は何℃か。

➡ 例題22

ヒント (1) A，Bの気体の内部エネルギーの和は保存される。また，1L$=10^{-3}$m^{3}である。

知識
141. 気体がする仕事 なめらかに動くピストンのついたシリンダーが水平に置かれ，その中に，0℃，1.0×10^5Paの単原子分子からなる理想気体が0.50mol入っている。外気圧が1.0×10^5Paであるとき，気体の温度を10℃上げると，気体がピストンにする仕事はいくらか。ただし，気体定数を8.3J/(mol·K)とする。

知識
142. 定積変化 容積1.12×10^{-2}m^{3}の密閉容器に，0℃，1.0×10^5Pa(1気圧)の単原子分子からなる理想気体が入っている。気体の体積を一定に保ち，温度を20℃とするには，外部からどれだけの熱量を与えればよいか。ただし，気体定数を8.3J/(mol·K)とする。

知識
143. 定圧変化 なめらかに動くピストンをもつシリンダー内に，2.0molの単原子分子からなる理想気体が入っている。定圧のもとで気体の温度を60℃から40℃に下げるとき，気体が外部へ放出する熱量はいくらか。ただし，気体定数を8.3J/(mol·K)とする。

➡ 例題23

知識
144. 熱力学の第1法則 なめらかに動くピストンを備えたシリンダー内に気体が入っており，その圧力は1.0×10^5Paである。圧力を一定に保ちながら，気体に7.0×10^2Jの熱を加えたところ，ピストンは0.50m移動した。シリンダーの断面積は4.0×10^{-3}m^{2}である。

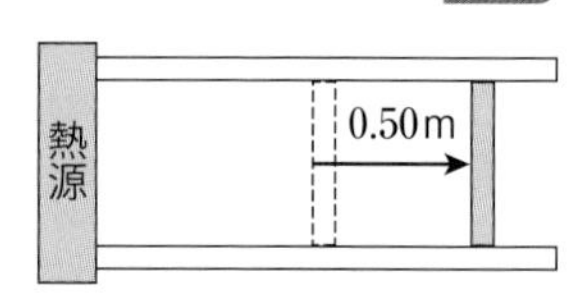

(1) 気体が外部にした仕事はいくらか。
(2) 気体の内部エネルギーの増加はいくらか。

➡ 例題23

思考

145. 定積変化と定圧変化 2つのシリンダーA，Bにそれぞれピストンがつけられ，同じ物質量の単原子分子からなる理想気体が入っている。Aのピストンはストッパーによって固定されており，Bのピストンはなめらかに動く。A，Bに等量の熱量を与えたとき，気体の上昇する温度が大きいのはどちらか。

ヒント 定積変化と定圧変化における，気体がする仕事に着目する。

知識

146. モル比熱 図のように，なめらかに動くピストンのついたシリンダー内に，n〔mol〕，温度 T_0〔K〕の単原子分子からなる理想気体が入っており，ピストンは図の位置で静止している(状態1)。シリンダーにはヒーターが備えられており，気体の温度を調整することができる。外部の圧力は一定とし，気体定数を R〔J/(mol·K)〕とする。

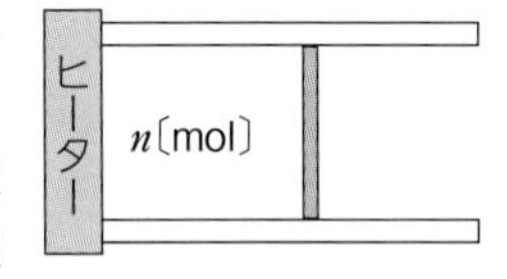

ストッパーでピストンを固定し，ヒーターから熱量を与え，気体の温度を T_0〔K〕から $4T_0$〔K〕に上昇させた。

(1) 気体の内部エネルギーの増加量，気体が外部にした仕事はそれぞれ何 J か。

(2) 気体がヒーターから得た熱量は何 J か。

(3) (2)の結果から，理想気体の定積モル比熱 C_V〔J/(mol·K)〕を求めよ。

次に，気体を状態1にもどし，ピストンの固定を外した。その状態で気体の温度を T_0〔K〕から $4T_0$〔K〕に上昇させると，気体はゆっくりと膨張した。

(4) 気体の内部エネルギーの増加量，気体が外部にした仕事はそれぞれ何 J か。

(5) 気体がヒーターから得た熱量は何 J か。

(6) (5)の結果から，理想気体の定圧モル比熱 C_p〔J/(mol·K)〕を求めよ。

知識

147. 断熱変化 27℃，1.0×10^5 Pa，1.0×10^{-3} m^3 の単原子分子からなる理想気体を断熱圧縮して，体積を 1.0×10^{-4} m^3 とした。気体の温度 T〔K〕と圧力 p〔Pa〕を求めよ。ただし，断熱変化では，$TV^{\gamma-1}=$一定であり，$\gamma=1.7$，$10^{0.7}=5.0$ とする。 ➡ 例題25

ヒント 断熱変化であっても，一定量の気体であれば，ボイル・シャルルの法則が成り立つ。

思考

148. 定圧変化と熱力学の第1法則 断面積が 0.010 m^2 の円筒形のシリンダーを鉛直に立て，おもりのついたなめらかに動くピストンを用いて気体を密封する。このとき，ピストンは，底から0.20mの位置で静止し，シリンダー内の気体の圧力は 2.0×10^5 Pa，温度は27℃であった。この状態で，外から気体を熱したところ，温度は87℃となった。

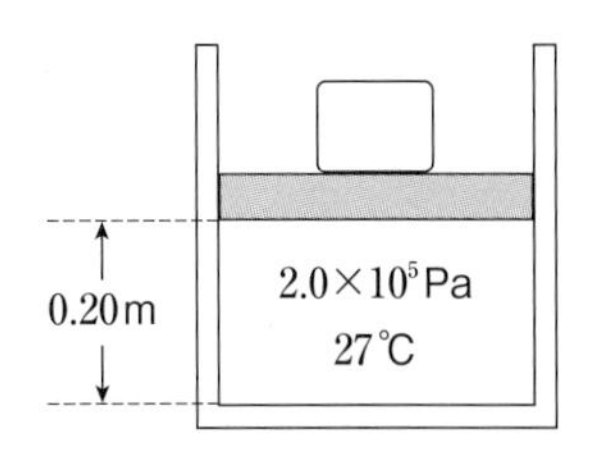

(1) ピストンはいくら上昇するか。

(2) 気体が外部にした仕事はいくらか。

(3) この変化では，外から加えた熱が，力学的な仕事に変換されたと考えることができる。外から加えた熱と気体が外部にした仕事は，どちらが大きいか。 ➡ 例題23

ヒント (1) 変化の過程において，気体の圧力は一定である。

知識

149. 真空中での定圧変化 断面積 S〔m^2〕のシリンダーが鉛直に置かれ，内部に n〔mol〕の単原子分子からなる理想気体が閉じこめられている。軽いピストンの上に質量 M〔kg〕のおもりをのせ，おもりのまわりを真空にした。このとき，ピストンは，底から高さ h_0〔m〕の位置で静止した。次の各問に答えよ。ただし，重力加速度の大きさを g〔m/s^2〕，気体定数を R〔J/(mol·K)〕とする。

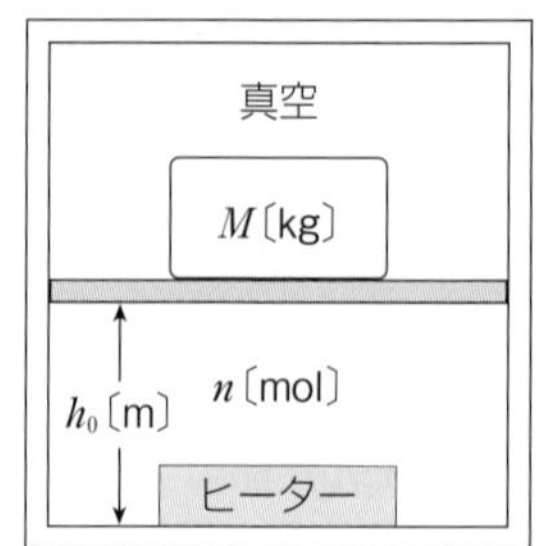

(1) 気体の圧力，温度をそれぞれ求めよ。

次に，ヒーターから気体に熱を与えたところ，気体は膨張し，ピストンは，底から高さ h_1〔m〕の位置で静止した。

(2) 気体が外部にした仕事は何Jか。

(3) 気体の内部エネルギーの変化量は何Jか。

(4) 気体が受け取った熱量は何Jか。

➡ 例題23

思考 記述

150. 気体の状態変化 図は，一定量の理想気体の状態変化における，圧力 p と体積 V の関係を示す。状態Aの温度は 1.5×10^2 K である。

p〔$\times10^5$ Pa〕 2.0 1.0 C A B O 1.5 4.5 V〔$\times10^{-3}$ m^3〕

(1) A→B，B→Cの状態変化をそれぞれ何というか。

(2) 状態B，Cの温度はそれぞれいくらか。

(3) 気体が外部に仕事をするのはどの過程か。また，その仕事はいくらか。

(4) 状態A，B，Cのうち，気体中の分子が最も激しく運動しているのはどれか。理由とともに示せ。

ヒント (2) 一定量の気体であり，ボイル・シャルルの法則を用いて温度を求める。 ➡ 例題24

思考

151. $p-V$ グラフと $V-T$ グラフ ピストンがついたシリンダー内に理想気体を閉じこめ，定圧変化，等温変化，断熱変化の3つの過程で気体を膨張させた。それぞれの過程における気体の圧力と体積の関係を図1に，体積と温度の関係を図2に示した。次の各問に答えよ。

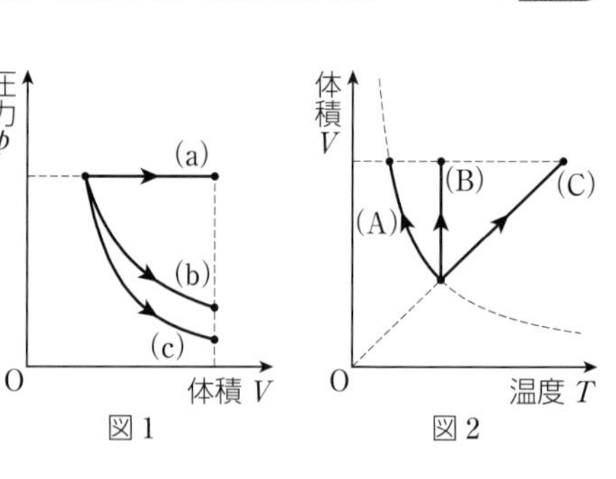

図1　図2

(1) 図1の(a)～(c)を，気体が外部にする仕事が大きい順に並べよ。

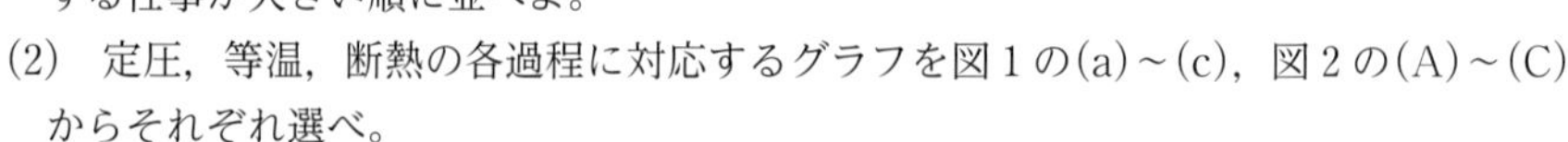

(2) 定圧，等温，断熱の各過程に対応するグラフを図1の(a)～(c)，図2の(A)～(C)からそれぞれ選べ。

ヒント (2) 断熱変化では，外部にする仕事の分だけ内部エネルギーが減少する。

知識

152. 気体の状態変化とエネルギー 理想気体をピストンのついたシリンダーに入れ，その圧力 p と体積 V を，図のA→B→C→Aの経路に沿って変化させた。A→B，B→C（pV＝一定），C→Aの各過程において，気体の温度変化 ΔT，内部エネルギーの変化 ΔU，気体がされる仕事 W，気体に入る熱量 Q について，＋，−，および0を表に記入せよ。

	A→B	B→C	C→A
ΔT			
ΔU			
W			
Q			

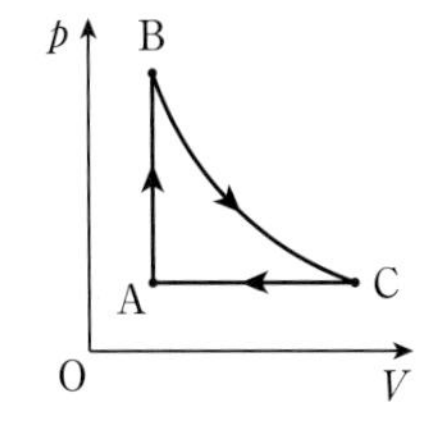

ヒント　B→Cは，「pV＝一定」なので，等温変化である。気体の内部エネルギーは，絶対温度に比例する。また，気体は，その体積が減少するときに正の仕事をされる。 ➡ 例題24

思考 記述

153. C_p と C_V の関係 物質量 n の理想気体を，圧力 p_1，体積 V_1，温度 T_1 の状態Aから，圧力一定のもとでゆっくり加熱すると，体積 V_2，温度 T_2 の状態Cとなった。定圧モル比熱を C_p，定積モル比熱を C_V として，次の各問に答えよ。

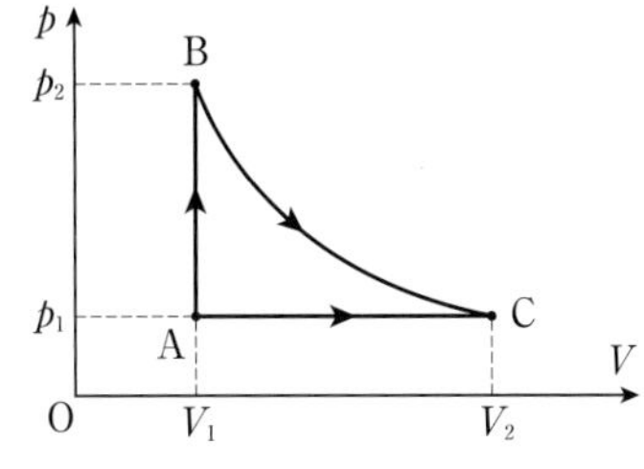

(1)　状態AからCの間に気体が吸収した熱量を，C_p を用いて表せ。また，外部にした仕事はいくらか。

状態Aから体積一定のもとでゆっくり加熱すると，圧力 p_2，温度 T_2 の状態Bとなった。

(2)　状態AからBの間に気体が吸収した熱量を，C_V を用いて表せ。

(3)　さらに，状態Bから等温変化をして，状態Cになったとする。状態AからBを経てCとなった場合の内部エネルギーの増加量を，C_V を用いて表せ。

(4)　(3)における内部エネルギーの増加量は，状態AからCに直接変化した場合の内部エネルギーの増加量と等しい。この関係から，C_p，C_V，および気体定数 R との間に成り立つ関係式を導け。 ➡ 例題24

ヒント　(4) 状態A，Cにおいて，それぞれ気体の状態方程式を立てる。

知識

154. 気体の状態変化 単原子分子からなる理想気体を容器に入れ，図のように，圧力 p と体積 V をA→B→C→Aの順にゆっくりと変化させた。C→Aの過程は，4.0×10^2 K の等温変化である。気体定数を 8.3 J/(mol·K) として，次の各問に答えよ。

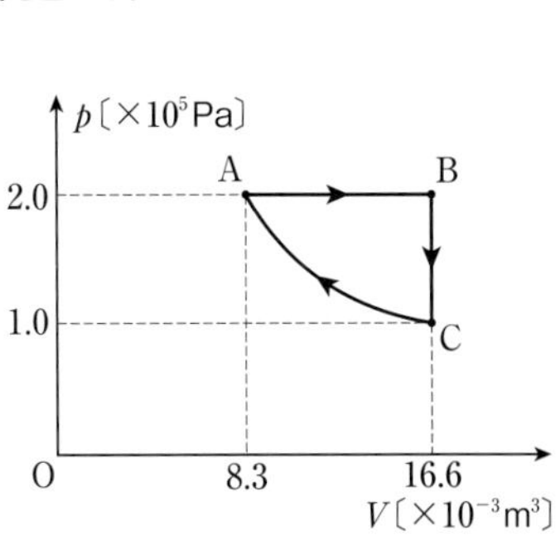

(1)　気体の物質量は何 mol か。

(2)　Aにおける気体の内部エネルギーはいくらか。

(3)　Bの温度はいくらか。

(4)　A→Bの過程で，気体が外部にした仕事と，気体が吸収した熱量はいくらか。

(5)　B→Cの過程で，気体が吸収した熱量はいくらか。 ➡ 例題24

ヒント　(1) 気体の状態方程式を用いて，物質量を求める。

解説動画

発展例題16 ピストンの移動

➡発展問題 155

図のように，断熱材で覆われた容器がある。容器には，単原子分子からなる理想気体が入っており，なめらかに移動できる熱を通す仕切壁で分けられている。はじめ，両者の気体の温度は等しく，左側は体積 $4V_0$，圧力 p_0，右側は体積 V_0，圧力 $2p_0$ となるように壁を固定していた。この壁を自由に動けるようにしたところ，壁は動き出し，ある位置で静止した。このとき，左右の気体の圧力を求めよ。

$4V_0$ p_0	V_0 $2p_0$

指 針　仕切壁は自由に移動できるので，静止したときの左右の気体の圧力は等しい。また，容器が熱を通さないので，内部エネルギーの和は保存される。気体の状態方程式「$pV=nRT$」を用いると，内部エネルギーは，

$U=\frac{3}{2}nRT=\frac{3}{2}pV$ と表されることを利用する。

解 説　仕切壁が移動して静止したときの，左右の気体の体積をそれぞれ V_1，V_2，圧力を p とする。仕切壁が移動する前後のそれぞれにおいて，内部エネルギーの和は，$U=\frac{3}{2}pV$ から，

移動前：$\frac{3}{2}\times p_0\times 4V_0+\frac{3}{2}\times 2p_0\times V_0$　…①

移動後：$\frac{3}{2}\times p\times V_1+\frac{3}{2}\times p\times V_2$　…②

気体の内部エネルギーの和は保存されるので，式①＝式②が成り立ち，これを整理すると，

$6p_0V_0=p(V_1+V_2)$　…③

式③に，$4V_0+V_0=V_1+V_2$ の関係を代入し，整理すると，

$6p_0V_0=p\cdot 5V_0$　　$p=\boldsymbol{\frac{6}{5}p_0}$

発展例題17 $p-V$ グラフと $T-V$ グラフ

➡発展問題 157，158

ピストンのついたシリンダー内に，理想気体を閉じこめ，外部と熱のやりとりをすることによって，図のように，圧力 p と体積 V をA→B→C→Aと変化させた。B→Cの過程は温度が一定であり，Aにおける絶対温度は T_0 であった。次の各問に答えよ。

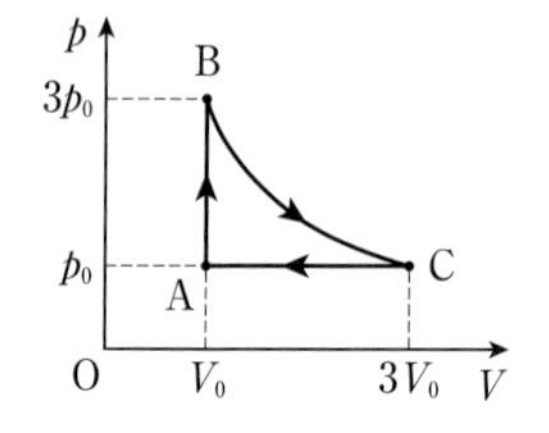

(1)　B，Cにおける絶対温度はそれぞれいくらか。

(2)　このサイクルにおける気体の絶対温度 T と体積 V との関係をグラフに描け。

指 針　A→Bの過程は定積変化であり，圧力と絶対温度は比例する。B→Cの過程は等温変化であり，体積は V_0 から $3V_0$ に変化している。C→Aの過程は定圧変化であり，体積と絶対温度は比例する。これらをもとにして，グラフを描く。

解 説　(1)　B，Cの温度をそれぞれ T_B，T_C とする。AとBとでボイル・シャルルの法則の式を立てると，

$\frac{p_0V_0}{T_0}=\frac{3p_0V_0}{T_B}$　　$T_B=\boldsymbol{3T_0}$

B→Cの過程は等温変化なので，$T_C=T_B=\boldsymbol{3T_0}$

(2)　【A→B】　定積変化であり，体積が V_0 のまま絶対温度が T_0 から $3T_0$ に増加した。

【B→C】　等温変化であり，絶対温度が $3T_0$ のまま体積が V_0 から $3V_0$ に増加した。

【C→A】　定圧変化であり，気体の状態方程式「$pV=nRT$」から，体積 V と絶対温度 T が比例していることがわかる。以上から，グラフは図のようになる。

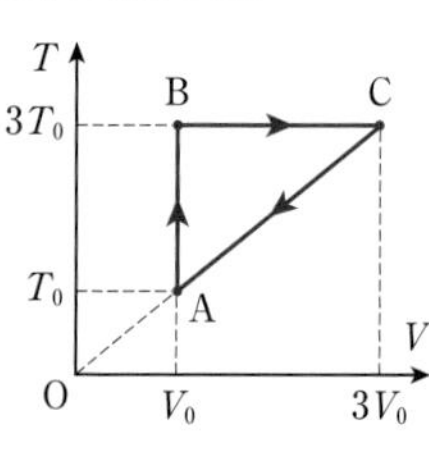

解説動画

発展例題18 $p-V$ グラフと熱効率

➡発展問題 159

単原子分子からなる理想気体1 molをシリンダー内に密閉し，図のように，圧力pと体積VをA→B→C→D→Aの順に変化させた。Aの絶対温度をT_0，気体定数をRとする。

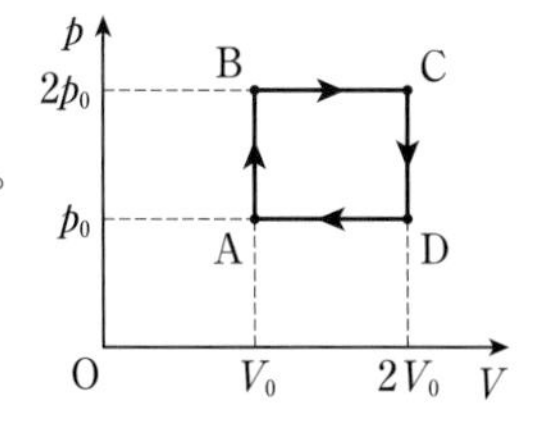

(1) この過程で気体がした仕事の和W'はいくらか。

(2) A→B，およびB→Cの過程で，気体が吸収した熱はそれぞれいくらか。

(3) この過程を熱機関とみなし，有効数字を2桁として熱効率を求めよ。

指針 気体が外部と仕事のやりとりをする過程は，体積に増減が生じたときであり，B→C，D→Aである。なお，熱効率は，高温熱源から得た熱に対する仕事の割合である。

解説 (1) D→Aでは，気体がする仕事は負になるので，

$W'=2p_0(2V_0-V_0)-p_0(2V_0-V_0)=\boldsymbol{p_0V_0}$

(2) B，C，Dの温度T_B，T_C，T_Dは，Aとそれぞれボイル・シャルルの法則の式を立てると，

$\dfrac{p_0V_0}{T_0}=\dfrac{2p_0V_0}{T_B}$　$\dfrac{p_0V_0}{T_0}=\dfrac{2p_0\cdot 2V_0}{T_C}$

$\dfrac{p_0V_0}{T_0}=\dfrac{p_0\cdot 2V_0}{T_D}$　$T_B=2T_0$，$T_C=4T_0$，$T_D=2T_0$

A→Bは定積変化である。気体が吸収した熱量Q_1は，定積モル比熱「$C_V=3R/2$」を用いて，

$Q_1=nC_V\Delta T=1\times\dfrac{3}{2}R\times(2T_0-T_0)=\boldsymbol{\dfrac{3}{2}RT_0}$

B→Cは定圧変化である。気体が吸収した熱量Q_2は，定圧モル比熱「$C_p=5R/2$」を用いて，

$Q_2=nC_p\Delta T=1\times\dfrac{5}{2}R\times(4T_0-2T_0)=\boldsymbol{5RT_0}$

(3) $T_C>T_D$，$T_D>T_A$から，C→D，D→Aでは，いずれも熱を放出している。したがって，

熱効率eは，$e=\dfrac{W'}{Q_1+Q_2}=\dfrac{p_0V_0}{(3RT_0/2)+5RT_0}$

Aにおける気体の状態方程式$p_0V_0=RT_0$から，

$e=\dfrac{p_0V_0}{13RT_0/2}=\dfrac{p_0V_0}{13p_0V_0/2}=\dfrac{2}{13}=0.153$　**0.15**

発展問題

知識

155. 仕切られた円筒容器 底面積S〔m²〕の円筒容器が鉛直に立てられ，質量M〔kg〕の熱を通す壁で部屋A，Bに仕切られている。はじめ，上下面からの距離がともにL〔m〕となる位置で壁を固定し，各部屋に1 molの単原子分子の理想気体を閉じこめると，ともに外気温と同じ温度T_0〔K〕となった(図1)。気体定数をR〔J/(mol·K)〕，重力加速度の大きさをg〔m/s²〕とする。

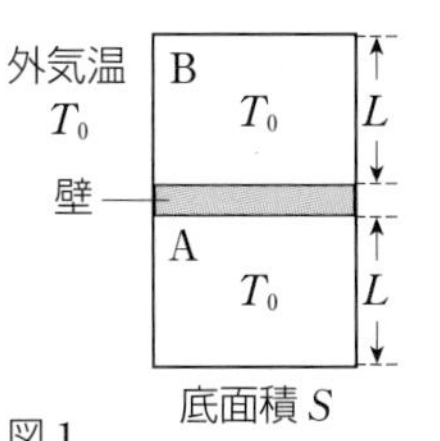

図1

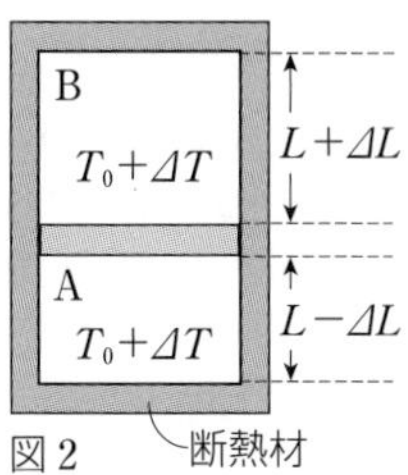

図2

(1) 部屋Aの気体の圧力は何Paか。

次に，図2のように，容器を断熱材で囲んだのち，壁の固定を外してなめらかに移動できるようにしたところ，壁は，もとの位置からΔL〔m〕だけゆっくりと移動した位置で静止した。このとき，部屋A，Bの気体の温度がともに$T_0+\Delta T$〔K〕となった。

(2) ΔT〔K〕を，M，R，g，ΔLを用いて表せ。　(山口大　改)　➡例題16

ヒント

155 (2) 位置エネルギーの減少分が内部エネルギーの増加分となる。

知識

156. 内部エネルギーの保存 図のように，断熱材で囲まれた3つの容器が，コックA，Bがついた細い管で連結されている。はじめ，コックA，Bは閉じられている。3つの容器Ⅰ，Ⅱ，Ⅲの容積は，それぞれ V_1，V_2，V_3 であり，各容器には，温度が T_1，T_2，T_3，物質量が n_1，n_2，n_3 の同種の単原子分子からなる理想気体が封入されている。気体定数を R として，次の各問に答えよ。ただし，細い管の容積は無視できるとする。

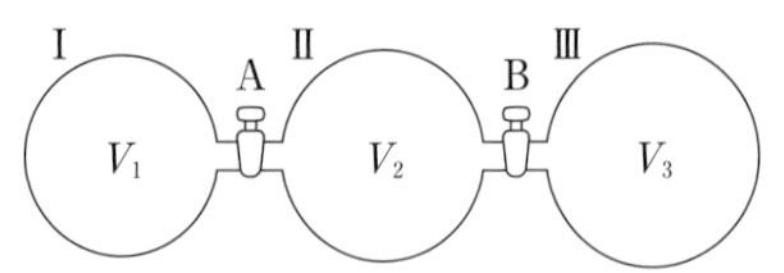

(1) コックAを開けたのち，平衡状態に達したとする。このときの容器Ⅰ，Ⅱの中の気体の温度を求めよ。

(2) (1)の状態において，容器ⅠとⅡの中の気体の物質量をそれぞれ求めよ。

(3) コックAを開けたままコックBを開け，平衡状態に達したとする。このときの容器Ⅰの中の気体の物質量と圧力をそれぞれ求めよ。

(4) 図の最初の状態において，容器Ⅲの中が真空($n_3=0$)であったとする。コックAを開けて平衡状態に達したのち，コックBを開けた。その後，平衡状態に達したときの容器Ⅰ，Ⅱ，Ⅲの中の気体の温度を求めよ。 (京都産業大 改)

思考

157. 気体の状態変化 単原子分子からなる理想気体が，容器に閉じこめられている。図のように，この気体の圧力 p と体積 V を状態S(圧力 p_0，体積 V_0，温度 T_0)から，A，B，C，Dの4つの状態に変化させた。S→Cは等温変化，S→Dは断熱変化を示している。次の各問に答えよ。ただし，(1)～(3)では，T_0，p_0，p_1，V_0，V_1 の中から，必要な記号を用いて表せ。

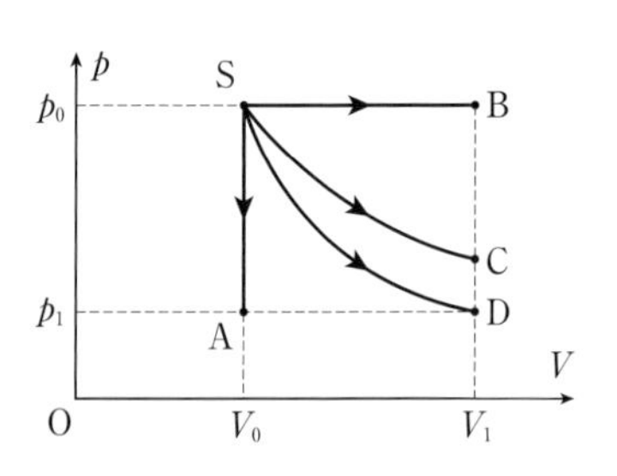

(1) 状態A，B，Dの温度 T_A，T_B，T_D をそれぞれ求めよ。

(2) S→Bにおいて，気体が外部にした仕事 W_{SB}，気体の内部エネルギーの増加分 ΔU_{SB}，気体に加えた熱量 Q_{SB} をそれぞれ求めよ。

(3) S→Dにおいて，気体が外部にした仕事 W_{SD} を求めよ。

(4) 状態A，B，Cから，さらに状態Dにそれぞれ変化させる。(ア) S→A→D，(イ) S→B→D，(ウ) S→C→D，(エ) S→Dの4つの過程で，状態Sを状態Dに変化させるとき，各過程において，気体に加えられた正負の熱量をすべて合計したもの(入った熱量を正とする)が大きい順に，過程(ア)，(イ)，(ウ)，(エ)を並べよ。

(千葉大 改) ➡ 例題17

ヒント

156 (1) 断熱材で囲まれているので，内部エネルギーの和は保存される。
(4) 真空中に気体が噴き出しても気体は仕事をしないので，内部エネルギーは変化しない。

157 (2)(3) 気体が外部にする仕事を W' とすると，熱力学の第1法則は，$\Delta U=Q-W'$ となる。
(4) 最初の状態と最後の状態が同じなので，内部エネルギーの変化はどの過程も同じになる。

思考

158. 熱力学の第１法則と $p-V$ グラフ

1 mol の単原子分子からなる理想気体を，ピストンのついたシリンダー内に封じこめ，外部と熱や仕事のやりとりをすることで，圧力と体積を図のサイクルA→B→C→Aに沿ってゆるやかに変化させる。状態Cの絶対温度を T_1，気体定数をRとして，次の各問に答えよ。なお，(2)～(4)は p_0，V_0 を用いて答えよ。

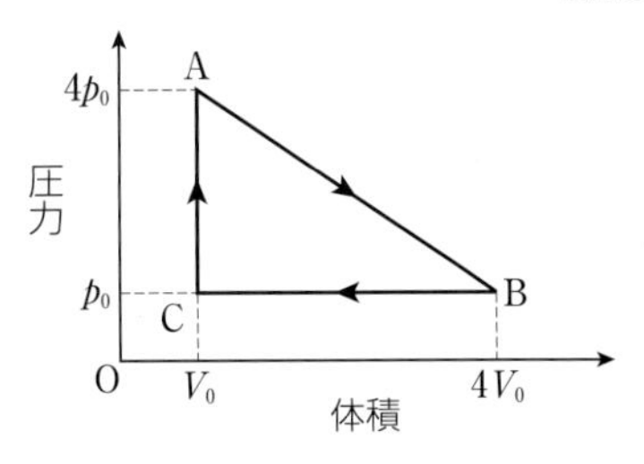

(1)　状態A，およびBにおける絶対温度 T_A，T_B を，それぞれ T_1 を用いて表せ。

(2)　B→C，およびC→Aの過程で気体が吸収した熱量 Q_{BC}，Q_{CA} を，それぞれ求めよ。ただし，熱を吸収した場合を正，放出した場合を負とする。

(3)　１サイクルA→B→C→Aの間に気体がする仕事を求めよ。

(4)　A→Bの過程について考える。この間における任意の状態Xの圧力を p，体積を V，絶対温度を T とする。このとき，圧力 p を体積 V の１次関数として表せ。

(5)　AB間における絶対温度の最大値を，T_1 を用いて表せ。また，そのときの体積を，V_0 を用いて表せ。

（15．岐阜大　改）➡例題17

思考

159. 気体の状態変化と熱機関

なめらかに動くピストンをもつシリンダー内に，1 mol の単原子分子からなる理想気体を閉じこめ，図１のA→B→C→D→Aのように気体の状態を変化させるサイクルを考える。過程A→B，C→Dは等温変化，過程B→C，D→Aは断熱変化である。過程A→Bにおいて，気体の温度は低温の熱源の温度 T_0〔K〕に等しく，過程C→Dにおいて，気体の温度は高温の熱源の温度 T_1〔K〕に等しい。

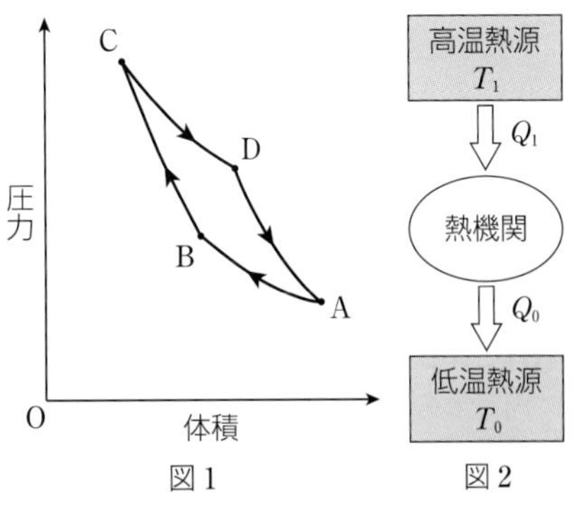

図１　　図２

この熱機関のサイクルでは，図２のように，気体は高温の熱源から Q_1〔J〕の熱を吸収し，低温の熱源へ Q_0〔J〕の熱を放出する。気体定数を R〔J/(mol·K)〕として，次の各問に答えよ。

(1)　A→B，B→C，C→D，D→Aの各過程において，気体の内部エネルギーの変化量，および気体が外部へする仕事はそれぞれいくらか。

(2)　(1)の結果を用いて，熱機関が１サイクルの間に外部へする仕事を求めよ。

(3)　熱機関の熱効率はいくらか。

（13．北九州市立大　改）➡例題18

ヒント

158　(5) (4)で求めた直線の式と気体の状態方程式を用いて，圧力 p を消去し，体積 V と絶対温度 T の関係を導く。

159　(1) 等温変化では気体の内部エネルギーが変化せず，断熱変化では熱の出入りがない。

総合問題

思考

160. 壁の移動と気体分子の運動 ◀ 一辺がLの立方体の容器に，質量mの単原子分子がN個入っている。図のように座標軸をとり，x軸に垂直である壁Aを，非常に遅い一定の速さuで，x軸方向に距離ΔLだけ移動させた。次の各問に答えよ。

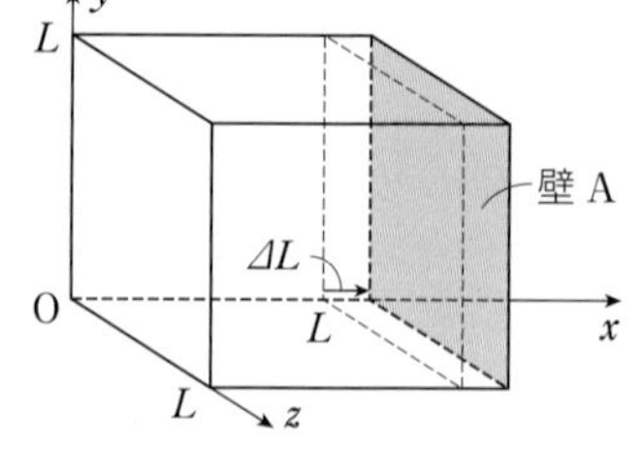

(1) 速度$\vec{v}=(v_x,\ v_y,\ v_z)$で，壁Aに衝突しようとする1個の分子について考える。

(a) 壁Aと最初に衝突(弾性衝突)をした後，分子の速度のx成分はいくらか。

(b) 最初の衝突による分子の運動エネルギーの変化を求めよ。ただし，uはv_xに比べて十分に小さく，u^2の項は無視してよい。

(c) 壁AがΔL移動するまでに，分子が壁Aに衝突する回数はいくらか。ただし，ΔLはLに比べて十分に小さく，分子が壁Aに衝突する時間の間隔を，$2L/v_x$と表すことができるとする。

(d) 壁AがΔL移動するまでの，分子の運動エネルギーの変化を求めよ。

(2) 壁Aの移動による気体の内部エネルギーの変化を求めよ。なお，分子の速さの二乗平均$\overline{v^2}$については，$\overline{v_x{}^2}=\overline{v_y{}^2}=\overline{v_z{}^2}=\dfrac{1}{3}\overline{v^2}$の関係があるとし，気体の圧力$p=\dfrac{Nm\overline{v^2}}{3L^3}$，体積の変化$\Delta V=L^2\Delta L$を用いて表せ。気体は理想気体であるとする。

(3) 壁Aの移動で，気体の温度は上昇したか，下降したか。 (お茶の水女子大 改)

思考

161. シリンダー内の気体 ◀ 図のように，断面積Sの円筒形のシリンダーに，なめらかに動く2つのピストンAとBを取りつけ，内部を部屋XとYに分ける。部屋Xは温度T_0で一定に保たれている。部屋Yは断熱壁で囲まれ，部屋の外部と熱のやりとりはない。はじめ2つの部屋には，それぞれ圧力p_0，体積V_0，温度T_0の同じ状態の単原子分子からなる理想気体を満たす。その後，ピストンAで部屋Xを，その圧力が$p_1(>p_0)$になるまでゆっくり押すと，部屋Yの気体の温度はT_1となった。また，気体定数をRとして，気体の定積モル比熱は$\dfrac{3}{2}R$である。

(1) 圧力がp_1になったときの，部屋Xの気体の体積を求めよ。

(2) 各気体の内部エネルギーの変化ΔU_X，ΔU_Yを求めよ。

(3) ピストンBを通して，部屋Xの気体が部屋Yの気体にした仕事W_Bを求めよ。

(4) ピストンAを通して，部屋Xの気体が外部からされた仕事をW_Aとする。この気体が外部に放出した熱量Qを求めよ。

ヒント

160 (1)(c) 壁AがΔL移動するのにかかる時間は，$\Delta L/u$である。

161 (4) 部屋Xの気体が外部からされた仕事の和は，W_A-W_Bである。

思考

162. 気体の状態変化と $V-T$ グラフ

図は，1 mol の単原子分子からなる理想気体の状態変化を示している。はじめ，気体は状態Aにある。過程C→Aでは，気体の体積と絶対温度の比を一定に保ちながら，ゆっくりと状態を変化させている。気体定数を R として，次の各問に答えよ。

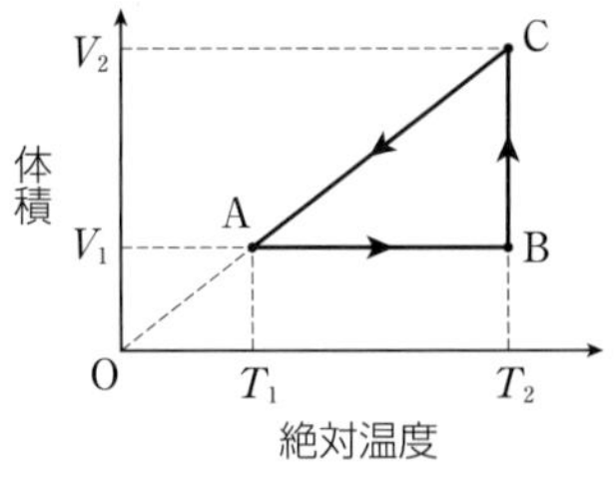

(1) 過程A→Bで，気体が外部から吸収する熱量 Q_1，および気体が外部にする仕事 W_1 を，R，T_1，T_2 のうち，必要な記号を用いて表せ。

(2) 過程B→Cで，気体が外部から吸収する熱量を Q_2 とする。この過程で気体が外部にする仕事 W_2 を，R，T_1，T_2，Q_2 のうち，必要な記号を用いて表せ。

(3) 状態Cでの気体の体積 V_2 を，R，T_1，T_2，V_1 のうち，必要な記号を用いて表せ。

(4) 過程C→Aにおいて気体が外部からされる仕事 W_3 を，R，T_1，T_2 のうち，必要な記号を用いて表せ。

(5) 過程A→B→C→Aを一巡したとき，気体が外部から吸収する熱量 Q を，R，T_1，T_2，Q_2 のうち，必要な記号を用いて表せ。

(6) 縦軸に圧力，横軸に体積をとって，過程A→B→C→Aにおける気体の状態変化を示すグラフを描け。

(13．大分大 改)

思考

163. ばねがついたピストン

図のように，断熱材でできた長さ L〔m〕，断面積 S〔m²〕の円筒形のシリンダーがあり，内部は断熱材でできたピストンで仕切られている。シリンダーの左側にはヒーターがとりつけられており，気体を加熱することができる。また，ピストンは，シリンダー内をなめらかに移動できる。ピストンにはばね定数 k〔N/m〕のばねがとりつけられており，ばねの他端は，シリンダー右側の壁に固定されている。ばねの自然の長さはシリンダーの長さ L〔m〕に等しい。ピストンで仕切られた左側の部分に，単原子分子からなる理想気体を n〔mol〕入れて，右側の部分を真空にしたところ，ピストンは，シリンダーの左側から l〔m〕の位置となった(状態１)。次の各問に答えよ。ただし，気体定数を R〔J/(mol·K)〕とする。

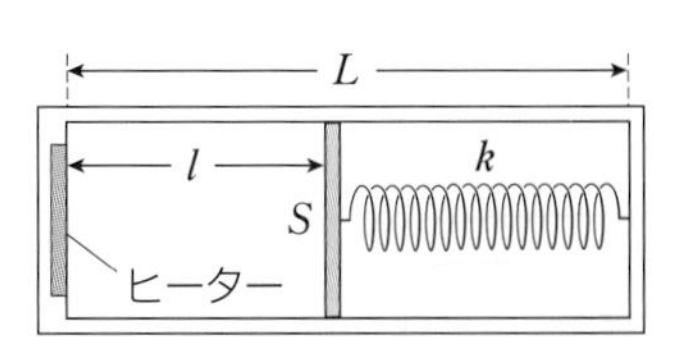

(1) 状態１のときの気体の圧力，および気体の温度を求めよ。

次に，気体をヒーターで加熱すると，ピストンはさらに $\frac{l}{3}$〔m〕右に移動した(状態２)。

(2) 状態２のときの気体の圧力，および気体の温度を求めよ。

(3) 状態１から状態２に変化させたときの，内部エネルギーの増加量，気体がピストンにした仕事，およびヒーターが気体に与えた熱量をそれぞれ求めよ。

(信州大 改)

ヒント

162 (4) 過程C→Aでは，気体の体積と絶対温度が比例関係にあり，圧力が一定の変化である。

163 (1)(2) ピストンが受ける力はつりあっている。

思考

164. 傾けられたシリンダー◀ 図1のように，大気中で鉛直に立てられた円柱形のシリンダーに，軽くなめらかに動く断面積 S のピストンをつけ，体積 V_0 の単原子分子からなる理想気体を封入する。このときの気体の圧力は大気圧と同じ p_0 であり，絶対温度は外部と同じ T_0 である(状態A)。重力加速度の大きさを g とする。

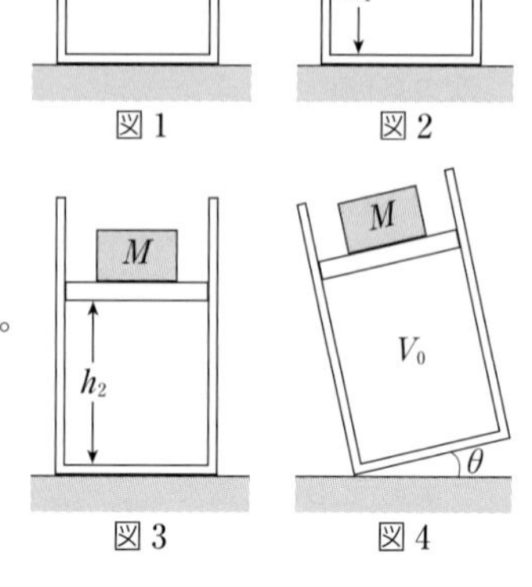

図1　図2　図3　図4

(1) 気体の温度を T_0 に保ちながら，図2のようにピストンの上に質量 M のおもりをゆっくりとのせた(状態B)。このとき，ピストンの高さ h_1 はいくらか。

(2) 次に，封入した気体を熱すると，図3のようにピストンがゆっくりと上昇し，温度が T_1 になった(状態C)。このときのピストンの高さ h_2 を求めよ。

以下の各問では，h_1，h_2 を用いずに答えよ。

(3) B→C の過程で，気体が外部にした仕事 W_{BC} はいくらか。また，この過程で気体が得た熱量 Q_{BC} を，W_{BC} を用いて表せ。

(4) 状態Cにおいて，気体の温度を T_1 に保ちながら，図4のようにシリンダーをゆっくりと傾けると，気体の体積は増えて V_0 になった(状態D)。水平面とシリンダー底面とのなす角を θ とし，$\cos\theta$ を求めよ。おもりはピストンに固定されているものとする。

(5) $h_1S=\frac{1}{2}V_0$ として，縦軸に圧力，横軸に体積をとり，A→B→C→D の状態変化の過程をグラフに描け。

(21．神戸大　改)

思考　記述　やや難

165. 熱気球◀ 体積を変えることのできる熱気球がある。気球は，ヒーターによって，内部の空気の温度を変えることができる。空気を除いた部分の気球の質量は m である。気球内外の空気は，1 mol あたりの質量が M の理想気体であるとする。また，気球外の空気の温度は，高さによらず一定値 T_0 であり，その密度は高さによって変化する。

気球の下方にある口を開き，ヒーターによって気球内の空気を温めたところ，気球はいっぱいに膨らんで上昇し，地表から高さ h_1 の位置で静止した(図1)。高さ h_1 におけ

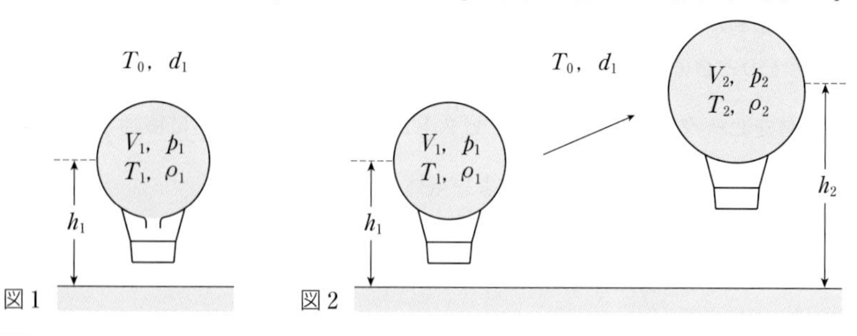

図1　図2

ヒント

164 (4) ピストンにはたらく力のつりあいとボイルの法則から考える。

る気球内の空気の体積，圧力，温度，密度は，それぞれ V_1，p_1，T_1，ρ_1 であり，また，気球外の空気の密度は d_1 であった。気体定数を R として，次の各問に答えよ。

(1)　圧力 p_1 を，T_1，ρ_1，M，R を用いて表せ。

(2)　気球内の空気の温度 T_1 を，T_0，ρ_1，d_1 を用いて表せ。

(3)　気球にはたらく浮力と重力のつりあいを考えて，d_1 を，ρ_1，V_1，m を用いて表せ。

次に，高さ h_1 で気球の口を閉じ，気球の体積を V_1 から V_2 にゆっくりと増加させたところ，気球は上昇して高さ h_2 で静止した(図2)。高さ h_2 における気球内の空気の体積，圧力，温度，密度は，それぞれ V_2，p_2，T_2，ρ_2 であった。

(4)　高さ h_2 における気球内の空気の密度 ρ_2 を，ρ_1，V_1，V_2 を用いて表せ。

体積が V_1 から V_2 に変わる過程は断熱過程であったとする。このとき，変化の途中における気球内の空気の圧力と体積との間に，pV^{γ}＝一定，の関係が成り立つ。ここで，γ は1よりも大きい定数である。

(5)　$T_1 > T_2$ であることを示せ。　　（金沢大　改）

思考

166. 断熱変化◀　図1のように，なめらかに動くピストンのついたシリンダーが水平に置かれている。その中に，1 mol の単原子分子からなる理想気体が密封されており，気圧 p_0 の外気と断熱されている。このとき，内部の気体の温度が T_0 で，シリンダーの底からピストンまでの距離が L_0 であった。

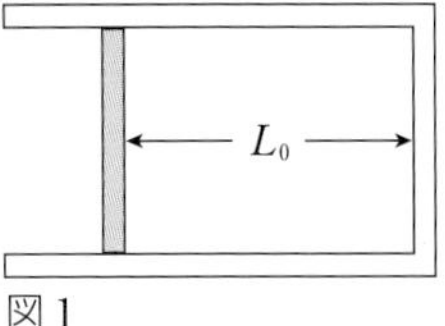

図1

次に，十分ゆっくりとシリンダーをおこし，図2のように鉛直に立てたとき，L_0 は L_1 になり，T_0 は T_1 になった。この断熱変化において，内部の気体の温度 T と体積 V との間に，次の関係が成り立つ。　$TV^{\frac{2}{3}}$＝一定

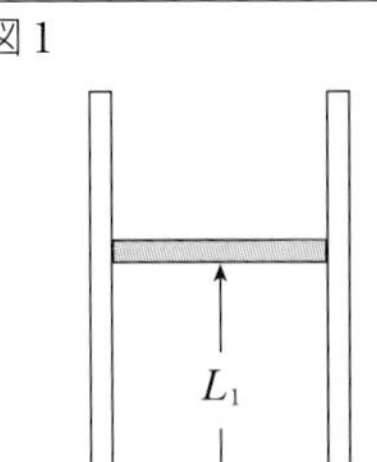

図2

ピストンの質量を m，シリンダーの断面積を S，重力加速度の大きさを g，気体の定積モル比熱を C_V とする。(1)～(4)の［　］に適切な数値，記号を入れ，(5)に答えよ。なお，記号は，p_0，T_0，m，g，S，C_V の中から，必要なものを用いて答えよ。

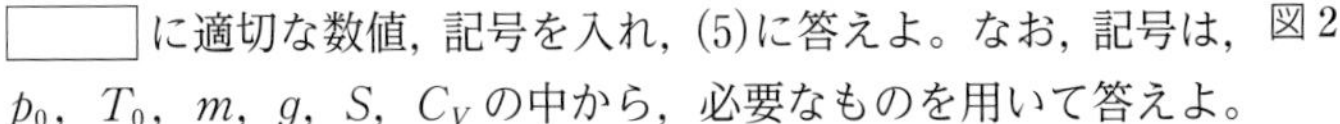

(1)　シリンダー内部の気体の圧力 p と体積 V の間には，pV^{α}＝一定，の関係が成り立ち，α＝［(ア)］である。

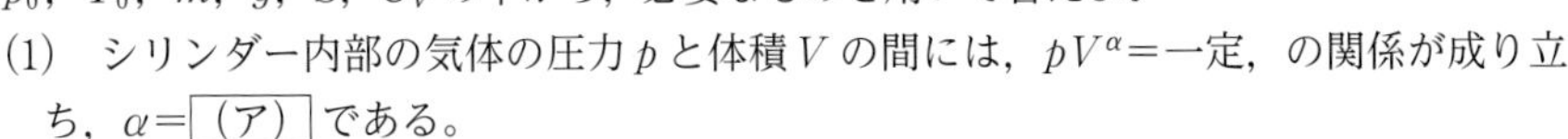

(2)　図2に配置した後，シリンダー内部の気体の圧力 p_1 は，p_1＝［(イ)］である。

(3)　距離の比 $\dfrac{L_1}{L_0}$ は，［(ウ)］である。　(4)　温度の比 $\dfrac{T_1}{T_0}$ は，［(エ)］である。

(5)　シリンダー内の気体が受けた仕事を求めよ。　　（岡山大　改）

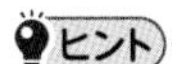

ヒント

165　(2) 気球の口が開いているときには，気球内外の空気の圧力は等しい。

166　(1) 図1から図2までの変化において，ボイル・シャルルの法則が成り立つ。

(5) 温度が $\varDelta T$ 変化すると，内部エネルギーは，「$\varDelta U = \dfrac{3}{2}nR\varDelta T = nC_V\varDelta T$」だけ変化する。

第Ⅲ章　波動

9 波の伝わり方

1 正弦波

❶**正弦波の式**　原点O($x=0$)の媒質が単振動をしており，$y=0$ を y 軸の正の向きに通過する時刻を0sとすると，時刻 t〔s〕における $x=0$ の媒質の変位 y〔m〕は，

$$y=A\sin\omega t=A\sin\frac{2\pi}{T}t \quad \cdots①$$

（A〔m〕：振幅，T〔s〕：周期　ω〔rad/s〕：角振動数）

◎**位置 x の媒質の変位**　x 軸の正の向きに進む波の速さを v〔m/s〕とすると，$x=0$ から位置 x〔m〕まで振動が伝わるのに x/v〔s〕かかる。したがって，時刻 t〔s〕において，位置 x〔m〕の媒質の変位 y〔m〕は，式①の t を $\left(t-\frac{x}{v}\right)$ に置き換えて，

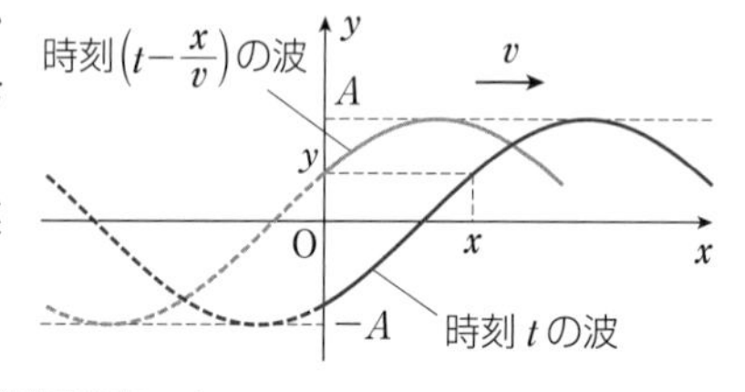

$$y=A\sin\frac{2\pi}{T}\left(t-\frac{x}{v}\right)=A\sin 2\pi\left(\frac{t}{T}-\frac{x}{\lambda}\right) \quad \cdots②$$

（負の向きに進む波は，x/v，および x/λ の符号が＋になる。）

❷**正弦波の位相**　式②において，$2\pi\left(\frac{t}{T}-\frac{x}{\lambda}\right)$ を**位相**といい，媒質が1周期の中でどのような振動状態にあるのかを表している。単位は**ラジアン**(記号rad)。位置 x の位相は原点よりも $2\pi x/\lambda$ 遅れ，位置が $x=\lambda$ のとき，位相は 2π 遅れる。また，時間が t 経過すると位相は $2\pi t/T$ 進み，T 経過すると 2π 進む。媒質は，位相が 2π 異なるごとに等しい振動状態を繰り返すので，波の位相は0から 2π の間の角で表されることが多い。

同位相…振動状態が等しい点。　**逆位相**…振動状態が逆の点。位相は π だけずれる。

2 波の干渉

❶**平面波と球面波**

(a)　**波面**　同位相の点を連ねた線，または面。

(b)　**平面波**　波面が直線または平面である波。

(c)　**球面波**　波面が円または球面である波。

波の進む向きは波面に対して常に垂直。

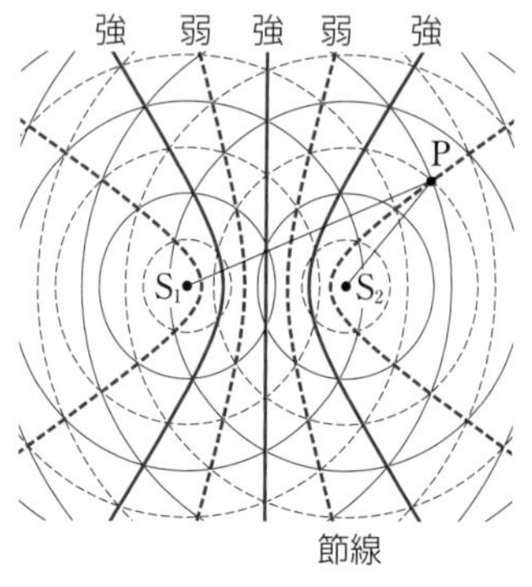

❷**波の干渉**　2つの波が重なりあい，強めあったり，弱めあったりする現象。山と山，谷と谷が重なる点では，常に同位相の波が重なって強めあい，山と谷が重なる点では，常に逆位相の波が重なって弱めあう。弱めあう点を連ねた線を**節線**という。波源 S_1，S_2 が同位相で振動するとき，干渉の条件式は，

強めあう条件　$|\overline{S_1P}-\overline{S_2P}|=m\lambda=2m\cdot\frac{\lambda}{2}$　$(m=0,\ 1,\ 2,\ \cdots)$　$\cdots③$

弱めあう条件　$|\overline{S_1P}-\overline{S_2P}|=\left(m+\frac{1}{2}\right)\lambda=(2m+1)\frac{\lambda}{2}$　$(m=0,\ 1,\ 2,\ \cdots)$　$\cdots④$

3 ホイヘンスの原理

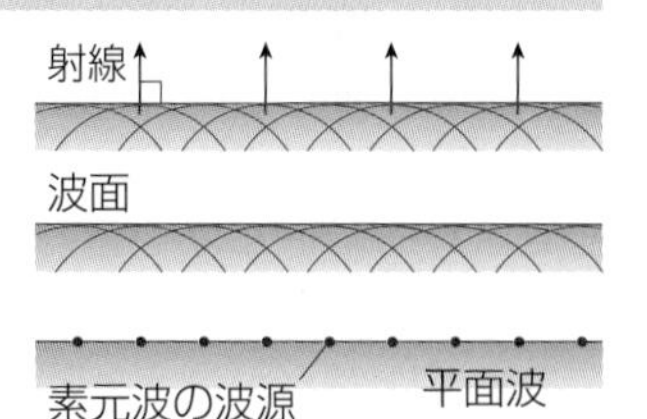

波は，波面の形を保ったまま進行する。**波面上の各点からは，それを波源とする球面波(素元波)が発生する。素元波は，波の進む速さと等しい速さで広がり，これら無数の素元波に共通に接する面が，次の瞬間の波面になる**(ホイヘンスの原理)。

射線…波の進む向きを示す矢印。

4 波の反射・屈折・回折

❶波の反射・屈折 波が異なった媒質に入射すると，境界面で一部は反射し，一部は屈折して進む。このとき，波の振動数は変化しない。

(a) **反射の法則** 入射角 θ と反射角 θ' は等しい。

$$\theta=\theta' \quad \cdots⑤$$

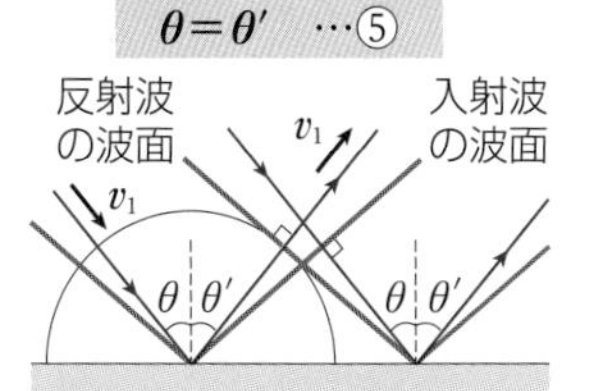

(b) **屈折の法則**

入射角 θ_1 と屈折角 θ_2 の正弦の比は，速さの比，波長の比と等しい。

$$\frac{\sin\theta_1}{\sin\theta_2}=\frac{v_1}{v_2}=\frac{\lambda_1}{\lambda_2}=n_{12} \quad \cdots⑥$$

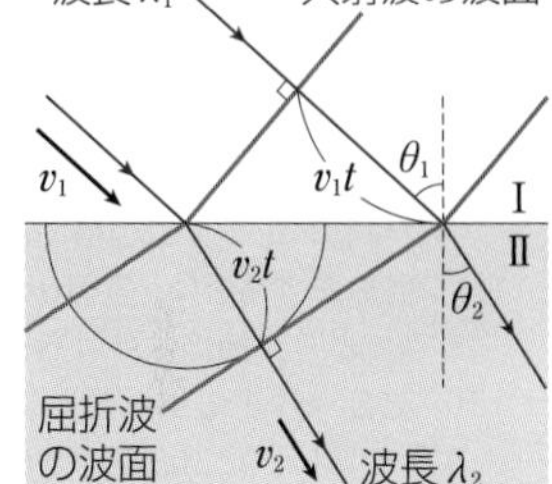

n_{12} を媒質Ⅰに対する媒質Ⅱの**屈折率**(**相対屈折率**)という。

❷波の回折 波が障害物の背後にまわりこむ現象。一般に，波長が長いほどよく回折する。平面波がすき間を通過する場合，波長と同程度の幅のすき間ではよく回折し，波長よりも十分に大きいすき間では，回折は目立たない。

プロセス 次の各問に答えよ。

1 位置 x〔m〕における媒質の変位 y〔m〕が，$y=0.5\sin 2\pi\left(\frac{t}{2}-\frac{x}{6}\right)$ と表される波がある。次の諸量を求めよ。(ア) 振幅 (イ) 周期 (ウ) 波長 (エ) 波の速さ

2 水面上の2点A，Bから，いずれも波長2cmの波が同位相で出ている。水面上の点P($\overline{AP}$：20cm，$\overline{BP}$：11cm)では，波は強めあうか，弱めあうか。

3 平面波が媒質Ⅰから媒質Ⅱに入射し，図のように屈折している。入射角，屈折角を示す角をそれぞれ図中に記入し，それぞれの値を求めよ。

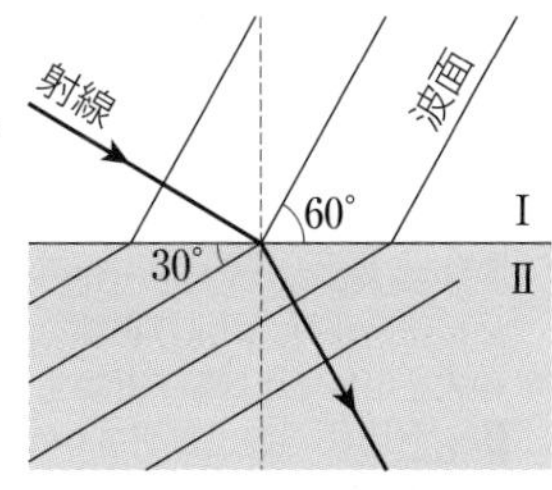

4 ある波が媒質Ⅰから媒質Ⅱへ進むときの屈折率が4/3である。この波の媒質Ⅱの中での速さ，波長，振動数は，それぞれ媒質Ⅰの中での値の何倍か。

解答

1 (ア) 0.5m (イ) 2s (ウ) 6m (エ) 3m/s **2** 弱めあう **3** 図は略，入射角：60°，屈折角：30°
4 速さ：3/4倍，波長：3/4倍，振動数：1倍

解説動画

基本例題26　波の干渉

➡基本問題 170，171

水面上の 6.0cm はなれた2点A，Bから，同位相で振幅が等しく，波長 2.0cm の波が出ている。図の実線はある瞬間の山の位置，破線は谷の位置を表している。波の振幅は減衰しないものとする。

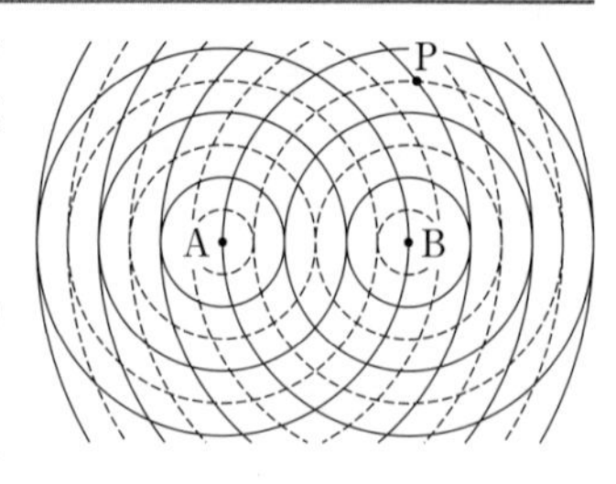

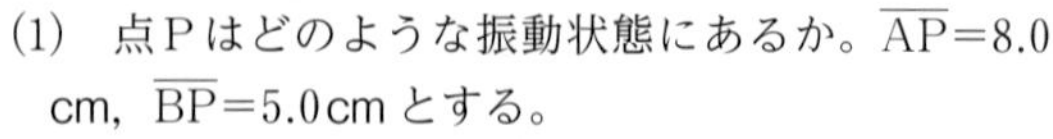
(1)　点Pはどのような振動状態にあるか。$\overline{AP}=8.0$ cm，$\overline{BP}=5.0$cm とする。

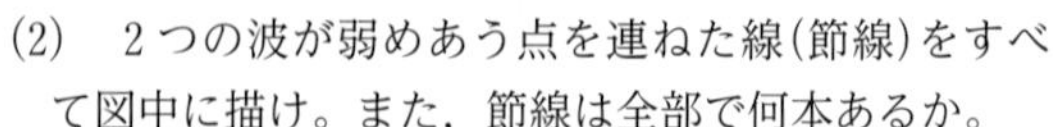
(2)　2つの波が弱めあう点を連ねた線(節線)をすべて図中に描け。また，節線は全部で何本あるか。

(3)　節線が線分 AB と交わる点は，Aから測ってそれぞれ何 cm のところか。

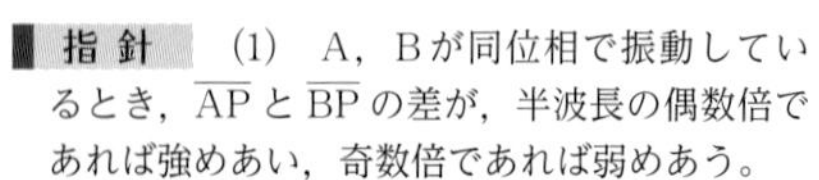
指 針　(1)　A，Bが同位相で振動しているとき，$\overline{AP}$ と $\overline{BP}$ の差が，半波長の偶数倍であれば強めあい，奇数倍であれば弱めあう。

(2)　弱めあう場所は，実線(山)と破線(谷)が重なる点であり，節線はそれらを連ねたものとなる。

(3)　線分 AB 上では，互いに逆向きに進む波が重なりあい，定常波ができている。

解 説　(1)　$\overline{AP}-\overline{BP}=3.0$cm であり，半波長 1.0cm の3倍(奇数倍)である。したがって，Pでは弱めあうため，**振動しない**。

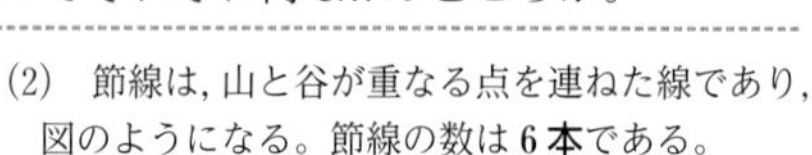
(2)　節線は，山と谷が重なる点を連ねた線であり，図のようになる。節線の数は**6本**である。

(3)　線分 AB 上には定常波ができており，節線は AB 上の定常波の節を通る。AB の中央の点は腹であり，腹と節の間隔は波長の 1/4(0.5 cm)，節と節の間隔は半波長(1.0cm)である。これから，求める場所は，Aから **0.5，1.5，2.5，3.5，4.5，5.5**cm のところとなる。

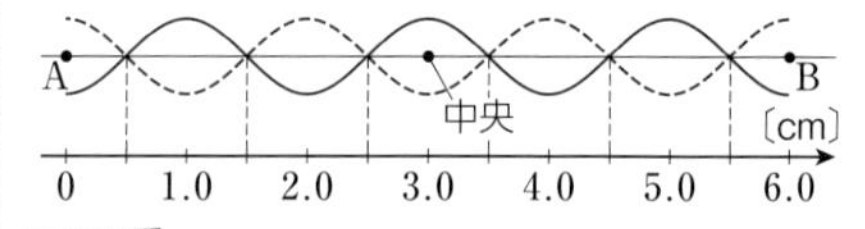

Point　A，Bは同位相で振動しているので，A，Bを結ぶ線分の中点は，定常波の腹になる。

基本例題27　波の屈折

➡基本問題 174

図のように，波が媒質Ⅰから媒質Ⅱへ進む。媒質Ⅰ，Ⅱの中を伝わる波の速さは，それぞれ $2v$，v である。面 AB は点Aに入射する波の波面を示す。次の各問に答えよ。

(1)　点Bの波面が点Cまで進んだときの，媒質Ⅱ中の屈折波の波面，および屈折波の射線を図示せよ。

(2)　この波の媒質Ⅰに対する媒質Ⅱの屈折率はいくらか。

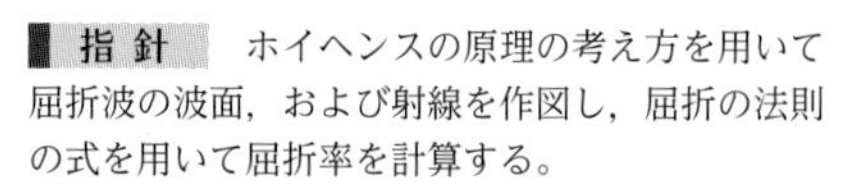
指 針　ホイヘンスの原理の考え方を用いて屈折波の波面，および射線を作図し，屈折の法則の式を用いて屈折率を計算する。

解 説　(1)　媒質Ⅱ中での速さは，媒質Ⅰ中の 1/2 となる。波面 AB 上のBから出た素元波がCに達したとき，Aから媒質Ⅱ中を進んだ素元波は，BCの長さの 1/2 の半径の円周上にある。Cから半円に引いた接線が屈折波の波面，AからDへ引いた矢印が射線となる(図)。

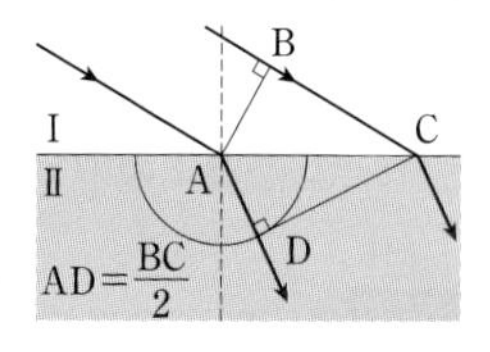

(2)　媒質Ⅰに対する媒質Ⅱの屈折率 n は，屈折の法則の式を用いて，　$n=\dfrac{v_1}{v_2}=\dfrac{2v}{v}=2$

基本問題

知識

167. 正弦波の式 正弦波が速さ 2.0m/s で，x 軸上を正の向きに進んでいる。図は，$x=0$ の媒質の変位 y と時刻 t との関係を表したものである。次の各問に答えよ。

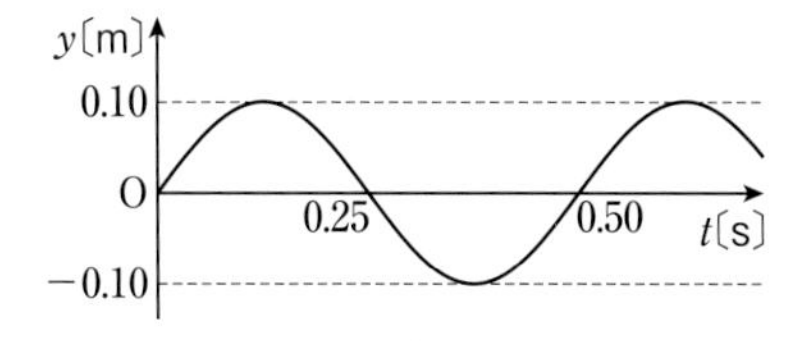

(1) 波の周期，波長はそれぞれいくらか。

(2) $x=0$ の媒質の時刻 t における変位 y を表す式を示せ。

(3) 位置 x での時刻 t における変位 y を表す式を示せ。

ヒント (2) 正弦波の式「$y=A\sin\frac{2\pi}{T}t$」を利用する。

知識

168. 正弦波の式 時刻 t〔s〕における位置 x〔m〕での変位 y〔m〕が，$y=2.0\sin 2\pi(0.25t-0.50x)$ で表される波がある。次の各問に答えよ。

(1) 波の振幅，周期，波長はそれぞれいくらか。

(2) 波の速さはいくらか。

(3) 横軸に位置 x〔m〕，縦軸に変位 y〔m〕をとり，$t=0$s における波形を描け。

思考

169. 正弦波の式と位相 周期 0.40s の正弦波が，x 軸の正の向きに進んでいる。図は，時刻 $t=0$s における位置 x〔m〕と変位 y〔m〕の関係を表している。

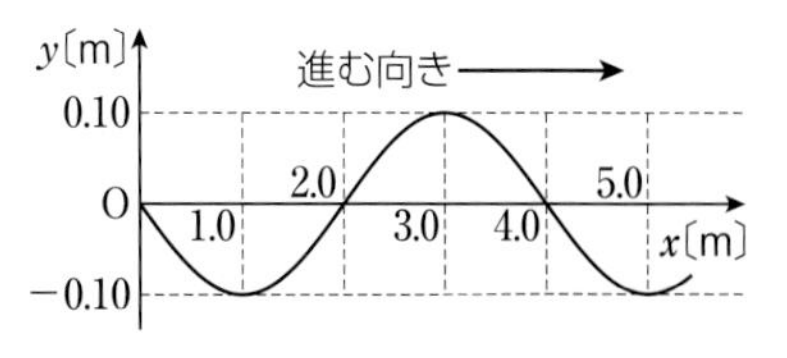

(1) 波の振幅，波長，速さはそれぞれいくらか。

(2) $t=0$ において，$x=0$ での媒質の速度の向きを答えよ。

(3) 時刻 t〔s〕での位置 x における変位 y を表す式を示せ。

(4) $x=1.0$m と 3.0m の位置での位相の差はいくらか。また，どちらの位相が遅れているか。

(5) 図の時刻から 0.10s 後の波形を描け。また，正弦波の位相はどれだけ進むか。

知識

170. 波の干渉 浅く水をはった大きな水槽で，水面上の 2 点 S_1，S_2 を一定時間 1.0s ごとに同時にたたき，2 つの波をつくる。図の円，または円弧は，時刻 0 s における波の山の位置を表している。次の各問に答えよ。

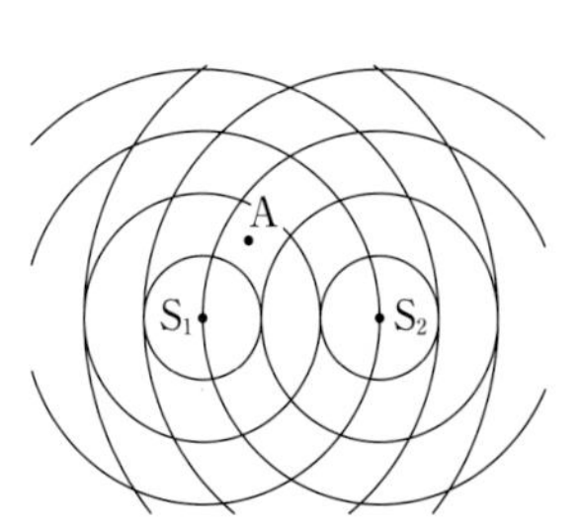

(1) Aは，S_1 から 1.5 波長，S_2 から 2.5 波長はなれた点である。図の状態において，Aは山，谷のどちらか。

(2) (1)のAの山，または谷は移動するか，しないか。

(3) (2)で移動すると答えた場合は，1.5s 後の位置を図中に黒丸で記入し，そのかたわらにBと示せ。移動しないと答えた場合は，図中のAを○で囲め。

➡ 例題26

知識

171. 波の干渉 水面上の２点A，Bから，波長4.0cm，振幅0.50cmの等しい波が，同じ振動(同位相)で生じている。次のような水面上の点P，Qにおいて，波は強めあうか，弱めあうかを答えよ。また，各点における合成波の振幅を求めよ。ただし，振幅は減衰しないものとする。

(1)　$\overline{AP}$＝10cm，$\overline{BP}$＝16cm　　(2)　$\overline{AQ}$＝8cm，$\overline{BQ}$＝12cm

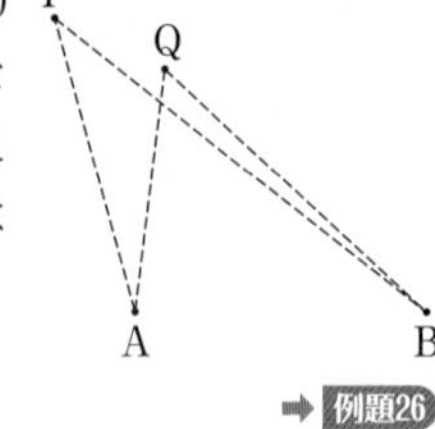

➡ 例題26

思考

172. 平面波の反射 平面波が，媒質の端XYに向かって入射している。図の直線は波面を表し，XYと波面とのなす角は30°である。端XYで波は自由端反射をするものとして，入射角は何度か求めよ。また，反射波の波面を図中に描け。

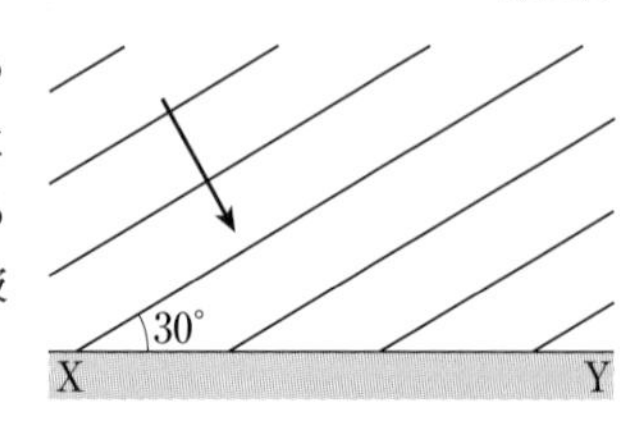

知識

173. 水面波の反射 図のように，水面波が点Pから広がり，反射面ABに達した。このとき，反射波は，点Pの反射面ABに対して対称な点P′から出たように進む。反射波を表すものとして最も適当なものを，(ア)～(エ)から選べ。ただし，図の実線は波の山を表している。

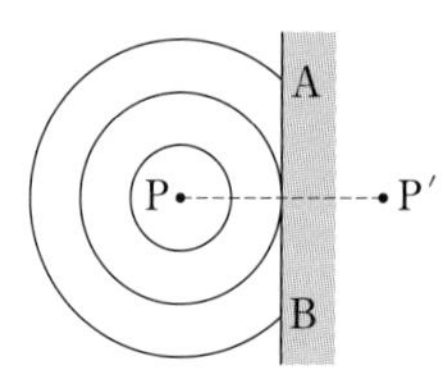

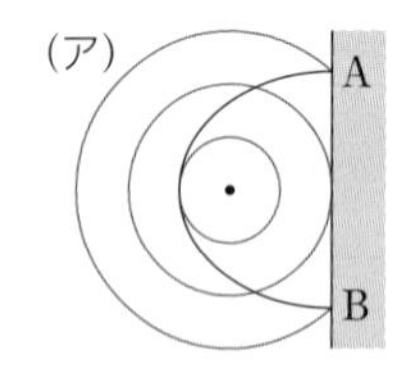

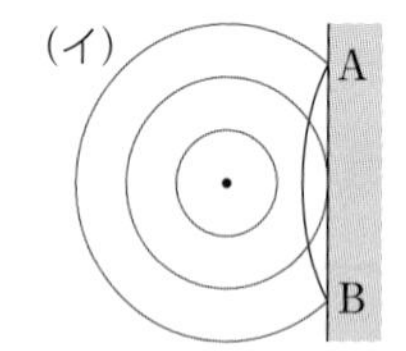

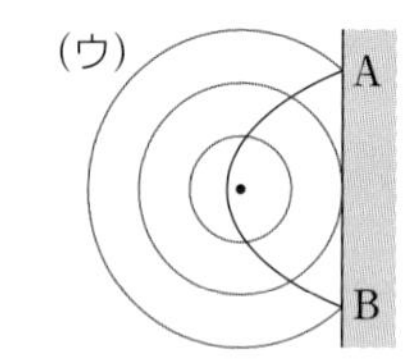

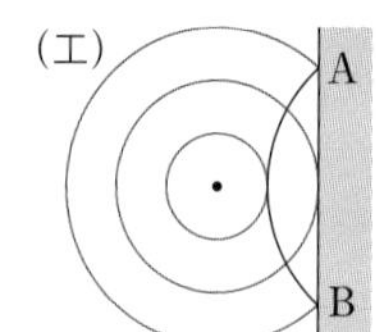

思考　記述

174. 波の屈折 波長2.0×10^{-2}m，速さ0.40m/sの波が，媒質ⅠとⅡの境界面XYに入射した。図の直線は波面を表し，XYと波面とのなす角は30°であった。媒質Ⅰに対する媒質Ⅱの屈折率を$\frac{1}{\sqrt{3}}$とする。

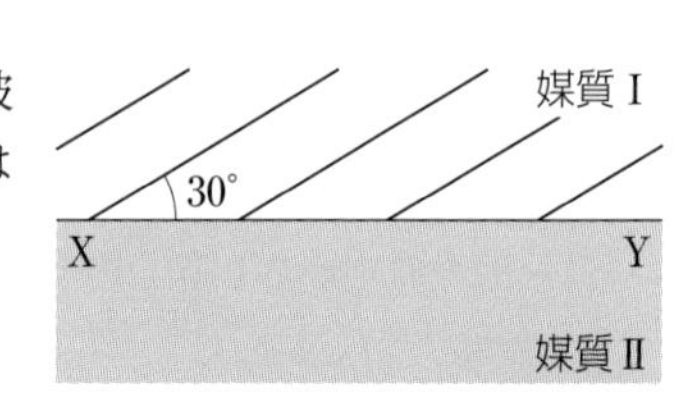

(1)　媒質Ⅱの中での波の速さ，波長はいくらか。

(2)　媒質Ⅰ，媒質Ⅱのそれぞれにおける波の振動数はいくらか。

(3)　屈折角はいくらか。

(4)　屈折波の波面を図中に描け。

➡ 例題27

思考　記述

175. 波の屈折と打ち寄せる波 水面波の速さは水深によって変わり，浅くなるにつれて遅くなる。このことから，水深がゆるやかに変わる場所では，海の波が海岸線に平行に打ち寄せる理由を説明せよ。

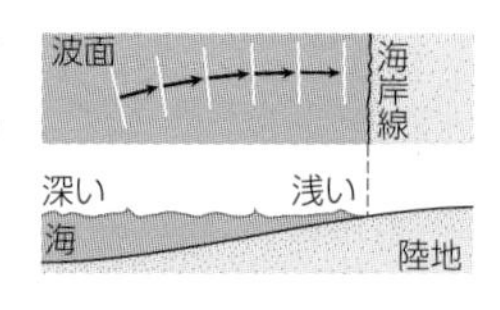

ヒント　海岸線に平行でない波面では，海岸線に近い部分は遅く，海岸線から遠い部分は速い。

発展例題19　正弦波の式

➡発展問題 176

図のような正弦波が，$x=0$ を波源として，x 軸の正の向きに進行している。実線の波形から最初に破線の波形になるまでの時間は，0.10s であった。実線の状態を時刻 $t=0$s とする。

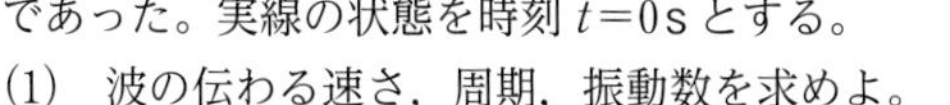

(1)　波の伝わる速さ，周期，振動数を求めよ。

(2)　$x=0$ m の媒質の変位 y〔m〕を，時刻 t〔s〕を用いて表せ。

指針　図から，波の伝わる速さと波長を読み取る。また，単振動をする媒質の変位は，sin を用いた式で表される。

解説　(1)　波は 0.10s 間に 2.0m 進んでおり，速さ v は，　$v=\dfrac{2.0}{0.10}=$ **20 m/s**

図から，波長 $\lambda=16$m なので，周期 T は，

$$T=\frac{\lambda}{v}=\frac{16}{20}=\mathbf{0.80\,s}$$

振動数 f は，　$f=\dfrac{1}{T}=\dfrac{1}{0.80}=1.25$　　**1.3 Hz**

(2)　$x=0$ の媒質の変位は，$t=0$ のときに $y=0$ であり，時間が経過すると，まず y 軸の負の向きに変位する。したがって，媒質の速度の向きは負であり，初期位相は π である。また，周期が 0.80 s なので，時間が t〔s〕経過すると，位相は $2\pi\dfrac{t}{0.80}$〔rad〕だけ進む。波の振幅が 2.0m なので，求める変位 y の式は，「$\sin(\theta+\pi)=-\sin\theta$」の関係を用いて，

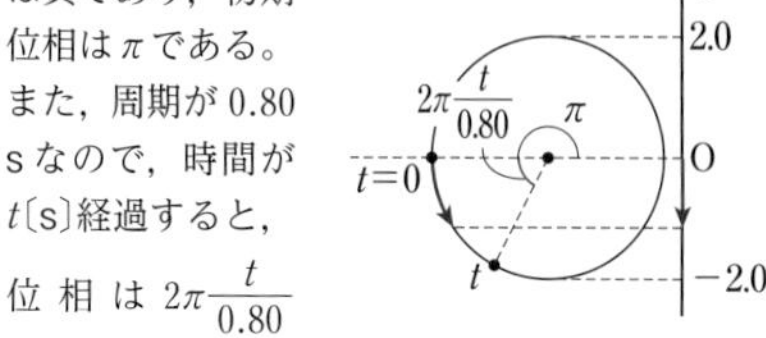

$$\boldsymbol{y}=2.0\sin\left(2\pi\frac{t}{0.80}+\pi\right)$$
$$=\mathbf{-2.0\sin 2.5\pi t}\text{〔m〕}$$

発展例題20　平面波の反射

➡発展問題 179

平面波が，境界面で自由端反射をしている(図a)。細い実線は入射波の山の波面，細い破線は同じ時刻での反射波の山の波面である。太い矢印は，入射波と反射波の進む向きを示す。点Pでの媒質の変位の時間変化が，図bのような振幅 A の振動で表されるとき，点Q(PR 間の中点)，R での媒質の変位と時間の関係を示すグラフの概形を描け。　　(センター試験追試　改)

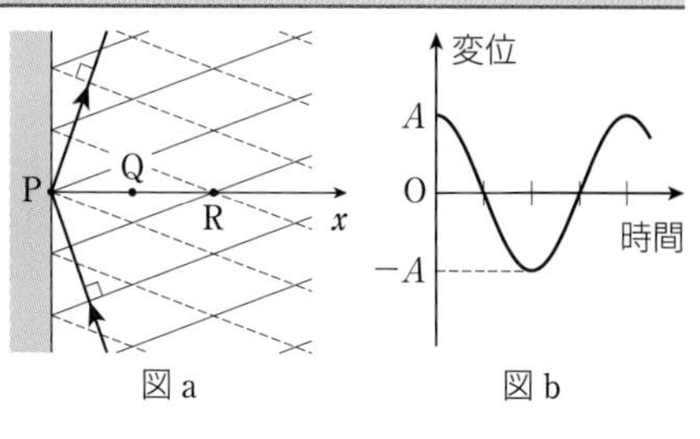

図 a　　図 b

指針　入射波と反射波は，反射の法則を満たしている。各点での振動のようすを調べ，グラフを描く。なお，重ねあわせの原理を用いて，入射波と反射波を重ねあわせると，強めあう場所と弱めあう場所は一直線上に並ぶ。

解説　図aの瞬間，P，Rは山どうし，Qは山と山の中間の谷どうしが重なる場所である。図aから微小時間後のようすを描くと，山や谷は，境界面に平行に図の上向きに移動していることがわかる。これから，Q，Rでのグラフの概形は，図のようになる。

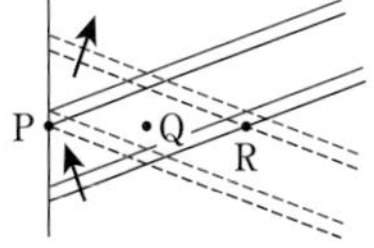

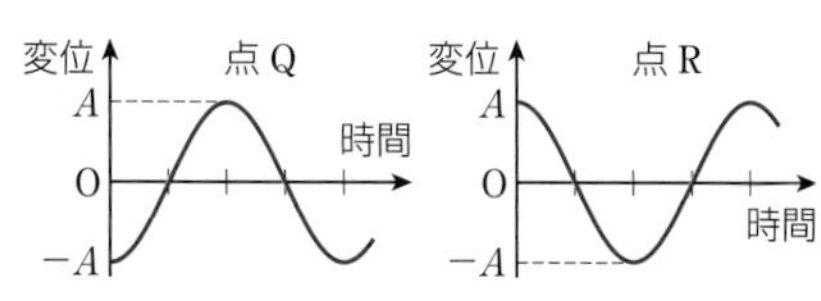

発展問題

思考

176. 波の式とグラフ 波長8.0mの波がx軸の正の向きに進んでおり，時刻$t=0$での変位yは，$y=A\sin\left(2\pi\times\frac{x}{8.0}\right)$と表される。波は1s後に波長の$\frac{1}{4}$だけ移動した。

(1) $t=0$における変位yとxの関係を表すグラフを描け。

(2) 波の伝わる速さはいくらか。

(3) $t=2.0$sにおける変位yとxの関係を表すグラフを描け。

(4) 時刻tでの波の変位yを，x，tの関数で表せ。

➡ 例題19

思考

177. 水面波の干渉 図のS_1，S_2は水面上の波源であり，同位相でともに周期0.50s，振幅1.0cmの単振動をしている。それぞれの波源からは円形の波が発生しており，時刻0において，実線は波の山(水面の高いところ)を，破線は谷を表している。水面を伝わる波は横波とし，波の振幅は減衰しないものとして，次の各問に答えよ。

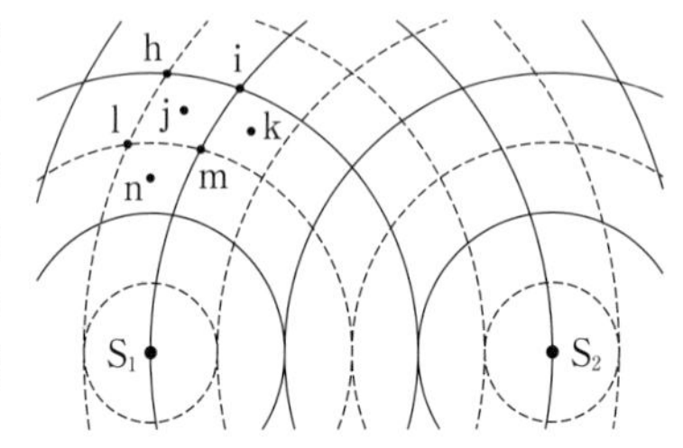

(1) 水面の速度が鉛直下向きの場所はh～nのどれか。

(2) 時刻0.25～1.25sの間について，iの位置における変位と時刻の関係を表すグラフを描け。

(静岡大 改)

知識

178. 平面波の干渉 図は，平面波の波面の一端が壁に達したようすを示している。壁には，平面波の波長よりも十分狭いスリットが，間隔d〔m〕で2つ開けられている。スリットを通った波は，それぞれのスリットを中心に円形の波をつくり，干渉する。壁に対して，入射波と反対側の領域に，2つのスリット間の中心に原点O，壁に垂直な方向にy軸，壁に平行な方向にx軸をとる。平面波の波長をλ〔m〕，入射角をθとする。次の各問では，$d=5\lambda/2$とし，xy平面上のみで考えることとする。

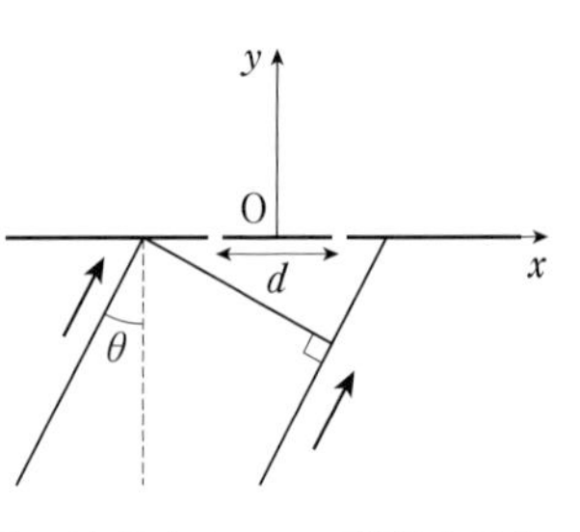

(1) $\theta=0$のとき，$x=d/2$で表される直線上($y\geqq0$)で波が強めあう点はいくつあるか。また，それらの点のy座標をλを用いて表せ。

(2) θを0から徐々に大きくしていくと，ある角度になったところではじめてy軸上で波が弱めあった。このときの$\sin\theta$の値を求めよ。

(13. 兵庫県立大 改)

ヒント

176 (4) 時刻0からtの間に，波はある距離を進む。与えられた波の式をもとに考える。

177 (1) 媒質の各点は単振動をしている。振動の両端で速さが0，振動の中心で速さが最大となる。

178 (1) 求める点Pの座標を$(d/2,\ y)$として，強めあう条件を式で表す。

知識 やや難

179. 平面波の反射 水をはった十分に広くて底の平らな水槽で，平面波が入射角 θ で境界 AB に達している。図は，ある時刻の入射波のようすを上から見たもので，波の山を実線，谷を破線で表している。波の速さを v，周期を T とする。

(1) 波の反射角はいくらか。

(2) 入射波と反射波が干渉し，変位の大きい場所が無数に見られた。境界に最も近く，変位が鉛直上向きに最大の場所(境界を除く)の，境界 AB からの距離はいくらか。ただし，波の位相は反射で変化しないとする。

(3) 変位が鉛直上向きに最大の場所は，境界 AB と平行な方向に沿って並んでいる。隣りあう場所の間隔はいくらか。

(4) 変位が鉛直上向きに最大の場所は，どの向きにどれだけの速さで移動しているか。

(東京海洋大 改) ➡ 例題20

思考 実験

180. 船と海の波 速さ V〔m/s〕，波長 λ〔m〕の平面波が海面を進行している。図における平行な線は波の山を示す。ここに，長さ L〔m〕の船を浮かべ，次の実験を行った。

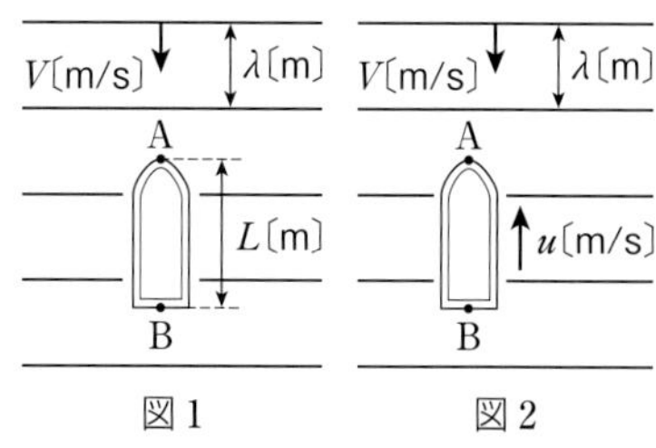

図1　　図2

図1のように，波の進む方向と船の方向が平行となるように，船を固定した。

(1) 一定時間 t_0〔s〕の間に，船首Aを通過する波の数 n_0 を測定した。波の周期 T〔s〕を，t_0，n_0 を用いて表せ。

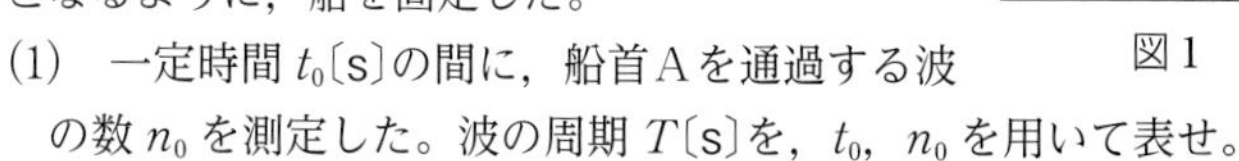

(2) 船首Aを通過した波の山が，船尾Bを通過するまでに要する時間 t_1〔s〕を測定した。波の速さ V〔m/s〕を，L，t_1 を用いて表せ。

(3) (1)，(2)の結果を利用し，波長 λ〔m〕を，L，t_0，t_1，n_0 を用いて表せ。

次に，図2のように，波の来る方に向かって，船を速さ u〔m/s〕で走らせた。一定時間 t_0〔s〕の間に，船首Aを通過した波の山の数は，n_0 から n_1 に増加した。

(4) n_1 を，n_0，V，u を用いて表せ。

(長崎大 改)

知識

181. 船がつくる波 船の速さ v が水面を伝わる波の速さ V よりも大きい場合，各点で発生した素元波の共通の接線となるような平面波が生じる。図のように，船がつくる平面波の角度 θ が 60° のとき，船の速さ v は波の速さ V の何倍か。

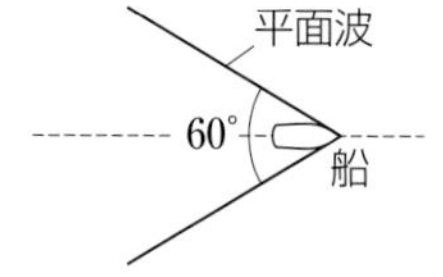

ヒント

179 (2) 境界 AB で波は自由端反射をする。
(4) 微小時間後の波のようすを描き，変位が鉛直上向きに最大の場所がどこに移動するかを考える。

180 (1) 周期は，1個の波が通過するのにかかる時間である。

181 船がつくる素元波から，平面波の波面を作図する。

10 音波

1 音波の性質

❶音の速さと縦波　音波は，物質中を伝わる縦波(疎密波)である。気温 t〔℃〕における空気中の音速 V〔m/s〕は，　$V=331.5+0.6t$　…①

❷音波の性質　音波においても，反射，屈折，回折，干渉がおこる。

2 ドップラー効果

波源と観測者が動くことで，波源の振動数と異なる振動数の波が観測される現象。

❶音源が移動する場合　音源が移動すると波長が変化する。音速を V，音源の振動数を f，速度を v_S とする。音源が時間 t の間にSからS′へ進むと，その間に観測者Oに向かって送り出された ft 個の波は，距離 $(V-v_S)t$ の中に含まれる。観測者が観測する波長 λ'，振動数 f' は，音源から観測者に向かう向きを正として，

$$\lambda'=\frac{V-v_S}{f}\quad\cdots②\qquad f'=\frac{V}{\lambda'}=\frac{V}{V-v_S}f\quad\cdots③$$

近づく場合　：距離 $(V-v_S)t$ の間に ft 個の波
遠ざかる場合：距離 $(V+v_S)t$ の間に ft 個の波

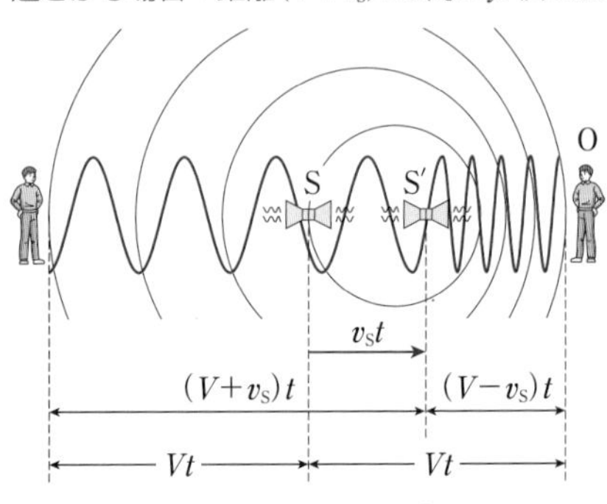

音源が移動する場合

❷観測者が移動する場合　観測者が静止している場合と比べて，観測する音波の波長は変わらないが，波の数が変化する。観測者の速度を v_O とし，音源から観測者に向かう向きを正として，

$$f'=\frac{V-v_O}{V}f\quad\cdots④$$

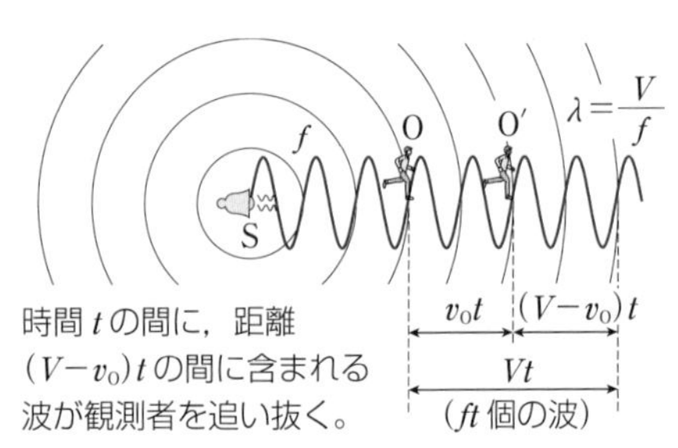

観測者が移動する場合

❸音源・観測者の両方が移動する場合
音源が移動することによる波長の変化と，観測者が移動することによる振動数の変化が同時におこる。音源から観測者に向かう向きを正として，

$$f'=\frac{V-v_O}{V-v_S}f\quad\cdots⑤$$

式⑤において，$v_O=0$ の場合が式③，$v_S=0$ の場合が式④になる。

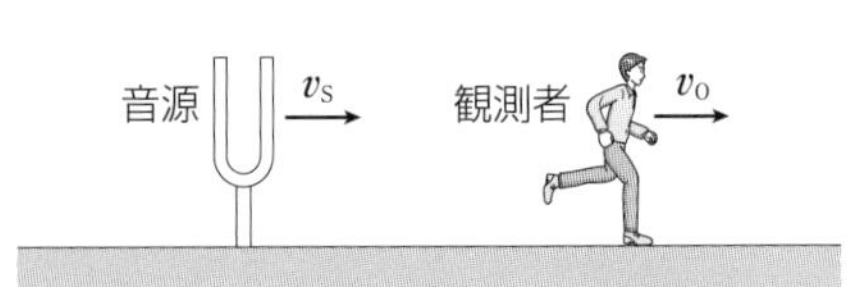

音源・観測者の両方が移動する場合

◎風が吹いている場合　空気中を伝わる音速は，風速の分だけ変化する。

❹斜め方向のドップラー効果　音源と観測者の移動する方向が一直線上にない場合，ドップラー効果の式を立てるには，音源と観測者を結ぶ方向の速度成分を用いる。

プロセス　次の各問に答えよ。(　)には適切な記号を入れよ。

1 次の現象は，音の反射，屈折，回折，干渉のどの事項と最も関係が深いか。

(1) 山に向かって大きな声で叫ぶと，山びこを聞くことができる。

(2) 塀や建物の裏側の見えないところから出た音でもよく聞こえる。

(3) ノイズキャンセリングヘッドフォンでは，周囲の雑音と逆位相の音をスピーカーから発生させ，雑音による影響を軽減させている。

2 振動数 f_0〔Hz〕の発音体が，静止した観測者に向かって速さ u〔m/s〕で近づいている。発音体から 1 s 間に出された音波に着目すると，観測者に向かって出された波の最初の部分と終わりの部分との間隔は，音速を V〔m/s〕$(u<V)$として，(　ア　) m である。1 s 間に発音体から出された音波の数は，1 波長分を 1 個として，(　イ　)個なので，波長は(　ウ　) m である。したがって，観測者が聞く音の振動数は，(　エ　) Hz である。

3 振動数 770 Hz の音を出す音源が直線上を運動している。音源の前方で静止した人Aと，後方で静止した人Bがそれぞれ聞く音は，770 Hz より大きいか，小さいか。

4 振動数 100 Hz，波長 3.4 m の音を出す静止した音源があり，音源へ近づく人Aと，遠ざかる人Bがいる。人 A，B が聞く音の波長は，もとの 3.4 m と比べて長い，短い，変わらないのいずれか。人 A，B が聞く音の振動数は 100 Hz よりも大きいか，小さいか。

解答

1 (1) 反射　(2) 回折　(3) 干渉　**2** (ア) $V-u$　(イ) f_0　(ウ) $\frac{V-u}{f_0}$　(エ) $\frac{V}{V-u}f_0$

3 A：大きい，B：小さい　**4**【波長】A，B とも変わらない　【振動数】A：大きい，B：小さい

基本例題28　音源が動く場合のドップラー効果

➡基本問題 185，188

船が，振動数 f_0〔Hz〕の汽笛を鳴らしながら，岸壁に向かって速さ v〔m/s〕で近づいている。空気中の音速を V〔m/s〕として，次の各問に答えよ。

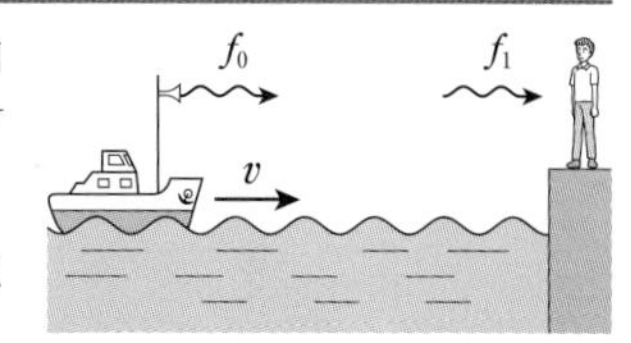

(1) 岸壁に立っている観測者が観測する音の波長 λ〔m〕，振動数 f_1〔Hz〕はそれぞれいくらか。

(2) 船が汽笛を t_0〔s〕間発したとき，その汽笛を観測者が聞く時間はいくらか。

指針　(1) 船(音源)が動くと，音速は変わらないが，波長が変化する。

(2) 1 波長を 1 個の波と数えると，船が発した波の数と，観測者が聞く波の数は同じである。(波の数)＝(振動数)×(時間)と表され，これを利用して計算する。

解説　(1) 音は 1 s 間に距離 V だけ進み，船も 1 s 間に v だけ進む。この間，船は f_0 個の波を発するので，距離 $(V-v)$ の中にこれらの波が存在することになる。波長 λ は，

$$\lambda=\frac{V-v}{f_0}\text{〔m〕}$$

船(音源)が動いても，観測者にとって音速は変化しないから，$\quad f_1=\frac{V}{\lambda}=\frac{V}{V-v}f_0$〔Hz〕

(2) 波長が変化しても，波の数は変わらず，船が発する波の数と観測者が聞く波の数は等しい。求める時間を t_1 とすると，

$$f_0t_0=f_1t_1$$

(1)の f_1 を代入し，t_1 について整理すると，

$$f_0t_0=\frac{V}{V-v}f_0t_1 \qquad t_1=\frac{V-v}{V}t_0\text{〔s〕}$$

Point　音源が動くと，観測者が観測する波長は変化するが，音速や音源から送り出される波の数は変化しない。

解説動画

解説動画

基本例題29　音源と観測者が動く場合のドップラー効果

➡基本問題 187

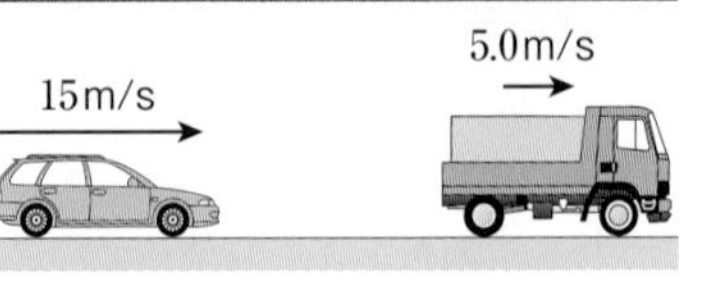

図のように，トラックが，直線道路を 690Hz の音を出しながら，速さ 5.0m/s で走行しており，乗用車が，その後ろを速さ 15m/s で走行している。乗用車の中の観測者には，トラックから出される音の振動数は何 Hz に聞こえるか。ただし，音速を 340m/s とする。

指針　ドップラー効果の式を用いる。このとき，音源や観測者の速度は，音源から観測者に向かう向きを正とすることに注意する。

解説　音源から観測者に向かう向き(問題図の左向き)が正なので，トラックと乗用車の速度は右向きであり，いずれも負の値となる。ドップラー効果の式「$f'=\frac{V-v_0}{V-v_S}f$」に各数値を代入すると，求める振動数 f' は，

$$f'=\frac{340-(-15)}{340-(-5.0)}\times690=\mathbf{710\,Hz}$$

基本問題

知識

182. 音の屈折　音波が，空気中から水中に進むときの屈折率を 0.23 とする。空気中の音速を 345m/s として，次の各問に答えよ。

(1)　水中での音速は何 m/s か。

(2)　この音波が，入射角 θ_1 で空気中から水中に入射した。屈折角を θ_2 として，$\sin\theta_2$ の値を求めよ。ただし，$\sin\theta_1=0.138$ とする。

知識

183. 音の干渉　図のように，2 個のスピーカーA，Bを 3.0m はなして置き，同じ振動数で同位相の音を発生させる。直線 AB から 4.0m の距離にある直線 CD 上を歩くとき，AB 間の垂直二等分線と CD との交点Pで，音が強く聞こえた。そこから右向きに歩くと，音は一度弱くなり，点Pから 1.5m はなれた点Qで再び強くなった。

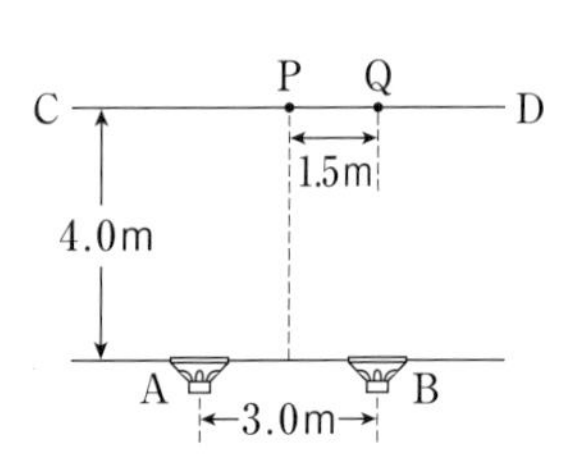

(1)　スピーカーから出る音の波長はいくらか。

(2)　音の振動数はいくらか。ただし，音速を 340m/s とする。

思考

184. クインケ管　図のような装置をクインケ管という。Aで出された音が，ACB と ADB の経路に分かれて進み，Bで干渉する。Cを 5.0cm 引き出すごとにBで聞こえる音は大きくなった。音速を 3.4×10^2m/s とする。

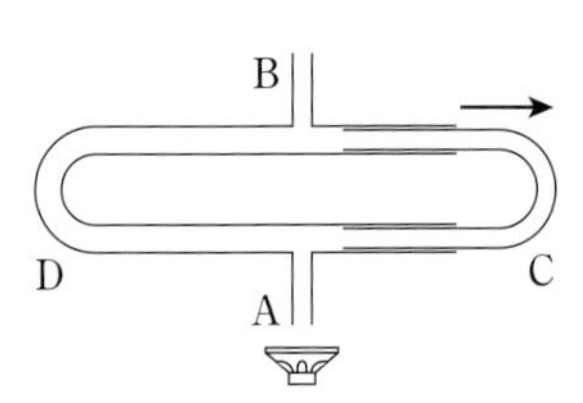

(1)　音の波長 λ〔m〕と振動数 f〔Hz〕を求めよ。

(2)　気温が高くなると，音が再び大きくなるまでにCを引き出す長さは，もとの 5.0cm と比べてどのように変化するか。

ヒント　(1) Cを 5.0cm 引き出すと，経路 ACB は 2×5.0cm 長くなる。

知識

185. ドップラー効果 静止している観測者に向かって，自動車が 20m/s で近づきながら，160Hz の警笛を10s 間鳴らした。音速を 340m/s とする。

(1) 観測者が聞く音の波長はいくらか。

(2) 観測者が聞く音の振動数はいくらか。

(3) 観測者は，自動車の警笛を何 s 間聞くか。

➡ 例題28

知識

186. ドップラー効果 静止した音源が，振動数 680Hz の音を出している。図のように，観測者が速さ 10m/s でこの音源に近づく場合と，遠ざかる場合のそれぞれについて，観測者が聞く音の振動数を求めよ。ただし，音速を 340m/s とする。

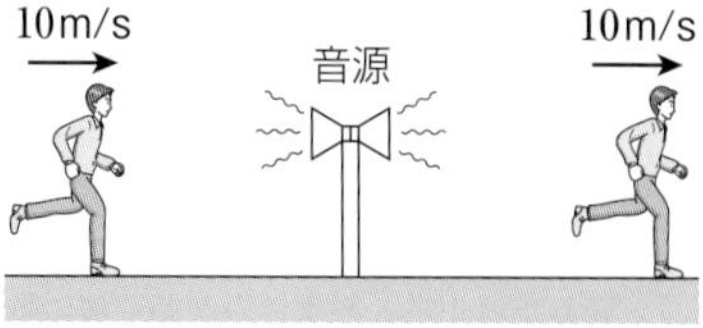

思考

187. ドップラー効果 図のように，直線道路で，音源が 640Hz の音を出しながら 20m/s で走っており，この音源に向かって，観測者が 5.0m/s で近づいている。音速を 340m/s とする。

(1) 観測者が聞く音の振動数を求めよ。

(2) 音源の速さが大きくなると，(1)の振動数はどのように変化するか。

➡ 例題29

思考

188. 反射板とドップラー効果 図のように，観測者O，音源S，反射板Rが一直線上に並んでいる。O，Rは静止しており，Sは，振動数 f_0 の音を発しながら，速さ v で右向きに動いている。音速を $V(V>v)$ として，次の各問に答えよ。

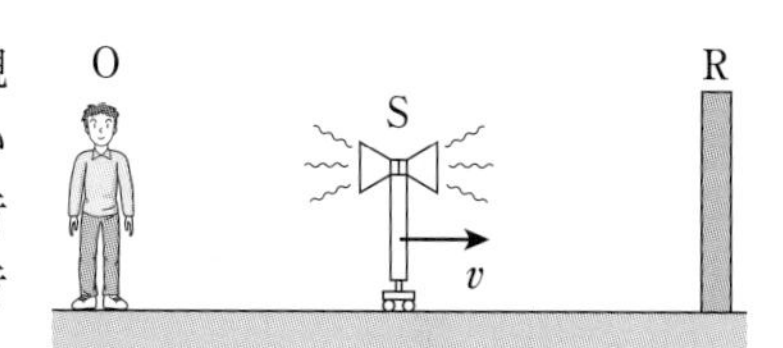

(1) 音源Sから観測者Oに，直接伝わる音の振動数を求めよ。

(2) 反射板Rで反射して，観測者Oに伝わる音の振動数を求めよ。

(3) 観測者Oに直接伝わる音と，反射して伝わる音によるうなりは毎秒何回か。

(4) v が大きくなると，1秒間あたりのうなりの回数が変化した。うなりの回数は，(3)と比べて大きいか小さいか，答えよ。

➡ 例題28

知識

189. 風があるときのドップラー効果 図のように，観測者A，Bと 400Hz の音源が一直線上に並んでおり，音源は右向きに 20m/s で動いている。また，右向きに一定の速さ 10m/s の風が吹いている。風がないときの音速を 340m/s とする。

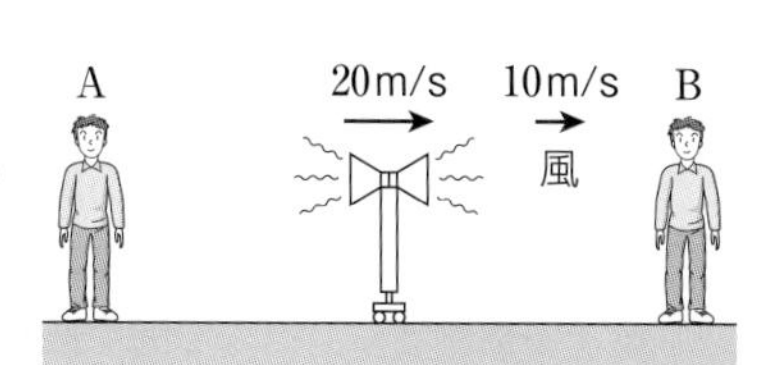

(1) 観測者Aが聞く音の振動数はいくらか。

(2) 観測者Bが聞く音の振動数はいくらか。

解説動画

発展例題21　反射板とドップラー効果

➡発展問題 190

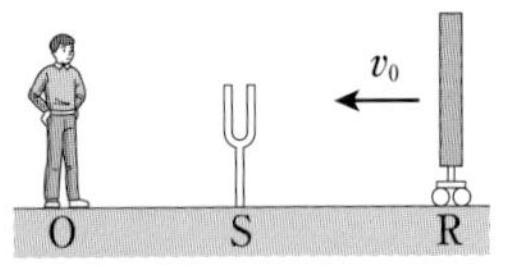

観測者Oと振動数 f_0〔Hz〕の音源Sは静止しており，反射板Rが左向きに速さ v_0〔m/s〕で運動する。いずれも同一直線上にあり，音速をV〔m/s〕とする。次の各問に答えよ。

(1)　観測者Oが聞く反射音の振動数は何 Hz か。

(2)　音源Sが音を t_0〔s〕間発したとき，観測者Oは反射音を何 s 間聞くか。(東亜大　改)

指針　(1)　反射板Rは，音源Sから出された音を観測者として受け，それを反射するとき，音源としての役割を果たす。それぞれドップラー効果の式を用いて計算する。

(2)　1波長分の波を1個と数えると，音源Sが発した波の数と観測者Oが聞く波の数は等しい。

解説　(1)　反射板Rが受ける音の振動数 f_1〔Hz〕は，　$f_1=\dfrac{V+v_0}{V}f_0$〔Hz〕

反射板Rは振動数 f_1〔Hz〕の音源とみなせ，観測者が聞く反射音の振動数 f_2〔Hz〕は，

$$f_2=\frac{V}{V-v_0}f_1=\boldsymbol{\frac{V+v_0}{V-v_0}f_0}\text{〔Hz〕}$$

(2)　観測者Oは1s間に f_2 個の波を受け，求める時間を t とすると，その間に受ける波の数 f_2t と，音源Sが発する波の数 f_0t_0 は等しい。

$$f_2t=f_0t_0$$

$$t=\frac{f_0t_0}{f_2}=\frac{V-v_0}{V+v_0}t_0 \qquad \boldsymbol{\frac{V-v_0}{V+v_0}t_0}\text{〔s〕間}$$

発展問題

知識

190. スピード測定装置　音速をVとし，図のように測定装置に向かってまっすぐに近づいてくる車の速さをv($v<V$)とする。測定装置から車に向かって振動数 f_0 の音波を送り出すと，音波は車にあたって反射したのち，測定装置にもどってくる。

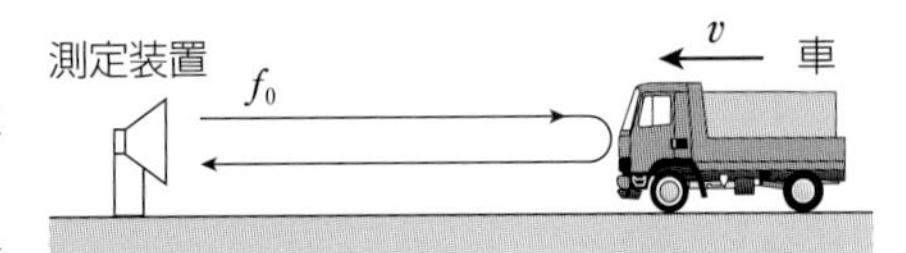

(1)　測定装置で観測される反射音の振動数を求めよ。

(2)　測定装置で送り出した音波の振動数が 20000 Hz，もどってきた音波との干渉によって生じるうなりの回数が単位時間あたり2500回，音速が 340 m/s であるとすると，車の速さはいくらか。有効数字を2桁として求めよ。　(13．関西大　改)　➡例題21

知識

191. 斜め方向のドップラー効果　図のように，点A，B，Cがあり，∠ABC は垂直で，∠CAB はθである。音速をVとする。

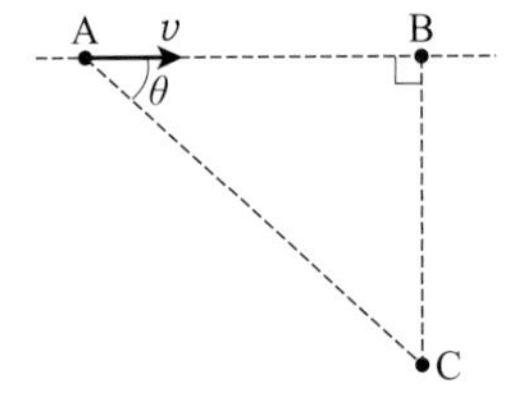

(1)　振動数 f の音源が，一定の速さ v($<V$) でAからBの向きに運動し，Cに観測者が静止している。A，Bでそれぞれ出された音は，いくらの振動数として聞こえるか。

(2)　振動数 f の音源がCで静止している。一定の速さ v($<V$) でAからBの向きに運動する観測者が，点Aで聞く振動数はいくらか。　(16．奈良県立医科大　改)

ヒント

190　(1) まず車が受け取る音の振動数を求め，次に測定装置が車から受け取る反射音の振動数を求める。

191　音源と観測者を結ぶ方向の速度成分を用いて，ドップラー効果の式を立てる。

思考 記述

192. 円運動とドップラー効果 図のように，半径r〔m〕の円軌道を，一定の速さv〔m/s〕で円運動をする音源がある。音源は，振動数f_0〔Hz〕の音を出しながら，一定の高度で円運動をしており，図は上空から見たときのようすである。観測者は，音源と同じ高度の点Pで音を聞いている。音速をV〔m/s〕とする。なお，図の破線は点Pから円軌道に引いた接線であり，これらの接線は60°の角をなしている。

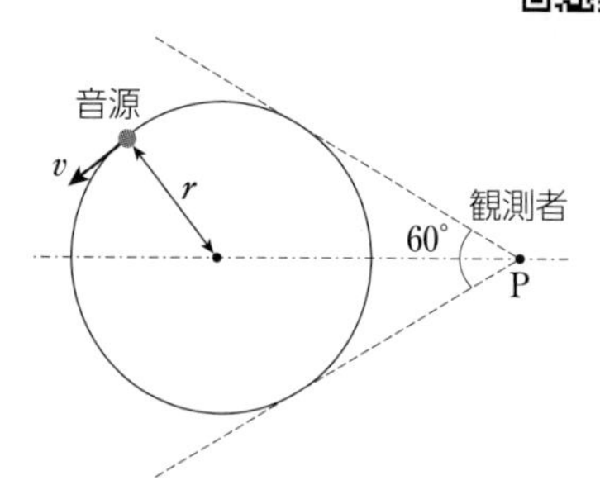

(1) ドップラー効果によって，観測者は変化した振動数の音を聞く。その振動数は一定ではなく，大きくなったり小さくなったりする。それはなぜか。音源の速度に言及して，30字程度で説明せよ。

観測者が聞いた音の最大振動数はf_1〔Hz〕，最小振動数はf_2〔Hz〕であった。

(2) 図中に，観測者が聞いた振動数f_0，f_1，f_2の音が発せられたときの，音源の位置すべてを●(黒い点)で示し，それぞれに振動数の記号f_0，f_1，f_2をつけよ。

(3) 音源の速さvと振動数f_0を，f_1，f_2，Vを用いて表せ。

(4) $f_1=5.40\times10^2$Hz，$f_2=4.80\times10^2$Hz，$V=3.40\times10^2$m/sのときのvの値を求めよ。

(5) (4)のとき，振動数f_1の音が聞こえてから，最初に振動数f_2の音が聞こえるまでの時間は5.2秒であった。半径rの値を求めよ。 (21．岐阜大 改)

思考

193. ドップラー効果 図のように，車が，振動数f_0の音を発しながら，一定の速さvで直線の道路を走っており，観測者A，Bが車の発する音を聞く。観測者Aは道路のすぐ脇で，観測者Bは道路から距離dの地点で静止している。音速をVとして，次の各問に答えよ。

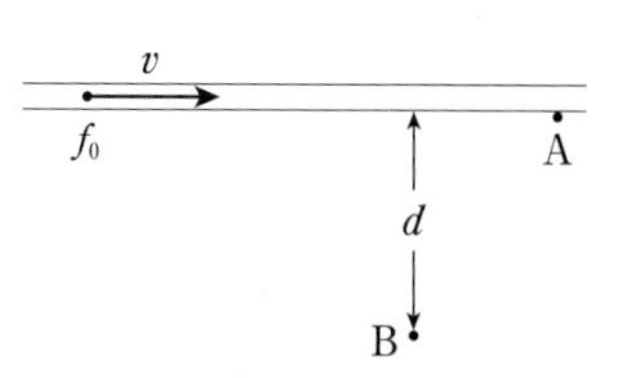

(1) 車が十分にはなれた場所からAに近づくとき，Aが聞く振動数はいくらか。

(2) 車がAの位置を通過する瞬間に，Aが聞く音の振動数とBが聞く音の振動数は同じであった。AとBの間の距離はいくらか。

(3) 車が十分にはなれた場所からAに近づき，通過したのち，十分にはなれた場所まで遠ざかった。この間にA，Bが聞く音の振動数の時間変化を表すグラフを，それぞれ①～⑥の中から選び，番号で答えよ。 (信州大 改)

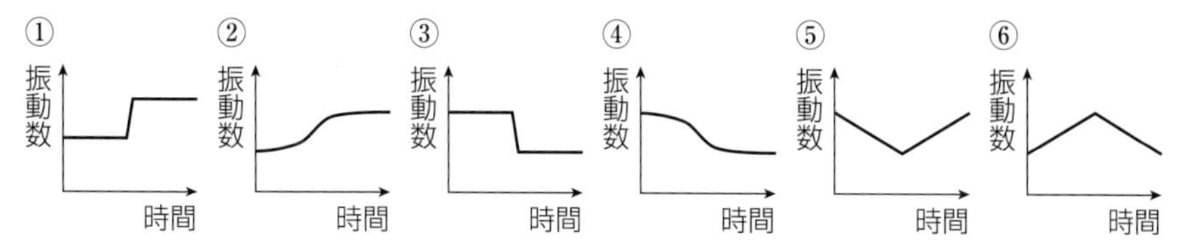

ヒント

192 音源と点Pを結ぶ方向の速度成分を用いて，ドップラー効果の式を立てる。

193 (2) 車から出た音がBに達するまでに，d/Vの時間がかかる。

11 光波

1 光の性質

❶光　光は電磁波とよばれる波の一種で，物質のない真空中でも伝わる。ヒトの目が感じる光を**可視光線**という。また，太陽光のようにさまざまな波長の光を含むものを**白色光**，単一の波長をもつ光を**単色光**という。真空中の光速 c は，　$c=3.0\times10^8\,\mathrm{m/s}$

❷光の反射・屈折　光は，異なる媒質の境界面に達すると，一部が反射し，残りは屈折する。

(a)　**反射**　反射の法則が成り立つ。$\theta_1=\theta_1'$ …①

(b)　**屈折**　屈折の法則が成り立つ。

$$\frac{\sin\theta_1}{\sin\theta_2}=\frac{v_1}{v_2}=\frac{\lambda_1}{\lambda_2}=\frac{n_2}{n_1}=n_{12}\quad\cdots②$$

n_{12} を媒質Ⅰに対する媒質Ⅱの**相対屈折率**といい，媒質Ⅰが真空の場合は媒質Ⅱの**絶対屈折率**(**屈折率**)という。気体の屈折率は，その種類によらず，ほぼ1とみなせる。なお，式②は次のようにも表される。

$$n_1\sin\theta_1=n_2\sin\theta_2,\quad n_1v_1=n_2v_2,\quad n_1\lambda_1=n_2\lambda_2\quad\cdots③$$

(c)　**全反射**　屈折率の大きい媒質から小さい媒質に光が入射するとき，入射角が**臨界角** θ_C よりも大きくなると，全反射がおこる。$\sin\theta_C=\dfrac{n_2}{n_1}$ …④

空気中に入射する場合は $n_2=1$ となる。

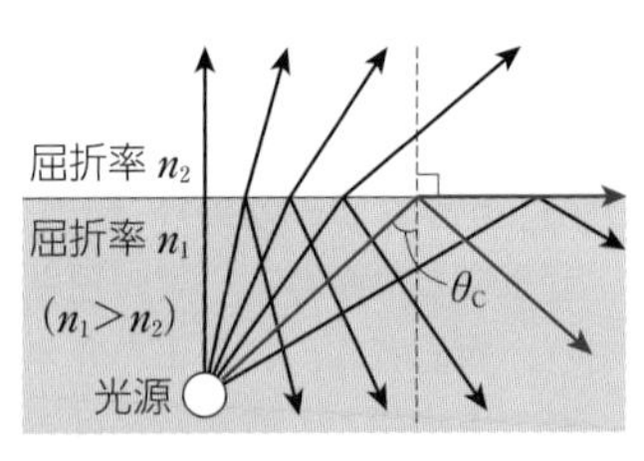

❸光の分散　光をプリズムに通したとき，波長による屈折率の違いによって光が分かれる現象。波長によって光を分けたものを光の**スペクトル**という。スペクトルには，さまざまな波長の光が連続的に並んだ**連続スペクトル**と，特定の波長の光がとびとびに現れる**線スペクトル**がある。

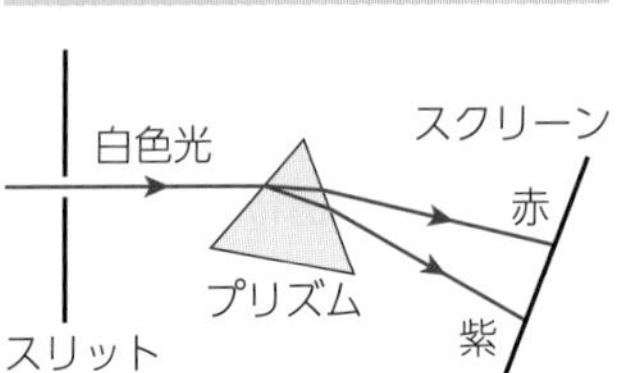

❹光の散乱　光が，空気中の分子などにあたると，その分子を中心としてあらゆる方向に進む現象。波長の長い赤色の光よりも，波長の短い青色の光の方が散乱されやすい。

❺偏光　光は，いろいろな方向に振動する横波の集まりである。偏光板を通すと，1つの方向だけに振動する光(**偏光**)となる。

2 レンズ

❶凸レンズと光線の進路

①光軸に平行な光線は焦点Fを通る。

②焦点F′を通る光線は光軸に平行に進む。

③レンズの中心を通る光線は直進する。

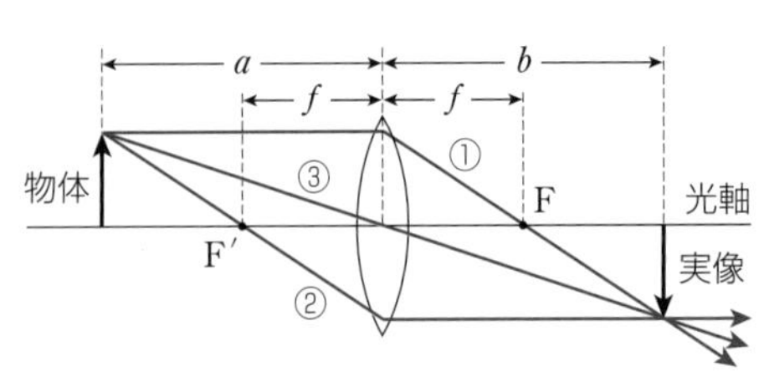

❷凹レンズと光線の進路

①光軸に平行な光線は焦点 F′ から出たように進む。

②焦点 F に向かう光線は光軸に平行に進む。

③レンズの中心を通る光線は直進する。

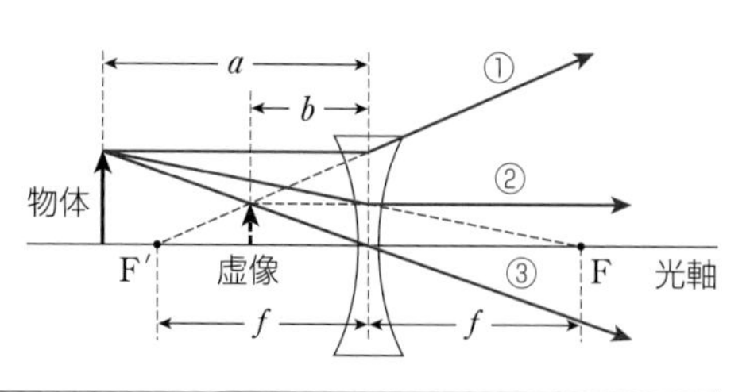

❸レンズの式

$$\frac{1}{a}+\frac{1}{b}=\frac{1}{f} \quad \cdots⑤$$

$$倍率\ m=\left|\frac{b}{a}\right| \quad \cdots⑥$$

a	レンズの前方…正	
b	レンズの後方(実像)……正	レンズの前方(虚像)……負
f	凸レンズ…正	凹レンズ…負
b/a	倒立像……正	正立像……負

3 球面鏡

❶凹面鏡と光線の進路

①光軸に平行な光線は焦点Fを通る。

②焦点Fを通る光線は光軸に平行に進む。

③球面の中心を通る光線は同じ経路をもどる。

④鏡面の中央で反射した光線は，光軸に対して入射光線と対称になる。

❷凸面鏡と光線の進路

①光軸に平行な光線は焦点Fから出たように進む。

②焦点Fに向かう光線は光軸に平行に進む。

③球面の中心に向かう光線は同じ経路をもどる。

④鏡面の中央で反射した光線は，光軸に対して入射光線と対称になる。

❸球面鏡の式

$$\frac{1}{a}+\frac{1}{b}=\frac{1}{f} \quad \cdots⑦ \qquad 倍率\ m=\left|\frac{b}{a}\right| \quad \cdots⑧$$

a	正	
b	鏡の前方…正(倒立の実像)	鏡の後方…負(正立の虚像)
f	凹面鏡…正	凸面鏡…負

4 光の回折と干渉

❶ヤングの実験　間隔が d の複スリットを通った同位相の単色光が干渉して，スクリーン上に明暗の縞模様(**干渉縞**)をつくる。

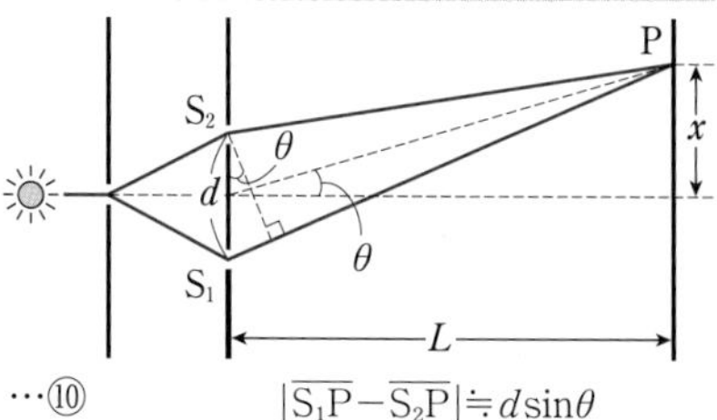

$|\overline{S_1P}-\overline{S_2P}| \fallingdotseq d\sin\theta \fallingdotseq d\tan\theta = d\frac{x}{L}$

明線：$|\overline{S_1P}-\overline{S_2P}|=m\lambda=2m\cdot\frac{\lambda}{2}$ …⑨

暗線：$|\overline{S_1P}-\overline{S_2P}|=\left(m+\frac{1}{2}\right)\lambda=(2m+1)\frac{\lambda}{2}$ …⑩

$(m=0,\ 1,\ 2,\ \cdots)$

隣りあう明線(暗線)の間隔 $\varDelta x$ は，　$\varDelta x=\frac{L\lambda}{d}$ …⑪

❷回折格子　平面ガラスに多数の平行で等間隔のすじを引いたもの。すじとすじの間の透明な部分から出た光が回折し，互いに干渉して鋭い明線をつくる。明線が得られる条件は，

$$d\sin\theta = m\lambda \quad (m=0,\ 1,\ 2,\ \cdots) \quad \cdots⑫ \quad (d：格子定数)$$

❸薄膜による干渉

(a)　**反射光の位相**　屈折率 n_1 の媒質から，屈折率 n_2 の媒質に光が入射し，その境界面で反射するとき，$n_1 < n_2$ であれば，反射光の位相は π〔rad〕ずれ，$n_1 > n_2$ であれば，反射光の位相はずれない。

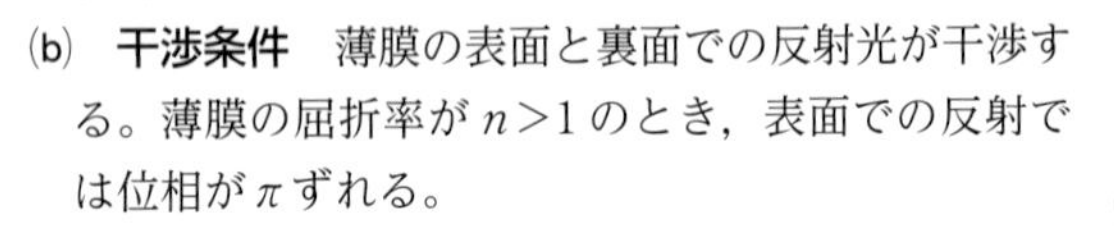

(b)　**干渉条件**　薄膜の表面と裏面での反射光が干渉する。薄膜の屈折率が $n>1$ のとき，表面での反射では位相が π ずれる。

強めあう：$2d\cos\theta_2 = (2m+1)\dfrac{\lambda}{2n}$　…⑬

弱めあう：$2d\cos\theta_2 = 2m\cdot\dfrac{\lambda}{2n}$　…⑭

$(m=0,\ 1,\ 2,\ \cdots)$

膜に垂直に光が入射する場合は，$\theta_1=\theta_2=0$ となる。

(c)　**光学距離(光路長)**　媒質中での光速，波長を真空中と同じと考え，距離が実際の n 倍になるとみなしたもの。屈折率 n の媒質中での距離 L を光学距離で表すと，nL となる。この考え方を用いて，光の干渉条件を考えることができる。式⑬で経路差を光学距離で表したもの(**光路差**)は，$2nd\cos\theta_2$ となる。

❹くさび形空気層による干渉　ガラスAの下面での反射光と，ガラスBの上面での反射光が干渉する。このとき，ガラスBの上面での反射光は位相が π ずれる。ガラスの接点を基準とした位置 x における空気層の厚さを d として，

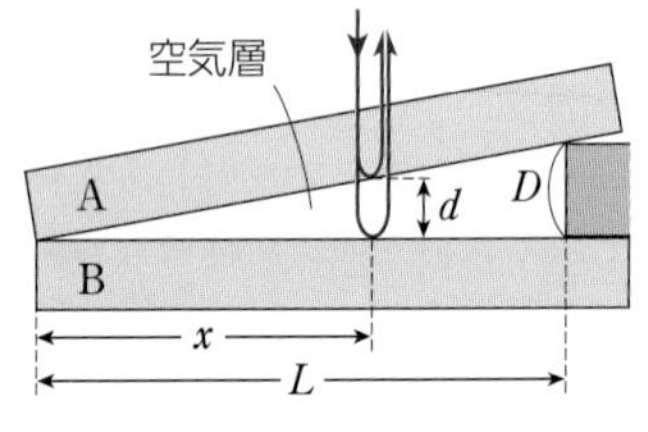

明線：$2d = 2x\dfrac{D}{L} = (2m+1)\dfrac{\lambda}{2}$　…⑮　**暗線**：$2d = 2x\dfrac{D}{L} = 2m\cdot\dfrac{\lambda}{2}$　…⑯　$(m=0,\ 1,\ 2,\ \cdots)$

隣りあう明線(暗線)の間隔 Δx は，　$\boldsymbol{\Delta x = L\lambda/(2D)}$　…⑰

❺ニュートンリング　平凸レンズの下面での反射光と，平面ガラスの上面での反射光が干渉する。平面ガラスの上面での反射光は位相が π ずれる。

明環：$2d = \dfrac{r^2}{R} = (2m+1)\dfrac{\lambda}{2}$　…⑱

暗環：$2d = \dfrac{r^2}{R} = 2m\cdot\dfrac{\lambda}{2}$　…⑲　$(m=0,\ 1,\ 2,\ \cdots)$

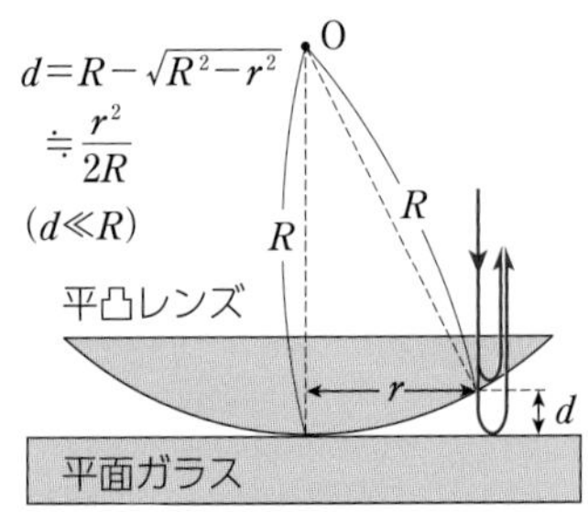

プロセス 次の各問に答えよ。

1 波長 6.0×10^{-7}m の光が，屈折率1の空気中から屈折率 $\sqrt{2}$ のガラスに入射角45°で入射した。屈折角，およびガラス中での光の波長を求めよ。

2 水とガラスの絶対屈折率は，それぞれ $\frac{4}{3}$，$\frac{3}{2}$ である。水に対するガラスの相対屈折率はいくらか。分数のまま答えよ。

3 焦点距離15cmの凸レンズがある。このレンズの前方30cmの位置に置いた物体の像はどの位置にできるか。

4 焦点距離60cmの凹レンズがある。このレンズの前方30cmの位置に，大きさ3.0cmの物体を置く。物体の虚像の位置と大きさはいくらか。

5 焦点距離20cmの凹面鏡がある。この凹面鏡の前方60cmの位置に，大きさ3.0cmの物体を置く。物体の像の位置と大きさはいくらか。

6 単色光を用いたヤングの実験において，2つのスリット S_1，S_2 からの経路差が0のスクリーン上の点には，明線が観測された。その隣の明線の位置を点Pとしたとき，経路差 $|\overline{S_1P}-\overline{S_2P}|$ はいくらか。光源の光の波長を λ とする。

7 1mmあたり200本のすじを引いた回折格子に，垂直に単色光をあてると，入射方向から6.9°の方向に1次の明線が生じた。単色光の波長はいくらか。$\sin6.9°=0.12$ とする。

解答

1 30°，4.2×10^{-7}m　**2** 9/8　**3** レンズの後方30cm　**4** レンズの前方20cm，大きさ2.0cm
5 凹面鏡の前方30cm，大きさ1.5cm　**6** λ　**7** 6.0×10^{-7}m

基本例題30 臨界角と見かけの深さ

➡基本問題197，198

屈折率 n の液体中の深さ h の位置に，点光源がある。空気の屈折率を1とする。

(1) 真上近くから見ると，点光源の深さはいくらに見えるか。ただし，θ が十分に小さいとき，$\sin\theta\fallingdotseq\tan\theta$ が成り立つものとする。

(2) 点光源の真上に円板を浮かべ，空気中へ光がもれないようにしたい。円板の最小半径を求めよ。

指針 (1) 点光源Pは，屈折によってP′に浮き上がって見える。
(2) 水中から空気中への光の屈折角が90°になるときの入射角(臨界角)を考える。

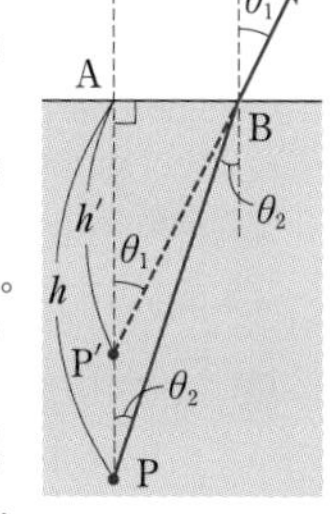

解説 (1) 見かけの深さを h' とし，図のように光が屈折したとする。真上近くから見ており，角 θ_1，θ_2 は十分に小さく，屈折の法則から，

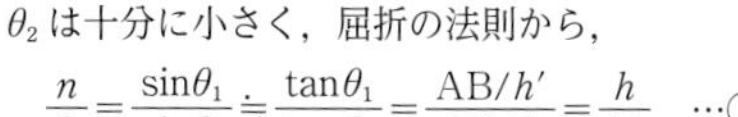

$$\frac{n}{1}=\frac{\sin\theta_1}{\sin\theta_2}\fallingdotseq\frac{\tan\theta_1}{\tan\theta_2}=\frac{\mathrm{AB}/h'}{\mathrm{AB}/h}=\frac{h}{h'}\quad\cdots①$$

したがって，　$h'=\dfrac{h}{n}$

(2) 円板の半径を r とすると，Bに達した光の屈折角が90°になればよい。屈折の法則を用いると，

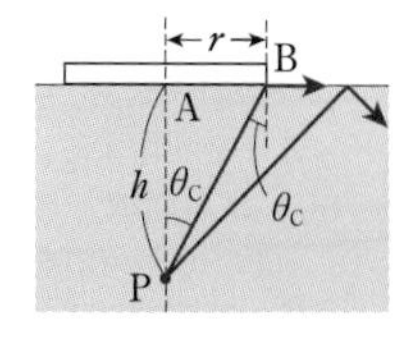

$$\frac{n}{1}=\frac{\sin90°}{\sin\theta_C}$$

$\sin90°=1$，$\sin\theta_C=\dfrac{r}{\sqrt{h^2+r^2}}$ なので，

$$n=\frac{\sqrt{h^2+r^2}}{r}\qquad nr=\sqrt{h^2+r^2}$$

両辺を2乗して整理すると，　$r=\dfrac{h}{\sqrt{n^2-1}}$

解説動画

解説動画

基本例題31 凸レンズ

➡基本問題 201，203，204，205

焦点距離 12cm の凸レンズの前方 30cm の位置に，大きさ 3.0cm の物体を置いた。像のできる位置はどこか。また，その像は実像か虚像か。像の大きさも求めよ。

指針 レンズの式「$\frac{1}{a}+\frac{1}{b}=\frac{1}{f}$」を用いて，像のできる位置 b を計算する。$b>0$ であれば実像，$b<0$ であれば虚像である。像の大きさは，倍率の式「$m=|b/a|$」を利用して計算する。なお，レンズを通る光線は，次のように示される。

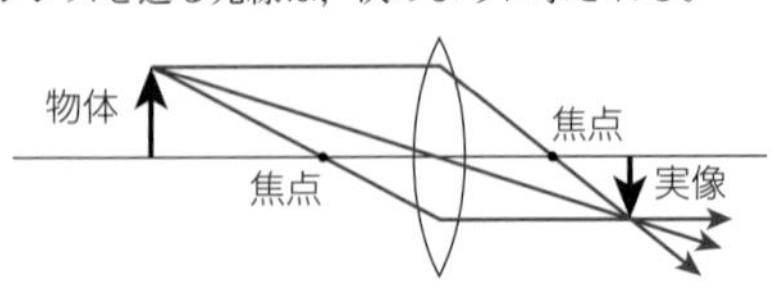

解説 レンズの式を用いる。$a>0$ であり，凸レンズなので $f>0$ となる。したがって，

$\frac{1}{30}+\frac{1}{b}=\frac{1}{12}$ これから，$b=20\text{cm}$

像は**レンズの後方 20cm** の位置にできる。また，$b>0$ なので，像は**実像**となる。

倍率 m は， $m=\left|\frac{b}{a}\right|=\frac{20}{30}=\frac{2}{3}$

これから，像の大きさは，$3.0\times\frac{2}{3}=\mathbf{2.0cm}$

Point レンズの式での符号の取り方

a	レンズの前方…正	
b	レンズの後方…正(実像)	レンズの前方…負(虚像)
f	凸レンズ…正	凹レンズ…負

基本例題32 ヤングの実験

➡基本問題 210

図のように，単スリットS，間隔 d の平行な複スリット S_1, S_2 を置き，スリットから距離 L はなれた位置にスクリーンを置く。スクリーン上のOPの距離を x とし，$x\ll L$, $d\ll L$ とする。なお，S，Oは S_1S_2 の垂直二等分線上にある。

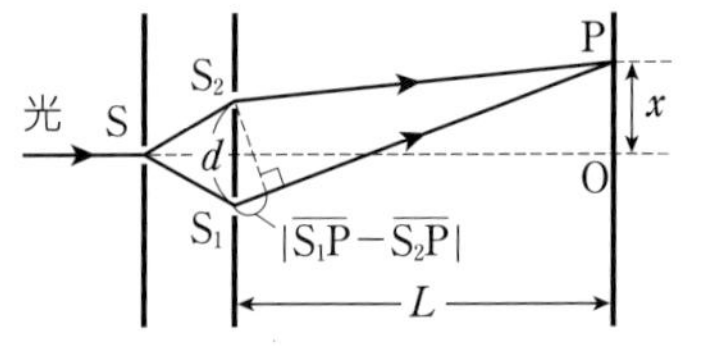

(1) Sに波長 λ の単色光を入射させると，スクリーン上に等間隔の明暗の縞模様ができる。Pが明線のとき，または暗線のときのそれぞれについて，$\overline{S_1P}$, $\overline{S_2P}$ と波長 λ の関係式を求めよ。ただし，$m=0, 1, 2, \cdots$ とする。

(2) S_1P と S_2P はほぼ平行とみなせる。$|\overline{S_1P}-\overline{S_2P}|$ を，d，L，x を用いて表せ。

(3) 明線の間隔 Δx を，d，L，λ を用いて表せ。

指針 (1) S_1, S_2 に達する光は同位相なので，経路差 $|\overline{S_1P}-\overline{S_2P}|$ が半波長の偶数倍のときに強めあい，奇数倍のときに弱めあう。

(2) $|\overline{S_1P}-\overline{S_2P}|=d\sin\theta\fallingdotseq d\tan\theta$ と近似できることを利用する。

(3) Pが明線となるときのOからの距離を x_m とし，(1)，(2)を用いて，これを式で表す。明線の間隔 Δx は，$\Delta x=x_{m+1}-x_m$ と表される。

解説 (1) Pが明線のときの関係式は，

$$|\overline{S_1P}-\overline{S_2P}|=\frac{\lambda}{2}\times 2m=\boldsymbol{m\lambda}$$

Pが暗線のときの関係式は，

$$|\overline{S_1P}-\overline{S_2P}|=\frac{\lambda}{2}\times(2m+1)=\boldsymbol{\left(m+\frac{1}{2}\right)\lambda}$$

(2) $L\gg d$ なので，図から，経路差は $d\sin\theta$ と近似できる。また，$\sin\theta\fallingdotseq\tan\theta$ の関係を用いると，

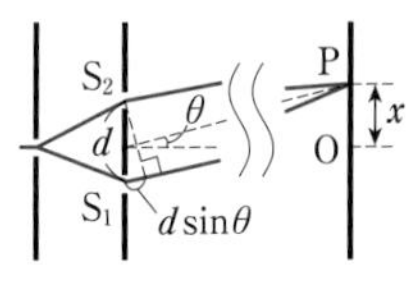

$$|\overline{S_1P}-\overline{S_2P}|=d\sin\theta\fallingdotseq d\tan\theta=\boldsymbol{d\frac{x}{L}}$$

(3) Pが明線となるときのOからの距離を x_m とすると，(2)と(1)の明線の条件を用いて，

$$d\frac{x_m}{L}=m\lambda \qquad x_m=\frac{mL\lambda}{d}$$

これから，明線の間隔 Δx は，

$$\Delta x=x_{m+1}-x_m=\frac{(m+1)L\lambda}{d}-\frac{mL\lambda}{d}=\boldsymbol{\frac{L\lambda}{d}}$$

解説動画

基本例題33 薄膜の干渉

➡基本問題 214, 215

屈折率 1.4 のガラスの表面に屈折率 1.5 の薄膜をつくり，波長 6.0×10^{-7}m の単色光を膜に垂直に入射させて，その反射光の強度を測る。次の各問に答えよ。

(1) 反射光が強めあう場合の，最小の膜の厚さはいくらか。

(2) (1)で求めた厚さの薄膜を，屈折率 1.6 のガラスの表面につけると，膜に垂直に入射させた光の反射光は強めあうか，弱めあうか。

指針 薄膜の上面，下面での反射光が干渉する。薄膜の厚さを d とすると，経路差は $2d$ である。経路差が生じる部分は薄膜中にあるので，薄膜中の波長で干渉条件を考える。このとき，反射における位相のずれに注意する。

解説 (1) 屈折率のより大きい媒質との境界面で反射するとき，反射光の位相が π ずれる。薄膜の上面Aにおける反射では位相が π ずれ，下面Bにおける反射では位相は変化しない。薄膜中の波長 λ' は，$\lambda'=\lambda/n$ である。膜厚を d とすると，経路差は往復分の距離 $2d$ であり，$m=0,\ 1,\ 2,\ \cdots$ として，経路差が半波長 $\lambda'/2$ の $(2m+1)$ 倍のときに反射光が強めあう。

（図：A　π ずれる　B　変化しない）

$$2d=(2m+1)\frac{\lambda'}{2}=(2m+1)\frac{\lambda}{2n}\quad\cdots①$$

最小の厚さは $m=0$ のときなので，各数値を代入して，

$$2d=(0+1)\frac{6.0\times10^{-7}}{2\times1.5}\qquad d=\mathbf{1.0\times10^{-7}\,m}$$

(2) 薄膜の上面，下面のそれぞれで，反射光の位相が π ずれる。したがって，式①は弱めあう条件となる。 **弱めあう**

基本問題

知識

194. フィジーの光速測定 図の装置において，歯車がゆっくり回転しているとき，光源からの光は，回転歯車の歯の間を通り抜け，鏡で反射されて再びもとと同じ歯の間を通り抜ける。歯車の回転が速くなると，光が鏡まで往復する間に歯が動き，反射光が次の歯にさえぎられて光源までもどらなくなる。歯車と鏡の間の距離を L〔m〕とし，歯の数が n 個の歯車を用いて，歯車の回転数をしだいに大きくしていくと，回転が毎秒 f 回のときにはじめて反射光がもどらなくなった。光の速さを c〔m/s〕とする。

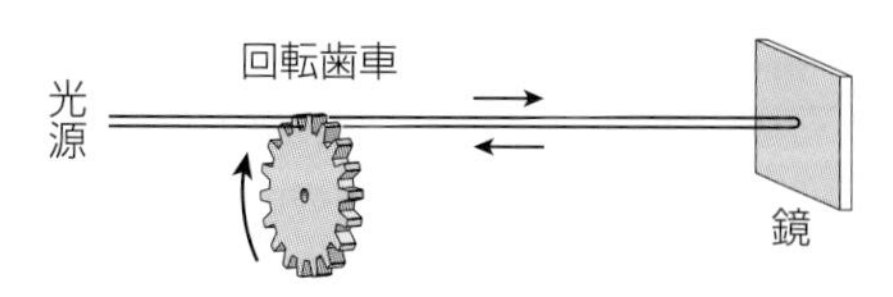

(1) 光が歯車と鏡の間を往復する時間を，c，L を用いて表せ。

(2) 光の速さ c を，n，f，L を用いて表せ。

思考

195. 光の屈折 図のように，光が空気中から水中に入射した。図には，一定の間隔で目盛りが打ってある。空気の屈折率を 1，水の屈折率を $\frac{4}{3}$ として，次の各問に答えよ。答えは分数のままでよい。

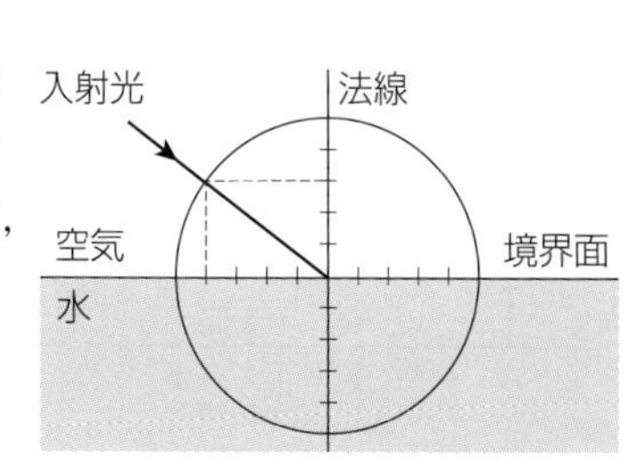

(1) 反射角を θ_1 とすると，$\sin\theta_1$ はいくらか。

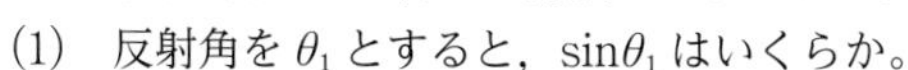

(2) 屈折角を θ_2 とすると，$\sin\theta_2$ はいくらか。

(3) 光の進路を図中に描け。

知識

196. 屈折率と光 真空中で波長 6.0×10^{-7}m，速さ 3.0×10^{8}m/s の光が，屈折率 1.5 のガラスに入射した。ガラス中での光の波長，速さ，振動数を求めよ。

知識

197. 光の屈折 屈折率 1 の空気中に置かれた厚さ 6.0mm のガラス板に，ある波長の光を入射角 60° で入射させると，反射光と屈折光の進行方向のなす角が 90° になった。

(1) ガラスの屈折率はいくらか。

(2) ガラス板を真上近くから見ると，どれだけの厚さに見えるか。 ➡ 例題30

知識

198. 屈折と臨界角 一定の厚さのガラス板が水面上に置かれている。水の屈折率を $\frac{4}{3}$，ガラスの屈折率を $\frac{3}{2}$，空気の屈折率を 1 として，次の各問に答えよ。なお，答えは分数のままでよい。

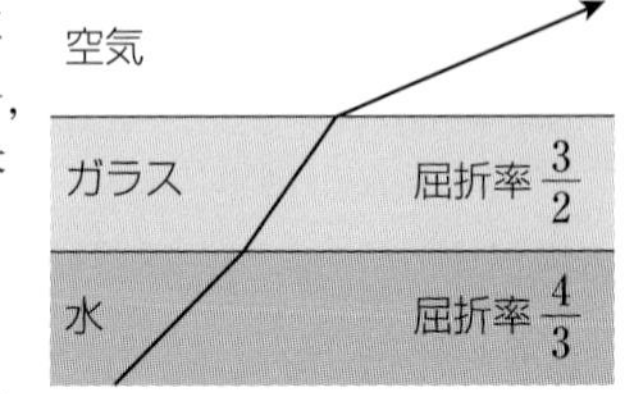

(1) 水に対するガラスの屈折率はいくらか。

(2) ガラスから空気中に光が進むときの臨界角を θ_C とすると，$\sin\theta_C$ の値はいくらか。

(3) 水中からガラスに入射する光の入射角を θ_1 とする。光が空気中へ透過するためには，$\sin\theta_1$ の値の範囲がいくらであればよいか。 ➡ 例題30

思考

199. 光の屈折と経路 屈折率 $n_1=\sqrt{\frac{3}{2}}$ の媒質 1 と，屈折率 $n_2=\sqrt{3}$ の媒質 2 が，平行な層をなして真空中に置かれている。図のように，光が入射角 60° で媒質に入射したとする。このときの光の経路を作図せよ。ただし，光の反射は考えないものとする。

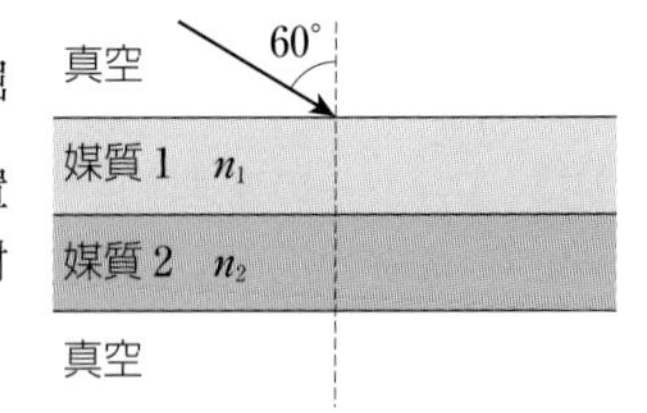

思考

200. 反射と屈折 (1)，(2)の場合について，入射光の経路を作図せよ。ただし，空気の屈折率を 1，ガラスの屈折率を $\sqrt{3}$ とし，ガラス面に垂直に入射する光の反射光は作図しなくてよい。

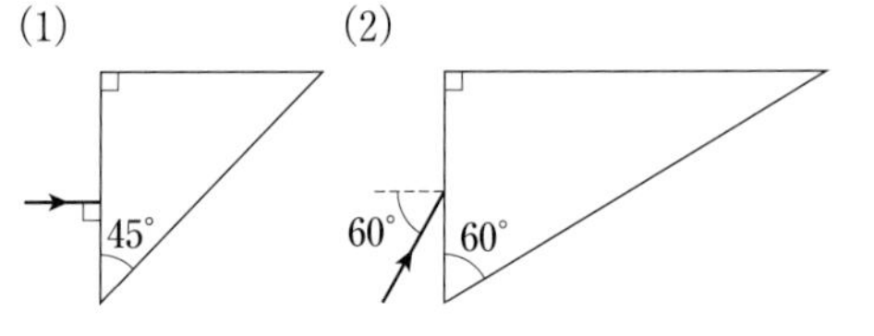

知識

201. レンズと像 図のような，レンズと物体 AA′ がある。(a)，(b)，(c)で，F，F′ はそれぞれのレンズの焦点である。レンズによってできる AA′の像を作図せよ。

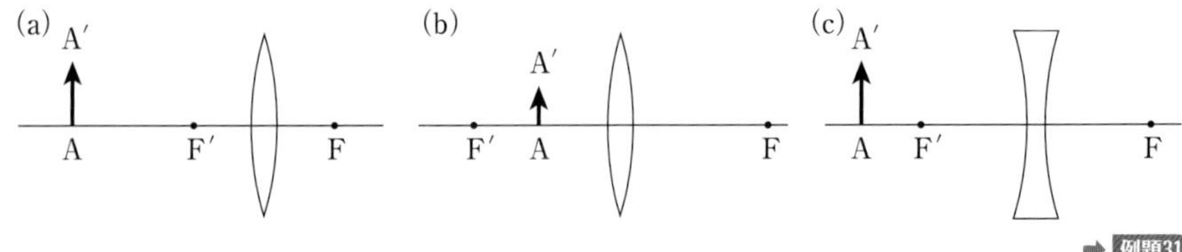

➡ 例題31

思考

202. 凸レンズの実像 図のように，光源とスクリーンを，凸レンズの光軸上に配置したところ，スクリーン上に光源の実像ができた。スクリーンは光軸と垂直であり，スクリーン上に x 軸と y 軸をとると，光源の矢印はそれぞれ各軸の正の向きに向いていた。観測者がレンズ側からスクリーンを見ると，スクリーン上の像はどのように見えるか。次の①～④から1つ選べ。

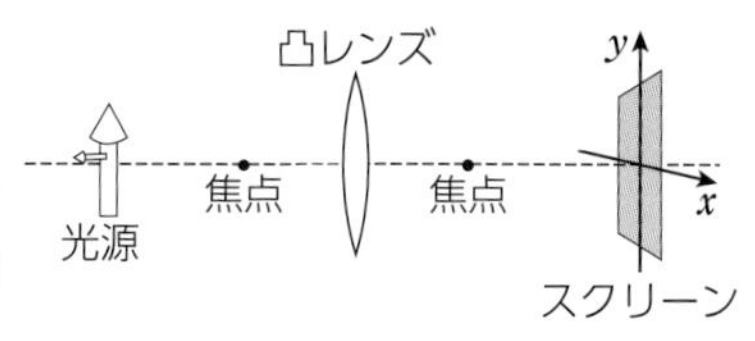

①
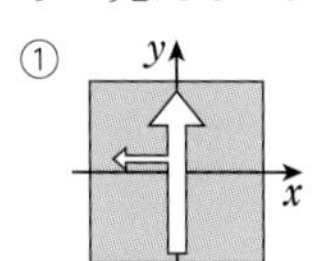

②
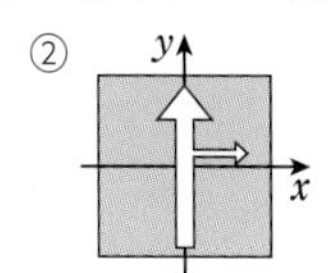

③
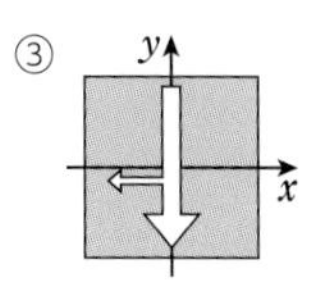

④
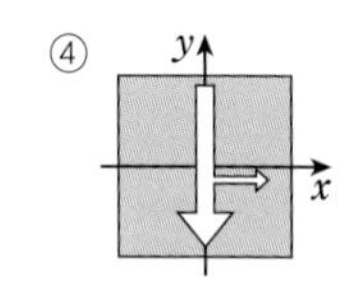

思考

203. 凸レンズ 焦点距離 20cm の凸レンズの前方 30cm の位置に，大きさ 4.0cm の物体を置いた。

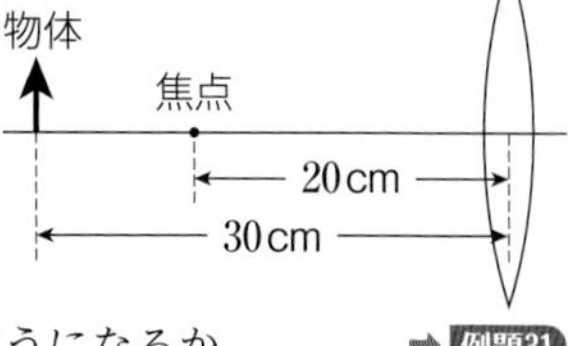

(1) レンズによる物体の像の位置，大きさを求めよ。また，像は実像か虚像か，正立か倒立かを答えよ。

(2) 像をスクリーンに映して観察する。レンズの上半分を紙で覆い，光をさえぎったとき，物体の像はどのようになるか。 ➡ 例題31

知識

204. 凹レンズ 焦点距離 60cm の凹レンズの前方 20cm の位置に，大きさ 6.0cm の物体を置いた。レンズによる物体の像の位置，大きさを求めよ。また，像は実像か虚像か，正立か倒立かを答えよ。 ➡ 例題31

知識

205. 虫めがね 図のように，焦点距離 f の凸レンズから距離 $a(<f)$ のところに物体PQを置いた。このとき，レンズから距離 b のところに虚像P′Q′ができた。次の各問に答えよ。

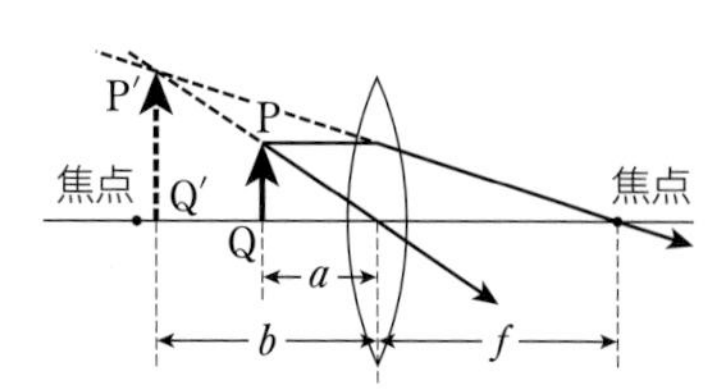

(1) 図から，a，b，f の関係式を求めよ。

(2) この凸レンズを目の直前に置いて，虫めがねとして用いたとき，倍率はいくらか。ただし，$f=6.0$cm とし，像は目から 24cm の位置につくるものとする。 ➡ 例題31

知識

206. 球面鏡による像 図のような，物体AA′と球面鏡がある。Cは球面の中心，Fは焦点，Oは鏡面の中央の点である。鏡によってできるAA′の像を作図せよ。

(1)

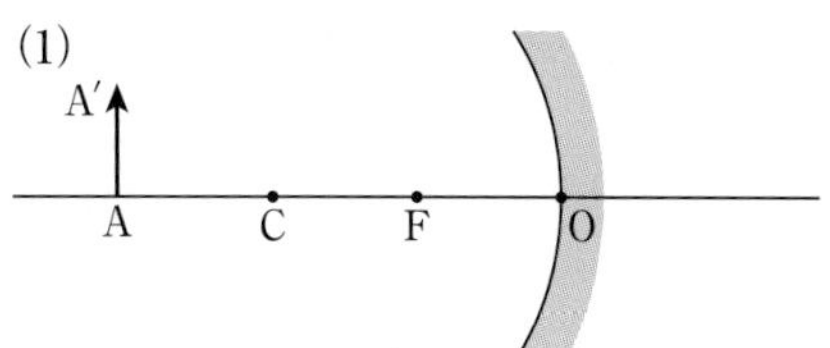

(2)

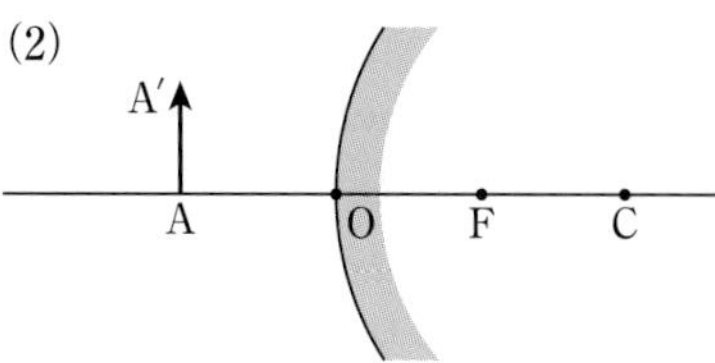

第Ⅲ章 波動

思考

207. 凹面鏡 ● 焦点距離 10cm の凹面鏡の光軸上に，大きさ 6.0cm の物体を置く。物体が(I)，(II)のそれぞれの位置にある場合について，以下の各問に答えよ。

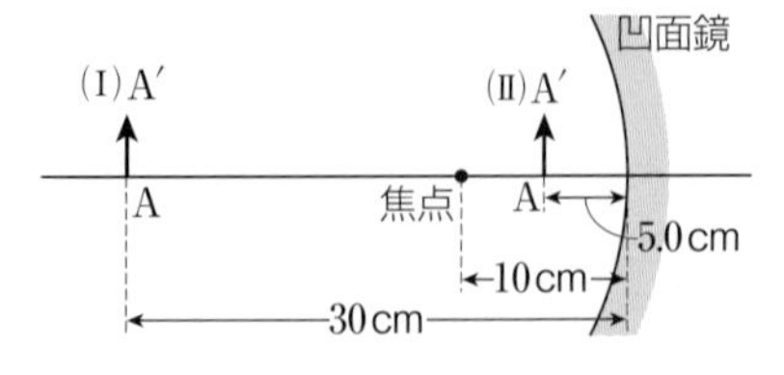

(I) 凹面鏡から前方 30cm

(II) 凹面鏡から前方 5.0cm

(1) 鏡による物体の像の位置，大きさを求めよ。

(2) 像は実像か虚像か，正立か倒立か答えよ。

(3) 物体を少しだけ鏡に近づけたとき，像の大きさはどのように変化するか。

知識

208. 凸面鏡 ● 焦点距離 20cm の凸面鏡の前方 60cm の光軸上に，大きさ 8.0cm の物体 AA′ を置いた。次の各問に答えよ。

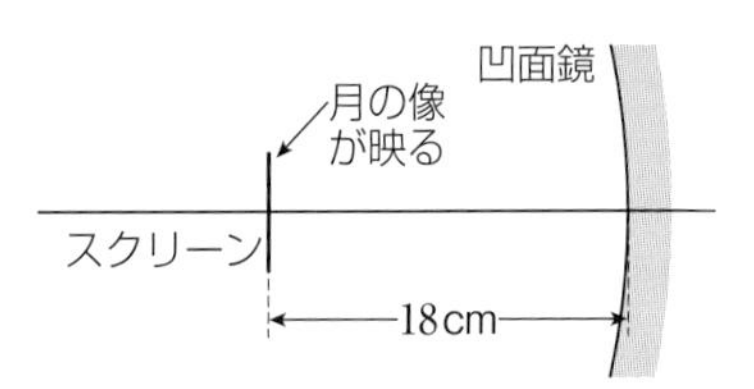

(1) 鏡による物体の像の位置，大きさを求めよ。

(2) 像は実像か虚像か，正立か倒立かを答えよ。

知識

209. 凹面鏡の焦点距離 ● 図のように，凹面鏡の前方 18cm の位置に小さなスクリーンを置き，月の光を反射させると，スクリーンに月の像が映っているのが観察された。この凹面鏡の焦点距離を求めよ。

ヒント 月のような遠くの光源(物体)から届く光は，平行な光線になるとみなしてよい。

思考

210. ヤングの実験 ● 図は，ヤングの干渉実験を示しており，Dは，波長を変えることができる単色光源である。スリット S_1，S_2 の間隔 d は，スクリーン PQ までの距離 L に比べて十分に小さいものとする。PQ 上に観察される干渉縞について，次の各問に答えよ。

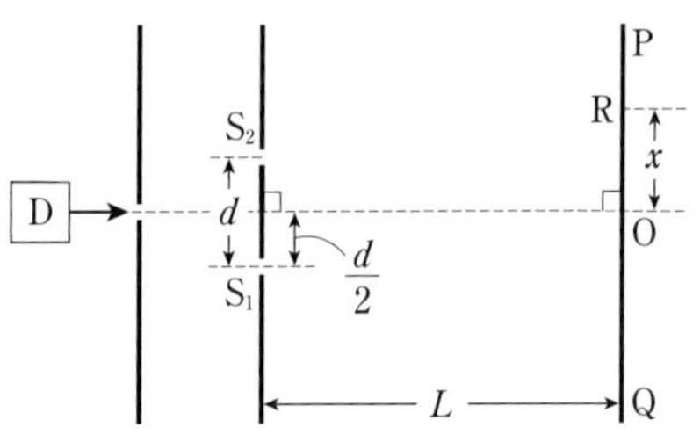

(1) スクリーン PQ の中心 O から距離 x はなれたスクリーン上の点を R とする。経路差 $|\overline{S_1R}-\overline{S_2R}|$ を，d，x，L を用いて表せ。ただし，x は L よりも十分に小さく，$|h|\ll1$ のときに成り立つ，$(1+h)^n\fallingdotseq1+nh$ の近似式を用いてよい。

(2) $d=4.0\times10^{-4}$m，$L=2.0$m のとき，干渉縞の明線の間隔 $\varDelta x$ が 3.0×10^{-3}m となった。光源の単色光の波長はいくらか。

(3) 単色光の色を赤，緑，紫に変えると，$\varDelta x$ が変化した。$\varDelta x$ が大きい順に色を示せ。

(4) 装置全体を空気中から水中にうつすと，$\varDelta x$ はどのように変化するか。

(5) 単色光の代わりに白色光を用いると，1次の明線はどのように見えるか。➡ 例題32

思考

211. 回折格子 波長 5.0×10^{-7} m の単色光を，回折格子に垂直に入射させたところ，入射方向と 30° の角をなす方向に 4 次の明線が得られた。

(1) この回折格子には，1.0 cm あたり何本のすじがあるか。

(2) 1.0 cm あたりのすじの本数が，(1)よりも多い回折格子に変えたとき，4 次の明線が得られる角度は，30° よりも大きいか，小さいか。

ヒント (2) 1.0 cm あたりのすじの本数が多くなると，格子定数は小さくなる。

思考 記述

212. 回折格子 格子定数(隣りあうすじの間隔)が d の回折格子に，単色光を垂直に入射させ，距離 L はなれたスクリーン上の明線を観察した。最も明るい明線から 1 次の明線までの距離を x，1 次の明線が得られる方向と入射光のなす角を θ として，次の各問に答えよ。

(1) 入射光の波長 λ を，d，L，x を用いて表せ。ただし，θ は十分に小さく，$\sin\theta \fallingdotseq \tan\theta$ が成り立つものとする。

(2) 入射光を単色光から白色光に変えたとする。このとき，最も明るい明線と 1 次の明線は，それぞれどのように見えるか。

知識

213. 光学距離 屈折率 n，厚さ d の透明な平板がある。真空中で波長 λ の光が，この平板に垂直に入射して透過する。このとき，次の各問に答えよ。

(1) 平板の厚さに相当する光学距離を求めよ。

(2) 真空中の光速を c として，平板中を光が進む時間を光学距離から求めよ。

知識

214. レンズのコーティング めがねのレンズは，光の反射をおさえるために，表面に薄膜がつけられている。屈折率 1.8 のレンズの表面に，それよりも小さい屈折率 $n\,(>1)$ の薄膜をつけ，波長 λ の光を垂直に入射させる。$m=0,\ 1,\ 2,\ \cdots$ として，次の各問に答えよ。

(1) 光は，図の点 A ~ D でそれぞれ反射する。反射によって光の位相はずれるか，ずれないか。それぞれ答えよ。

(2) 反射光が弱めあっているとき，薄膜の厚さ d を，n，λ，m を用いて表せ。

(3) (2)のとき，薄膜を透過する光は強めあっているか，弱めあっているか。

(4) $n=1.4$，$\lambda=5.6\times10^{-7}$ m のとき，透過光が強めあう最小の d を求めよ。 ➡ 例題33

ヒント (2) 屈折率 n の媒質中では，光の波長は空気中の値の $\dfrac{1}{n}$ 倍になる。

知識

215. 薄膜の干渉 ● 空気中を進んできた単色光が，油膜の表面，および裏面で反射する。油膜への入射角を θ_1，屈折角を θ_2，光の波長を λ，油膜の厚さを d，油の屈折率を n とする。n は水の屈折率よりも大きいとする。

(1)　油膜中での光の波長はいくらか。

(2)　点C，および点Dで反射する光の位相の変化は，それぞれいくらか。

(3)　光の屈折によって，波面 AA′ は油膜中で波面 BD になる。油膜の裏面で反射する光が余分に通る経路の長さ $\overline{BC}+\overline{CD}$ を求めよ。

(4)　膜の表面，および裏面で反射した光は，点Dで出会って干渉する。$m=0,\ 1,\ 2,\ \cdots$ として，反射光が強めあう条件式を示せ。

➡ 例題33

216. くさび形空気層の干渉 ● 2枚の平らなガラス板A，Bを重ね，接点Oから距離 L はなれた位置に厚さ D の薄い物体をはさむ。上から波長 λ の光をあてると，明暗の干渉縞が観察された。点Oから距離 x はなれた点Pにおける空気層の厚さを d とする。

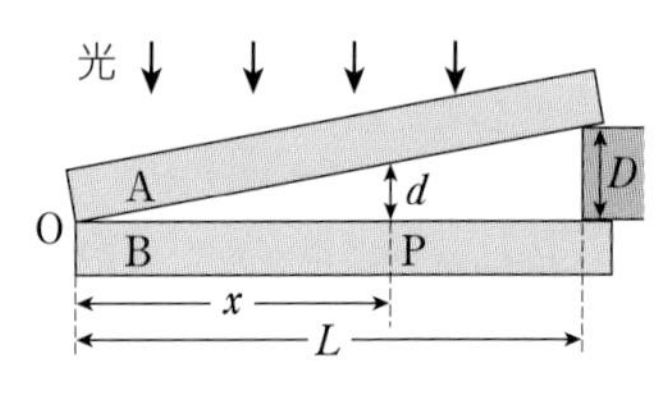

(1)　$m=0,\ 1,\ 2,\ \cdots$ とし，反射光が強めあう条件式を，m，d，λ を用いて表せ。

(2)　d を，x，L，D を用いて表せ。

(3)　点O付近は，明線と暗線のどちらになるか。

(4)　明線の間隔を，L，λ，D を用いて表せ。

(5)　2枚のガラス板の間を屈折率 $n(>1)$ の液体で満たすと，明線の間隔はいくらになるか。ただし，ガラスの屈折率は n よりも大きいとする。

知識

217. ニュートンリング ● 図のように，平面ガラスの上に，曲率半径 R の平凸レンズを凸面を下にして置く。上から波長 λ の単色光をあてると，レンズ下面とガラス上面で反射する光が干渉して，明暗の環が観察された。

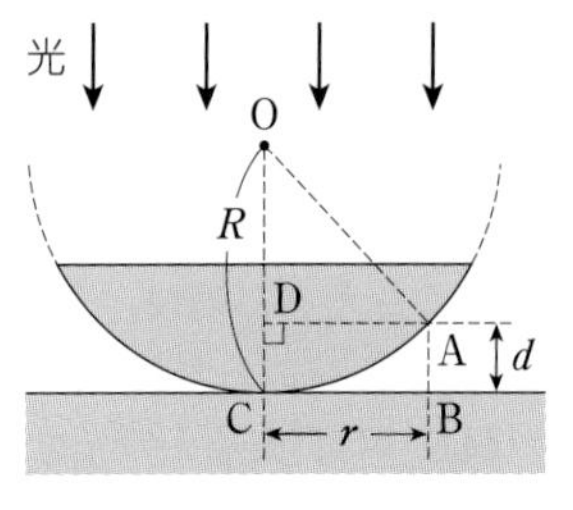

(1)　レンズの中心Cから距離 r はなれた点Bにおいて，空気層の厚さが d であったとする。d を，R，r を用いて表せ。ただし，$R \gg d$ とする。

(2)　$m=0,\ 1,\ 2,\ \cdots$ として，反射光が強めあう条件式と，弱めあう条件式を示せ。

(3)　点Oから見ると，レンズの中心Cは明るいか，暗いか。

(4)　$R=100\,\text{m}$，$\lambda=5.0\times10^{-7}\,\text{m}$ のとき，中心から数えて5番目の明環の半径は何mか。

(5)　平面ガラスと平凸レンズの間を屈折率が1.5の液体で満たすと，中心から数えて5番目の明環の半径は，(4)のときと比べて大きいか，小さいか。ただし，ガラスとレンズの屈折率は1.5よりも大きいとする。

ヒント (1) △OAD における $R^2=(R-d)^2+r^2$ の関係に，$R \gg d$ による近似を適用する。

発展例題22 組みあわせレンズ

➡発展問題 219

図の凸レンズAの焦点距離は12cm，凸レンズBの焦点距離は10cmである。AB間を63cmにし，Aの前方16cmの位置に，大きさ2.0cmの物体を置いたとき，Bによってできる像の位置と大きさを求めよ。

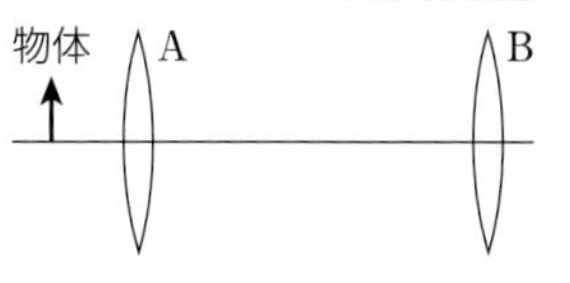

指針 凸レンズAによって実像がつくられ，実像の位置には実際に光が集まり，そこから光が出ている。したがって，この実像をレンズBにとっての物体とみなして，レンズBについてレンズの式を用いる。

解説 図のように，AからAがつくる実像までの距離を b_1 とすると，レンズの式から，

$$\frac{1}{16}+\frac{1}{b_1}=\frac{1}{12} \qquad b_1=48\text{cm}$$

Bからこの実像までの距離 a_2 は，

$a_2=63-48=15\text{cm}$ である。BからBがつくる像までの距離を b_2 とすると，

$$\frac{1}{15}+\frac{1}{b_2}=\frac{1}{10} \qquad b_2=30\text{cm}$$

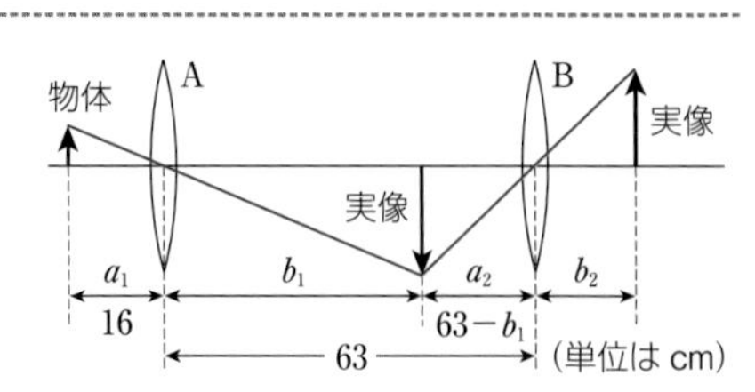

像の大きさを求めるには，レンズA，Bの両方で倍率の式を用いる。

$$倍率=\left|\frac{b_1}{a_1}\right|\cdot\left|\frac{b_2}{a_2}\right|=\frac{48}{16}\times\frac{30}{15}=6.0\text{ 倍}$$

像の大きさは，$2.0\times6.0=12\text{cm}$

したがって，**Bの後方30cm**の位置に，**大きさ12cm**の像ができる(正立の実像)。

発展例題23 ヤングの実験

➡発展問題 224

間隔 d の複スリットA，Bに，垂直に波長 λ の同位相のレーザー光をあてたところ，スリットから L はなれたスクリーン上に明暗の縞が観察された。次に，スリットBのスクリーン側を厚さ a，屈折率 $n(>1)$ の透明な薄膜でおおったところ，スクリーン中央(O)の明線の位置がずれた。中央の明線はどちら側にどれだけずれたか。OはABの垂直二等分線とスクリーンとの交点であり，$d\ll L$，$a\ll L$ とする。

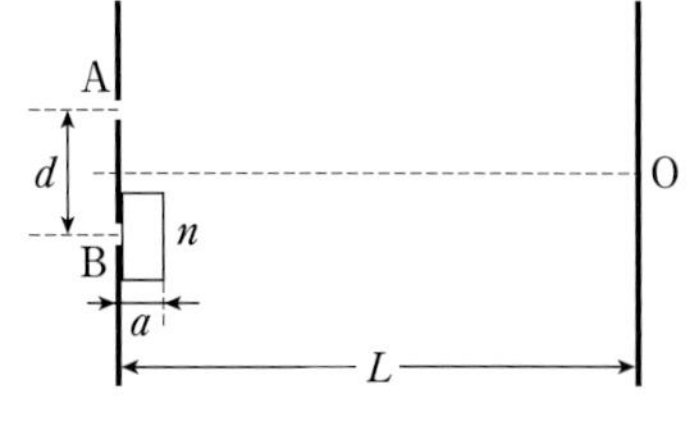

指針 薄膜中の光の波長は λ/n になるが，光学距離を用いて，空気中と変わらず波長は λ とし，薄膜を厚さ na と考える。中央の明線がずれた位置をO′とすると，スリットA，BからO′までの光学距離は等しい。AO′の光学距離は $\overline{\text{AO}'}$，BO′の光学距離は $(\overline{\text{BO}'}-a)+na$ である。

解説 図のように，中央の明線が下向きに x' だけずれた位置O′になったとする。この明線は，A，Bからの光学距離が等しいことによって生じており， $\overline{\text{AO}'}=(\overline{\text{BO}'}-a)+na$

$$\overline{\text{AO}'}-\overline{\text{BO}'}=(n-1)a$$

経路差は，$\overline{\text{AO}'}-\overline{\text{BO}'}=dx'/L$ と表されるので，

$$d\frac{x'}{L}=(n-1)a$$

$$x'=\frac{(n-1)aL}{d}$$

ここで $n>1$ であり，$x'>0$ となるので，明線は下側にずれる。

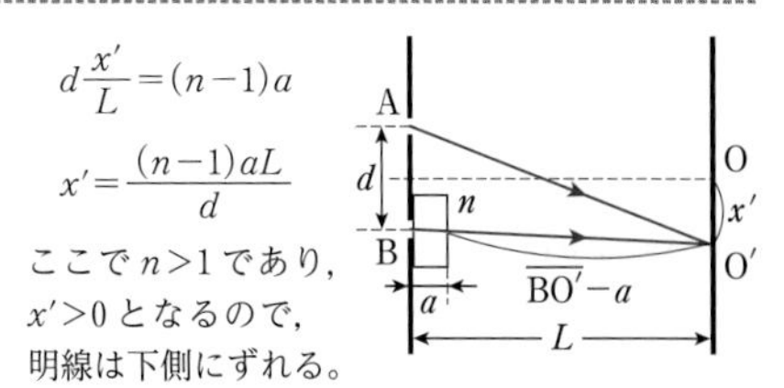

したがって，明線は**下側に $\frac{(n-1)aL}{d}$** だけずれる。

(注) BO′と薄膜は垂直ではないが，$a\ll L$ であり，O′は中央付近の明線なので，BO′の薄膜中の部分にある長さは a と近似できる。

発展問題

知識

218. 光ファイバーの原理 屈折率1.5の平面ガラス板の上下を，屈折率n $(n<1.5)$の媒質ではさみ，左端A，右端Bの外側は真空とする。この平面ガラスの端Aから，入射角θで光が紙面に平行に入射した。

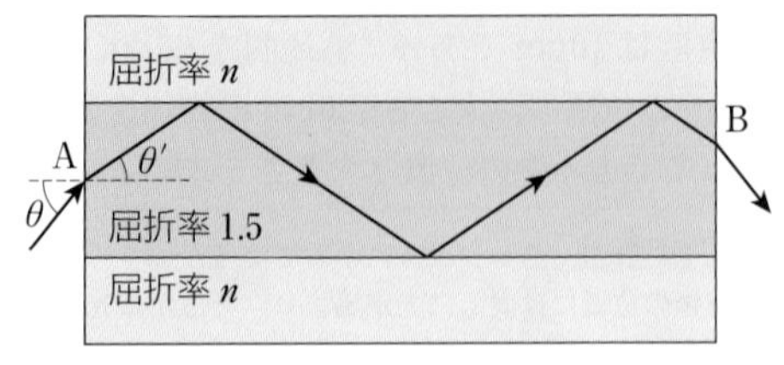

(1) 光が入射角θで平面ガラス板に入射したときの屈折角をθ'とする。このとき，$\sin\theta'$を求めよ。

(2) (1)の状況で入射した光が上下の境界面で全反射される条件を，屈折角θ'を用いて求めよ。ただし，平面ガラス板の長さはその厚さに比べて十分に大きく，一度も境界面で全反射せずに端Bに達することはないとする。

(3) (1)と(2)の結果からθ'を消去し，入射した光が上下の境界面で全反射される条件は，$\sin\theta$がいくらよりも小さいときか求めよ。

(4) 入射角θによらず，入射した光が上下の境界面で全反射される条件は，nがいくらよりも小さいときか求めよ。光が端Aで垂直に入射する場合は考えないとする。

知識

219. 組みあわせレンズ 図のように，2枚の凸レンズL_1とL_2を，光軸が一致するようにはなして置き，視点はL_2のすぐ上にあるとする。L_1の焦点距離はf_1，L_2の焦点距離はf_2である。物体PQからL_1までの距離はxである。

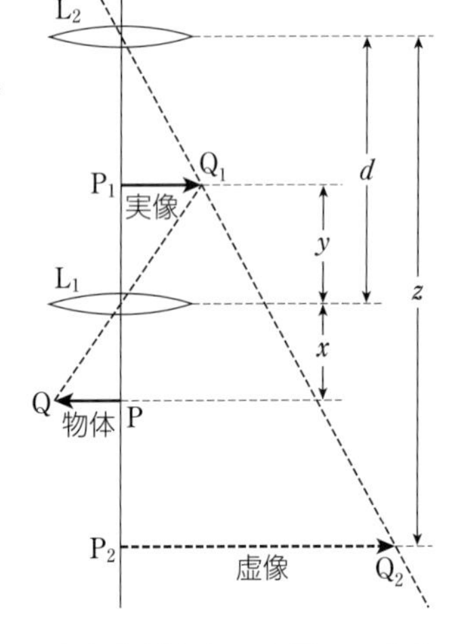

(1) L_1によってできる実像P_1Q_1のL_1からの距離yを，f_1とxを用いて表せ。ただし，$x>f_1$とする。

(2) L_1による倍率m_1を，f_1とxを用いて表せ。

(3) L_1とL_2の間の距離をdとし，実像P_1Q_1の虚像P_2Q_2ができるための条件を，x，f_1，f_2，dを用いて表せ。

(4) 実像P_1Q_1の虚像であるP_2Q_2が，L_2から距離zの位置に観察された。L_1とL_2の距離dを，f_1，f_2，y，zのうち必要なものを用いて表せ。

(5) この組みあわせレンズの倍率m_{12}を，f_1，f_2，x，zのうち必要なものを用いて表せ。

(17．長崎大　改) ➡例題22

ヒント

218 (2) 屈折角が90°になるときの入射角が臨界角で，入射角が臨界角よりも大きいと全反射される。

219 (3) 虚像ができるためには，実像P_1Q_1がL_2の焦点に対してどちら側にできればよいかを考える。

知識

220. 凹面鏡の式 図の凹面鏡において，点Oは鏡面の中央の点，点Cは球面の中心で，球面の半径は$\overline{\text{CO}}=R$とする。光軸上の点Aを出た光が，鏡面上の点Pで反射し，光軸上の点Bを通るとする。点Pでの入射角と反射角をε，$\overline{\text{AO}}=a$，$\overline{\text{BO}}=b$とする。また，Pから光軸におろした垂線と光軸との交点をHとすると，$\overline{\text{PH}}=h\gg\text{OH}$である。

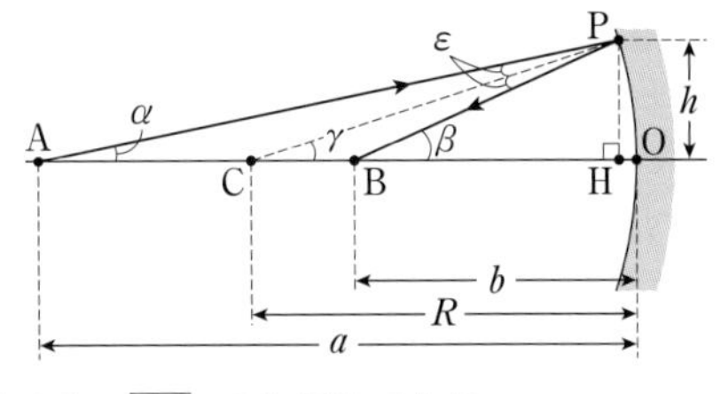

(1) $\angle\text{PAO}=\alpha$，$\angle\text{PBO}=\beta$，$\angle\text{PCO}=\gamma$とするとき，$\alpha+\beta$をγを用いて表せ。

(2) 光軸の近くを通る光線を考えるとき，角度α，β，γを，h，a，b，Rを用いて表せ。α，β，γは十分に小さく，近似式$\tan\alpha\fallingdotseq\sin\alpha\fallingdotseq\alpha$($\beta$，$\gamma$も同様)が成り立つ。

(3) (1)，(2)から，$\dfrac{1}{a}+\dfrac{1}{b}$を$R$を用いて表せ。

(4) 凹面鏡の焦点距離を求めよ。　(15. 筑波大　改)

知識

221. 凸レンズと凹面鏡 図のように，焦点距離20cmの凸レンズと焦点距離20cmの凹面鏡を，光軸を一致させて40cmはなして固定する。レンズの右側10cmの位置に，大きさ2.0cmの物体を置く。次の各場合について，像の位置，大きさ，実像か虚像か，正立か倒立かを答えよ。

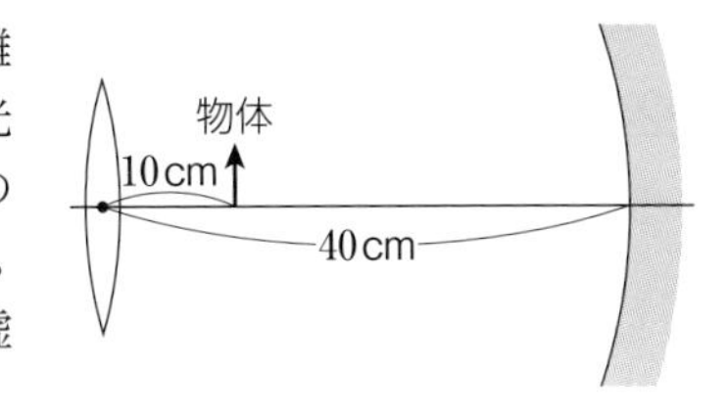

(1) レンズがなく凹面鏡だけでできる像。

(2) 凹面鏡で反射した光が凸レンズで屈折してできる像。　(17. 龍谷大　改)

知識

222. 棒の浮き上がり 図のように，棒Aが水中に差してある場合，棒の先端Pから出た光は，水面上の点Qで屈折して目に届く。そのため，OからPまでの水深dは，P′までの水深$d'(<d)$のように浅く見える。点Qで，光が水中から空気中へ入射するときの入射角をθ_1，屈折角をθ_2とし，空気に対する水の屈折率をnとする。次の各問に答えよ。

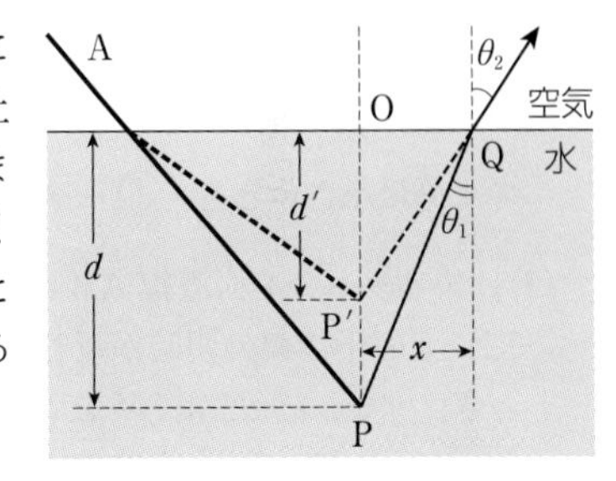

(1) n，θ_1，θ_2の間に成り立つ関係式を求めよ。

(2) OQ間の距離をxとして，d，x，θ_1の関係式，およびd'，x，θ_2の関係式を求めよ。

(3) d，d'，θ_1，θ_2の関係式を求めよ。

(4) αが十分に小さいとき，$\sin\alpha\fallingdotseq\tan\alpha$と近似できることを用いて，棒の先端を真上近くから見たときのn，d，d'の関係式を求めよ。　(大分大　改)

ヒント

220 (2) 角α，β，γをそれぞれ含む直角三角形に着目し，近似式を利用する。
221 (2) 凹面鏡の像をレンズにとっての物体と考え，レンズの式を用いる。
222 (1) 点Qにおいて，屈折の法則の式を立てる。

解説動画

思考

223. マイケルソン干渉計 図は，光の干渉を利用して物体の微小変位を計測する装置である。光源Sから照射されたレーザー光は，ハーフミラーで反射する光aと透過する光bに分けられ，固定ミラーで反射した光aと移動ミラーで反射した光bは，ハーフミラーで再び反射・透過し，検出器で光aとbの干渉波を観測できる。次の各問に答えよ。

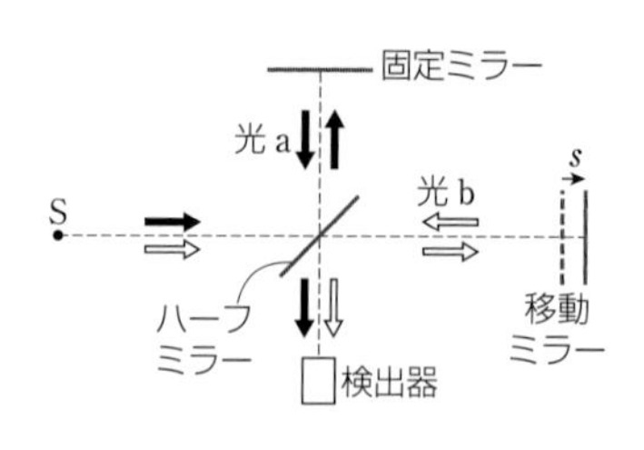

(1) 図のように，レーザー光の入射方向に沿って，移動ミラーが距離sだけ移動した。移動前と比べると，検出器に達するまでの光bの経路の長さの変化はいくらか。

(2) 移動ミラーが移動する前，検出器では光の強めあいが観察された。移動中，検出器では弱めあい，強めあいが1回ずつ観察され，移動ミラーがsだけ移動した時点では，再び光の弱めあいが観察された。レーザー光の波長を6.4×10^{-7}mとして，距離sを求めよ。 (16．静岡大 改)

知識 やや難

224. ヤングの実験 図は，ヤングの実験装置を示したものである。2つのスリットA，Bの間隔はdであり，A，BはスリットSから等しい距離にある。スクリーンXX′は直線ABに平行であり，XX′とABは距離Lはなれている。点Oは，SからXX′におろした垂線の足である。単色光源Qから出た波長λの光は，スリットSを通過した後，スリットA，Bに同位相で達する。次の各問に答えよ。

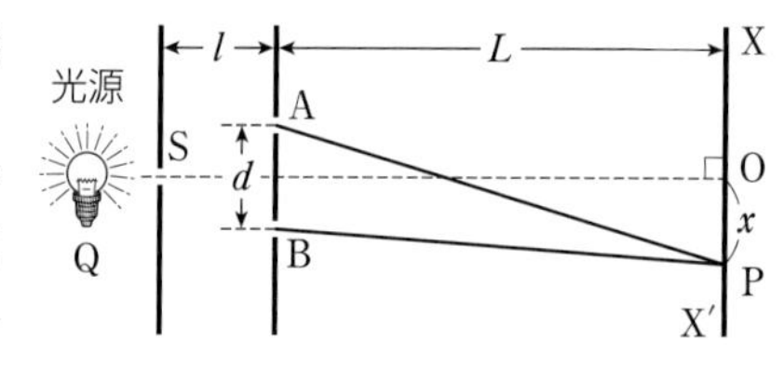

(1) PはスクリーンXX′上の点であり，$\overline{OP}=x$としたとき，$\overline{AP}-\overline{BP}$を，$L$，$d$，$x$を用いて表せ。ただし，$d$，$x$は$L$に比べて十分に小さいとする。また，$\alpha$が1に比べて十分に小さいとき，$\sqrt{1+\alpha}\fallingdotseq1+\dfrac{1}{2}\alpha$と近似できるものとする。

(2) スリットSを，直線ABと平行な方向に距離yだけ移動したところ，スクリーンXX′上の干渉縞の明暗が反転した。スリットSから直線ABまでの距離をlとしたとき，yを，l，d，λ，Nを用いて表せ。ただし，lはd，yに比べて十分に大きいとし，$N=0$，1，2，…とする。

次に，スリットSをもとの位置にもどす。このとき，点Pはm次$(m>1)$の明線となっていた。スクリーンXX′を図の右向きに移動させ，ABから遠ざけていくと，点Pは徐々に暗くなり，やがて再び明るくなり始めて，XX′とABの距離が$L+\Delta L$のときに最も明るくなった。

(3) ΔLを，m，Lを用いて表せ。

➡ 例題23

ヒント

223 (2) 光a，bがミラーで反射する回数は同じなので，反射による位相の変化は考えなくてよい。

224 (2) $\overline{AP}-\overline{BP}$を求めたときと同じ方法で，$|\overline{SA}-\overline{SB}|$を求める。

知識

225. ロイド鏡 図のように，平面鏡ACを水平に置き，スリットSのある板とスクリーンをACに垂直に立てた。AC間の距離はL，SA間の距離はdである。スリットSの左側から，板に垂直にレーザー光をあてたところ，スクリーン上に輝点が観測された。スリットSから直接スクリーンに届く光と，平面鏡で反射してスクリーンに届く光が干渉している。図中の点Eは，輝点が観測された位置を示しており，点Cからの距離はxであった。レーザー光の波長をλとし，d，xはLに比べて十分に小さいものとして，次の各問に答えよ。

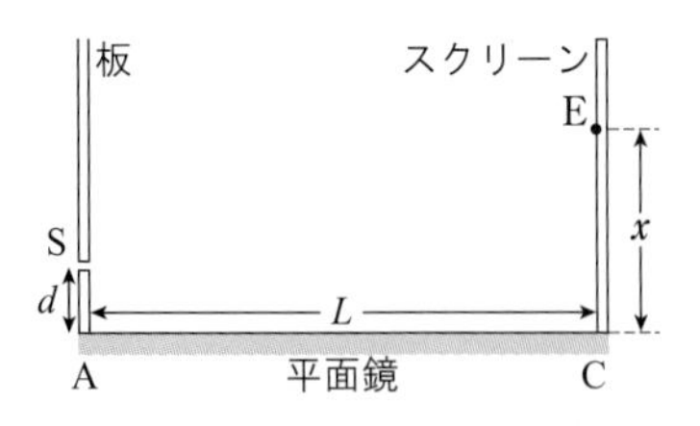

(1) スリットSから点Eに直接届く光の経路と，平面鏡で反射して点Eに届く光の経路をそれぞれ作図せよ。

(2) (1)で作図した2つの経路の差を，d，x，Lを用いて表せ。必要であれば，$|h| \ll 1$のときに成り立つ，$(1+h)^n \fallingdotseq 1+nh$の近似式を用いよ。

(3) 点Eの輝点は，点Cに最も近い輝点であった。xを求めよ。

(16．大阪医科薬科大 改)

知識

226. 回折格子 鏡に$d=1.0\times10^{-2}$mmの間隔ですじを引いた反射型の回折格子がある。これに単色光をあて，スクリーンに向かわせる(図1)。図2には，入射角iで入射して角rの方向に進む回折光を示す。(1)の(　)に適切な式，語句を入れ，(2)に答えよ。

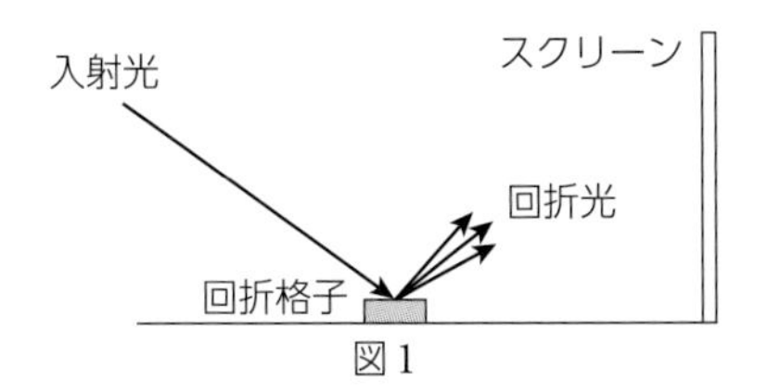

図1

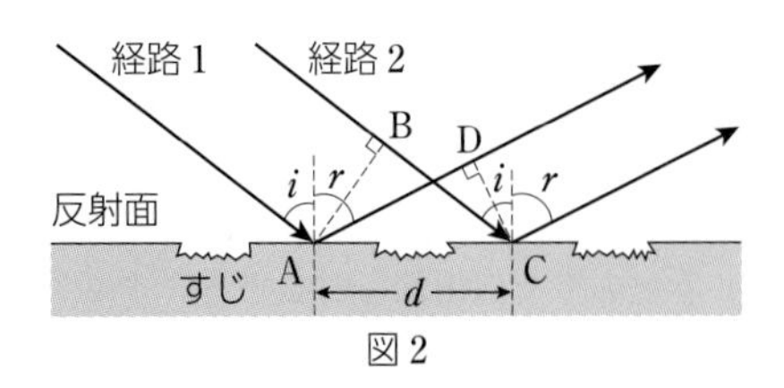

図2

(1) 図2の点A(反射直前)とBにおいて，光の位相は等しい。d，i，rを用いてADとBCの長さを表すと，$\overline{AD}$=(　①　)，$\overline{BC}$=(　②　)である。経路1，2の経路差は(　③　)となる。2つの経路の光が強めあうのは，経路差が波長の(　④　)倍のときである。

(2) 入射角$i=45°$のとき，反射角45°で反射して強めあう光の位置に対して，すぐ隣の強めあう回折光の角度は$r=50°$であった。この単色光の波長は何mmか。
$\sin 45°=0.707$，$\sin 50°=0.766$として，有効数字2桁で答えよ。　(富山大 改)

ヒント

225 Sから鏡で反射してスクリーンに達する光は，鏡に対してSと対称な位置からの光とみなせる。

226 (2) 入射角と反射角が等しい場合，経路1と2で経路差は生じない。

総合問題

思考

227. 波の重ねあわせ ◀ 原点Oに周期T，振幅Aの波源があり，時刻tにおけるy軸方向の変位は，$y_0=A\cos\dfrac{2\pi}{T}t$で表される。この波源の振動が，波長$\lambda$の波として，媒質中を$x$軸の正の向きに伝わっている。

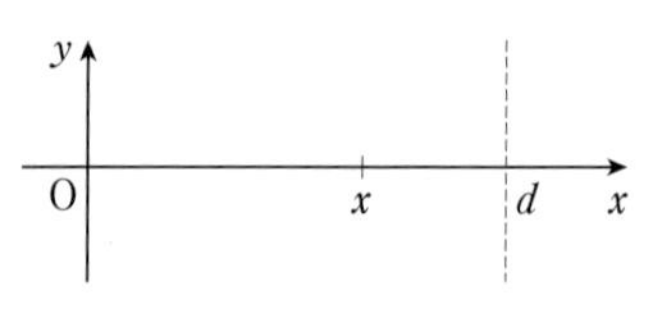

(1)　位置xにおける時刻tでの媒質の変位y_1を表す式を示せ。

$x=d$の位置に媒質の自由端があり，波が反射する場合を考える。

(2)　位置xにおける時刻tでの，反射波による媒質の変位y_2を表す式を示せ。ただし，$0\leqq x\leqq d$とし，時刻tは，反射波が原点Oに達して以降のものとする。

(3)　(1)の波(入射波)と(2)の反射波によって合成波が生じる。位置x，時刻tでの合成波による媒質の変位yを表す式を示せ。

(4)　$x=d$の位置における合成波の振幅を求めよ。

$x=d$の位置にある媒質の端が，固定端の場合を考える。

(5)　位置x，時刻tでの，反射波による媒質の変位y_2'を表す式，および合成波による媒質の変位y'を表す式を示せ。また，$x=d$の位置における合成波の振幅を求めよ。

思考

228. 壁による波の反射 ◀ まっすぐな壁をもつ十分に広い水槽がある。図のように，水槽の壁から距離$2a$ $(a>0)$はなれた水面上に波源を置き，波源の位置を原点として，壁と垂直な方向にx軸，平行な方向にy軸をとる。波源から出た水面波は，同心円状に広がり，水槽の壁で自由端反射をする。波源からパルス波を出し，y軸上の点$(0,\ 3a)$で，波源から直接伝わる波と壁で反射して伝わる波を観測した。このときの時間差はTであった。水面波の速さをcとする。

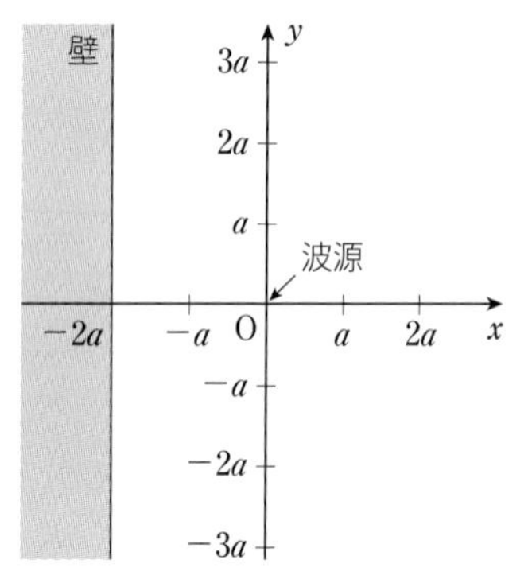

(1)　時間差Tを，a，cを用いて表せ。

次に，時間差Tと同じ周期をもつ連続波を波源から出した。

(2)　連続波の波長を，aを用いて表せ。

(3)　水面上の任意の点P$(x,\ y)$において，干渉で波が弱めあうための条件を式で示せ。

(4)　$-2a\leqq x\leqq 0$のx軸上の点において，波が弱めあう点をすべて求めよ。

(5)　(4)と同様に，y軸上で波が弱めあう点をすべて求めよ。　(大阪公立大　改)

ヒント

227 (2) 反射波は，自由端がないとしたときの入射波を，$x=d$で線対称に折り返したものである。

(3)(5)「$\cos A+\cos B=2\cos\dfrac{A+B}{2}\cos\dfrac{A-B}{2}$」，「$\cos A-\cos B=-2\sin\dfrac{A+B}{2}\sin\dfrac{A-B}{2}$」を用いる。

228 (1) 波は壁で自由端反射をするので，同位相で振動する波源が$(-4a,\ 0)$にあるとみなせる。

思考

229. 船と海の波

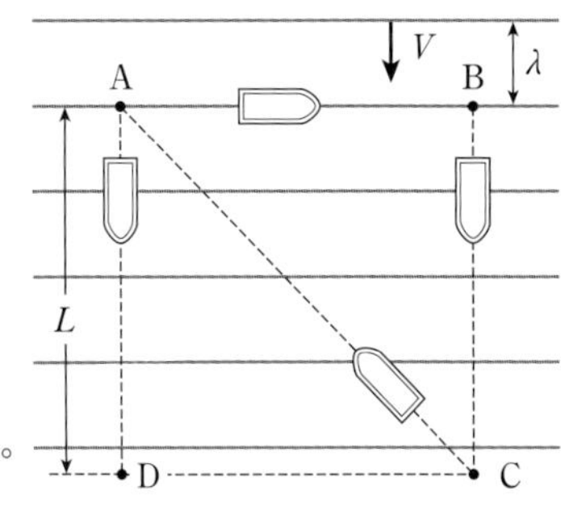

図のように，速さV，波長λの平面波が海面に生じている。平行線はある瞬間における波の山を示し，点A，B，C，Dは，海面に固定された一辺の長さがLの正方形の頂点である。船上の観測者が以下の実験を行った。

(1) この平面波の周期Tを求めるために，点AからBに向かって船を走らせた。このとき，時間t_0の間に，船の先端を通過した波の数はn_0であった。周期Tを，t_0，n_0を用いて表せ。

(2) この平面波の波長λを求めるために，点Bを通過した波を追いかけて点Cまで船を走らせ，同じ波が点Bを通過してから点Cを通過するまでの時間t_1を測定した。波長λを，T，L，t_1を用いて表せ。

(3) 船を，速さ$u(u<V)$で点CからAに向かって走らせた。このとき，時間t_0の間に，船の先端を通過した波の数はn_1であった。また，同じ速さで点AからDに向かって走らせると，時間t_0の間に，船の先端を通過した波の数はn_2であった。n_1，およびn_2を，V，u，t_0，λを用いてそれぞれ表せ。　（長崎大　改）

思考

230. 気柱の共鳴とドップラー効果

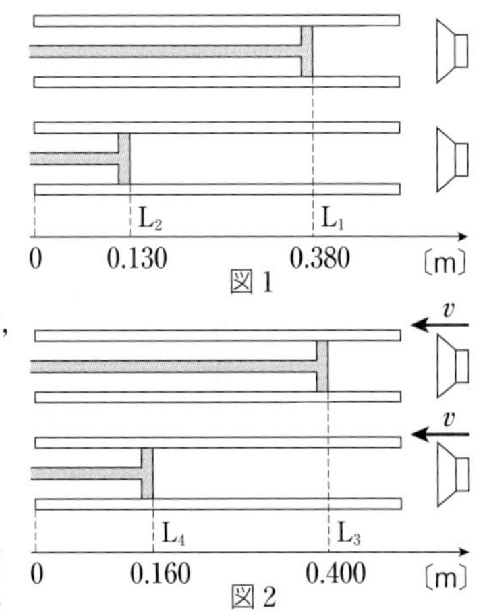

図1

図2

図1のように，内径が一様なガラス管の右側にスピーカーを静止させて置き，7.00×10^2Hzの音を出し続けた。管内のピストンを右端からゆっくりと左に移動させると，左端から0.380mの位置L_1で，ガラス管から聞こえる音の強さがはじめて最大となった。さらにピストンを移動させると，左端から0.130mの位置L_2で，再び音の強さが最大となった。

(1) ガラス管内の音波の波長λ，および音速Vを求めよ。

次に，図2のように，スピーカーを一定の速さvで右側からガラス管に近づけ，同様に音の強さを調べた。このとき，ピストンが左端から0.400mの位置L_3と，0.160mの位置L_4で，音の強さが最大となった。

(2) ガラス管から聞こえる音の振動数f'を求めよ。

(3) スピーカーの速さvを求めよ。

ヒント

229 (3) 観測者が運動すると，観測者から見た波の速度が変化する。波の波長は，観測者の運動によって変化しない。

230 (1)(2) 隣りあう共鳴点の間の距離は，管内に生じた定常波の波長の1/2に等しい。

思考

231. 凹面鏡◀ 次の文の(　　)に適切な式を入れよ。

図1のように，平行な光線を，光軸上の点G(0, b)に集光する凹面鏡NON′を考える。平行な光線は平面波とみなすことができ，その平面波のひとつの波面に着目する。波面上の各点から出た光線は，凹面鏡NON′で反射した後，同じ最小の到達時間で点Gに達し，それぞれの光線がたどる経路の長さはすべて同じである。したがって，波面上の任意の点$S_1(x,\ d)$から出た光線が，$S_1 \to P(x,\ y) \to G$とたどる経路の長さ$\overline{S_1P}+\overline{PG}$は，光軸上の点$S_0(0,\ d)$から出た光線が，$S_0 \to O(0,\ 0) \to G$とたどる経路の長さ$\overline{S_0O}+\overline{OG}=$(　1　)と等しい。$\overline{S_1P}$，$\overline{PG}$を，それぞれ$x$，$y$，$b$，$d$の中から適切なものを選んで表すと，$\overline{S_1P}=$(　2　)，$\overline{PG}=$(　3　)となる。$\overline{S_1P}+\overline{PG}=\overline{S_0O}+\overline{OG}$から，凹面鏡NON′の形状を表す関数は，$y=$(　4　)となることがわかる。

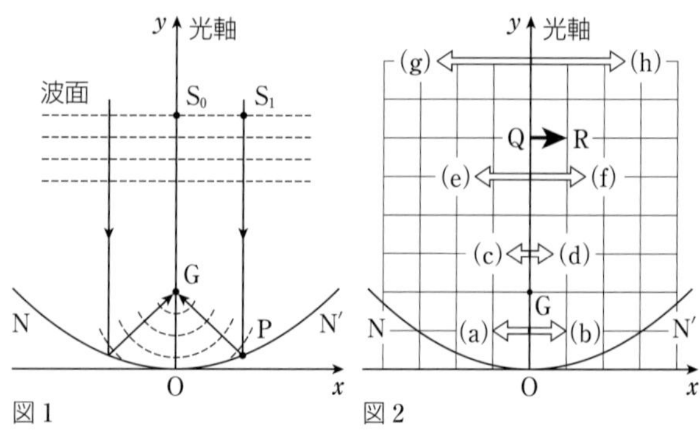

次に，凹面鏡NON′がつくる像について考える。(0, $3b$)の位置をQとして，図2のように，x軸と平行に物体QRを置く。凹面鏡NON′がつくる物体QRの像として適切なものを，図の(a)～(h)の中から選ぶと，(　5　)である。（東京農工大　改）

思考

232. プリズムの偏角◀ 媒質Ⅰ(屈折率n_1)中に，媒質Ⅱ(屈折率n_2)でつくられた頂角βのプリズムが置かれている。図のように，プリズムの表面上の点Aに光が入射し，プリズム中を進む場合を考える。プリズム中を進んだ光は，プリズムの対面上の点Bを通り抜ける。このとき，点Aにおける入射角，屈折角をそれぞれθ_A，φ_Aとし，点Bにおける入射角，屈折角をそれぞれφ_B，θ_Bとする。点Aから入射する光線と点Bから出る光線のなす角を偏角δと定義する。また，$n_1<n_2$とする。

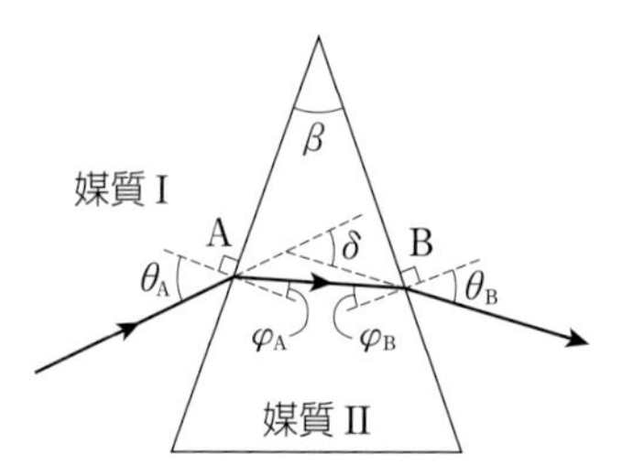

(1)　角φ_A，φ_Bとプリズムの頂角βの関係を示せ。

(2)　偏角δを角θ_A，θ_B，φ_A，φ_Bを用いて表せ。

(3)　点Aでの入射角θ_Aとプリズムの頂角βがともに小さいとき，点Bでの屈折角θ_Bも小さくなる。そのときの偏角δを，$|x|\ll 1$のときの$\sin x \fallingdotseq x$の近似式を利用し，n_1，n_2，βを用いて表せ。（13．横浜国立大　改）

ヒント

231 (5) Rから光軸に平行に進む光線，Rから点Oに進む光線にもとづいて，物体の像を考える。

232 (1) 四角形の内角の和が360°であることを用いる。(3) φ_A，φ_Bはそれぞれθ_A，θ_Bよりも小さい。

思考 記述

233. 虹 ◀ 次の文の(　　)に適切な数式, 語句, または数値を入れ, (a)には理由を30字程度で記述せよ。空気の屈折率を1とする。

晴れた日の空気中に水滴が浮かんでいる場合の虹を考える。光は, 図1のように, 球形の水滴によって反射される。このとき, 可視光の平均的な反射角 θ_r〔度〕は, 入射角 θ_1 と屈折角 θ_2 を用いて, θ_r＝(　1　)と表される。また, 水の屈折率を n とすると, n＝(　2　)となるので, θ_r は θ_1 の関数として表現できる。

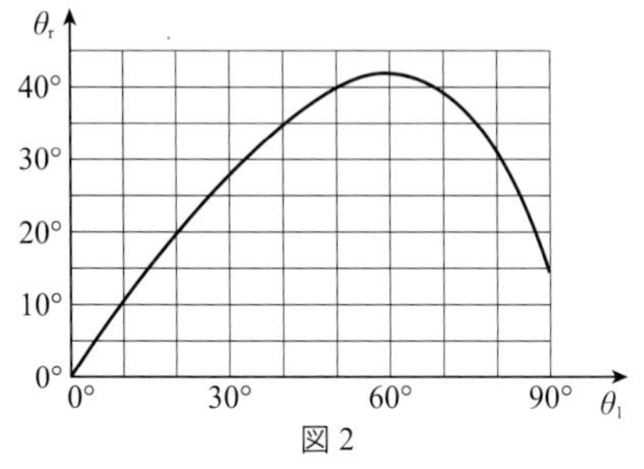

図1

図2

その関数を描いたものが図2である。このグラフから, さまざまな角度で水滴に入射した光が, どのように反射されるのかを読み取ることができる。反射光が一番強くなる反射角 θ_r は, 約(　3　)度であることがわかる。その理由は, (　a　)からである。さらに赤色の光と紫色の光では(　4　)の方が水の屈折率が大きくなることから, (　5　)色の光が一番下に見えることが説明できる。

(16. 北海道大　改)

思考 やや難

234. プリズムによる光の干渉 ◀ 断面が二等辺三角形のプリズムABCを真空中に置き, 波長 λ の平行な単色光を面BCに垂直に入射させた。点Aから距離 L はなれたスクリーンには, 面AB, ACからの平面波が重なる領域に干渉縞が見られた。角 α は小さく, $\sin\alpha \fallingdotseq \alpha$ が成り立ち, プリズムの屈折率 n は1よりも大きい。次の文の(　　)に適切な式を入れよ。

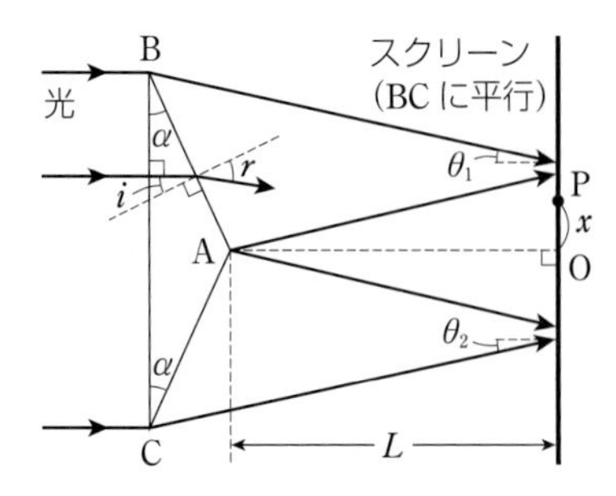

(1) 面ABにおける入射角 i は, i＝(　ア　)である。面ABにおける屈折角 r を, α, n を用いて表すと, r＝(　イ　)となる。ただし, r は小さく, $\sin r \fallingdotseq r$ とみなせる。

(2) 面AB, ACからの屈折光が, スクリーンへ入射する角をそれぞれ θ_1, θ_2 とし, α, n を用いて θ_1, θ_2 を表すと, θ_1＝(　ウ　), θ_2＝(　エ　)である。

(3) Oは, 点Aからスクリーンにおろした垂線の足である。点Oの位置に得られる明線を0番目とし, その隣の明線を1番目, 2番目, …と数えたとき, 点Oから距離 x はなれた点Pにおいて, m 番目の明線が得られた。x を, m, λ, α, n を用いて表すと, x＝(　オ　)となる。

(岩手大　改)

ヒント

233 (1) 三角形の内角の和が180°であることを利用する。

234 (3) 平面波による干渉である。波長 λ を用いて, スクリーン上の明線の間隔を表す。

思考

235. 凹面鏡を利用した玩具 ◀ 図1のように，焦点距離がfの2つの凹面鏡IとIIをそれぞれの光軸が一致するように向かいあわせ，それぞれの鏡の中央の点O_1とO_2が互いの焦点と一致するように取りつけた玩具がある。この玩具は，中に小さな人形を入れて，鏡Iの中央付近にあいた穴を斜め上から見ると，人形の像が穴の上に見える。この玩具の原理について，以下の文の(　　)に適切な式を入れ，次の問に答えよ。

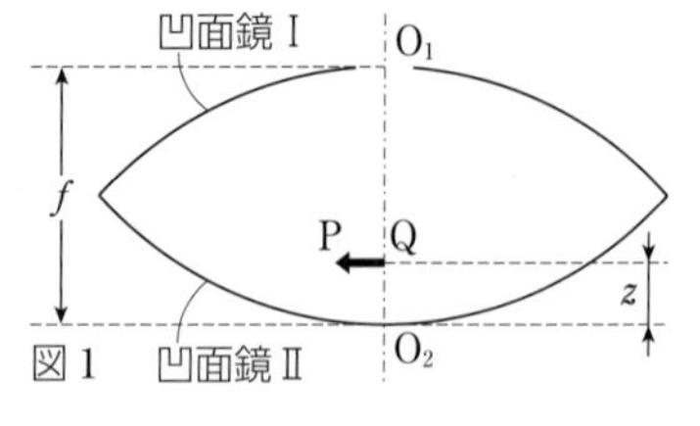

図1

鏡Iの中央には穴があいているが，鏡の一部が欠けても像の位置や大きさは変化しないので，鏡Iによる反射を考えるとき，穴は考慮しない。鏡IIから光軸に沿って距離zの位置に物体PQがある。物体は鏡に対して十分に小さく，光軸付近では鏡面と平面の差が十分小さいものとする。考えやすくするため，物体PQやzを大きく描き，鏡Iで反射した光が虚像P′Q′をつくる代表的な光線を記入したものが図2である。まず，虚像P′Q′について倍率を考える。像の倍率$m=\frac{P'Q'}{PQ}$は，f，z，O_1Q'を用いると(　ア　)と表され，fとO_1Q'のみで表すと，$1+$(　イ　)となる。また，(ア)$=1+$(イ)から，O_1Q'はfとzを用いて(　ウ　)と表される。これから，mはfとzのみを用いて(　エ　)と表すことができる。

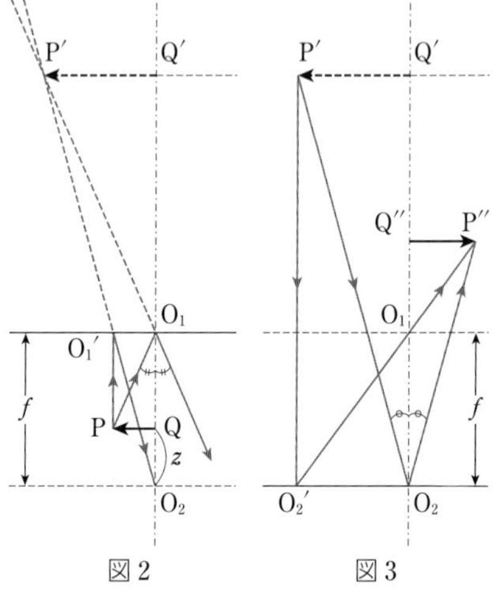

図2　　図3

次に，像P′Q′からの光が鏡IIで反射して，鏡Iの穴の外に実像P″Q″が生じるときの倍率を考える。このときの代表的な光線を記入したものが図3である。像の倍率$m'=\frac{P''Q''}{P'Q'}$は，fとO_1Q''を使って(　オ　)と表すことができ，f，O_1Q'，O_1Q''を用いて(　カ　)とも表される。(オ)と(カ)が等しく，O_1Q'が(ウ)で表されることから，O_1Q''はfとzを用いて(　キ　)と表される。これから，m'は，fとzを用いて(　ク　)と表され，(ク)と(エ)の式を用いて，物体と実像との最終的な像の倍率$\frac{P''Q''}{PQ}$は(　ケ　)と求められる。

問．玩具に人形を入れ，図4のように，斜め上から穴付近を見ると，どのような像が見えるだろうか。適切なものをA，Bから選べ。

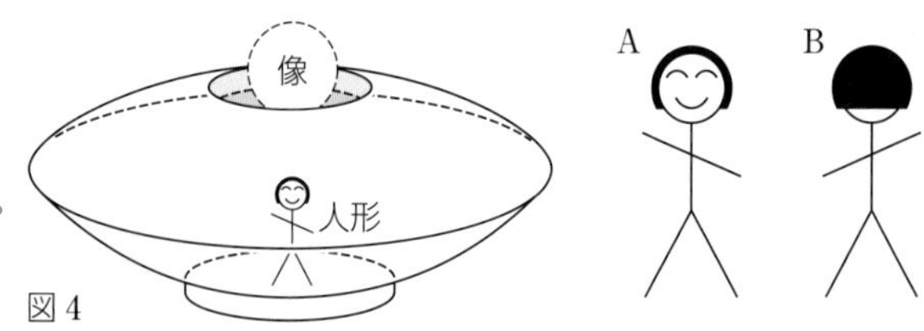

図4

ヒント

235　問　PQとPQから生じる像P″Q″の向きは逆になっている。

思考 記述 実験

236. ディスクによる干渉実験 CDには，厚さ約1.2mmの透明基盤の奥に光を反射する反射膜がある。反射膜には，円周方向に沿ってピットとよばれる突起が並んだ部分(トラック)がある。ピットは光を反射しにくい。トラックとその間の反射膜は，狭い範囲で考えると直線状とみなすことができ，それぞれ半径方向にCDの規格で定められた間隔dで並んでいる(図1)。CDでは，反射膜での反射によって光の干渉が生じる。これを利用してトラックの間隔dを測定する実験を計画した。以下の文の(　　)に適切な式，または数値を入れ，次の問に答えよ。

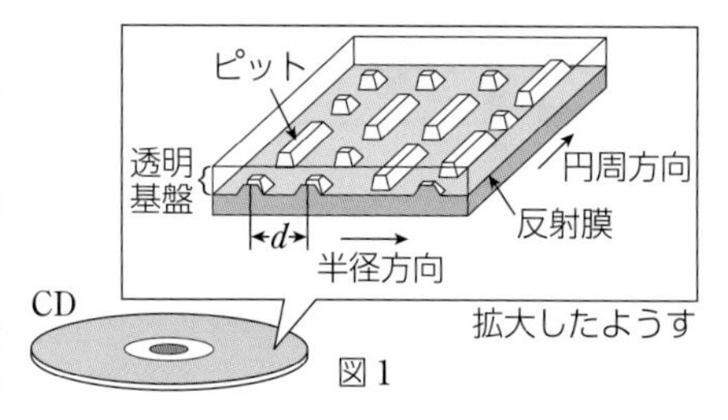

図1

計画　波長λのレーザー光を使って実験する。反射膜で反射し，屈折率nの透明基盤中を角θ_nの方向に進む光について考える。隣りあう反射膜で反射した光が強めあう条件は，2つの光の経路差が最も小さいとき，(　ア　)と表される(経路差が0のときを除く)。この光が基盤から空気中に出るときの屈折角をθ，空気の屈折率を1.0とすると，屈折の法則から，$1.0\times\sin\theta=$(　イ　)が成り立つので，(　ア　)はθを用いて(　ウ　)と表され，透明基盤がないものとして実験を行った場合と同様になる。ただし，このとき，屈折によって，基盤表面から反射膜までの距離が1.2mmよりも少し近くに見えると予想されるので，反射膜の位置はCDの厚さの中央にあるとして測定することにした。

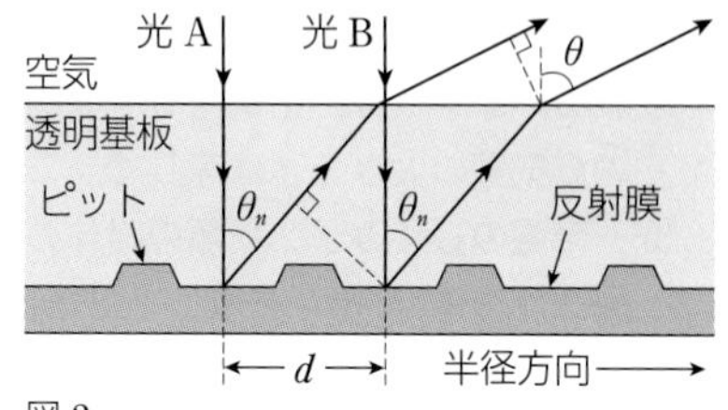

図2

測定　厚紙の中央に約1cm²の穴をあけ，穴から左右に距離xはなれた位置に目印の線を引く。厚紙は鉛直に立て，厚紙の穴からCDに向けてレーザー光を照射する。CDを鉛直に固定し，厚紙に現れた明るい点のうち，光源の位置を除いて光源に最も近い点が，目印と一致するようにCDの位置を平行に動かす。一致したときの厚紙からCDの厚さの中央までの距離をLとすると，xとLを用いて$\sin\theta$は(　エ　)と表される。

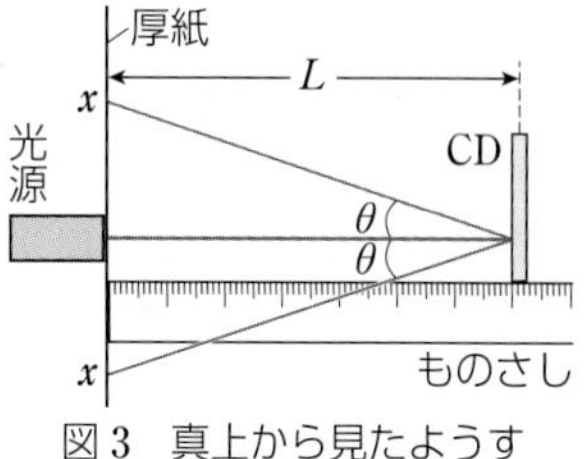

図3　真上から見たようす

結果　$x=19.0$cmとし，波長$\lambda=6.6\times10^{-7}$mのレーザー光源を使って測定したところ，Lは40.7cmであった。また，(エ)から，$\sin\theta$は0.423と求められた。

問(1)　結果から，CDのトラックの間隔は何μmであるか。

(2)　DVDとBD(ブルーレイディスク)は，それぞれCDと同じような構造であり，各トラックの間隔は規格によって0.74μm，0.32μmとされている。上記と同じ測定でこれらのトラックの間隔も測定できるだろうか。理由とともに答えよ。

ヒント

236　(ア) 屈折率がnの透明基盤中では波長はλ/nとなっている。

第Ⅲ章 波動

第Ⅳ章　電気

12 電場と電位

1 電荷と静電気力

❶電荷と帯電

(a) **帯電**　物体が電気を帯びること。帯電している物体を**帯電体**という。

(b) **静電気力と電荷**　帯電した物体間にはたらく力を**静電気力**といい，静電気力の原因になるものを**電荷**という。電荷の量を**電気量**といい，単位は**クーロン**(記号 C)。

同種の電荷間…反発力(斥力)がはたらく。　異種の電荷間…引力がはたらく。

❷帯電と電気量の保存

(a) **原子の構造**　原子は，中心の原子核と，それをとりまく負電荷をもつ電子で構成される。原子核は，正電荷をもつ陽子と，電荷をもたない中性子からなる。陽子と電子の電気量の大きさ e は等しく，これを**電気素量**という。　$e=1.6\times10^{-19}$C

(b) **帯電のしくみ**　2 種類の物体の摩擦によって，n 個の電子が移動したとき，電子を失った物体は $+ne$，電子を得た物体は $-ne$ に帯電する。

(c) **電気量保存の法則**　**物体間で電荷のやりとりがあっても，電気量の総和は変わらない。**これを**電気量保存の法則**(**電荷保存の法則**)という。

❸導体と不導体　導体…自由電子をもち，電気を通しやすい。
不導体(絶縁体)…自由電子をもたない。電気を通しにくい。

❹静電誘導　帯電体を導体に近づけると，導体中の自由電子が移動して，帯電体に近い側の表面に帯電体と異種の電荷が，遠い側の表面に同種の電荷が現れる現象。

❺誘電分極　不導体(誘電体)に帯電体を近づけると，不導体を構成する原子や分子の内部で，電荷の分布がずれて，表面に電荷が現れる現象。不導体における静電誘導。

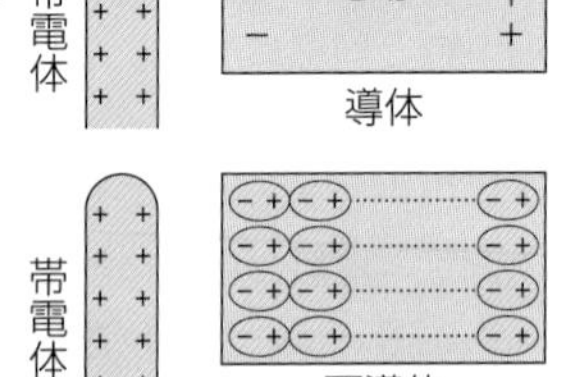

❻静電気力に関するクーロンの法則　**2 つの点電荷の間にはたらく静電気力の大きさ F〔N〕は，電気量の大きさ q_1〔C〕，q_2〔C〕の積に比例し，電荷間の距離 r〔m〕の 2 乗に反比例する**(**静電気力に関するクーロンの法則**)。　比例定数を k とすると，

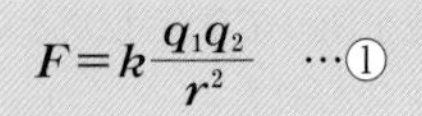

$$F=k\frac{q_1q_2}{r^2}\quad\cdots①$$

(真空中での比例定数は $k_0=9.0\times10^9$N·m²/C²)

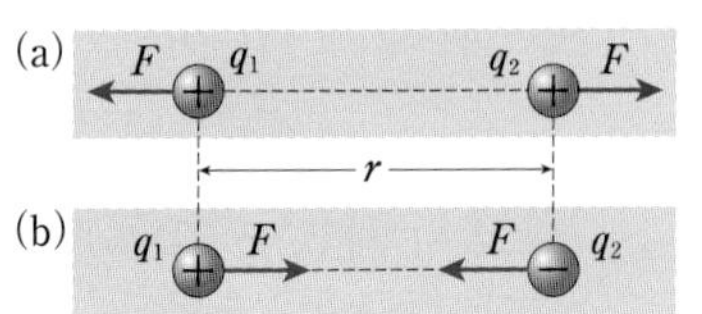

2 つの電荷が(a)同符号の場合は斥力，(b)異符号の場合は引力となる。

空気中における比例定数の値は，真空中での値 k_0 にほぼ等しい。

2 電場と電気力線

❶電場　電荷が静電気力を受けるような空間。**電界**ともいう。電場の中のある位置に単位電荷(＋1 C)を置いたとき，この電荷が受ける静電気力の向きをその位置における電場の向き，静電気力の大きさを電場の強さとする。電場の強さの単位は**ニュートン毎クーロン**(記号 N/C)。電場はベクトル量であり，$\vec{E}$ で示される。これを**電場ベクトル**という。

(a) **電場中で電荷が受ける力**　電場 $\vec{E}$〔N/C〕の中にある q〔C〕の電荷が受ける静電気力 $\vec{F}$〔N〕は,

$\vec{F}=q\vec{E}$　(**静電気力〔N〕=電荷〔C〕×電場〔N/C〕**)　…②

$q>0$: $\vec{F}$ と $\vec{E}$ は同じ向き, $q<0$: $\vec{F}$ と $\vec{E}$ は逆向き

(b) **点電荷がつくる電場**　大きさ Q〔C〕の点電荷から r〔m〕はなれた点の電場の強さ E〔N/C〕は,

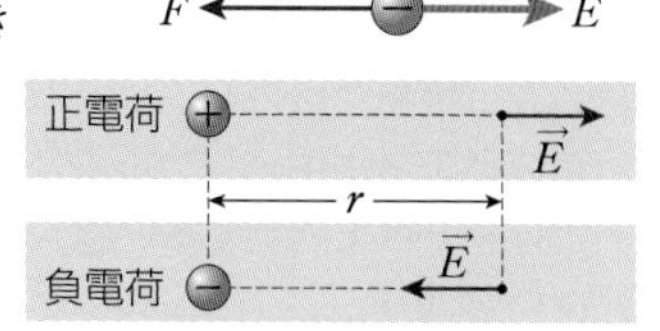

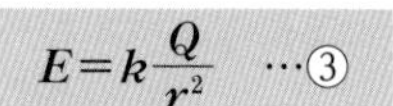

$E=k\dfrac{Q}{r^2}$　…③

正電荷 : $\vec{E}$ は外向き
負電荷 : $\vec{E}$ は内向き

複数の点電荷がつくる電場は, 各電荷がつくる電場ベクトルを合成したものになる。

❷**電気力線**　電場の向きに引いた線。次の性質がある。
①正電荷から出て負電荷に入る。
②接線の方向はその点における電場の方向と一致する。
③交わったり, 折れ曲がったり, 枝分かれしたりしない。
④電場の強いところでは密, 弱いところでは疎となる。

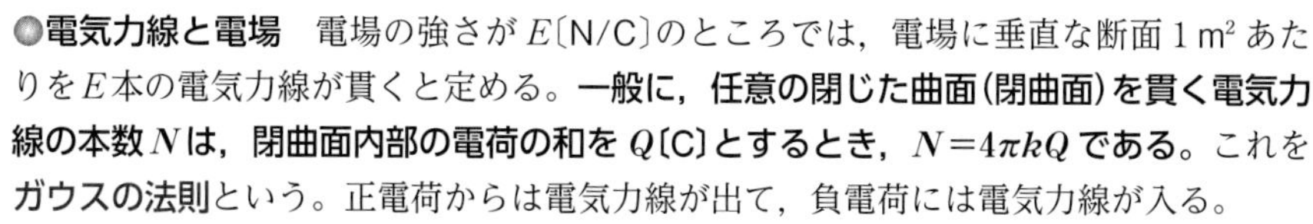

◎**電気力線と電場**　電場の強さが E〔N/C〕のところでは, 電場に垂直な断面 1 m² あたりを E 本の電気力線が貫くと定める。**一般に, 任意の閉じた曲面(閉曲面)を貫く電気力線の本数 N は, 閉曲面内部の電荷の和を Q〔C〕とするとき, $N=4\pi kQ$ である。**これを**ガウスの法則**という。正電荷からは電気力線が出て, 負電荷には電気力線が入る。

3 電位と電位差

❶**電位**　ある点における電荷がもつ**静電気力による位置エネルギー**は, その点から基準点まで電荷が移動するときに, 静電気力が電荷にする仕事に等しい。単位電荷(+1 C)がもつ静電気力による位置エネルギーを**電位**といい, 単位は**ボルト**(記号 V)。電荷 q〔C〕がもつ静電気力による位置エネルギー U〔J〕は, 電位 V〔V〕を用いて,

$U=qV$　…④　(電位は, 無限遠や地球(接地した点)を基準点(0 V)とする。)

◎**電位差**　電場の中の 2 点間における電位の差。**電圧**ともいう。電位差が V〔V〕の 2 点間を高電位側から低電位側に電荷 q〔C〕を移動させるとき, 静電気力がする仕事 W〔J〕は,

$W=qV$　…⑤　(途中の経路には無関係)

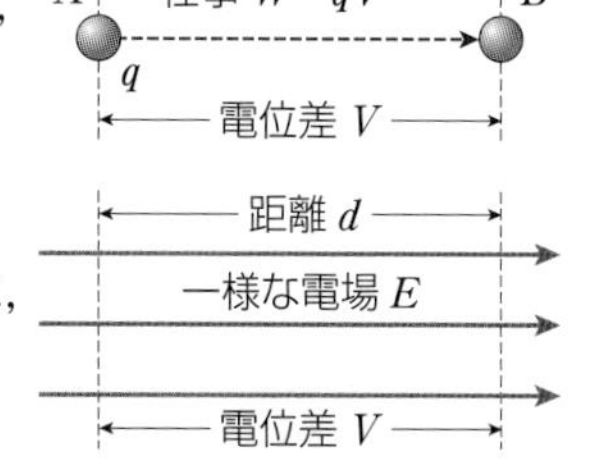

❷**一様な電場と電位差**　強さ E〔N/C〕の一様な電場の中で, d〔m〕はなれた 2 点間の電位差が V〔V〕であるとき,

$E=\dfrac{V}{d}$　または $V=Ed$　…⑥　電場の強さの単位は, N/C=V/m

電場の向きは, 電位の高い点から低い点に向かう向き。

❸**点電荷のまわりの電位**　Q〔C〕の点電荷から距離 r〔m〕はなれた点での電位 V〔V〕は, 無限遠を基準(0 V)として,　$V=k\dfrac{Q}{r}$　…⑦　(複数の点電荷による電位は, 各電荷による電位のスカラー和になる。)

電荷 q〔C〕がもつ静電気力による位置エネルギー U〔J〕は,　$U=k\dfrac{Qq}{r}$　…⑧

❹等電位面　電位の等しい点を連ねた面。等電位面の断面を示した線を**等電位線**という。

①等電位面と電気力線は直交する。

②等電位面上で電荷を運ぶときの仕事は0である。

③等電位線が密集しているところは電場が強い。

電気力線　等電位線

❺電位とエネルギー　帯電した粒子などが静電気力(保存力)だけを受けて運動するとき，その運動エネルギーと静電気力による位置エネルギーの和は保存される。

❻電場中の導体　電場の中に導体を置くと，導体内部の電荷が移動し，導体内部の電場は0となり，導体全体が等電位となる。導体表面には電気力線が垂直に出入りする。

❼静電遮蔽　導体内部の空洞部の電場は0である。物体を導体で囲み，外部の電場をさえぎることを**静電遮蔽**(せいでんしゃへい)という。

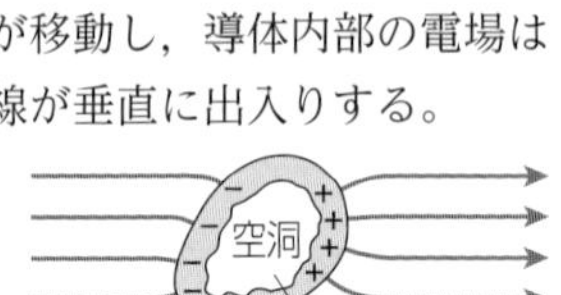

❽電場中の誘電体　電場の中に誘電体(不導体)を置くと，誘電分極によって，誘電体内部の電場は弱くなる(0にはならない)。

プロセス　クーロンの法則の比例定数を 9.0×10^9N·m²/C² とする。

1　アルミ製の空き缶に，負に帯電したストローを近づけると，空き缶が動き出した。このとき，空き缶はストローに対して近づくか，遠ざかるか。

2　塩化ビニル管を毛皮でこすると，塩化ビニル管に -4.8×10^{-6}C の電荷が生じた。電子はどちらからどちらに，何個移動したか。電気素量を 1.6×10^{-19}C とする。

3　空気中で距離3.0mをへだてて $+2.0\times10^{-6}$C，-3.0×10^{-6}C の小さな帯電球がある。両者の間にはたらく静電気力の大きさは何Nか。また，この力は引力か，斥力か。

4　-2.0×10^{-6}C の電荷が，右向きに 6.0×10^{-4}N の静電気力を受けた。この点の電場の強さと向きを求めよ。

5　空気中で $+8.0\times10^{-6}$C の点電荷から，0.60mはなれた点の電場の強さを求めよ。

6　電場中の点Aから点Bに +2.0C の電荷を運ぶのに，静電気力に逆らって30Jの仕事を必要とした。(ア) A，Bのどちらの電位が高いか。　(イ) 電位差は何Vか。

7　2枚の平行極板を 5.0×10^{-2}m はなして向かいあわせ，極板間に300Vの電圧を加え，一様な電場をつくったとき，極板間の電場の強さは何V/mか。また，極板間に置いた負電荷 -2.0×10^{-6}C が，電場から受ける力の大きさは何Nか。この力の向きは，電位が高くなる向きか，低くなる向きか。

8　図は，等しい電位差の間隔で描いた等電位線を表している。点A，B，Cについて，電場が強い順に並べよ。

A　B　C

解答

1 近づく　**2** 毛皮から塩化ビニル管に 3.0×10^{13}個　**3** 6.0×10^{-3}N，引力

4 3.0×10^2N/C，左向き　**5** 2.0×10^5N/C　**6** (ア) B　(イ) 15V

7 6.0×10^3V/m，1.2×10^{-2}N，高くなる向き　**8** A，C，B

解説動画

基本例題34 クーロンの法則

➡基本問題 237，238，241

質量 2.0g の小球Aを天井から糸でつるし，それにある電荷を与えた。1.0×10^{-6}C の正電荷をもつ小球Bを A に近づけると，図のように，Aは鉛直方向から 45° 傾いて静止した。このとき，A，Bは水平に 0.30m はなれていた。重力加速度の大きさを $9.8\,\mathrm{m/s^2}$，クーロンの法則の比例定数を $9.0\times10^9\,\mathrm{N\cdot m^2/C^2}$ とする。

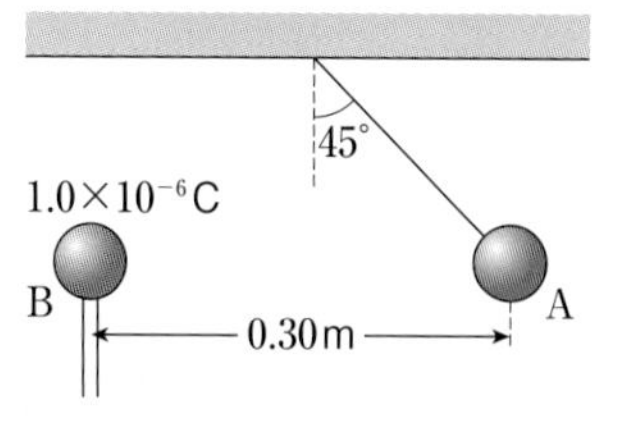

(1) 小球A，Bの間にはたらく静電気力の大きさは何Nか。

(2) 小球Aがもつ電荷は何Cか。

指針 (1) 小球Aには，重力，糸の張力，静電気力の3力がはたらき，つりあっている。それらの力のつりあいを考える。

(2) (1)で求めた静電気力 F をクーロンの法則の式に代入し，小球Aがもつ電荷を求める。

解説 (1) 小球Aには，重力 mg，糸の張力 S，静電気力 F がはたらく(図)。力はつりあっており，F と mg は等しい。

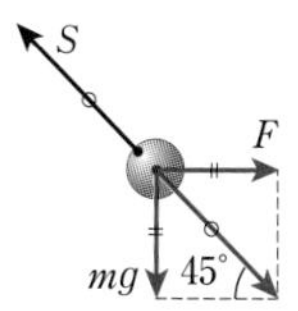

$$F=mg=(2.0\times10^{-3})\times9.8=1.96\times10^{-2}\,\mathrm{N}$$

2.0×10^{-2}N

(2) AとBは反発力をおよぼしあうので，Aがもつ電荷は正であり，これを q〔C〕とする。クーロンの法則の式「$F=k\dfrac{q_1q_2}{r^2}$」に各数値を代入し，

$$1.96\times10^{-2}=9.0\times10^9\times\frac{q\times1.0\times10^{-6}}{0.30^2}$$

$q=1.96\times10^{-7}$C　**2.0×10^{-7}C**

基本例題35 電場の合成

➡基本問題 245，246

xy 平面内で，A(−4.0m，0)，B(4.0m，0)の2点に，それぞれ $+5.0\times10^{-6}$C，-5.0×10^{-6}C の点電荷が固定されている。次の各問に答えよ。ただし，クーロンの法則の比例定数を $9.0\times10^9\,\mathrm{N\cdot m^2/C^2}$ とする。

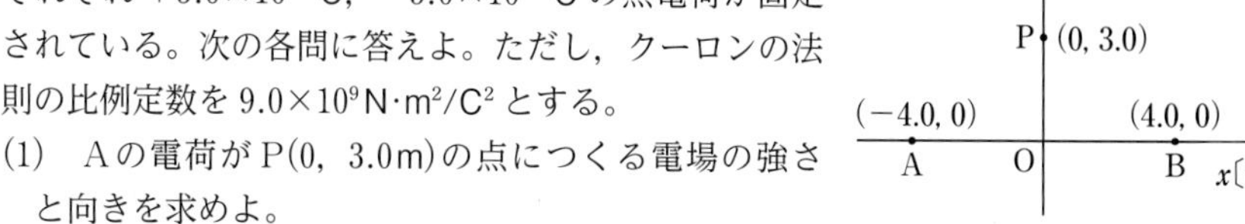

(1) Aの電荷が P(0，3.0m)の点につくる電場の強さと向きを求めよ。

(2) A，Bの電荷がPにつくる合成電場の強さと向きを求めよ。

指針 正電荷は電荷から遠ざかる向き，負電荷は電荷に近づく向きの電場をつくる。(2)では，A，Bの電荷が単独でPにつくる電場をそれぞれ求め，平行四辺形の法則を用いて合成する。

解説 (1) Aの電荷がPにつくる電場を $\overrightarrow{E_A}$ とする。$\overrightarrow{E_A}$ の向きは，Aの電荷が正なので，**$\overrightarrow{AP}$ の向き**となる。AP 間の距離は $\sqrt{3.0^2+4.0^2}=5.0$m なので，電場の強さ E_A は，「$E=k\dfrac{Q}{r^2}$」から，

$$E_A=9.0\times10^9\times\frac{5.0\times10^{-6}}{5.0^2}=\mathbf{1.8\times10^3\,N/C}$$

(2) Bの電荷がPにつくる電場を $\overrightarrow{E_B}$ とすると，A，Bの各電荷がつくる電場は，図のように示される。A，Bの各電荷の大きさは等しく，AP=BP から，$E_A=E_B$ である。合成電場 $\vec{E}$ は **x 軸の正の向き**となる。電場の強さ E は，

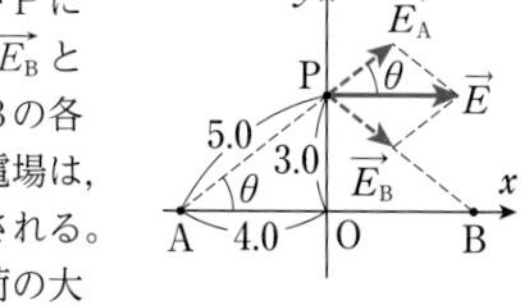

$$E=E_A\cos\theta\times2=(1.8\times10^3)\times\frac{4.0}{5.0}\times2$$
$$=2.88\times10^3\,\mathrm{N/C}$$

2.9×10^3N/C

解説動画

基本例題36　電場がする仕事

➡基本問題 243，244，247，248

図のように，間隔 2.0×10^{-2}m で平行に置かれた十分に広い金属板A，Bに電圧 100V を加え，AB 間に一様な電場をつくり，AからBへ 1.6×10^{-19}C の正電荷をもつ粒子を動かす。

(1)　金属板間の電場の強さと向きを求めよ。

(2)　粒子が電場から受ける力の大きさと向きを求めよ。

(3)　粒子がAからBまで運ばれるときに，電場がした仕事はいくらか。

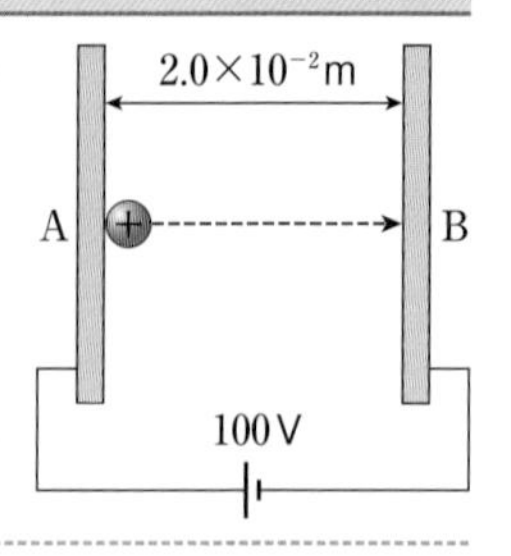

指針　(1)　電場の強さは，「$E=V/d$」の関係式から求められる。また，向きは，高電位側から低電位側への向きとなる。

(2)　電荷が電場中で受ける力は，「$\vec{F}=q\vec{E}$」と表され，$q>0$ のとき，$\vec{F}$ と $\vec{E}$ は同じ向きである。

(3)　電荷が運ばれるときに，電場(静電気力)からされる仕事は，「$W=qV$」と表される。このとき，仕事の正，負に注意する。

解説　(1)　求める電場の強さをEとすると，　$E=\dfrac{V}{d}=\dfrac{100}{2.0\times10^{-2}}=\mathbf{5.0\times10^{3}}$**V/m**

電場は**AからBの向き**となる。

(2)　粒子が電場から受ける力の大きさFは，

$F=qE=(1.6\times10^{-19})\times(5.0\times10^{3})$

$=\mathbf{8.0\times10^{-16}}$**N**

粒子は正電荷をもつので，力の向きは電場と同じであり，**AからBの向き**となる。

(3)　電場(静電気力)がする仕事を W とすると，

$W=qV=(1.6\times10^{-19})\times100=\mathbf{1.6\times10^{-17}}$**J**

別解　(2)の結果を利用して，「$W=Fx$」から，

$W=(8.0\times10^{-16})\times(2.0\times10^{-2})=\mathbf{1.6\times10^{-17}}$**J**

Point　電場がする仕事とは，静電気力がする仕事を意味する。本問では，静電気力の向きと粒子の移動する向きが同じなので，電場がする仕事は正となる。

基本例題37　電場中での粒子の運動

➡基本問題 247，248

電気量Q〔C〕の点電荷Aが固定されており，そこから距離 r〔m〕はなれた位置に，質量 m〔kg〕，電気量 q〔C〕の粒子Bが固定されている。$Q>0$，$q>0$ とし，クーロンの法則の比例定数を k〔N·m²/C²〕として，次の各問に答えよ。

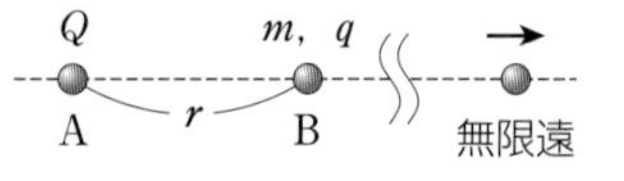

(1)　粒子Bが，点電荷Aから受ける静電気力の大きさを求めよ。

(2)　粒子Bの固定を外すと，BはAから初速度0ではなれていった。無限遠まではなれたときのBの速さはいくらか。ただし，静電気力以外の力は無視する。

指針　(1)　クーロンの法則の式を用いる。

(2)　粒子は静電気力だけから仕事をされるので，そのエネルギーは保存される。粒子のもつエネルギーは，運動エネルギー，静電気力による位置エネルギーであり，最初のときと無限遠にはなれたときとで，エネルギー保存の式を立てる。

解説　(1)　求める力の大きさを F〔N〕とする。クーロンの法則の式「$F=k\dfrac{q_1q_2}{r^2}$」から，

$F=\boldsymbol{k\dfrac{Qq}{r^2}}$〔N〕

(2)　粒子Bが，最初のときにもつ運動エネルギーは0，静電気力による位置エネルギーUは，無限遠を基準として，$U=k\dfrac{Qq}{r}$〔J〕となる。

求める速さを v〔m/s〕とすると，無限遠まではなれたとき，運動エネルギーは $\dfrac{1}{2}mv^2$〔J〕，静電気力による位置エネルギーは，無限遠が基準なので0となる。エネルギー保存の法則から，

$k\dfrac{Qq}{r}=\dfrac{1}{2}mv^2$　　$v=\sqrt{\dfrac{2kQq}{mr}}$〔m/s〕

基本問題

知識

237. 電荷の保存と静電気力 同じ大きさで同じ材質の小さな導体球A，Bが，それぞれ$+2Q$，$-4Q(Q>0)$に帯電しており，距離rだけはなして固定されている。A，Bを接触させ，しばらくしたのち，再び距離rはなして固定した。クーロンの法則の比例定数をkとして，次の各問に答えよ。

(1) 接触前の導体球間にはたらく静電気力の大きさを求めよ。引力か斥力かも答えよ。

(2) 接触後の導体球間にはたらく静電気力の大きさを求めよ。引力か斥力かも答えよ。

➡ 例題34

知識

238. 電気振り子 長さlの2本の軽い糸を天井に固定し，ともに正の電気量qをもつ質量mの2個の小球A，Bをつけると，糸は鉛直方向とθの角をなして静止した。クーロンの法則の比例定数をk，重力加速度の大きさをgとする。

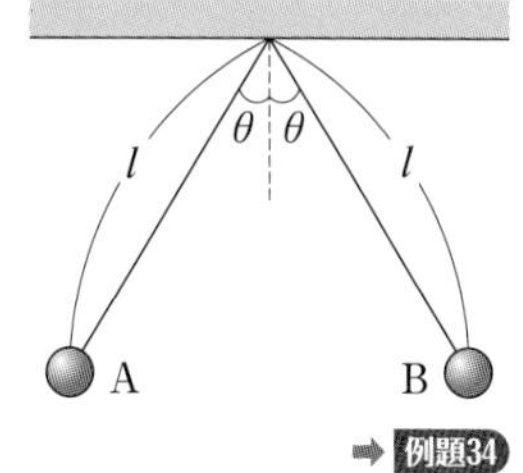

(1) AとBの間にはたらく静電気力の大きさを，m，g，θを用いて表せ。

(2) 正の電気量qを，k，l，m，g，θを用いて表せ。

➡ 例題34

思考

239. 静電誘導と誘電分極 次の各問に答えよ。

(1) 帯電していない同じ大きさの導体球A，Bをナイロン糸でつるし，接触させておく。図のように，負に帯電した塩化ビニル管をBに近づける。その後，次の(a)，(b)の操作をした場合，A，Bの電荷は，それぞれ正，負，0のいずれか。

(a) A，Bをはなした後，塩化ビニル管を遠ざけた。

(b) 塩化ビニル管を遠ざけた後，A，Bをはなした。

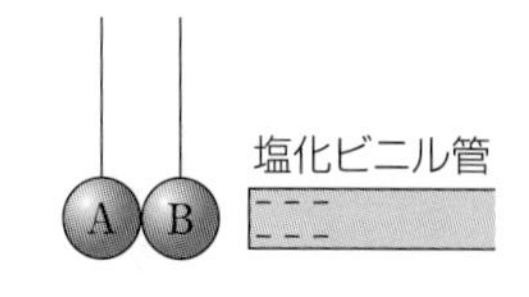

(2) A，Bがともに不導体であるとし，同様に実験をして(a)，(b)の操作を行う。Aの電荷は正，負，0のいずれか。

思考 記述

240. 箔検電器 帯電していない箔検電器を用いて，次の操作を行った。以下の各問に答えよ。

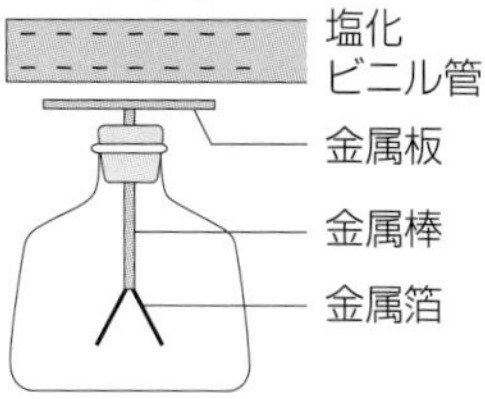

塩化ビニル管
金属板
金属棒
金属箔

(1) 負に帯電した塩化ビニル管を金属板に近づけると，箔は開いた。このとき，箔の電荷は正，負，0のいずれか。

(2) 近づけた塩化ビニル管をそのままにし，箔検電器の上部の金属板に指で触れると，箔の開きはどのようになるか。

(3) 塩化ビニル管をそのままにして指をはなし，次に塩化ビニル管を遠ざけた。箔の開きはどのようになるか。また，このとき，箔の電荷は正，負，0のいずれか。

(4) (3)の後，箔検電器の金属板に，次の各物体をゆっくりと近づける。このとき，箔の開きはどのようになるか。電荷の移動と関連づけて，それぞれ説明せよ。

(a) 正に帯電した物体。 (b) (1)の負に帯電した塩化ビニル管。

知識

241. 静電気力と電場 直線上で 1.00m はなれた 2 点に，ともに -1.6×10^{-9}C の負電荷をもつ小さな導体球A，Bが固定されている。クーロンの法則の比例定数を 9.0×10^{9} N·m²/C² として，次の各問に答えよ。

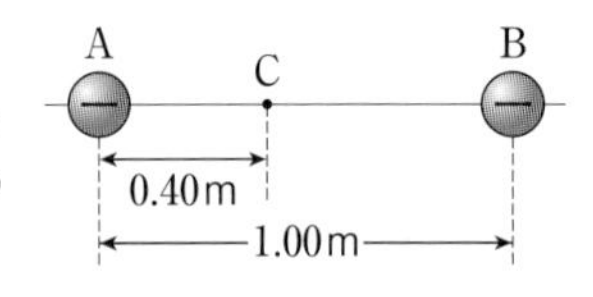

(1)　AとBの間にはたらく静電気力の大きさを求めよ。

(2)　A，Bによってできる，Aから0.40m はなれた点Cでの電場の強さと向きを求めよ。

点CにA，Bと等量の負電荷をもつ小球を置いたとする。

(3)　点Cに置いた小球が受ける静電気力の大きさと向きを求めよ。

➡ 例題34

知識

242. 電気力線の本数 q〔C〕の正の点電荷を中心とする，半径 r〔m〕の球面を考える。点電荷から放射状に均等に出た電気力線は，球面を垂直に貫く。クーロンの法則の比例定数を k〔N·m²/C²〕として，次の各問に答えよ。

(1)　点電荷が球面の位置につくる電場の強さを求めよ。

(2)　(1)の結果を利用して，点電荷から出る電気力線の総本数を求めよ。

ヒント　(2) 電場の強さが E〔N/C〕のとき，電場に垂直な単位面積を貫く電気力線は E 本である。

思考

243. 金属板間の電場と電位 図のように，厚さ 1cm の 2 枚の十分に広い金属板A，Bを間隔 10cm に保ち，電圧 10V の電池に接続して，AB 間に一様な電場をつくる。このとき，Bを接地する。X，YはA，Bの外側表面の点を表す。次の各問に答えよ。

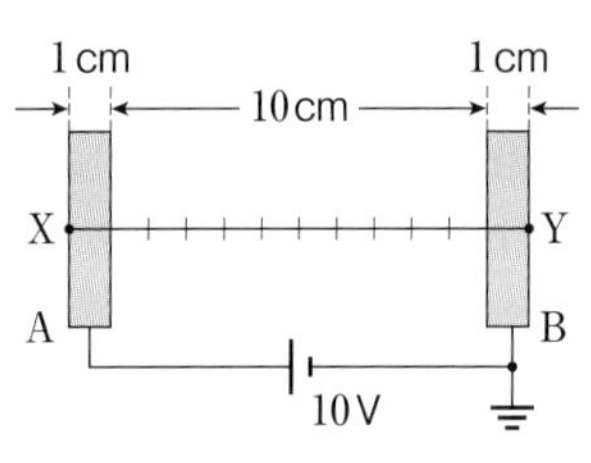

(1)　AB 間に 2V ごとの等電位線を図示せよ。

(2)　横軸に位置，縦軸に電位をとり，XY 間についてのグラフを描け。

(3)　横軸に位置，縦軸に電場の強さをとり，XY 間についてのグラフを描け。

ヒント　(2) 金属板内はどこも等電位となる。(3) 金属板内の電場は 0 となる。

➡ 例題36

知識

244. 電場と仕事 図は，正負等量の 2 つの点電荷がつくる電場のようすを，10V 間隔の等電位線で表したものである。点Dの電位を 0V とし，電荷 q を 2.0C の正の電気量をもつ点電荷とする。次の各問に答えよ。

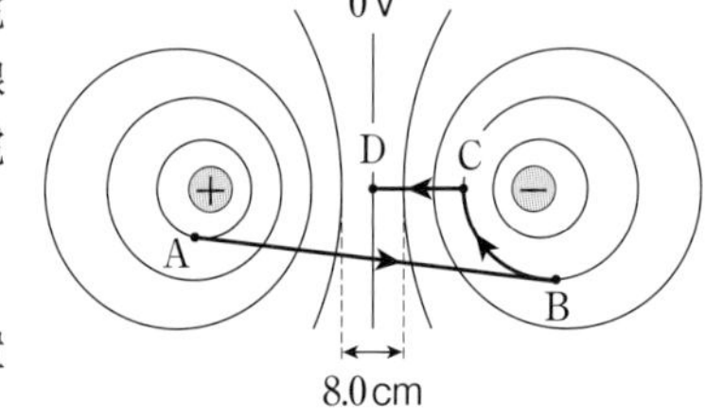

(1)　点Bにおける電荷 q の静電気力による位置エネルギーはいくらか。

(2)　電荷 q をA→B→C→Dの順にゆっくりと運ぶとき，外力が正の仕事をする区間はどれか。また，その仕事は何 J か。

(3)　電場が電荷 q に正の仕事をする区間はどれか。また，その仕事は何 J か。

(4)　点D付近は，一様な電場とみなせる。電荷 q を点Dに置いたとき，電荷 q にはたらく静電気力の大きさと向きを求めよ。

➡ 例題36

知識

245. 点電荷のつくる電場と電位 xy 平面内の点A$(0,\ a)$に，点電荷 $+Q(>0)$を固定した。クーロンの法則の比例定数を k とする。電位の基準を無限遠として，次の各問に答えよ。

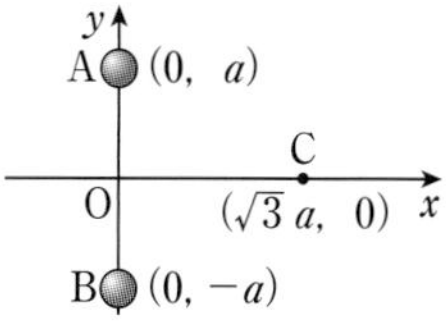

(1)　無限遠から点B$(0,\ -a)$に，別の点電荷 $+Q$ を運んで固定する。この電荷を運ぶのに必要な仕事はいくらか。

(2)　(1)の操作後の，x 軸上の点C$(\sqrt{3}\,a,\ 0)$における電場の強さと向きを求めよ。

(3)　(1)の操作後の，点C，および原点Oの電位はそれぞれいくらか。

➡ 例題35

ヒント (2)(3) 合成電場はベクトル和，合成電位はスカラー和で求められる。

知識

246. 電場と電位 図のように，$2Q$〔C〕の正電荷をもつ小球Aと，$-Q$〔C〕の負電荷をもつ小球Bを a〔m〕はなして固定する($Q>0$)。小球Aの位置を原点とし，AからBの向きに x 軸をとる。次の各問に答えよ。

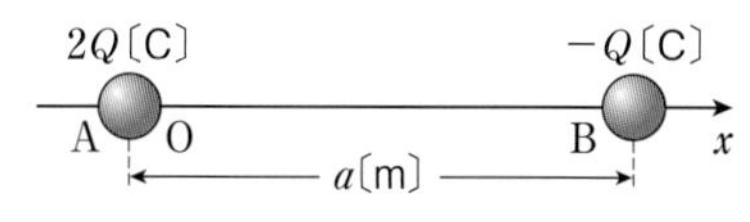

(1)　電場が0となる点は，$x<0$，$0<x<a$，$a<x$のうち，どの範囲に存在するか。

(2)　電場が0となる点の x 座標を求めよ。

(3)　x 軸上で電位が0となる点の x 座標を求めよ。

➡ 例題35

知識

247. 金属板間の電場と仕事 図のように，十分に広い金属板A，Bを6.0cmの間隔で平行に置き，電圧12Vの電源につないで負極側を接地して，金属板間に一様な電場をつくる。図が示す金属板間の位置に点P，Qをとる。

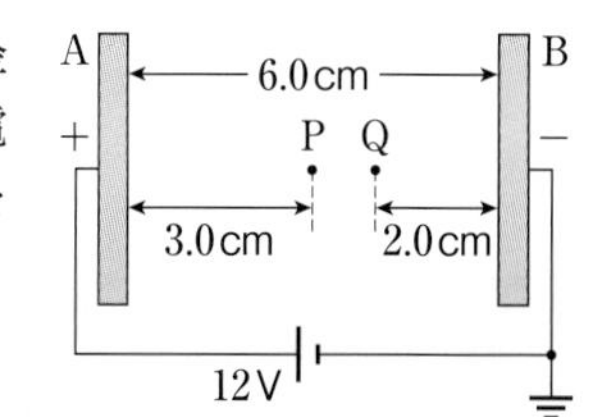

(1)　点P，Qの電場の強さは，それぞれいくらか。

(2)　点Pの電位はいくらか。

(3)　PQ間の電位差はいくらか。また，PとQではどちらが高電位か。

(4)　電荷 -4.8×10^{-19}C の粒子が，静電気力によってQからPに運ばれるとき，電場がする仕事はいくらか。

(5)　(4)と同じ粒子(質量 3.0×10^{-20}kg)がQを静かに出発した。Pでの速さはいくらか。ただし，粒子にはたらく重力は無視できるとする。

➡ 例題36・37

ヒント (5) 電場がした仕事は，粒子の運動エネルギーになる。

思考 記述

248. 電場中での電子の運動 x 軸方向に一様な電場があり，x 軸上の $x=0$，4.0×10^{-2}m，8.0×10^{-2}m の各点A，P，Bの電位は，図のように示される。

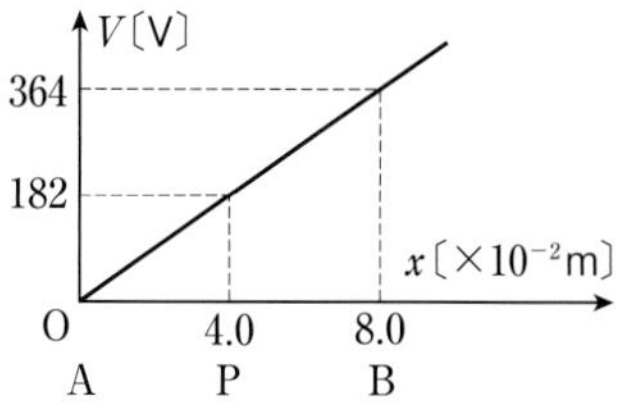

(1)　AB間の電場の強さと向きを求めよ。

-1.6×10^{-19}C の電気量をもつ質量 9.1×10^{-31}kg の電子が，x 軸上の点Pから静かに運動を始めた。

(2)　電子はA，Bのどちらに到達するか。理由とともに示せ。

(3)　(2)のとき，電子の速さはいくらか。

➡ 例題36・37

解説動画

発展例題24　金属球による電場と電位

➡発展問題 253，254

半径 R の金属球に，電荷 $Q(>0)$ を与える。球の中心Oを原点として，水平右向きに x 軸をとる。クーロンの法則の比例定数を k，電位の基準を無限遠とする。

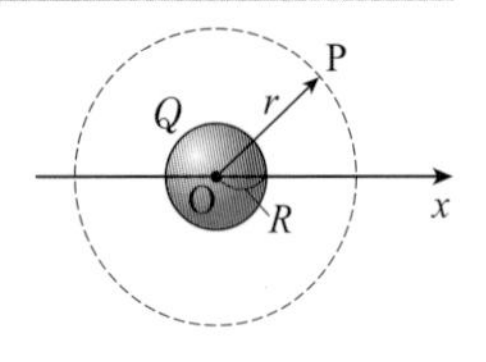

(1)　Oから距離 $r(R<r)$ はなれた点Pの電場の強さと電位をそれぞれ求めよ。

(2)　x 軸上において，位置 $x(0\leqq x)$ と電位 V との関係をグラフに描け。

指 針　電荷は，金属球の表面に一様に分布する。このとき，金属球内部に電場はできず，金属球内部の電位は一定となる。電気力線は図のように広がり，Oを中心とする球面を垂直に貫く。

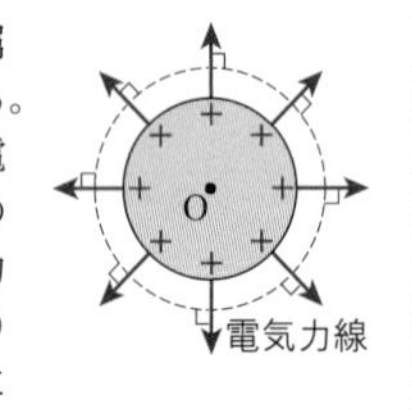

解 説　(1)　Oを中心とする半径 r の球面を閉曲面として考える。閉曲面内部の電荷の和は Q であり，ガウスの法則から，この球面を貫く電気力線の本数は $4\pi kQ$ 本である。単位面積を貫く電気力線の本数が電場の強さである。球の表面積は $4\pi r^2$ なので，電場の強さ E は，

$$E=\frac{4\pi kQ}{4\pi r^2}=\boldsymbol{k\frac{Q}{r^2}}$$

金属球外部の電場のようすは，Oに点電荷 Q があるときと同じである。電位 V は，　$V=\boldsymbol{k\frac{Q}{r}}$

(2)　$x>R$ の電位は，(1)から，$V=k\dfrac{Q}{x}$ となる。$x=R$ のときは $V=kQ/R$ となる。金属球内部の電位は一定であり，$0\leqq x\leqq R$ の電位は $x=R$ の値に等しい。グラフは図のようになる。

発展例題25　電位の合成

➡発展問題 251，255，256

図のような，一辺0.20mの正三角形ABCがある。点A，Bには，2.0×10^{-6} C の等量の正の点電荷を固定する。次の各問に答えよ。ただし，クーロンの法則の比例定数を 9.0×10^9 N·m²/C² とし，電位の基準を無限遠とする。

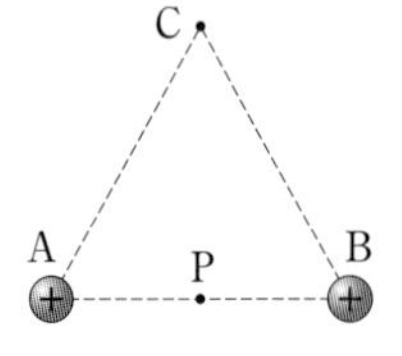

(1)　点C，および辺ABの中点Pの電位はそれぞれいくらか。

(2)　3.0×10^{-8} C の正電荷をCからPへ移動させるのに必要な仕事はいくらか。

指 針　(1)　電位は，A，Bの各点電荷による電位のスカラー和として求められる。

(2)　正電荷を電位の低い点Cから高い点Pへ移動させるので，仕事が必要となり，その分だけ，静電気力による位置エネルギー U が増加する。「$U=qV$」の式を利用する。

解 説　(1)　点C，Pにおける合成電位をそれぞれ V_C，V_P とする。「$V=k\dfrac{Q}{r}$」の式から，

$$V_C=9.0\times10^9\times\left(\frac{2.0\times10^{-6}}{0.20}+\frac{2.0\times10^{-6}}{0.20}\right)$$
$$=\boldsymbol{1.8\times10^5\,\mathrm{V}}$$

また，$\overline{\mathrm{AP}}=\overline{\mathrm{BP}}=0.10$ m なので，

$$V_P=9.0\times10^9\times\left(\frac{2.0\times10^{-6}}{0.10}+\frac{2.0\times10^{-6}}{0.10}\right)$$
$$=\boldsymbol{3.6\times10^5\,\mathrm{V}}$$

(2)　移動させるのに必要な仕事は，電荷がもつ静電気力による位置エネルギーの増加分に等しい。必要な仕事を W〔J〕とすると，「$U=qV$」の関係から，

$$W=qV_P-qV_C=q(V_P-V_C)$$
$$=3.0\times10^{-8}\times(3.6\times10^5-1.8\times10^5)$$
$$=\boldsymbol{5.4\times10^{-3}\,\mathrm{J}}$$

発展問題

知識

249. 点電荷と力のつりあい xy 平面内の点 O(0, 0)に電気量 q，点 A($2a$, 0)に電気量 $-q$，点 B(0, b)に電気量 $-Q$ の点電荷を固定した。さらに，点 C(a, b)に電気量 Q の点電荷を置いたところ，この点電荷にはたらく力はつりあった。このとき，$\dfrac{Q}{q}$ はいくらか。ただし，a，b，q，Q は正の値とする。 (21．立教大　改)

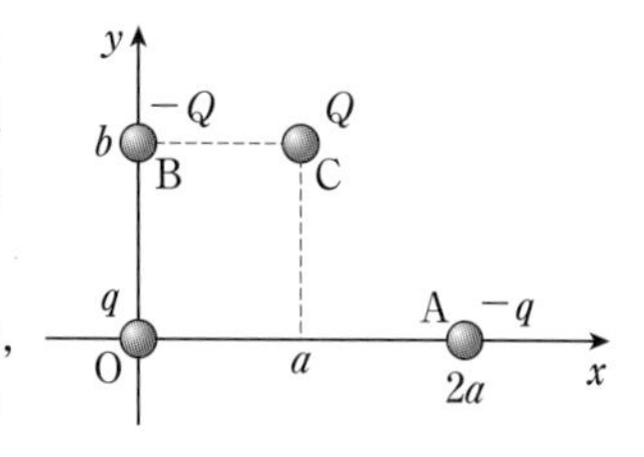

知識

250. 電気力線と電位 図1は，2点A，Bに，異符号で等量の点電荷を固定したときの電気力線を示す。C，Dは AB の垂直二等分線上の2点である。また，E，Fは Cと同じ電気力線上にある。

(1) $\overline{CD}=\overline{CE}=\overline{CF}$ である。正電荷をもつ小球Mを，Cから破線に沿ってD，E，Fにそれぞれゆっくりと移動させる。外力がする仕事の大きい順に示せ。

(2) 図1に対応した等電位線を，図2から選べ。

図1

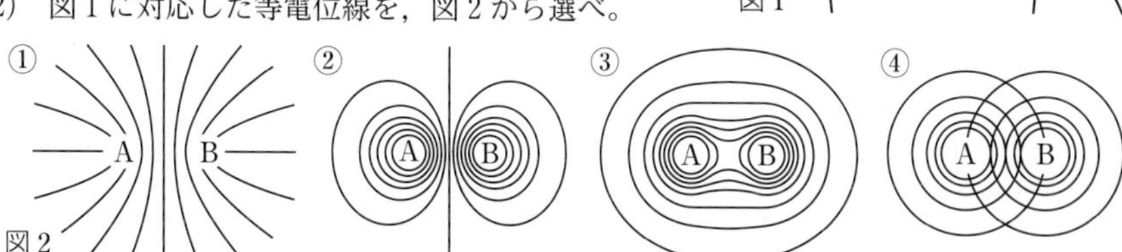

図2

思考

251. 電場と電位 点A，B，Pが図1のような配置にあり，APとBPは垂直で，ABとAPのそれぞれの長さは $2r$，r である。点AとBには，それぞれ電気量 $4Q$，$9Q$ ($Q>0$)の点電荷が固定されている。クーロンの法則の比例定数を k，無限遠における電位を0とする。

(1) 点Pの電位，および電場の強さを求めよ。

(2) 線分 AB 上にあり，電場の強さが0となる点をSとする。点AからSまでの距離を求めよ。

(3) 線分AB上にあり，点Aからの距離が x である点の電位 $V(x)$ を表すグラフの概形として，適切なものを図2の(a)～(d)から選べ。(12．弘前大　改) ➡例題25

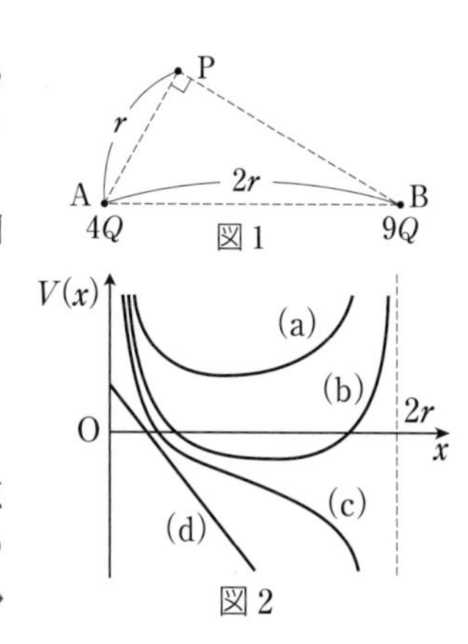

図1

図2

ヒント

249 点Cの電荷は，点O，A，Bの電荷がつくる電場から力を受けている。

250 電気力線の向きから，Bには正電荷，Aには負電荷があることがわかる。

251 電場の合成はベクトル和であり，電位の合成はスカラー和である。

解説動画

思考 記述

252. 等電位線 図のように，xy 平面上の点 A$(-a,\ 0)$に，ある大きさの正の点電荷を固定した。電位の基準点は無限遠にとるものとして，次の各問に答えよ。

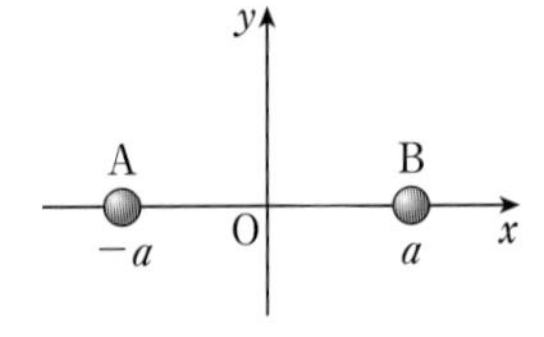

(1) xy 平面上の点 B$(a,\ 0)$に，点Aの点電荷と同じ大きさの電気量をもつ負の点電荷を固定した。このときの x 軸に沿った電位のグラフの概形を，$x<-a$，$-a<x<a$，$x>a$ の領域について描け。

(2) 点Aの電荷を $q(q>0)$とし，点Bの点電荷を $-\frac{q}{2}$ のものに変えた。クーロンの法則の比例定数を k として，xy 平面上で電位 0 の等電位線を表す式を求めよ。また，それはどのような図形を表すか。簡潔に説明せよ。　(21．東京医科歯科大　改)

知識

253. ガウスの法則 クーロンの法則の比例定数を k〔N·m²/C²〕として，次の各問に答えよ。

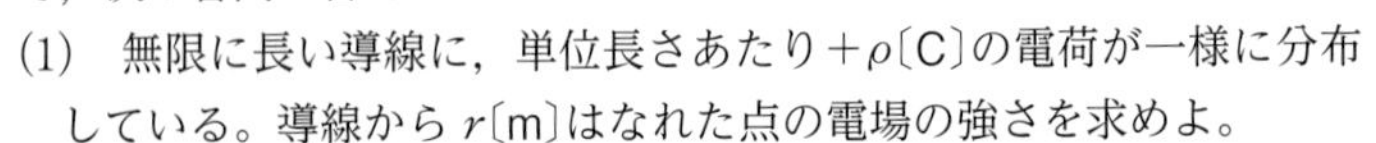

(1) 無限に長い導線に，単位長さあたり $+\rho$〔C〕の電荷が一様に分布している。導線から r〔m〕はなれた点の電場の強さを求めよ。

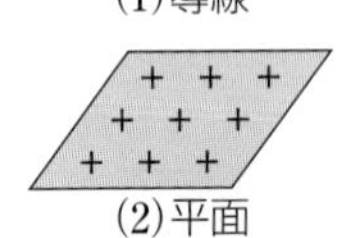

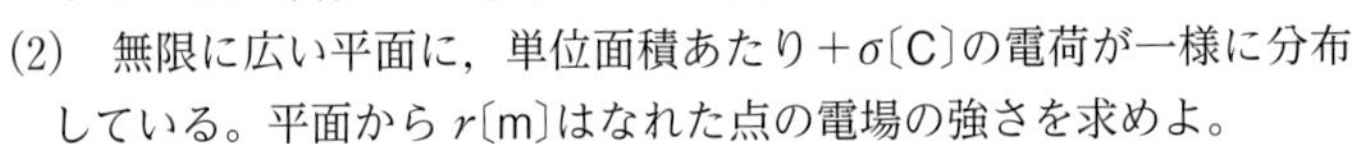

(2) 無限に広い平面に，単位面積あたり $+\sigma$〔C〕の電荷が一様に分布している。平面から r〔m〕はなれた点の電場の強さを求めよ。

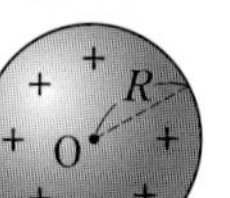

(3) 半径 R の薄い球殻に，単位面積あたり $+\sigma$〔C〕の電荷が一様に分布している。球の中心Oから r〔m〕$(r>R)$はなれた点の電場の強さを求めよ。　(15．大阪教育大　改)　➡ 例題24

思考

254. 金属球と電気力線 半径 R の金属球Aに電荷 Q $(Q>0)$を与え，内表面の半径 $2R$，外表面の半径 $3R$ の帯電していない中空の金属球Bで，両者の中心が一致するようにAを取り囲む(図1)。さらに，Bを導線で接地する(図2)。クーロンの法則の比例定数を k として，図1，2のそれぞれについて，次の各問に答えよ。

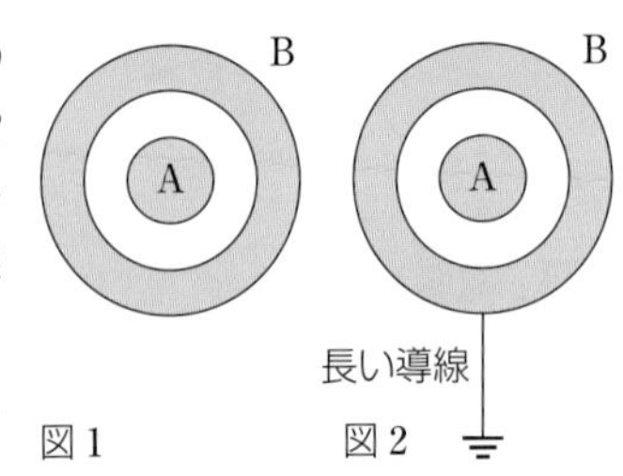

(1) 電気力線の概形を図示せよ。

(2) 金属球Aの中心から距離 $x(0\leqq x\leqq 4R)$の点の，電場の強さ E を表すグラフの概形を描け。

(3) 金属球Aの中心から距離 $x(0\leqq x\leqq 4R)$の点の，電位 V を表すグラフの概形を描け。ただし，電位の基準は，図1では無限遠，図2では接地点にとる。　➡ 例題24

ヒント

252　(2) 点$(x,\ y)$において，電位の和が 0 になることを式で表す。

253　(1)〜(3)の各場合において，ガウスの法則を利用しやすいような閉曲面を考える。

254　(1) 図2では，接地されているため，金属球Bの外側表面に電荷は存在しない。

知識

255. 電場中での粒子の運動 図のように，半径Rの円において，互いに直交する直径の両端に点電荷Qを固定した。電気量q，質量mの粒子を無限遠からゆっくり運び，円の中心から垂直に距離Rはなれた位置に固定した。粒子にはたらく重力は無視でき，クーロンの法則の比例定数をkとする。また，電荷Q，qは同符号とする。

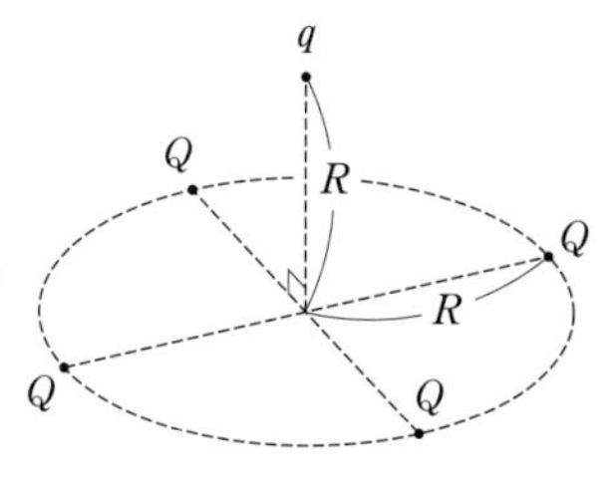

(1) 粒子を運ぶのに要した外力の仕事はいくらか。

(2) 粒子の固定を外した直後の，粒子の加速度の大きさはいくらか。

(3) 十分に時間が経ち，一定になった粒子の速さはいくらか。 (12. 慶應義塾大 改)

➡ 例題25

知識

256. 電場とエネルギー 図のように，平面上に原点Oをとり，原点Oからそれぞれ$4a$はなれたx軸上の点A，Bに，いずれも$+Q(Q>0)$の点電荷を固定する。クーロンの法則の比例定数をkとして，次の各問に答えよ。

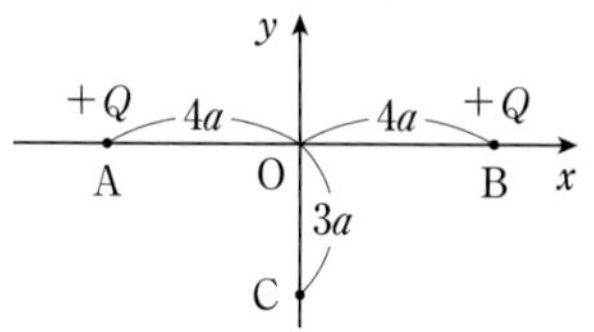

(1) $(0,\ -3a)$の点Cに，電荷$+q(q>0)$，質量mの小球を置くとき，小球が受ける力の大きさを求めよ。小球が受ける重力は無視する。

(2) 電位の基準を無限遠として，点A，Bの電荷による原点Oと点Cの電位を求めよ。

(3) (1)の小球を，点Cからy軸に沿って発射し，原点Oへ到達させるためには，点Cで発射する速さをいくら以上にする必要があるか。

(4) (3)で求めた最小の速さの2倍で，(1)の小球を点Cから原点Oに向かって発射したとき，無限遠で最終的に獲得できる速さを求めよ。 (高知大 改) ➡ 例題25

思考

257. 静電気力による微小振動 図のように，真空中にx軸をとり，原点Oから距離a〔m〕だけはなれたx軸上の点AとBにいずれも電荷Q〔C〕をもつ点電荷を固定する$(Q>0)$。クーロンの法則の比例定数をk_0〔N·m²/C²〕とする。

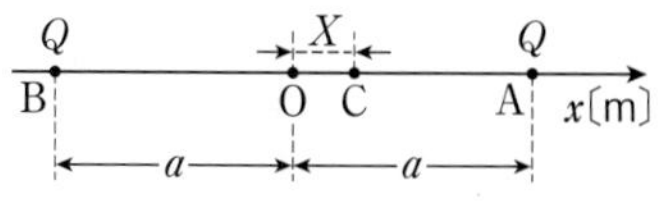

(1) x軸上のAB間に，原点Oから点Aに向かって距離X〔m〕だけはなれた点Cがある。点Cにおける電場のx成分は，$+x$方向を正とすると，何N/Cか。

質量m〔kg〕，電荷Q〔C〕の小球を点Cに置いて静かにはなす。小球はx軸上のみを運動するものとする。また，Xはaに比べて十分に小さく，X/aは1よりも十分に小さいとして，$\left(\dfrac{X}{a}\right)^2 \fallingdotseq 0$と近似でき，小球にはたらく重力は無視できるとする。

(2) 点Cで小球が受ける静電気力は，近似的にXに比例する。この力を表す式を求めよ。

(3) 小球をはなした後，小球はほぼ単振動をした。この単振動の周期は何sか。

(4) 小球が原点Oを通過するときの速さは何m/sか。 (17. 奈良県立医科大 改)

ヒント

255 (2) 対称性を利用し，円の中心軸方向の成分のみを考える。(3) エネルギー保存の法則を用いる。

256 (3) y軸上での合成電位のようすを考える。y軸上では，原点Oの電位が最も高い。

257 単振動をする物体にはたらく復元力Fは，変位xに比例し，「$F=-Kx$」と表される。

13 コンデンサー

1 コンデンサーの性質

❶コンデンサー　一対の導体を用いて電荷をたくわえる装置。

平行板コンデンサー…導体に平行な金属板を用いたコンデンサー。

極板(電極)…コンデンサーに用いられる一対の導体。

◎充電と放電　コンデンサーに電荷をたくわえることを**充電**，たくわえられた電荷が電流として流れることを**放電**という。

❷電気容量　コンデンサーにたくわえられる電気量Q〔C〕は，極板間の電位差V〔V〕に比例する。 **$Q=CV$　(電気量〔C〕=電気容量〔F〕×電位差〔V〕)**　…①

式①のCを**電気容量**という。単位は**ファラド**(記号 F)。1Fは，1Vで1Cの電気量をたくわえる電気容量。**マイクロファラド**(記号 μF)，**ピコファラド**(記号 pF)の単位も用いられる。　1μF=10^{-6}F　　1pF=10^{-12}F

❸平行板コンデンサー　極板間が真空のコンデンサーの電気容量C_0〔F〕は，極板の面積S〔m²〕，極板の間隔d〔m〕，静電気力に関するクーロンの法則の比例定数k_0(真空中の値)を用いて，

$$C_0=\frac{1}{4\pi k_0}\cdot\frac{S}{d}=\varepsilon_0\frac{S}{d}\quad\cdots②$$

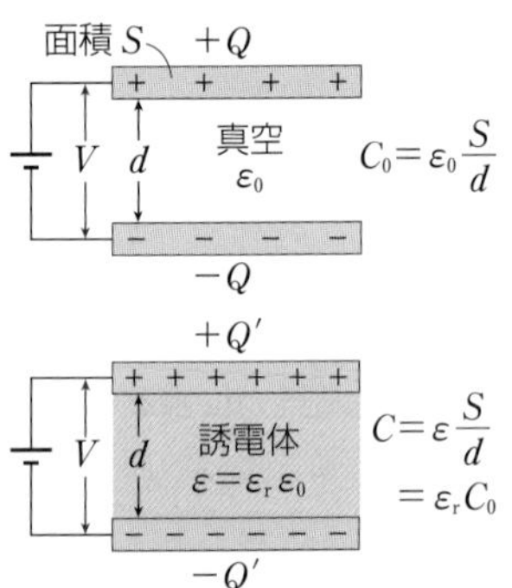

ε_0は**真空の誘電率**。　$\varepsilon_0=\frac{1}{4\pi k_0}=8.85\times10^{-12}$F/m

極板間には，一様な電場E_0〔V/m〕が高電位側から低電位側に向けて生じる。　$E_0=\frac{V}{d}=\frac{Q}{C_0d}=\frac{Q}{\varepsilon_0S}$　…③

◎電気容量と誘電体　極板間に誘電体を満たした平行板コンデンサーの電気容量C〔F〕は，　$$C=\varepsilon\frac{S}{d}\quad\cdots④$$

比例定数εを**誘電率**といい，その値は誘電体によって決まる。空気の誘電率は真空の誘電率にほぼ等しい。極板間が真空で電気容量C_0のコンデンサーに，誘電率εの誘電体を極板間に満たしたとき，電気容量がCに増加したとすると，　$$\varepsilon_r=\frac{C}{C_0}=\frac{\varepsilon}{\varepsilon_0}\quad\cdots⑤$$

ε_rを**比誘電率**という。誘電体で満たしたコンデンサーの電気容量は，$C=\varepsilon_rC_0$となる。

❹耐電圧　コンデンサーの極板間に加えることができる最大電圧。

2 コンデンサーの接続

❶並列接続　各コンデンサーの極板間の電圧は等しい。

合成容量　**$C=C_1+C_2+\cdots+C_n$**　…⑥

全電気量　$Q=Q_1+Q_2+\cdots+Q_n$　…⑦

各コンデンサーの電気量の比は，電気容量の比に等しい。　$Q_1:Q_2:\cdots:Q_n=C_1:C_2:\cdots:C_n$　…⑧

〈並列〉

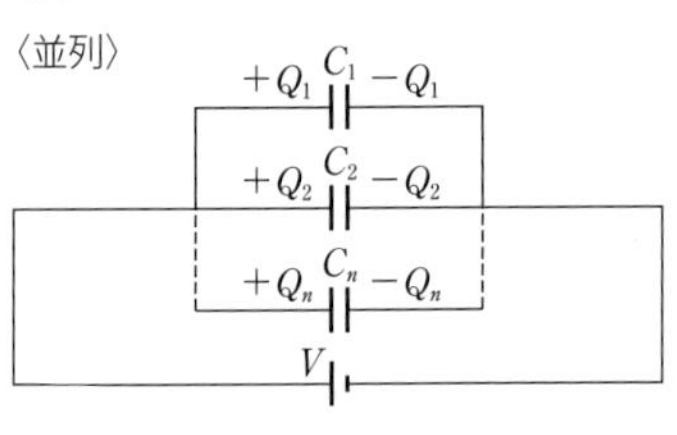

❷直列接続　各コンデンサーの電気量は等しい。

〈直列〉（はじめに充電されていない）

合成容量　$$\frac{1}{C}=\frac{1}{C_1}+\frac{1}{C_2}+\cdots+\frac{1}{C_n}\quad\cdots⑨$$

全電圧　$V=V_1+V_2+\cdots+V_n$　…⑩

各コンデンサーの極板間の電圧の比は，電気容量の逆数の比に等しい。　$V_1:V_2:\cdots:V_n=\frac{1}{C_1}:\frac{1}{C_2}:\cdots:\frac{1}{C_n}$　…⑪

❸コンデンサーと電気量の保存　図の回路において，スイッチを入れる前後で電気量の総和は変わらない。　$Q_1+Q_2=Q_1'+Q_2'$　…⑫

各コンデンサーの極板間の電圧は等しくなる。

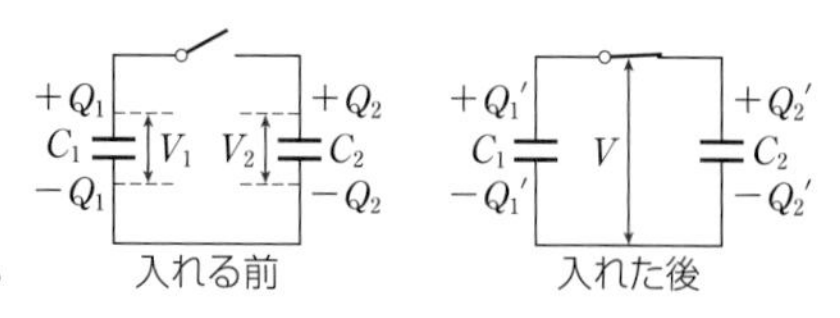

3 コンデンサーのエネルギー

❶静電エネルギー　コンデンサーがたくわえるエネルギー。C〔F〕のコンデンサーがV〔V〕で充電されたとき，静電エネルギーU〔J〕は，

$$U=\frac{1}{2}QV=\frac{1}{2}CV^2=\frac{Q^2}{2C}\quad\cdots⑬$$

❷電池のする仕事　電荷Q〔C〕を運ぶとき，電池のする仕事W_0〔J〕は，　$W_0=QV$　…⑭

式⑭のエネルギーの半分は，回路の抵抗によるジュール熱として失われる。コンデンサーの静電エネルギーは，外力や電池の仕事によって変化する。

プロセス　次の各問に答えよ。

1　4.0μF のコンデンサーに 100V の電池を接続した。何Cの電気量がたくわえられるか。

2　正方形(一辺の長さ 10cm)の金属板 2 枚を 1.0mm はなして向かいあわせ，平行板コンデンサーをつくる。この電気容量は何Fか。真空の誘電率を 8.9×10^{-12}F/m とする。

3　平行板コンデンサーで極板面積を 2 倍にし，極板間隔を 1/2 倍にすると，コンデンサーの電気容量ははじめの何倍になるか。さらに，極板間を比誘電率 5.0 の誘電体で満たすと，電気容量ははじめの何倍になるか。

4　電気容量が 2.0μF，3.0μF の充電されていない 2 つのコンデンサーを並列接続，および直列接続にしたときの合成容量はそれぞれ何 μF か。

5　電気容量が 2.0μF，4.0μF の 2 つのコンデンサー C_1，C_2 を並列に接続し，両端に 12V の電源をつないだとき，C_1，C_2 にたくわえられる電気量はそれぞれ何Cか。

6　電気容量が 2.0μF，4.0μF の充電されていない 2 つのコンデンサー C_1，C_2 を直列に接続し，両端に 12V の電源をつないだとき，C_1，C_2 に加わる電圧はそれぞれ何Vか。

7　電気容量が 1.0×10^3μF のコンデンサーに，2.0×10^2V の電源をつないで充電したとき，コンデンサーにたくわえられた静電エネルギーは何 J か。

解答

1 4.0×10^{-4}C　**2** 8.9×10^{-11}F　**3** 4倍，20倍　**4** 並列：5.0μF，直列：1.2μF
5 C_1：2.4×10^{-5}C，C_2：4.8×10^{-5}C　**6** C_1：8.0V，C_2：4.0V　**7** 20J

解説動画

基本例題38 コンデンサーの電気容量と電気量

➡基本問題 258，261，267

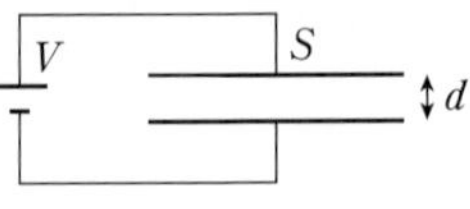

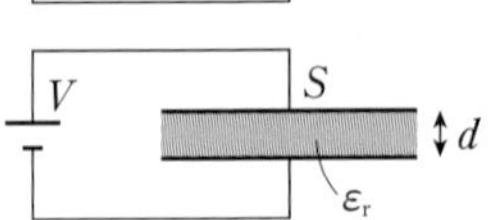

極板の間隔を d〔m〕に保った断面積 S〔m²〕の平行板コンデンサーを，電圧 V〔V〕の直流電源に接続する。極板間は真空であり，真空の誘電率を ε_0〔F/m〕とする。

(1) コンデンサーにたくわえられた電気量は何Cか。

(2) 比誘電率 ε_r の誘電体で極板間を満たすと，コンデンサーの電気容量は何Fになるか。

(3) 誘電体を入れた後，コンデンサーにたくわえられる電気量は何Cか。

指針 (1)「$C_0=\varepsilon_0 S/d$」，「$Q=CV$」の公式を利用する。

(2) 比誘電率 ε_r の誘電体で極板間を満たすと，コンデンサーの電気容量は ε_r 倍となる。

(3) 誘電体を入れるとき，電源が接続されたままなので，極板間の電圧は一定に保たれる。

解説 (1) 極板間が真空のコンデンサーの電気容量を C_0 とすると，求める電気量 Q_0 は，

「$C_0=\varepsilon_0\dfrac{S}{d}$」から， $Q_0=C_0V=\dfrac{\boldsymbol{\varepsilon_0 SV}}{\boldsymbol{d}}$〔C〕

(2) 電気容量 C は， $C=\varepsilon_r C_0=\dfrac{\boldsymbol{\varepsilon_r\varepsilon_0 S}}{\boldsymbol{d}}$〔F〕

(3) 求める電気量を Q とする。極板間の電位差は V のままであり， $Q=CV=\dfrac{\boldsymbol{\varepsilon_r\varepsilon_0 SV}}{\boldsymbol{d}}$〔C〕

Point 誘電体を挿入するとき，コンデンサーと電源の接続の有無による違いは次のとおり。
接続あり…極板間の電位差は一定
接続なし…極板の電気量は一定

基本例題39 電気容量と静電エネルギー

➡基本問題 259，260

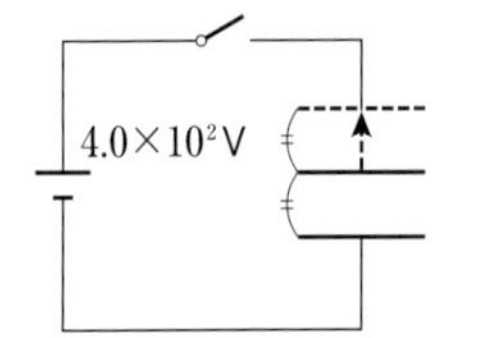

電気容量 0.10μF の平行板コンデンサーを，4.0×10^2 V の電源につないで充電し，電源を切りはなした。その後，コンデンサーの極板の間隔を 2 倍に広げた。

(1) 間隔を広げる前のコンデンサーの静電エネルギーは何 J か。

(2) 間隔を広げた後のコンデンサーの電気容量は何 μF か。

(3) 間隔を広げた後，極板間の電圧は何Vになるか。

(4) 間隔を広げたことで，コンデンサーの静電エネルギーは何 J 変化するか。

指針 コンデンサーの電気容量は，「$C=\varepsilon S/d$」と示され，極板間隔に反比例する。また，電源を切りはなしたので，極板間隔を変えても，極板の電気量は一定に保たれる。「$Q=CV$」の関係から，Q が一定なので，V は C に反比例する。

解説 (1) 求める静電エネルギー U〔J〕は，

$$U=\frac{1}{2}CV^2=\frac{1}{2}\times(0.10\times10^{-6})\times(4.0\times10^2)^2$$
$$=\boldsymbol{8.0\times10^{-3}}\ \textbf{J}$$

(2) 極板間隔を 2 倍にすると，電気容量は 1/2 倍になる。求める電気容量を C' とすると，

$$C'=\frac{C}{2}=\frac{0.10}{2}=\boldsymbol{5.0\times10^{-2}}\ \boldsymbol{\mu}\textbf{F}$$

(3) 求める電圧を V'〔V〕とすると，

$$V'=\frac{Q}{C'}=\frac{CV}{C/2}=2V=2\times4.0\times10^2$$
$$=\boldsymbol{8.0\times10^2}\ \textbf{V}$$

(4) 間隔を広げた後の静電エネルギー U' は，

$$U'=\frac{1}{2}C'V'^2$$
$$=\frac{1}{2}\times(5.0\times10^{-2}\times10^{-6})\times(8.0\times10^2)^2$$
$$=1.6\times10^{-2}\ \text{J}$$

したがって，静電エネルギーの変化 ΔU は，

$$\Delta U=U'-U=1.6\times10^{-2}-8.0\times10^{-3}$$
$$=8\times10^{-3}\ \text{J}$$ 　**8×10^{-3} J 増加**

解説動画

基本例題40 コンデンサーの接続

➡基本問題 262, 264, 266

図のように，$C_1=3.0\,\mu F$，$C_2=2.0\,\mu F$，$C_3=4.0\,\mu F$ のコンデンサーを接続し，$V=30\,V$ の電源につなぐ。各コンデンサーは，はじめ電荷をもっていなかったとする。

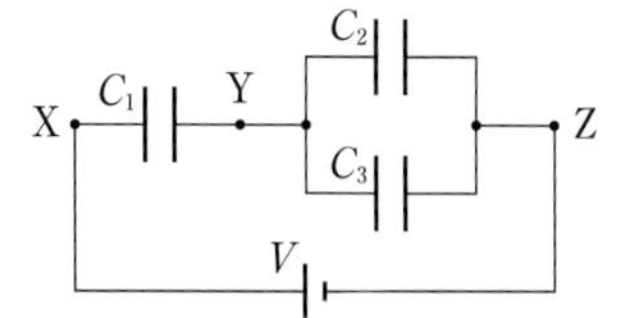

(1) XZ 間のコンデンサーの合成容量を求めよ。

(2) YZ 間の電圧を求めよ。

(3) C_1，C_2 の各コンデンサーにたくわえられる電気量をそれぞれ求めよ。

指 針 XZ 間の合成容量は，XY 間と YZ 間の直列接続と考えて求める。また，YZ 間の並列部分の合成容量を C' として，回路は図のように改めることができ，直列接続では，各コンデンサーに加わる電圧の比は，電気容量の逆数の比に等しい。

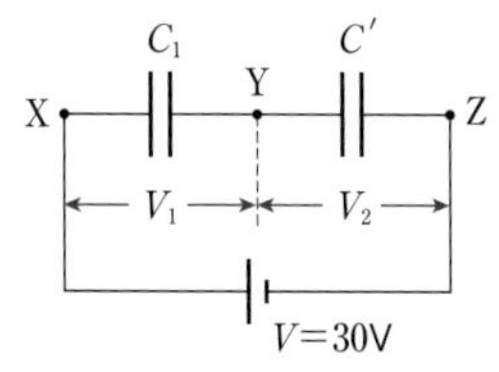

解 説 (1) YZ 間の合成容量 C' は，
$2.0+4.0=6.0\,\mu F$ で，XZ 間の合成容量 C は，

$$\frac{1}{C}=\frac{1}{C_1}+\frac{1}{C'}=\frac{1}{3.0}+\frac{1}{6.0} \qquad C=\mathbf{2.0\,\mu F}$$

(2) XY 間，YZ 間の各電圧 V_1，V_2 は電気容量 C_1，C' の逆数の比に等しい。

$$V_1:V_2=\frac{1}{C_1}:\frac{1}{C'}=\frac{1}{3.0}:\frac{1}{6.0}=2:1$$

$V=V_1+V_2$ なので，$V_2=V\times\dfrac{1}{2+1}=30\times\dfrac{1}{3}=\mathbf{10\,V}$

(3) (2)の結果から，$V_1=V-V_2=30-10=20\,V$
C_1，C_2 のコンデンサーの電気量を Q_1，Q_2 とし，

$$Q_1=C_1V_1=(3.0\times10^{-6})\times20=\mathbf{6.0\times10^{-5}\,C}$$
$$Q_2=C_2V_2=(2.0\times10^{-6})\times10=\mathbf{2.0\times10^{-5}\,C}$$

基本例題41 電気量の保存

➡基本問題 265, 266

電気容量 $C_1=2.0\,\mu F$，$C_2=3.0\,\mu F$ の 2 つのコンデンサー，$V=2.0\times10^2\,V$ の電池，スイッチ S_1，S_2 を用いて，図の回路をつくる。S_1 を閉じて C_1 のコンデンサーを充電したのち，S_1 を切り，次に S_2 を閉じて十分に時間が経過した。C_1，C_2 のコンデンサーは，はじめ電荷をもっていなかったとする。C_1，C_2 のコンデンサーにたくわえられた電荷はそれぞれ何 C か。

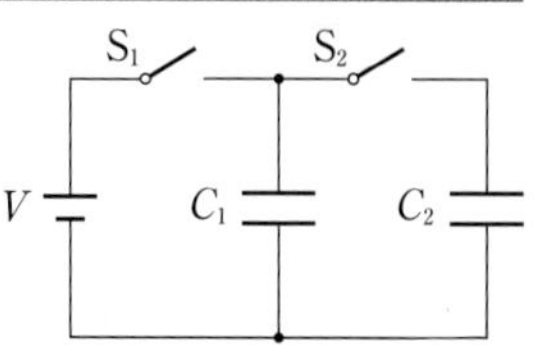

指 針 S_1 を切ってから S_2 を閉じる前の C_1 の電荷を Q とし，求める C_1，C_2 の電荷を Q_1，Q_2 とする。電池を切りはなして S_2 を閉じるので，電気量保存の法則から，図の破線で囲まれた部分の電荷は保存される。すなわち，$Q=Q_1+Q_2$ である。また，C_1，C_2 の上側，下側の極板は，それぞれ導線で接続されており，電荷の移動が完了すると，上側，下側のそれぞれの極板の電位は等しくなる。すなわち，各極板間の電圧は等しい。

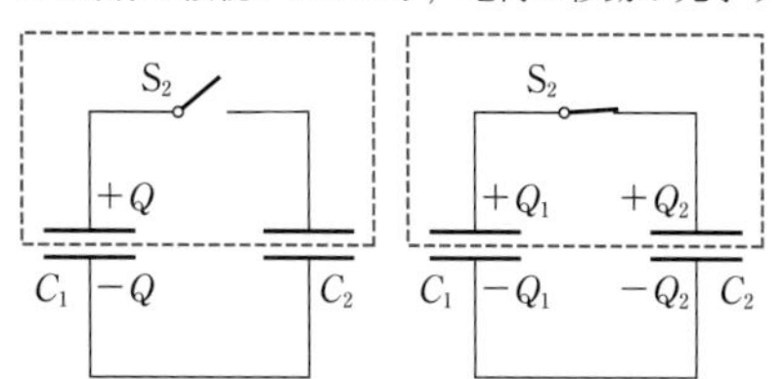

解 説 S_1 を閉じたとき，C_1 のコンデンサーにたくわえられる電荷を Q とすると，

$$Q=C_1V=(2.0\times10^{-6})\times(2.0\times10^2)$$
$$=4.0\times10^{-4}\,C$$

S_1 を切り，S_2 を閉じた後の C_1，C_2 のコンデンサーの電荷を，それぞれ Q_1，Q_2 とする。電気量保存の法則から，　$Q_1+Q_2=4.0\times10^{-4}$　…①

また，各コンデンサーの極板間の電圧は等しい。

$$\frac{Q_1}{2.0\times10^{-6}}=\frac{Q_2}{3.0\times10^{-6}} \qquad \cdots②$$

式②から，$Q_2=3Q_1/2$ となり，式①に代入して整理すると，　$Q_1=\mathbf{1.6\times10^{-4}\,C}$，$Q_2=\mathbf{2.4\times10^{-4}\,C}$

基本問題

知識

258. コンデンサー ● 極板の面積 $0.20\,\mathrm{m}^2$，極板の間隔 $0.10\,\mathrm{mm}$ の平行板コンデンサーに，電圧 $100\,\mathrm{V}$ を加える。極板間は真空であり，真空の誘電率を $8.9\times10^{-12}\,\mathrm{F/m}$ とする。

(1) コンデンサーの電気容量はいくらか。

(2) 負の極板にたくわえられている電気量はいくらか。 ➡ 例題38

思考

259. 電気量の変化 ● 図のように，極板の間隔が d で，電気容量が $3.0\times10^{-8}\,\mathrm{F}$ の平行板コンデンサーに，$10\,\mathrm{V}$ の電池を接続する。Ⓖは検流計である。次の各問に答えよ。

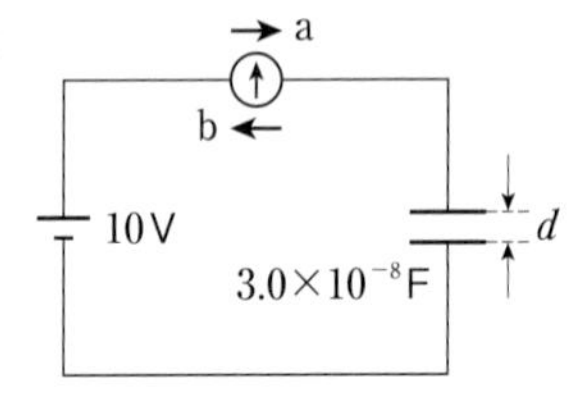

(1) コンデンサーにたくわえられる電荷はいくらか。

(2) 電池を接続したまま極板の間隔を $3d$ に広げた。このとき，検流計を何Cの正電荷がどちら向きに移動するか。向きは図の a，b の記号を用いて答えよ。 ➡ 例題39

知識

260. 極板の間隔と電位差 ● 図のように，電気容量 C，極板間隔 d の平行板コンデンサーの両端に，電圧 V の電池をつなぎ，スイッチSを閉じて充電した。次の各問に答えよ。

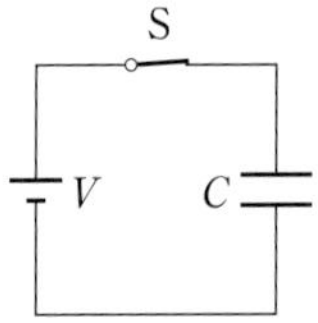

(1) コンデンサーにたくわえられる電気量はいくらか。

(2) スイッチSを開いたのち，極板の間隔を $2d$ にした。このとき，コンデンサーにたくわえられる電気量と，極板間の電位差はいくらか。

(3) (1)の状態で，スイッチSを閉じたまま極板の間隔を $2d$ にした。このとき，コンデンサーにたくわえられる電気量と，極板間の電位差はいくらか。 ➡ 例題39

知識

261. 誘電体の挿入 ● 極板間が空気で，電気容量 $0.50\,\mu\mathrm{F}$ の平行板コンデンサーに $10\,\mathrm{V}$ の電池をつなぐ。

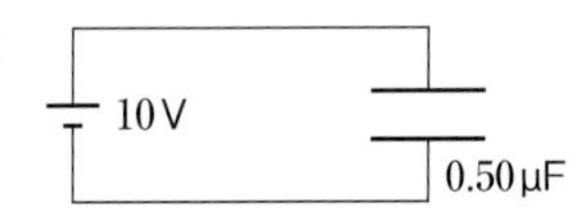

(1) たくわえられた静電エネルギーはいくらか。

(2) 電池をつないだまま，極板間に比誘電率 2.0 の誘電体をすき間なく挿入する。このとき，コンデンサーの電気容量，および静電エネルギーはいくらか。 ➡ 例題38

知識

262. コンデンサーの直列接続 ● 電気容量がそれぞれ $2.0\,\mu\mathrm{F}$，$3.0\,\mu\mathrm{F}$，$6.0\,\mu\mathrm{F}$ で，電荷がたくわえられていない3つのコンデンサーを直列に接続し，$24\,\mathrm{V}$ の電池につないだ。合成容量，および各コンデンサーに加わる電圧はそれぞれいくらか。 ➡ 例題40

ヒント 各コンデンサーにたくわえられる電気量は等しい。

知識

263. 耐電圧 ● 耐電圧 $3.0\times10^2\,\mathrm{V}$，電気容量 $10\,\mu\mathrm{F}$ のコンデンサーと，耐電圧 $2.0\times10^2\,\mathrm{V}$，電気容量 $30\,\mu\mathrm{F}$ のコンデンサーがある。これら2つのコンデンサーを並列に接続したときと，直列に接続したときの全体の耐電圧はそれぞれいくらか。

知識

264. コンデンサーの接続 図において，C_1，C_2，C_3 は電気容量がそれぞれ 20μF，30μF，40μF のコンデンサー，E は 20V の電池，S はスイッチである。はじめ，すべてのコンデンサーの電気量は 0 であり，スイッチ S は開いてある。

(1)　C_1，C_2 の 2 つの合成容量はいくらか。

(2)　C_1，C_2，C_3 の合成容量はいくらか。

(3)　スイッチ S を閉じた後，C_1，および C_2 の両端に加わる電圧はそれぞれいくらか。

(4)　(3)において，C_1，C_2，C_3 にたくわえられる電気量はそれぞれいくらか。➡ 例題40

思考　記述

265. コンデンサーの切り換え 図のように，30V の電池 E，電気容量がそれぞれ 10μF，5.0μF のコンデンサー C_1，C_2，およびスイッチ S を接続する。はじめ，C_1，C_2 の電気量は 0 であるとする。

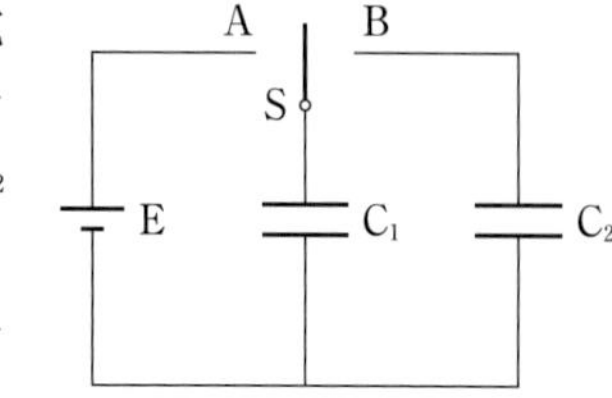

(1)　スイッチ S を A 側に接続したとき，C_1 にたくわえられる電気量，および静電エネルギーはいくらか。また，このとき電池がした仕事はいくらか。

(2)　次に，スイッチ S を B に切り換える。C_1 の電気量，および電圧はいくらになるか。

(3)　(2)において，C_1 と C_2 にたくわえられる静電エネルギーの和はいくらになるか。

(4)　(1)では，電池がした仕事と，C_1 にたくわえられる静電エネルギーが等しくならない。導線に微小な抵抗があることを考慮して，その理由を簡潔に説明せよ。

➡ 例題41

知識

266. 電気量の保存 電気容量が 2.0μF，3.0μF のコンデンサー C_1，C_2 を，それぞれ 2.0×10^2V，1.0×10^2V で充電したのち，電池を切りはなす。次の(1)，(2)の場合において，各コンデンサーにたくわえられる電気量と極板間の電位差を求めよ。

(1)　同符号の電気量をもつ極板どうしを結んだ場合。

(2)　異符号の電気量をもつ極板どうしを結んだ場合。➡ 例題40・41

ヒント　接続の前後において，導線で結ばれた極板どうしの電気量の和は保存される。

知識

267. 誘電体の挿入 極板間が空気で，電気容量 C〔F〕の平行板コンデンサーに，電圧 V〔V〕の電池をつなぎ，図のように，比誘電率 ε_r の誘電体を極板間に挿入する。次の(1)，(2)の場合において，コンデンサーにたくわえられる電気量はいくらか。

(1)　図 1 のように，極板間の右半分を誘電体で満たした場合。

(2)　図 2 のように，極板間の下半分を誘電体で満たし，その誘電体の上面を厚さの無視できる金属板で覆った場合。

➡ 例題38

ヒント　(1) 誘電体の入っている部分と，入っていない部分が並列に接続されていると考える。

解説動画

発展例題26　充電されたコンデンサーの接続

➡発展問題 269, 270

10Vの電圧で充電された3.0μFのコンデンサーC_1に，充電されていない2.0μFのコンデンサーC_2，スイッチS，50Vの電池を図のように接続し，スイッチSを閉じた。

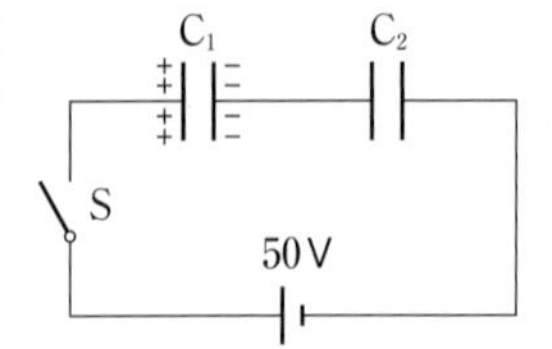

(1)　C_1，C_2にたくわえられる電気量はそれぞれいくらか。

(2)　C_1，C_2の両端の電圧はそれぞれいくらか。

指針　スイッチSを閉じると，C_1，C_2の極板間の電圧の和は50Vになる。また，Sを閉じる前後で，導線で結ばれたC_1の右側の極板とC_2の左側の極板の電気量の和は保存される。

解説　(1)　Sを閉じる前のC_1の電気量は，「$Q=CV$」から，

$(3.0\times10^{-6})\times10=3.0\times10^{-5}$ C

Sを閉じた後のC_1，C_2の電気量をQ_1，Q_2，電圧をV_1，V_2とする(図)。電気量保存の法則から，Sを閉じる前後で，破線で囲まれた部分の

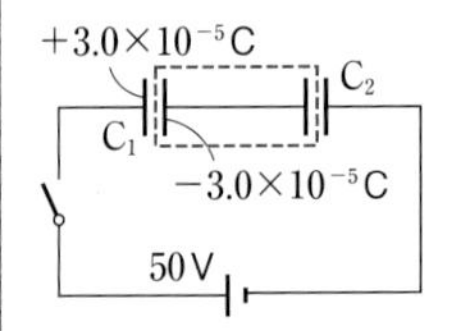

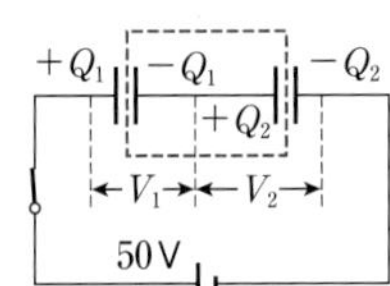

電気量は保存される。

$-Q_1+Q_2=-3.0\times10^{-5}$　…①

また，各コンデンサーの電圧の和は50Vであり，

$$\frac{Q_1}{3.0\times10^{-6}}+\frac{Q_2}{2.0\times10^{-6}}=50 \quad \cdots②$$

式①，②から，

$\boldsymbol{Q_1=7.8\times10^{-5}}$ **C**，$\boldsymbol{Q_2=4.8\times10^{-5}}$ **C**

(2)　(1)で求めたQ_1，Q_2を用いて，

$$V_1=\frac{Q_1}{C_1}=\frac{7.8\times10^{-5}}{3.0\times10^{-6}}=\mathbf{26\,V}$$

$$V_2=\frac{Q_2}{C_2}=\frac{4.8\times10^{-5}}{2.0\times10^{-6}}=\mathbf{24\,V}$$

Point　C_1にはじめ電荷があったため，C_1，C_2の電圧の比は，電気容量の逆数の比にならない。

発展例題27　極板間にはたらく力

➡発展問題 275

電気容量C，極板間隔dの平行板コンデンサーがある。両極板には，$\pm Q$の電荷がたくわえられている。極板間の電場は一様であるとして，次の各問に答えよ。

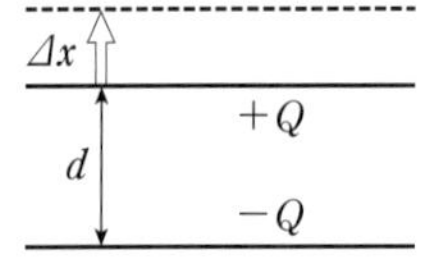

(1)　コンデンサーがたくわえている静電エネルギーを求めよ。

(2)　極板間の距離をゆっくりと$\varDelta x$引きはなしたときの静電エネルギーを求めよ。

(3)　極板間にはたらく引力の大きさを求めよ。

指針　極板を引きはなす仕事の分だけ，コンデンサーの静電エネルギーは増加する。また，引きはなす力と極板間の引力の大きさは等しい。

解説　(1)　静電エネルギーをUとして，

$$U=\boldsymbol{\frac{Q^2}{2C}}$$

(2)　極板を引きはなした後の電気容量をC'とする。電気容量は，極板間隔に反比例するので，$C'=\dfrac{d}{d+\varDelta x}C$となる。求める静電エネルギー$U'$は，　$U'=\dfrac{Q^2}{2C'}=\boldsymbol{\dfrac{Q^2(d+\varDelta x)}{2Cd}}$

(3)　極板を引きはなす力の大きさをFとする。この力がする仕事$F\varDelta x$は，静電エネルギーの増加分$U'-U$に等しい。

$$F\varDelta x=U'-U=\frac{Q^2\varDelta x}{2Cd} \qquad F=\boldsymbol{\frac{Q^2}{2Cd}}$$

(極板間の引力の大きさは，極板を引きはなすときに加える力の大きさFと等しい。)

(注)　真空の誘電率をε_0，極板の面積をSとする。「$C=\varepsilon_0 S/d$」から，$Cd=\varepsilon_0 S$であり，力の大きさ$Q^2/(2Cd)$は$Q^2/(2\varepsilon_0 S)$と表される。Q，S，ε_0は極板間隔が変化しても一定であるから，極板間の引力は一定となる。

発展問題

知識

268. コンデンサーの回路 図のように，電気容量がそれぞれ10μF，20μF，30μFの3つのコンデンサーと，電圧がそれぞれ6.0V，9.0Vの2つの電池を接続する。接続する前には，各コンデンサーに電荷はなかったものとして，次の各問に答えよ。

(1) 各コンデンサーがたくわえる電気量はいくらか。

(2) 各コンデンサーの極板間の電圧はいくらか。

知識

269. コンデンサーの接続と電気量保存 図において，C_1=6.0μF，C_2=4.0μF，E=10Vで，S_1，S_2，S_3，S_4はスイッチである。はじめ，C_1，C_2のコンデンサーに電荷はなく，スイッチは全部開かれていた。

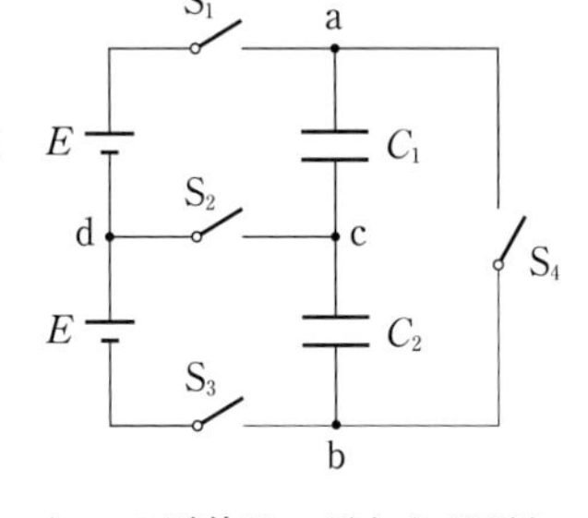

(1) スイッチS_1，S_3を閉じるとき，C_2のコンデンサーにたくわえられる電気量と加わる電圧を求めよ。

(2) さらにS_2を閉じるとき，S_2を流れる正電荷はどちら向きに何Cか。

(3) (2)の状態において，S_1，S_3を開き，S_4を閉じた。aとcの電位は，どちらがどれだけ高いか。

➡ 例題26

知識

270. コンデンサーのつなぎ換え 電気容量がCのコンデンサーC_1，C_2，C_3，電圧がVの電池E，およびスイッチS_1，S_2を用いて，図のような回路をつくる。はじめ，コンデンサーC_1，C_2，C_3に電荷はたくわえられておらず，スイッチS_1，S_2は開いている。次の文の(　　)に入る適切な文字式を答えよ。

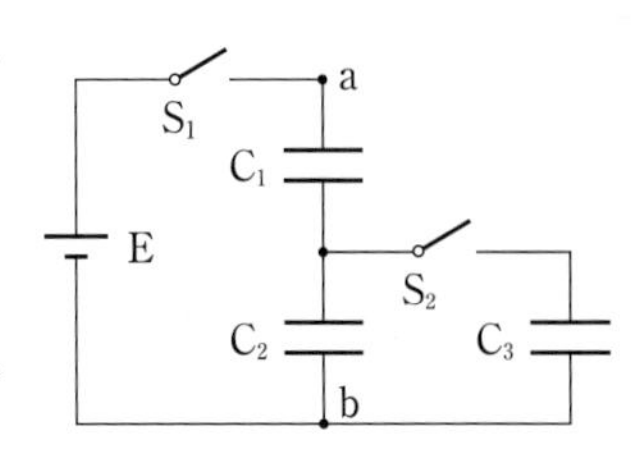

まず，S_1だけを閉じる。十分な時間が経過したのち，C_1にたくわえられる電気量は(　1　)である。次に，S_1を開いてS_2を閉じた。十分な時間が経過したのち，C_3にたくわえられる電気量は(　2　)であり，ab間の電位差は(　3　)である。さらに，S_2を開いてからS_1を閉じた。十分な時間が経過したとき，C_2にたくわえられている電気量は(　4　)である。その後，再びS_1を開いてS_2を閉じ，十分な時間が経過したとき，C_3にたくわえられている電気量は(　5　)である。　(21．関西医科大　改)

➡ 例題26

ヒント

268 10μFと30μFのコンデンサーの電圧の和は6.0V，20μFと30μFの電圧の和は9.0Vに等しい。

269 (3) C_1の下側の極板の電荷とC_2の上側の極板の電荷の和は，S_4を閉じても一定に保たれる。

270 (4)(5) スイッチを切り換える前の各極板の電荷が0ではないことに注意する。

解説動画

知識

271. 平行板コンデンサー 電気容量が C，極板A，Bの間隔が $2d$ の平行板コンデンサーと，極板と同じ形で d に比べて厚さの無視できる薄い金属板Dがある。図1のように，金属板Dを極板A，Bから等距離になるように置き，電圧 V の電池，およびスイッチSを通してA，Bと接続し，A，Bを接地する。

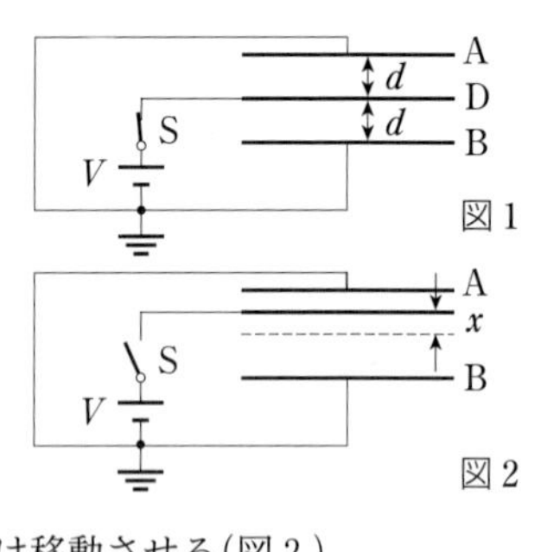

図1　図2

(1) スイッチSが閉じられているとき，金属板Dにたくわえられた電荷はいくらか。C，V を用いて表せ。

次に，スイッチSを開いた後，金属板DをAの側に x だけ移動させる(図2)。

(2) Dの電位はいくらか。d, x, V を用いて表せ。また，極板A，Bにたくわえられた電荷 Q_A，Q_B はいくらか。それぞれ d，x，C，V を用いて表せ。

思考

272. 金属板の挿入 図のように，極板の間隔が $4d$ の平行板コンデンサーがある。極板Bは接地されており，AB間には，電圧 V の電源が接続されている。ここで，帯電していない厚さ d の金属板を図の位置に入れた。

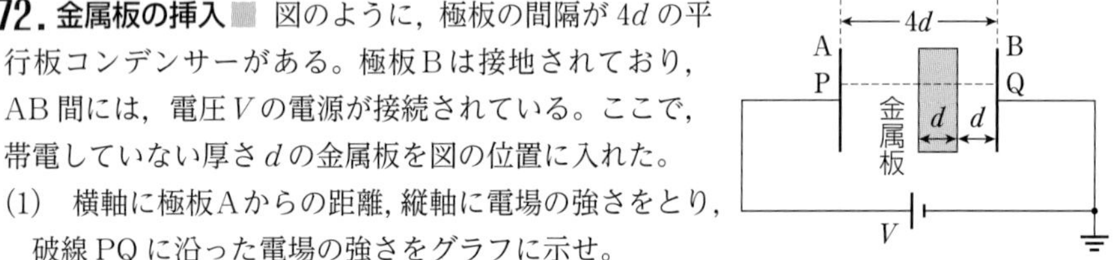

(1) 横軸に極板Aからの距離，縦軸に電場の強さをとり，破線PQに沿った電場の強さをグラフに示せ。

(2) 横軸に極板Aからの距離，縦軸に電位をとり，破線PQに沿った電位のようすをグラフに示せ。

(3) コンデンサーにたくわえられる電気量は，金属板を入れる前の何倍になるか。

思考　やや難

273. くし形電極のコンデンサー 図のように，面積が S で，同じ形の4枚の導体平板Ⅰ，Ⅱ，Ⅲ，Ⅳを，互いに平行に等間隔 d で並べ，ⅠとⅢ，ⅡとⅣをそれぞれ導線で接続する。ⅠとⅢの電荷の合計と，ⅡとⅣの電荷の合計は，互いに逆符号で同じ大きさである。導体平板間は空気であり，空気の誘電率を ε_0 とする。次の文の(　　)に入る適切な式を答えよ。

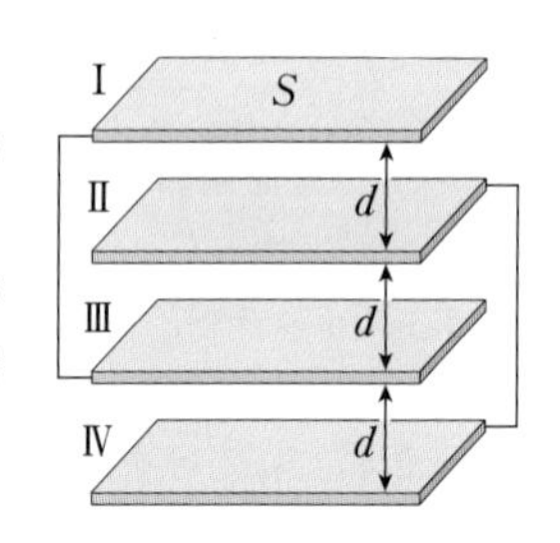

ⅠのⅡに面した側の表面にある電荷を $Q(>0)$ とする。ⅠとⅡの間の電場の強さは(　1　)である。ⅡとⅢの間の電場の強さは(　2　)，ⅢのⅡに面した側の表面にある電荷は(　3　)である。さらに，ⅢのⅣに面した側の表面にある電荷は(　4　)である。以上から，ⅠとⅢを一方の極板とし，ⅡとⅣを他方の極板としたコンデンサーの電気容量は(　5　)となる。

ヒント

271　(1) 極板ADからなるコンデンサーと，極板BDからなるコンデンサーの並列接続とみなせる。
272　金属板内はどこも等電位であり，金属板を挿入する前後で極板間の電圧は一定である。
273　ⅠとⅢ，ⅡとⅣはそれぞれ電位が等しく，ⅠとⅡ，ⅢとⅡ，ⅢとⅣの電位差は等しい。

解説動画

知識

274. 導体と誘電体の挿入 極板間が真空で，極板の面積S，間隔d，電気容量C_0の平行板コンデンサーがある。このコンデンサーを電圧Vの電池で充電した後，電池を外した。図1は，電気力線を用いて極板間の電場のようすを示したものである。

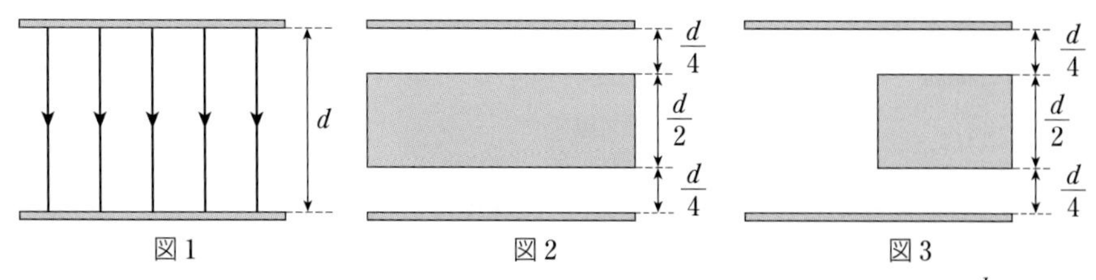

図1　図2　図3

(1) 図2のように，コンデンサーの極板間に，極板と面積が等しく，厚さが$\dfrac{d}{2}$の帯電していない導体板を挿入する。コンデンサーの電気容量と極板間の電位差を求めよ。

(2) (1)の導体板の代わりに，同じ形で比誘電率2の誘電体板を図2と同じように挿入したとする。このときの電気容量と極板間の電位差を求めよ。

(3) 図3のように，コンデンサーの極板間に，面積$\dfrac{S}{2}$，厚さ$\dfrac{d}{2}$の帯電していない導体板を挿入する。コンデンサーの電気容量と極板間の電位差を求めよ。

(4) (3)の導体板の代わりに，同じ形で比誘電率2の誘電体板を図3と同じように挿入したとする。このときの電気容量と極板間の電位差を求めよ。

思考 記述

275. 仕事と静電エネルギー 図1のように，電気容量C〔F〕の平行板コンデンサー，電圧V〔V〕の電池，およびスイッチS，抵抗器Rを接続する。はじめ，コンデンサーに電荷はなかったとする。スイッチSを閉じて十分に時間が経過した。次の各問に答えよ。

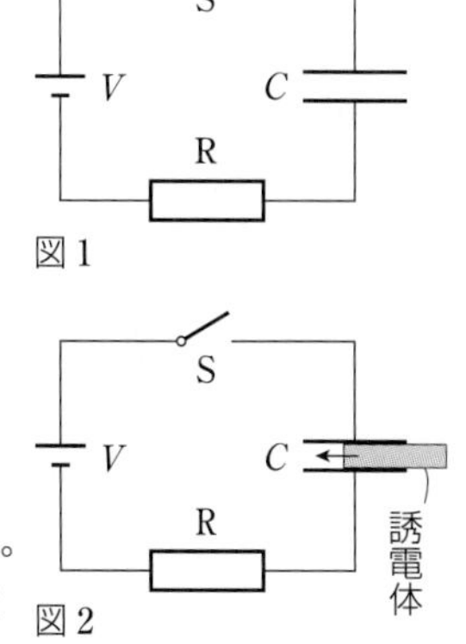

(1) 電池がした仕事と，コンデンサーがたくわえた静電エネルギーはそれぞれいくらか。

次に，スイッチSを開いて，コンデンサーの極板の間隔をゆっくりと2倍に広げた。

(2) 極板の間隔を広げるために，外力がした仕事はいくらか。

極板の間隔をもとにもどした後，比誘電率ε_r(>1)の誘電体を，極板間にゆっくりとすき間なく挿入した(図2)。

(3) 誘電体を挿入するために，外力がした仕事はいくらか。

(4) (3)で誘電体を挿入するとき，誘電体が極板から受ける力は，極板に引きこまれる力か，極板から押し出される力か。理由とともに答えよ。

(5) スイッチSを閉じて，十分に時間が経過した。その間，Sを通過した正電荷はどちら向きに何Cか。

➡ 例題27

ヒント

274 極板間を真空の部分とそうでない部分に分けて考える。

275 (2)(3) 電荷の移動はなく，外力がする仕事は静電エネルギーの変化に等しい。

14 電流

1 電流と抵抗

❶電荷と電流　導線の任意の断面を t〔s〕間に q〔C〕の電気量が通過するとき，電流の大きさ I〔A〕は，

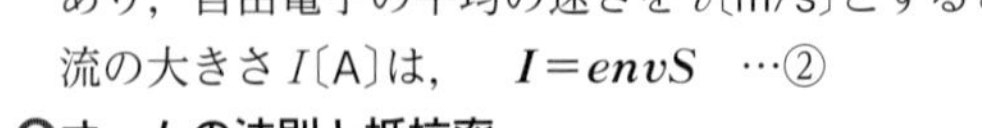

$$I=\frac{q}{t}\quad\left(\text{電流〔A〕}=\frac{\text{電気量〔C〕}}{\text{時間〔s〕}}\right)\quad\cdots①$$

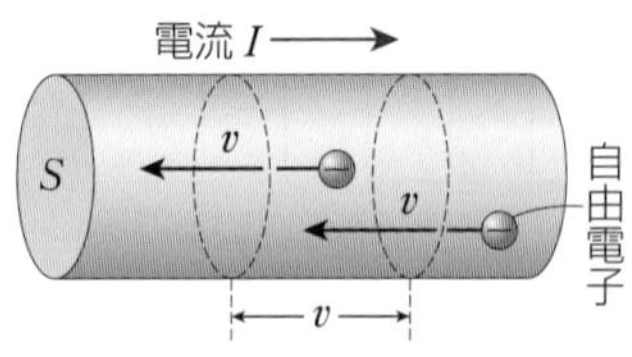

●電流と自由電子の移動　断面積 S〔m²〕の導線において，電気量 $-e$〔C〕の自由電子が 1 m³ あたりに n 個あり，自由電子の平均の速さを v〔m/s〕とすると，電流の大きさ I〔A〕は，　$I=envS$　…②

❷オームの法則と抵抗率

(a)　**オームの法則**　抵抗 R〔Ω〕の導体の両端に，電圧 V〔V〕を加えるとき，導体を流れる電流 I〔A〕は，

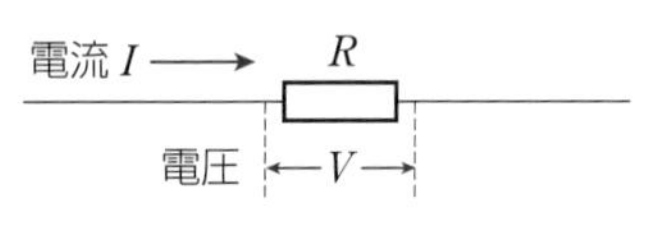

$$I=\frac{V}{R}\quad\left(\text{電流〔A〕}=\frac{\text{電圧〔V〕}}{\text{抵抗〔Ω〕}}\right)\quad\cdots③$$

または $V=RI$

●電圧降下　回路中の 2 点間の電位の差が**電位差**(電圧)である。抵抗 R〔Ω〕に電流 I〔A〕が流れると，電位が $V=RI$〔V〕だけ下がる。これを抵抗による**電圧降下**という。

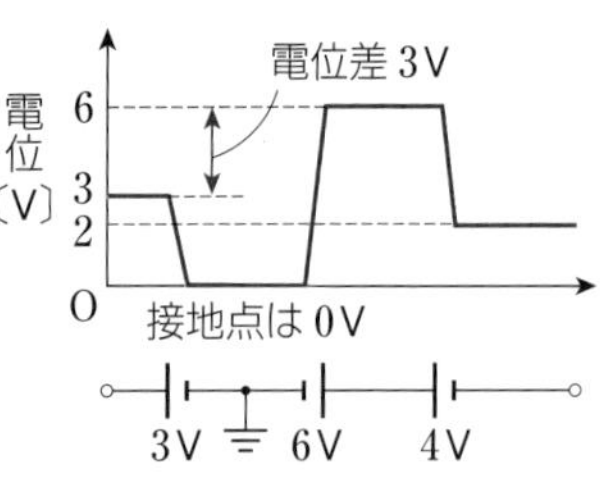

(b)　**抵抗率**　物質の抵抗 R〔Ω〕はその長さ L〔m〕に比例し，断面積 S〔m²〕に反比例する。抵抗率を ρ〔Ω·m〕として，　$R=\rho\dfrac{L}{S}$　…④

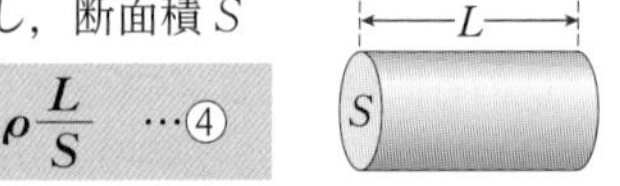

●抵抗率の温度変化　温度 t〔℃〕での導体の抵抗率 ρ〔Ω·m〕は，温度が 0 ℃のときの抵抗率を ρ_0 として，　$\rho=\rho_0(1+\alpha t)$　(α〔1/K〕：**抵抗率の温度係数**)　…⑤

❸ジュール熱と電力量・電力

(a)　**ジュール熱**　抵抗 R〔Ω〕に電圧 V〔V〕を加え，電流 I〔A〕を t〔s〕間流したとき，この抵抗で発生する熱量 Q〔J〕は，

$$Q=VIt=RI^2t=\frac{V^2}{R}t\quad\cdots⑥$$

この関係を**ジュールの法則**といい，このとき発生する熱を**ジュール熱**という。

(b)　**電力量**　電源や電流がある時間内にする仕事の量。抵抗で発生するジュール熱は，電流がした仕事に等しい。電力量 W〔J〕は，

$$W=VIt=RI^2t=\frac{V^2}{R}t\quad\cdots⑦$$

1Wh＝1W×1h＝1J/s×(60×60)s＝3.6×10^3J
1kWh＝1000×1Wh＝3.6×10^6J

(c)　**電力**　電源や電流が単位時間にする仕事(仕事率)。電力 P〔W〕は，

$$P=\frac{W}{t}=VI=RI^2=\frac{V^2}{R}\quad\cdots⑧$$

2 直流回路

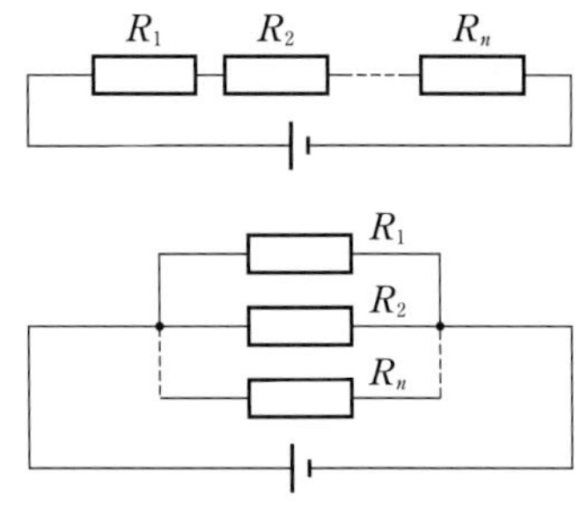

❶抵抗の接続

(a) **直列接続**　各抵抗に流れる電流は等しい。各抵抗に加わる電圧の和は全体に加わる電圧に等しい。

合成抵抗　$\boldsymbol{R = R_1 + R_2 + \cdots + R_n}$　…⑨

(b) **並列接続**　各抵抗に加わる電圧は等しい。各抵抗に流れる電流の和は全体に流れる電流に等しい。

合成抵抗　$\dfrac{1}{R} = \dfrac{1}{R_1} + \dfrac{1}{R_2} + \cdots + \dfrac{1}{R_n}$　…⑩

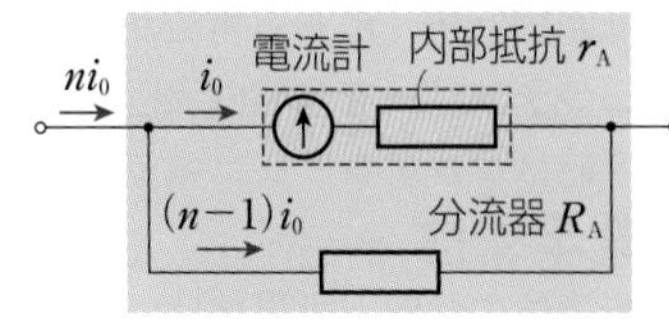

❷電流計と電圧計　電流計，電圧計は，それぞれの内部に抵抗(**内部抵抗**)をもつ。

(a) **電流計**　内部抵抗は小さく，測定部分に直列に接続する。内部抵抗 r_A の電流計の測定範囲を n 倍にするには，$R_A = \dfrac{r_A}{n-1}$〔Ω〕の抵抗(**分流器**)を電流計と並列に接続する。

(b) **電圧計**　内部抵抗は大きく，測定部分に並列に接続する。内部抵抗 r_V の電圧計の測定範囲を n 倍にするには，$R_V = (n-1)r_V$〔Ω〕の抵抗(**倍率器**)を電圧計と直列に接続する。

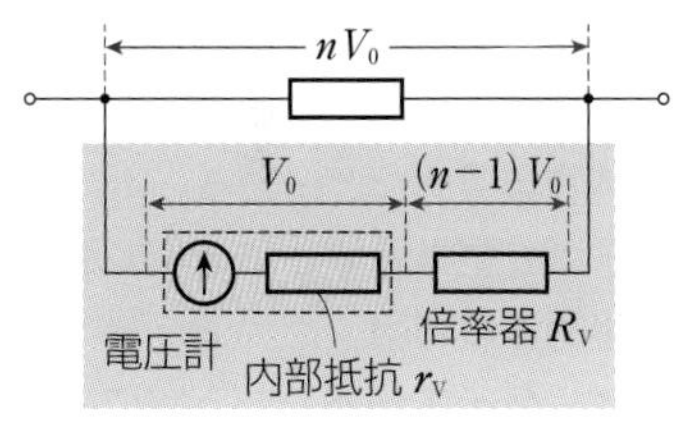

❸電池の起電力と内部抵抗　起電力 E〔V〕の電池に電流 I〔A〕が流れるとき，端子電圧 V〔V〕は起電力よりも小さくなる。これは，電池が内部抵抗 r〔Ω〕をもつためである。

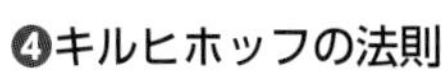

$\boldsymbol{V = E - rI}$　…⑪

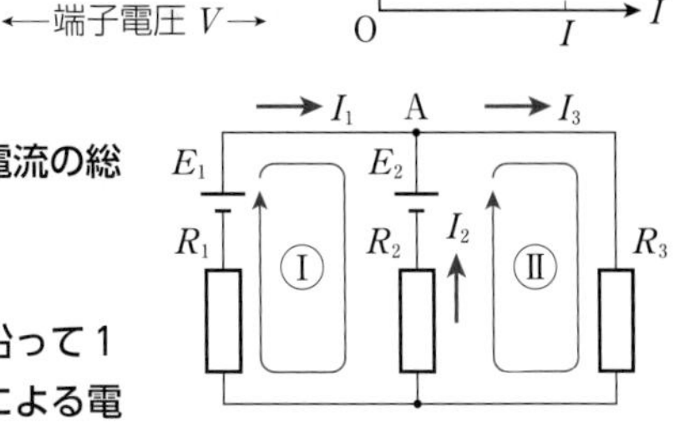

❹キルヒホッフの法則

(a) **第1法則　回路中の任意の点に流れこむ電流の総和と，流れ出る電流の総和は等しい。**

図の点Aでは，　$\boldsymbol{I_1 + I_2 = I_3}$　…⑫

(b) **第2法則　回路中の任意の閉じた経路に沿って1周するとき，電池の起電力の総和は，抵抗による電圧降下の総和に等しい。**経路Ⅰ：$\boldsymbol{E_1 + (-E_2) = R_1I_1 + (-R_2I_2)}$，経路Ⅱ：$\boldsymbol{E_2 = R_2I_2 + R_3I_3}$

❺ホイートストンブリッジ　抵抗値の測定に用いられる回路。可変抵抗 R_3 を調節し，スイッチSを入れても検流計に電流が流れないとき，点Dの電位と点Bの電位は等しい。　$\dfrac{\boldsymbol{R_1}}{\boldsymbol{R_2}} = \dfrac{\boldsymbol{R_x}}{\boldsymbol{R_3}}$　…⑬

(R_1，R_2…抵抗値が正確にわかっている抵抗(標準抵抗)，R_3…可変抵抗，R_x…未知の抵抗)

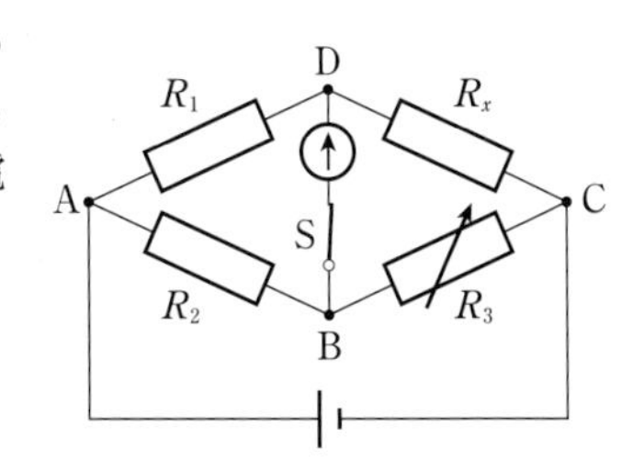

❻電位差計　電池の起電力を測定するのに用いられる回路。スイッチSをP側，Q側へ接続したとき，検流計に電流が流れない点をそれぞれC，Dとする。AC，ADの距離をそれぞれL_0，L_xとすると，

$$\frac{E_x}{E_0}=\frac{L_x}{L_0}\quad\cdots⑭$$

(AB…太さが一様な抵抗線，E_0…起電力のわかっている電池(標準電池)，E_x…未知の起電力の電池)

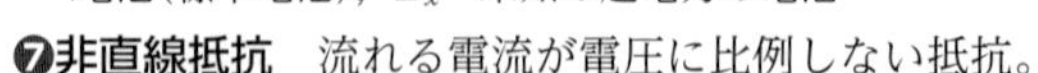

❼非直線抵抗　流れる電流が電圧に比例しない抵抗。

❽コンデンサーを含む直流回路　充電の開始直後は極板間の電位差が0であり，充電の完了時はコンデンサーに電流は流れない。

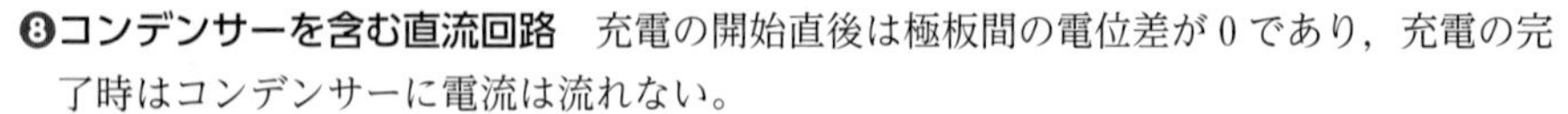

3 半導体

❶半導体の性質　半導体は，導体と不導体の中間の抵抗率を示す。半導体の内部を移動して電流の担い手となるものを**キャリア**といい，電子とホール(正孔)がキャリアとなる。

◎種類　単体からなる**真性半導体**と微量の不純物を含む**不純物半導体**などがある。不純物半導体には，キャリアが電子の**n型半導体**とキャリアがホールの**p型半導体**がある。

❷半導体の利用

(a)　**ダイオード**　一方向にのみ電流を流すはたらき(**整流作用**)をもつ素子。1つの半導体の結晶内に，p型の部分とn型の部分をつくったもの。

(b)　**トランジスタ**　電流の増幅作用をもつ素子。

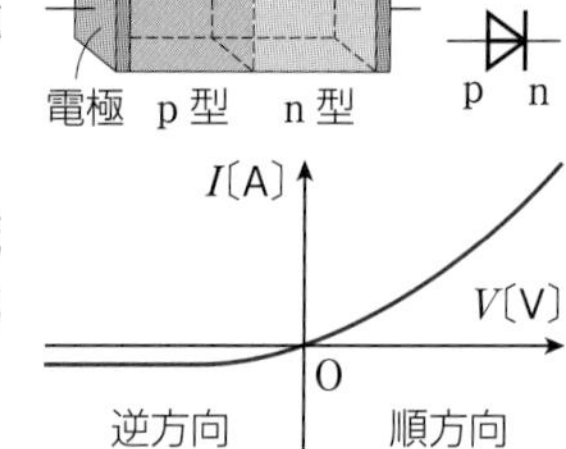

ダイオードの電流と電圧の関係

プロセス　次の各問に答えよ。

1　1.5Vの電圧を加えたとき，0.25Aの電流が流れる導体の抵抗は何Ωか。

2　**1**の導体に3.0Vの電圧を加えたときの消費電力は何Wか。

3　長さL〔m〕，断面積S〔m²〕，抵抗R〔Ω〕の円柱状の導体の抵抗率は何Ω·mか。

4　電圧5.0Vを加えたときに電流0.25Aが流れるニクロム線がある。これを2本直列に接続すると，合成抵抗は何Ωか。また，並列に接続すると，合成抵抗は何Ωか。

5　起電力1.6V，内部抵抗0.20Ωの乾電池に，3.0Ωの抵抗をつないだ。流れる電流は何Aか。また，このとき，乾電池の端子電圧は何Vか。

6　内部抵抗の無視できる起電力E_1，E_2の電池と抵抗R_1，R_2を図のように接続すると，電流Iが流れた。図の回路について，キルヒホッフの第2法則の式を立てよ。

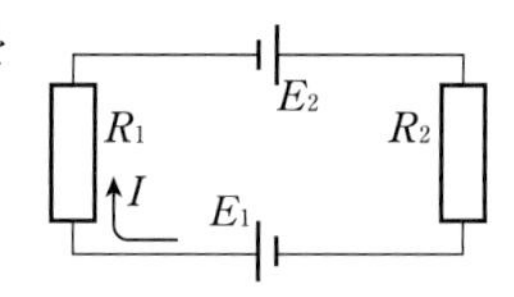

7　p型半導体とn型半導体のキャリアをそれぞれ答えよ。

解答

1 6.0Ω　**2** 1.5W　**3** $\frac{RS}{L}$〔Ω·m〕　**4** 直列：40Ω，並列：10Ω　**5** 0.50A，1.5V
6 $E_1+E_2=R_1I+R_2I$　**7** p型：ホール，n型：電子

基本例題42 導線内の自由電子の移動

➡基本問題 276

長さ 9.0m，断面積 5.0×10^{-7}m²，抵抗 0.50Ω の導線に，3.6A の電流が流れている。電子の電気量を -1.6×10^{-19}C，導線 1m³ あたりの自由電子の数を 9.0×10^{28} 個とする。

(1) 導線の両端の電位差 V はいくらか。

(2) 導線内の電場の強さ E はいくらか。

(3) 導線内の自由電子が，電場から受ける力の大きさ F はいくらか。

(4) 導線内の自由電子が移動する平均の速さ v はいくらか。

指針 (1) オームの法則を用いる。
(2) 導線内には一様な電場が生じ，距離 d はなれた2点間の電位差は，「$V=Ed$」と表される。
(3) 自由電子の電気量の大きさを e とすると，静電気力の大きさ F は，「$F=eE$」である。
(4) 電子の電気量の大きさ e，1m³ 中の自由電子の数 n，平均の速さ v，導線の断面積 S を用いて，導線を流れる電流 I は，「$I=envS$」となる。

解説 (1) オームの法則から，

$V=RI=0.50\times3.6=$ **1.8V**

(2) 「$V=Ed$」の式から，

$$E=\frac{V}{d}=\frac{1.8}{9.0}=\mathbf{0.20\,V/m}$$

(3) 自由電子が受ける静電気力の大きさ F は，

$F=eE=(1.6\times10^{-19})\times0.20=$ **3.2×10^{-20}N**

(4) 導線を流れる電流 I は，平均の速さ v を用いて，「$I=envS$」と表されるので，

$$v=\frac{I}{enS}$$

$$=\frac{3.6}{(1.6\times10^{-19})\times(9.0\times10^{28})\times(5.0\times10^{-7})}$$

$=$ **5.0×10^{-4}m/s**

基本例題43 キルヒホッフの法則

➡基本問題 282

図の回路において，$E_1=28$V，$E_2=14$V，$R_1=20\Omega$，$R_2=40\Omega$，$R_3=10\Omega$ である。電池の内部抵抗は無視できるものとして，R_1，R_2，R_3 の各抵抗を流れる電流の大きさと向きを求めよ。

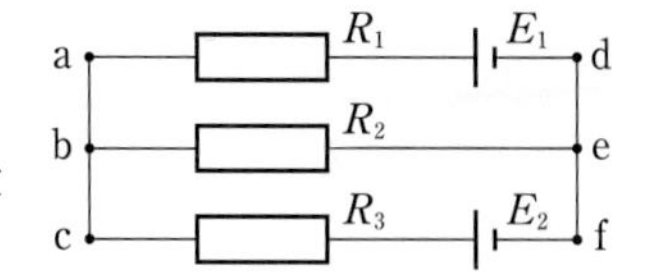

指針 各抵抗を流れる電流の向きを仮定し，キルヒホッフの法則を用いて式を立て，連立させて求める。

解説 R_1，R_2，R_3 の各抵抗を流れる電流を I_1，I_2，I_3 とし，図のような向きに流れると仮定する。回路の分岐点bにおいて，キルヒホッフの第1法則を用いると， $I_1+I_3=I_2$ …①

また，キルヒホッフの第2法則を用いて，閉回路abeda，cbefcの向きについて式を立てる。

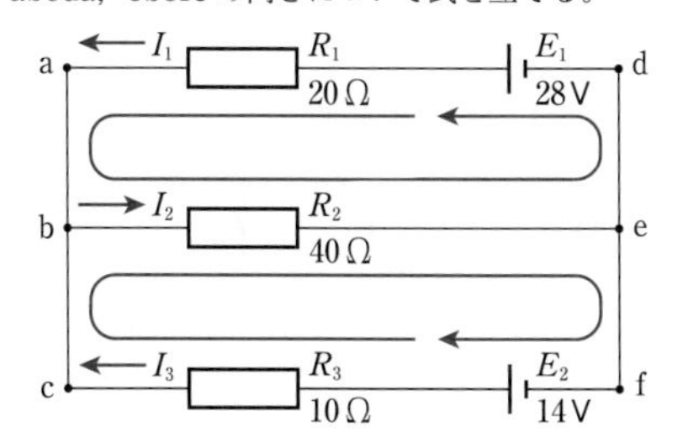

閉回路abeda：$28=20I_1+40I_2$ …②

閉回路cbefc：$14=10I_3+40I_2$ …③

式①の $I_2=I_1+I_3$ を式②，③の I_2 に代入し，計算すると，$I_1=0.60$A，$I_3=-0.20$A となる。これから，$I_2=0.40$A と求められる。I_3 は符号が負なので，最初に仮定した向きとは逆向きになる。

以上から，**R_1：0.60A，d→aの向き，R_2：0.40A，b→eの向き，R_3：0.20A，c→fの向き**

Point キルヒホッフの法則を用いるとき，電流の向きが推測しにくい場合でも，適当に向きを仮定して式を立て，計算で得られた値の符号から向きを判断するとよい。また，閉回路の取り方は一通りではない。式を立てやすい閉回路を考えるとよい。本問では，abcfedaの閉回路を取ることもでき，$28-14=20I_1-10I_3$ の式が得られ，同じ結果が導かれる。

解説動画

基本例題44　ホイートストンブリッジ

➡基本問題 284

図の回路において，Rは抵抗値を変えることのできる抵抗器(可変抵抗器)である。Rの値を調整して，検流計が示す値を0にした。このとき，次の各問に答えよ。

(1)　Rの抵抗値はいくらか。

(2)　電池を流れる電流の大きさはいくらか。

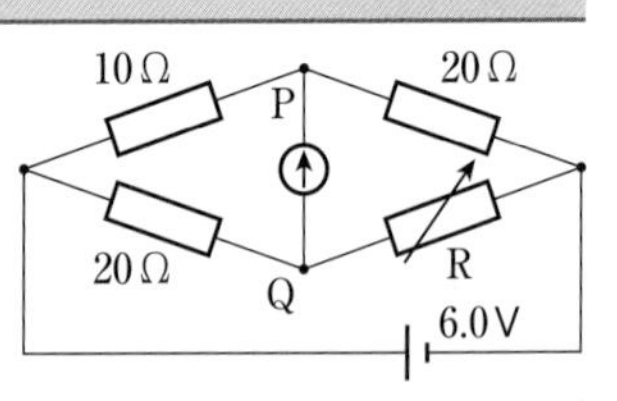

指 針

(1)　検流計に電流が流れないとき，検流計の両端の電位差は0である。このとき，PQ間の回路はないものとして考えることができ，図のような関係が成り立っている。なお，この回路は，ホイートストンブリッジとよばれ，抵抗値の測定に利用される。

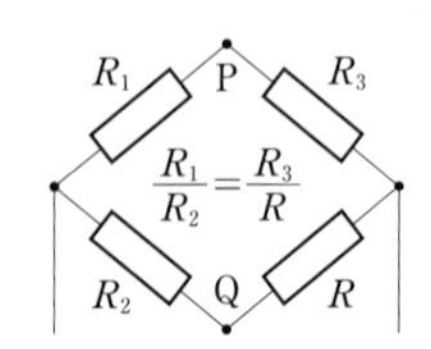

(2)　回路全体の合成抵抗を求め，オームの法則を用いて計算する。

解 説　(1)　検流計に電流が流れていないので，ホイートストンブリッジの関係式から，

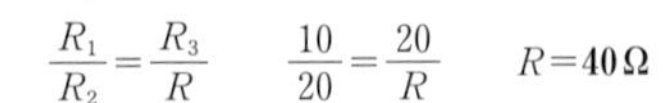

$$\frac{R_1}{R_2}=\frac{R_3}{R}\qquad \frac{10}{20}=\frac{20}{R}\qquad R=\mathbf{40\,\Omega}$$

(2)　回路の抵抗部分は，図のように示すことができ，(10＋20)Ωと(20＋40)Ωの抵抗が並列になっていると考えられる。回路全体の合成抵抗をR'とすると，

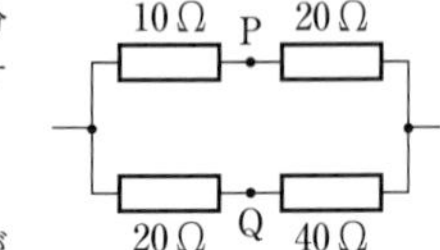

$$\frac{1}{R'}=\frac{1}{10+20}+\frac{1}{20+40}\qquad R'=20\,\Omega$$

オームの法則「$V=RI$」から，電池を流れる電流の大きさIは，

$$I=\frac{6.0}{R'}=\frac{6.0}{20}=\mathbf{0.30\,A}$$

基本例題45　非直線抵抗

➡基本問題 285，287

図のような特性をもつ白熱電球Lと200Ωの抵抗Rを直列に接続し，内部抵抗が無視できる起電力100Vの電池につなぐ。次の各問に答えよ。

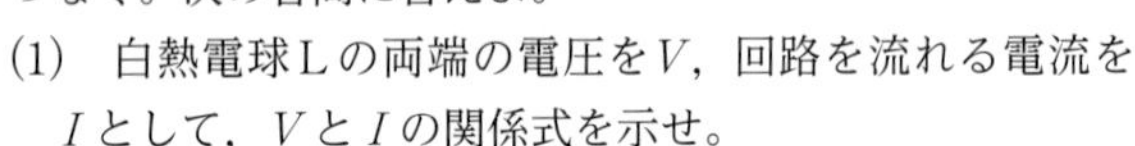

(1)　白熱電球Lの両端の電圧をV，回路を流れる電流をIとして，VとIの関係式を示せ。

(2)　回路を流れる電流の大きさを求めよ。

(3)　白熱電球Lで消費される電力を求めよ。

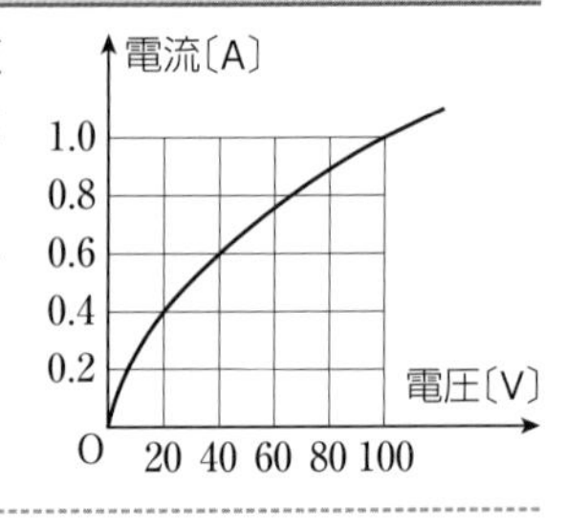

指 針　(1)　白熱電球Lの両端の電圧Vと，抵抗Rの両端の電圧の和が，100Vになることを利用して式を立てる。

(2)　(1)で求めたVとIの関係を特性曲線のグラフに描くと，特性曲線との交点の値が，回路を流れる電流I，白熱電球にかかる電圧Vとなる。

(3)　「$P=VI$」の式を用いる。

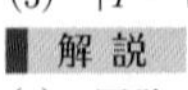

解 説

(1)　回路は，図のように示される。Rの両端の電圧は$200I$であり，これとVの和が100Vとなる。

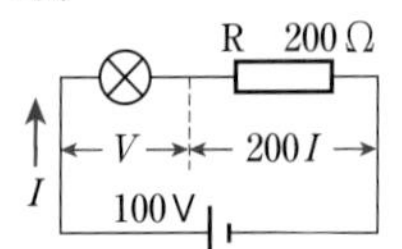

$$\boldsymbol{V+200I=100}\qquad(\text{または } \boldsymbol{V=100-200I})$$

(2)　(1)の結果を特性曲線のグラフに示すと，図のようになる。交点を読み取ると，

$I=\mathbf{0.40\,A}$

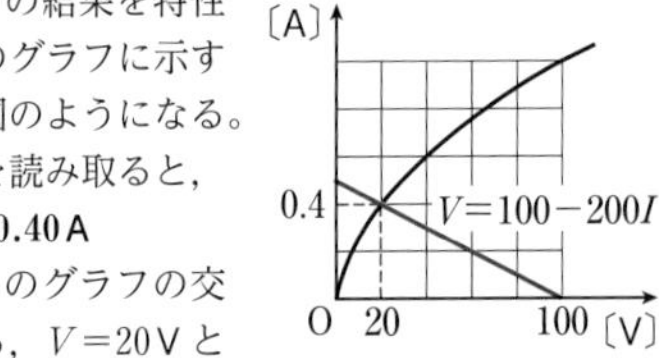

(3)　(2)のグラフの交点から，$V=20$Vと読み取れる。求める電力をPとすると，Lにかかる電圧がV，Lを流れる電流がIなので，

$$P=VI=20\times0.40=\mathbf{8.0\,W}$$

基本問題

知識

276. 電流と電子の速さ 断面積 $2.0\times10^{-6}\,m^2$ のアルミニウムの導線に，4.8A の電流が流れている。アルミニウム $1\,m^3$ あたりの自由電子の数を 6.0×10^{28} 個，電子の電荷を $-1.6\times10^{-19}\,C$ として，次の各問に答えよ。

(1) 導線の断面を 1s 間に通過する電子の数はいくらか。

(2) 電子が移動する平均の速さはいくらか。 ➡ 例題42

知識

277. 抵抗率の温度係数 温度 0℃における銅の抵抗率は $1.6\times10^{-8}\,\Omega\cdot m$ であり，銅の抵抗率の温度係数は $4.4\times10^{-3}/K$ である。次の各問に答えよ。

(1) 温度 0℃において，断面積 $0.50\,mm^2$，長さ 50m の銅の抵抗はいくらか。

(2) 温度 25℃における銅の抵抗率はいくらか。

思考 記述

278. 電流計と電圧計 内部抵抗 $5.0\times10^{-2}\,\Omega$，測定範囲 10mA の電流計がある。

(1) この電流計を測定範囲が 1A の電流計とするには，何Ωの抵抗をどのように接続すればよいか。

(2) この電流計を測定範囲が 10V の電圧計として利用するには，何Ωの抵抗をどのように接続すればよいか。

(3) 電流計の内部抵抗は非常に小さく，電圧計の内部抵抗は非常に大きい。その理由を簡潔に説明せよ。

ヒント (1) 1A(=1000mA)のうち，電流計に 10mA の電流が流れるように抵抗を接続する。
(2) 10V の電圧がかかったときに，電流計に 10mA の電流が流れるように抵抗を接続する。

思考

279. 電池の起電力と内部抵抗 図1のように，可変抵抗に電池をつないで回路をつくる。可変抵抗の抵抗値を変えて，電池を流れる電流 I〔A〕を変化させると，電池の端子 PQ 間の電圧 V〔V〕が変化する。図2は，可変抵抗の抵抗値を変化させたときの，電池を流れる電流 I〔A〕と PQ 間の電圧 V〔V〕の関係を表したものである。電池の起電力 E〔V〕と，内部抵抗 r〔Ω〕はそれぞれいくらか。有効数字を2桁として求めよ。

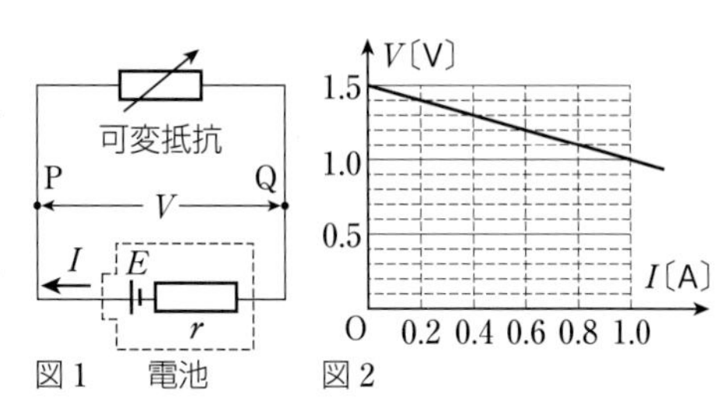

図1 電池　図2

知識

280. 電池の内部抵抗 図のように，起電力 $E=1.68\,V$ の電池に抵抗 R を接続したところ，0.20A の電流が流れ，端子電圧は 1.58V であった。電池の内部抵抗 r と，接続した抵抗 R はそれぞれいくらか。

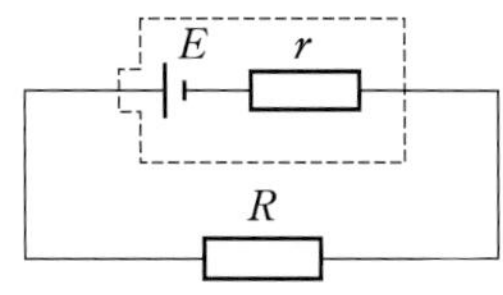

ヒント 電池の端子電圧は，内部抵抗による電圧降下の分だけ起電力よりも低くなる。

知識

281. 電位 図の回路において，Eは内部抵抗の無視できる起電力100Vの電池であり，それぞれの抵抗は，$R_1=20\Omega$，$R_2=30\Omega$，$R_3=50\Omega$，$R_4=100\Omega$である。Sはスイッチを表し，Gは接地されている。次の各問に答えよ。

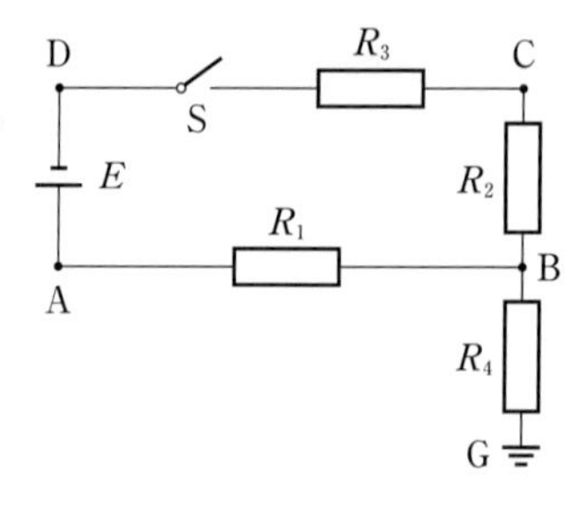

(1) スイッチSが開いているとき，点A，B，C，Dの電位はそれぞれいくらか。

(2) スイッチSが閉じているとき，点A，B，C，Dの電位はそれぞれいくらか。

ヒント (1) 電流が流れていないとき，抵抗による電圧降下は0である。また，接地されている点の電位は0である。(2) スイッチSを入れても，GB間に電流は流れない。

知識

282. キルヒホッフの法則 図のように，内部抵抗の無視できる起電力がそれぞれ6.4V，2.0Vの電池E_1，E_2，および抵抗値がそれぞれ5.0Ω，2.0Ω，4.0Ωの抵抗R_1，R_2，R_3を接続した。このとき，各抵抗を流れる電流の向きと大きさはいくらか。 ➡例題43

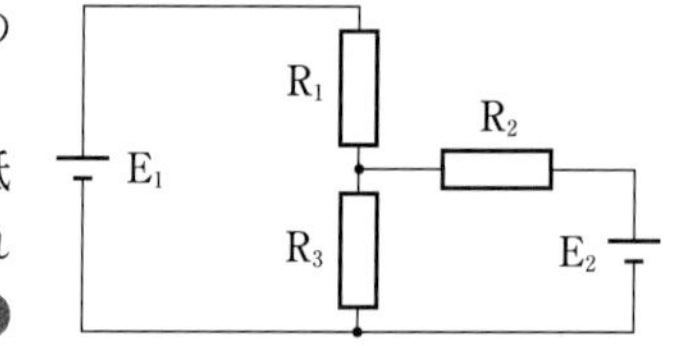

知識

283. 電池の接続 起電力E，内部抵抗rの同じ2つの電池と，抵抗値Rの外部抵抗を接続する。図1は電池を直列に接続した場合，図2は並列に接続した場合である。図1，図2のそれぞれについて，次の各問に答えよ。

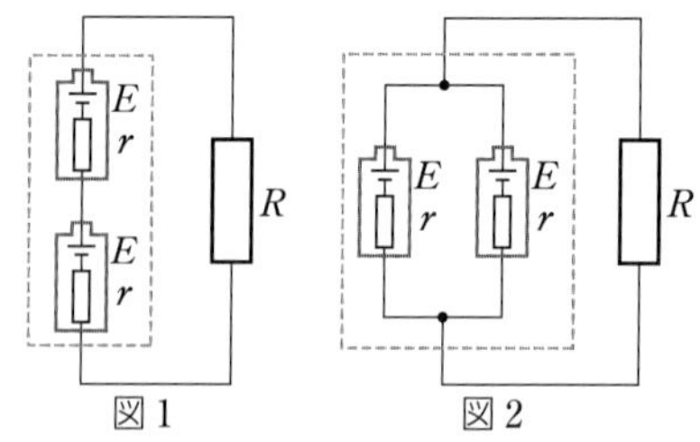

図1　図2

(1) 外部抵抗を流れる電流の大きさはいくらか。

(2) 破線で囲まれた部分を1つの電池とみなすと，この電池の起電力と内部抵抗はそれぞれいくらか。

ヒント (1) キルヒホッフの法則を利用する。(2) (1)で立てたキルヒホッフの法則の式をもとにして考える。

思考 記述

284. メートルブリッジ 図の回路において，ABは，太さが一様な長さ1.0mの抵抗線である。接点Dを図の位置に置くと，検流計Gに電流が流れなかった。次の各問に答えよ。

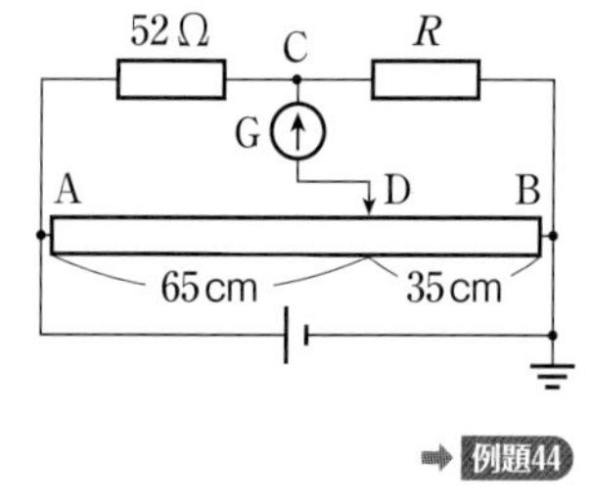

(1) 抵抗値Rはいくらか。

(2) 接点DをBの側にずらすと，検流計にはどちら向きの電流が流れるか。理由とともに答えよ。 ➡例題44

ヒント 検流計に電流が流れていないとき，点CとDは等電位となっている。

思考

285. 抵抗の温度変化 図1は，ある12V用電球の電流－電圧特性曲線である。この電球を用いた回路について，次の各問に答えよ。

(1) 図2のように，12Vの電源と15Ωの抵抗に接続したとき，電球を流れる電流はいくらか。

図1　図2　図3

(2) 図3のように，図2とは別の電源と10Ωの抵抗に接続したとき，電源から0.70Aの電流が流れ出た。この電源の電圧はいくらか。 ➡ 例題45

ヒント 電球に加わる電圧をV，流れる電流をIとして，VとIの関係式を立てる。この式を表す直線を，電流－電圧グラフに書き入れて求める。

知識

286. コンデンサーを含む回路 図のような，内部抵抗の無視できる起電力12Vの電池E，抵抗値がそれぞれ40Ω，20Ωの抵抗R_1，R_2，電気容量2.0μFのコンデンサーC，スイッチSを接続した回路がある。はじめ，スイッチSは開いており，Cに電荷はたくわえられていなかった。次の各問に答えよ。

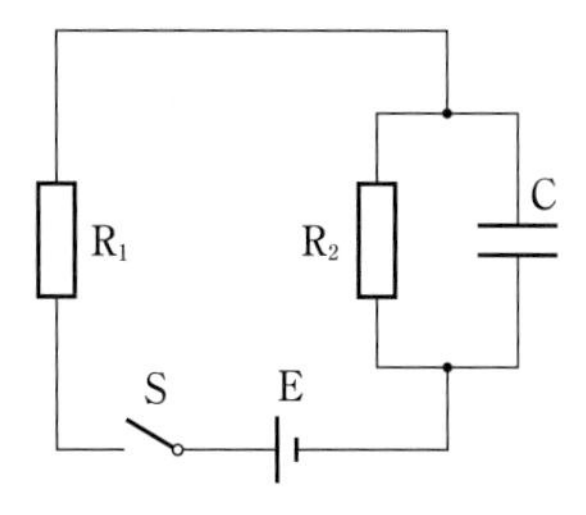

(1) Sを閉じた直後に，R_1，R_2に流れる電流はそれぞれ何Aか。

(2) Sを閉じて十分に時間が経過したとき，R_1，R_2に流れる電流はそれぞれ何Aか。

(3) (2)の状態において，Cにたくわえられている電気量は何Cか。

ヒント Sを閉じた直後では，Cに電荷はなく，極板間の電位差は0である。また，十分に時間が経過すると，コンデンサーは充電され，電流が流れこめなくなる。

思考

287. ダイオードの特性 図のような特性をもつダイオードを，(1)，(2)のように，電池，抵抗と接続する。各回路の電池に流れる電流は何mAか。ただし，電池の内部抵抗を無視する。

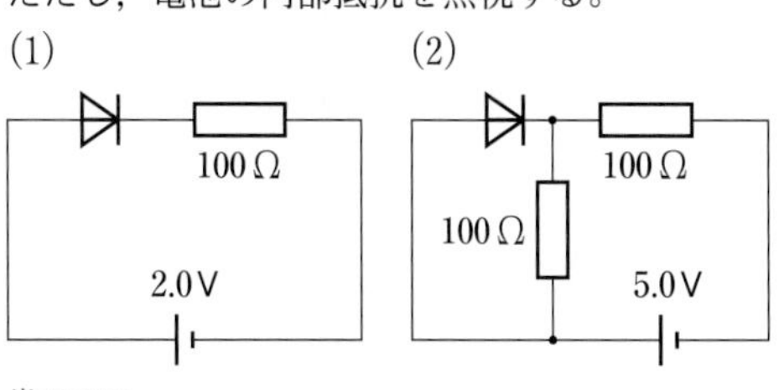

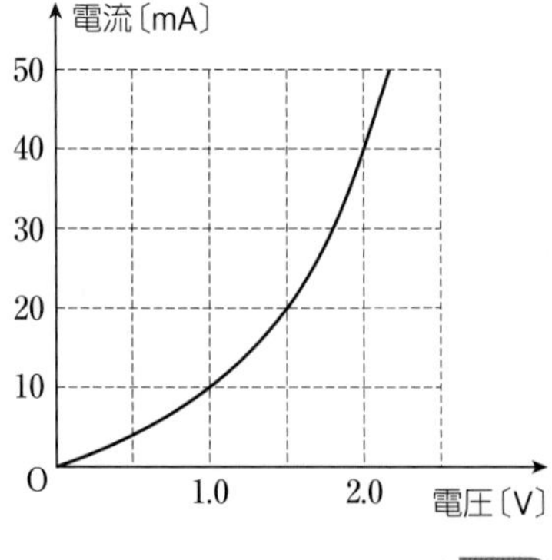

ヒント キルヒホッフの法則を用いて考える。 ➡ 例題45

解説動画

発展例題28　電子の運動とジュール熱

➡発展問題 288

図1のように，長さL〔m〕，断面積S〔m²〕の円柱状の導体に電位差V〔V〕を加えると，自由電子は電場から加速される。自由電子は，T〔s〕ごとに原子と衝突し，速度が0になると仮定すると，その速度v〔m/s〕と時刻t〔s〕との関係は，図2のようになると考えられる。自由電子の電荷を$-e$〔C〕，質量をm〔kg〕，単位体積あたりの自由電子の個数をn〔個/m³〕とする。

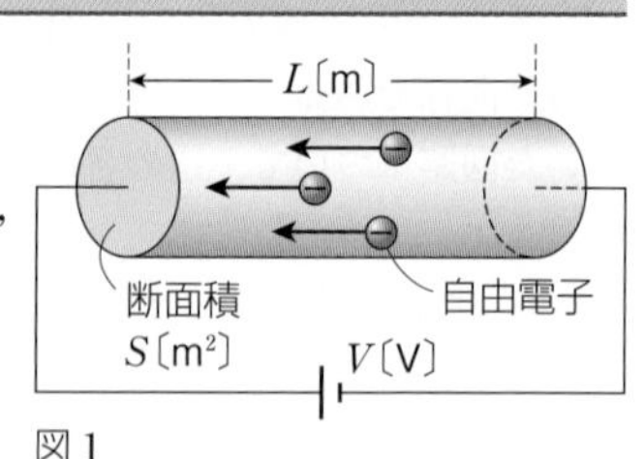

図1

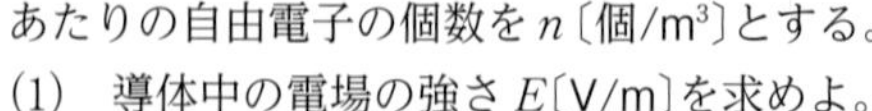

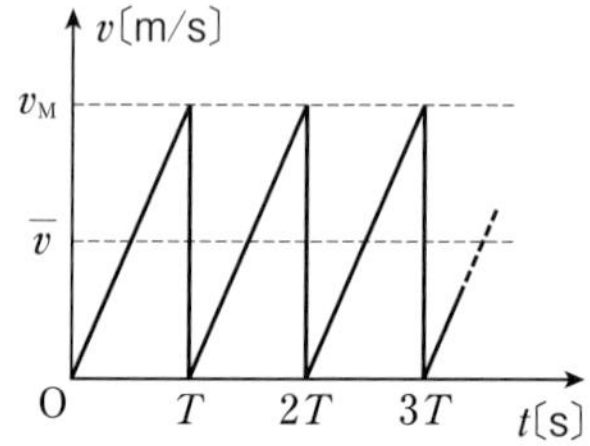

(1)　導体中の電場の強さE〔V/m〕を求めよ。

(2)　図2における電子の最大速度v_M〔m/s〕を求めよ。

(3)　導体の抵抗率ρ〔Ω·m〕を求めよ。

(4)　1個の電子が，1s間あたりに電場から得るエネルギーを求めよ。

(5)　導体中の全電子が，1s間あたりに電場から得るエネルギーを求めよ。

v〔m/s〕, v_M, $\bar{v}$, 0, T, $2T$, $3T$, t〔s〕

図2

指針　(1)　導体中には一様な電場Eが生じており，距離dだけはなれた2点間の電位差Vと，「$V=Ed$」の関係がある。

(2)　電子は静電気力を受けて加速する。運動方程式から電子の加速度を求め，v_Mを計算する。

(3)　電子の平均移動速度を$\bar{v}$，導体を流れる電流をIとして，「$I=en\bar{v}S$」の関係を利用する。

(4)(5)　求めるエネルギーは，1s間あたりに電場が電子にする仕事であり，これは仕事率を意味する。一定の力Fを受けて一定の速さvで移動するとき，力がする仕事の仕事率Pは，$P=Fv$と示される。(5)では，(4)を利用する。

解説　(1)　電場の強さEは，

$$E=\frac{V}{L}\text{〔V/m〕}$$

(2)　電子は，大きさ$F=eE$〔N〕の静電気力で加速される。加速度をa〔m/s²〕とすると，運動方程式は，　$ma=eE=\dfrac{eV}{L}$　　$a=\dfrac{eV}{mL}$〔m/s²〕

電子が，初速度0でT〔s〕間加速したときの速度がv_Mなので，　$v_M=aT=\dfrac{eVT}{mL}$〔m/s〕

(3)　図2から，電子の平均移動速度$\bar{v}$は，

$$\bar{v}=\frac{v_M}{2}=\frac{eVT}{2mL}\text{〔m/s〕}$$

ここで，電流Iは，「$I=en\bar{v}S$」と表される。この式に$\bar{v}$を代入し，Vについて整理すると，

$$I=\frac{e^2nVTS}{2mL}\qquad V=\frac{2m}{e^2nT}\times\frac{L}{S}\times I\quad\cdots①$$

式①とオームの法則の関係式「$V=RI$」を比較して，　$R=\dfrac{2m}{e^2nT}\times\dfrac{L}{S}$　…②

また，式②と，抵抗と抵抗率の関係式「$R=\rho\dfrac{L}{S}$」と比較して，　$\rho=\dfrac{2m}{e^2nT}$〔Ω·m〕

(4)　1個の電子が電場から受ける一定の静電気力F〔N〕は，(2)から，$F=\dfrac{eV}{L}$〔N〕である。電子はこの力を受けて，平均の速度$\bar{v}$〔m/s〕で運動すると考えられる。電場がする仕事の仕事率をp〔W〕とすると，

$$p=F\bar{v}=\frac{eV}{L}\times\frac{eVT}{2mL}=\frac{e^2T}{2mL^2}V^2\text{〔W〕}$$

したがって，　$\dfrac{e^2T}{2mL^2}V^2$〔J〕

(5)　導体の体積SL〔m³〕中の自由電子の数は，nSL〔個〕であり，すべての電子が電場からされる仕事の仕事率P〔W〕は，

$$P=nSL\times p=\frac{e^2nTS}{2mL}V^2\text{〔W〕}$$

したがって，　$\dfrac{e^2nTS}{2mL}V^2$〔J〕

(注)　(5)のPと式②を比較すると，$P=V^2/R$の式が得られ，消費電力の公式が導かれる。

発展例題29 電位差計

➡発展問題 292

図において，ABは長さ1.0m，抵抗値40Ωの一様な太さの抵抗線，R_1，R_2 はそれぞれ10Ω，5.0Ωの抵抗である。接点CがAC＝30cmの位置にあるとき，検流計には電流が流れず，電流計には0.10Aの電流が流れた。

(1) AC間の電圧降下はいくらか。

(2) 電池 E_2 の起電力はいくらか。

(3) 接点Cを点Bの側に少し動かすと，検流計にはどちら向きの電流が流れるか。

指針 (1) 一様な太さの抵抗線では，抵抗値はその長さに比例する。また，電圧降下 V は，「$V=RI$」と示されるので，抵抗値と同様に，電圧降下も抵抗線の長さに比例する。

(2) 検流計に電流が流れないとき，R_2 による電圧降下はないので，キルヒホッフの第2法則から，AC間の電圧降下は電池 E_2 の起電力に等しい。なお，図のような回路は電位差計とよばれ，電池の起電力の測定に利用される。

(3) E_2 の起電力とAC間の電圧降下を比較し，電流の向きを考える。

解説 (1) AB間の電圧降下 V_{AB} は，オームの法則「$V=RI$」から，$V_{AB}=40\times0.10=4.0\text{V}$

AC間の電圧降下を V_{AC} とすると，その大きさは抵抗線の長さに比例する。

$$V_{AC}=V_{AB}\times\frac{AC}{AB}=4.0\times\frac{0.30}{1.0}=\mathbf{1.2V}$$

(2) E_2 の起電力は V_{AC} に等しい。**1.2V**

(3) 接点CをB側に動かすと，E_2 の起電力よりも電圧降下 V_{AC} の方が大きくなる。したがって，検流計には，図において**右向き**の電流が流れる。

発展例題30 コンデンサーを含む回路

➡発展問題 294，295

図のように，電気容量 C_1，C_2 のコンデンサー，抵抗値 R_1，R_2 の抵抗，内部抵抗が無視できる起電力 E の電池，スイッチSを接続する。次の各場合において，C_1，C_2 のコンデンサーにたくわえられている電気量，および点Pの電位はそれぞれいくらか。

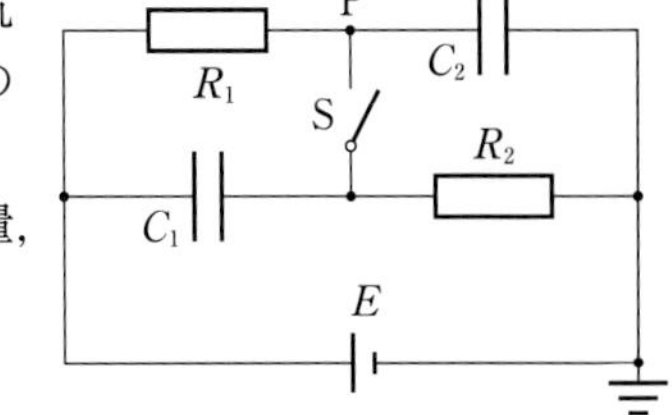

(1) Sが開いたまま十分に時間が経過したとき。

(2) Sを閉じて十分に時間が経過したとき。

指針 十分に時間が経つと，コンデンサーには電流が流れなくなる。このとき，Sが開いた状態では回路に電流は流れず，Sが閉じた状態では，$E\to R_1\to$S$\to R_2\to E$ の経路で電流が流れる。

解説 (1) このとき，回路に電流は流れなくなる。R_1，R_2 の電圧降下は0なので，各コンデンサーには電圧 E が加わる。C_1，C_2 にたくわえられる電気量を Q_1，Q_2 とすると，「$Q=CV$」から，

$$Q_1=\boldsymbol{C_1E} \qquad Q_2=\boldsymbol{C_2E}$$

電位の基準はアースの位置であり，C_2 の両端の電圧は E なので，Pの電位は $\boldsymbol{E}$ となる。

(2) このとき，$E\to R_1\to$S$\to R_2\to E$ の経路で電流が流れる。R_1，R_2 は直列になっており，各抵抗に加わる電圧の比は，抵抗値の比に等しい。それぞれに加わる電圧を V_1，V_2 とすると，

$$V_1=\frac{R_1}{R_1+R_2}E \qquad V_2=\frac{R_2}{R_1+R_2}E$$

C_1，C_2 はそれぞれ R_1，R_2 と並列になっているので，両端の電圧は V_1，V_2 に等しい。C_1，C_2 の電気量を Q_1'，Q_2' とすると，

$$Q_1'=C_1V_1=\boldsymbol{\frac{R_1C_1}{R_1+R_2}E}$$

$$Q_2'=C_2V_2=\boldsymbol{\frac{R_2C_2}{R_1+R_2}E}$$

点Pの電位は，V_2 の値から， $\boldsymbol{\frac{R_2}{R_1+R_2}E}$

解説動画

発展例題31　コンデンサーを含む複雑な回路

➡発展問題 295

図の回路において，Eは内部抵抗が無視できる起電力 9.0 V の電池，R_1，R_2 はそれぞれ 2.0kΩ，3.0kΩの抵抗，C_1，C_2，C_3 はそれぞれ 1.0μF，2.0μF，3.0μF のコンデンサーである。はじめ，各コンデンサーに電荷はなかったものとする。

(1)　十分に時間が経過したとき，R_1 を流れる電流は何 mA か。

(2)　各コンデンサーのD側の極板の電荷は何 μC か。

指針　(1)　コンデンサーが充電を完了しており，抵抗には定常電流が流れる。

(2)　電気量保存の法則から，各コンデンサーにおけるD側の極板の電荷の和は0である。

解説　(1)　R_1，R_2 を流れる定常電流を I とすると，　$I=\dfrac{9.0}{2.0+3.0}=$**1.8 mA**

（I の計算では，V/kΩ＝mA となる）

(2)　図のように，各コンデンサーの極板の電荷を q_1，q_2，q_3〔μC〕とする。はじめ各コンデンサーの電荷は0なので，電気量保存の法則から，

$-q_1+q_2-q_3=0$　…①

R_1 の両端の電圧は，C_1，C_3 の電圧の和に等しく，R_2 の両端の電圧は，C_3，C_2 の電圧の和に等しい。したがって，

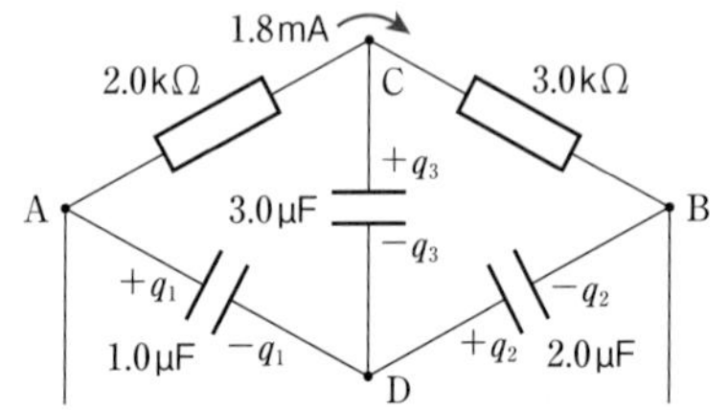

$2.0\times1.8=\dfrac{q_1}{1.0}-\dfrac{q_3}{3.0}$　…②

$3.0\times1.8=\dfrac{q_3}{3.0}+\dfrac{q_2}{2.0}$　…③

式②，③は，$\dfrac{\mu C}{\mu F}=V$ となる。

式①，②，③から，

$q_1=4.8\mu C$，$q_2=8.4\mu C$，$q_3=3.6\mu C$

C_1：**−4.8 μC**，C_2：**8.4 μC**，C_3：**−3.6 μC**

発展問題

288. 導体中の自由電子の運動（思考）　長さ L，断面積 S の円柱状導体の両端に電位差 V を与える。このとき，導体中の自由電子が電場から受ける力 F_1 と，導体中の原子から受ける抵抗力 F_2 はつりあい，自由電子は一定の速さ v で導体中を移動していると考える。電子の電荷を $-e$ とする。

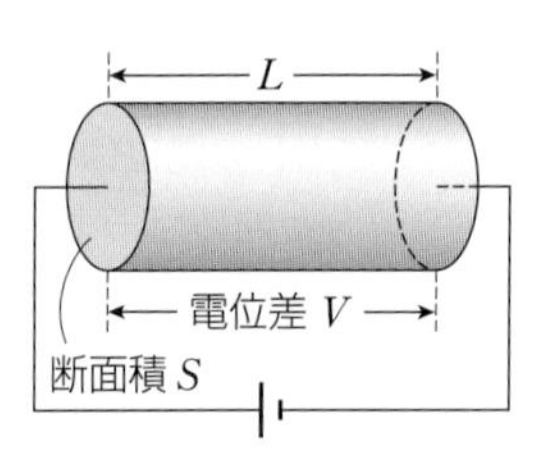

(1)　導体中の電場の強さ E とその向きを求めよ。

(2)　電子が電場から受ける力 F_1 の大きさを，e，L，V を用いて表し，向きも求めよ。

(3)　抵抗力 F_2 は，自由電子の速さ v に比例するものとし，その比例定数を k とする。自由電子の速さ v を，e，k，L，S，V のうち，必要な記号を用いて表せ。

以下の(4)，(5)では，e，k，n，L，S，V のうち，必要な記号を用いて表せ。

(4)　導体の単位体積あたりの自由電子の数が n のとき，導体を流れる電流 I を求めよ。

(5)　(4)で求めた電流 I とオームの法則から，導体の抵抗 R と抵抗率 ρ を求めよ。

(6)　導体で単位時間あたりに生じるジュール熱が VI となることを示せ。

（龍谷大　改）➡例題28

ヒント

288　(6) 電子が電場からされる仕事は，すべてジュール熱として放出される。

解説動画

知識

289. 電流計と電圧計の接続 抵抗値 r の抵抗と，内部抵抗 s の電流計，内部抵抗 t の電圧計がある。これらを図1，2のように直流電源に接続し，抵抗値を電流計，電圧計が示す値から求めたい。しかし，この測定値には誤差が生じる。(相対誤差)＝|(測定値－真の値)÷真の値|について考察する。

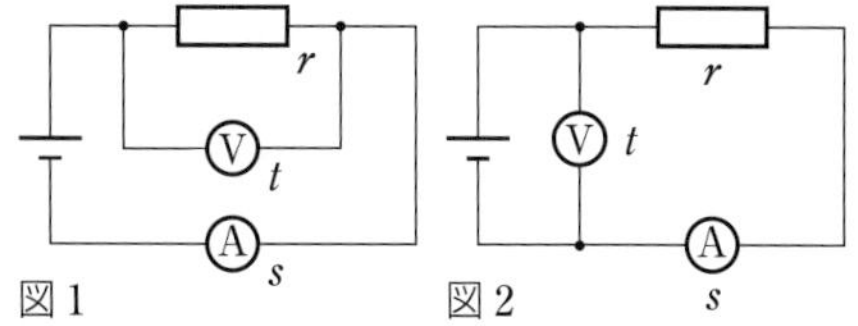

(A)　図1の回路を用いると，電流計は I_1，電圧計は V_1 の値を示した。r，s，t，および V_1 のうち，必要なものを用いて，以下の各問に答えよ。

(1)　抵抗を流れる電流と，電圧計を流れる電流はそれぞれいくらか。

(2)　V_1/I_1 で求めた抵抗値の相対誤差はいくらか。

(B)　図2の回路を用いると，電流計は I_2，電圧計は V_2 の値を示した。r，s，t，および I_2 のうち，必要なものを用いて，以下の各問に答えよ。

(3)　抵抗の両端の電圧と，電流計の両端の電圧はそれぞれいくらか。

(4)　V_2/I_2 で求めた抵抗値の相対誤差はいくらか。　(帝京大　改)

第Ⅳ章 電気

知識

290. 電池と消費電力 図のように，起電力が E〔V〕，内部抵抗が r〔Ω〕の乾電池に，すべり抵抗器を接続し，電流を流した。

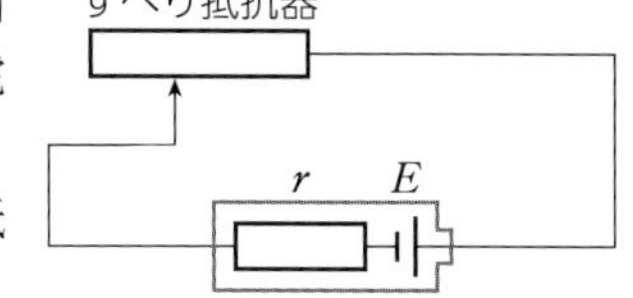

(1)　すべり抵抗器の抵抗値が R〔Ω〕のとき，すべり抵抗器の消費電力 P〔W〕を，R，r，E を用いて表せ。

(2)　すべり抵抗器の最大消費電力を求めよ。また，そのときのすべり抵抗器の抵抗値を求めよ。　(21．宮崎大　改)

思考 記述

291. ホイートストンブリッジ 図のように，内部抵抗が無視できる電池E，抵抗値が $2R$ の抵抗 R_1 と R_4，抵抗値が R の抵抗 R_2，可変抵抗器 R_3，および内部抵抗が r の電流計からなる回路がある。はじめに，可変抵抗器 R_3 の抵抗値は R_x となっており，電流 I_1 ～ I_5 はそれぞれ図の矢印の向きに仮定する。

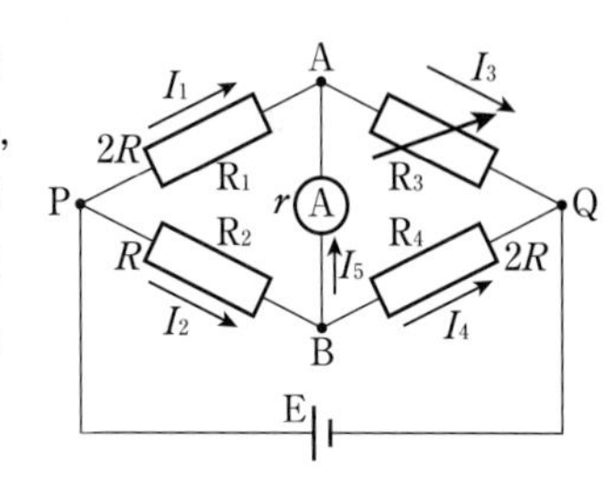

(1)　電流 I_5 を，I_1，R，R_x，r を用いて表せ。

(2)　可変抵抗器 R_3 の抵抗値 R_x がいくらであれば，電流 I_5 が0になるか。

(3)　可変抵抗器 R_3 の抵抗値 R_x がある値のとき，電流計にはAからBの向きに電流が流れていた。電流 I_5 を0にするためには，R_3 の抵抗値 R_x を大きくすればよいか，小さくすればよいか。理由とともに答えよ。

ヒント

289　(電圧計の値)÷(電流計の値)で求められるのが測定値であり，真の値は r である。

290　(2) R は変数となるので，R を分母にまとめるような式変形を行う。

291　(2)(3) (1)で求めた式をもとに考える。

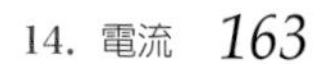

思考 記述

292. 電位差計

図の回路において，ABは長さL，抵抗値Rの一様な抵抗線，E_0は内部抵抗r，起電力E_0の電池，E_1は起電力E_1の標準電池，E_2は起電力E_2の未知の電池，Ⓖは検流計，S_1，S_2はスイッチである。E_1，E_2には内部抵抗がある。

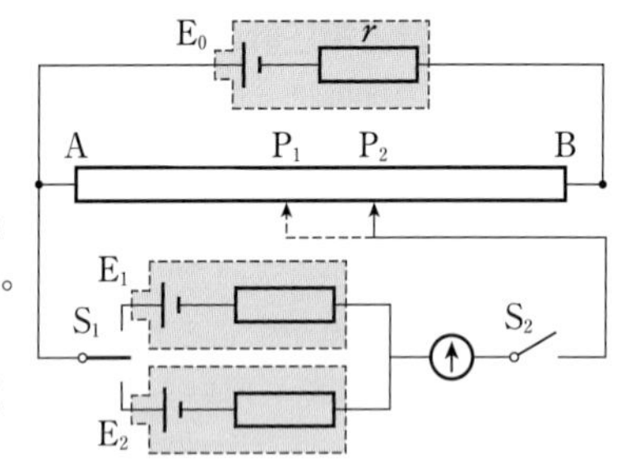

(1)　スイッチS_2を入れ，S_1をE_1側に接続し，抵抗ABに接している接触子を調整して，検流計の針が振れない位置P_1を探す。このときのAP_1の長さをaとする。起電力E_1を，a，L，R，r，E_0を用いて表せ。

(2)　スイッチS_1をE_2側に入れ，検流計の針が振れない位置P_2を探す。このときのAP_2の長さをbとする。未知の起電力E_2を，b，L，R，r，E_0を用いて表せ。

(3)　E_2を，E_1，a，bを用いて表せ。

(4)　電位差計では，電池の内部抵抗の影響を受けることなく，未知の電池の起電力を測定することができる。その理由を簡潔に説明せよ。

（大分大　改）　➡例題29

知識

293. 非直線抵抗

図のような電流－電圧特性をもつ電球AとBがある。これらの電球を直列につなぎ，起電力60Vの電池に接続するとき，回路を流れる電流は何Aか。ただし，電池の内部抵抗は無視できるとする。

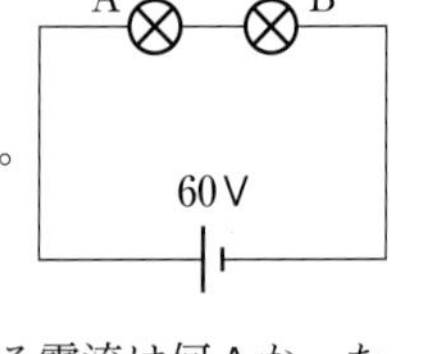

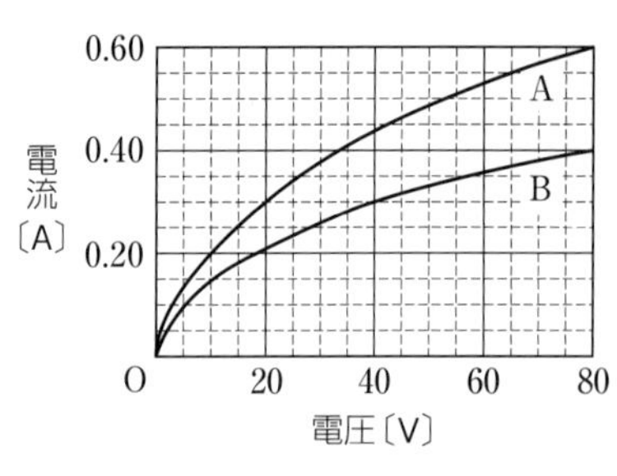

（自治医科大　改）

知識

294. コンデンサーを含む回路

図のように，抵抗値がr，$2r$，r，$2r$の抵抗R_1，R_2，R_3，R_4，電気容量がCのコンデンサー，起電力がVの電池，およびスイッチSを接続した。はじめ，コンデンサーに電荷はなく，スイッチSは開いていた。

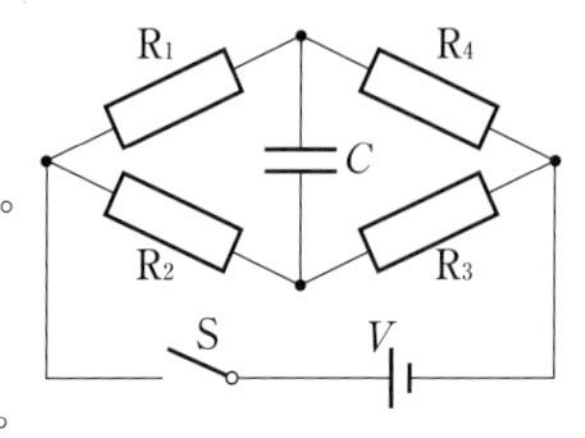

(1)　Sを閉じた直後にR_1を流れる電流の大きさを求めよ。

(2)　Sを閉じて十分に時間が経過した後，R_1を流れる電流の大きさを求めよ。また，コンデンサーにたくわえられる電気量を求めよ。

(3)　R_3を別の抵抗R_5に取りかえたところ，Sを閉じても，コンデンサーに電荷はたくわえられなかった。R_5の抵抗値はいくらか。

（21. 獨協医科大　改）　➡例題30

ヒント

292　(1) 検流計に電流が流れないので，E_1の内部抵抗による電圧降下は0である。

293　AとBには同じ電流が流れ，それぞれに加わる電圧の和が全体に加わる電圧である。

294　(3) コンデンサーに電荷がたくわえられていないとき，コンデンサーに加わる電圧は0である。

知識

295. コンデンサーを含む回路 図のような，内部抵抗の無視できる起電力3.0Vの電池E，抵抗値がそれぞれ10Ω，20Ω，30Ωの抵抗R_1，R_2，R_3，電気容量がそれぞれ1.0μF，4.0μFのコンデンサーC_1，C_2，およびスイッチS_1，S_2からなる回路がある。次の文の(　　)に適切な数値を入れよ。ただし，はじめ，コンデンサーC_1，C_2に電荷はないものとする。

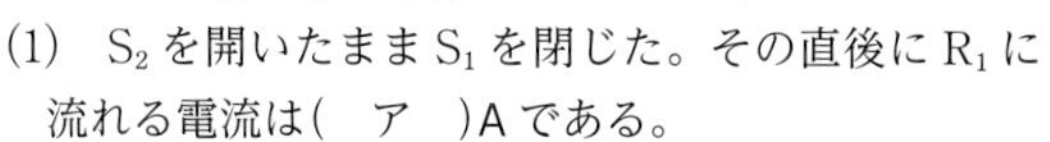

(1)　S_2を開いたままS_1を閉じた。その直後にR_1に流れる電流は(　ア　)Aである。

(2)　S_1を閉じてから十分に時間が経過した。R_2の両端の電位差は(　イ　)Vである。C_2の両端の電位差は(　ウ　)V，その極板Aにたくわえられる電荷は(　エ　)Cである。また，C_2にたくわえられる静電エネルギーは(　オ　)Jである。

(3)　次に，S_2も閉じて十分に時間が経過した。R_2の両端の電位差は(　カ　)V，C_2の両端の電位差は(　キ　)V，C_2の極板Aの電荷は(　ク　)Cである。

(4)　再びS_2を開いた後，S_1を開いた。十分に時間が経過すると，C_2の両端の電位差は(　ケ　)V，C_2の極板Aの電荷は(　コ　)Cとなる。　(12. 三重大　改)　➡例題30・31

思考

296. 非直線抵抗とコンデンサー 図1のような電流－電圧特性をもつ電球L，内部抵抗が無視できる起電力12Vの電池E，電気容量2.0μFのコンデンサーC，抵抗値がそれぞれ2.0Ω，6.0Ωの抵抗R_1，R_2，可変抵抗R_x，およびスイッチSを用いた回路を考える(図2)。はじめ，コンデンサーCに電荷はなく，スイッチSは開いている。次の各問に答えよ。

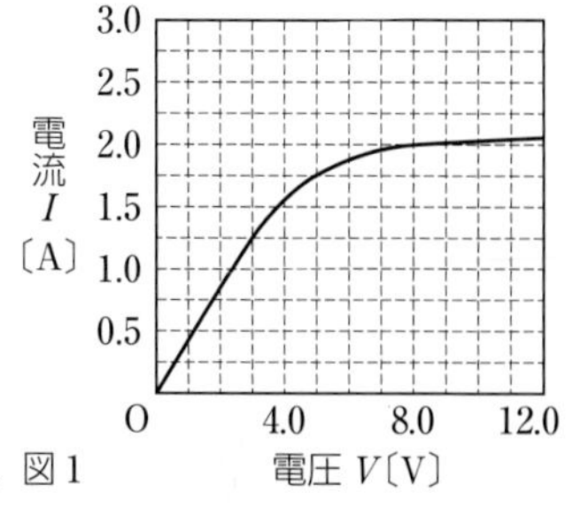

図1

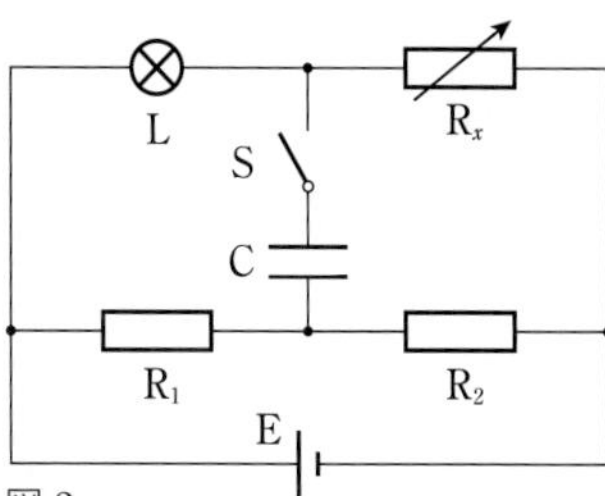

図2

(1)　電球Lにかかる電圧をV，流れる電流をIとする。可変抵抗R_xの値を4.0Ωにしたとき，電球Lが消費する電力を求めよ。

(2)　R_xの値を(1)のままにして，スイッチSを閉じた。その直後の電圧Vと電流Iとの関係式を求めよ。

(3)　(2)から十分な時間が経過すると，コンデンサーCに電荷がたくわえられる。スイッチS側の極板にたくわえられている電荷を求めよ。

(4)　(3)において，可変抵抗R_xの値をゆっくり変えると，ある抵抗値のところで，コンデンサーCの電荷が0になった。そのときのR_xの抵抗値を求めよ。　(芝浦工業大　改)

ヒント

295　(ア) このとき，コンデンサーは，抵抗が0の導線とみなすことができる。

296　(2) スイッチSを閉じた直後では，コンデンサーCに電荷はなく，両端の電位差は0である。

第Ⅳ章 電気

総合問題

思考

297. 電球の接続◀ 同じ電球4個と，起電力が15Vで内部抵抗が5.0Ωの電池，抵抗値R〔Ω〕の抵抗を用いて，図1のような回路をつくった。図2は，電球(1個)を流れる電流I〔A〕と電圧V〔V〕の関係を表している。スイッチSをA側，B側のどちらに接続しても，各電球が同じ明るさとなるようにした。電球の明るさは，その消費電力に比例するものとして，次の各問に有効数字2桁で答えよ。

(1)　1個の電球に加わる電圧と流れる電流はいくらか。

(2)　Rはいくらか。

電池　15V　5.0Ω　A　B　R

図1

I〔A〕　1.0　0.8　0.6　0.4　0.2　O　2　4　6　8　10　12　V〔V〕

図2

思考　記述

298. 電池の内部抵抗の測定◀ 図1のように，起電力E〔V〕，内部抵抗r〔Ω〕の電池，および抵抗x〔Ω〕を接続する。次の各問に答えよ。

(1)　抵抗xで消費される電力を求めよ。

(2)　$E=10$V，$r=1.0$Ωのとき，抵抗xの消費電力が9.0Wとなるxの値をすべて求めよ。

(3)　$E=10$V，$r=1.0$Ωとする。抵抗xをさまざまな値に変えたとき，抵抗xで消費される電力の最大値とそのときの抵抗値を求めよ。必要ならば，実数a，bに対して，$(a+b)^2 \geqq 4ab$の関係式を用いよ。

次に，電池の内部抵抗と起電力を測定するために，図2の回路を用いて，可変抵抗の抵抗値を変え，電圧と電流を測定した。

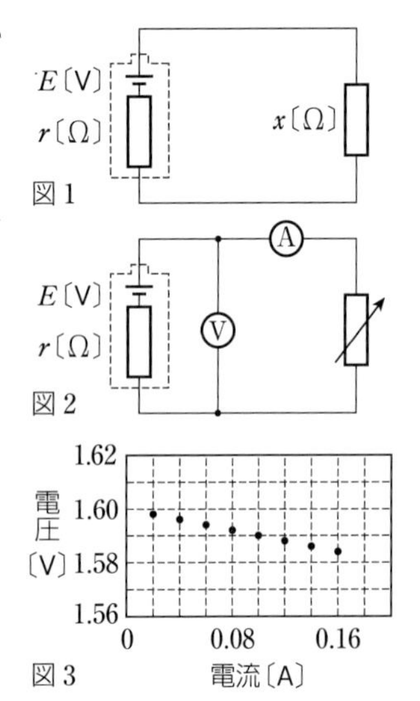

(4)　電圧計と電流計をつなぐことで，回路を流れる電流に変化を生じさせないためには，図2で用いた可変抵抗や電池の内部抵抗に比べて，電圧計と電流計の内部抵抗は非常に大きいか小さい必要がある。それぞれの内部抵抗は，大きい，小さいのどちらか。理由をつけて示せ。

(5)　測定結果を図3に示す。グラフから推定される電池の起電力と内部抵抗を，有効数字2桁で求めよ。

(金沢大　改)

ヒント

297　スイッチSをA，Bのどちらに接続しても電球の明るさが同じなので，各電球での消費電力VIは等しい。

298　(3) (1)で求めた式に$E=10$V，$r=1.0$Ωを代入し，分母にだけxが含まれるように変形する。

思考

299. 極板の単振動◀ 真空中で，2枚の金属板を向かいあわせた平行板コンデンサーがある。一方の極板Bは固定され，もう一方の極板Aにはばね定数kのばねが接続されており，Aは図のx軸に沿って動くことができる。ばねが自然の長さのときのAの位置を$x=0$とし，そのときの極板間の距離をd，電気容量をCとする。Aを固定し，電池を接続して，極板間の電位差をVとした。電池を外したのち，Aの固定を外すと，Aは単振動をした。

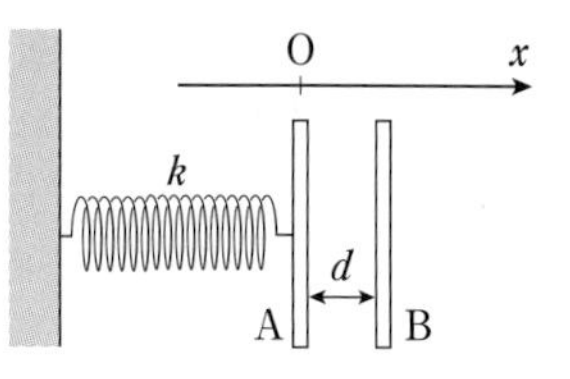

(1) 極板Aが位置$x=a$にあるとき，コンデンサーの電気容量を求めよ。
(2) (1)のとき，静電エネルギーは，Aが動き始める前に比べてどれだけ減少したか。
(3) Aの単振動の振幅を求めよ。
(4) AがBにもっとも近づくときのAの位置を求めよ。 (15．横浜国立大 改)

思考

300. 誘電体の挿入◀ 図のように，一辺がaの正方形の極板からなる平行板コンデンサー，起電力Vの電池，スイッチSからなる回路が真空中に置かれている。ここで，極板の間隔はdであり，極板間には，すき間なく誘電率εの誘電体が挿入されている。誘電体の位置は，極板の左端から誘電体の左端までの距離xで表す。真空の誘電率をε_0 $(\varepsilon>\varepsilon_0)$とし，電池の内部抵抗や導線の抵抗，極板と誘電体との間の摩擦力は無視できるものとする。

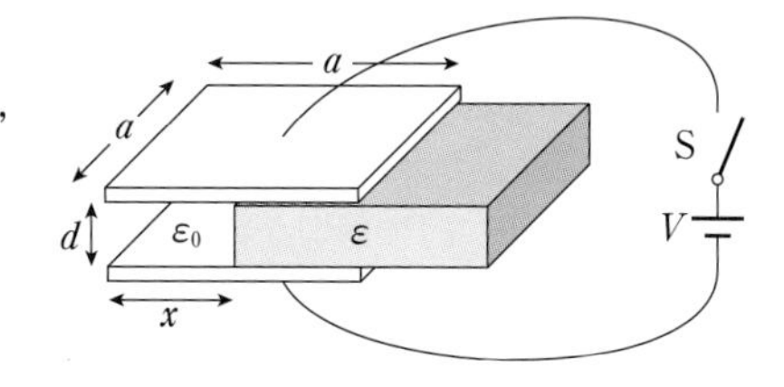

まず，$x=0$でSを閉じ，十分に時間が経過してからSを開いた。

(1) 誘電体を極板の辺に沿って距離xだけ引き出した。このときの，コンデンサーの電気容量Cと静電エネルギーUを，a，d，ε，ε_0，x，Vを用いてそれぞれ表せ。
(2) 一般に，物体には位置エネルギーが小さくなる向きに力がはたらく。この考えを用いて，距離xの位置にある誘電体にはたらく力の向きを答えよ。

次に，誘電体を距離xの位置に固定した後，再びSを閉じた。十分に時間が経過した後，誘電体を動かせるようにして，その位置から微小距離Δxだけゆっくりと動かした。

(3) 微小距離Δxだけ動かしたとき，コンデンサーがたくわえる電気量の変化ΔQ，コンデンサーの静電エネルギーの変化ΔU，電池がした仕事ΔEを，a，d，ε，ε_0，V，Δxを用いてそれぞれ表せ。
(4) 距離xの位置において，外部から誘電体に加えている力をxが増加する向きにFとする。微小距離Δxだけ動かすとき，力Fが誘電体にする仕事は$F\Delta x$と表される。エネルギー保存の法則を用いて，力Fの大きさを，a，d，ε，ε_0，Vを用いて表せ。また，力Fの向きも答えよ。 (21．岐阜大 改)

ヒント

299 (3) 極板のもつ電気量は変化しないので，極板間の引力は一定である。

300 (1) 誘電体がある部分とない部分とでコンデンサーを2つに分け，それらの並列接続と考える。

思考

301. コンデンサーの充電◀ 図のように，$6.0\times10^4\Omega$の抵抗R，電気容量がそれぞれ2.0×10^{-6}F，1.0×10^{-6}F，3.0×10^{-6}FのコンデンサーC_1，C_2，C_3，内部抵抗の無視できる起電力24Vの電池E，スイッチSからなる回路がある。最初，スイッチSは開いており，C_1，C_2，C_3に電荷はたくわえられていないものとする。次の文を読み，以下の各問に答えよ。

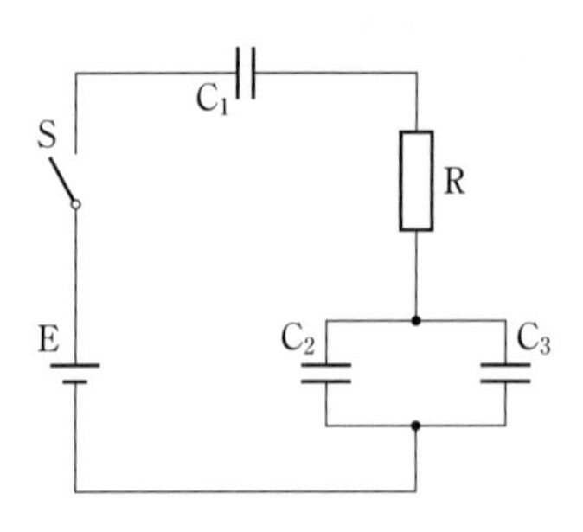

スイッチSを閉じた瞬間(時刻$t=0$sとする)，抵抗Rに電流$I=$(　ア　)Aが流れた。次に，時刻$t=t_1$〔s〕($t_1>0$)のとき，コンデンサーC_1の極板間の電位差V_1が4.0Vであった。このとき，コンデンサーC_1に電荷$Q_1=$(　イ　)Cがたまっている。また，コンデンサーC_2とC_3の合成容量C_Cは，$C_C=$(　ウ　)Fであるから，これらの極板間の電位差V_2およびV_3は，$V_2=V_3=$(　エ　)Vである。このとき，抵抗Rに電流$I=$(　オ　)Aが流れている。さらに，スイッチSを閉じてから十分に時間が経った時刻$t=t_2$〔s〕のとき，コンデンサーC_1の極板間の電位差は$V_1=$(　カ　)Vとなる。このとき，抵抗Rに流れる電流は$I=$(　キ　)Aである。

(1)　(ア)～(キ)に適切な数値を入れよ。

(2)　コンデンサーC_1の極板間の電位差V_1〔V〕と抵抗Rを流れる電流I〔A〕の時間変化について，時刻$t=0$sからt_2〔s〕までの概略をグラフに示せ。なお，$t=0$s，t_1〔s〕，t_2〔s〕のときの値がわかるように，縦軸に数値を書き入れよ。　(17．岩手大　改)

思考

302. 円筒極板コンデンサー◀ 図のように，それぞれR_A，R_A+d，R_C，R_C+dの半径をもつ，長さLの4つの金属の円筒極板A，B，C，Dを同心軸上に重ね，その間を誘電率εの誘電体で満たしてコンデンサーをつくる。円筒極板の厚さは十分に薄く，コンデンサーの端の効果は無視できる。また，円筒極板の半径に比べて長さLは十分に大きいとし，内部の電場は同心軸と垂直であるとする。

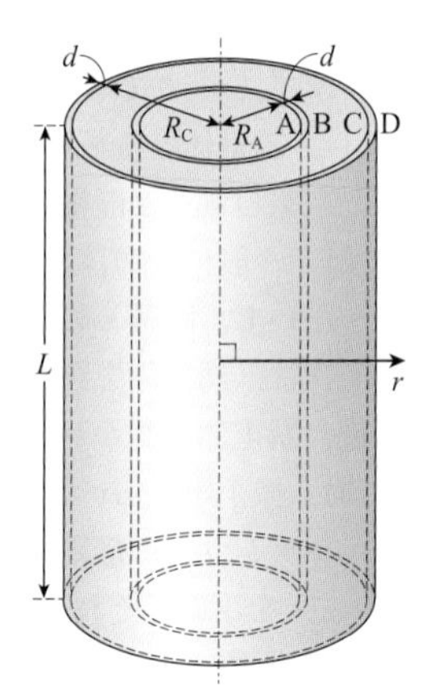

(1)　円筒極板A，Cにそれぞれ電荷$+Q$，B，Dにそれぞれ電荷$-Q$を与えたとき，AB間，BC間，CD間に生じる電場の強さE_{AB}，E_{BC}，E_{CD}を，円筒極板の中心軸からの距離rの関数として表せ。

(2)　$d\ll R_A$，$d\ll R_C$としたとき，AB間，CD間の電場は一様とみなせる。AB間，CD間の電気容量C_{AB}，C_{CD}を，R_A，d，R_C，L，εのうち，必要なものを用いてそれぞれ表せ。

(3)　起電力Vの電池の正極をA，C，負極をB，Dに接続したとき，AとCの円筒極板がたくわえる全電荷$+Q'$を，R_A，d，R_C，L，ε，Vを用いて表せ。(16．岐阜大　改)

ヒント

301　(エ) C_1にQ_1がたくわえられたとき，合成容量C_CのコンデンサーにもQ_1がたくわえられている。

302　(1) 極板Aの円筒の内部の電場は0であり，極板Aから出た電気力線は，すべて極板Bに入る。

思考

303. ダイオードの回路◀ 抵抗値がそれぞれ R, $2R$ の抵抗 R_1, R_2 と，素子D，および電圧を変えられる直流電源Eを用いて，図(a)の回路をつくった。回路を流れる電流の向きは，矢印で示される。図(b)は，素子Dの両端の電位差 V と素子Dを流れる電流 I の関係を示す。

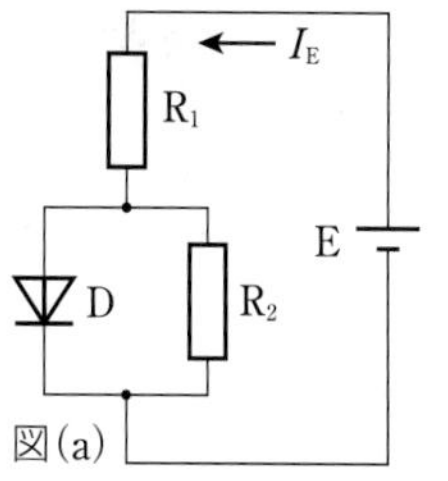

図(a)

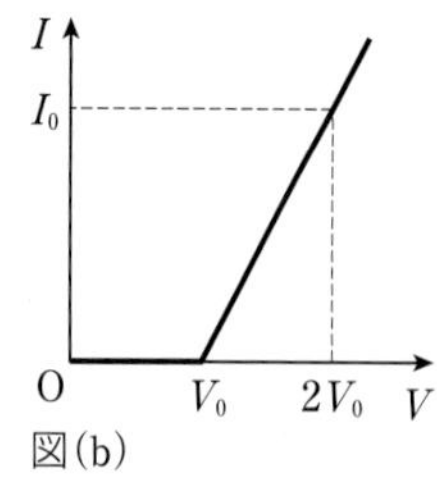

図(b)

(1) 電源Eの電圧を0から上げると，電圧が V_E をこえるまでは素子Dに電流が流れない。電源電圧 V_E を求めよ。また，このとき回路を流れる電流 I_E を求めよ。

(2) 電源Eの電圧をさらに上げると，素子Dに流れる電流が図(b)に示す I_0 になった。このときの電源電圧 V_{E0} を求めよ。

(3) 電源Eの電圧を $2V_0$ にしたとき，素子Dに流れる電流を求めよ。 (奈良女子大 改)

思考 やや難

304. ダイオードとコンデンサー◀ ダイオードを用いた回路について考える。簡単化のため，ダイオードは，図1のようなスイッチ S_D と抵抗とが直列につながれた回路と等価であると考え，Pの電位がQよりも高いか等しいときには S_D が閉じ，低いときには S_D が開くものとする。電池の内部抵抗は考えなくてよい。

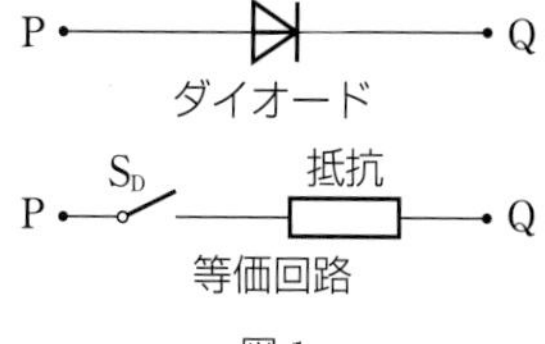

図1

図2のように，電気容量がともに C のコンデンサー C_1, C_2，ダイオード D_1, D_2，スイッチS，起電力 V_0 の電池2個を接続した。最初，スイッチSは $+V_0$ 側にも $-V_0$ 側にも接続されておらず，コンデンサーに電荷はたくわえられていないものとする。点Gの電位を0としたときの点 P_1, P_2 のそれぞれの電位を V_1, V_2 とする。

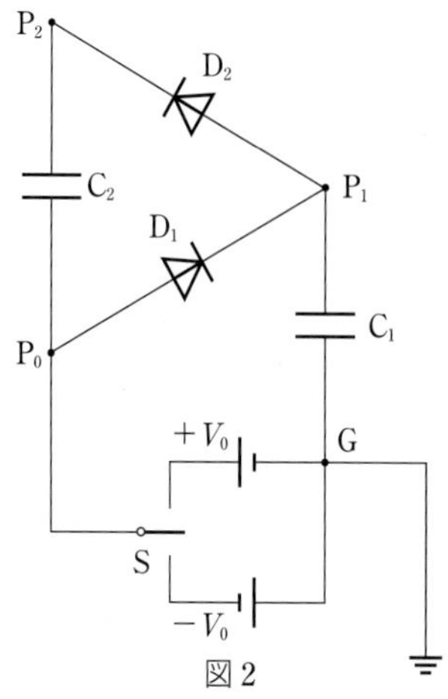

図2

(1) まず，スイッチSを $+V_0$ 側に接続した。この直後の V_1, V_2 を求めよ。

(2) (1)の後，回路中での電荷の移動がなくなったときの V_1, V_2，および C_1 にたくわえられた静電エネルギー U を求めよ。また，電池がした仕事 W を求めよ。

(3) (2)の後，スイッチSを $-V_0$ 側に切り替えた。この直後の V_1, V_2 を求めよ。

(4) (3)の後，回路中での電荷の移動がなくなったときの V_1, V_2 を求めよ。

(東京大 改)

ヒント

303 (3) R_1, R_2 を考慮して V と I の関係式を立て，図(b)からも V と I の関係式を求め，連立させて解く。

304 (3) スイッチSを切り替えた直後では，電荷はまだ移動していないので，極板間の電位差は変わらない。Sを切り替えることで，P_0 の電位が $2V_0$ だけ下がり，P_2 の電位も $2V_0$ だけ下がる。

第Ⅴ章　磁気

15 電流と磁場

1 磁気力と磁場

❶磁極　磁石の両端には，鉄片を強く引き寄せる**磁極**がある。水平につるした磁石のうち，北を指す磁極が**N極**，南を指す磁極が**S極**である。地球は，北極付近にS極，南極付近にN極をもつ大きな磁石とみなすことができる。地球による磁場を**地磁気**という。

❷磁気力に関するクーロンの法則　磁極の強さを表す量を**磁気量**といい，N極の磁気量は正，S極は負で表される。磁気量の単位は**ウェーバ**(記号 Wb)。磁気量の大きさ m_1〔Wb〕，m_2〔Wb〕の2つの磁極の間にはたらく磁気力の大きさ F〔N〕は，磁極の間の距離を r〔m〕，比例定数を k_m とすると，次の**磁気力に関するクーロンの法則**が成り立つ。

$$F=k_m\frac{m_1m_2}{r^2}\quad\cdots①$$

（真空中における k_m の値　$k_m=6.33\times10^4\,\mathrm{N\cdot m^2/Wb^2}$）

同種の極の間には斥力，異種の極の間には引力がはたらく。

❸磁場　磁極が磁気力を受けるような空間。**磁界**ともいう。磁場の中のある位置に1 WbのN極を置いたとき，この磁極が受ける力の向きを磁場の向き，磁気力の大きさを磁場の強さとする。磁場の強さの単位は**ニュートン毎ウェーバ**(記号 N/Wb)。磁場はベクトル量であり，$\vec{H}$ で示される。これを**磁場ベクトル**という。

●磁場中で磁極が受ける力

磁場 $\vec{H}$〔N/Wb〕の中にある磁極 m〔Wb〕が受ける磁気力 $\vec{F}$〔N〕は，

$$\vec{F}=m\vec{H}\quad\cdots②$$

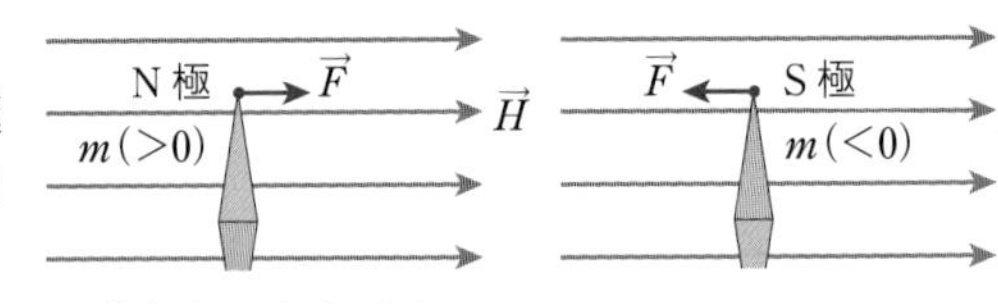

N極は磁場と同じ向き，S極は磁場と逆向きに力を受ける。

❹磁力線　磁場の向きに引いた曲線。次の性質がある。

(1) N極から出てS極に入る。
(2) 接線の方向はその点における磁場の方向を示す。
(3) 途中で交わったり，折れ曲がったり，枝分かれしたりしない。
(4) 磁場の強いところでは密，弱いところでは疎となる。

2 電流がつくる磁場

❶直線電流がつくる磁場　電流を中心とする同心円状に磁場ができる。**磁場の向きは，電流の向きに右ねじの進む向きをあわせるとき，右ねじのまわる向きである(右ねじの法則)**。直線電流 I〔A〕から r〔m〕はなれた点の磁場の強さ H〔A/m〕は，

$$H=\frac{I}{2\pi r}\quad\cdots③$$

磁場の強さの単位は A/m=N/Wb。

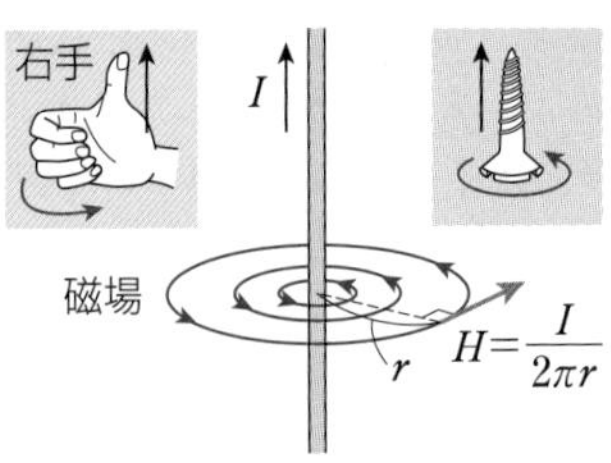

磁場の向きは，電流の向きにあわせて右手の親指を立て，残りの指で導線を握ったときの，握った指のまわる向きとしても示される。

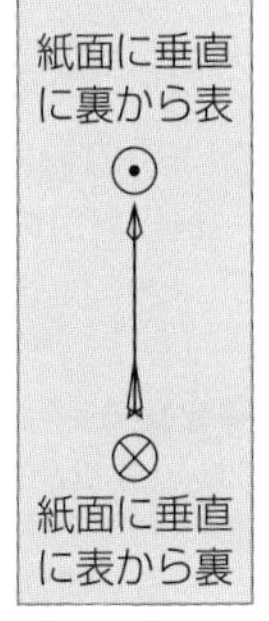

❷円形電流がつくる磁場　円の中心にできる磁場の向きは，円の面に垂直である。半径 r〔m〕の円形導線に，I〔A〕の電流を流すとき，その中心の磁場の強さ H〔A/m〕は，　$H=\dfrac{I}{2r}$　…④

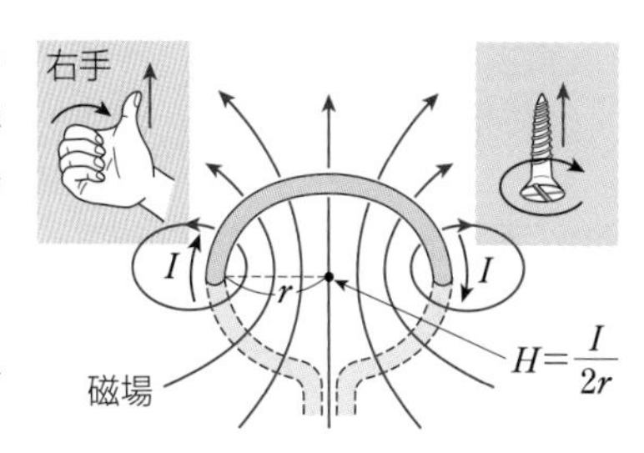

円の中心における磁場の向きは，右手の親指を立て，電流の向きに沿って残りの指で導線を握ったときの，親指の向きとして示される。巻数が N のとき，磁場の強さ H は式④の N 倍となる。

❸ソレノイドを流れる電流がつくる磁場　ソレノイド内部の磁場の向きは，コイルの軸に平行であり，両端付近を除いて，磁場の強さはほぼ一様である。

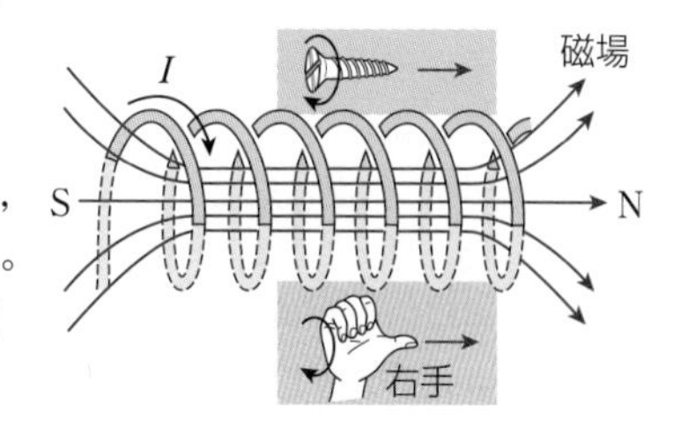

1 mあたりの巻数 n のソレノイドに，I〔A〕の電流を流したとき，内部の磁場の強さ H〔A/m〕は，

$$H=nI \quad \cdots⑤$$

ソレノイド内部における磁場の向きは，右手の親指を立て，電流の向きに沿って残りの指でソレノイドを握ったときの，親指の向きとして示される。

3 電流が磁場から受ける力

❶磁場中で電流が受ける力　磁場の中に導線を入れて電流を流すと，電流は力を受ける。

(a)　**力の向き　左手の中指を電流の向き，人さし指を磁場の向きにあわせると，親指の向きが力の向きを示す(フレミングの左手の法則)。**

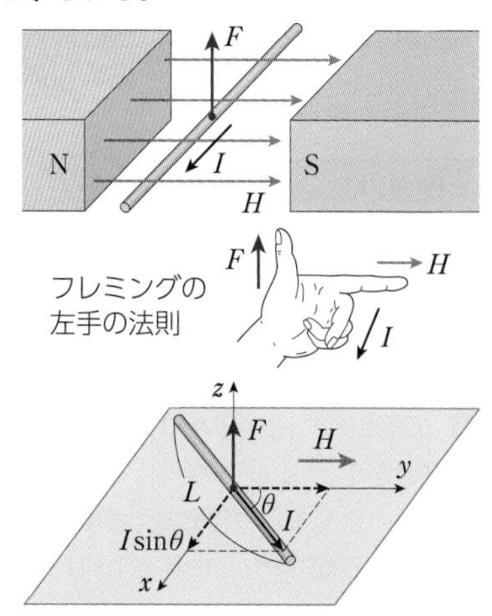

(b)　**力の大きさ**　I〔A〕の電流が流れている長さ L〔m〕の導線を，強さ H〔A/m〕の磁場の中に磁場に垂直に置いたとき，電流が受ける力の大きさ F〔N〕は，　$F=\mu IHL$　…⑥

電流と磁場のなす角が θ の場合には，磁場の向きと垂直な電流の成分 $I\sin\theta$ を用いて，

$$F=\mu IHL\sin\theta \quad \cdots⑦$$

透磁率　式⑥の比例定数 μ を**透磁率**といい，磁場が存在する空間を満たす物質の性質で決まる定数である。単位はWb/(A·m)，またはN/A²。真空の透磁率 μ_0 は，$\mu_0=1.26\times10^{-6}\fallingdotseq4\pi\times10^{-7}$ N/A² である。空気中の場合もほぼ μ_0 に等しい。物質の透磁率 μ と真空の透磁率 μ_0 との比 μ_r を，物質の**比透磁率**という。　$\mu_r=\dfrac{\mu}{\mu_0}$　…⑧

❷磁束密度　物質の透磁率 μ と磁場 $\vec{H}$ との積であり，次式で表される。

$\vec{B}=\mu\vec{H}$　…⑨　　磁束密度の単位は**テスラ**(記号T)。T＝Wb/m²。

磁束密度は，向きと大きさをもつベクトルである。これを用いると，式⑥，⑦は，

$F=IBL$　…⑩　　$F=IBL\sin\theta$　…⑪

●**磁束線**　磁束密度のようすは，**磁束線**で表される。磁束密度Bの一様な磁場の中で，磁束密度に垂直な断面(S〔m²〕)を考える。BとSの積Φは断面を貫く磁束線の本数を表し，これを**磁束**という。　$\boldsymbol{\Phi = BS}$　…⑫　磁束の単位はウェーバ(記号 Wb)。

❸**平行電流間にはたらく力**　電流I_1〔A〕，I_2〔A〕が流れている十分に長い2本の直線状の導線が，r〔m〕はなれて平行に張られているとき，長さL〔m〕あたりが受ける力の大きさF〔N〕は，　$F = \mu \dfrac{I_1 I_2}{2\pi r} L$　…⑬　(I_1とI_2が同じ向き…引力，I_1とI_2が逆向き…斥力)

4 ローレンツ力

荷電粒子が磁場の中を動くときに受ける力を，**ローレンツ力**という。電荷の大きさq〔C〕の荷電粒子が，磁束密度B〔T〕の磁場に垂直に速度v〔m/s〕で運動するとき，ローレンツ力の大きさf〔N〕は，　$\boldsymbol{f = qvB}$　…⑭

速度と磁場のなす角がθであるとき，磁場に垂直な速度の成分$v\sin\theta$を用いて，　$\boldsymbol{f = qvB\sin\theta}$　…⑮

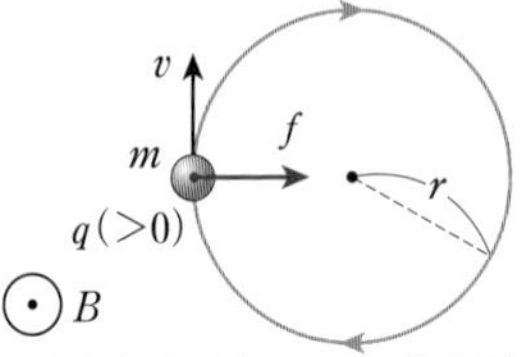

fが向心力となって，粒子は等速円運動をする。

●**ローレンツ力の向き**　電荷が正のときは，粒子の運動の向きを電流の向き，負のときは，粒子の運動と逆向きを電流の向きと考え，フレミングの左手の法則から求められる。

5 ホール効果

金属などを流れる電流に垂直に磁場をかけると，電流と磁場の両方に垂直な方向に起電力が生じる。この現象を**ホール効果**といい，このとき生じる電圧を**ホール電圧**という。

プロセス　次の各問に答えよ。

1　強さ 25A/m の磁場中で，2.0×10^{-8} Wb の磁極が受ける磁気力の大きさは何Nか。

2　3.14A の直線電流から，0.25m はなれた点の磁場の強さは何 A/m か。

3　1m あたり 1.0×10^{3} 回巻いたソレノイドがある。これに 1.5A の電流を流すと，ソレノイド内部の磁場の強さは何 A/m か。

4　空気中で，磁場の強さが 1.0×10^{2} A/m のとき，磁束密度の大きさは何Tか。空気の透磁率を 1.3×10^{-6} N/A² とする。

5　図のように，紙面に垂直に裏から表の向きに磁束密度 1.5T の一様な磁場中で，磁場と垂直に置かれた導線に 3.0A の電流が流れている。この導線の長さ 2.0m あたりが，磁場から受ける力は何Nか。また，力を受ける向きはア，イのどちらか。

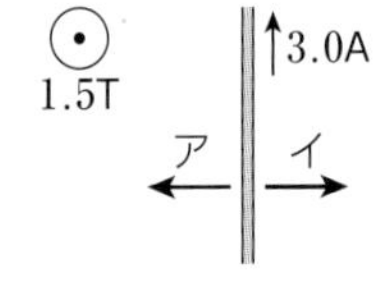

6　図のように，紙面に垂直に表から裏の向きに磁束密度 2.0×10^{-4} T の一様な磁場中に，5.0×10^{5} m/s で磁場に垂直に入射した電子が，磁場から受ける力は何Nか。また，力を受ける向きはア，イのどちらか。電子の電気量を -1.6×10^{-19} C とする。

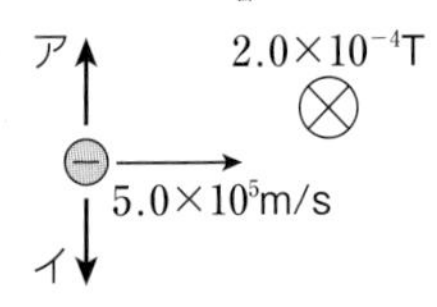

解答

1 5.0×10^{-7} N　**2** 2.0A/m　**3** 1.5×10^{3} A/m　**4** 1.3×10^{-4} T　**5** 9.0N，イ
6 1.6×10^{-17} N，イ

解説動画

基本例題46　直線電流と円形電流がつくる磁場

➡基本問題 306，307

図のように，長い直線状の導線 XY に 15.7 A の電流が流れており，そこから 20 cm はなれた位置に中心 O をもつ，半径 10 cm の 5 回巻きの円形導線がある。両者は同一平面内にあるとする。

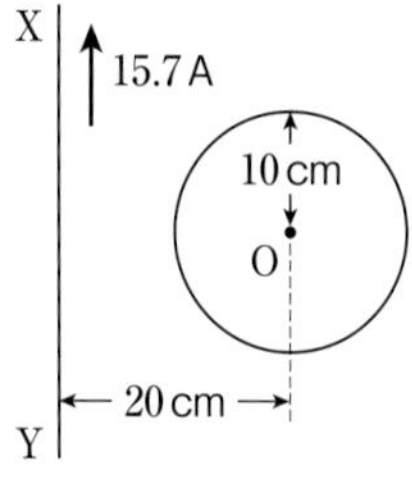

(1)　直線電流が円の中心 O につくる磁場の強さと向きを求めよ。

(2)　円の中心 O の磁束密度の大きさを求めよ。ただし，空気の透磁率を $\mu_0=1.3\times10^{-6}\,\mathrm{N/A^2}$ とする。

(3)　円形導線に電流を流して，中心 O の磁場を 0 とするには，円形導線に，どちら向きにどれだけの電流を流せばよいか。

指針　(1)(2)　直線電流がつくる磁場は，「$H=I/(2\pi r)$」から求められ，磁束密度は，「$B=\mu_0 H$」から計算される。
(3)　直線電流によってできる磁場と，円形電流によってできる磁場が打ち消しあうように，円形導線に電流を流せばよい。

解説　(1)　求める磁場の強さ H は，

$$H=\frac{I}{2\pi r}=\frac{15.7}{2\times3.14\times0.20}$$

$=12.5\,\mathrm{A/m}$

13 A/m

磁場の向きは，右ねじの法則から，**紙面に垂直に表から裏の向き**(図)。

(2)　磁束密度の大きさ B は，

$B=\mu_0 H=(1.3\times10^{-6})\times12.5$
$=1.62\times10^{-5}\,\mathrm{T}$　　**$1.6\times10^{-5}\,\mathrm{T}$**

(3)　巻数 N，半径 r の円形電流が，その中心につくる磁場の強さ H は，　$H=N\dfrac{I}{2r}$

円形電流がつくる磁場の強さと，(1)で求めた磁場の強さが等しくなればよい。

$12.5=5\times\dfrac{I}{2\times0.10}$　　$I=$**$0.50\,\mathrm{A}$**

円形電流が中心 O につくる磁場は，紙面に垂直に裏から表の向きとなればよい。**反時計まわり**

基本例題47　磁場中の電流が受ける力

➡基本問題 309，310，311，312

図の装置において，3.5 cm の間隔で水平に置かれたなめらかなレール上に，レールと垂直にアルミニウム棒 PQ を置き，棒 PQ に 4.0 A の電流を流す。このとき，棒 PQ を静止させるためには，おもりの質量を 0.50 g にする必要があった。電流は，PQ 間をどちら向きに流れているか。また，磁極間の磁束密度の大きさはいくらか。ただし，重力加速度の大きさを $9.8\,\mathrm{m/s^2}$ とする。

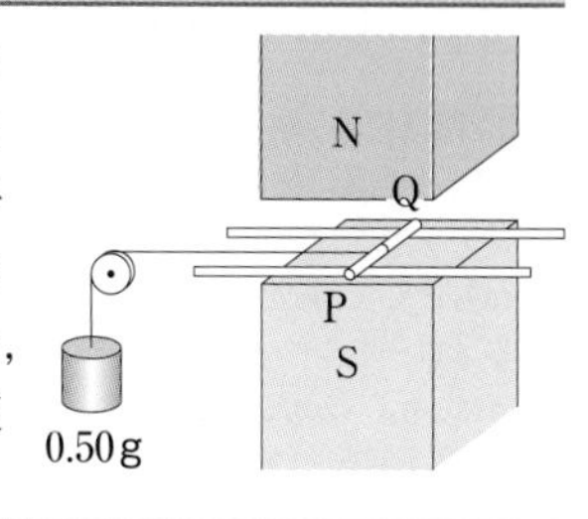

指針　棒 PQ は静止しており，棒 PQ が受ける糸の張力と，電流が磁場から受ける力(電磁力)はつりあっている。これらの力のつりあいの式を立てる。

解説　棒 PQ は，糸の張力を左向きに受けるので，電磁力は右向きに受ける。フレミングの左手の法則から，PQ を流れる電流の向きは，**Q→P** となる。
また，おもりが受ける力のつりあいから，糸の張力は，おもりの重力 mg と等しい。磁束密度の大きさを B とすると，電磁力の大きさ F は，$F=IBL$ となる(図)。棒 PQ が受ける力のつりあいから，

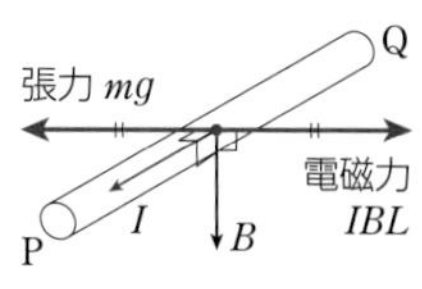

$mg=IBL$

$$B=\frac{mg}{IL}=\frac{(0.50\times10^{-3})\times9.8}{4.0\times(3.5\times10^{-2})}=\mathbf{3.5\times10^{-2}\,T}$$

第V章　磁気

解説動画

基本例題48 平行電流間にはたらく力

➡基本問題 313

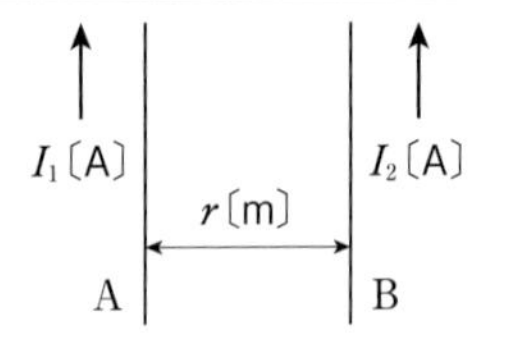

図のように，真空中に平行に置いた導線A，Bに，I_1〔A〕，I_2〔A〕の電流を流す。2本の導線の間の距離を r〔m〕，真空の透磁率を μ_0〔Wb/(A·m)〕として，次の各問に答えよ。

(1) 導線Aに流れる電流 I_1 が，導線Bの位置につくる磁束密度の向きと大きさ B_1 を求めよ。

(2) 導線B上の長さ L〔m〕の部分が，B_1 から受ける力の向きと大きさ F を求めよ。

指 針 I_1 は I_2 がつくる磁場から力を受け，I_2 は I_1 がつくる磁場から力を受ける。

「$B=\mu_0 H$」，「$H=\dfrac{I}{2\pi r}$」，「$F=IBL$」の関係式を用いる。

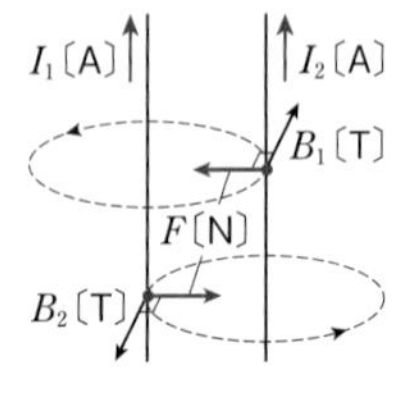

解 説 (1) 磁束密度の向きは，右ねじの法則から，**紙面に垂直に表から裏の向き**となる。

大きさ B_1 は，$B_1=\mu_0 H_1=\boldsymbol{\mu_0\dfrac{I_1}{2\pi r}}$〔T〕

(2) 導線Bの長さ L〔m〕の部分が，B_1 から受ける力の向きは，フレミングの左手の法則から，**左向き**となる。大きさ F〔N〕は，(1)の結果から，

$F=I_2B_1L=\boldsymbol{\mu_0\dfrac{I_1I_2}{2\pi r}L}$〔N〕

基本例題49 磁場中の荷電粒子の運動

➡基本問題 314，315

次の文の［　　］に入る適切な語句，または式を答えよ。

磁束密度 B〔T〕の一様な磁場中で，質量 m〔kg〕，電荷 q〔C〕($q>0$)の荷電粒子が，速さ v〔m/s〕で磁場と垂直に運動しているとき，粒子が磁場から受けるローレンツ力の大きさは［(ア)］であり，この力が［(イ)］のはたらきをして，粒子は等速円運動をする。粒子の描く円軌道の半径は［(ウ)］となり，円周上を粒子が1回転するのにかかる時間は［(エ)］と示され，粒子の速さに関係しないことがわかる。

指 針 粒子は，運動方向と垂直に磁場からローレンツ力を受け，これを向心力として等速円運動をする。ローレンツ力の大きさ f は，「$f=qvB$」と表される。

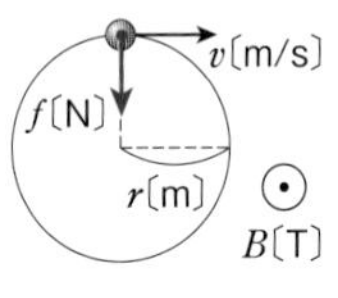

解 説 (ア) ローレンツ力は，$\boldsymbol{qvB}$〔N〕

(イ) ローレンツ力は，粒子の速度に垂直にはたらき，これが等速円運動に必要な**向心力**となる。

(ウ) 粒子の等速円運動の運動方程式は，

$m\dfrac{v^2}{r}=qvB$ 　これから，$r=\boldsymbol{\dfrac{mv}{qB}}$〔m〕

(エ) 円運動の周期は，$T=\dfrac{2\pi r}{v}=\boldsymbol{\dfrac{2\pi m}{qB}}$〔s〕

Point 磁場中を運動する荷電粒子は，磁場からローレンツ力を受け，その力の向きは，速度と磁場の両方に垂直となる。

基本問題

知識

305. 磁極間にはたらく力 真空中に，同じ強さの2つの同種の磁極を0.10mはなして置いたところ，6.3Nの反発力をおよぼしあった。磁極の磁気量の大きさは何Wbか。ただし，磁気力に関するクーロンの法則の比例定数を 6.3×10^4 N·m²/Wb² とする。

知識

306. 直線電流がつくる磁場 地磁気を受けて静止している小磁針の真上 5.0×10^{-2}m の位置に，磁針の方向と平行に導線を張る。図のように，この導線に 3.1A の電流を流す。この点の地磁気の水平分力の大きさを 25A/m，$\pi=3.1$ とする。

(1) 電流が磁針の位置につくる磁場の強さは何 A/m か。

(2) 磁針は，はじめの方向からいくら振れるか。振れ角を θ として $\tan\theta$ の値を求めよ。

ヒント (2) 磁針は，電流がつくる磁場と地磁気の水平分力との合成磁場の向きを向く。 ➡ 例題46

知識

307. 円形電流がつくる磁場 図のように，十分に長い直線状の導線A，Bが，8.0cm はなれて置かれている。導線A，Bの中央に，半径 2.0cm の1巻きコイルCを置いた。Aには上向きに 3.0A，Bには下向きに 5.0A の電流を流したとき，Cの中心Oの磁場が0となるためには，Cにどちら向きに何Aの電流を流せばよいか。 ➡ 例題46

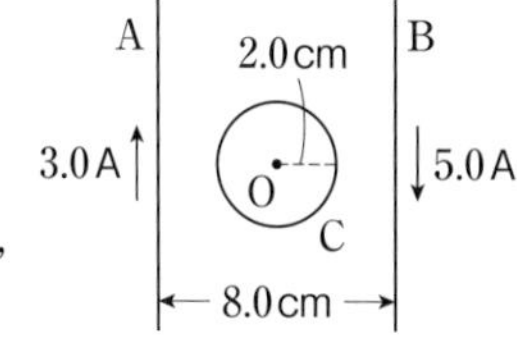

知識

308. ソレノイドを流れる電流がつくる磁場 長さ 0.20m の中空の円筒に，一様に 1.0×10^{4} 回巻いたソレノイドがある。このソレノイドに 0.40A の電流を流したとき，ソレノイド内部の磁場の強さと，磁束密度の大きさをそれぞれ求めよ。ただし，空気の透磁率を 1.3×10^{-6}N/A^2 とする。

知識

309. モーターのしくみ 図のように，一様な磁場の中で，長方形コイル ABCD に電流を流した。辺 AB，および辺 CD は，どちら向きに力を受けるか。ア～エの記号で答えよ。また，長方形コイル ABCD は，手前側から見たとき，回転軸を中心としてどちら向きに回転するか。時計まわり，反時計まわりで答えよ。 ➡ 例題47

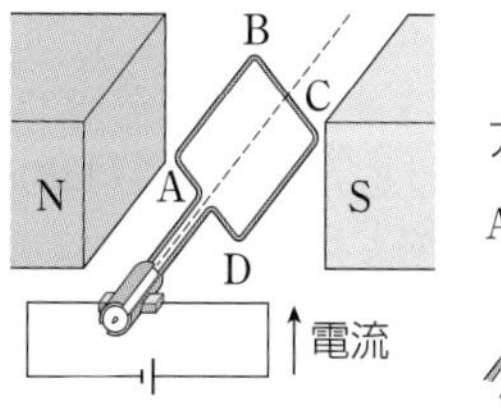

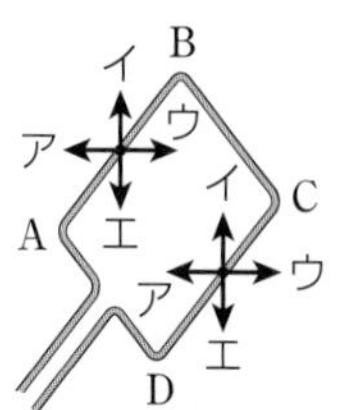

思考

310. 電流天秤 長さ 0.20m，巻数 2.0×10^{2} 回のソレノイドの内部に，ソレノイドの軸と平行になるように板を入れ，板の端に軽い導線 ABCD を固定する。直線 AD は，板の中心を通り，AB，CD と垂直な方向である。直線 AD で板を支えると，板は水平になって静止した。ソレノイドに 2.0A の電流を流したとき，次の各問に答えよ。ただし，BC の長さを 5.0×10^{-2}m，空気の透磁率を 1.3×10^{-6}N/A^2 とする。

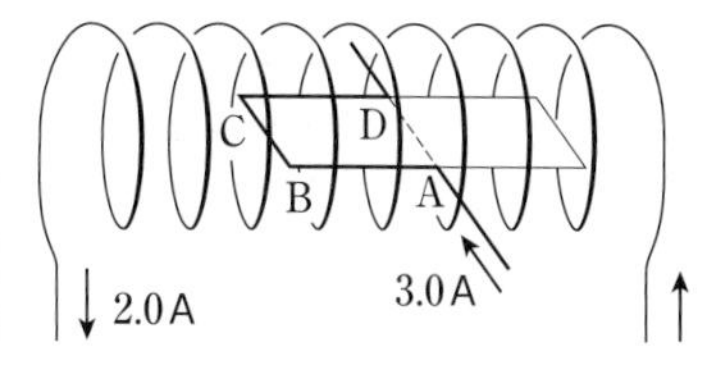

(1) ソレノイド内部の磁束密度の向きと大きさを求めよ。

(2) 導線 ABCD に，図の向きに 3.0A の電流を流すと，板が傾いた。このとき，導線 BC が受ける力の向きと大きさを求めよ。 ➡ 例題47

思考 記述

311. 電流が磁場から受ける力 質量 m，長さ L の金属棒を導線で水平につるし，鉛直下向きに磁束密度 B の一様な磁場をかける。図のように，電源装置に接続して，金属棒に一定の電流を流したところ，導線と鉛直方向のなす角が θ となって，金属棒は静止した。重力加速度の大きさを g とし，導線の質量，および地磁気の影響は無視できるとする。

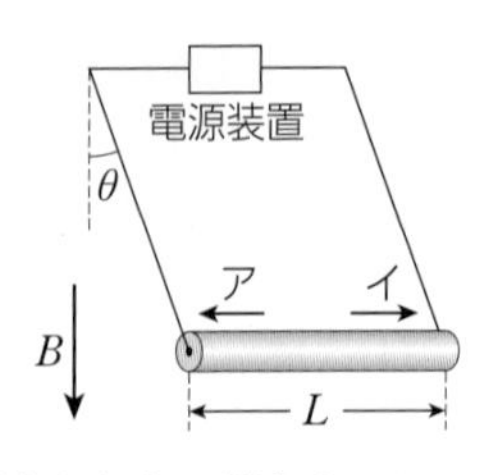

(1) 金属棒に流れた電流の向きは，図のア，イのどちらか。理由とともに答えよ。

(2) 金属棒に流れた電流の大きさはいくらか。 ➡ 例題47

知識

312. 電流にはたらく力 磁束密度 2.5T の一様な磁場中で，磁場と次の角 θ をなす方向に導線を置き，2.4A の電流を流す。導線の長さ 0.10m あたりにはたらく力の向きと大きさを求めよ。

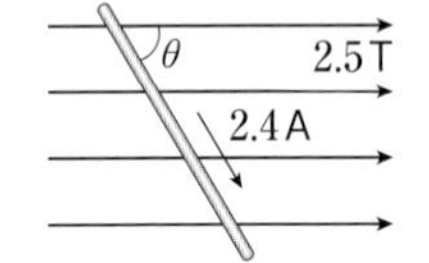

(1) $\theta=90°$　(2) $\theta=30°$　(3) $\theta=0°$ ➡ 例題47

知識

313. 平行電流間の力 真空中の同一鉛直面内に，3本の十分に長い導線A，B，Cを平行に張り，図の向きに，$I_1=I_2=5.0$A，$I_3=3.0$A の電流を流す。AC 間の距離を 2.0m，BC 間の距離を 1.0m，真空の透磁率を $4\pi\times10^{-7}$N/A^2 とする。

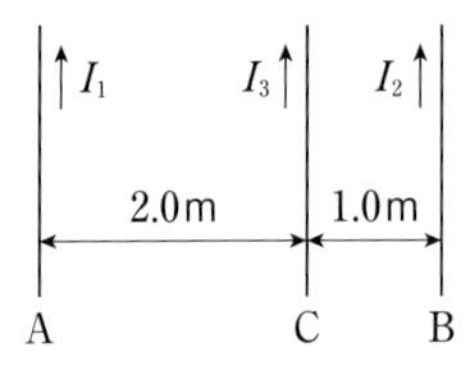

(1) A，Bの電流が，Cの位置につくる合成磁場の向きと強さを求めよ。

(2) Cの長さ 1.0m あたりが，A，Bから受ける力の向きと大きさを求めよ。 ➡ 例題48

知識

314. イオンが受ける力 シャーレの内壁に金属環Bをはめ，中央に電極Aを置いて硫酸銅水溶液を入れる。A，Bに電池をつなぐと，溶液は回転を始める(図)。AからBの向きに移動する Cu^{2+}，逆向きに移動する $SO_4{}^{2-}$ は，それぞれ図の(ア)，(イ)のどちら向きに回転するか。

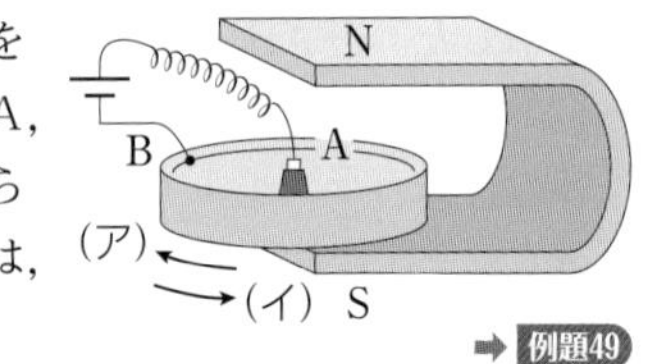

➡ 例題49

思考

315. 磁場中の荷電粒子の運動 紙面に垂直な磁束密度 B〔T〕の一様な磁場中に，q〔C〕の正電荷をもつ質量 m〔kg〕の荷電粒子を，磁場と垂直に速さ v〔m/s〕で点Pから入射させた。図のように，粒子は，時計まわりに半円の軌道を描いた。

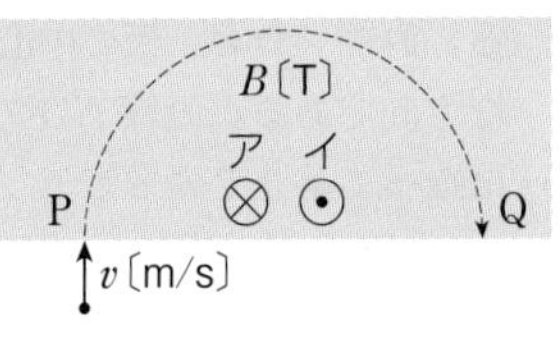

(1) 磁場の向きは，図のア，イのどちらか。

(2) 荷電粒子が磁場から受ける力の大きさはいくらか。

(3) PQ 間の距離はいくらか。

(4) PからQに達するまでの時間はいくらか。

(5) 荷電粒子を入射させる速さを2倍にすると，PQ 間の距離，PからQに達するまでの時間は，それぞれ(3)，(4)の何倍となるか。

ヒント (4) 求める時間は，円運動の周期の 1/2 の時間である。 ➡ 例題49

解説動画

発展例題32　平行電流がおよぼしあう力

➡発展問題 319

図のように，3本の平行で十分に長い直線状の導線A，B，Cを，一辺10cmの正三角形の頂点に，紙面に垂直に置く。AとBに紙面の表から裏の向きに，Cには逆向きに，いずれも2.0Aの電流を流す。真空の透磁率を$4\pi\times10^{-7}$N/A^{2}とする。

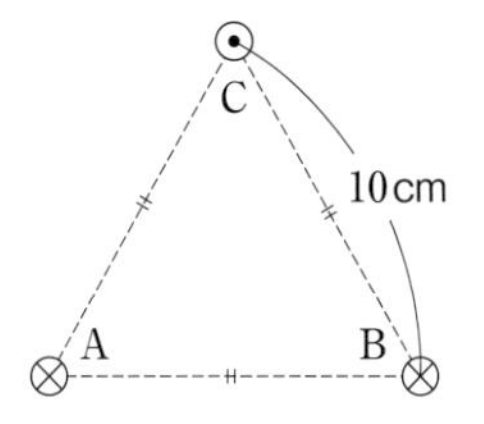

(1)　A，Bの電流が，Cの位置につくる磁場の向きと強さはいくらか。

(2)　導線Cの長さ0.50mの部分が受ける，力の向きと大きさはいくらか。

指 針　(1)　右ねじの法則を用いて，A，Bの電流がCの位置につくる磁場を図示し，それらのベクトル和を求める。磁場の強さは，「$H=I/(2\pi r)$」の式を用いて計算する。

(2)　フレミングの左手の法則から力の向きを，「$F=\mu_0 IHL$」の式から力の大きさを求める。

解 説

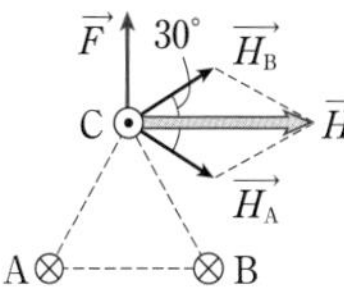

(1)　A，Bの電流がCの位置につくる磁場$\vec{H_A}$，$\vec{H_B}$は，右ねじの法則から，図のようになる。$\vec{H_A}$，$\vec{H_B}$は，それぞれ$\overline{AC}$，$\overline{BC}$と垂直である。また，A，Bの電流の大きさは等しく，Cまでの距離も等しいので，$H_A=H_B$である。合成磁場$\vec{H}$は，図の**右向き**となる。H_A，H_Bは，

$$H_A=H_B=\frac{I}{2\pi r}=\frac{2.0}{2\pi\times0.10}=\frac{10}{\pi}\text{〔A/m〕}$$

合成磁場の強さHは，

$$H=2\times H_A\cos30°=2\times\frac{10}{\pi}\times\frac{\sqrt{3}}{2}=\frac{10\sqrt{3}}{\pi}$$

$$=5.50\text{A/m}\qquad \mathbf{5.5A/m}$$

(2)　フレミングの左手の法則から，導線Cが受ける力$\vec{F}$の向きは，$\overline{AB}$と垂直であり，図の**上向き**となる。力の大きさFは，

$$F=\mu_0 IHL=(4\pi\times10^{-7})\times2.0\times\frac{10\sqrt{3}}{\pi}\times0.50$$

$$=6.92\times10^{-6}\text{N}\qquad \mathbf{6.9\times10^{-6}N}$$

発展例題33　電子のらせん運動

➡発展問題 320

磁束密度Bの一様な磁場がある。図のように，電荷$-e$，質量mの電子を，点Oから速さvで磁場と角θをなす方向に射出した。電子が点Oを出てから，再びx軸上の点を通るまでの時間はいくらか。また，その点は，点Oからどれだけはなれているか。

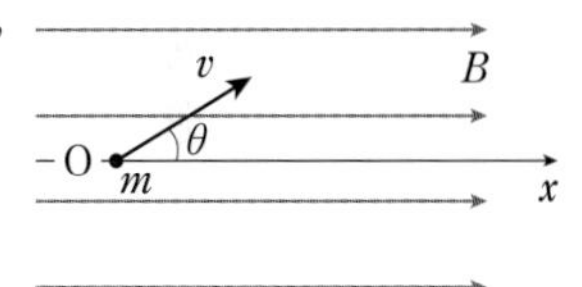

指 針　電子の運動を，x軸に垂直な面内と，x軸に平行な方向に分けて考える。電子は，磁場(x軸)と垂直な方向にローレンツ力を受け，磁場と垂直な面内では等速円運動をする。また，磁場と平行な方向には力を受けないので，その方向には等速直線運動をする。これらを合成すると，電子はらせん運動をする(図)。

解 説　x軸に垂直な面内では，電子は等速円運動をする。電子のx軸に垂直な方向の速度の大きさは$v\sin\theta$なので，円運動の半径をrとし，電子の運動方程式を立てると，

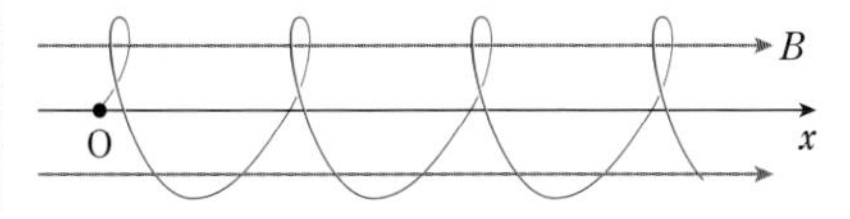

$$m\frac{(v\sin\theta)^2}{r}=e(v\sin\theta)B\qquad r=\frac{mv\sin\theta}{eB}$$

電子は1回転したとき，再びx軸を通る。電子が1回転する時間(周期)をTとして，

$$T=\frac{2\pi r}{v\sin\theta}=\boldsymbol{\frac{2\pi m}{eB}}$$

電子は，x軸に平行な方向には，速さ$v\cos\theta$の等速直線運動をするので，求める距離をLとして，

$$L=v\cos\theta\cdot T=\boldsymbol{\frac{2\pi mv\cos\theta}{eB}}$$

解説動画

発展問題

知識

316. 電流が磁場から受ける力 x，y，z 軸上の P(1, 0, 0)，Q(0, 1, 0)，R(0, 0, 1)に頂点をもつ正三角形状のコイルに，図の向きに 2.0A の電流が流れている。z 軸の正の向きに磁束密度 2.5T の一様な磁場を加えるとき，コイルの各辺が受ける力の向きと大きさを求めよ。ただし，座標の単位をmとする。また，コイルを流れる電流がつくる磁場の影響は無視する。

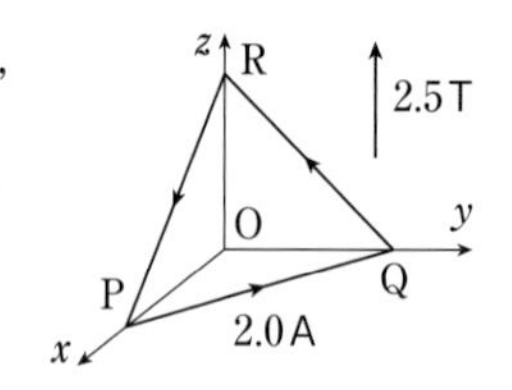

知識

317. 電気ブランコ 図のように，直径 d，長さ L，質量 m，電気抵抗 R の均質な円柱導体Aを，水平に保持された絶縁体から，軽い 2 本の平行な導線でつるしたブランコがある。ブランコの上端には，起電力 E，内部抵抗 r の電池が接続されている。鉛直方向に一様な磁場を加えたところ，ブランコは鉛直方向から 30° 傾いて静止した。重力加速度の大きさを g として，次の各問に答えよ。

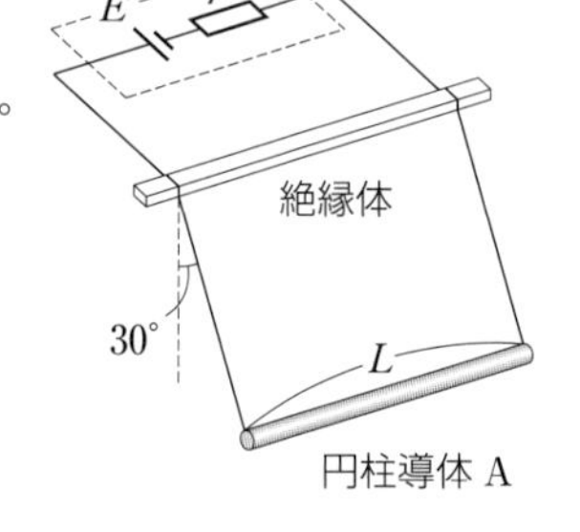

(1) 円柱導体Aに流れる電流，および円柱導体Aの抵抗率を求めよ。

(2) 加えた磁場の向きは，鉛直上向き，下向きのどちらか。また，磁場の磁束密度の大きさを求めよ。

（滋賀県立大　改）

思考

318. コイルが電流から受ける力 図 1 のように，真空中で，無限に長い導線に，z 軸の正の向きに電流 I_1 が流れている。また，一辺の長さが a の正方形のコイル ABCD があり，電流 I_2 が A→B→C→D→A の向きに流れている。コイルの辺 AB，DC の中点 K，L を通る軸は，x 軸上の $x=r$ の位置にあり，z 軸と平行である。

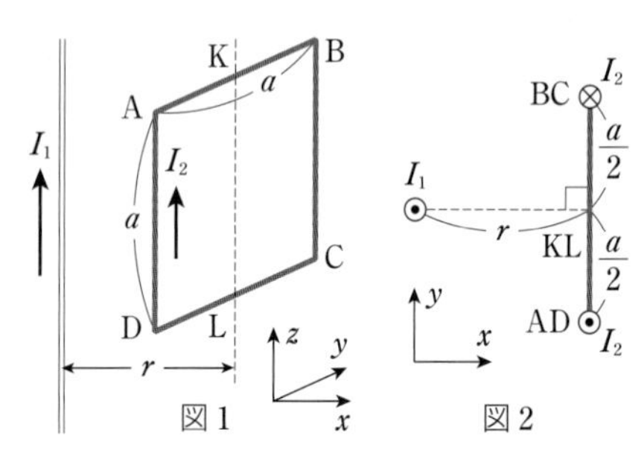

また，コイルの面 ABCD は，図 2 のように，x 軸と垂直に固定されている。このとき，コイルの辺 AB と CD が電流 I_1 から受ける力の和は 0 となる。真空の透磁率を μ_0 とする。

(1) 電流 I_1 がコイルの辺 AD 上につくる磁束密度の大きさを求めよ。

(2) コイルが電流 I_1 から受ける力の合力の向きと大きさを求めよ。

(3) 軸 KL のまわりにおける(2)の合力のモーメントを求めよ。

（15．新潟大　改）

ヒント

316　各辺を流れる電流のうち，磁場に垂直な成分が磁場から力を受ける。

317　(1) 導体の抵抗率を ρ，断面積を S として，電気抵抗 R は，「$R=\rho L/S$」と表される。

318　(2) コイルの辺 AD，BC が磁場から受ける力の向きを，フレミングの左手の法則から求める。

知識

319. 平行電流間にはたらく力 図のように，真空中に無限に長い直線導線P，Q，R，Sを，一辺aの正方形の頂点に紙面に対して垂直に配置する。導線P，RにそれぞれI，導線Q，Sにそれぞれ$2I$の大きさの電流を流す。導線P，Q，Sには紙面の裏から表へ，導線Rには紙面の表から裏へ電流を流す。真空の透磁率をμとして，次の各問に答えよ。

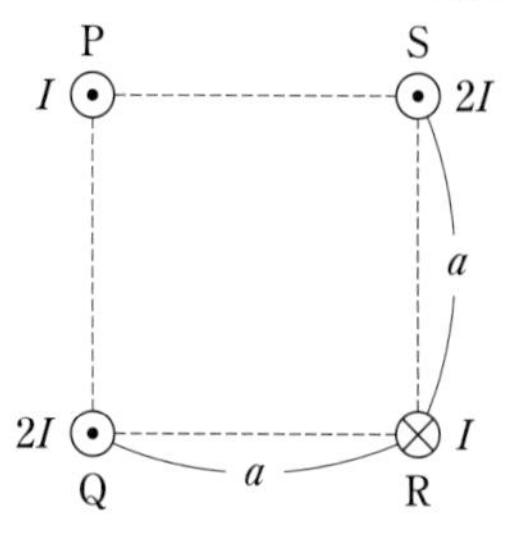

(1) 導線Q，R，Sの電流がつくる磁場から，導線Pが1mあたりに受ける合力の向きと大きさを求めよ。

(2) 導線Rの電流のみを変化させて，導線Q，R，Sの電流がつくる磁場から導線Pが受ける合力を0にしたい。導線Rに流す電流の大きさを求めよ。 (三重大 改)

➡ 例題32

思考 やや難

320. 荷電粒子のらせん運動 図のように，x軸を中心軸とする，半径Rの無限に長いソレノイドが真空中に置かれている。ソレノイドの単位長さあたりの巻数はn，流れている電流の大きさはIである。質量m，電荷q $(q>0)$の粒子を，原点Oから$x-y$平面内にx軸に対して60°の向きに速さv_0で打ち出したところ，粒子はソレノイド内部を運動し，$x=a$の点Pではじめてx軸を横切った。真空の透磁率をμ_0として，次の各問に答えよ。

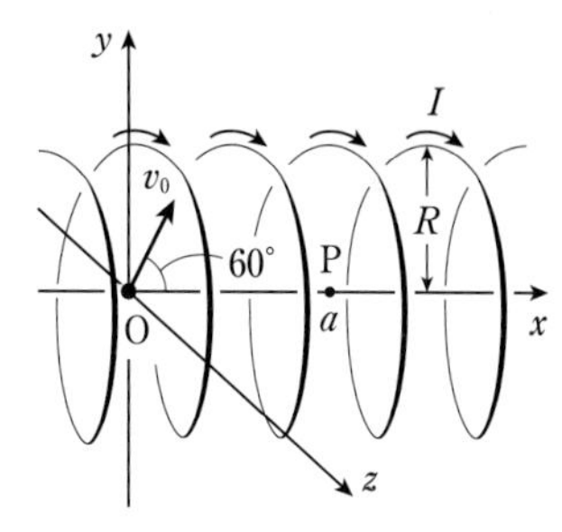

(1) ソレノイド内部の磁束密度の大きさBとその向きを答えよ。

(2) 粒子がソレノイドにあたらずに運動するための速さv_0の条件を，Bを用いて表せ。

(3) 粒子が点OからPまで運動するとき，その運動を$y-z$面，$x-y$面に投影した軌跡の概形をそれぞれ描け。軌跡の範囲はaを用いて表せ。 (13．東京都立大 改)

➡ 例題33

知識

321. ホール効果 図のように，3辺の長さがh，$3h$，$6h$の直方体の金属を水平に置き，一定の電流Iを流して，鉛直上向きに磁束密度Bの一様な磁場を加えると，ホール効果の現象が生じた。次の各問に答えよ。ただし，電子の電荷を$-e$，金属中の単位体積あたりの電子の数をnとし，金属中の電子は速さvで運動しているものとする。

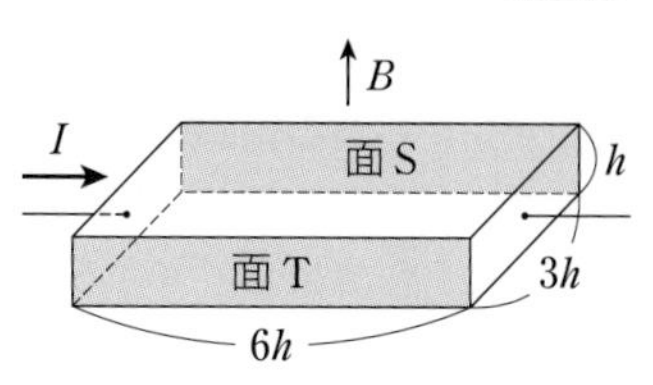

(1) 電子が磁場から受ける力の大きさを求めよ。

(2) 面Sと面Tの中央の2点間に電位差が生じた。この電位差V_0を求めよ。また，高電位側の面はどちらか。

(3) 電位差V_0は，電流の大きさIに比例する。V_0/Iを求めよ。 (岩手大 改)

ヒント

319 (1) Q，R，Sに流れる電流がPにつくる磁場を求め，ベクトルを合成する。

320 (2) $y-z$面内の円運動の半径が$R/2$よりも小さければよい。

321 (2) 電子は，磁場からローレンツ力を受け，面Tに集まる。

16 電磁誘導

1 電磁誘導の法則

❶**電磁誘導**　コイルを貫く磁場が時間とともに変化するとき，コイルに電流が流れ，起電力が生じる現象。生じる起電力を**誘導起電力**，流れる電流を**誘導電流**という。

磁束　磁束密度 B〔T〕の一様な磁場中で，磁場に垂直な断面積 S〔m²〕を考える。このとき，BとSの積Φを**磁束**という。 $\boldsymbol{\Phi = BS}$ …① 磁束の単位は**ウェーバ**(記号 Wb)。

❷**ファラデーの電磁誘導の法則**　電磁誘導は次のように説明される。(a)，(b)をあわせて，**ファラデーの電磁誘導の法則**という。

(a) **誘導起電力は，誘導電流のつくる磁束が，コイルを貫く磁束の変化を妨げる向きに生じる(レンツの法則)。**

(b) **誘導起電力の大きさは，コイルを貫く磁束の単位時間あたりの変化量に比例する。**

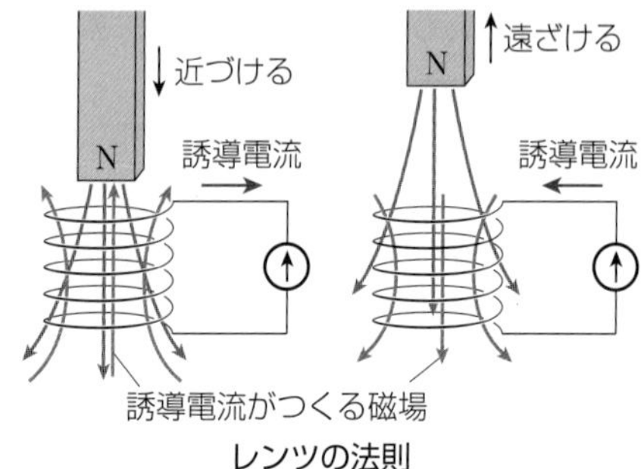

レンツの法則

誘導起電力の式　1巻きのコイルを貫く磁束が，時間 Δt〔s〕の間に $\Delta\Phi$〔Wb〕だけ変化するとき，コイルに生じる誘導起電力 V〔V〕は，

$$V = -\frac{\Delta\Phi}{\Delta t} \quad \cdots②$$

巻数Nのコイルの場合， $$V = -N\frac{\Delta\Phi}{\Delta t} \quad \cdots③$$

式②，③の負の符号は，誘導起電力が磁束の変化を妨げる向きであることを示している。

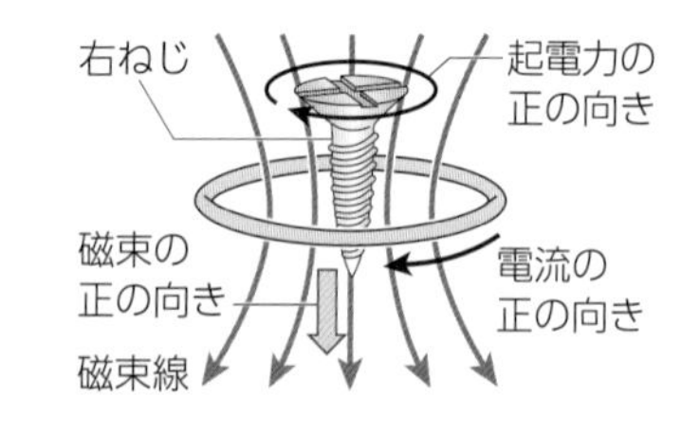

❸**コイルに生じる誘導起電力**　コイルに誘導起電力が生じるとき，図のように，コイルを電池に置き換えて考えるとよい。誘導電流が流れ出す方の端子が高電位であり，電池の正極に相当する。

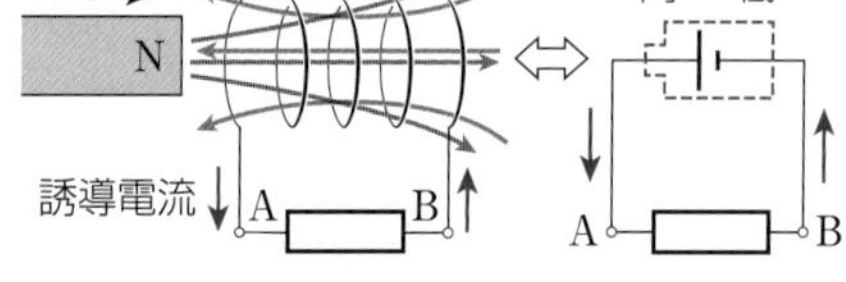

2 磁場中を動く導体に生じる誘導起電力

❶**電磁誘導の法則による考え方**　磁束密度 B〔T〕の一様な磁場中で，長さ L〔m〕の導体を平行導線の上に垂直に渡し，磁場に垂直な方向に速さ v〔m/s〕で移動させる。図において，回路 PQRS の面積は Δt〔s〕の間に ΔS〔m²〕変化する。磁束の変化 $\Delta\Phi$ は，

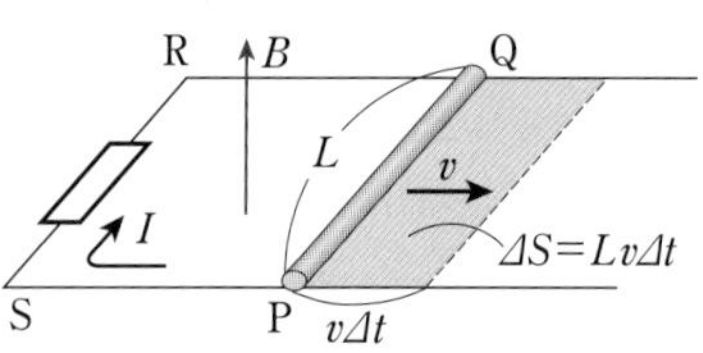

$$\Delta\Phi = B\Delta S = BLv\Delta t \quad \cdots④$$

誘導起電力の大きさV〔V〕は， $$V = \left|-\frac{\Delta\Phi}{\Delta t}\right| = vBL \quad \cdots⑤$$ PQ は起電力 $V = vBL$ の電池とみなせる。

❷ローレンツ力による考え方　導体中の電子(電気量$-e$〔C〕)が磁場から受けるローレンツ力の大きさf〔N〕は，　$f=evB$　…⑥
この力を受けて移動した電子によって，導体中に電場が生じる。電場からの力とローレンツ力がつりあいの状態になると，電子の移動が止まる。このとき，

$eE=evB$　　$E=vB$　…⑦

PQ 間の電位差は，$V=EL=vBL$　…⑧

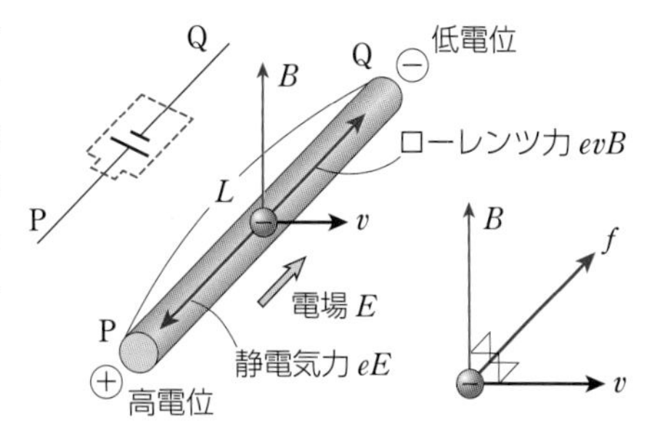

❸誘導起電力とエネルギーの保存　式⑤を導いたときと同じ状況設定において，導体を速さv〔m/s〕で移動させるとき，PQ に誘導電流が流れ，PQ は，磁場から速度と逆向きの力を受ける。PQ を一定の速さv〔m/s〕で引き続けるには，速度の向きに一定の大きさの外力を加え続ける必要がある。このとき，外力がする仕事は，導体と導線との間の摩擦などが無視できるとき，抵抗でジュール熱となって消費されており，エネルギー保存の法則が成り立っている。

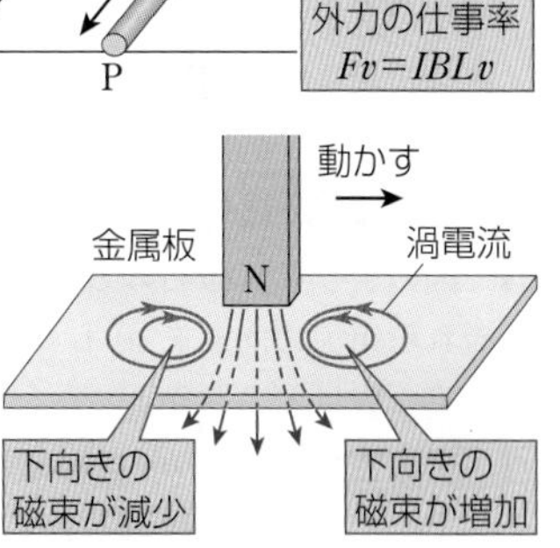

❹渦電流　金属板のような導体を貫く磁場が時間とともに変化するとき，その変化を妨げる磁場が生じるように，導体に渦状の誘導電流(**渦電流**(うずでんりゅう))が流れる。

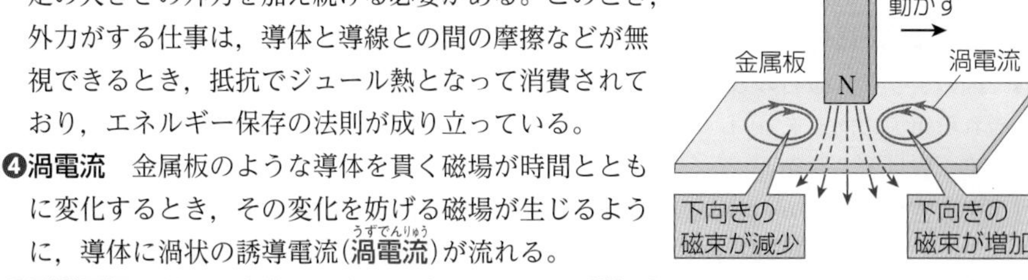

❺誘導電場　磁場が変化する空間に生じる電場を**誘導電場**という。電磁誘導は，誘導電場によって誘導電流が流れていると考えることができる。

3 自己誘導と相互誘導

❶自己誘導　コイルを流れる電流を変化させるとき，コイルに，電流の変化を妨げる向きに起電力(逆起電力)が発生する現象。
コイルに流れる電流が，Δt〔s〕の間にΔI〔A〕変化するとき，自己誘導による起電力V〔V〕は，

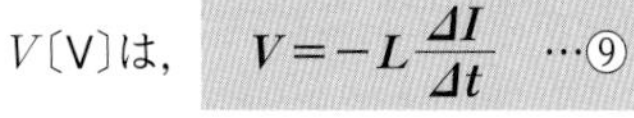

$$V=-L\frac{\Delta I}{\Delta t}\quad\cdots⑨$$

磁場の変化を妨げる磁場(赤矢印)をつくる。
高　低　I 増加　磁束増加
低　高　I 減少　磁束減少

比例定数Lを**自己インダクタンス**といい，単位は**ヘンリー**(記号 H)。

コイルを流れる電流　図の回路では，コイルの自己誘導のため，スイッチを入れても電流はすぐに増加せず，切ってもすぐに減少しない。

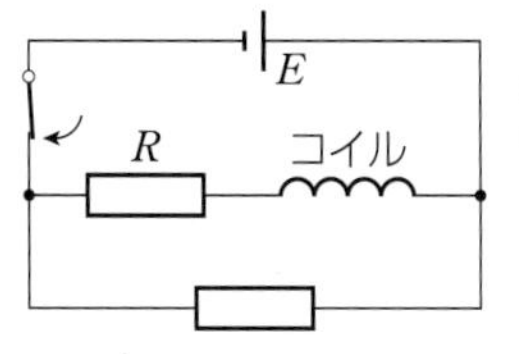

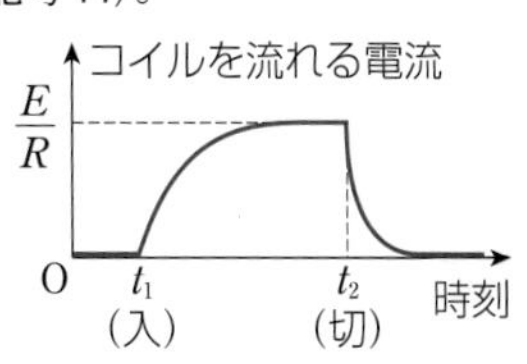

❷コイルにたくわえられるエネルギー　自己インダクタンスL〔H〕のコイルに，I〔A〕の電流が流れているとき，コイルにたくわえられているエネルギーU〔J〕は，

$$U=\frac{1}{2}LI^2 \quad \cdots⑩$$

コイルに流れる電流を増加させるには，誘導起電力に逆らって仕事をしなければならない。この仕事が，磁場のエネルギーU〔J〕としてコイルにたくわえられる。

❸相互誘導　接近した2つのコイルにおいて，一方のコイルを流れる電流を変化させるとき，もう一方のコイルを貫く磁束も変化し，もう一方のコイルに誘導起電力が生じる現象。誘導起電力は，磁束の変化を妨げる向きに生じる。

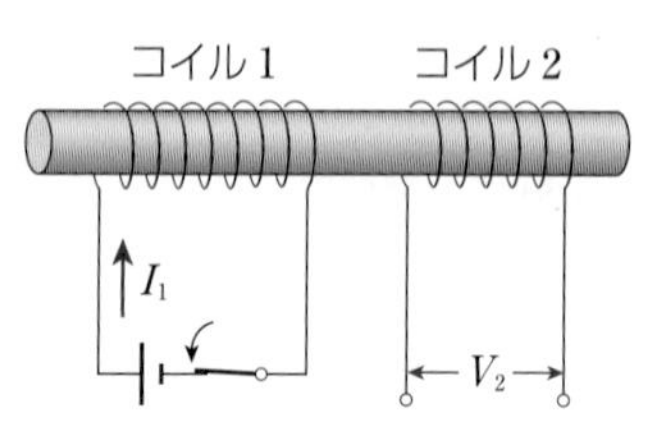

コイル1を流れる電流が，Δt〔s〕の間にΔI_1〔A〕だけ変化するとき，コイル2に生じる誘導起電力V_2〔V〕は，

$$V_2=-M\frac{\Delta I_1}{\Delta t} \quad \cdots⑪$$

比例定数Mを**相互インダクタンス**といい，単位は**ヘンリー**(記号H)。

プロセス　次の各問に答えよ。

1　図のように，磁石のS極をコイルから遠ざけるとき，抵抗に流れる電流の向きをa，bから選べ。また，P，Qのうち，電位の高い方はどちらか。

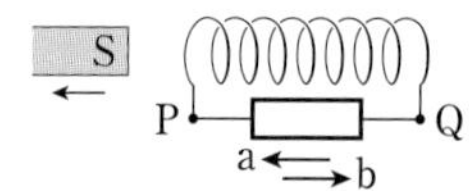

2　磁束密度5.0Tの一様な磁場中に，断面積1.0×10^{-2}m²のコイルが，その断面が磁場と垂直になるように置かれている。このコイルを貫く磁束はいくらか。

3　断面積1.0×10^{-2}m²，巻数2.0×10^3回のコイルがある。このコイルの断面を垂直に貫く磁場の磁束密度が，0.20s間に一定の割合で5.0T増加した。コイルに生じる誘導起電力の大きさはいくらか。

4　磁束密度30Tの一様な磁場中で，磁場と直交するように長さ1.0mの金属棒を置く。この棒を磁場と棒の長さ方向の両方に垂直な向きに，5.0m/sの速さで動かすとき，棒に生じる誘導起電力の大きさはいくらか。

5　自己インダクタンス0.10Hのコイルを流れる電流が，1.0×10^{-2}s間に一定の割合で5.0Aから0に変化したとき，コイルに生じる起電力の大きさはいくらか。

6　自己インダクタンス0.20Hのコイルに，5.0Aの電流が流れている。コイルにたくわえられているエネルギーはいくらか。

7　鉄心に巻かれたコイルL_1，L_2があり，両者の間の相互インダクタンスは0.50Hである。L_1に図の向きに流れる電流I_1が単位時間あたりに5.0A増加したとき，L_2に生じる誘導起電力の大きさはいくらか。また，A，Bのどちらが高電位か。

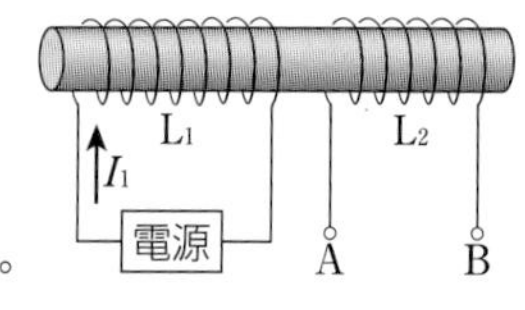

解答

1 b，P　**2** 5.0×10^{-2}Wb　**3** 5.0×10^2V　**4** 1.5×10^2V　**5** 50V　**6** 2.5J　**7** 2.5V，A

基本例題50 誘導起電力

➡基本問題 322

図1のように，磁束密度B〔T〕の一様な磁場中に，断面積1.0×10^{-3}m²，巻数500回のコイルがある。磁場は，コイルの断面を垂直に貫いている。この磁場の磁束密度が，図2のように変化するとき，コイルに生じる誘導起電力V〔V〕をグラフで示せ。ただし，Bは右向きを正，VはXがYよりも電位が高い場合を正とする。

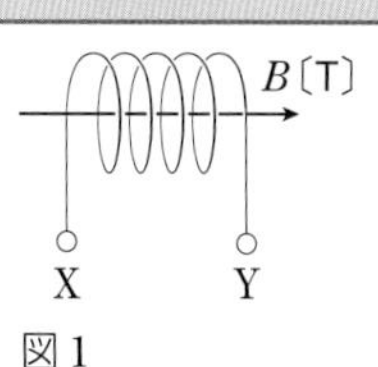

図1

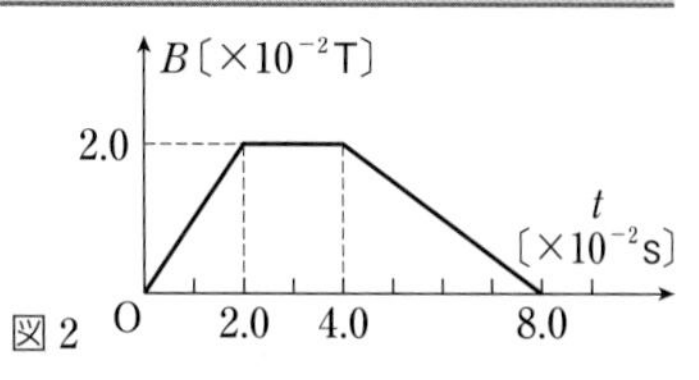

図2

指針 「$|V|=\left|-N\dfrac{\Delta\Phi}{\Delta t}\right|$」を用いて，誘導起電力の大きさを計算する。コイルの断面積Sは一定なので，$\Delta\Phi=\Delta B\times S$である。電位の高低は，レンツの法則を用いて判断する。

解説 時間を区切って考える。

$0\sim2.0\times10^{-2}$s：$|V|=\left|-N\dfrac{\Delta\Phi}{\Delta t}\right|=\left|-N\dfrac{\Delta B\times S}{\Delta t}\right|$

$$=\left|-500\times\frac{(2.0\times10^{-2})\times(1.0\times10^{-3})}{2.0\times10^{-2}}\right|=0.50\text{V}$$

レンツの法則から，誘導電流がY→コイル→Xの向きに流れるように，誘導起電力が生じる。コイルを電池に置き換えて考えると，Xが正極，Yが負極となり，Xが高電位となるので，$V=0.50$V

$2.0\times10^{-2}\sim4.0\times10^{-2}$s：$B$が一定なので，$V=0$V

$4.0\times10^{-2}\sim8.0\times10^{-2}$s：$0\sim2.0\times10^{-2}$sと同様に$V$を求める。

$$|V|=\left|-500\times\frac{(-2.0\times10^{-2})\times(1.0\times10^{-3})}{8.0\times10^{-2}-4.0\times10^{-2}}\right|=0.25\text{V}$$

このとき，Yが高電位となり，$V=-0.25$V

以上から，グラフが得られる。

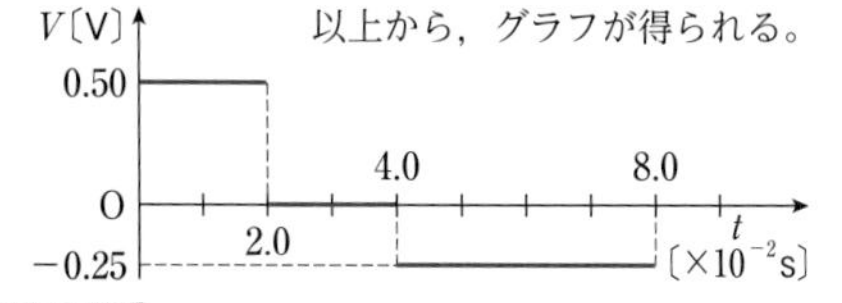

Point コイルは，誘導起電力を生じる電池とみなすことができる。

基本例題51 磁場中を運動する導体棒

➡基本問題 323，325

間隔Lの2本の平行導線と抵抗値Rの抵抗を接続して，導線に導体棒PQを垂直に渡す。この回路を磁束密度Bの一様な磁場が垂直に貫いており，導線と棒の間の摩擦は無視できるとする。棒PQを右向きに一定の速さvで動かした。

(1) P，Qのどちらの電位が高いか。

(2) 棒PQを流れる誘導電流の大きさはいくらか。

(3) 棒PQを一定の速さvで動かし続けるのに，必要な力の大きさはいくらか。

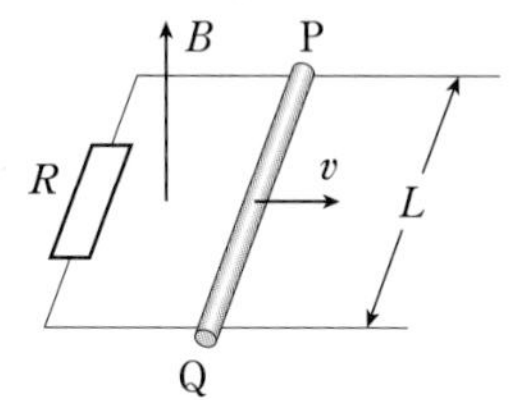

指針 磁束密度Bは一定なので，磁束の変化$\Delta\Phi$は，$\Delta\Phi=B\times\Delta S$と表される。また，PQを流れる誘導電流は，磁場から電磁力を受けるので，一定の速さで動かすには，これと同じ大きさで逆向きの力を加える必要がある。

解説 (1) 誘導電流は，棒PQと抵抗からなる閉回路を流れ，その向きは，レンツの法則から，棒PQをP→Qに流れる向きである。棒PQを電池とみなすと，**Q**が高電位である。

(2) 誘導起電力の大きさをVとすると，

$$V=\left|-\frac{\Delta\Phi}{\Delta t}\right|=\left|-\frac{B\times\Delta S}{\Delta t}\right|=vBL$$

($\Delta S=v\Delta t\cdot L$なので，$\Delta S/\Delta t=vL$)

誘導電流の大きさIは，　$I=\dfrac{V}{R}=\boldsymbol{\dfrac{vBL}{R}}$

(3) 棒PQを流れる電流が磁場から受ける力Fは，フレミングの左手の法則から，左向きである。この力Fと同じ大きさの力を右向きに加えればよい。力Fは，　$F=IBL=\boldsymbol{\dfrac{vB^2L^2}{R}}$

解説動画

基本例題52 自己誘導

➡基本問題 329，330

図のように，内部抵抗が無視できる起電力 20V の電池，抵抗値 50Ω の抵抗，自己インダクタンス 4.0H のコイルからなる回路がある。

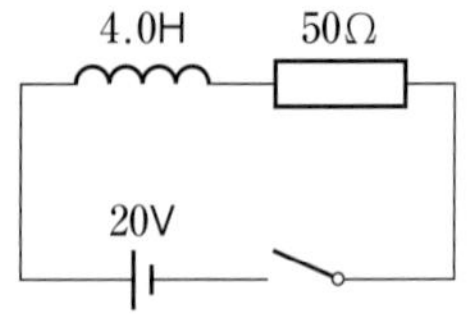

(1) スイッチを閉じた直後に，コイルに生じる誘導起電力の大きさは何Vか。

(2) スイッチを閉じて十分に時間が経過したとき，コイルに流れる電流と，コイルにたくわえられるエネルギーはいくらか。

指針 (1) スイッチを閉じた直後は，自己誘導のため，コイルに流れる電流は 0 とみなせる。

(2) スイッチを閉じて十分に時間が経過すると，電流が一定となり，誘導起電力が 0 となる。

解説 (1) スイッチを閉じた直後では，自己誘導のため，電流はコイルにすぐに流れず，流れる電流は 0 とみなせる。したがって，抵抗による電圧降下は 0 である。コイルの誘導起電力を V とおくと，キルヒホッフの第 2 法則から，

$20+V=0$ 　$V=-20\,\text{V}$ 　**20V**

(2) スイッチを閉じて十分に時間が経過すると，電流 I は一定になり，コイルに流れる電流が変化しないので，コイルの誘導起電力は 0 となる。このとき，コイルは単なる導線とみなすことができるので，キルヒホッフの第 2 法則から，

$20=50I$ 　$I=$**0.40A**

また，コイルにたくわえられるエネルギー U は，

$$U=\frac{1}{2}LI^2=\frac{1}{2}\times4.0\times0.40^2=\mathbf{0.32\,J}$$

基本問題

知識

322. レンツの法則 図Aのように，棒磁石を右向きに動かして，コイルの断面の中心を通過させ，そのまま右向きに移動させる。この間に，回路を流れる電流 I と時間 t の関係を示すグラフは，次の(a)～(f)のどれか。最も適切なものを選び，記号で答えよ。ただし，電流 I は，図Aの矢印の向きを正とする。 ➡例題50

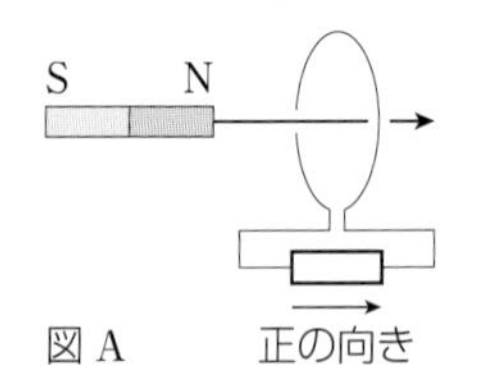

図A

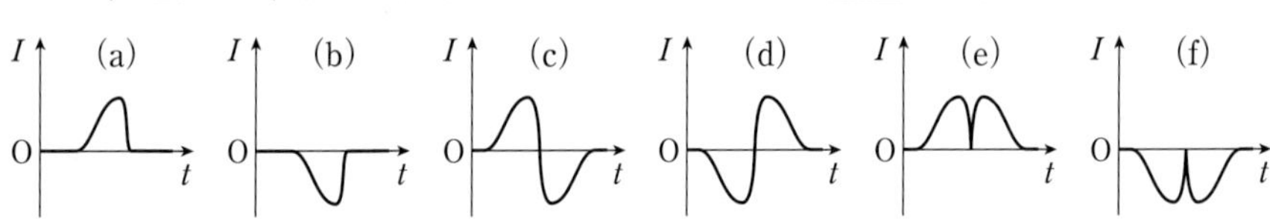

思考 記述

323. 磁場中を動く導体棒 図のように，水平面内で距離 L〔m〕を隔てて張られた 2 本の平行導線が，R〔Ω〕の抵抗につながれている。鉛直下向きに磁束密度 B〔T〕の一様な磁場をかけ，平行導線に垂直に渡した導線 PQ を一定の速さ v〔m/s〕で右向きに引く。

(1) PQ に生じる起電力の大きさはいくらか。

(2) PQ を流れる電流の向きと大きさを求めよ。

(3) P と Q のどちらの電位が高いか。

(4) PQ を流れる電流が磁場から受ける力を求めよ。

(5) PQ を速さ v で引き続けるために外力がする仕事の仕事率と，抵抗での消費電力が等しくなることを示せ。 ➡例題51

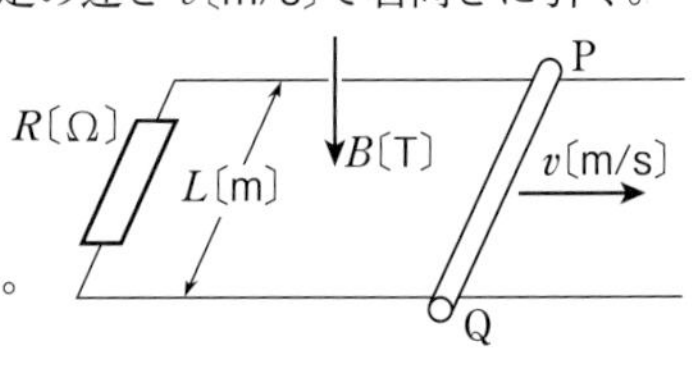

思考 記述

324. ローレンツ力による起電力 図のように，磁束密度 B〔T〕の一様な磁場がある。この磁場に垂直に置いた長さ L〔m〕の導体棒 PQ を，右向きに一定の速さ v〔m/s〕で動かす。

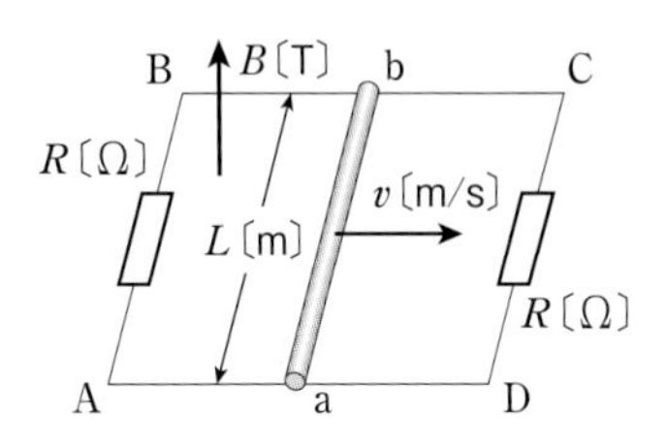

(1) PQ 内の 1 個の自由電子(電荷 $-e$〔C〕)が受けるローレンツ力の向きと大きさを求めよ。

(2) P，Q はそれぞれ正，負のどちらに帯電するか。

(3) P，Q が帯電すると，PQ 内には強さ E〔V/m〕の一様な電場が生じる。この電場から，PQ 内の自由電子が受ける力の向きと大きさを求めよ。大きさは E を用いて表せ。

(4) PQ 間に生じる誘導起電力の大きさが vBL〔V〕と表されることを説明せよ。

知識

325. 磁場中を運動する導体棒 鉛直上向きに磁束密度 B〔T〕の一様な磁場中で，水平面内に置かれた長方形 ABCD の導線上に，導体棒 ab を AD，BC と垂直に置き，一定の速さ v〔m/s〕で右向きに引く。AB＝CD＝L〔m〕で，AB 間と CD 間には抵抗 R〔Ω〕がある。なお，棒と導線の間に摩擦はないとする。

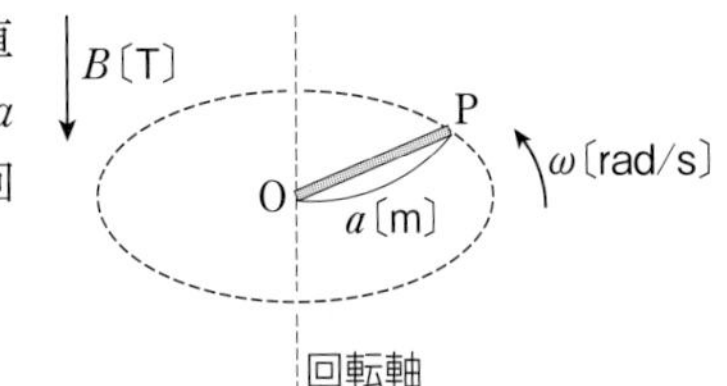

(1) 棒 ab が一定の速さ v で動いているとき，ab 間を流れる電流の大きさを求めよ。

(2) 棒 ab を一定の速さ v で動かすときの，外力の大きさを求めよ。 ➡ 例題51

知識

326. 磁場中を回転する導体棒 図のように，鉛直下向きに磁束密度 B〔T〕の一様な磁場中で，長さ a〔m〕の導体棒 OP を，O を中心として水平面内で回転させる。棒 OP の角速度は ω〔rad/s〕である。

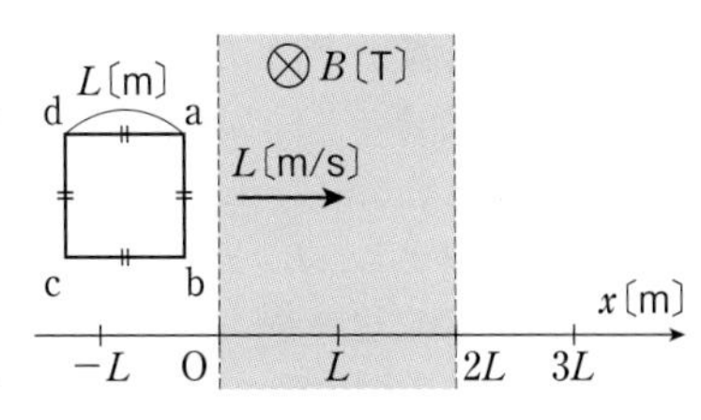

(1) 点OとPのどちらの電位が高いか。

(2) OP 間の誘導起電力の大きさはいくらか。

ヒント (2) 微小時間 Δt の間に棒 OP が面積 ΔS を描くとき，磁束の変化 $\Delta\Phi$ は，$\Delta\Phi = B\Delta S$ で表される。

思考

327. コイルに流れる誘導電流 図のように，一辺の長さ L〔m〕の正方形コイル abcd(抵抗は R〔Ω〕，辺 bc は x 軸に平行)を，速さ L〔m/s〕で x 軸の正の向きに移動させる。$0 \leqq x \leqq 2L$〔m〕には，紙面に垂直に表から裏の向きに，磁束密度 B〔T〕の一様な磁場が存在する。コイルの辺 ab が $x=0$ に達する時刻を $t=0$ とし，コイルの自己誘導は無視できるものとする。

(1) コイルを貫く磁束 Φ〔Wb〕と時刻 t〔s〕との関係を示すグラフを描け。ただし，紙面を表から裏に向かって貫く磁束を正とする。

(2) コイルに流れる誘導電流 I〔A〕と時刻 t〔s〕との関係を示すグラフを描け。ただし，a→b→c→d の向きに流れる電流を正とする。

知識

328. 渦電流 図のように，ネオジム磁石のN極を上側にして点Oから糸でつるし，銅板のすぐ上で左右に振動させた。点Oの真下の銅板上の点をPとする。点Pの上を磁石が右向きに通過するとき，点A，B付近に生じる渦電流の向きは，それぞれ上から見て，時計まわり，反時計まわりのどちらか。

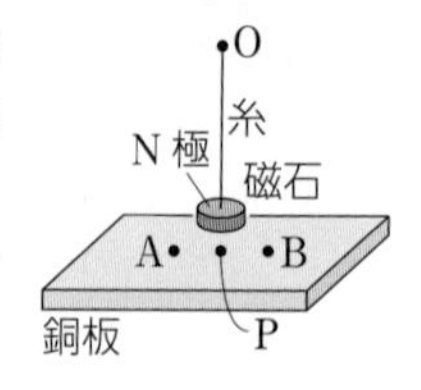

思考

329. 自己誘導と $V-t$ グラフ 図1のように，自己インダクタンス0.10Hのコイルに，図2のような電流 I〔A〕を流した。この間に，コイルに生じる自己誘導による起電力 V〔V〕と，時間 t〔s〕との関係を示すグラフを描け。ただし，コイルの抵抗を無視する。また，I〔A〕は図1の矢印の向きを正とし，その向きに誘導電流を流そうとする起電力の向きを正とする。 ➡ 例題52

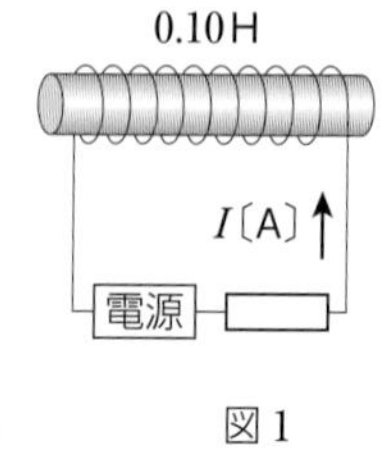

図1

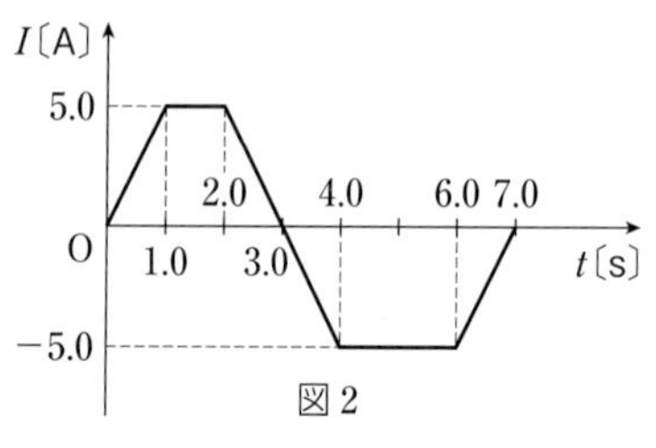

図2

ヒント 時間を区切って考え，自己誘導による起電力の式「$V=-L\Delta I/\Delta t$」を利用する。

知識

330. コイルを含む回路 図のように，内部抵抗が無視できる起電力40Vの電池E，抵抗値がそれぞれ60Ω，20Ωの抵抗 R_1，R_2，およびコイルLを用いた回路がある。はじめ，スイッチは開いていた。(1)～(3)の場合において，点P，Qにおける電流の向きと大きさはそれぞれいくらか。

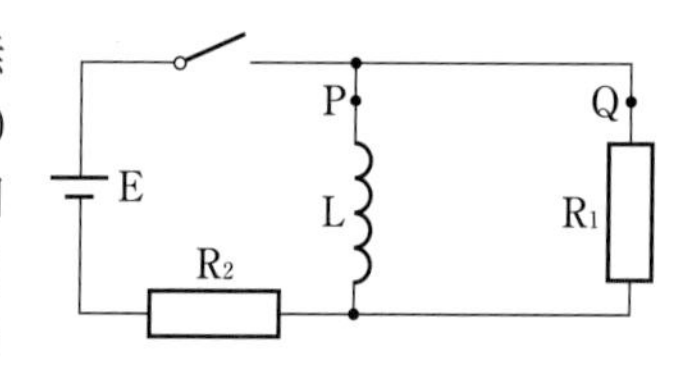

(1) スイッチを閉じた直後

(2) スイッチを閉じてから十分に時間が経過したとき

(3) (2)の後にスイッチを開いた直後

➡ 例題52

思考

331. 相互誘導 図1のように，鉄心に巻かれたコイル L_1, L_2 がある。図2のように，電流 I_1 を L_1 に流した。抵抗Rを5.0Ω，L_1，L_2 の間の相互インダクタンスを0.50Hとし，I_1，I_2 は図の矢印の向きを正とする。また，L_2 の自己誘導による起電力は無視できる。

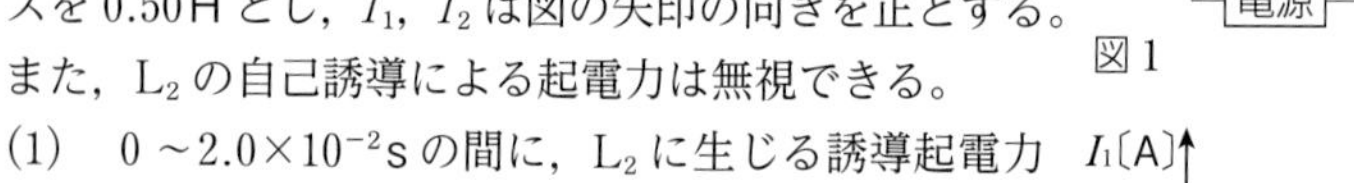

図1

(1) 0～2.0×10^{-2}sの間に，L_2 に生じる誘導起電力の大きさはいくらか。

(2) (1)のとき，端子A，Bのうち，電位が高いのはどちらか。

(3) L_2 に流れる誘導電流 I_2 と時間 t〔s〕の関係をグラフに示せ。

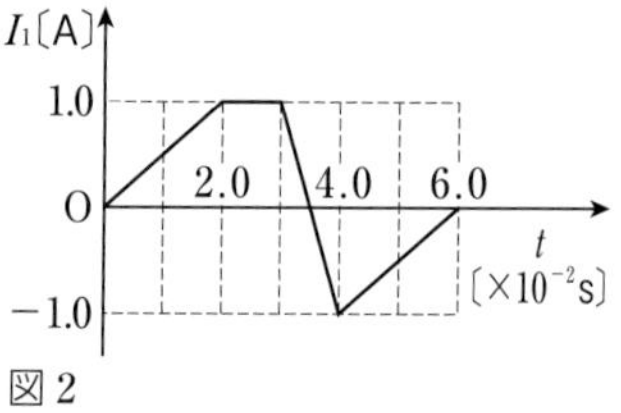

図2

発展例題34　電磁力と誘導起電力

➡発展問題 333, 334

鉛直上向きに磁束密度Bの一様な磁場中に，2本の直線導体のレールが間隔Lで水平に置かれ，内部抵抗の無視できる起電力Eの電池，抵抗値Rの抵抗，およびスイッチに接続している。レール上の導体棒PQは，レールと垂直であり，なめらかに移動できる。

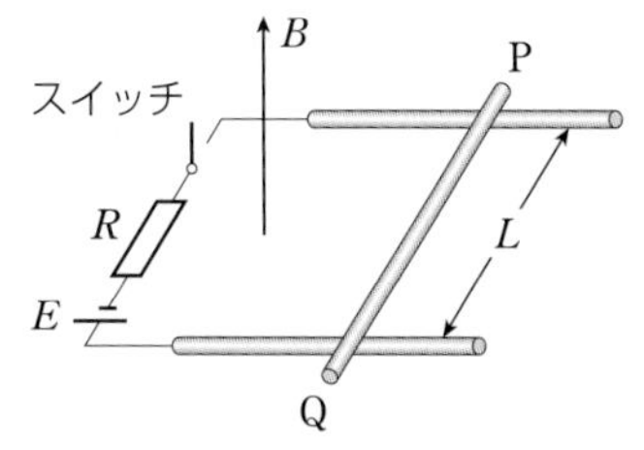

(1)　スイッチを閉じた直後，棒PQが磁場から受ける力の向きと大きさを求めよ。

(2)　棒PQの速さがv_1となったとき，棒PQに流れる電流の大きさはいくらか。

(3)　棒PQの速さは一定値に近づく。この速さはいくらか。

指針　(1)　スイッチを閉じた直後には，棒PQにまだ誘導起電力は生じていない。

(2)　速さがv_1のとき，誘導起電力はv_1BLである。棒PQを起電力v_1BLの電池とみなし，キルヒホッフの第2法則を用いる。

(3)　速さが一定となるとき，慣性の法則から，棒PQにはたらく水平方向の力は0となる。

解説　(1)　スイッチを閉じた直後，棒PQの誘導起電力は0である。棒PQを流れる電流はQ→Pの向きに，$I=\frac{E}{R}$である。棒PQが磁場から受ける力の向きは，フレミングの左手の法則から，図の**右向き**となる。力の大きさFは，　$F=IBL=\boldsymbol{\frac{EBL}{R}}$

(2)　棒PQに流れる誘導電流は，レンツの法則から，P→Qの向きであり，Pが低電位，Qが高電位となる。棒PQは，誘導起電力を生じる電池とみなすことができ，Pが負極，Qが正極となる(図)。したがって，誘導起電力は，電池の起電力Eと逆向きにv_1BLである。PQを流れる電流をiとすると，キルヒホッフの第2法則から，

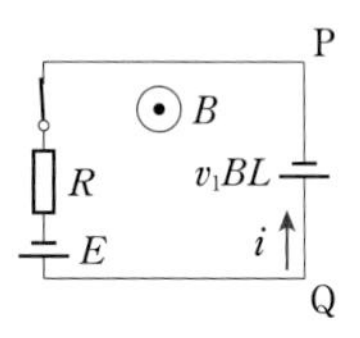

$$E-v_1BL=Ri \qquad i=\boldsymbol{\frac{E-v_1BL}{R}}$$

(3)　一定の速さをvとする。このとき，棒PQにはたらく水平方向の力は0となるので，流れる電流も0である。(2)のiの式を用いて，

$$0=\frac{E-vBL}{R} \qquad v=\boldsymbol{\frac{E}{BL}}$$

発展問題

思考

332. コイルと電磁誘導　図のように，中空のソレノイドの近くに銅線の輪を糸でつるし，中心軸を一致させておく。この装置のスイッチをP，Qにそれぞれ入れた直後，銅線の輪はどのように動くか。また，ソレノイドに比透磁率の大きい鉄の丸棒を挿入してスイッチを入れた場合，銅線の輪の運動は，挿入していない場合と比べてどのようになるか。

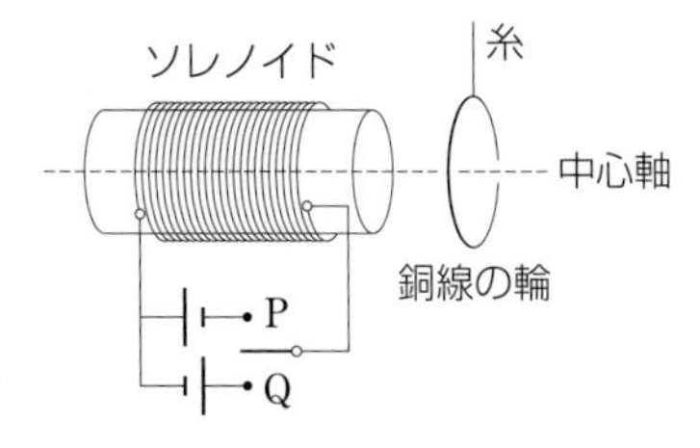

ヒント

332　銅線の輪には，誘導電流が流れる。スイッチをP，Qにそれぞれ入れた直後に，銅線の輪に流れる誘導電流の向きを求め，誘導電流がソレノイドのつくる磁場から受ける力の向きを考える。なお，ソレノイドに鉄の丸棒を挿入すると，より強い磁場ができる。

解説動画

知識

333. 磁場中を落下する導体棒 図のように，真空中(透磁率μ_0)で，鉛直方向に間隔dで固定された十分に長い平行導体に沿って，なめらかにすべる質量mの導体棒の動きを考える。導体棒は，常に平行導体と垂直を保ちながら電気的に接触し，平行導体の上端に接続された抵抗値Rの抵抗を通して閉回路を形成する。ここで重力が鉛直下方にはたらいており，強さHの一様な磁場が水平に導体棒と直角の方向にかかっている。ただし，この磁場は電流の影響は受けない。重力加速度の大きさをg，鉛直下向きを正として，次の各問に答えよ。

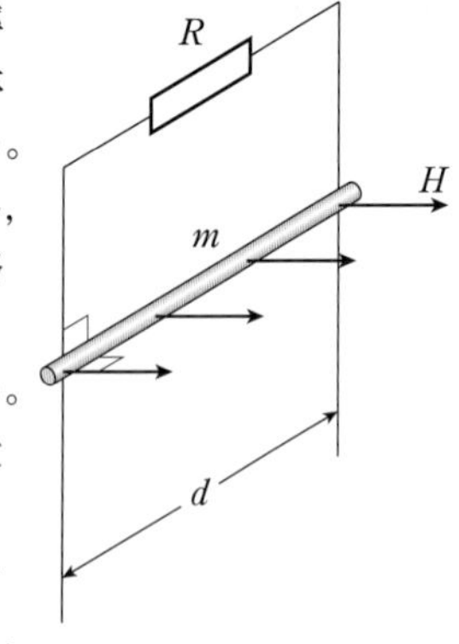

(1)　最初，導体棒を支えておき，静かに手をはなすと移動を開始する。その速度の正の向きの大きさがvになったとき，閉回路に生じる誘導起電力の大きさと，流れる電流の大きさを求めよ。

(2)　このとき，導体棒を流れる電流が磁場から受ける力の大きさと向きを求めよ。

(3)　このとき，導体棒に生じる加速度の大きさと向きを求めよ。

(4)　導体棒が等速度運動をするようになったときの速さを求めよ。　(13. 三重大　改)

➡ 例題34

思考 記述

334. 磁場中の導体 図のように，十分に長い2本の導体レールⅠとⅡを間隔Lで平行に固定し，水平面とのなす角がθとなるように真空中に置く。レール上端には，起電力Vの直流電源，抵抗値Rの抵抗器，スイッチS_1, S_2で構成される回路をつなぐ。レールの間には，鉛直上向きの一様な磁場(磁束密度B)がかかっている。質量mの導体棒を，2本のレールに対して直角にのせる。導体棒は，レールと直角を保ちながらなめらかに動く。抵抗器以外の抵抗や，回路を流れる電流がつくる磁場は無視し，重力加速度の大きさをgとする。

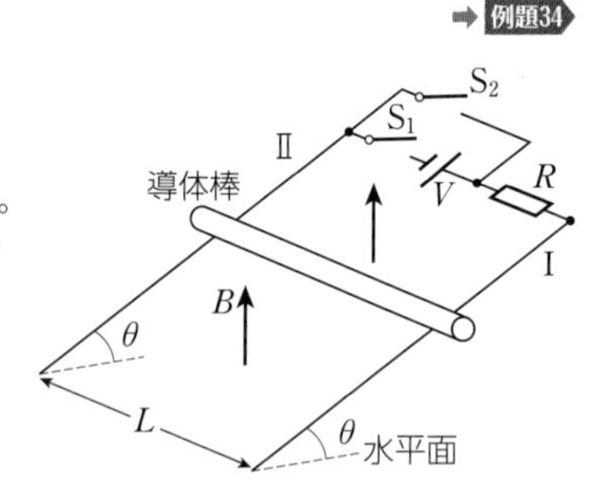

(1)　スイッチS_2を開き，S_1を閉じた状態では，導体棒は静止した。起電力Vを求めよ。

(2)　導体棒が2本のレールから受ける垂直抗力の大きさを求めよ。

次に，スイッチS_1を開いた直後にS_2を閉じると，導体棒はレールに沿って下降し，やがて一定の速さvとなった。

(3)　誘導起電力によって回路に流れる電流の大きさを，vを含んだ形で求めよ。

(4)　導体棒の速さvを求めよ。

(5)　抵抗で単位時間に生じるジュール熱を，vを含まない形で求めよ。

(6)　(5)で求めたジュール熱と，重力が導体棒にした仕事が等しいことを示せ。

(17. 慶應義塾大　改)　➡ 例題34

ヒント

333　(1)　導体棒の長さdの部分に生じる誘導起電力が閉回路にかかる。

334　(4)　導体棒が一定の速さで運動するとき，はたらく力はつりあっている。

思考 記述

335. 回転する導体棒 半径 r〔m〕の円形導体と，その中心Oのまわりで自由に回転できる長さ a〔m〕の導体棒 OP が，磁束密度 B〔T〕の一様な磁場中に磁場と垂直に置かれている。OP は円形導体との接点Tで，一定の摩擦力を受けながら回転できる。最初，スイッチSは開いている。

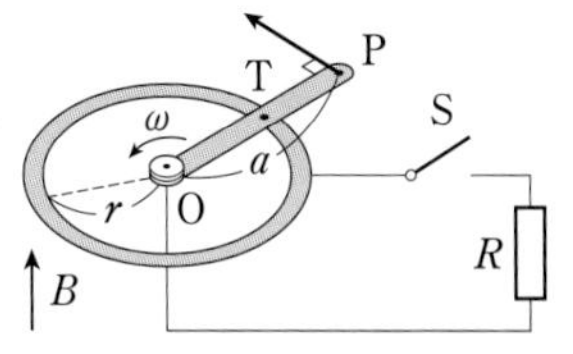

(1) 棒 OP の先端Pに一定の大きさの力を加えながら，角速度 ω〔rad/s〕で反時計まわりに回転させるとき，OT 間に生じる誘導起電力の大きさはいくらか。

(2) 次に，スイッチSを閉じた。棒 OP を同じ角速度 ω〔rad/s〕で回転させるには，棒 OP の先端に，棒と直角な方向にさらに力を付加する必要がある。その理由を述べよ。

(3) 抵抗 R〔Ω〕で消費される電力はいくらになるか。

(4) 新たに付加する力の大きさはいくらか。 （金沢大 改）

知識

336. 自己誘導 図1の回路で，スイッチを閉じると，図2のように電流が流れた。電池の起電力を1.5V とする。また，図2の破線は $t=0$ におけるグラフの接線である。

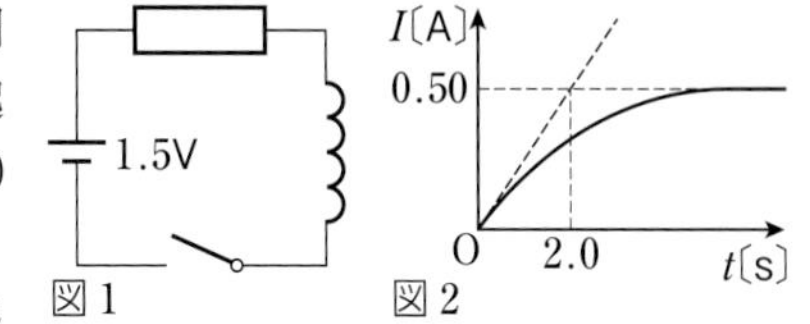

図1 図2

(1) スイッチを閉じた直後に，コイルに生じる自己誘導による起電力の大きさはいくらか。

(2) コイルの自己インダクタンスはいくらか。

(3) 回路全体の抵抗値はいくらか。

思考 記述

337. 磁場中を動く正方形コイル 真空中の xy 平面内の y 軸に沿って無限に長い導線があり，その導線に電流 I が y 軸の正の向きに流れている。この平面内の x 軸の正の部分に，一辺の長さ a の正方形の1巻きコイル ABCD を置く。コイルの辺 CD を x 軸と一致させ，コイルを x 軸の正の向きに一定の速さ v で動かす。導線とコイルの辺 AD の間の距離が L の瞬間を考える。真空の透磁率を μ_0 とし，コイルの自己誘導は無視できるものとする。次の各問に答えよ。

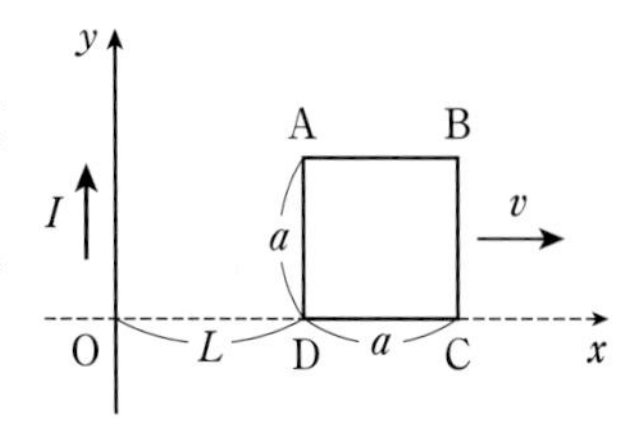

(1) 微小時間 Δt の間にコイルを貫く磁束の変化 $\Delta\Phi$ を，辺 AD と辺 BC が横切る磁束から求めよ。ただし，磁束が紙面の表から裏の向きに増加する向きを正とする。

(2) コイルに生じる誘導起電力の大きさ V を求めよ。

(3) 電流 I がつくる磁場からコイルが受ける力の向きを理由とともに示せ。

（琉球大 改）

ヒント

335 (4) 新たに付加した力がする仕事の仕事率は，抵抗 R で消費される電力に等しい。

336 (3) スイッチを閉じてから十分に時間が経過した後は，コイルの自己誘導による起電力が0となる。

337 (1) コイルの移動距離 $v\Delta t$ は微小であり，AD，BC 付近の磁束密度はそれぞれ一定とみなせる。

17 交流と電磁波

1 交流

❶交流の発生　磁束密度 B の一様な磁場中で，1巻きのコイルを一定の角速度 ω で回転させる。このとき，コイルの面の面積を S，コイルの面の法線が磁場の方向となす角を θ，時刻 0 において $\theta=0$ とすると，コイルを貫く磁束 Φ は，　$\boldsymbol{\Phi=BS\cos\omega t}$　…①

コイルに生じる誘導起電力 V は，

$$V=-\frac{\Delta\Phi}{\Delta t}=BS\omega\sin\omega t=V_0\sin\omega t\quad(V_0=BS\omega)\quad\cdots②$$

ω を**角周波数**，ωt を**位相**，コイルの1回転に要する時間 T を**周期**，単位時間あたりのコイルの回転数 f を**周波数**という。　$T=\dfrac{2\pi}{\omega}$　…③　　$f=\dfrac{1}{T}=\dfrac{\omega}{2\pi}$　…④

❷交流の実効値　消費電力の平均を，直流の場合と同じように計算することのできる値。

$$\textbf{電圧：}V_\mathrm{e}=\frac{V_0}{\sqrt{2}}\quad\cdots⑤\qquad\textbf{電流：}I_\mathrm{e}=\frac{I_0}{\sqrt{2}}\quad\cdots⑥$$

（V_e，I_e は交流の実効値，V_0，I_0 は交流の最大値）

実効値に対して，各時刻での値は**瞬間値（瞬時値）**。

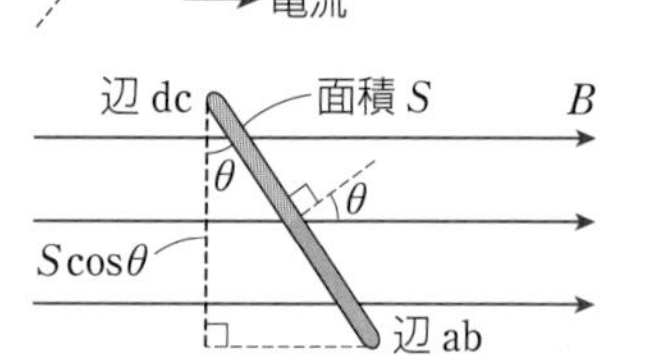

2 交流回路

❶抵抗・コイル・コンデンサー　交流電圧 $V=V_0\sin\omega t$ を抵抗，コイル，コンデンサーのそれぞれに加えたとき，回路を流れる電流や平均消費電力などは，次のようになる。

	抵抗 R〔Ω〕	コイル L〔H〕	コンデンサー C〔F〕
電流と電圧	$I=I_0\sin\omega t$ $I_0=\dfrac{V_0}{R}$　$I_\mathrm{e}=\dfrac{V_\mathrm{e}}{R}$ 電流と電圧は同位相	$I=I_0\sin\left(\omega t-\dfrac{\pi}{2}\right)$ $I_0=\dfrac{V_0}{\omega L}$　$I_\mathrm{e}=\dfrac{V_\mathrm{e}}{\omega L}$ 電流は電圧よりも位相が $\dfrac{\pi}{2}$ 遅れる	$I=I_0\sin\left(\omega t+\dfrac{\pi}{2}\right)$ $I_0=\omega CV_0$　$I_\mathrm{e}=\omega CV_\mathrm{e}$ 電流は電圧よりも位相が $\dfrac{\pi}{2}$ 進む
	V_0, I_0, ωt, V, I, t	V_0, ωt, I_0, V, I, t	V_0, ωt, I_0, V, I, t
抵抗，リアクタンス	R〔Ω〕 交流の周波数によらず一定	$X_\mathrm{L}=\omega L$〔Ω〕 交流の周波数が大きいほど大きい	$X_\mathrm{C}=\dfrac{1}{\omega C}$〔Ω〕 交流の周波数が小さいほど大きい
平均消費電力	$\dfrac{V_0I_0}{2}=V_\mathrm{e}I_\mathrm{e}$	0	0

❷**RLC 直列回路**　図の回路において，$I=I_0\sin\omega t$ の交流電流が流れるとき，この電流の位相を基準にすると，R，L，C に加わっている交流電圧の瞬間値 V_R，V_L，V_C は，

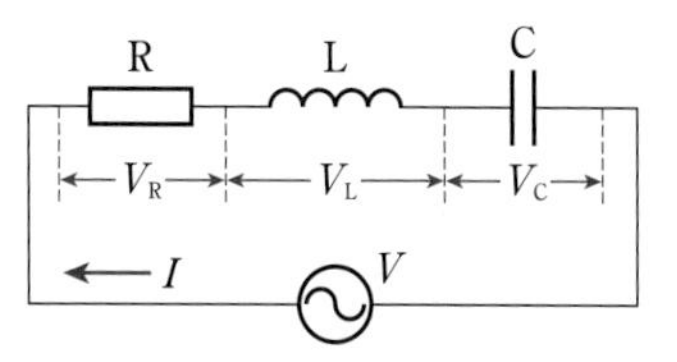

$$V_R=RI_0\sin\omega t \quad \cdots⑦$$

$$V_L=\omega LI_0\sin\left(\omega t+\frac{\pi}{2}\right)=\omega LI_0\cos\omega t \quad \cdots⑧$$

$$V_C=\frac{I_0}{\omega C}\sin\left(\omega t-\frac{\pi}{2}\right)=-\frac{I_0}{\omega C}\cos\omega t \quad \cdots⑨$$

電源電圧の瞬間値 V は，$V=V_R+V_L+V_C$ なので，

$$\boldsymbol{V=\sqrt{R^2+\left(\omega L-\frac{1}{\omega C}\right)^2}I_0\sin(\omega t+\alpha)} \quad \cdots⑩$$

$$\boldsymbol{=ZI_0\sin(\omega t+\alpha)}$$

$$\left(\boldsymbol{Z=\sqrt{R^2+\left(\omega L-\frac{1}{\omega C}\right)^2}}，\ \boldsymbol{\tan\alpha=\frac{\omega L-1/(\omega C)}{R}}\right)$$

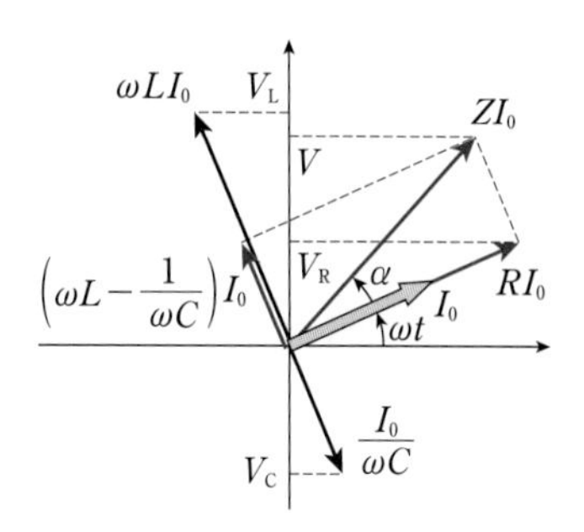

Z は**インピーダンス**とよばれ，抵抗に相当するはたらきをもつ。単位は**オーム**(記号Ω)。α は，回路全体にかかる電圧 V と電流 I との位相差を示している。

◎**消費電力**　この回路の平均消費電力 $\overline{P}$ を，電圧の実効値 V_e，電流の実効値 I_e で表すと，　$\boldsymbol{\overline{P}=V_eI_e\cos\alpha}$　…⑪

この式の $\cos\alpha$ は**力率**とよばれ，V_e と I_e の積に対する $\overline{P}$ の割合である。

❸**共振回路**　RLC 直列回路において，電源電圧の最大値 V_0 を一定にし，角周波数 ω を変化させると，電流の最大値 I_0 が変化する。このとき，式⑩から，次式が成立する場合に Z が最小($Z=R$)となり，I_0 が最も大きい値 V_0/R となる。　$\boldsymbol{\omega L-\frac{1}{\omega C}=0}$　…⑫

これを**共振**といい，RLC 直列回路における共振を**直列共振**という。このときの角周波数 ω_0 を**共振角周波数**，周波数 f_0 を**共振周波数**という。

$$\boldsymbol{\omega_0=\frac{1}{\sqrt{LC}}} \quad \cdots⑬ \qquad \boldsymbol{f_0=\frac{\omega_0}{2\pi}=\frac{1}{2\pi\sqrt{LC}}} \quad \cdots⑭$$

回路に交流電圧を加えたとき，その周波数が共振周波数に一致すると，回路に大きな電流が流れる。このような回路を**共振回路**という。

3 電気振動

❶**電気振動の周波数**　図のように，充電したコンデンサーとコイルを直列に接続した回路(LC 直列回路)で，スイッチを閉じると，回路には交互に向きの変わる電流(振動電流)が流れる。このような現象を**電気振動**という。電気振動の周波数を**固有周波数(固有振動数)**という。角周波数 ω_0〔rad/s〕の電気振動が生じているものとすると，固有周波数 f_0〔Hz〕は，コイルの自己インダクタンスを L〔H〕，コンデンサーの電気容量を C〔F〕とすると，

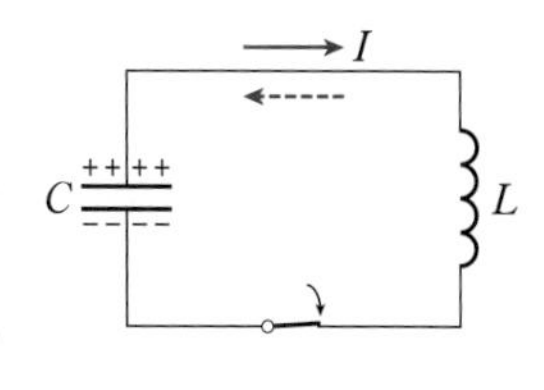

$$\boldsymbol{f_0=\frac{\omega_0}{2\pi}=\frac{1}{2\pi\sqrt{LC}}} \quad \cdots⑮$$

❷電気振動におけるエネルギー　電気振動は，コンデンサーにたくわえられる電場のエネルギーと，コイルにたくわえられる磁場のエネルギーが互いに移りあうことを繰り返す現象であり，これらのエネルギーの和は保存される。

$$\frac{1}{2}CV_0^2=\frac{1}{2}CV^2+\frac{1}{2}LI^2=\frac{1}{2}LI_0^2=\text{一定}\quad\cdots⑯$$

（I：電流，V：コンデンサーの極板間の電圧
V_0，I_0：電圧，電流の最大値）

4 変圧器

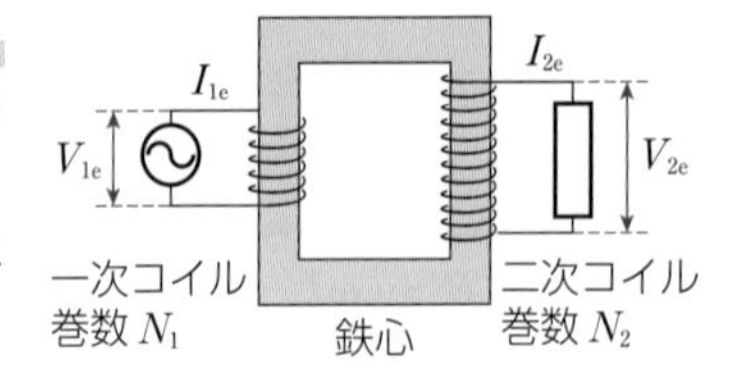

相互誘導を利用し，交流電圧を変える装置。一次コイルの電圧，電流の実効値を V_{1e}，I_{1e}，巻数を N_1，二次コイルでは V_{2e}，I_{2e}，N_2 とする。鉄心によるエネルギーの損失が無視できるとき，

$$\frac{V_{1e}}{V_{2e}}=\frac{N_1}{N_2}\quad\cdots⑰\qquad V_{1e}I_{1e}=V_{2e}I_{2e}\quad\cdots⑱$$

5 電磁波

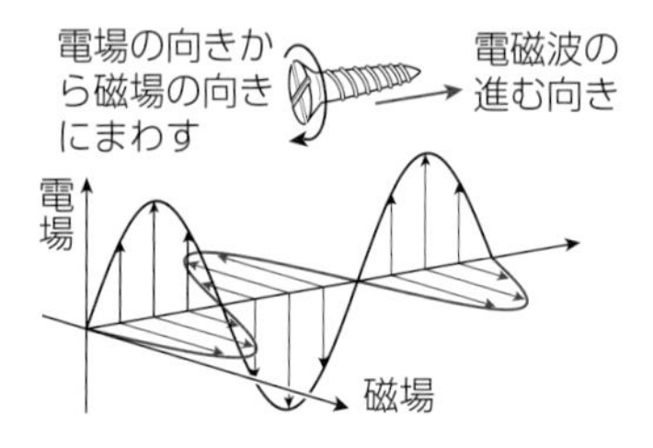

電場が変化すると周囲の空間に磁場が生じ，磁場が変化すると周囲の空間に電場が生じる。電磁波は，この電場と磁場の変動が横波として空間を伝わるものである。電磁波の速さは光速と同じである。

プロセス　次の各問に答えよ。

1　50Hz の交流の角周波数と周期はいくらか。

2　実効値 100V の交流電圧の最大値はいくらか。

3　実効値 100V の交流電圧を 20Ω の抵抗に加える。流れる電流の実効値と最大値はいくらか。また，抵抗の平均消費電力はいくらか。

4　コイル，コンデンサーのリアクタンスは，交流電源の周波数が大きくなると，それぞれ大きくなるか，小さくなるか。

5　50Hz の交流電圧で，100Ω のリアクタンスを示すコイルの自己インダクタンスを求めよ。

6　実効値 100V，周波数 50Hz の交流電圧をコンデンサーに加えると，実効値 314mA の電流が流れた。このコンデンサーのリアクタンスと電気容量はいくらか。

7　**6**のコンデンサーに，実効値 100V，周波数 60Hz の交流電圧を加える。流れる電流の実効値はいくらか。また，このコンデンサーの平均消費電力はいくらか。

8　自己インダクタンス 0.20H のコイルと，電気容量 8.0×10^{-9}F のコンデンサーでつくった振動回路の固有周波数はいくらか。

9　一次コイルと二次コイルの巻数の比が，10：3 の変圧器がある。この変圧器の一次側に実効値 50V の交流電圧を加えるとき，二次側に生じる電圧の実効値はいくらか。

解答

1 3.1×10^2rad/s，2.0×10^{-2}s　**2** 141V　**3** 実効値 5.0A，最大値 7.1A，電力 5.0×10^2W
4 コイル：大きくなる，コンデンサー：小さくなる　**5** 0.32H　**6** $3.2\times10^2\Omega$，1.0×10^{-5}F
7 0.38A，0W　**8** 4.0×10^3Hz　**9** 15V

解説動画

基本例題53 交流のグラフ

➡基本問題 339, 343

交流電源を抵抗Rに接続し，図のような電圧 V〔V〕を抵抗Rに加えた。次の各問に答えよ。

(1) 電源の交流電圧 V の最大値，実効値，周波数はそれぞれいくらか。

(2) 抵抗Rが50Ωのとき，Rを流れる電流の実効値はいくらか。

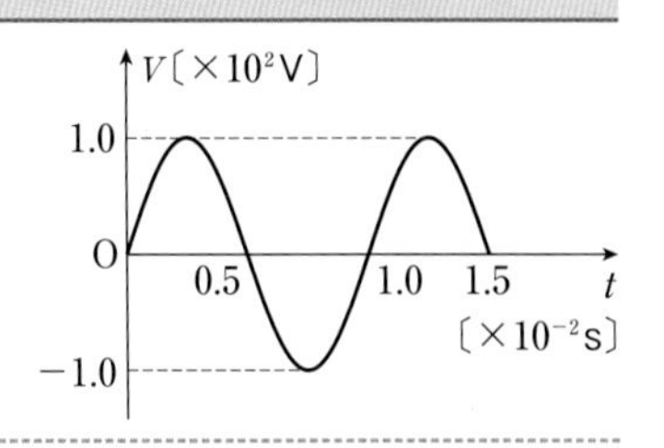

指針 交流電圧の最大値を V_0，実効値を V_e とすると，$V_e=\dfrac{V_0}{\sqrt{2}}$ と表される。また，周波数 f と周期 T の間には，$f=\dfrac{1}{T}$ の関係が成り立つ。

解説 (1) グラフから，交流電圧 V の最大値 V_0 は，$V_0=\mathbf{1.0\times10^2}$**V** である。また，実効値 V_e は，

$$V_e=\frac{V_0}{\sqrt{2}}=\frac{1.0\times10^2}{\sqrt{2}}=50\sqrt{2}=50\times1.41$$

$=70.5$ V　**71 V**

交流の周期 T は，グラフから，

$T=1.0\times10^{-2}$ s

交流の周波数 f は，

$f=\dfrac{1}{T}=\mathbf{1.0\times10^2}$ **Hz**

(2) 電流の実効値 I_e は，電圧の実効値 V_e を用いて，$I_e=\dfrac{V_e}{R}$ と表される。これから，

$I_e=\dfrac{50\sqrt{2}}{50}=\sqrt{2}=1.41$ A　**1.4 A**

Point 交流電圧や交流電流を表すとき，実効値がよく用いられる。単に「交流100V」という場合，それは実効値を意味する。なお，実効値においても，オームの法則が成り立つ。

基本例題54 リアクタンス

➡基本問題 341, 342, 343

次の文の［　　］に入る適切な式，または数値を答えよ。

周波数 f〔Hz〕の交流電圧を，自己インダクタンス L〔H〕のコイルに加えたとき，そのリアクタンスは［(ア)］である。この電圧を電気容量 C〔F〕のコンデンサーに加えたとき，リアクタンスは［(イ)］である。

また，実効値100V，周波数50Hzの交流電圧を，自己インダクタンス0.10Hのコイルに加えると，流れる電流の実効値は［(ウ)］で，この電圧を10μFのコンデンサーに加えると，電流の実効値は［(エ)］となる。

指針 角周波数 $\omega(=2\pi f)$ を用いると，コイル，コンデンサーのリアクタンスは，それぞれ次のように表される。

コイル：ωL

コンデンサー：$\dfrac{1}{\omega C}$

リアクタンス X のコイル(またはコンデンサー)に，実効値 V_e の交流電圧を加えるとき，流れる交流電流の実効値 I_e は，$I_e=\dfrac{V_e}{X}$ となる(オームの法則)。

解説 (ア) コイルのリアクタンスは，

$\omega L=\mathbf{2\pi fL}$〔Ω〕

(イ) コンデンサーのリアクタンスは，

$\dfrac{1}{\omega C}=\mathbf{\dfrac{1}{2\pi fC}}$〔Ω〕

(ウ) 電流の実効値 I_e は，(ア)の結果を用いて，

$$I_e=\frac{V_e}{2\pi fL}=\frac{100}{2\times3.14\times50\times0.10}$$

$=3.18$ A　**3.2 A**

(エ) 電流の実効値 I_e は，(イ)の結果を用いて，

$I_e=2\pi fCV_e=2\times3.14\times50\times(10\times10^{-6})\times100$

$=0.314$ A　**0.31 A**

第V章 磁気

解説動画

基本例題55 RLC 直列回路

➡基本問題 344, 345, 346

図のように，抵抗 R(40Ω)，コイル L，コンデンサー C を直列に接続し，交流電源をつないで，最大値が 1.0 A の交流電流を流した。このとき，コイル L，コンデンサー C のリアクタンスは，それぞれ 40 Ω，10 Ω であった。

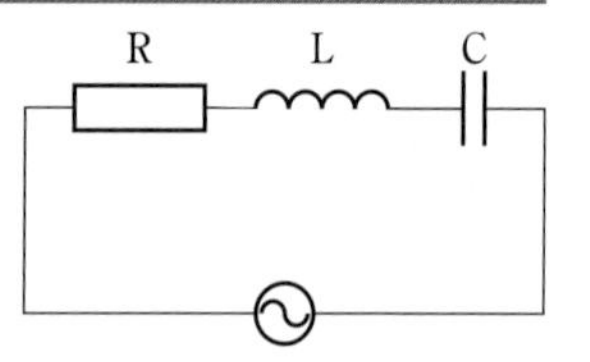

(1) R，L，C に加わる各電圧の最大値と，交流電流に対する位相のずれを答えよ。

(2) 電源の電圧の最大値はいくらか。また，回路全体のインピーダンスはいくらか。

指針 各素子に加わる電圧の最大値は，オームの法則を用いて計算する。また，電源の電圧の最大値は，ベクトル図を描いて求め，回路全体のインピーダンスは，「$Z=V_0/I_0$」から求める。

解説 (1) 各素子に加わる電圧の最大値は，抵抗(リアクタンス)と電流の最大値の積で求まる。R，L，C に加わる電圧の最大値を，それぞれ V_{R0}，V_{L0}，V_{C0} とすると，

$V_{R0}=RI_0=40\times1.0=\mathbf{40\,V}$

$V_{L0}=X_LI_0=40\times1.0=\mathbf{40\,V}$

$V_{C0}=X_CI_0=10\times1.0=\mathbf{10\,V}$

各素子に加わる電圧と流れる電流は，抵抗の場合，同位相で**ずれはない**。交流電流に対して，コイルの場合，電圧の位相は $\frac{\pi}{2}$ **進む**。また，コンデンサーの場合，電圧の位相は $\frac{\pi}{2}$ **遅れる**。

(2) 電源の電圧の最大値を V_0 とする。(1)で求めた位相のずれをもとに，R，L，C に加わる電圧をベクトルで表すと，図のようになる。

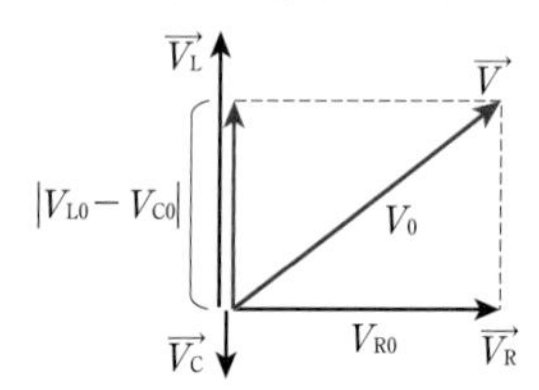

この図から，V_0 は，

$V_0=\sqrt{V_{R0}^2+(V_{L0}-V_{C0})^2}$

$=\sqrt{40^2+(40-10)^2}$

$=\sqrt{50^2}=\mathbf{50\,V}$

インピーダンスを Z とすると，

$$Z=\frac{V_0}{I_0}=\frac{50}{1.0}=\mathbf{50\,\Omega}$$

基本問題

知識

338. 交流の発生 図のように，磁束密度 B の一様な磁場中で，長方形コイルを，磁場に直交する軸のまわりに，一定の角速度 ω で回転させる。コイルの面の面積を S，コイルの面の法線が磁場の方向となす角を θ とする。時刻 0 において $\theta=0$ とすると，時刻 t のときにコイルを貫く磁束はいくらか。ただし，$t=0$ の状態のコイルを貫く磁束の向きを正とする。

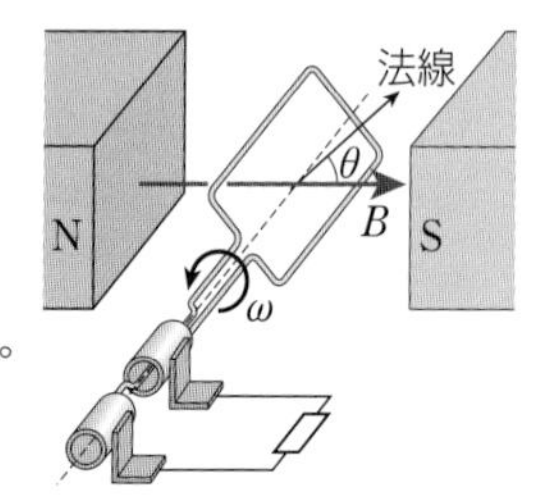

思考

339. 交流のグラフ 図は，実効値 100 V の交流電源における電圧の時間変化を示している。

(1) 交流電圧の最大値 V_0 を求めよ。

(2) 交流の周波数を求めよ。

(3) 10 kΩ の抵抗をこの交流電源につないだとき，抵抗に流れる電流の時間変化をグラフで表せ。

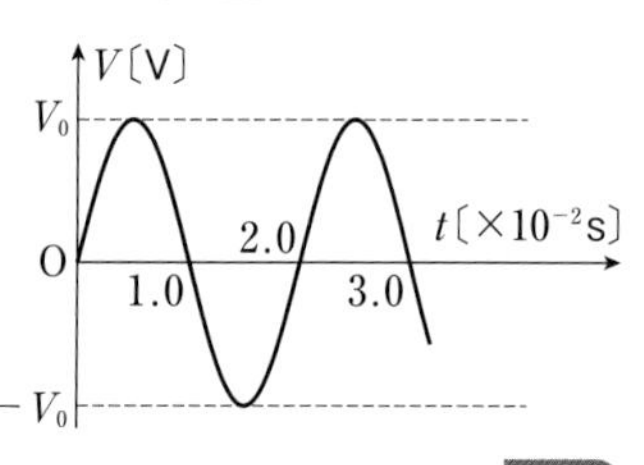

➡ 例題53

思考

340. 交流と抵抗 抵抗値Rの抵抗に，$V=V_0\sin\omega t$ の交流電圧を加える。ω は角周波数，t は時刻を表す。

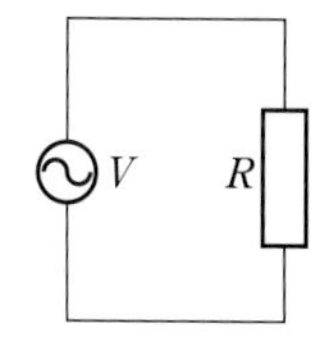

(1) 抵抗を流れる電流 I を求めよ。また，$t=0$ から交流の 1 周期分について，電流 I と時刻 t との関係を示すグラフを描け。

(2) $t=0$ から交流の 1 周期分について，電力の時間平均 $\overline{P}$ を求めよ。

思考

341. 交流とコイル 自己インダクタンスLのコイルに，$V=V_0\sin\omega t$ の交流電圧を加える。ω は角周波数，t は時刻を表す。

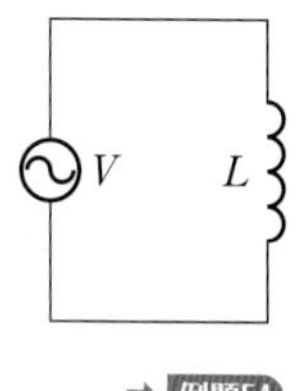

(1) コイルのリアクタンスを求めよ。

(2) コイルを流れる電流 I を求めよ。また，$t=0$ から交流の 1 周期分について，電流 I と時刻 t との関係を示すグラフを描け。

(3) $t=0$ から交流の 1 周期分について，電力の時間平均 $\overline{P}$ を求めよ。

➡ 例題54

思考

342. 交流とコンデンサー 図のように，電気容量Cのコンデンサーに，$V=V_0\sin\omega t$ の交流電圧を加える。ω は角周波数，t は時刻を表す。

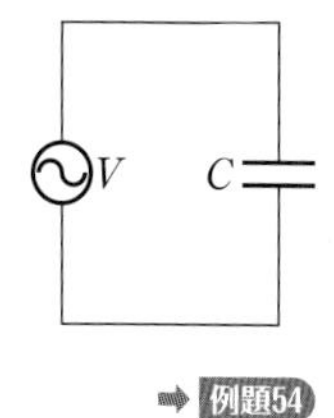

(1) コンデンサーのリアクタンスを求めよ。

(2) コンデンサーを流れる電流 I を求めよ。また，$t=0$ から交流の 1 周期分について，電流 I と時刻 t との関係を示すグラフを描け。

(3) $t=0$ から交流の 1 周期分について，電力の時間平均 $\overline{P}$ を求めよ。

➡ 例題54

思考

343. 交流のグラフ 交流電源にある素子を接続したところ，素子に加わる電圧Vと流れる電流Iは，図のようになった。次の各問に答えよ。

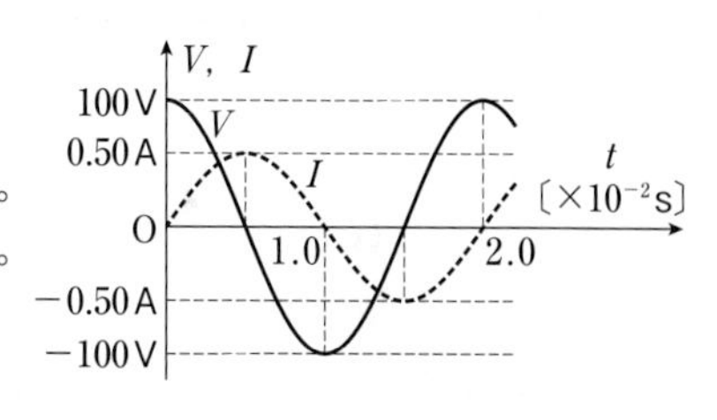

(1) 素子は，コンデンサー，コイルのどちらか。

(2) 電圧の最大値は 100V，電流の最大値は 0.50A であった。この素子のリアクタンスを求めよ。

(3) 素子がコイルならばインダクタンスL，コンデンサーならば電気容量Cを求めよ。

ヒント (1) 電流，電圧の位相に着目し，どちらが遅れているかを考える。 ➡ 例題53・54

知識

344. インピーダンス 図(a)，(b)のそれぞれについて，次の各問に答えよ。

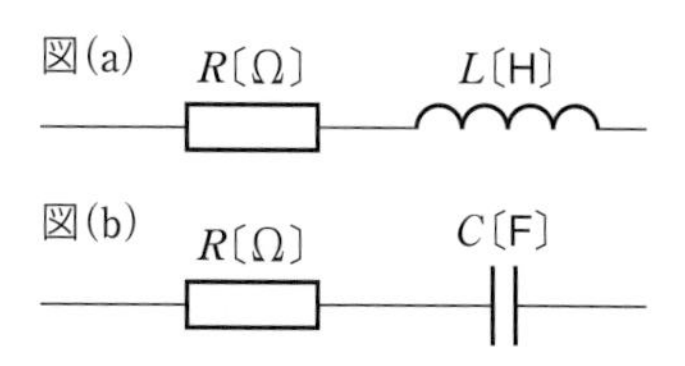

(1) 直流電圧 V〔V〕を加える。十分に時間が経過したとき，流れる電流はいくらか。

(2) 交流電圧 $v=V_0\sin\frac{2\pi}{T}t$〔V〕を加える。回路のインピーダンスはいくらか。

(3) (2)において，流れる電流の実効値はいくらか。

ヒント (1) 十分に時間が経過したとき，直流に対してコイルは抵抗 0 の導線とみなせる。 ➡ 例題55

知識

345. 抵抗の無視できないコイル 長い導線を巻いてつくられるコイルは，実際には抵抗値をもっている。抵抗の無視できないコイルに，6.0Vの直流電圧を加え，十分に時間が経過したとき，電流は2.0Aであった。同じコイルに実効値6.0V，周波数50Hzの交流電圧を加えたとき，電流の実効値は1.2Aであった。

(1) 直流電圧を加えたときのコイルの抵抗値はいくらか。

(2) 交流電圧を加えたときの回路のインピーダンスはいくらか。

(3) コイルの自己インダクタンスはいくらか。 ➡例題55

ヒント コイルを，抵抗Rと，自己インダクタンスLのコイル(導線の抵抗0)の直列接続とみなす。

思考

346. RLC直列回路

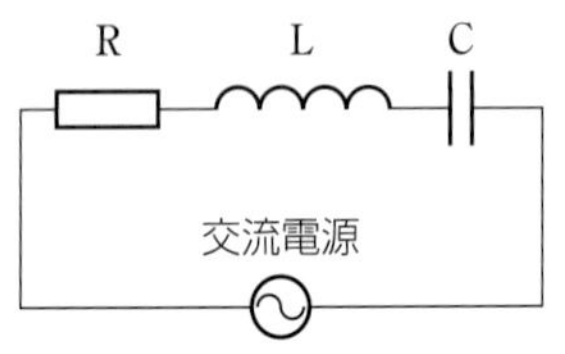

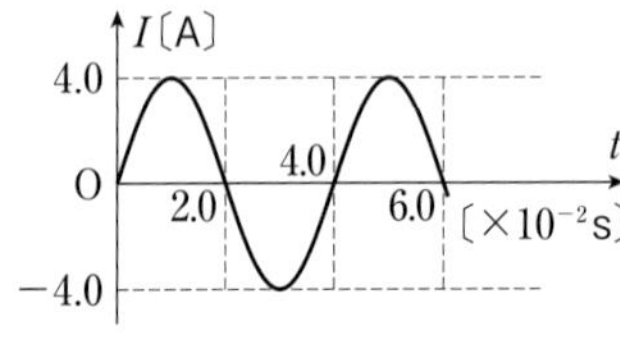

図の回路で，Rは40Ωの抵抗，L，Cはリアクタンスがそれぞれ50Ω，20Ωのコイル，コンデンサーである。グラフは，この回路を流れる電流I〔A〕と時間t〔s〕との関係を示す。

(1) 交流の周波数は何Hzか。

(2) 抵抗，コイル，コンデンサーに加わる電圧の最大値は，それぞれ何Vか。

(3) 抵抗，コイル，コンデンサーに加わる電圧と時間との関係を示すグラフを描け。

(4) 電源電圧の最大値は何Vか。 ➡例題55

ヒント (4) R，L，Cに加わる電圧の位相のずれを考慮し，ベクトルとして合成する。

知識

347. 電気振動 図において，Lは自己インダクタンス5.0Hのコイル，Cは電気容量2.0×10^{-7}Fのコンデンサーである。最初，Cは30Vで充電されており，スイッチSは開いている。Sを閉じると，回路に電気振動がおこる。次の各問に答えよ。

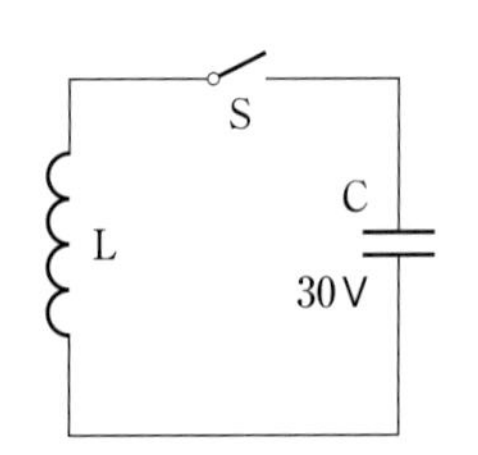

(1) 電気振動の周波数は何Hzか。

(2) 振動電流の最大値は何Aか。

知識

348. 変圧器と送電 発電機で発電した実効値100V，10.0Aの交流について，変圧器で電圧を変え，送電線で送電することを考える。変圧器の一次コイルの巻数は300回，二次コイルの巻数は600回であり，一次コイルに発電機，二次コイルに送電線が接続されている。送電線の抵抗値は20.0Ωである。変圧器では，電力は失われないものとする。

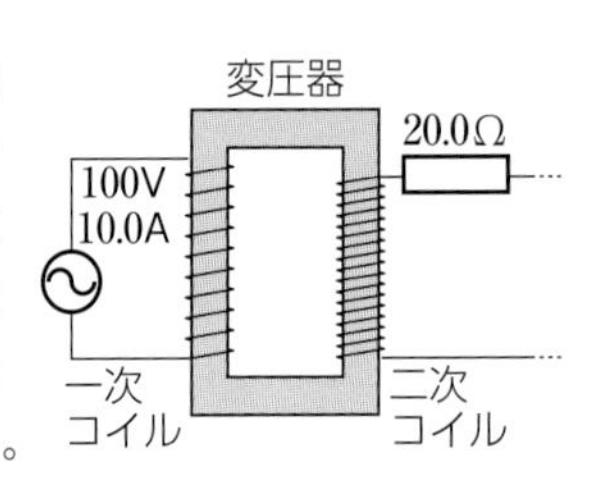

(1) 二次コイルに生じる電圧の実効値と，流れる電流の実効値はいくらか。

(2) 送電線で消費される電力の時間平均はいくらか。

(3) 二次コイルの巻数を6000回にしたとき，送電線で消費される電力の時間平均はいくらか。

発展例題35　RLC 直列回路

➡発展問題 351

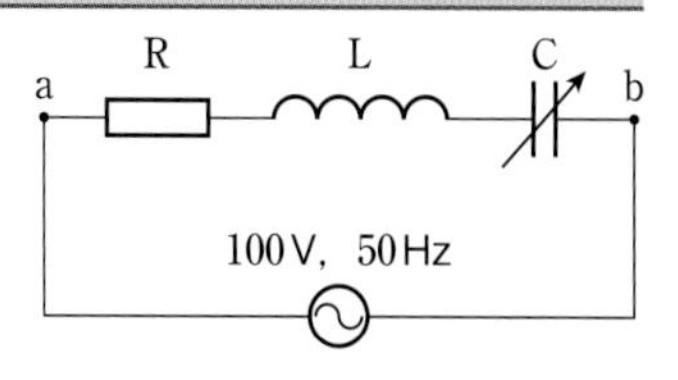

80Ωの抵抗R，コイルL，可変コンデンサーCを直列につなぎ，実効値 100V，周波数 50Hz の交流電源に接続した。このとき，コイルのリアクタンス X_L は 100Ωであり，回路に実効値 1.0A の電流が流れるように，Cの電気容量を調節した。$\pi=3.1$ とする。

(1)　ab 間のインピーダンス Z はいくらか。

(2)　コンデンサーのリアクタンス X_C はいくらか。

(3)　電流の実効値が最大となるためには，Cの電気容量をいくらにすればよいか。

指針　(1)　電源電圧の実効値 V_e，電流の実効値 I_e を用いて，「$V_e=ZI_e$」の式を利用する。

(2)　コイル，コンデンサーの位相のずれから，インピーダンス Z は，「$Z=\sqrt{R^2+(X_L-X_C)^2}$」と表される。これに数値を代入して計算する。

(3)　抵抗に相当するインピーダンス Z が最小となるとき，電流の実効値が最大となる。

なお，問題文の電圧，電流の値は実効値である。

解説　(1)　インピーダンス Z は，

$$Z=\frac{V_e}{I_e}=\frac{100}{1.0}=\mathbf{1.0\times10^2\,\Omega}$$

(2)　インピーダンス Z の式から，

$$Z=\sqrt{R^2+(X_L-X_C)^2}$$

$$1.0\times10^2=\sqrt{80^2+(100-X_C)^2}$$

両辺を 2 乗して整理し，$X_C{}^2-200X_C+6400=0$

$$(X_C-40)(X_C-160)=0$$

$$\mathbf{X_C=40,\ 1.6\times10^2\,\Omega}$$

(3)　Z が最小となるのは，$X_C=X_L$ のときであり，$X_C=100\Omega$。$X_C=1/(\omega C)=1/(2\pi fC)$ から，

$$C=\frac{1}{2\pi fX_C}=\frac{1}{2\times3.1\times50\times100}$$

$$=3.22\times10^{-5}\text{F}\qquad \mathbf{3.2\times10^{-5}\,F}$$

発展例題36　電気振動

➡発展問題 352

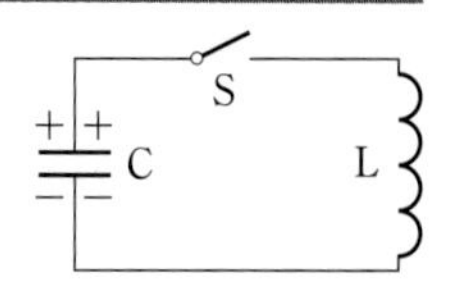

図において，Cは 10V の電圧で充電された 1.0×10^{-3}F のコンデンサー，Lはコイルである。スイッチSを閉じると，Cの両端の電圧は，6.2×10^{-3}s 後にはじめて 0 となった。$\pi=3.1$ として，次の各問に答えよ。

(1)　この振動回路の周期は何 s か。また，Lの自己インダクタンスはいくらか。

(2)　Cの上側の極板の電荷 Q と時間の関係を示すグラフを描け。

指針　電気振動では，交互に向きの変わる電流が流れ，電流やCの電圧の時間変化は，単振動の変位や速度などと同じように表される。

解説

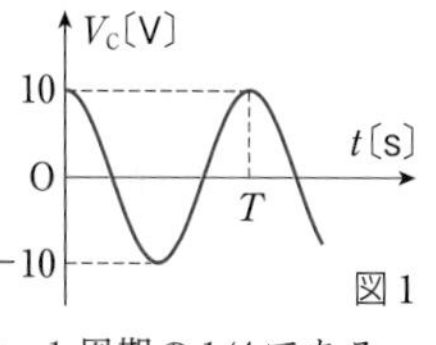

図 1

(1)　10V の電圧で充電したCの電圧 V_C は，図 1 のようになる。Cの電圧が 0 になるまでの時間 6.2×10^{-3}s は，1 周期の 1/4 である。

周期 T は，　$T=4\times(6.2\times10^{-3})=2.48\times10^{-2}$

2.5×10^{-2}s

周期 T は，回路の固有周波数 f を用いて，$T=1/f$ である。$f=1/(2\pi\sqrt{LC})$ なので，$T=2\pi\sqrt{LC}$ と表される。これから，

$$L=\frac{T^2}{4\pi^2C}=\frac{\{4\times(6.2\times10^{-3})\}^2}{4\times3.1^2\times(1.0\times10^{-3})}$$

$$=\mathbf{1.6\times10^{-2}\,H}$$

(2)　Sを閉じた直後，Cの上側の極板の電荷 Q は，

$$Q=CV=(1.0\times10^{-3})\times10=1.0\times10^{-2}\text{C}$$

Cの両端の電圧は，図 1 で示される。これから，求めるグラフは，図 2 のようになる。

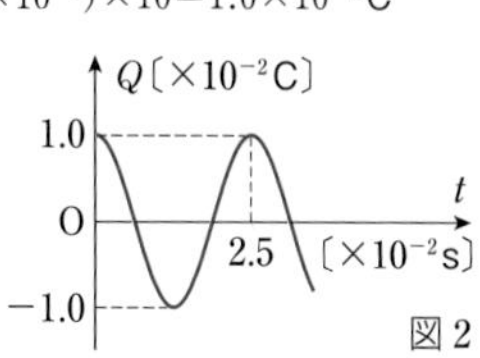

図 2

発展問題

知識

349. 磁場中のコイル 図1のように，磁束密度 B〔T〕の一様な磁場中に，一辺の長さ a〔m〕の正方形コイル PQST があり，コイルには R〔Ω〕の抵抗が接続されている。破線で示したコイルの対称軸は，磁場に垂直であり，それを軸としてコイルは回転している。コイルが一定の角速度 ω〔rad/s〕で回転するように，辺 PQ に回転の接線方向の外力 F を加えている。時刻0のときに，コイル面は磁場と垂直であった。図2は，時刻 t_1〔s〕の瞬間のコイルの位置を示している。この瞬間について，次の各問に答えよ。

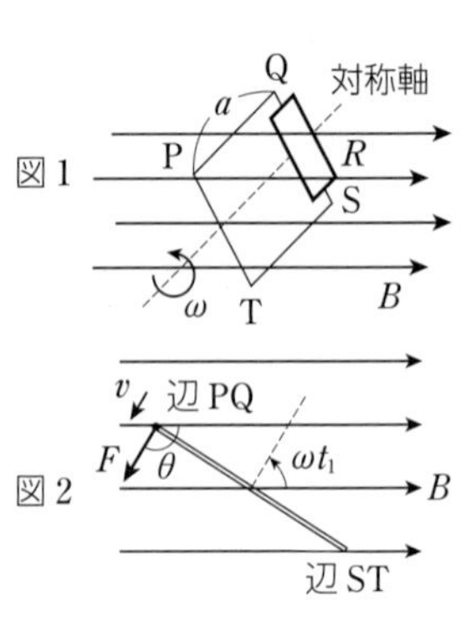

(1) 辺 PQ の速度の大きさ v〔m/s〕，および速度の向きが B となす角 θ〔rad〕を求めよ。

(2) 辺 PQ，辺 TP に生じる誘導起電力の大きさ V_{PQ}〔V〕，V_{TP}〔V〕を求めよ。

(3) コイル全体に生じる誘導起電力の大きさ V〔V〕を求めよ。

(4) 回路に流れる電流 I〔A〕を求めよ。また，電流は辺 PQ をどちら向きに流れるか。

(5) 辺 PQ に加える外力の大きさ F〔N〕を求めよ。 （信州大 改）

知識

350. 交流と変圧器 図のように，ドーナツ状の鉄心（透磁率 μ，断面積 S，周長 l）に，巻数 N_1，および N_2 のコイル1，2が巻かれている。それぞれのコイルに電流を流したとき，その電流によってコイル内部に生じる磁場の強さは，次式で与えられる。

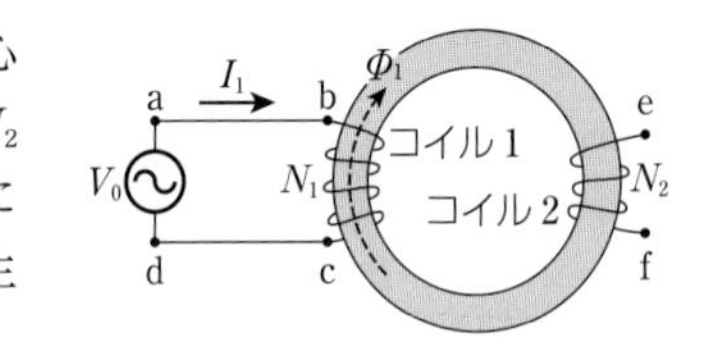

（コイルの巻数）×（コイルに流れる電流の大きさ）÷（鉄心の周長 l）

鉄心の内部に生じる磁束は，外部に漏れないものとする。また，鉄心内部の磁束，および電流は，それぞれ図の Φ_1，I_1 の向きを正とし，コイルの抵抗は無視できるとする。

図のように，コイル1に交流電圧 V_0 をかけたところ，電流 I_1 が流れた。図の点dを基準にした点aの電位を V_0 とする。

(1) I_1 がコイル1でつくる磁束 Φ_1 を，I_1，μ，S，l，N_1，N_2 のうち必要なものを用いて表せ。

(2) I_1 が時間 Δt の間に ΔI_1 変化したとき，コイル1，2に生じる誘導起電力 V_1，V_2 を，Δt，ΔI_1，μ，S，l，N_1，N_2 のうち必要なものを用いてそれぞれ表せ。ただし，点bを基準にした点cの電位を V_1，点eを基準にした点fの電位を V_2 とする。

(3) キルヒホッフの法則を用いて，V_1 を V_0，N_1，N_2 のうち必要なものを用いて表せ。

(4) V_2 を V_0，N_1，N_2 のうち必要なものを用いて表せ。 （13．熊本大 改）

ヒント

349 (5) 外力の大きさ F は，辺 PQ，ST が磁場から受ける力をもとに考える。

350 (4) (2)と(3)の結果を利用して，V_0 と V_2 の関係式を求める。

知識

351. RLC 直列回路 図のように，交流電源，抵抗値Rの抵抗，自己インダクタンスLのコイル，電気容量Cのコンデンサーが直列に接続されている。時刻 t における回路を流れる電流は，$I=I_0\sin\omega t$ である(I_0 は電流の最大値，ωは角周波数)。

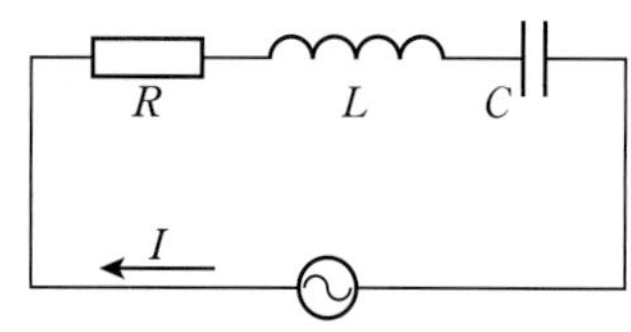

(1) 抵抗，コイル，コンデンサーの両端の電圧を V_R，V_L，V_C とすると，$V_R=a\sin\omega t$，$V_L=b\cos\omega t$，$V_C=c\cos\omega t$ と表される。a，b，c を求めよ。

(2) V_R，V_L，V_C の和は，交流電源の電圧と等しくなり，これをVとすると，$V=d\sin\omega t+e\cos\omega t$ と表される。d，e を求めよ。

(3) この回路のインピーダンスを求めよ。

(4) この回路の共振周波数を求めよ。 (福岡大　改)

➡ 例題35

思考

352. 電気振動 図のように，電圧E〔V〕の直流電源，電気容量C〔F〕の充電されていないコンデンサー，自己インダクタンスL〔H〕のコイル，抵抗値R〔Ω〕の抵抗器，スイッチSを接続した回路がある。抵抗器以外の電気抵抗は無視できるものとする。

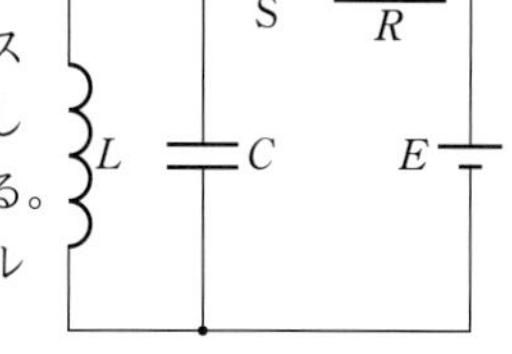

(1) スイッチSを閉じて，十分に時間が経過したとき，コイルを流れる電流の向きと大きさを求めよ。

(1)の状態から，スイッチSを開いた。

(2) コンデンサーの両端の電圧は，時間とともに変化する。電圧の最大値を求めよ。

(3) コイルを流れる電流I〔A〕は，時間t〔s〕とともに変化する。コンデンサーの両端の電圧が最大になったときの，電流の変化率 $\dfrac{\Delta I}{\Delta t}$ の大きさを求めよ。

(4) コンデンサーを流れる電流と時間との関係を示すグラフを描け。Sを開いた時刻を0とし，コンデンサーを図の下向きに流れる電流を正とする。 (15. 大分大　改)

知識 発展

353. RLC 並列回路 抵抗値Rの抵抗，自己インダクタンスLのコイル，電気容量Cのコンデンサーを並列に接続する。交流電源の電圧は $V_0\sin\omega t$ で，周波数は可変である。

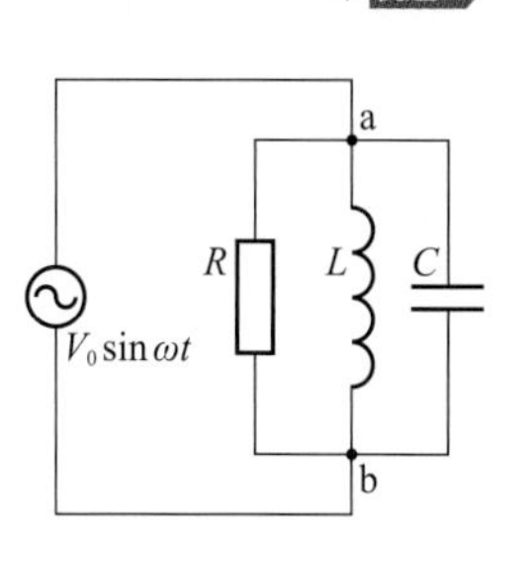

(1) 抵抗，コイル，コンデンサーに流れる電流をそれぞれ求めよ。

(2) 点aに流れる電流は $A\sin(\omega t+\phi)$ と表される。Aを求めよ。ϕは電源電圧と点aに流れる電流の位相差である。

(3) ab 間のインピーダンスを求めよ。

(4) ab 間のインピーダンスが最大となるときの周波数を求めよ。 (16. 富山県立大　改)

ヒント

351 (3) $A\sin\theta+B\cos\theta=\sqrt{A^2+B^2}\sin(\theta+\phi)$ の関係式を利用する。ただし，$\tan\phi=B/A$ である。

352 (3) コイルの自己誘導による起電力は $-L\dfrac{\Delta I}{\Delta t}$ である。

353 (1) 電圧に対する電流の位相は，コイルでは $\pi/2$ 遅れ，コンデンサーでは $\pi/2$ 進んでいる。

総合問題

思考

354. 電流が磁場から受ける力◀ 図のように，y 軸に平行な2本の導線PとQを，xy 面内の2点 $(a,\ 0)$，$(-a,\ 0)$ を通るように配置し，ともに $+y$ の向きに電流 I_1 を流す。また，長方形コイルABCDを yz 面内につるし，辺CDを y 軸と平行に固定する。辺DAとCBは十分に長く，辺ABは，xy 面内で x 軸方向に自由に動くことができる。辺ABの長さは L，質量は m であり，他の辺の質量は無視できる。真空の透磁率を μ_0 とし，重力の影響は無視できるとする。

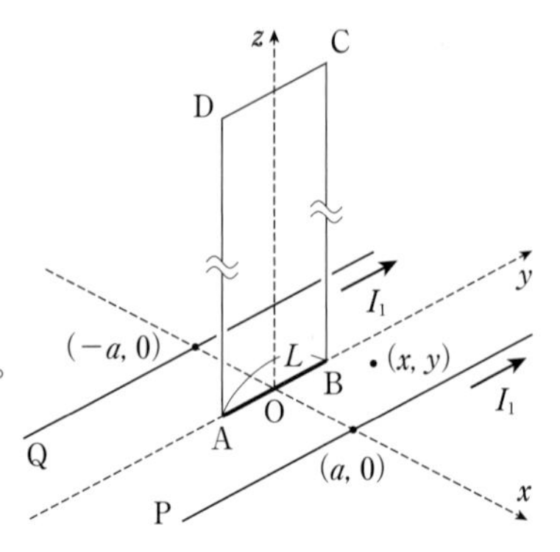

(1)　2つの導線にはさまれた xy 面上の点 $(x,\ y)$ において，P，Qの電流がそれぞれつくる磁場 H_P，H_Q を求めよ。ただし，z 軸の正の向きの磁場を正とする。

(2)　$|\beta|$ が1よりも十分に小さい場合，$\dfrac{1}{1-\beta} \fallingdotseq 1+\beta$ の関係が成り立つ。(1)において，$|x|$ が a よりも十分に小さいとしたとき，点 $(x,\ y)$ に生じる磁場 H を求めよ。

電流 I_2 をB→A→D→Cの向きに流し，コイルに軽く触れると，辺ABは原点O付近で x 軸方向に単振動を始めた。コイル自身の電磁誘導で生じる誘導起電力は無視する。

(3)　(2)を用いて，辺ABの x 座標が x のとき，辺ABにはたらく力 F を求めよ。ただし，x 軸の正の向きの力を正とする。

(4)　単振動の周期 T を求めよ。　(熊本大　改)

思考

355. 渦電流◀ 図のように，軽くて薄い銅製の円板が，水平面上で自由に回転できる装置がある。上部にはU字型永久磁石があり，円板の中心軸と一致した軸のまわりに，円板と少しの間隔をおいて回転できるようになっている。両者が静止した状態で，急に磁石を図の矢印の向きに回転させると，円板には，磁石の回転にともなう磁束の変化を妨げるような誘導電流(渦電流)が流れる。

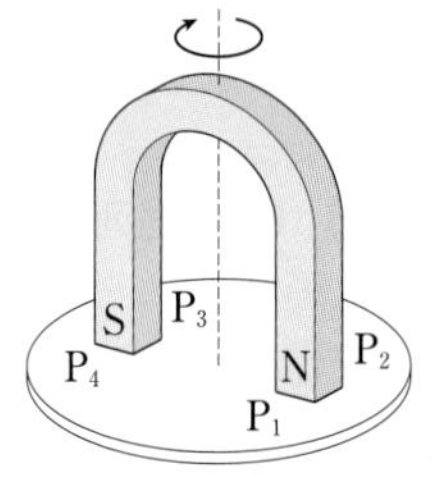

(1)　N極が近づく P_1 とN極が遠ざかる P_2 にそれぞれ流れる渦電流の向きは，真上から見たとき，時計まわりか，それとも反時計まわりか。

(2)　N極の真下の円板に流れる電流の向きを求めよ。

(3)　N極の真下の円板が受ける力の向きを求めよ。

(4)　S極は，P_4 から遠ざかり P_3 に近づく。S極の真下の円板が受ける力の向きを求めよ。

(5)　(3)，(4)の2つの力によって，円板は回転する。円板の回転の向きは，磁石の回転と同じ向きか，それとも逆向きか。　(関西大　改)

ヒント

354　(4) 力 F を単振動の復元力を表す式「$F=-Kx$」と比較する。

355　(1) P_1，P_2 での磁束の変化から，レンツの法則を用いて考える。

思考 記述

356. 磁場を横切る金属棒◀ 図のように，水平な xy 平面上で x 軸に平行となるように，電気抵抗がなく十分に長い2本の導体レールP，Qが間隔 L で固定され，Pは接地されている。2本の棒1，2が y 軸に平行にレール上に置かれ，x 軸の方向になめらかに動くことができる。棒1，2の質量はそれぞれ m_1，m_2，レール間に渡したときの電気抵抗はそれぞれ R_1，R_2 である。$x \geqq 0$ の部分には，鉛直上向きに磁束密度の大きさが B の一様な磁場がかけられている。棒2を $x>0$ の部分に速度0で置き，棒1を $x<0$ の部分から初速度 $v_0(>0)$ ですべらせるとき，次の各問に答えよ。

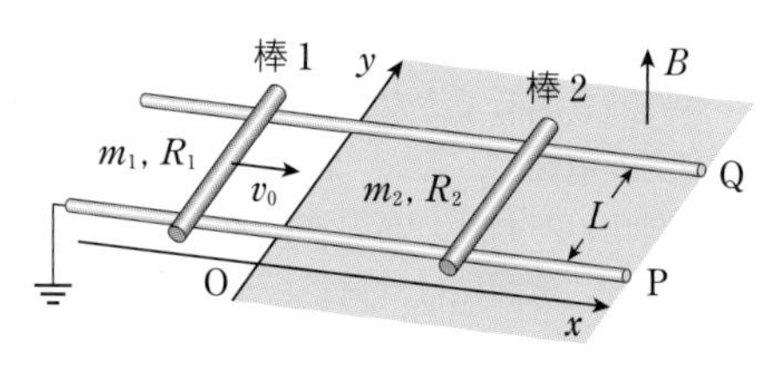

(1) 棒1が $x=0$ を通過した直後に，棒1に流れる電流 I_0 の大きさと向きを求めよ。

(2) 棒2を流れる電流が I_2 になったとき，棒2が受ける力 f の大きさと向きを求めよ。

(3) (2)のとき，微小時間 Δt あたりの棒2の速度の変化は $\Delta v_2 = \dfrac{f}{m_2}\Delta t$ であり，棒2の運動量の変化は $m_2\Delta v_2 = f\Delta t$ と表される。このとき，棒1が受ける力から棒1の運動量の変化が求まる。これを利用し，棒1，2の運動量の和が保存されることを示せ。

(4) 時間が十分に経過すると，それぞれの棒の速度は変化しなくなった。このときの棒1の速さとレールQの電位を，v_0 を用いてそれぞれ表せ。 (13. 東京工業大 改)

思考 記述

357. ソレノイド◀ 断面積 S，長さ l，巻数 N の十分に長いソレノイドを考える。ソレノイドをつくる導線の抵抗は無視できるとする。また，ソレノイドは真空中にあり，真空の透磁率を μ_0 とする。次の各問に答えよ。

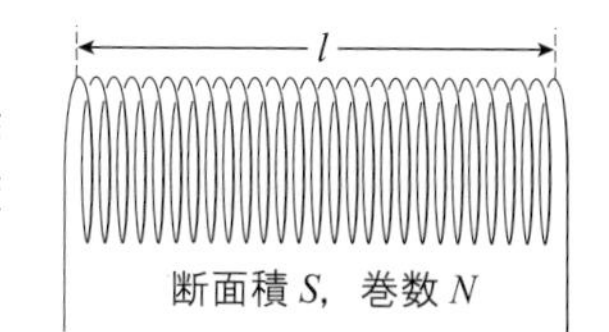

(1) ソレノイドに電流 I を流したときに，ソレノイドを貫く磁束 Φ を求めよ。

(2) 電流が I から $I+\Delta I$ に増加したときの，磁束の変化量 $\Delta\Phi$ を求めよ。

(3) ソレノイドの自己インダクタンス L を求めよ。

(4) ソレノイドにたくわえられる単位体積あたりのエネルギーは，ソレノイドの断面積 S や長さ l とは無関係に，ソレノイド中の磁束密度の大きさ B だけで決まる。このことを示せ。

(5) ソレノイド中の磁束密度が $B=1.3\,\mathrm{T}$ のとき，ソレノイド中の体積 $1\,\mathrm{cm^3}$ あたりにたくわえられるエネルギーを求めよ。ただし，$\mu_0=1.3\times10^{-6}\,\mathrm{N/A^2}$ とする。

(16. 神戸大 改)

ヒント

356 (3) 棒1，2を流れる電流は逆向きで大きさが等しいので，受ける力も逆向きで大きさが等しい。

357 (3) (2)で求めた $\Delta\Phi$ を用いて，ファラデーの電磁誘導の法則の式から誘導起電力を求める。これを自己誘導による起電力の式と比較する。

思考

358. サイクロトロン◀ 図1のように，金属でできたDの形をした中空の電極P，Qを，隙間を設けて向かいあわせ，高周波電源を接続する。隙間には，荷電粒子が出てくるイオン源がある。この装置を一様な磁場の中に置くと，イオン源から出た荷電粒子は，PQ間の電位差によって加速されてPに入り，円軌道を描いてPを出た後，再びPQ間で加速されてQに入る。これを繰り返して荷電粒子を加速させる装置を，サイクロトロンという。図2は，サイクロトロンを真上から見た図である。荷電粒子の電荷を $q(q>0)$，質量を m，磁場の磁束密度の大きさを B とする。また，重力の影響は無視でき，荷電粒子の初速度は0であるものとする。磁場の向きは，紙面の表から裏の向きである。次の文の［　］に入る適切な式を答えよ。

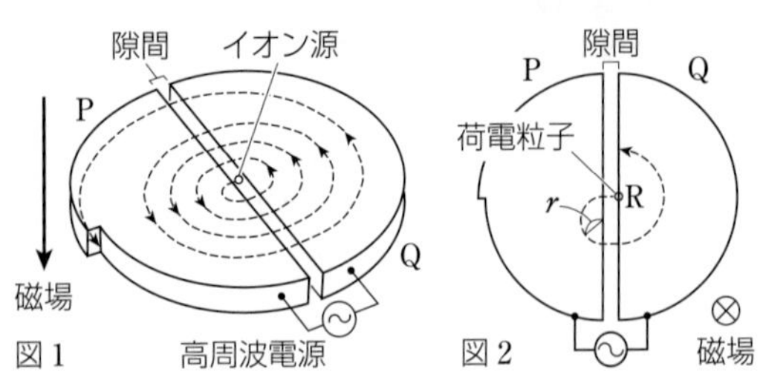

Pに対するQの電位が $V_0(V_0>0)$ となった瞬間，点Rに静止していた荷電粒子が，電場から力を受けて運動し始めた。粒子が点RからPQ間の隙間を動く間，Pに対するQの電位は V_0 で一定であり，粒子は電場だけから仕事をされるとする。このとき，粒子が点Rで動き始めてから最初にPに達するまでの間に電場からされる仕事は［(ア)］であり，Pに達した瞬間の粒子の速さ v_1 は，v_1=［(イ)］である。Pに入った荷電粒子は，磁場からのローレンツ力だけを受けて円運動をし，その半径 r は，v_1 などを用いて，r=［(ウ)］と表される。粒子がPに入ってから，半周してPを出るまでの時間 T は，T=［(エ)］となり，粒子の速さや円運動の半径によらず一定である。したがって，時間 T の間にPQ間の電位の正負が入れ替わるように，高周波電源の周波数 f を調節すれば，粒子がPQ間の隙間を通過するたびに，電場から力を受けて加速されることになる。このような f の最小値は，T を用いて，［(オ)］と表される。ただし，粒子がPQ間の隙間を通過する時間は，T に比べて十分に短く，無視できるとする。　(15．関西大　改)

思考

359. ベータトロン◀ 図のように，磁場に垂直な面内で負電荷 $-e(e>0)$ をもった質量 m の電子が，点Oを中心とする半径 r_0 の円軌道を，ローレンツ力によって一定の速さ v_0 で反時計まわりに運動している。ただし，一様な磁場が紙面の裏から表の向きにかけられ，その磁束密度は円軌道上とその外側では B_0，円軌道の内部では B_1 である。

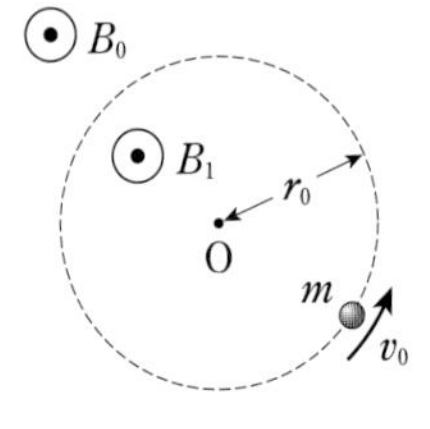

(1)　電子が一定の速さ v_0 で半径 r_0 の円運動をしている。このことから，B_0 を求めよ。

円軌道内の磁束を増加させることによって，円軌道に沿って誘導起電力を生じさせ，電子を加速することができる。(2)から(4)では解答に B_0 を用いないこと。

(2)　時間 Δt の間に，磁束密度 B_1 を ΔB_1 だけ増加させるとする。その間の誘導起電力

ヒント

358 (オ) 荷電粒子が加速され続ける周波数は複数ある。その中で最小の周波数を求める。

の大きさVと，円軌道上に生じる電場(誘導電場)の強さEを求めよ。
(3)　誘導電場によって電子にはたらく力の大きさFを，$\varDelta B_1$を用いて求めよ。
(4)　$\varDelta t$の間に増加する電子の速さを$\varDelta v_0$として，$\varDelta v_0$を，$\varDelta B_1$を用いて求めよ。
電子が加速される結果，その軌道半径は増大しようとする。
(5)　軌道半径r_0を一定に保って加速するための，軌道上の磁束密度の増加量$\varDelta B_0$を，$\varDelta v_0$を用いて求めよ。このときの$\varDelta B_0$と$\varDelta B_1$の関係も求めよ。

思考　やや難

360. 電磁場中の荷電粒子の運動◀ 質量m，電荷q $(q>0)$の荷電粒子の，電磁場中における運動について考える。次の文の□に入る適切な式を答えよ。

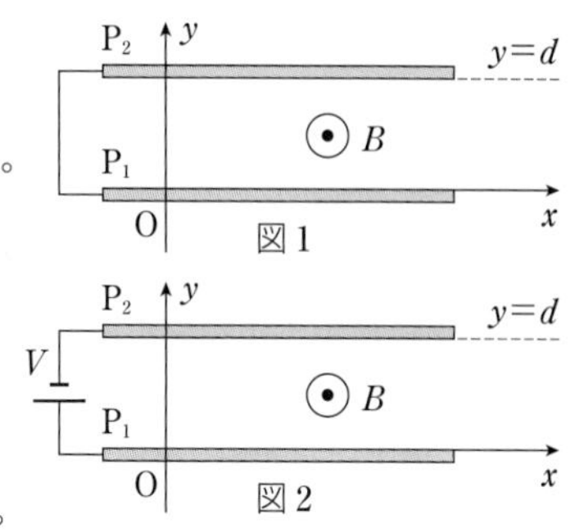

図1のように，真空中に原点をOとする直交座標系x，y，zをとる。z軸は紙面の裏から表の向きである。十分に広い金属平板P_1，P_2は，$y=0$，$y=d$でy軸と直交しており，導線で等電位に保たれている。また，z軸正の向きには，磁束密度Bの一様な磁場がかかっており，粒子の重力を無視する。

(1)　原点Oから$y\geqq 0$の領域に，速さv_0で飛び出した粒子が，xy平面内の$0\leqq y\leqq d$の領域で円運動の軌跡(の一部)を描いた。このときの円運動の半径は［①］である。
(2)　xy平面における粒子の速度と加速度の成分を，それぞれ$(v_x,\ v_y)$，$(a_x,\ a_y)$と表す。粒子が磁場から受ける力をx成分，y成分に分けると，運動方程式は
$ma_x=$［②］，$ma_y=$［③］と表される。

次に，図2のように，導線の間に起電力Vの電池を挿入したところ，原点Oから初速度0の粒子が動き始め，金属平板に衝突することなくxy平面内で運動を続けた。

(3)　粒子が電場から受ける力は，(0,［④］)である。一方，磁場から受ける力は，(2)と同じであり，粒子の運動方程式は，$ma_x=$［②］，$ma_y=$［⑤］と表せる。

x軸の正の向きに一定の速さで移動する観測者の視点で，図2での粒子の動きを調べたところ，観測者の移動する速さがv_1になると，円運動に見えることがわかった。

(4)　速さv_1で移動する観測者から見た粒子の速度と加速度を$(v_x',\ v_y')$，$(a_x',\ a_y')$とすると，v_1と速度$(v_x,\ v_y)$を用いて，$v_x'=$［⑥］，$v_y'=v_y$と表せる。また，観測者が一定の速度で動いており，$a_x'=a_x$，$a_y'=a_y$が成立する。これらを(3)の運動方程式に代入し，電場の寄与がない(2)の場合と比較して，円運動の条件$v_1=$［⑦］が得られる。
(5)　(4)で求めた条件のもとで円運動する粒子の速さがv_1と等しいことに注意して，円運動の半径は［⑧］と表される。
(6)　静止した観測者から見て，原点Oから出発した粒子が再びx軸上にもどってくる点の座標x_1は［⑨］，y軸方向の最大到達距離y_1は［⑩］である。(12. 大阪大　改)

ヒント
359　(5) 電子の速さが$v_0+\varDelta v_0$のとき，軌道上の磁束密度は$B_0+\varDelta B_0$となる。
360　(4) 速さv_1で移動している観測者から見たときの相対速度を考える。

思考 記述

361. 電気抵抗の測定◀ 半導体などの電気的性質を理解するために，試料を低温に冷却して電気抵抗の測定が行われる。

図1(a)のように，試料を冷却するため，魔法瓶の中で液体ヘリウム(寒剤)に試料をひたす。このとき，試料の端子E，Fから，室温にある電源や電圧計の端子へ細く長い導線で接続する。次の各問に答えよ。

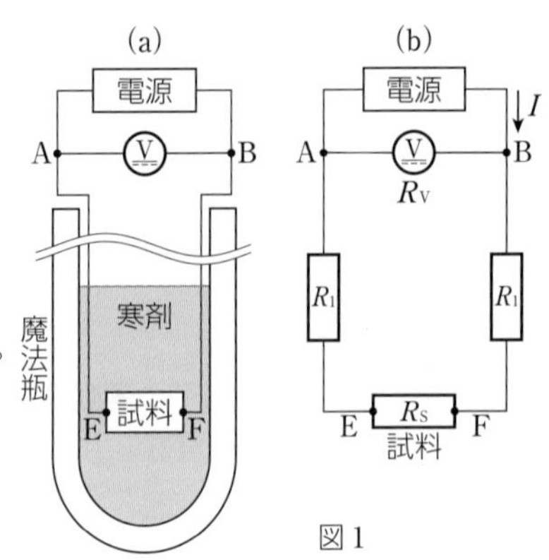

図1

(1) AE，BF間の導線に，抵抗率が5.0×10^{-8} Ω·m，長さが2.0m，断面積が1.0×10^{-8}m²の導線を用いた。この導線の抵抗を求めよ。

図1(a)は，図1(b)に示した回路と等価である。AE，BF間の導線のそれぞれの抵抗をR_1〔Ω〕，試料の抵抗をR_S〔Ω〕，電源の出力電流をI〔A〕，電圧計の内部抵抗をR_V〔Ω〕とする。

(2) 電圧計で計測された電圧V〔V〕と出力電流I〔A〕から，抵抗値$R\left(=\dfrac{V}{I}\right)$〔Ω〕が求められる。その抵抗値と試料の抵抗値との比$\dfrac{R}{R_S}$を，R_1，R_S，R_Vを用いて表せ。

次に，R_1，R_Sと比較して十分大きなR_Vの電圧計を用意した。

(3) R_Sに対するRの相対誤差は，$\left|\dfrac{R}{R_S}-1\right|$で定義される。図1で示される測定において，相対誤差が1.0%以内で測定可能なR_Sの範囲を求めよ。

より精度よく試料の抵抗値を測定するため，図2(a)に示した測定法が用いられる。AE，BF間の導線は，図1と同じものを用い，CE，DF間の導線のそれぞれの抵抗をR_2〔Ω〕とすると，図2(a)は，図2(b)に示した回路と等価である。

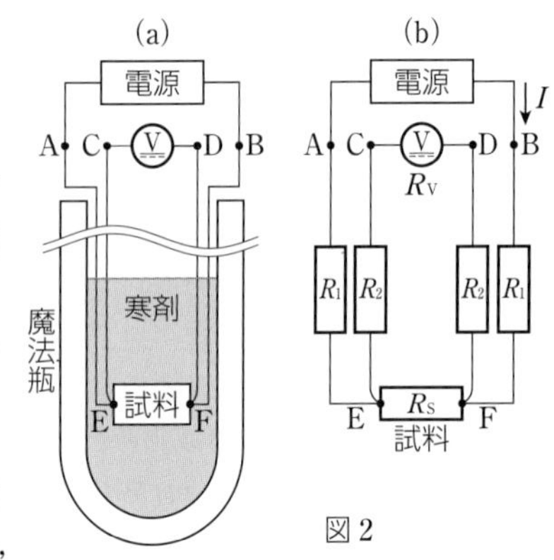

図2

(4) 電圧計の内部抵抗R_Vに流れる電流I_V〔A〕を，R_S，R_V，R_2，Iを用いて表せ。

(5) 電圧計で計測された電圧Vと出力電流Iから抵抗値$R\left(=\dfrac{V}{I}\right)$が求められる。この抵抗値と試料の抵抗値との比$\dfrac{R}{R_S}$を，$R_2$，$R_S$，$R_V$を用いて表せ。

(6) 低温における電気抵抗の測定では，導線による熱伝導を避けて試料を低温に保つため，細くて長い導線を用いる必要がある。R_1，R_2，R_Sと比較してR_Vは十分大きいとする。(2)と(5)の結果を比較し，図2の測定法の利点を説明せよ。 (21. 熊本大　改)

ヒント

361 電圧計で測定された電圧V〔V〕と電源の出力電流I〔A〕の値から求められる抵抗値R〔Ω〕は，試料の電気抵抗の測定値である。R_Sは試料の電気抵抗の真の値であり，$\dfrac{R}{R_S}$が1に近いほど測定の精度がよい。
(3)(6) $R_V\gg R_1$，R_2，R_Sなので，R_V，R_1，R_2，R_Sの各記号を用いた加法，減法では，R_1，R_2，R_Sを0と近似することができる。

思考

362. オシロスコープ◀ 図のように，蛍光面上に xy 平面をとり，陰極から原点Oに向かって，蛍光面に垂直に電子を入射する。また，2組の平板電極 X_1X_2，Y_1Y_2 を図のように配置する。一定の速さに加速された電子を入射すると，電子は2組の平板電極間を通過して蛍光面にあたり，原点Oに輝点が現れる。

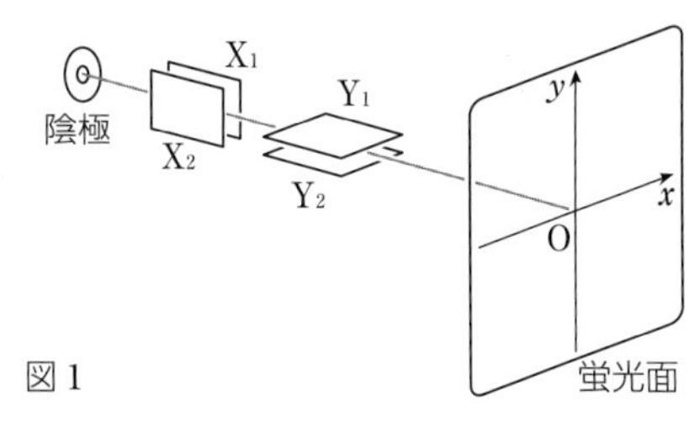

図1

X_1X_2 間，および Y_1Y_2 間に電圧をかけると，電子の軌道は，それらの電圧に応じて x および y 方向に曲げられ輝点の位置が移動する。輝点の x 座標 x_C は，X_2 の電位に対する X_1 の電位 V_x に比例し，$x_C=aV_x$ と書けるものとする。同様に，輝点の y 座標 y_C は，Y_2 の電位に対する Y_1 の電位 V_y に比例し，$y_C=aV_y$ と書けるものとする。比例定数 a は同じである。

図2のように，抵抗値 R の抵抗と自己インダクタンス L のコイルを，角周波数 ω の交流電源に直列につなぎ，端子A，B，Cを取りつけ，回路の点Eで接地する。図に示す向きの電流を正とし，正の電流を流そうとする電圧の向きを正とする。回路を流れる電流が $I_0\sin\omega t$（I_0 は電流の最大値）であるとき，AB間の電位差 V_{AB} は，I_0，ω，R，t を用いて［ イ ］と表せる。また，BC間の電位差 V_{BC} は，I_0，ω，L，t を用いて［ ロ ］と表せる。

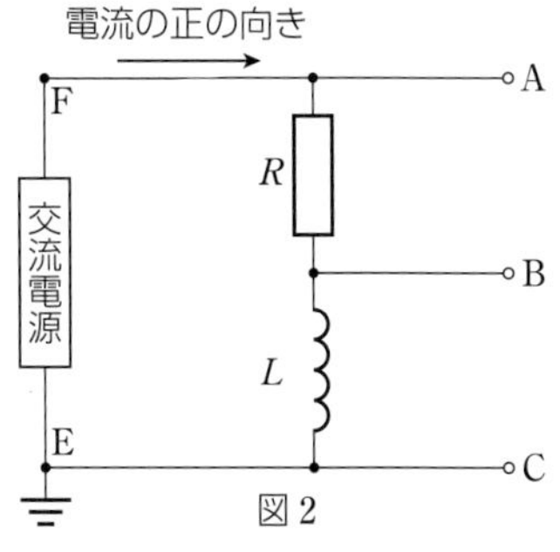

図2

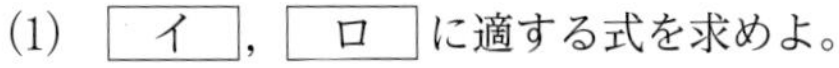
(1) ［ イ ］，［ ロ ］に適する式を求めよ。

次に，図2の端子A，B，Cを平板電極に接続する。以下の各問では，平板電極を回路に接続しても，回路の電気特性は影響を受けないものとする。このとき，陰極から多数の電子（電子線）を連続的に入射すると，輝点は蛍光面上に図形を描く。なお，蛍光面上の目盛り間隔は $\frac{aRI_0}{2}$ である。

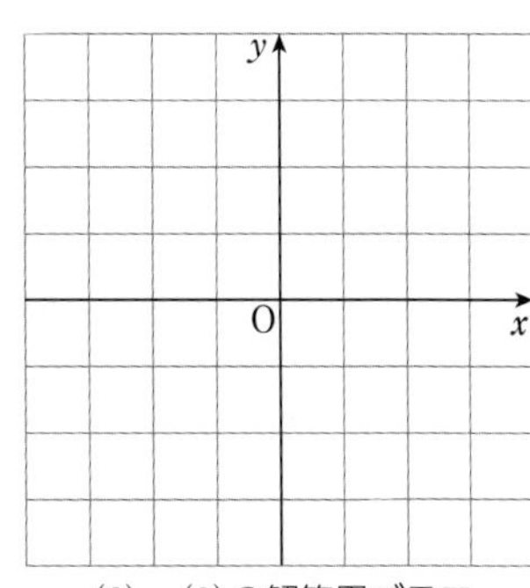

(2)，(3)の解答用グラフ

(2) 端子Aを電極 X_1 に，端子Bを電極 X_2 につなぎ，電極 Y_1，Y_2 はともに接地した。電子線が蛍光面につくる図形をグラフに描け。

(3) 端子Aを電極 X_1 に，端子Bを電極 X_2 および Y_1 に，端子Cを電極 Y_2 につないだ。さらに，交流電源の角周波数 ω を調節し，ω の値が $\frac{R}{L}$ と等しくなるようにした。このとき，電子線が蛍光面につくる図形をグラフに描け。また，陰極とは逆側からスクリーンを観察したとき，輝点はどのように移動するか答えよ。 （16．立命館大 改）

ヒント

362 (1) コイルでは，電流の位相に比べて電圧の位相は $\frac{\pi}{2}$ だけ進む。
(3) t を消去して，x_C と y_C の式を求める。

18 電子と光

1 電子

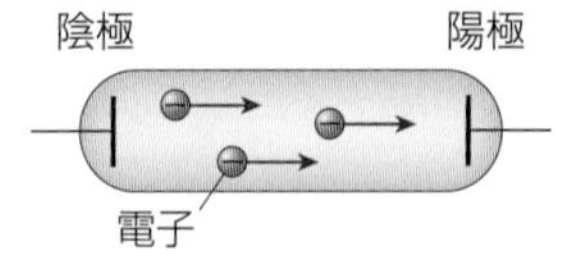

❶**陰極線**　ガラス管の両端に高電圧を加え，管内の圧力を下げると，放電(**真空放電**)がおこり，陽極付近のガラス壁が蛍光を発するようになる。このとき，陰極から放射されているものは**陰極線**とよばれ，現在，これは，電子の流れであることがわかっている。

陰極線の性質　①直進性をもつ。②電場や磁場によって曲げられる。

❷**電子の比電荷**　電子の電気量の大きさeと質量mの比。$\dfrac{e}{m}=1.76\times10^{11}\,\mathrm{C/kg}$

J. J. トムソンの実験　J. J. トムソンは，次のような実験で電子の比電荷e/mを求めた。

(a)　陰極線(粒子)に電場をかけて軌道を曲げ，粒子の到達点の変位yを測定することで，比電荷e/mの式を，vを用いた式で求める。

(b)　磁場を加えることによって，電場による偏向を打ち消し，直進する粒子の速さvを測定する。

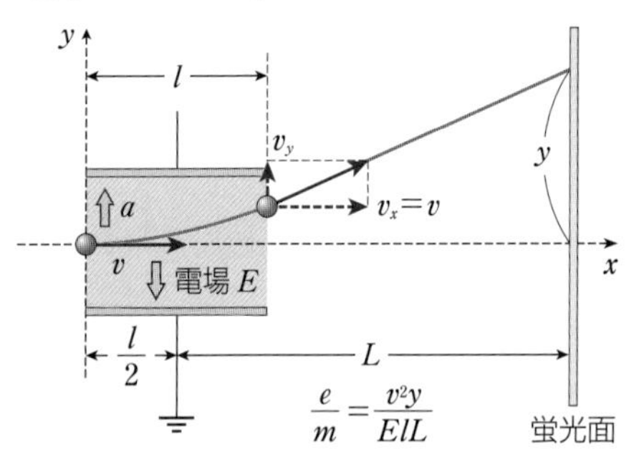

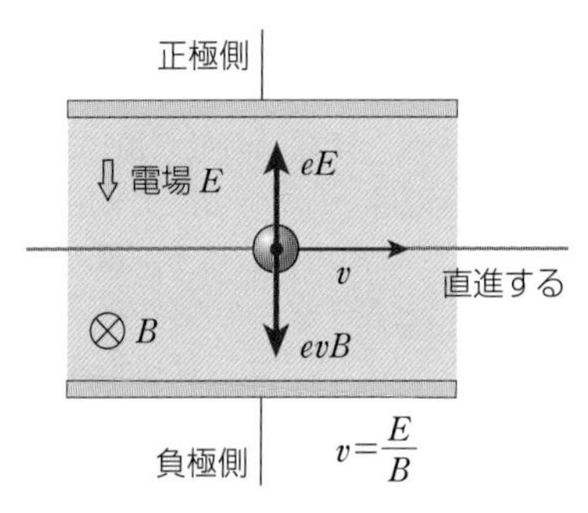

❸**電子の電荷と質量**　電子1個の電気量の大きさe(**電気素量**)と質量mは，次の値となる。

$e=1.60\times10^{-19}\,\mathrm{C}$，$m=9.11\times10^{-31}\,\mathrm{kg}$

ミリカンの実験　ミリカンは，帯電させた霧状の油滴の速度vを計測するなどして，いくつかの油滴の電荷qを求め，それらの値をもとに電気素量eを求めた。電子の質量mは，電気素量eと比電荷e/mから求められる。

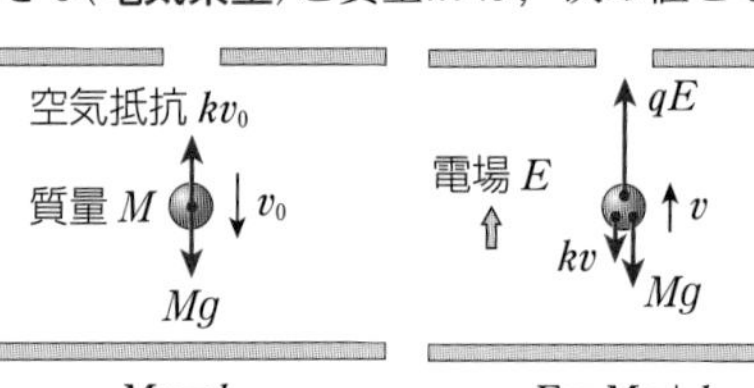

2 光の粒子性

❶**光電効果**　金属表面に光をあてると，電子(**光電子**)が飛び出す現象。次の特徴がある。

①光の振動数がある値ν_0(**限界振動数**)よりも小さければ，光電子は飛び出さない。限界振動数は，金属の種類で決まる。なお，振動数ν_0の光の波長は**限界波長**とよばれる。

②光電子の運動エネルギーの最大値は，光の強さに関係なく，光の振動数で決まる。

③光電子の数は光の強さに比例して増えるが，運動エネルギーの最大値は変わらない。

❷光電効果の実験　図の回路で，陽極の電位を $-V_M$ よりも低くすると，陰極を飛び出した光電子が陽極にたどりつけず，光電流が流れなくなる。V_M を阻止電圧という。このとき，陰極を飛び出した直後の光電子の運動エネルギーの最大値 K_M は，　$\boldsymbol{K_M = eV_M}$　…①

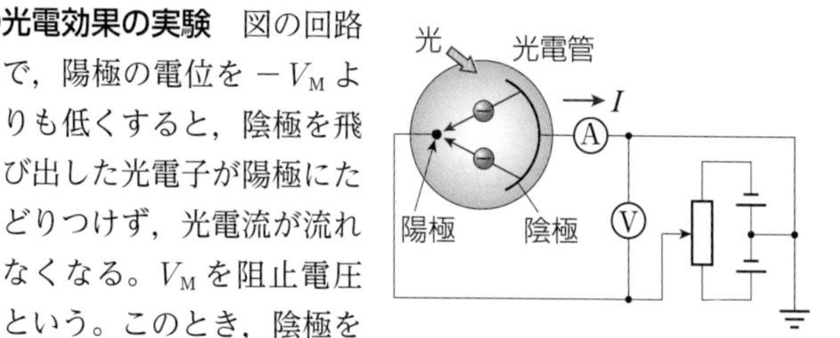

❸光子　振動数 ν〔Hz〕(波長 λ〔m〕)の光は，エネルギーや運動量をもつ粒子(**光子，光量子**)の集まりであり，プランク定数を h〔J·s〕，光速を c〔m/s〕とすると，光子のエネルギー E〔J〕と運動量 p〔kg·m/s〕は，次式で表される。

$$\boldsymbol{E = h\nu = \frac{hc}{\lambda}} \quad \cdots② \qquad \boldsymbol{p = \frac{h\nu}{c} = \frac{h}{\lambda}} \quad \cdots③$$

プランク定数：$h = 6.63\times10^{-34}$ J·s

●光電効果の説明　金属内部の電子を飛び出させるには，仕事が必要であり，この仕事の最小値 W を**仕事関数**という。光子 1 個のエネルギー $h\nu$(ν は振動数)のうち，一部が電子 1 個を飛び出させる仕事に使われ，残りが電子の運動エネルギーになる。

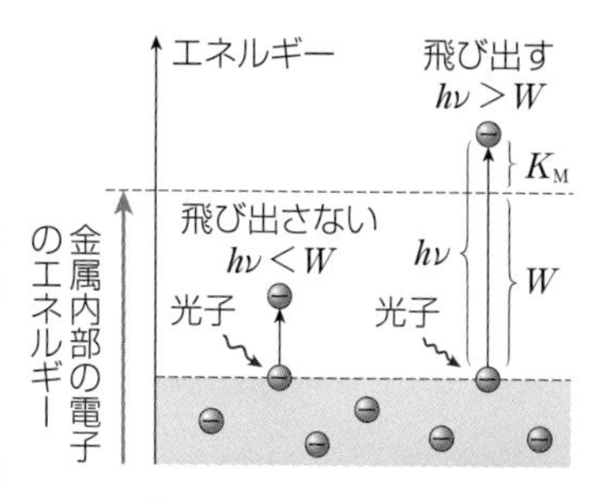

❹光電効果と仕事関数　光電子の運動エネルギーの最大値 K_M は，　$\boldsymbol{K_M = h\nu - W}$　…④

K_M と ν の関係を示すグラフにおいて，傾きはプランク定数 h，縦軸の切片の絶対値は仕事関数 W，横軸の切片は限界振動数 ν_0 に相当する。

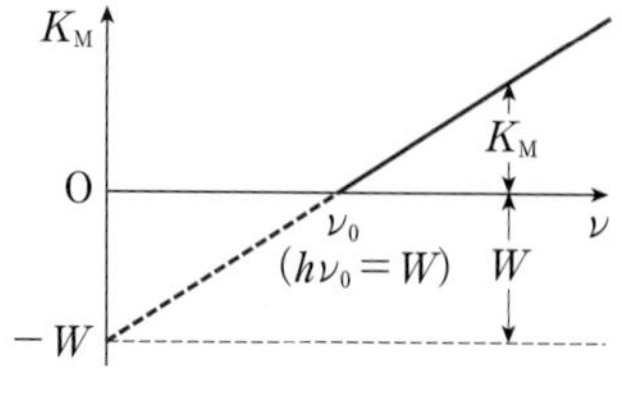

●電子ボルト　エネルギーの単位であり，記号は eV と表される。1 eV は 1 V の電位差で加速された電子が得る運動エネルギー。　**1 eV＝1.60×10^{-19} J**

3 X線

❶X線の発生　X線は波長が 10^{-12}～10^{-8} m 程度の電磁波。**連続X線**と**特性X線(固有X線)**がある。X線は，加速した電子を陽極金属にあてると発生する。

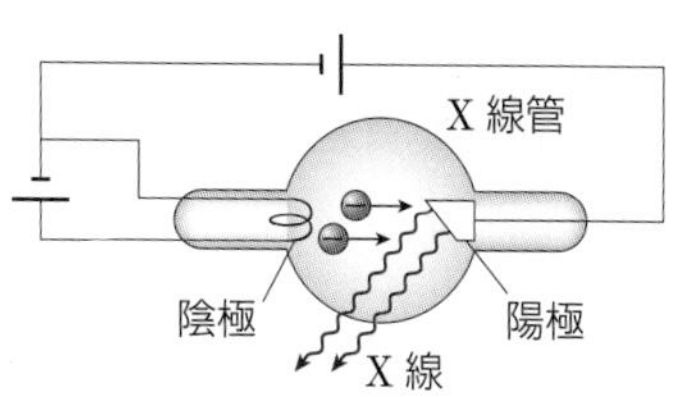

●X線の最短波長　X線管の陰極で発生した熱電子は，電圧 V で加速されて陽極に衝突する。このとき，運動エネルギー eV の一部がX線光子のエネルギーとなり，残りが陽極の原子の熱運動のエネルギーとなる。X線の最短波長を λ_0，振動数を ν_0 とすると，

$$eV = h\nu_0 = \frac{hc}{\lambda_0} \qquad \boldsymbol{\lambda_0 = \frac{hc}{eV}} \quad \cdots⑤$$

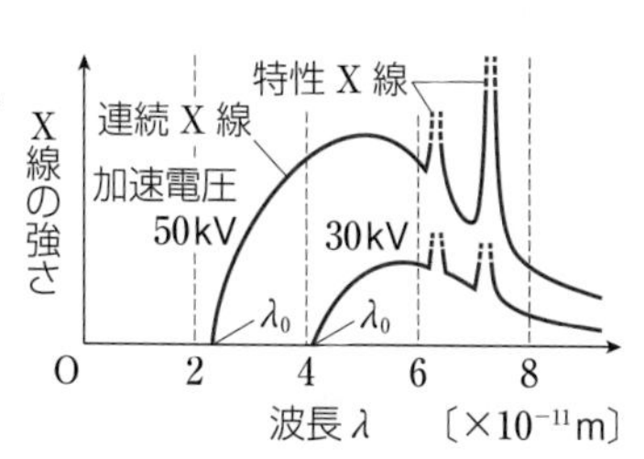

❷X線の波動性

(a) **ラウエの実験**　X線の波長は結晶中の原子間距離と同程度であるため，回折しやすい。ラウエは硫化亜鉛の結晶にX線をあて，回折像(**ラウエ斑点**)を得た。このことからX線の波動性を示した。

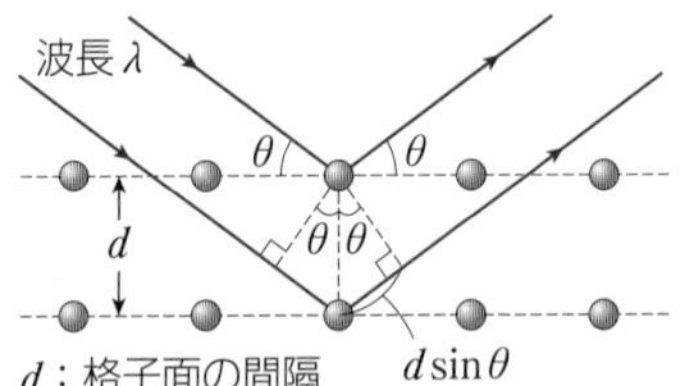

(b) **ブラッグの実験**　ブラッグ父子は，結晶にX線を入射させ，X線回折を利用して，格子面で反射したX線が強めあう条件を見出した。

$$2d\sin\theta=n\lambda \quad (n=1,\ 2,\ \cdots) \quad \cdots⑥$$
（式⑥…**ブラッグの反射条件**）

式⑥を満たす反射を**ブラッグ反射**，θ を**ブラッグ角**という。

❸X線の粒子性　物質で散乱されたX線の中には，入射X線よりも波長の長いものが含まれる。この現象を**コンプトン効果**という。X線を式②，③で示されるエネルギー，運動量をもつ粒子とし，電子と弾性衝突をしたとすると，

エネルギーの保存：$\dfrac{hc}{\lambda}=\dfrac{hc}{\lambda'}+\dfrac{1}{2}mv^2$　…⑦

運動量の保存：

x 成分：$\dfrac{h}{\lambda}=\dfrac{h}{\lambda'}\cos\theta+mv\cos\alpha$　…⑧

y 成分：$0=\dfrac{h}{\lambda'}\sin\theta-mv\sin\alpha$　…⑨

式⑦～⑨から，波長の差 $\Delta\lambda(=\lambda'-\lambda)$ は，

$$\Delta\lambda=\frac{h}{mc}(1-\cos\theta) \quad \cdots⑩$$

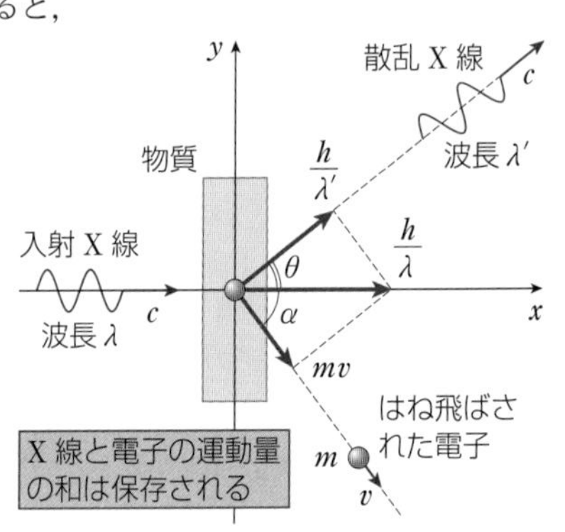

4 粒子の波動性

❶物質波　電磁波が粒子性を示すのとは逆に，電子のような粒子は波動性を示す。その波の波長 λ は，物質粒子の運動量を p，質量を m，速さを v として，

$$\lambda=\frac{h}{p}=\frac{h}{mv} \quad \cdots⑪$$

この波を**物質波**(**ド・ブロイ波**)といい，電子の場合の物質波を**電子波**という。

運動エネルギー $E=\dfrac{1}{2}mv^2$ をもつ粒子の物質波の波長 λ は，$\lambda=\dfrac{h}{\sqrt{2mE}}$ と表される。

❷粒子と波動の二重性　ミクロの世界では，波動と粒子とを明確に区別できない。それぞれ両方の性質が備わっている。

また，ミクロの世界では，位置と運動量の両方を，同時に正確に決めることはできない。これを**ハイゼンベルクの不確定性原理**という。

	光（電磁波）	物質粒子
波動性	振動数：ν　波長：λ	波長：$\lambda=\dfrac{h}{p}=\dfrac{h}{mv}$
粒子性	エネルギー：$E=h\nu=\dfrac{hc}{\lambda}$ 運動量：$p=\dfrac{h\nu}{c}=\dfrac{h}{\lambda}$	運動エネルギー：$E=\dfrac{1}{2}mv^2$ 運動量：$p=mv$

プロセス 電気素量を 1.6×10^{-19} C，プランク定数を 6.6×10^{-34} J·s，真空中の光速を 3.0×10^{8} m/s として，次の各問に答えよ。

1 振動数 5.0×10^{14} Hz の光子のもつエネルギーと運動量の大きさはいくらか。

2 次の文の［　　］にあてはまる適切な語句を答えよ。

金属表面に光を照射すると電子が飛び出す現象を，［（ア）］という。このとき，飛び出す電子の最大運動エネルギーは，光の強さに無関係で，光の［（イ）］だけに関係する。これは，光をその［（ウ）］に比例するエネルギーをもつ粒子の流れであると考えることで説明でき，この粒子を［（エ）］という。

3 セシウムの限界振動数は 4.6×10^{14} Hz である。仕事関数は何 J か。また，何 eV か。

4 仕事関数 6.9×10^{-19} J の金属に，光子のエネルギーが 8.2×10^{-19} J の光を照射した。飛び出す光電子の運動エネルギーの最大値は何 J か。

5 X線管内で加速されて，3.3×10^{-16} J の運動エネルギーをもった電子が陽極に衝突した。発生するX線の最短波長はいくらか。

6 運動エネルギーが 91 eV の電子がある。この電子の速さと電子波の波長はいくらか。電子の質量を 9.1×10^{-31} kg とする。

解答

1 3.3×10^{-19} J，1.1×10^{-27} kg·m/s　**2**（ア）光電効果（イ）振動数(または波長)（ウ）振動数（エ）光子　**3** 3.0×10^{-19} J，1.9 eV　**4** 1.3×10^{-19} J　**5** 6.0×10^{-10} m　**6** 5.6×10^{6} m/s，1.3×10^{-10} m

基本例題56 J.J. トムソンの実験

➡基本問題 364，365

図のように，x 軸と平行な長さ l の2枚の極板AB間に，y 軸の負の向きに強さ E の一様な電場をかける。質量 m，電荷 $-e$ の電子を，点Oから x 軸の正の向きに速さ v で進入させると，電場によって曲げられ，点Pで電場中から出た。

(1) 電子が極板間を通過する時間を求めよ。

(2) 点Pでの電子の速度の y 成分と，点Pの y 座標を求めよ。

(3) 電子の比電荷 $\frac{e}{m}$ を，y を含んだ式で表せ。

指針 電子は，x 方向には力を受けず，y 方向には，一様な電場から電場とは逆向きの一定の力を受けるので，電子の運動は次のようになる。

x 方向：速さ v の等速直線運動

y 方向：等加速度直線運動

なお，電子が受ける重力は，電場による力と比べて非常に小さく，無視できる。

解説 (1) 電子は，x 方向には，速さ v の等速直線運動をするので，求める時間を t とすると，$t=\boldsymbol{\frac{l}{v}}$ となる。

(2) 電子は，電場から y 軸の正の向きに静電気力を受ける。その大きさは eE であり，電子の加速度 a は，y 軸の正の向きとなる。運動方程式から，

$$ma=eE \qquad a=\frac{eE}{m}$$

y 方向には，加速度 a の等加速度直線運動をするので，求める速度 v_y と y 座標は，

$$v_y=at=\frac{eE}{m}\times\frac{l}{v}=\boldsymbol{\frac{eEl}{mv}}$$

$$y=\frac{1}{2}at^2=\frac{1}{2}\times\frac{eE}{m}\times\left(\frac{l}{v}\right)^2=\boldsymbol{\frac{eEl^2}{2mv^2}}$$

(3) (2)の y 座標の式を比電荷 e/m について整理すると，$\frac{e}{m}=\boldsymbol{\frac{2v^2y}{El^2}}$

解説動画

解説動画

基本例題57 ミリカンの実験

➡基本問題 366

ミリカンの実験で数個の油滴について，電荷を求めたところ，次のような結果を得た。油滴の電荷は電気素量 e の整数倍であるとして，電気素量 e〔C〕の値を有効数字3桁で求めよ。

4.82　6.43　9.66　11.24　12.83　$(\times 10^{-19}\,\mathrm{C})$

指針　それぞれの測定値の差をとり，電気素量 e の値を推定する。各油滴の電荷を e の整数倍で表して，e の値を求める。

解説　各電荷の測定値の差を求める。

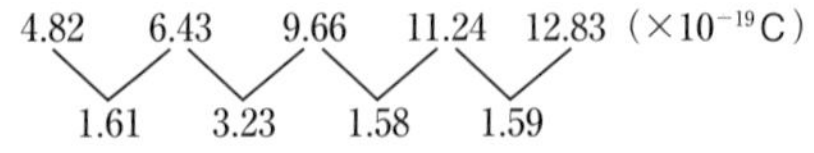

これらの値から，最も小さい値が電気素量 e に近く，e は約 $1.6\times 10^{-19}\,\mathrm{C}$ と推定できる。各測定値は，$3e$，$4e$，$6e$，$7e$，$8e$ と表され，電気素量 e は，

$3e+4e+6e+7e+8e$
$=(4.82+6.43+9.66+11.24+12.83)\times 10^{-19}$

$28e=44.98\times 10^{-19}$　　$e=1.606\times 10^{-19}\,\mathrm{C}$

$1.61\times 10^{-19}\,\mathrm{C}$

Point　各測定値は，電気素量の整数倍とみなせる。各測定値の差をとった値のうち，最も小さい値が電気素量に近いと考えられる。

基本例題58 光電効果

➡基本問題 368，369，370，371，372

真空中に電極 P_1，P_2 を向かいあわせ，直流電源S，すべり抵抗器AB，電圧計V，電流計Aを接続する。陰極 P_1 に波長250nmの紫外線を照射すると，光電効果によって電流 I が流れた。陽極 P_2 の電位を低くすると，I は減少し，あるところで0となった。電子の電荷の大きさを $e=1.6\times 10^{-19}\,\mathrm{C}$，プランク定数を $h=6.6\times 10^{-34}\,\mathrm{J\cdot s}$，真空中の光速を $c=3.0\times 10^{8}\,\mathrm{m/s}$ とする。

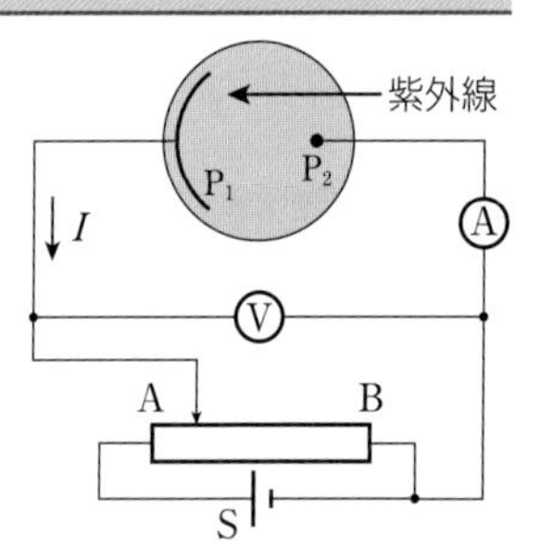

(1)　この紫外線の光子1個のエネルギー E はいくらか。

(2)　この光子が電子に与えた運動エネルギーの最大値 K_M はいくらか。金属板から電子を飛び出させるのに必要な最小のエネルギー(仕事関数) W は，$4.0\times 10^{-19}\,\mathrm{J}$ とする。

(3)　電極間の電圧がある値 V_0 となったとき，電流 I が0となった。V_0 はいくらか。

指針　(1)(2)　光子1個のエネルギー E は，「$E=h\nu=hc/\lambda$」である。このエネルギーのうち，一部が電子1個を飛び出させる仕事に使われ，残りが電子の運動エネルギーとなる。

(3)　P_2 は P_1 よりも電位が V_0 低い。電子は負電荷なので，P_1 から P_2 へ達するまでに eV_0 の運動エネルギーを失う。電流 I が0となるとき，K_M は eV_0 と等しくなっている。

解説　(1)　1nmは 10^{-9}m なので，

$$E=\frac{hc}{\lambda}=\frac{(6.6\times 10^{-34})\times(3.0\times 10^{8})}{250\times 10^{-9}}$$
$=7.92\times 10^{-19}\,\mathrm{J}$　　**$7.9\times 10^{-19}\,\mathrm{J}$**

(2)　最大値 K_M は，「$K_M=E-W$」から，

$K_M=(7.92\times 10^{-19})-(4.0\times 10^{-19})$
$=3.92\times 10^{-19}\,\mathrm{J}$　　**$3.9\times 10^{-19}\,\mathrm{J}$**

(3)　電極間の電圧が V_0 のとき，光電子が P_1P_2 間で失う運動エネルギー eV_0 と，光電子のもつ運動エネルギーの最大値 K_M は等しい。

「$K_M=eV_0$」から，

$$V_0=\frac{K_M}{e}=\frac{3.92\times 10^{-19}}{1.6\times 10^{-19}}=2.45\,\mathrm{V}$$　　**2.5V**

Point　電子の運動エネルギーの最大値 K_M は，光子のエネルギー E，仕事関数 W を用いて，「$K_M=E-W$」と表される。

解説動画

基本例題59 X線の発生

➡基本問題 373，374

図のようなX線管で，陰極から初速度0で出た電子が，電位差 9.1×10^4V で加速されて陽極に衝突した。電子の電荷を -1.6×10^{-19}C，質量を 9.1×10^{-31}kg，プランク定数を 6.6×10^{-34} J·s，真空中の光速を 3.0×10^8m/s として，次の各問に答えよ。

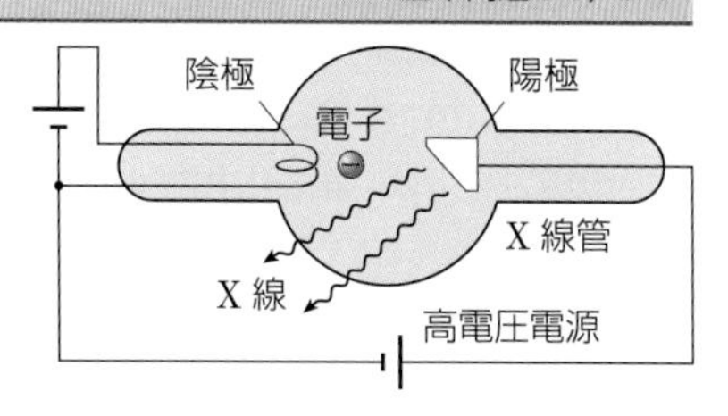

(1) 陽極に衝突するときの電子の速さを求めよ。

(2) 発生するX線の最短波長を求めよ。

指 針 電場が電子にした仕事が，電子の運動エネルギーになる。陽極に衝突した電子がこのエネルギーを失うことで，連続X線が発生する。最短波長のX線は，最もエネルギーの大きなX線であり，電子のエネルギーがすべてX線光子のエネルギーになっている。

解 説 (1) 電気素量を e，加速電圧を V とすると，電場が電子にする仕事は eV である。電子の質量を m，速さを v とすると，電子の運動エネルギーは $mv^2/2$ であるから，

$$eV=\frac{1}{2}mv^2 \qquad v=\sqrt{\frac{2eV}{m}}$$

各数値を代入して，

$$v=\sqrt{\frac{2\times(1.6\times10^{-19})\times(9.1\times10^4)}{9.1\times10^{-31}}}$$

$$=\sqrt{3.2\times10^{16}}$$

$$=1.78\times10^8\text{m/s} \qquad \mathbf{1.8\times10^8\,m/s}$$

(注) $\sqrt{3.2}=\sqrt{0.64\times5}=0.8\times2.23=1.78$ となる。

(2) 電子の運動エネルギーが，すべてX線光子のエネルギーに変換されたとき，最短波長のX線が生じる。プランク定数を h，真空中の光速を c，最短波長を λ_0 とすると， $eV=\dfrac{hc}{\lambda_0}$

$$\lambda_0=\frac{hc}{eV}=\frac{(6.6\times10^{-34})\times(3.0\times10^8)}{(1.6\times10^{-19})\times(9.1\times10^4)}$$

$$=1.35\times10^{-11}\text{m} \qquad \mathbf{1.4\times10^{-11}\,m}$$

基本例題60 ブラッグ反射

➡基本問題 375

図のように，格子面の間隔(格子定数)が d で，原子が規則的に配列している結晶に，波長 λ の特性X線が格子面に対して角 θ で入射している。

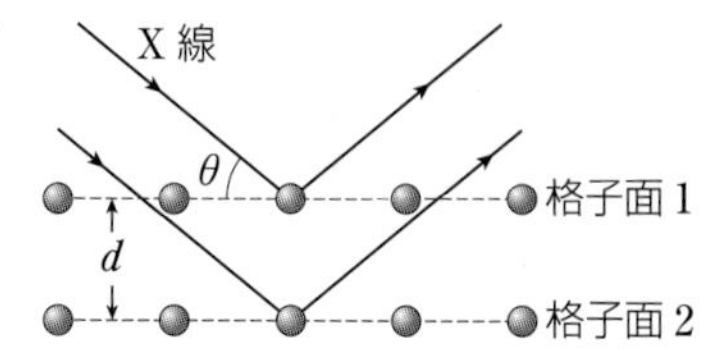

(1) 格子面1で反射したX線と格子面2で反射したX線の経路差を，d，θ を用いて表せ。

(2) 反射X線の強めあう条件を，d，θ，λ，正の整数 $n(=1,\ 2,\ \cdots)$ を用いて表せ。

(3) θ を 0° から大きくしていくと，$\theta=\theta_0$ のとき，はじめて反射X線が強めあった。格子定数 d を，θ_0，λ を用いて表せ。

指 針 隣りあう格子面での経路差がX線の波長の整数倍のときに，反射X線が強めあう(ブラッグの反射条件)。

解 説 (1) 格子面1，2での経路差は，図のようになる。したがって，$\mathbf{2d\sin\theta}$

(2) (1)で求めた経路差が，X線の波長の整数倍となればよい。したがって，強めあう条件は，

$\mathbf{2d\sin\theta=n\lambda\ \ (n=1,\ 2,\ \cdots)}$

(3) 反射X線がはじめて強めあったので，(2)の条件式において，$n=1$ のときである。

したがって， $2d\sin\theta_0=\lambda \qquad d=\mathbf{\dfrac{\lambda}{2\sin\theta_0}}$

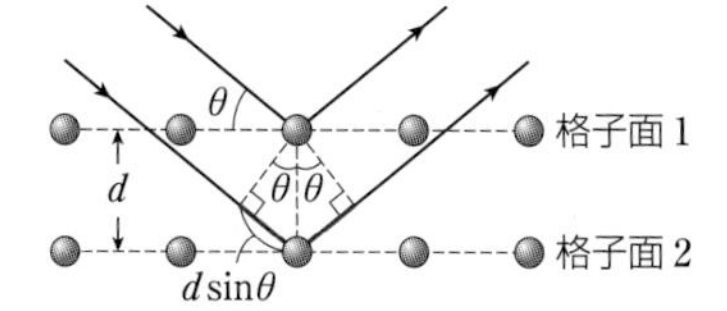

基本問題

知識

363. 陰極線の性質 図1の装置では，ガラス管内の圧力を下げ，陰極と陽極の間に高電圧をかけて，陰極線を発生させることができる。図の陰極線は，直進した場合の軌跡を示している。

(1) 図1の電極Aが＋，電極Bが－となるように電圧をかけると，陰極線は，上，下，左，右のどちら向きに曲がるか。

(2) 電極にかける電圧を0にして，図2のように磁石を置く。陰極線は，上，下，左，右のどちら向きに曲がるか。

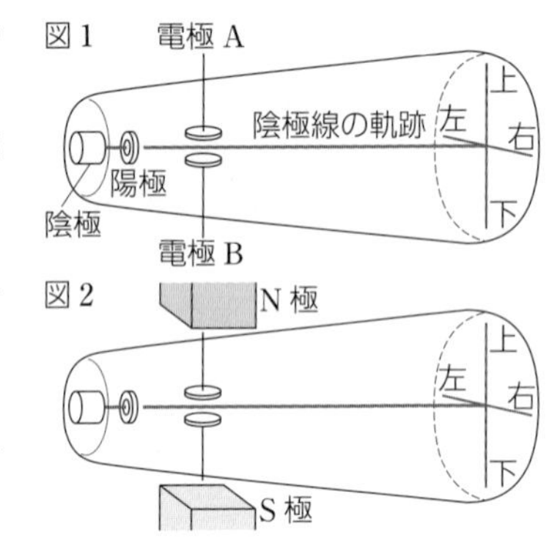

知識

364. 磁場中の電子の運動 速さ 2.0×10^7 m/s の電子が，磁束密度 2.0×10^{-2} T の一様な磁場に垂直に入射したところ，電子は，半径 5.6×10^{-3} m の円軌道を描いて等速円運動をした。電子の比電荷(電気素量の大きさ／質量)はいくらか。 ➡例題56

思考 記述

365. J.J.トムソンの実験 図のように，真空中で x 軸を挟むように，x 軸と平行で長さ l の極板 P_1，P_2 が置かれ，極板間には，y 軸の負の向きに強さ E の一様な電場がかかっている。極板の中央($x=0$)から x 軸の正の向きに L はなれた位置には，x 軸と垂直に蛍光板が置かれている。x 軸に沿って質量 m，電荷 $-e$ の電子を速さ v_0 で極板間に進入させる。重力の影響は無視できるとする。

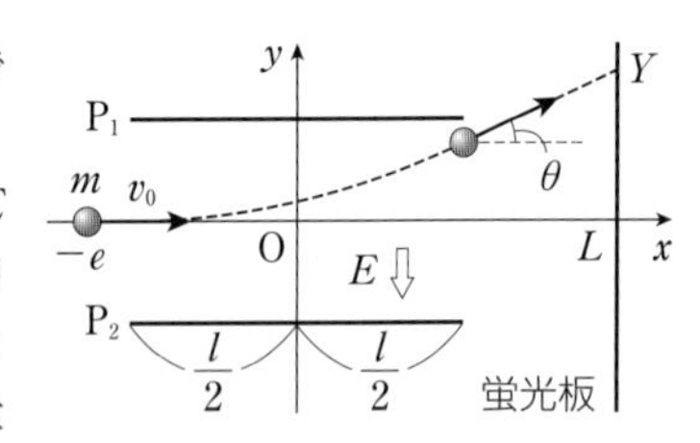

(1) P_1，P_2 のどちらの電位が高いか。理由とともに答えよ。

(2) 極板 P_1P_2 間において，電子に生じる加速度を求めよ。

(3) 極板 P_1P_2 間から飛び出した直後の，電子の y 座標と速度の y 成分を求めよ。

(4) 極板 P_1P_2 間から飛び出した直後の，電子の速度の向きと x 軸の正の向きとのなす角を θ とする。$\tan\theta$ はいくらか。

(5) 電子が蛍光板に到達する点の y 座標 Y を求めよ。

(6) 極板 P_1P_2 間に一様な磁場をかけると，電子の軌道は x 軸と一致した。かけた磁場の向きと，磁束密度の大きさ B を求めよ。

(7) 電子の比電荷を，Y，l，L，E，B を用いて表せ。 ➡例題56

知識

366. 電気素量 ミリカンの実験において，イオンの付着によって変化する1つの油滴の電気量を観測し，次の4つの測定値が得られた。これらの測定値から，電気素量を有効数字3桁で求めよ。【測定値】 6.38，8.01，11.15，12.80 ($\times10^{-19}$ C) ➡例題57

知識

367. ミリカンの実験 図のように，極板P，Qがあり，極板間には，鉛直方向に一様な電場をかけることができる。この極板間に，帯電した油滴を漂わせ，その速度を測定することで電荷を調べる。質量 m，電荷 $q(>0)$ の油滴Aに注目すると，油滴Aが大きさ v の速度で運動するとき，油滴には，速度と逆向きに大きさ kv の空気抵抗がはたらく。重力加速度の大きさを g として，次の各問に答えよ。

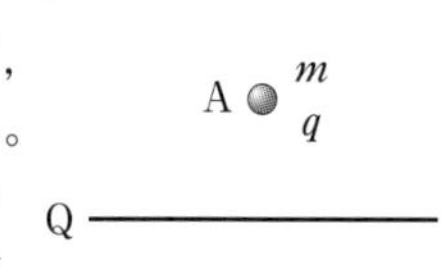

(1) 極板間の電場を0にしたとき，油滴Aはやがて一定の速さ v_1 で落下した。このとき，油滴Aにはたらく力のつりあいの式を示せ。

(2) 極板間に，鉛直上向きに強さ E の電場をかけたとき，油滴Aはやがて一定の速さ v_2 で上昇した。このとき，油滴にはたらく力のつりあいの式を示せ。

(3) (1)，(2)から，油滴Aの電荷 q を，k，E，v_1，v_2 を用いて表せ。

知識

368. 光電効果の実験 図のように，光電管，直流電源，すべり抵抗器，電圧計，電流計を用いて回路をつくり，光電管の陰極 P_2 に波長 4.4×10^{-7} m の光をあてたところ，光電流 I が流れた。次に，抵抗器の接点CをA側に近づけると，I は減少し，あるところで0となった。このとき，光電管の陽極 P_1 の電位は，陰極 P_2 の電位よりも1.5V低かった。次の各問に答えよ。ただし，電気素量を 1.6×10^{-19} C，プランク定数を 6.6×10^{-34} J·s，真空中の光速を 3.0×10^{8} m/s とする。

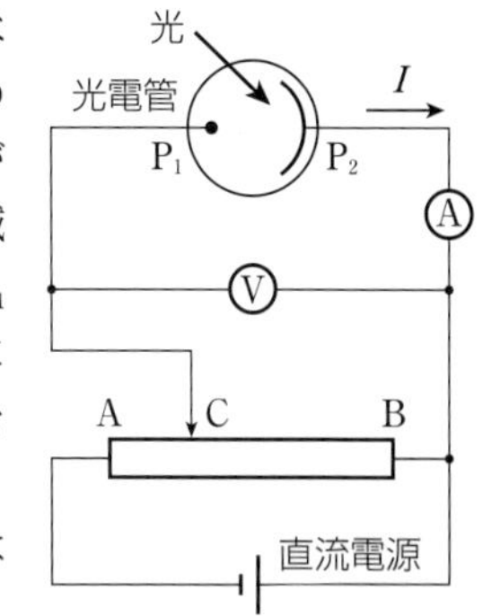

(1) 陰極 P_2 に照射した光の光子1個あたりのエネルギーは何Jか。

(2) 陰極 P_2 から飛び出した電子の運動エネルギーの最大値は何Jか。

(3) 陰極 P_2 の金属の仕事関数は何Jか。 ➡例題58

ヒント (2) P_2 を飛び出した電子が，P_1 に到達するまでに失うエネルギーを求める。

知識

369. 光電効果 仕事関数 3.8×10^{-19} J の金属に，波長 3.3×10^{-7} m の光をあてた。真空中の光速を 3.0×10^{8} m/s，プランク定数を 6.6×10^{-34} J·s として，次の各問に答えよ。

(1) この光の光子1個のエネルギーはいくらか。

(2) 金属から飛び出す光電子の運動エネルギーの最大値はいくらか。

(3) 光の強さだけを1/2倍にした。光電子の運動エネルギーの最大値はいくらになるか。

➡例題58

思考

370. プランク定数 図は，陰極にタングステンを利用し，光電管に入射する光の振動数 ν を変化させて，光電子の最大運動エネルギー K_M を測定した結果である。

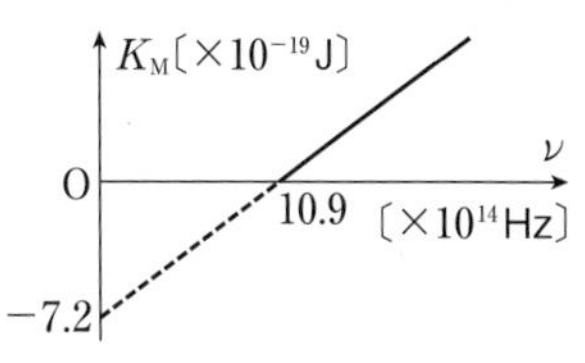

(1) タングステンの仕事関数はいくらか。

(2) プランク定数はいくらか。グラフから求めよ。

ヒント プランク定数を h，仕事関数を W とすると，$K_M=h\nu-W$ の関係が成り立つ。 ➡例題58

思考

371. 光電効果 ● 光電管の陰極にあてる光の強さと振動数を一定にして，陰極に対する陽極の電位Vと流れる光電流Iとの関係を調べると，図のようになった。電気素量をeとし，図中の記号を用いて，次の各問に答えよ。

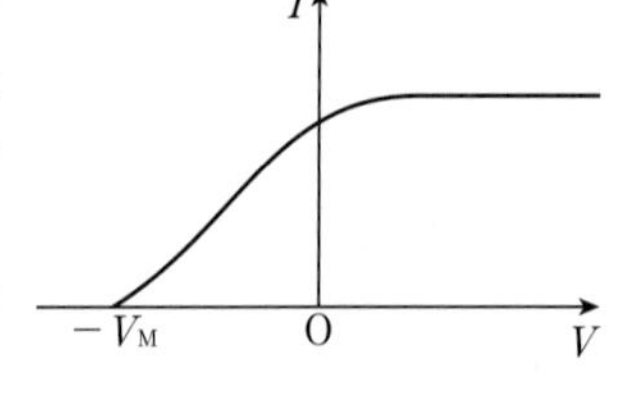

(1) 陰極から飛び出す光電子の運動エネルギーの最大値はいくらか。

(2) 電極の金属をより仕事関数が大きいものに変えると，V_Mはどのようになるか。

(3) 陰極の金属をもとの金属にもどして，より大きな振動数の光を陰極にあてた。このとき，V_Mはどのようになるか。

➡ 例題58

知識

372. 阻止電圧 ● 光電効果の実験で，光電管の陰極に振動数νの光をあて，光電流が0になるときの陰極に対する陽極の電位$-V_M$を測定すると，図の関係が得られた。光電子は振動数がν_0をこえたときにだけ飛び出す。電気素量をeとする。

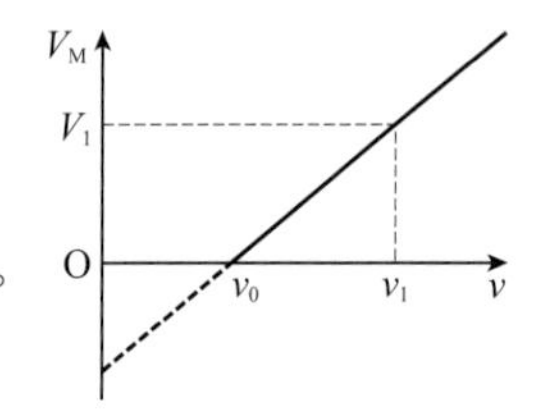

(1) 振動数がν_1の光をあてたとき，飛び出す光電子の運動エネルギーの最大値をV_1を用いて表せ。

(2) プランク定数をhとして，仕事関数Wをh，ν_0を用いて表せ。

(3) プランク定数hを，ν_0，ν_1，V_1，eを用いて表せ。

➡ 例題58

知識

373. X線の発生 ● 図のようなX線管で，陰極から初速度0で出た電子が，電位差V〔V〕で加速されて陽極に衝突した。次の各問に答えよ。ただし，電子の電荷を$-e$〔C〕，質量をm〔kg〕，プランク定数をh〔J・s〕，真空中の光速をc〔m/s〕とする。

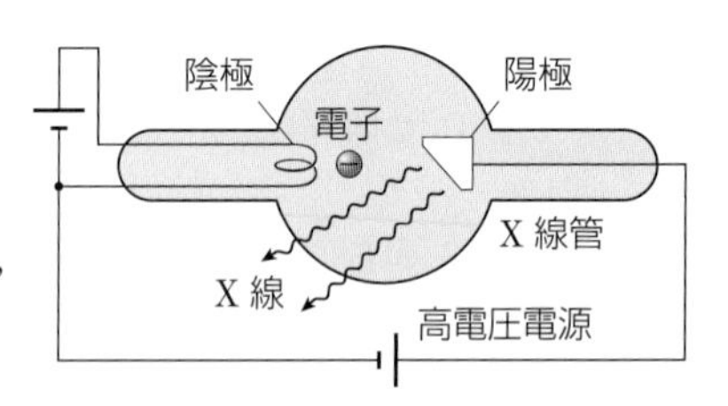

(1) 陽極に衝突するときの電子の運動エネルギーを求めよ。

(2) 発生するX線の最短波長を求めよ。

(3) 加速電圧を2倍にすると，最短波長は何倍になるか。

➡ 例題59

思考

374. X線の発生とスペクトル ● X線管において，初速度0の電子を電圧1.5kVで加速し，陽極金属に衝突させると，X線が発生して，図のようなスペクトルが得られた。電気素量を1.6×10^{-19}C，プランク定数を6.6×10^{-34}J・s，真空中の光速を3.0×10^{8}m/sとする。次の各問に答えよ。

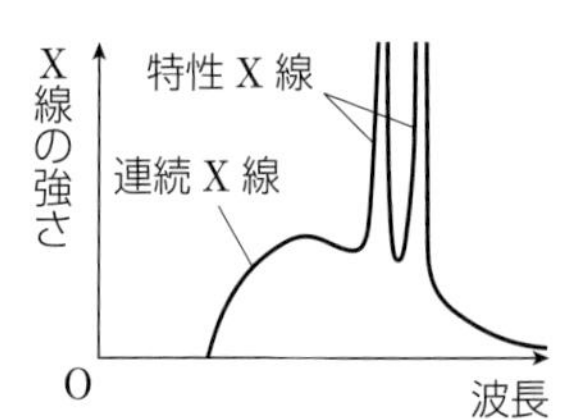

(1) 加速された電子のもつエネルギーは何eVか。

(2) 連続X線の最短波長はいくらか。

(3) 加速電圧を3倍にしたとき，次の値は何倍になるか。

①連続X線の最短波長　②特性X線の波長

➡ 例題59

知識

375. ブラッグ反射 波長 1.5×10^{-10} m のX線を，結晶の格子面に対して θ の角度であてると，$\theta=30°$ のときに反射X線が強めあった。このとき，ブラッグの反射条件の次数 n は2であった。

(1) 結晶の格子面の間隔はいくらか。

(2) 強めあう反射X線と入射X線がなす角 ϕ はいくらか。

➡ 例題60

思考 記述

376. コンプトン効果 図のように，波長 λ のX線光子が x 軸上を正の向きに進み，原点に静止している質量 m の電子によって散乱された。散乱後，X線光子は，x 軸の負の向きに波長 λ' となって進み，電子は，x 軸の正の向きに速さ v で進んだ。プランク定数を h，真空中の光速を c とする。

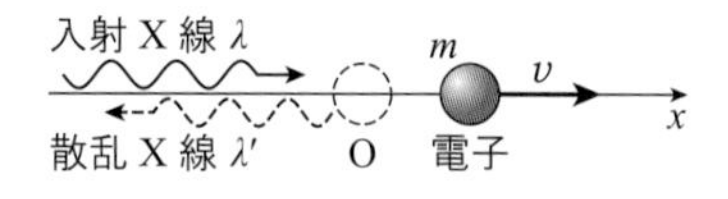

(1) 波長 λ のX線光子がもつエネルギーと運動量の大きさを，λ，h，c のうち必要な記号を用いてそれぞれ表せ。

(2) x 軸方向について，散乱の前後での運動量保存の法則の式を示せ。

(3) 散乱の前後でのエネルギー保存の法則の式を示せ。

(4) (2)，(3)の式から v を消去し，X線の波長の変化 $\lambda'-\lambda$ を，m，c，h を用いて表せ。

ただし，$\lambda'-\lambda$ は λ や λ' に比べて十分に小さいとし，$\dfrac{1}{\lambda^2}+\dfrac{1}{\lambda'^2}\fallingdotseq\dfrac{2}{\lambda\lambda'}$ の関係を用いよ。

(5) 散乱X線の波長 λ' は，入射X線の波長 λ よりも長くなる。この理由を簡潔に説明せよ。

ヒント (4) (2)，(3)の式をそれぞれ「$m^2v^2=\cdots$」の形で表し，v を消去する。

知識

377. 粒子の波動性 図のように，平行板電極 AB に電圧 V をかけると，電子がAから初速度0で加速し，Bに到達した。電子の質量を m，電気素量を e，プランク定数を h とする。次の各問に答えよ。

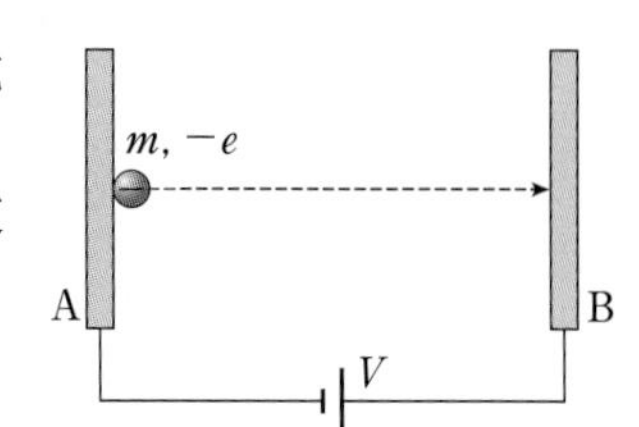

(1) Bに到達する直前の電子の速さはいくらか。

(2) Bに到達する直前の電子の運動量はいくらか。

(3) Bに到達する直前の電子波の波長はいくらか。

知識

378. 光がおよぼす力 宇宙ヨットは，太陽光を非常に薄い鏡で反射させることによって力を受け，進むことができる。波長 λ の光が，固定された鏡に垂直に入射して反射する場合を考える。鏡の単位面積あたりに，毎秒入射する光のエネルギーを E とし，プランク定数を h，真空中の光速を c とする。

(1) 波長 λ の光子1個が鏡で反射するとき，鏡におよぼす力積の大きさを求めよ。

(2) 鏡の単位面積あたりに，1秒間に入射する光子の数を求めよ。

(3) 光から鏡が単位面積あたりに受ける力の大きさはいくらか。

解説動画

発展例題37　光電効果

➡発展問題 379

図1のような，光電管を用いた回路をつくった。振動数 ν〔Hz〕の単色光（波長 $\lambda=6.0\times10^{-7}$m）を陰極Kにあてたときに，その表面から飛び出して陽極Pに達する光電子による電流（光電流）を，PK 間の電圧を変えて測定したところ，図2に示す結果を得た。電気素量を 1.6×10^{-19}C，プランク定数を 6.6×10^{-34}J·s，真空中の光速を 3.0×10^{8}m/s とする。

(1)　この単色光の光子1個のエネルギーは何eV か。

単色光の光子1個が，陰極Kの電子1個にエネルギーを与えると，光電子が飛び出した。

(2)　飛び出す光電子の最大運動エネルギーは何eV か。ただし，図2の V_0 の値を 0.66V とする。

(3)　陰極Kに用いた物質の仕事関数は何 eV か。

(4)　図2の陽極の電位が $V=1.5$V のとき，陰極Kから陽極Pに達した電子の数は毎秒何個か。

(5)　単色光の強さをもとの 1/4 倍に変えて照射した場合，図2に示す I と V の関係はどのようになるか。グラフの概略を図示せよ。

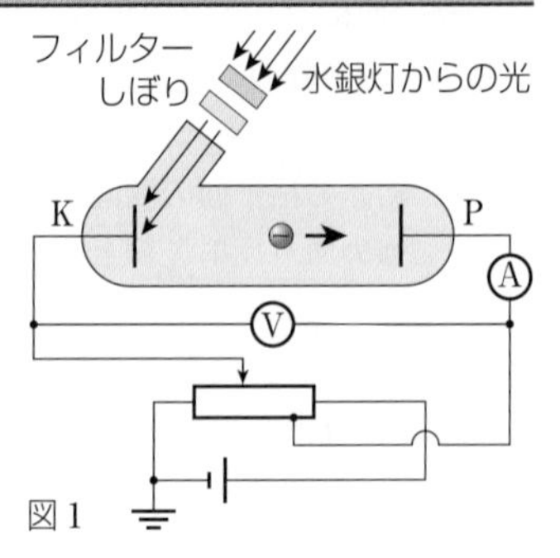

図1

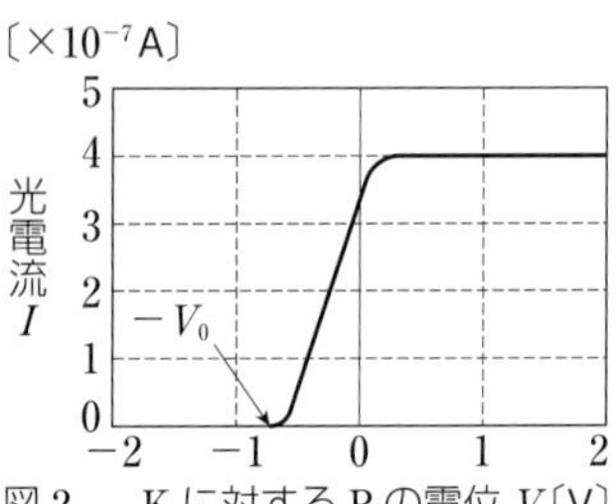

図2

（福岡教育大　改）

指針　(1)「$E=hc/\lambda$」の式を利用する。

(2)　$V=-V_0$〔V〕のときに，最大運動エネルギー K_M をもつ光電子も陽極に達しなくなる。このとき，K_M は電場から負の仕事をされて失われたエネルギーに等しい。1eVは，電子が1Vの電圧で加速されたときに得るエネルギーであり，$-V_0$〔V〕のときは V_0〔eV〕のエネルギーを失う。

(3)　仕事関数を W とし，「$K_M=E-W$」を用いる。

(4)　電流の定義は，1s間に通過する電気量の大きさであり，これを利用して考える。

(5)　光の強さは光子の数に比例するが，光子のエネルギーには関係しない。

解説　(1)「$E=hc/\lambda$」から，

$$E=\frac{(6.6\times10^{-34})\times(3.0\times10^{8})}{6.0\times10^{-7}}=3.3\times10^{-19}\text{J}$$

これを eV に換算すると，

$$E=\frac{3.3\times10^{-19}}{1.6\times10^{-19}}=2.06\text{eV}\qquad \mathbf{2.1\,eV}$$

(2)　光電子の最大運動エネルギー K_Mは，V_0〔eV〕に等しく，$K_M=$**0.66eV**

(3)　陰極の物質の仕事関数を W とすると，「$K_M=E-W$」の関係が成り立つので，

$$W=E-K_M=2.06-0.66=1.40\text{eV}\qquad \mathbf{1.4\,eV}$$

(4)　図2から，$V=1.5$V のときの光電流 I は，4.0×10^{-7}A である。電流は，1s 間に通過する電気量の大きさなので，

$$1\text{s間の電子の個数}=\frac{1\text{s間に流れる電流}}{\text{電子1個の電気量の大きさ}}$$

$$=\frac{4.0\times10^{-7}}{1.6\times10^{-19}}=\mathbf{2.5\times10^{12}\,個}$$

(5)　光の強さは光子の数に比例し，光の強さが 1/4 倍になると，光電子の数も 1/4 倍になるため，電流の大きさは 1/4 倍になる。一方，光子のエネルギーは変化しないので，光電子の最大運動エネルギーも変化しない。したがって，$I=0$ となる電位は変わらず，$-V_0$ である。グラフの概略は図のようになる。

発展例題38　コンプトン効果

➡発展問題 382

図のように，波長λをもったX線光子がx軸上を進み，原点に静止している質量mの電子によって散乱された。散乱後，X線光子は，x軸からθの角をなす向きに波長λ'となって進み，電子は，x軸からαの角をなす向きに速さvで進んだ。プランク定数をh，真空中の光速をcとして，次の各問に答えよ。

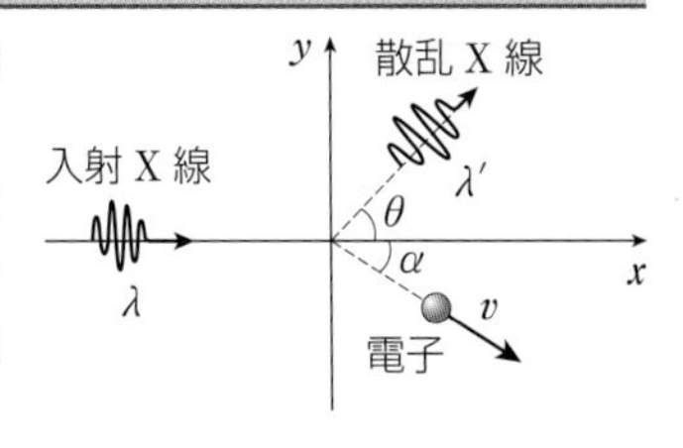

(1)　x方向，y方向について，散乱の前後での運動量保存の法則の式を示せ。

(2)　散乱の前後でのエネルギー保存の法則の式を示せ。

(3)　(1)の式からαを消去し，散乱後の電子の運動エネルギーを，m，h，λ，λ'，θを用いて表せ。

(4)　(3)の結果を(2)に代入し，波長の変化$\Delta\lambda=\lambda'-\lambda$を，$m$，$c$，$h$，$\theta$を用いて表せ。ただし，$\Delta\lambda$は$\lambda$や$\lambda'$に比べて十分に小さいとし，$\dfrac{\lambda'}{\lambda}+\dfrac{\lambda}{\lambda'}\fallingdotseq 2$の近似式を用いよ。

（兵庫県立大　改）

指針　物質にX線をあてたとき，散乱するX線の中には，入射X線よりも波長の長いものが含まれる。この現象はコンプトン効果とよばれ，X線の粒子性を示している。X線光子の運動量は「$p=h/\lambda$」，エネルギーは「$E=hc/\lambda$」を用いて求める。散乱前後でのX線と電子の運動量，およびエネルギーは，次のように表される。

	X線		電子	
	散乱前	散乱後	散乱前	散乱後
運動量	$\dfrac{h}{\lambda}$	$\dfrac{h}{\lambda'}$	0	mv
エネルギー	$\dfrac{hc}{\lambda}$	$\dfrac{hc}{\lambda'}$	0	$\dfrac{1}{2}mv^2$

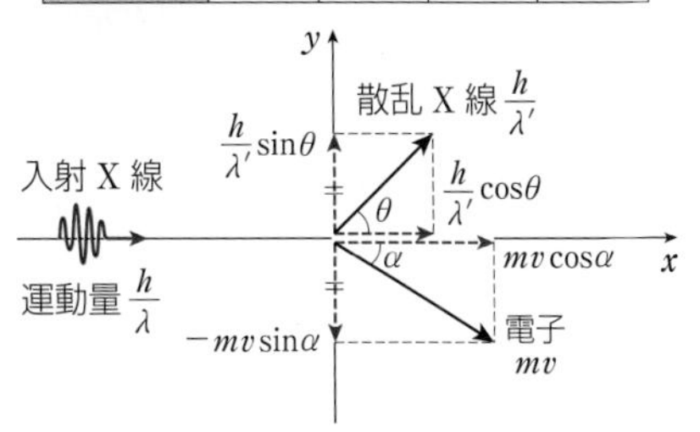

解説　(1)　各方向での運動量保存の法則の式は，

x方向：$\dfrac{h}{\lambda}=\dfrac{h}{\lambda'}\cos\theta+mv\cos\alpha$　…①

y方向：$0=\dfrac{h}{\lambda'}\sin\theta-mv\sin\alpha$　…②

(2)　散乱前後でのエネルギー保存の法則の式は，

$$\frac{hc}{\lambda}=\frac{hc}{\lambda'}+\frac{1}{2}mv^2\quad\cdots③$$

(3)　式①から，$(mv\cos\alpha)^2=\left(\dfrac{h}{\lambda}-\dfrac{h}{\lambda'}\cos\theta\right)^2$

式②から，$(mv\sin\alpha)^2=\left(\dfrac{h}{\lambda'}\sin\theta\right)^2$

これら2式の辺々を足しあわせると，

$$(mv\cos\alpha)^2+(mv\sin\alpha)^2=\left(\frac{h}{\lambda}-\frac{h}{\lambda'}\cos\theta\right)^2+\left(\frac{h}{\lambda'}\sin\theta\right)^2$$

$\cos^2\alpha+\sin^2\alpha=1$，$\cos^2\theta+\sin^2\theta=1$から，

$$(mv)^2=\left(\frac{h}{\lambda}\right)^2-\frac{2h^2\cos\theta}{\lambda\lambda'}+\left(\frac{h}{\lambda'}\right)^2$$

両辺を$2m$で割ると，

$$\frac{1}{2}mv^2=\frac{h^2}{2m}\left(\frac{1}{\lambda^2}+\frac{1}{\lambda'^2}-\frac{2\cos\theta}{\lambda\lambda'}\right)\quad\cdots④$$

(4)　式④を③に代入して，

$$\frac{hc}{\lambda}=\frac{hc}{\lambda'}+\frac{h^2}{2m}\left(\frac{1}{\lambda^2}+\frac{1}{\lambda'^2}-\frac{2\cos\theta}{\lambda\lambda'}\right)$$

与えられた近似式を用いるため，両辺に$\dfrac{\lambda\lambda'}{hc}$をかけて，　$\lambda'=\lambda+\dfrac{h}{2mc}\left(\dfrac{\lambda'}{\lambda}+\dfrac{\lambda}{\lambda'}-2\cos\theta\right)$

ここで，$\dfrac{\lambda'}{\lambda}+\dfrac{\lambda}{\lambda'}\fallingdotseq 2$の近似式を用いて，

$$\Delta\lambda=\lambda'-\lambda=\frac{h}{mc}(1-\cos\theta)$$

第Ⅵ章　原子

発展問題

思考 実験

379. 光電効果 光電効果を調べるために，振動数 ν の単色光源と光電管を用いて実験を行った。次の各問に答えよ。

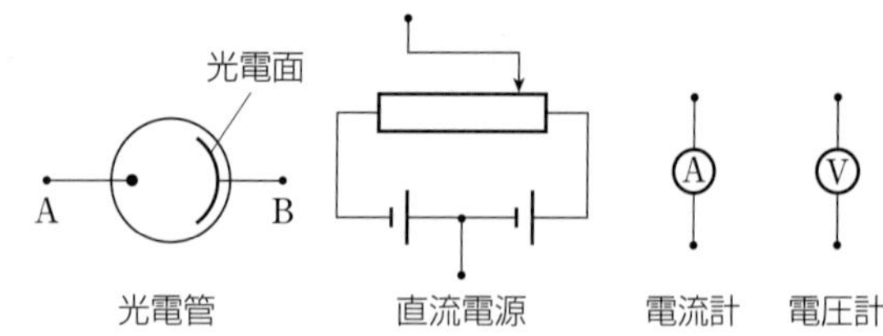

(1) 光電管，直流電源(可変抵抗器を含む)，電流計，電圧計を用いて，実験の電気回路図を示せ。

光電管の電極Bに対する電極Aの電位差を V とし，光をあてたときの光電流の大きさを I とすると，それらの関係は図のようになった。

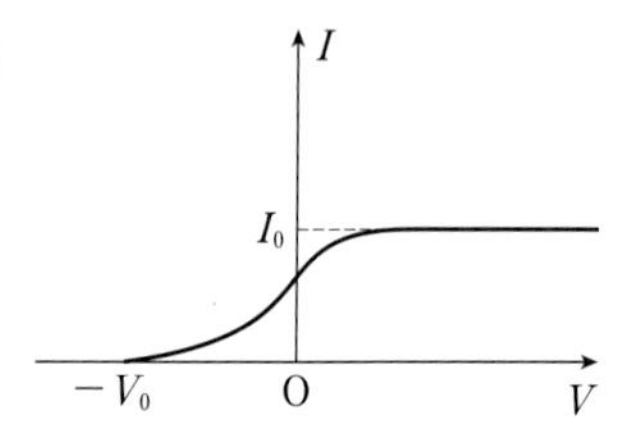

(2) 光電面から電子を放出させるためには，最低どれだけのエネルギーが必要か。ただし，プランク定数を h，電子の電荷を $-e$ とする。

(3) 光電面に照射する光の振動数を変えずに強さを2倍にしたとき，電位差 V と光電流 I の関係はどのようになるか。グラフで示せ。

(千葉大 改) ➡ 例題37

知識

380. X線のスペクトル 図は，陽極にモリブデン金属を用いて，加速電圧を50kVにした場合のX線のスペクトルである。特定の波長で強度が大きいX線(特性X線)と，なめらかな曲線で示されるX線(連続X線)の2種類があることがわかる。電気素量を $e=1.6\times10^{-19}$C，真空中の光速を $c=3.0\times10^{8}$m/s，プランク定数を $h=6.6\times10^{-34}$J·s とする。

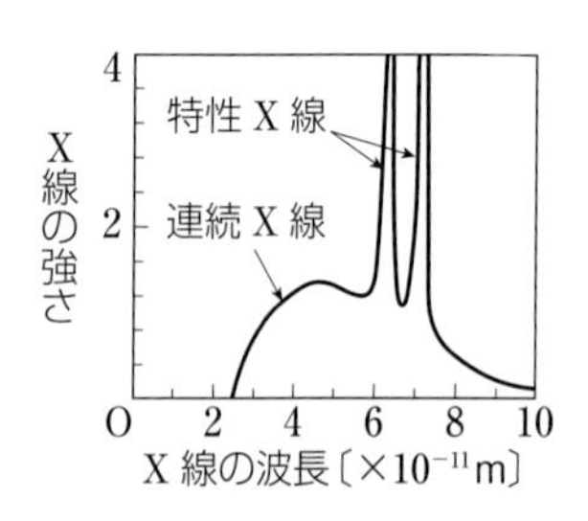

(1) 最も波長の短いX線は，電子の運動エネルギーのすべてが，X線の1個の光子のエネルギーに変わることで発生する。このX線の波長を求めよ。

(2) 波長の長い連続X線は，電子の運動エネルギーの一部が，X線の光子のエネルギーに変わって発生する。波長 $\lambda=5.0\times10^{-11}$m のX線が発生するとき，電子に残るエネルギーは何Jか。

(3) 図に示された2つの特性X線は，陽極のモリブデン原子から発生したものである。波長の短い方の特性X線は $\lambda=6.3\times10^{-11}$m である。この特性X線の光子1個がもつエネルギーは，何Vの加速電圧で加速した電子のもつエネルギーと同じであるか。

(香川大 改)

ヒント

379 (2) 光子は，$h\nu$ のエネルギーを電子に与える。グラフから，電子が光電面を出たときの運動エネルギーの最大値は eV_0 である。

380 (1) 光子のエネルギーの式 $E=hc/\lambda$ を用いる。

知識 記述

381. 電子波の回折 電子にも波動の性質があり，結晶に向かって照射された電子波では，結晶の構造によって回折がおこる。ここで，電子波の波長λと電子の質量m，速さvの間には，hをプランク定数として，$\lambda=\dfrac{h}{mv}$ の関係がある。

(1) 電子波の波長が，結晶中の原子の配列の間隔と同じ程度であれば，ブラッグの回折実験において精密な測定ができる。$\lambda=5.0\times10^{-11}$m の波長をもつ電子の速さを求めよ。ただし，$m=9.1\times10^{-31}$kg，$h=6.6\times10^{-34}$J·s とする。

図のように，波長$\lambda=5.0\times10^{-11}$m の電子線発生装置と結晶試料を置き，反射された電子線を検出する。この実験では，間隔が$d=1.0\times10^{-10}$m の結晶面による回折のみが利用される。電子線発生装置は結晶試料のまわりで回転移動でき，結晶面と入射電子線のなす角度θは0°から大きくしていく。結晶試料は，装置全体に比べて十分に小さく，入射電子線を平行に受ける。

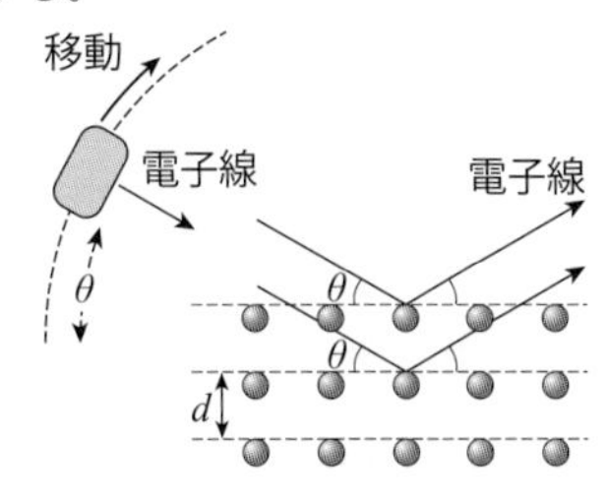

(2) $\theta=30°$ において，ブラッグの反射条件を満たしていることを確かめよ。

(3) $0°<\theta\leqq30°$ の範囲内で角度を大きくしていく間，反射された電子線が強くなるのは何回あるか。

(16. 福岡教育大　改)

思考 記述 やや難

382. コンプトン効果 γ線が物質中に入射し，コンプトン効果がおこって電子が散乱された。図のように，入射γ線と散乱γ線の波長をそれぞれλ，λ'，エネルギーをE，E'とし，散乱された電子の質量をm，運動量をpとする。また，入射γ線の方向に対する散乱角を，γ線と電子でそれぞれθ，ϕとし，プランク定数をh，光速をcとする。次の各問に答えよ。

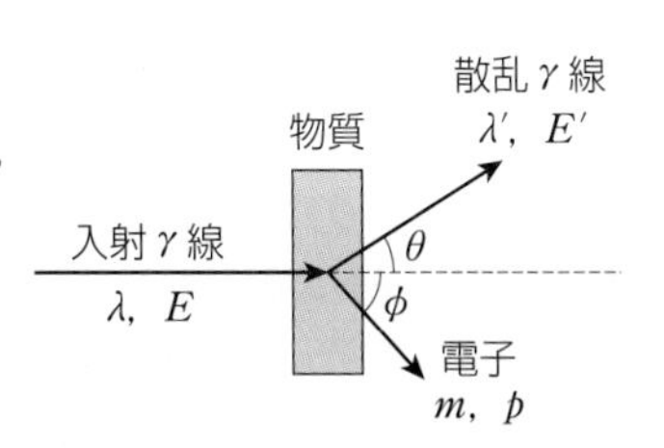

(1) 入射γ線，散乱γ線，電子からなる系において，入射γ線の入射方向とそれに直角な方向について，それぞれ運動量保存の式を示せ。λ，λ'，h，p，θ，ϕを用いて答えよ。

(2) 散乱γ線の波長λ'は，$\lambda'=\lambda+\dfrac{h}{mc}(1-\cos\theta)$と表される。このとき，散乱$\gamma$線のエネルギー$E'$が，$E'=\dfrac{E}{1+\dfrac{E}{mc^2}(1-\cos\theta)}$となることを示せ。

(3) 散乱された電子のエネルギーが最大になる角θを求めよ。

(慶應義塾大　改) ➡例題38

ヒント

381 (2) 隣りあう2つの結晶面で反射する電子線の経路差は，$2d\sin30°$ である。

382 (2)「$E=\dfrac{hc}{\lambda}$」の関係式から，入射γ線，散乱γ線の波長を，Eを用いて表す。

(3) エネルギー保存の法則から，E'が最小のときに電子のエネルギーが最大となる。

19 原子の構造

1 ラザフォードの原子模型

❶α線の散乱実験 ラザフォードらは，1911年，α線(ヘリウムの原子核)を金箔にあて，散乱のようすから原子の構造を調べ，原子の中に，正電荷をもつ原子核の存在を示した。

❷ラザフォードの原子模型 α線の散乱実験をもとに，ラザフォードは，次のような原子模型(**ラザフォードの原子模型**)を提唱した。

(1)原子番号 Z の原子の中心には，体積が非常に小さく，$+Ze$ の正電荷をもつ質量の大きい原子核がある。

(2)電子は，原子核との間にはたらく静電気力によって，原子核のまわりをまわっている。

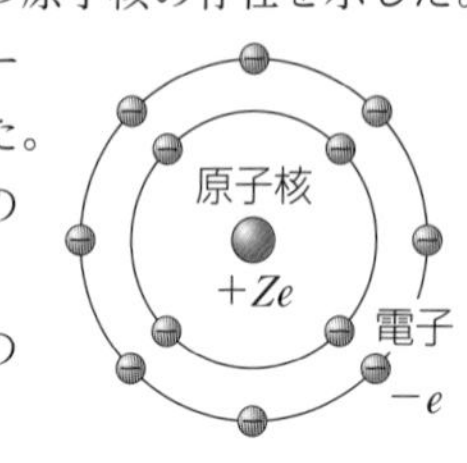

2 水素原子のスペクトル

水素原子から出される光の線スペクトルの波長 λ〔m〕には，次の規則性がある。

$$\frac{1}{\lambda}=R\left(\frac{1}{n'^2}-\frac{1}{n^2}\right)\quad\begin{pmatrix}n'=1,\ 2,\ 3,\ \cdots\\ n=n'+1,\ n'+2,\ n'+3,\ \cdots\end{pmatrix}\quad\cdots①$$

R は**リュードベリ定数**とよばれ，$\boldsymbol{R=1.097\times10^7}$/m である。式①でのスペクトルの系列は，$n'=1$ …**ライマン系列**(紫外部)　$n'=2$ …**バルマー系列**(可視部)　$n'=3$ …**パッシェン系列**(赤外部)

3 ボーアの原子模型

❶ラザフォードの原子模型の難点 電子が原子核のまわりを円運動すると，電磁波を放射してエネルギーを失い，電子の回転半径はしだいに小さくなるはずである。

❷ボーアの原子模型 ボーアは，新たな原子模型(**ボーアの原子模型**)を提唱し，ラザフォードの原子模型における難点を解決した。

(a) **ボーアの量子条件** 電子の軌道の円周の長さが，電子波の波長の整数倍のときにのみ定常波を生じる。電子の質量を m，速さを v，軌道半径を r，プランク定数を h，電子波の波長を λ，正の整数を n とするとき，

$$2\pi r=n\lambda=n\frac{h}{mv}\qquad(n=1,\ 2,\ 3,\ \cdots)\quad\cdots②$$

n を**量子数**，式②を満たす電子の状態を**定常状態**といい，この状態の電子は電磁波を放射しない。定常状態における電子のエネルギーを**エネルギー準位**という。

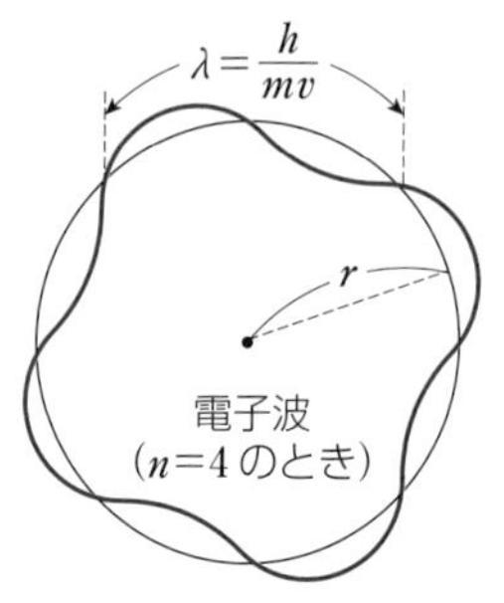

(b) **ボーアの振動数条件** 電子は，エネルギー準位 E から，それよりも低いエネルギー準位 E' の定常状態に移るとき，その差に等しいエネルギー $h\nu$ の光子を放出する。逆に，E' から E の状態に移るとき，エネルギー $h\nu$ の光子を吸収する。

$$h\nu=E-E'\quad\cdots③$$

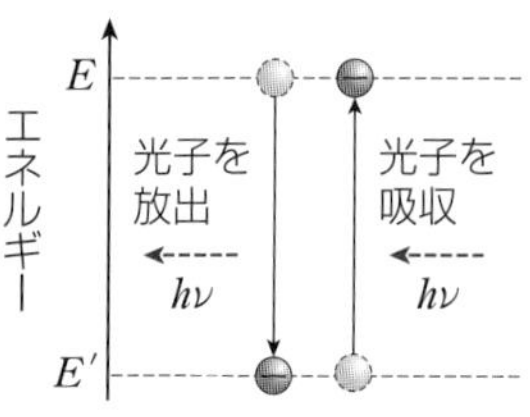

4 水素原子のエネルギー準位とスペクトル

❶水素原子の電子軌道　質量m，電気量$-e$の電子が，電気量eの原子核のまわりを速さv，半径rの等速円運動をしているとする。静電気力を向心力としており，半径方向の運動方程式は，真空中のクーロンの法則の比例定数をk_0とし，

$$m\frac{v^2}{r}=k_0\frac{e^2}{r^2}\quad\cdots④$$

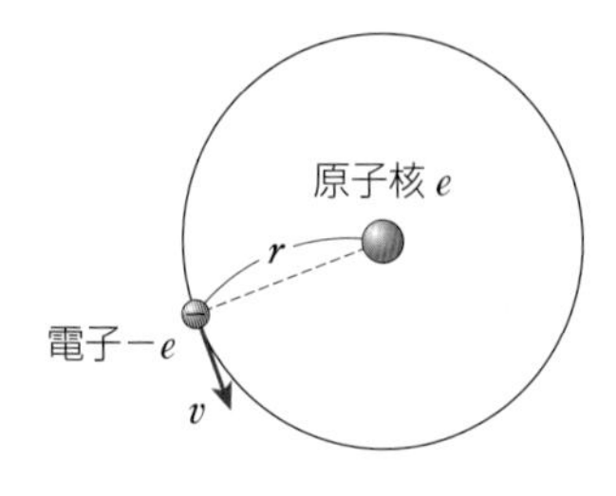

式④とボーアの量子条件(式②)から，vを消去して，

$$\boldsymbol{r=\frac{h^2}{4\pi^2k_0me^2}n^2}\quad(n=1,\ 2,\ 3,\ \cdots)\quad\cdots⑤$$

$n=1$のとき，rは最小となり，これをa_0とすると，

$$\boldsymbol{a_0=\frac{h^2}{4\pi^2k_0me^2}}\ (=5.3\times10^{-11}\,\mathrm{m})\quad\cdots⑥$$

a_0を**ボーア半径**という。

❷水素原子のエネルギー準位　水素原子の電子のエネルギーEは，運動エネルギーと，電子と原子核の間にはたらく静電気力による位置エネルギーの和に等しい。無限遠を基準として，Eは，　$E=\frac{1}{2}mv^2-k_0\frac{e^2}{r}$　$\cdots⑦$

量子数nに対するエネルギー準位EをE_nとして，式④，⑤，⑦を利用すると，

$$\boldsymbol{E_n=-\frac{2\pi^2k_0^2me^4}{h^2}\cdot\frac{1}{n^2}}\quad(n=1,\ 2,\ 3,\ \cdots)\quad\cdots⑧\qquad\left(\boldsymbol{E_n=-\frac{13.6}{n^2}}\,[\mathrm{eV}]\quad\cdots⑨\right)$$

$n=1$のときに，最もエネルギー準位の低い安定な状態(**基底状態**)となる。$n=2,\ 3,\ \cdots$となるにしたがい，エネルギー準位は高くなる。これらの状態を**励起状態**という。

❸水素原子のスペクトル　量子数n'のエネルギー準位を$E_{n'}$とすると，式③から，$h\nu=E_n-E_{n'}$となる。光子の波長λ，光速cを用いると，$\frac{hc}{\lambda}=E_n-E_{n'}$と表され，式⑧から，次の関係が得られる。

$$\boldsymbol{\frac{1}{\lambda}=\frac{E_n-E_{n'}}{hc}=\frac{2\pi^2k_0^2me^4}{h^3c}\left(\frac{1}{n'^2}-\frac{1}{n^2}\right)}\quad\cdots⑩$$

式⑩を①と比較すると，リュードベリ定数Rは，　$\boldsymbol{R=\frac{2\pi^2k_0^2me^4}{h^3c}=1.097\times10^7/\mathrm{m}}$

プロセス　次の各問に答えよ。

1　エネルギー準位-13.6eVの軌道にある電子が，-1.5eVの軌道に移るとき，吸収する光子の振動数はいくらか。プランク定数を6.63×10^{-34}J·s，電気素量を1.60×10^{-19}Cとする。

2　水素原子内の電子が，量子数$n=2$の軌道から基底状態($n=1$)に移るとき，放出される光子のエネルギーは何eVか。$E_n=-13.6/n^2$〔eV〕を用いよ。

解答

1 2.92×10^{15}Hz　　**2** 10.2eV

解説動画

基本例題61 ボーアの原子模型

➡基本問題 385

次の文の □ に入る適切な式を答えよ。

水素原子は，質量 M，電荷 $+e$ の原子核と，質量 m，電荷 $-e$ の電子をもっている。電子が，原子核のまわりで，静電気力を向心力として，速さ v，半径 r の等速円運動をしているとする。このとき，電子の半径方向の運動方程式は，真空中のクーロンの法則の比例定数を k_0 として，$m\times$ (ア) $=k_0\times$ (イ) と表される。この電子の軌道は，円周が電子波の波長の整数倍となるものだけが許される。これによると，量子条件は，プランク定数を h として，$2\pi r=n\times$ (ウ) ($n=1,\ 2,\ 3,\ \cdots$)と表される。この式と，$m\times$ (ア) $=k_0\times$ (イ) の式から v を消去すると，$r=$ (エ) が得られる。

電子の位置エネルギー $-k_0\dfrac{e^2}{r}$ と運動エネルギー $\dfrac{1}{2}mv^2$ の和 E_n を，v，r 以外の記号で表すと，$E_n=$ (オ) ($n=1,\ 2,\ 3,\ \cdots$)となる。

指針 水素原子は，陽子1個(水素の原子核)と電子1個からなる。陽子は，電子の約1840倍の質量をもち，静止しているとみなしてよい。

解説 (ア)(イ) 静電気力 $k_0\dfrac{e^2}{r^2}$ を向心力として，等速円運動をする電子の運動方程式は，

$$m\times\frac{v^2}{r}=k_0\times\frac{e^2}{r^2}\quad\cdots①$$

(ウ) 電子波の波長は，$\dfrac{h}{mv}$

(エ) 量子条件は，$2\pi r=n\times\dfrac{h}{mv}\quad\cdots②$

式①，②から v を消去すると，

$$r=\frac{n^2h^2}{4\pi^2k_0me^2}\quad\cdots③$$

(オ) $E_n=-k_0\dfrac{e^2}{r}+\dfrac{1}{2}mv^2\quad\cdots④$

式①から，$\dfrac{1}{2}mv^2=\dfrac{1}{2}k_0\dfrac{e^2}{r}\quad\cdots①'$

式①′を式④に代入して，

$$E_n=-k_0\frac{e^2}{r}+\frac{1}{2}k_0\frac{e^2}{r}=-\frac{1}{2}k_0\frac{e^2}{r}$$

式③を代入して，

$$E_n=-\frac{2\pi^2k_0^2me^4}{n^2h^2}$$

Point 電子のエネルギー E_n は，運動エネルギーと，無限遠を基準とした静電気力による位置エネルギーの和である。

基本問題

知識

383. ラザフォードの実験 α線を金の原子核に向かって入射させたとき，どれだけの距離まで原子核に近づくことができるか。金の原子核の電気量を 1.3×10^{-17} C，α線の電気量を 3.2×10^{-19} C，クーロンの法則の比例定数を 9.0×10^9 N·m²/C² とする。また，金の原子核は静止したままであり，はじめ，α線は金の原子核から十分遠方にあって，その運動エネルギーが 2.0×10^{-14} J であったとする。

ヒント α線の運動エネルギーが，すべて静電気力による位置エネルギーになったと考える。

知識

384. 水素原子のスペクトル 水素原子から出るスペクトルのうち，可視部のものはバルマー系列とよばれ，その波長 λ は，$n=3,\ 4,\ 5,\ \cdots$ として，$\dfrac{1}{\lambda}=R\left(\dfrac{1}{2^2}-\dfrac{1}{n^2}\right)$ と表される。$R=1.1\times10^7$ /m として，次の各問に答えよ。

(1) $n=4$ のとき，波長はいくらか。

(2) バルマー系列のうち，最も長い波長は何mか。

知識

385. ボーアの原子模型 水素原子において，陽子(水素原子の原子核)は，電子に比べて十分に重いので，静止したままであるとする。電子の質量をm，電荷を$-e$とし，電子の陽子からの距離をrとする。電子と陽子の間にはたらく静電気力の大きさは$k_0\dfrac{e^2}{r^2}$(k_0は真空中のクーロンの法則の比例定数)であり，電子は，これを向心力として陽子のまわりを等速円運動する。電子の速さをv，プランク定数をhとする。

(1) 電子波の波長を，m，v，hを用いて表せ。

(2) 定常状態では，電子の円軌道(円周)の長さが，電子波の波長の整数倍になっている。定常状態でとりうる円軌道の半径rを，m，v，h，および正の整数$n(=1,\ 2,\ \cdots)$を用いて表せ。

(3) 定常状態における電子の速さが最大となるのは，nがいくらのときか。

(4) 半径rが最小値をとるのは，nがいくらのときか。また，その最小値を有効数字2桁で求めよ。ただし，$m=9.1\times10^{-31}$kg，$k_0e^2=2.3\times10^{-28}$N·m^2，$h=6.6\times10^{-34}$J·sとする。

➡ 例題61

知識

386. 水素原子のエネルギー準位 水素原子のエネルギー準位E_n〔J〕は，プランク定数を$h=6.6\times10^{-34}$J·s，真空中の光速を$c=3.0\times10^8$m/s，リュードベリ定数を$R=1.1\times10^7$/mとして，次式で表される。

$$E_n=-\frac{hcR}{n^2}\qquad(n=1,\ 2,\ 3,\ \cdots)$$

この式を用いて，以下の各問に答えよ。

(1) 水素原子の基底状態のエネルギーは何Jか。

(2) 第1励起状態($n=2$)と基底状態において，エネルギーの差は何Jか。

(3) 水素原子のイオン化エネルギーは何Jか。

ヒント (3) 基底状態の原子から，電子を取り去るのに必要なエネルギーである。

思考 記述

387. 原子内の電子の遷移 基底状態(エネルギー -13.6eV)の水素原子に，エネルギーが10.2eV，11.2eVの光子をあてるとき，原子はそれぞれどのような状態になるか。理由とともに示せ。ただし，第1，第2励起状態のエネルギーは，それぞれ-3.4eV，-1.5eVである。

知識

388. 原子内の電子の遷移と光 次の文の［　　］に入る適切な式，数値を答えよ。

原子内の電子が，高いエネルギー準位Eの状態から，低いエネルギー準位E'の状態に移るとき，この差に相当するエネルギーが光として放出される。プランク定数をhとすると，出てくる光の振動数νとエネルギーの差$E-E'$の間には，［(ア)］の関係式が成り立つ。これを用いると，ナトリウム原子の出す波長5.9×10^{-7}mの黄色い光は，電子がエネルギーの差［(イ)］eVの準位間を移ったことによって放出されたことがわかる。ただし，(イ)の計算では，電子の電荷を-1.6×10^{-19}C，光速を3.0×10^8m/s，プランク定数を6.6×10^{-34}J·sとする。

解説動画

発展例題39　水素原子の発光

➡発展問題 390

ボーアの原子模型では，水素原子内の電子がとる軌道のエネルギー E_n は，量子数 n を用いて，$E_n=-\dfrac{2.18\times10^{-18}}{n^2}$〔J〕と表される。プランク定数を $h=6.63\times10^{-34}$ J·s，光速を $c=3.00\times10^8$ m/s とする。水素原子内の電子について，次の各問に答えよ。

(1)　電子が $n=3$ の軌道から $n=2$ の軌道に移るとき，放出される光の波長はいくらか。

(2)　基底状態の原子から電子を取り去るために，光をあてる。この光の波長はいくら以下にする必要があるか。

指針　エネルギー準位の差 $\varDelta E$ に等しいエネルギーをもつ光子が，放出されたり吸収されたりする。　$\varDelta E=h\nu=\dfrac{hc}{\lambda}$　　波長 λ は，$\lambda=\dfrac{hc}{\varDelta E}$

また，量子数 n が無限大になると，電子の軌道半径も無限大になる。このときのエネルギー E_n は，$n\to\infty$ として，E_∞ となる。すなわち，基底状態 $(n=1)$ の電子を取り去るのに必要なエネルギー（イオン化エネルギー）は，$E_\infty-E_1$ となる。

解説　(1)　E_n の式を用いて，

$$\varDelta E=E_3-E_2=-2.18\times10^{-18}\left(\frac{1}{3^2}-\frac{1}{2^2}\right)$$

$$=3.027\times10^{-19}\,\text{J}$$

波長 λ は，「$\lambda=hc/\varDelta E$」から，

$$\lambda=\frac{(6.63\times10^{-34})\times(3.00\times10^8)}{3.027\times10^{-19}}$$

$$=6.570\times10^{-7}\,\text{m}\qquad \mathbf{6.57\times10^{-7}\,m}$$

(2)　電子を取り去るのに必要なエネルギーを $\varDelta E'$ とすると，$\varDelta E'=E_\infty-E_1$ であり，

$$\varDelta E'=0-\left(-\frac{2.18\times10^{-18}}{1^2}\right)$$

$$=2.18\times10^{-18}\,\text{J}$$

波長 λ' は，$\lambda'=hc/\varDelta E'$ から，

$$\lambda'=\frac{(6.63\times10^{-34})\times(3.00\times10^8)}{2.18\times10^{-18}}$$

$$=9.123\times10^{-8}\,\text{m}\qquad \mathbf{9.12\times10^{-8}\,m\ 以下}$$

発展問題

知識

389. α 線の散乱実験　ラザフォードは，原子内に正の電荷がかなり狭い範囲に集中して存在すると考えた。原子の原子番号を Z，電気素量を e，クーロンの法則の比例定数を k_0 とし，原子内の原子核は動かないものとする。次の各問に答えよ。

(1)　原子核から距離 r の位置に，α 粒子がある。このとき，α 粒子がもっている静電気力による位置エネルギーはいくらか。ただし，静電気力による位置エネルギーは，無限遠を基準にとるものとする。

(2)　運動エネルギー K をもった α 粒子が，十分遠方から原子核の中心に向かって飛んでくるとき，最も近づける距離を求めよ。

(3)　5.0 MeV のエネルギーをもった α 粒子が，十分遠方から金の原子に入射するとき，最も近づける距離を求めよ。ただし，金の原子番号を 79，$e=1.6\times10^{-19}$ C，$k_0=9.0\times10^9$ N·m²/C² とする。

389　(1)　α 粒子は，ヘリウム ${}^4_2\text{He}$ の原子核である。

解説動画

思考 記述

390. 水素原子のスペクトル

高温の水素原子が放射する電磁波を測定すると，図1のスペクトルが観察された。輝線は実線で表され，横軸は左に向かって波長が長くなる対数目盛りである。A，B，Cは輝線が集中する部分であり，Cよりも波長の短い電磁波は観察されなかった。この水素原子のスペクトルの波長λは，リュードベリ定数Rを用いて，

$\dfrac{1}{\lambda}=R\left(\dfrac{1}{n'^2}-\dfrac{1}{n^2}\right)$ と表される。これは，量子数nのエネルギー準位E_nから，それよりも低い量子数n'のエネルギー準位$E_{n'}$に電子が遷移するとき，その差に等しいエネルギーの光子が放出されることによる(図2)。

図1

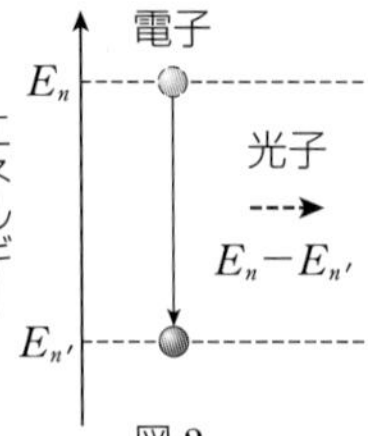

図2

(1)　図中のFで示した波長の電磁波は，量子数の値がいくらのエネルギー準位からいくらのエネルギー準位への遷移による電磁波か。理由を示して答えよ。

(2)　図中の破線で囲んだ部分は可視光線の領域で，Eの輝線の光の波長は4.9×10^{-7}mであった。Dで示した輝線の光の波長を求めよ。

(筑波大　改)

➡ 例題39

思考 記述 実験

391. フランク・ヘルツの実験

フランクとヘルツは，放電管に低圧の水銀気体を封入した図1のような装置で実験を行った。放電管にフィラメントFと網目状の格子Gを置き，その後ろに電極Pがある。フィラメントFから放出された電子は，FG間の電位差V〔V〕で加速される。電極Pは格子Gよりも少し低い電位にしており，一定のエネルギー以下の電子は，電極Pに到達しないようにしてある。

FG間の電位差Vを大きくしながら，電流計に流れる電流値を測定すると，4.9Vの整数倍で増加・減少を繰り返した(図2)。また，4.9Vをこえると，放電管から波長 (ア) $\times10^{-7}$mの紫外線が出ることもわかった。

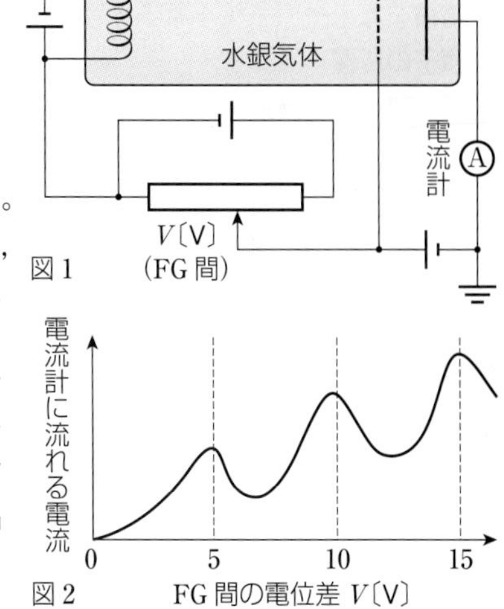

図1

図2

(1)　水銀原子がとびとびの値のエネルギー準位をもつという仮説から，電流値が増加・減少を繰り返す理由を述べよ。

(2)　(ア)に入る数値を有効数字2桁で答えよ。ただし，プランク定数を6.6×10^{-34}J·s，光速を3.0×10^8m/s，電気素量を1.6×10^{-19}Cとする。

(愛知教育大　改)

ヒント

390　(1) 波長が最も短い系列であり，電子は最も低いエネルギー準位に遷移している。

391　(2) 4.9Vで加速された電子の運動エネルギーが，紫外線のエネルギーとなる。

20 原子核と素粒子

1 原子と原子核

❶原子核の構成　原子核は，正電荷をもつ陽子と電荷をもたない中性子から構成される。

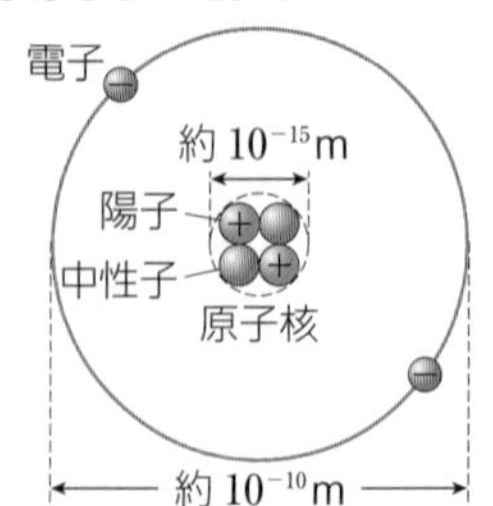

核子…原子核を構成する陽子と中性子の総称。

核力…核子と核子を結びつける力。

	構成粒子	電荷	質量〔kg〕	記号
核子	陽子	e	1.673×10^{-27}	p
	中性子	0	1.675×10^{-27}	n
	電子	$-e$	9.109×10^{-31}	e^-

(図はヘリウム原子のモデル)

❷原子と原子核の表し方　原子の種類(**元素**)は，陽子の数によって決まり，その数を**原子番号**という。また，原子核を構成する陽子と中性子の数の和を**質量数**という。原子や原子核は，元素記号の左上に質量数A，左下に原子番号Zを添えて示される。

質量数

$${}^{A}_{Z}\mathrm{X}$$

元素記号

原子番号

❸同位体(アイソトープ)　原子番号が同じで，質量数の異なる原子核をもつ原子。中性子の数のみが異なり，同位体相互の化学的な性質はほぼ等しい。

核種…原子や原子核を原子番号と質量数で分類したもの。

❹原子の質量

(a)　**統一原子質量単位**　原子や原子核などの小さな質量を表すのに用いられる単位。記号はuと表される。1uは，質量数12の炭素原子(${}^{12}_{6}\mathrm{C}$)1個の質量の1/12である。

$1\,\mathrm{u}=1.66054\times10^{-27}\,\mathrm{kg}$

単位にはDa(ダルトンまたはドルトン)も用いられる。1u=1Da

(b)　**原子量**　それぞれの元素について，各同位体の質量を統一原子質量単位で表し，これを各同位体の存在比に応じて平均した数値。

2 放射線の種類と性質

❶放射線　不安定な状態の原子核は，**放射線**とよばれるエネルギーの高い粒子や電磁波を放出して，安定な状態の原子核へと変化する。このような変化を**放射性崩壊**，または**崩壊**(**壊変**)という。

放射能…物質が自然に放射線を放出する性質。**放射性核種**…放射能をもつ核種。

放射性同位体(**ラジオアイソトープ**)…放射能をもつ同位体。

❷放射線の種類　放射性崩壊で放出される放射線には，**α線**，**β線**，**γ線**がある。放射線には，そのほか，**X線**，**中性子線**などがある。放射線は，物質を構成する原子から電子をはじき出し，イオンをつくる作用(**電離作用**)を示す。また，物質を透過する性質がある。

放射線	実体	電離作用	透過力
α線	${}^{4}_{2}\mathrm{He}$の原子核	大	小
β線	電子	中	中
γ線・X線	電磁波	小	大
中性子線	中性子	小	大

❸**原子核の放射性崩壊**　原子核の放射性崩壊には，次の種類がある。

α 崩壊… α 線（${}^4_2$He の原子核）を放出。原子番号が 2，質量数が 4 減少した原子核に変化。

β 崩壊… β 線（電子）を放出。原子番号が 1 増加し，質量数が同じ原子核に変化。

γ 崩壊… γ 線（電磁波）を放出。原子番号と質量数は変化しない。

❹**崩壊系列**　放射性崩壊を繰り返して，安定な原子核になるまでの放射性核種の系列。質量数は 4 の倍数でしか変化しない。

❺**半減期**　放射性核種の原子核の数が半分になるまでの時間。半減期を T，最初の原子核の数を N_0，時間 t が経過したときに崩壊せずに残る原子核の数を N とすると，

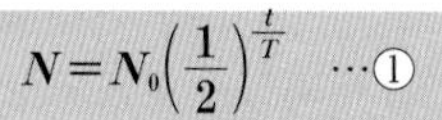

$$N=N_0\left(\frac{1}{2}\right)^{\frac{t}{T}} \quad \cdots①$$

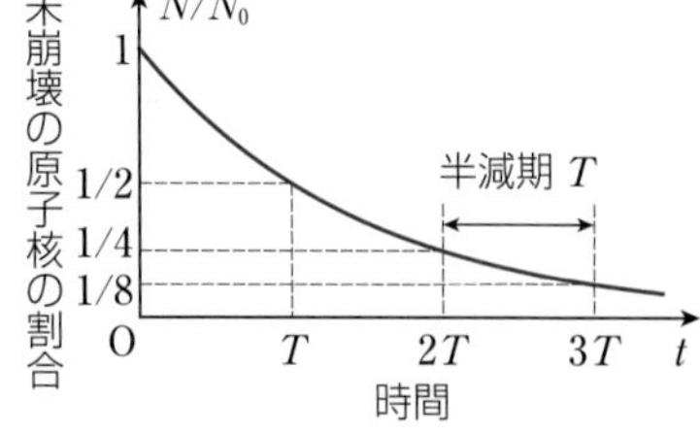

❻**放射能・放射線の単位**

単位	記号	定義
ベクレル	Bq	1 Bq は，1 s 間に 1 個の割合で原子核が崩壊するときの放射能の強さである。
グレイ	Gy	1 Gyは，物質 1 kg あたり 1 J のエネルギーを与える放射線の量である。この放射線の量は，**吸収線量**とよばれる。
シーベルト	Sv	放射線の人体に対する影響は，吸収線量が同じでも，放射線の種類やエネルギーなどによって異なる。この影響を考慮し，吸収線量を補正した量を**等価線量**という。また，放射線を受けた人体の組織などによっても影響が異なり，それを加味した量を**実効線量**という。それらの単位はいずれも Sv である。

放射線測定器で表示される値には，マイクロシーベルト毎時（記号 μSv/h）の単位が用いられることが多い。これは 1 時間あたりに受ける線量を表す。　1 μSv/h＝10^{-6} Sv/h

3 核反応とエネルギー

❶**質量欠損**　原子核の質量は，一般に，それを構成する核子の質量の合計よりも小さくなる。その差を**質量欠損**という。陽子と中性子の質量をそれぞれ m_p，m_n とし，原子番号 Z，質量数 A の原子核の質量を M としたとき，質量欠損 $\varDelta M$ は，

$$\varDelta M=Zm_p+(A-Z)m_n-M \quad \cdots②$$

（質量欠損）＝（核子の質量の和）－（原子核の質量）

❷**質量とエネルギー**　質量とエネルギーは等価である。質量 m〔kg〕とエネルギー E〔J〕の関係は，光速を c〔m/s〕として，

$$E=mc^2 \quad \cdots③$$

●**結合エネルギー**　原子核を構成するすべての核子をばらばらにするために必要なエネルギー。結合エネルギー E〔J〕は，質量欠損 $\varDelta M$〔kg〕，真空中の光速 c〔m/s〕を用いて，

$$E=\varDelta Mc^2 \quad \cdots④$$

❸**核反応**　原子核を構成する核子の組み換えがおこり，核種が変化する反応。**核反応式**で示される。【例】 ${}^{14}_{7}\mathrm{N}+{}^4_2\mathrm{He} \longrightarrow {}^{17}_{8}\mathrm{O}+{}^1_1\mathrm{H}$

核反応の前後で，核子の数（質量数）の総和と電気量（原子番号）の総和は，それぞれ一定に保たれる。なお，核反応などで原子核に出入りするエネルギーを**核エネルギー**という。

◎**核分裂**　1つの原子核が複数の原子核に分裂する反応。原子力発電では，核分裂で生じるエネルギーを利用している。【例】$^{235}_{92}U+^{1}_{0}n \longrightarrow ^{92}_{36}Kr+^{141}_{56}Ba+3^{1}_{0}n$

◎**核融合**　2つ以上の原子核が結合して1つの原子核になる反応。太陽の内部では，核融合によって莫大なエネルギーが放出されている。【例】$^{2}_{1}H+^{2}_{1}H \longrightarrow ^{3}_{2}He+^{1}_{0}n$

4 素粒子と宇宙

❶**素粒子**　1930年代から，電子，陽子，中性子などは，物質を構成する最小単位として，素粒子とよばれるようになった。その後，数多くの素粒子が見つかり，陽子や中性子などは，**クォーク**とよばれる，より基本的な粒子からなることがわかっている。

◎**反粒子**　素粒子には，質量が等しく，電荷の符号が反対の粒子(**反粒子**)が存在する。

【例】電子と陽電子

❷**素粒子の分類**　素粒子は，それぞれの性質によって複数のグループに分類される。

分類		素粒子の例
ハドロン	バリオン(重粒子)	陽子，中性子
	メソン(中間子)	π中間子
レプトン		電子，μ粒子，ニュートリノ

❸**クォークとレプトン**　内部に構造をもたない基本的な粒子と考えられ，性質によって3つの世代に分類される。バリオンは3個のクォーク，メソンは1個のクォークと1個の反クォークから構成される。ハドロンの電荷は電気素量の整数倍となる。

❹**自然界の基本的な力**　素粒子の間にはたらく力には，重力，電磁気力，弱い力，強い力の4種類があり，宇宙が誕生した最初期には1つの力であったが，時間の経過にともなって分かれたと考えられている。力を媒介する粒子は，**ゲージ粒子**と総称される。

プロセス　次の各問に答えよ。(　)には適切な語句を入れよ。

1　ラジウム $^{226}_{88}Ra$ の原子核の，陽子の数と中性子の数はいくらか。

2　α崩壊では，原子核から(ア)が放出され，質量数は(イ)減少し，原子番号は(ウ)減少する。β崩壊では，(エ)が放出され，(オ)が1増加するが，(カ)は変化しない。

3　セシウム $^{137}_{55}Cs$ の半減期は30年である。1.0gの $^{137}_{55}Cs$ は60年後に何g残るか。

4　1分間に 1.2×10^{5} 個の原子核が崩壊する，放射性物質の放射能の強さは何Bqか。

5　ヘリウム $^{4}_{2}He$ の原子核の質量は 6.645×10^{-27}kgであり，陽子，中性子の質量はそれぞれ 1.673×10^{-27}kg，1.675×10^{-27}kgである。$^{4}_{2}He$ の質量欠損は何kgか。

6　1.0gの質量は何Jのエネルギーに相当するか。真空中の光速を 3.0×10^{8}m/sとする。

7　次の□に入る適切な記号を答え，核反応式を完成させよ。

(1)　$^{2}_{1}H+^{2}_{1}H \longrightarrow \square+^{1}_{0}n$　　(2)　$^{27}_{13}Al+^{1}_{0}n \longrightarrow \square+\gamma$

(3)　$^{12}_{6}C+^{1}_{0}n \longrightarrow \square+\gamma$　　(4)　$^{10}_{5}B+^{1}_{0}n \longrightarrow \square+^{4}_{2}He$

8　陽子はu，u，dのクォークからなる。電気素量をeとすると，uクォークは $\frac{2}{3}e$，dクォークは $-\frac{1}{3}e$ の電荷をもつ。クォークの電荷から陽子の電荷を求めよ。

解答

1 陽子：88個，中性子：138個　**2** (ア) α線($^{4}_{2}He$の原子核)　(イ) 4　(ウ) 2　(エ) β線(電子)　(オ) 原子番号　(カ) 質量数　**3** 0.25g　**4** 2.0×10^{3}Bq　**5** 5.1×10^{-29}kg　**6** 9.0×10^{13}J　**7** (1) $^{3}_{2}He$　(2) $^{28}_{13}Al$　(3) $^{13}_{6}C$　(4) $^{7}_{3}Li$　**8** e

基本例題62　原子核の放射性崩壊

➡基本問題 395，396，397

原子核の放射性崩壊について，次の各問に答えよ。

(1)　ウラン $^{238}_{92}\mathrm{U}$ は，α 崩壊をしてトリウム Th になる。この Th の原子番号と質量数を求めよ。

(2)　ビスマス $^{210}_{83}\mathrm{Bi}$ は，β 崩壊をしてポロニウム Po になる。この Po の原子番号と質量数を求めよ。

(3)　ウラン $^{238}_{92}\mathrm{U}$ は，α 崩壊と β 崩壊を繰り返して，鉛 $^{206}_{82}\mathrm{Pb}$ になる。ウラン $^{238}_{92}\mathrm{U}$ が鉛 $^{206}_{82}\mathrm{Pb}$ となるまでに，α 崩壊，β 崩壊がそれぞれ何回おこるか。

指針　(1)(2)　α 崩壊では，原子番号が 2 減少し，質量数が 4 減少する。β 崩壊では，原子番号が 1 増加し，質量数が変化しない。

(3)　質量数が変化するのは，α 崩壊だけである。質量数の変化をもとに，まず α 崩壊の回数を求め，次に，β 崩壊の回数を求める。

解説　(1)　原子番号：92−2=**90**

質量数：238−4=**234**

(2)　原子番号：83+1=**84**

質量数は変化しないので，**210**

(3)　α 崩壊の回数は，質量数の変化を 4 で割って求めることができる。

$$(\alpha\text{崩壊の回数})=\frac{238-206}{4}=8\text{回}$$

α 崩壊が 8 回おこったことによる原子番号の減少は，　8×2=16　…①

ウラン $^{238}_{92}\mathrm{U}$ が鉛 $^{206}_{82}\mathrm{Pb}$ になったことによる原子番号の減少は，　92−82=10　…②

①，②の差が，β 崩壊がおこったことによる原子番号の増加である。

(β 崩壊の回数)=16−10=**6 回**

Point　原子核の放射性崩壊には，α 崩壊，β 崩壊，γ 崩壊がある。各崩壊での原子番号，質量数の変化は，次のようになる。

【α 崩壊】原子番号：−2　質量数：−4
【β 崩壊】原子番号：+1　質量数：　0
【γ 崩壊】原子番号：　0　質量数：　0

基本例題63　半減期

➡基本問題 398，399

図は，放射性核種の原子核の数が，時間 t の経過とともに変化するようすを示している。N は崩壊せずに残る原子核の数，N_0 は最初の原子核の数である。

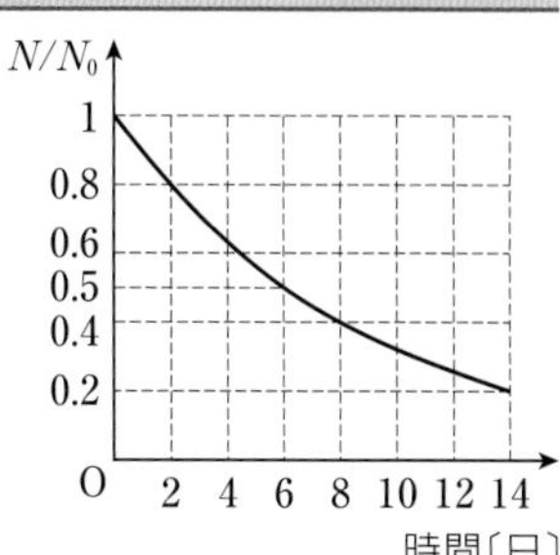

(1)　この放射性核種の半減期は何日か。

(2)　最初の状態から18日が経過したとき，崩壊せずに残る原子核の数は，最初の何分の 1 か。

(3)　最初の状態から 3 日が経過したとき，崩壊せずに残る原子核の数を，N_0 を用いて表せ。

指針　半減期 T は，原子核の数が半分になるまでの時間である。時間 t が経過したとき，崩壊せずに残る原子核の数 N は，「$N=N_0\left(\frac{1}{2}\right)^{\frac{t}{T}}$」と表される。

解説　(1)　原子核の数が最初の 1/2 になる時間は，グラフから，**6 日**である。

(2)　崩壊せずに残る原子核の数 N は，半減期の公式を用いると，

$$N=N_0\left(\frac{1}{2}\right)^{\frac{t}{T}}=N_0\left(\frac{1}{2}\right)^{\frac{18}{6}}=N_0\left(\frac{1}{2}\right)^3$$

$$\frac{N}{N_0}=\left(\frac{1}{2}\right)^3=\frac{1}{8}$$　**8 分の 1**

(3)　求める原子核の数を N' として，半減期の公式を用いると，

$$N'=N_0\left(\frac{1}{2}\right)^{\frac{t}{T}}=N_0\left(\frac{1}{2}\right)^{\frac{3}{6}}=N_0\left(\frac{1}{2}\right)^{\frac{1}{2}}=\boldsymbol{\frac{N_0}{\sqrt{2}}}$$

($a^{\frac{1}{2}}=\sqrt{a}$ となることを利用している)

解説動画

基本例題64　核反応

➡基本問題 403，405，406

アルミニウム $^{27}_{13}\mathrm{Al}$ の原子核に，中性子 $^{1}_{0}\mathrm{n}$ をあてたところ，ナトリウム $^{24}_{11}\mathrm{Na}$ の原子核とヘリウム $^{4}_{2}\mathrm{He}$ の原子核に変化する核反応がおこった。$^{27}_{13}\mathrm{Al}$，$^{1}_{0}\mathrm{n}$，$^{24}_{11}\mathrm{Na}$，$^{4}_{2}\mathrm{He}$ の質量を，それぞれ 26.9744u，1.0087u，23.9849u，4.0015u とし，$1\,\mathrm{u}=1.66\times10^{-27}\,\mathrm{kg}$，電気素量を $e=1.60\times10^{-19}\,\mathrm{C}$，真空中の光速を $3.00\times10^{8}\,\mathrm{m/s}$ とする。

(1)　この反応を核反応式で示せ。また，核反応によって減少した質量は何 u か。

(2)　核反応によって，何 MeV のエネルギーが吸収，または放出されたか。

指針　核反応の前後で，質量数(核子の数)の総和と原子番号(電気量)の総和は保存される。また，核反応によって減少した質量を ΔM とすると，ΔMc^2 のエネルギーが放出される。ΔM が負の場合(質量が増加)は，エネルギーが吸収される。

解説　(1)　$^{27}_{13}\mathbf{Al}+^{1}_{0}\mathbf{n}\longrightarrow{}^{24}_{11}\mathbf{Na}+^{4}_{2}\mathbf{He}$

反応の前後で減少した質量を ΔM とすると，

$\Delta M=$(反応前の質量)$-$(反応後の質量)

$\Delta M=(26.9744+1.0087)-(23.9849+4.0015)$

$=\mathbf{-3.3\times10^{-3}\,u}$

(2)　(1)で ΔM が負となったので，反応後の質量は増加(エネルギーは吸収)する。この質量の増加分を $\Delta M'$ として，単位を kg に換算すると，

$\Delta M'=(3.3\times10^{-3})\times(1.66\times10^{-27})$

$=5.47\times10^{-30}\,\mathrm{kg}$

吸収されたエネルギーを E として，

$E=\Delta M'c^2=5.47\times10^{-30}\times(3.00\times10^{8})^2$

$=4.92\times10^{-13}\,\mathrm{J}$

$1\,\mathrm{eV}=1.60\times10^{-19}\,\mathrm{J}$ なので，

$E=\dfrac{4.92\times10^{-13}}{1.60\times10^{-19}}$

$=3.07\times10^{6}\,\mathrm{eV}=3.07\,\mathrm{MeV}$

3.1 MeV のエネルギーが吸収された。

基本例題65　ウランの核分裂

➡基本問題 402，403，405，406

ウラン $^{235}_{92}\mathrm{U}$ の原子核に中性子 $^{1}_{0}\mathrm{n}$ が衝突し，次のような核分裂がおこった。

$$^{235}_{92}\mathrm{U}+^{1}_{0}\mathrm{n}\longrightarrow{}^{140}_{54}\mathrm{Xe}+^{93}_{38}\mathrm{Sr}+3\,^{1}_{0}\mathrm{n}$$

表は原子核と中性子の質量を示す。$1\,\mathrm{u}=1.66\times10^{-27}\,\mathrm{kg}$，真空中の光速を $3.00\times10^{8}\,\mathrm{m/s}$，アボガドロ定数を $6.02\times10^{23}/\mathrm{mol}$ とする。

$^{1}_{0}\mathrm{n}$	1.0087u
$^{93}_{38}\mathrm{Sr}$	92.8930u
$^{140}_{54}\mathrm{Xe}$	139.8918u
$^{235}_{92}\mathrm{U}$	234.9935u

(1)　この反応における質量の減少は何 u か。

(2)　$^{235}_{92}\mathrm{U}$ の原子核 1 個あたりから放出されるエネルギーは何 J か。

(3)　1.00g の $^{235}_{92}\mathrm{U}$ の原子がすべて核分裂をしたとき，放出されるエネルギーは何 J か。ただし，原子量は質量数に等しいとする。

指針　反応前後での質量の減少を ΔM とすると，ΔMc^2 のエネルギーが放出される。(3)では，$^{235}_{92}\mathrm{U}$ の原子数を求め，エネルギーを計算する。

解説　(1) 反応前の質量の和は，

$234.9935+1.0087=236.0022\,\mathrm{u}$

反応後の質量の和は，

$139.8918+92.8930+3\times1.0087=235.8109\,\mathrm{u}$

質量の減少は，

$236.0022-235.8109=\mathbf{0.1913\,u}$

(2)　反応によって減少した質量を kg に換算する。

$\Delta M=0.1913\times(1.66\times10^{-27})$

$=3.175\times10^{-28}\,\mathrm{kg}$

放出されたエネルギー E は，「$E=\Delta Mc^2$」から，

$E=3.175\times10^{-28}\times(3.00\times10^{8})^2$

$=2.857\times10^{-11}\,\mathrm{J}$　…①

$\mathbf{2.86\times10^{-11}\,J}$

(3)　1.00g の $^{235}_{92}\mathrm{U}$ の原子数は，質量数が 235 なので，

$\dfrac{1.00}{235}\times(6.02\times10^{23})=2.561\times10^{21}$

求めるエネルギー E' は，式①の値から，

$E'=(2.857\times10^{-11})\times(2.561\times10^{21})$

$=7.316\times10^{10}\,\mathrm{J}$　　$\mathbf{7.32\times10^{10}\,J}$

基本問題

知識

392. 統一原子質量単位 統一原子質量単位(記号 u)は，原子や原子核の質量を表すのに用いられ，炭素原子($^{12}_{6}C$) 1 個の質量の1/12が 1 u と定められている。炭素原子 $^{12}_{6}C$ の 6.02×10^{23}個(1 mol)の質量は 12g である。 1 u は何 kg か。有効数字 3 桁で求めよ。

知識

393. 塩素の原子量 塩素原子 Cl には，質量 34.97u の $^{35}_{17}Cl$ と 36.97u の $^{37}_{17}Cl$ の 2 つの同位体があり，これらをもとに計算された原子量は 35.45 となる。$^{35}_{17}Cl$ の存在比は何%か。有効数字 2 桁で求めよ。

思考

394. 磁場中での放射線の進路 図のように，真空中に放射線源と磁石を配置した。次の(1)～(3)の放射線が，放射線源から鉛直上向きに飛び出したとすると，どのような進路となるか。図の(a)～(c)の中から適切なものを選び，理由とともに記号で答えよ。

(1)　α線　　(2)　β線　　(3)　γ線

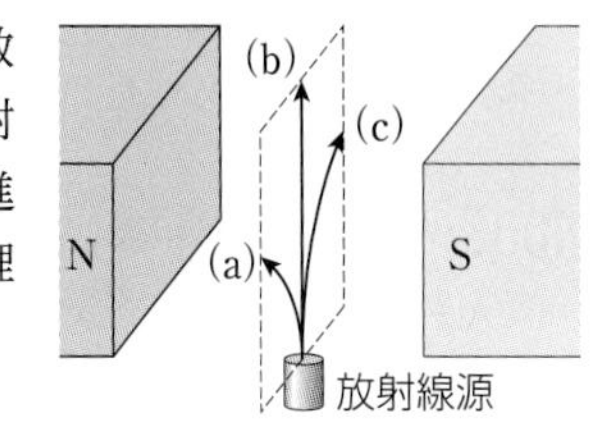

思考 記述

395. 放射性崩壊の特徴 放射性崩壊に関する次の各問に答えよ。

(1)　原子番号と質量数が大きく不安定な原子核は，α崩壊をおこすことがある。α崩壊で放出される放射線や原子核の変化を，$^{4}_{2}He$ の原子核，原子番号，質量数の語句を用いて説明せよ。

(2)　中性子の数が過剰な原子核は，β崩壊をおこすことがある。β崩壊で放出される放射線や原子核の変化を，中性子，陽子，電子，原子番号，質量数の語句を用いて説明せよ。

➡ 例題62

知識

396. 放射性崩壊と質量数の変化 トリウム $^{232}_{90}Th$ は，α崩壊，β崩壊を繰り返し，原子番号 82 の鉛 Pb となる。次の各問に答えよ。

(1)　トリウム $^{232}_{90}Th$ の陽子の数，および中性子の数はいくらか。

(2)　トリウム $^{232}_{90}Th$ が放射性崩壊を繰り返してできる鉛 Pb の質量数はいくらか。次の(　)の中から選べ。(205　206　207　208)

➡ 例題62

知識

397. 放射性崩壊 ラジウム $^{226}_{88}Ra$ について，次の各問に答えよ。

(1)　ラジウム $^{226}_{88}Ra$ は，α崩壊とβ崩壊を繰り返して，鉛 $^{206}_{82}Pb$ となる。このとき，α崩壊，β崩壊は，それぞれ何回おこったか。

(2)　以下に放射性崩壊のようすを示す。[　　] に入る適切な数字，記号を答えよ。

$$^{226}_{88}Ra \xrightarrow{\alpha線} {}^{(ア)}_{(イ)}Rn \xrightarrow{(ウ)線} {}^{(エ)}_{84}Po \xrightarrow{\alpha線} {}^{(オ)}_{(カ)}Pb \xrightarrow{(キ)線} {}^{(ク)}_{83}Bi$$

➡ 例題62

知識

398. 半減期● ナトリウム $^{24}_{11}$Na は，β 線を放出して崩壊し，その半減期は 15 時間である。これについて，次の各問に答えよ。ただし，(2)は分数で答えよ。

(1) $^{24}_{11}$Na が β 崩壊をしたときにできる元素の原子番号，質量数はいくらか。

(2) 60 時間が経過したとき，$^{24}_{11}$Na の原子核の数は，もとの何倍になるか。

(3) $^{24}_{11}$Na の原子核の数がもとの 1/128 となるのは，何時間が経過したときか。

(4) 7.5 時間が経過したとき，$^{24}_{11}$Na の原子核の数は，もとの何倍になるか。 ➡ 例題63

知識

399. 年代測定● 大気中の $^{12}_{6}$C に対する $^{14}_{6}$C の割合は，一定に保たれている。生きている木の中に含まれる $^{12}_{6}$C に対する $^{14}_{6}$C の割合は，大気中と同じであるが，枯れると，放射性核種である $^{14}_{6}$C だけが，半減期 5.7×10^{3} 年で崩壊するため，その割合が変化する。ある遺跡から発掘された木片を調べたところ，$^{12}_{6}$C に対する $^{14}_{6}$C の割合は，大気中の割合の 8 分の 1 であった。木片が炭素を取りこまなくなったのは何年前か。 ➡ 例題63

知識

400. 結合エネルギー● 三重水素 $^{3}_{1}$H の原子核は，陽子 1 個，中性子 2 個からなり，それぞれの 1 個あたりの質量は，5.008×10^{-27}kg，1.673×10^{-27}kg，1.675×10^{-27}kg である。次の各問に答えよ。ただし，真空中の光速を 3.0×10^{8}m/s とする。

(1) 三重水素 $^{3}_{1}$H の原子核の質量欠損は何kgか。また，結合エネルギーは何 J か。

(2) 核子 1 個あたりの結合エネルギーは何 J か。

思考 記述

401. 結合エネルギー● 図は，核子 1 個あたりの結合エネルギーを縦軸に，質量数を横軸にとったグラフである。

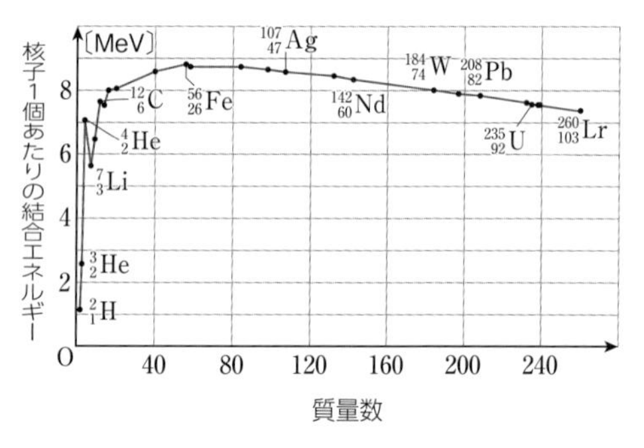

(1) $^{7}_{3}$Li と $^{12}_{6}$C はどちらが安定な原子核か。

(2) $^{3}_{2}$Heの核子 1 個あたりの結合エネルギーは 2.5MeV と読み取れる。$^{3}_{2}$He の原子核の結合エネルギーは何 MeV か。

(3) 質量数の小さい水素では核融合がおこり，質量数の大きいウランでは核分裂がおこる。その理由を簡潔に説明せよ。

ヒント 核子 1 個あたりの結合エネルギーが大きいほど，核子どうしの結びつきが強い。

知識

402. 核分裂とエネルギー● 1.0kg のウランがすべて核分裂をすると，8.4×10^{-4}kg の質量がエネルギーに変わる。出力 2.1×10^{4}kW の原子炉があるとする。真空中の光速を 3.0×10^{8}m/s とし，エネルギーの損失は無視できるとして，次の各問に答えよ。

(1) 原子炉内で，ウランは毎時何kgずつ核分裂をおこしているか。

(2) このエネルギーを出すには，発熱量 3.0×10^{7}J/kg の石炭を毎時何kg必要とするか。

ヒント (1) 1kW は 10^{3}W であり，1s あたり10^{3}J のエネルギーが出される。 ➡ 例題65

知識

403. 核分裂 ウラン $^{235}_{92}\mathrm{U}$ の原子核に中性子 $^{1}_{0}\mathrm{n}$ を衝突させると，バリウム $^{141}_{56}\mathrm{Ba}$ とクリプトン $^{92}_{36}\mathrm{Kr}$ の原子核に分裂し，同時に3つの中性子が生じた。次の各問に答えよ。ただし，各原子核の質量は，$^{235}_{92}\mathrm{U}$ が 234.9935u，$^{141}_{56}\mathrm{Ba}$ が 140.8837u，$^{92}_{36}\mathrm{Kr}$ が 91.9074u であり，$^{1}_{0}\mathrm{n}$ が 1.0087u であるとする。また，$1\,\mathrm{u}=1.66\times10^{-27}\,\mathrm{kg}$，真空中の光速を $c=3.00\times10^{8}\,\mathrm{m/s}$，電気素量を $e=1.60\times10^{-19}\,\mathrm{C}$ とする。

(1) この核分裂の核反応式を示せ。

(2) 核反応における質量の減少は何uか。また，それは何kgか。

(3) 核反応がおこったときに発生するエネルギーは何Jか。また，それは何MeVか。

(4) ウラン $^{235}_{92}\mathrm{U}$ の原子核 4.70g がすべてこの核分裂をおこしたとすると，何Jのエネルギーが放出されるか。

➡ 例題64・65

知識

404. 核分裂と運動エネルギー 静止していた原子核が，質量 m_A の原子核A，質量 m_B の原子核Bに崩壊し，それぞれ逆向きに飛び出した。

(1) 崩壊の前後で運動量保存の法則が成り立つことを用いて，原子核A，Bの運動エネルギー K_A，K_B の間に成り立つ関係式を，m_A，m_B を用いて表せ。

(2) 崩壊の前後で，原子核の質量の和は ΔM だけ減少した。K_A と K_B をそれぞれ求めよ。ただし，真空中の光速を c とする。

知識

405. 核融合 2個の陽子 $^{1}_{1}\mathrm{H}$ と2個の中性子 $^{1}_{0}\mathrm{n}$ が結合し，ヘリウム $^{4}_{2}\mathrm{He}$ の原子核が生成した。質量は，$^{1}_{1}\mathrm{H}$ が 1.0073u，$^{1}_{0}\mathrm{n}$ が 1.0087u，$^{4}_{2}\mathrm{He}$ が 4.0015u で，$1\,\mathrm{u}=1.66\times10^{-27}\,\mathrm{kg}$，真空中の光速を $c=3.00\times10^{8}\,\mathrm{m/s}$，電気素量を $e=1.60\times10^{-19}\,\mathrm{C}$ とする。

(1) この核融合の核反応式を示せ。

(2) 核反応における質量の減少は何uか。また，それは何kgか。

(3) 核子1個あたりの結合エネルギーは何Jか。また，それは何MeVか。

➡ 例題64・65

知識

406. 核融合 太陽の中心では，$4\,^{1}_{1}\mathrm{H} \longrightarrow {}^{4}_{2}\mathrm{He}+2\,^{0}_{1}\mathrm{e}$（$^{0}_{1}\mathrm{e}$ は陽電子）で示される核融合が進行すると考えられている。それぞれの質量は，$^{1}_{1}\mathrm{H}$ が 1.0073u，$^{4}_{2}\mathrm{He}$ が 4.0015u，$^{0}_{1}\mathrm{e}$ が 0.0005u である。次の各問に答えよ。ただし，真空中の光速を $3.00\times10^{8}\,\mathrm{m/s}$ とする。

(1) この反応によって，もとの質量の何%が減少するか。

(2) 1kg の $^{1}_{1}\mathrm{H}$ がすべて $^{4}_{2}\mathrm{He}$ に変わると，何Jのエネルギーが放出されるか。

➡ 例題64・65

知識

407. クォークの電荷 陽子は，u(アップ)クォーク2個とd(ダウン)クォーク1個から構成され，中性子は，uクォーク1個とdクォーク2個から構成されている。陽子，中性子の電荷をそれぞれ e(電気素量)，0として，次の各問に答えよ。

(1) uクォークの電荷を q_1，dクォークの電荷を q_2 とする。陽子，中性子のそれぞれについて，電荷の関係式を求めよ。

(2) uクォーク，およびdクォークの電荷を，電気素量 e を用いて表せ。

ヒント (1) それぞれの粒子の電荷は，粒子を構成しているクォークの電荷の和に等しい。

第VI章 原子

解説動画

発展例題40　年代測定

➡発展問題 408，409

植物は，光合成によって二酸化炭素を取りこむとき，$^{14}_{6}C$ と $^{12}_{6}C$ を大気中と同じ割合で体内に取り入れて成長する。樹木内の炭素の取りこみが止まった部分では，$^{12}_{6}C$ の数は変わらないが，$^{14}_{6}C$ は β 崩壊をして，その数が減少する。ある古い木片の一部を調べたところ，その部分の $^{14}_{6}C$ と $^{12}_{6}C$ の数の比（$^{14}_{6}C$ の数）/（$^{12}_{6}C$の数）は，大気中での値の 1/3 であった。古い木片のこの部分で炭素の取りこみが止まったのは，およそ何年前と推定されるか。ただし，$^{14}_{6}C$ の半減期は 5.7×10^3 年であり，大気中の $^{14}_{6}C$ と $^{12}_{6}C$ の割合は一定に保たれているものとする。また，$\log_{10}2=0.30$，$\log_{10}3=0.48$とする。

指針　$^{12}_{6}C$ は，放射性崩壊をしないため，原子核の数は一定である。$^{14}_{6}C$ は放射性崩壊をして，その数が減少する。したがって，$^{14}_{6}C$ と $^{12}_{6}C$ の数の比（$^{14}_{6}C$ の数）/（$^{12}_{6}C$ の数）の減少は，$^{14}_{6}C$ の減少に比例する。$^{14}_{6}C$ は放射性崩壊をして，1/3 の数になったと考え，半減期の式を用いる。

解説　半減期の式「$N=N_0\left(\frac{1}{2}\right)^{\frac{t}{T}}$」に，

$N=N_0/3$，$T=5.7\times10^3$ 年を代入すると，

$$\frac{N_0}{3}=N_0\left(\frac{1}{2}\right)^{\frac{t}{5.7\times10^3}} \qquad \frac{1}{3}=\left(\frac{1}{2}\right)^{\frac{t}{5.7\times10^3}}$$

両辺の対数をとると，

$$\log_{10}\frac{1}{3}=\log_{10}\left(\frac{1}{2}\right)^{\frac{t}{5.7\times10^3}}$$

$$\log_{10}3^{-1}=\log_{10}2^{-\frac{t}{5.7\times10^3}}$$

$$-\log_{10}3=-\frac{t}{5.7\times10^3}\log_{10}2$$

（$\log_{10}a^b=b\log_{10}a$ の関係を用いている）

与えられた数値を用いて，

$$t=5.7\times10^3\times\frac{\log_{10}3}{\log_{10}2}=5.7\times10^3\times\frac{0.48}{0.30}$$

$$=9.12\times10^3$$　**9.1×10^3 年前**

発展例題41　コッククロフトとウォルトンの実験

➡発展問題 409，410

加速した陽子 $^{1}_{1}H$ を静止したリチウム $^{7}_{3}Li$ の原子核に衝突させ，生じた 2 個のヘリウム $^{4}_{2}He$ の原子核の運動エネルギーを測定した。次の各問に答えよ。ただし，$^{7}_{3}Li$ の原子核，陽子，$^{4}_{2}He$ の原子核の質量は，それぞれ 7.0144u，1.0073u，4.0015u である。また，$1\,u=1.66\times10^{-27}$kg，$1\,eV=1.60\times10^{-19}$J，真空中の光速を 3.00×10^8m/s とする。

(1)　この反応の核反応式を示せ。

(2)　核反応における質量の減少は何 u か。

(3)　核反応で放出されたエネルギーは何 MeV か。

(4)　衝突させた陽子 $^{1}_{1}H$ の運動エネルギーは，0.6 MeV であった。2 個の $^{4}_{2}He$ の原子核の運動エネルギーが等しいとき，$^{4}_{2}He$ の原子核 1 個の運動エネルギーは何 MeV か。

指針　核反応の前後では，核子の数（質量数）の和と電気量（原子番号）の和が一定に保たれる。また，この核反応において，エネルギー保存の法則が成り立つ。

解説　(1)　$^{7}_{3}\mathrm{Li}+^{1}_{1}\mathrm{H}\longrightarrow 2^{4}_{2}\mathrm{He}$

(2)　質量の減少 $\varDelta M$ は，

$$\varDelta M=(7.0144+1.0073)-2\times4.0015$$

$$=0.0187=\mathbf{1.87\times10^{-2}\,u}$$

(3)　質量の減少は，$\varDelta M\times1.66\times10^{-27}$〔kg〕なので，求めるエネルギー E は，

$$E=(\varDelta M\times1.66\times10^{-27})\times c^2$$

$$=1.87\times10^{-2}\times1.66\times10^{-27}\times(3.00\times10^8)^2$$

$$=2.793\times10^{-12}\,\mathrm{J}$$

$$=\frac{2.793\times10^{-12}}{1.60\times10^{-19}}=17.45\times10^6\,\mathrm{eV}$$

$$=17.45\,\mathrm{MeV}$$　**17.5 MeV**

(4)　$^{4}_{2}He$ の原子核 1 個の運動エネルギーを E'〔MeV〕とすると，エネルギーは保存されるので，

$$0.6+17.45=2E'$$

$$E'=9.025\,\mathrm{MeV}$$　**9.03 MeV**

発展問題

知識

408. セシウムの半減期と放射能 セシウム $^{137}_{55}\mathrm{Cs}$ は，半減期30年の放射性同位体である。天然に存在する同位体ではないが，原子力発電所の原子炉内などで生成される。セシウム $^{137}_{55}\mathrm{Cs}$ の放射能と原子核の個数について，次の各問に答えよ。ただし，1年を $3.15\times10^7\,\mathrm{s}$ とし，必要ならば $2 \fallingdotseq 1.26^3$ を用いてもよい。

(1) はじめに存在したセシウム $^{137}_{55}\mathrm{Cs}$ の原子核の数を N_0 とする。時間 t 年経過した後のセシウム $^{137}_{55}\mathrm{Cs}$ の原子核の数 N を，N_0，t を用いて表せ。

(2) セシウム $^{137}_{55}\mathrm{Cs}$ の原子核が 2.00×10^{25} 個あるとする。10年後のセシウム $^{137}_{55}\mathrm{Cs}$ の原子核の数はいくつか。

(3) 放射能の強さを表す単位ベクレル(記号 Bq)は，1秒間に崩壊する原子核の個数として定義され，放射能の強さ I〔Bq〕は，原子核の数に比例する。そのときの比例定数は，半減期を T〔s〕としたとき，$\dfrac{0.693}{T}$ で与えられることが知られている。(2)の10年後のセシウム $^{137}_{55}\mathrm{Cs}$ の放射能の強さを有効数字3桁で求めよ。

(21．長崎大　改) ➡ 例題40

知識

409. 放射性崩壊 原子核は，原子のおよそ10000分の1の大きさであり，原子の質量のほとんどを占める。原子番号の大きな原子核には，不安定で，α 崩壊や β 崩壊によって，別の原子核に変わるものがある。ラジウム $^{226}_{88}\mathrm{Ra}$ は，α 崩壊をしてラドン Rn に変わる。次の各問に答えよ。ただし，真空中の光速を $3.0\times10^8\,\mathrm{m/s}$，$\alpha$ 粒子の質量を $6.6\times10^{-27}\,\mathrm{kg}$ とする。

(1) ラジウムの半減期は 1.6×10^3 年である。ラジウムの原子の数がもとの $\dfrac{1}{2\sqrt{2}}$ 倍になるのは何年後か。

(2) 静止したラジウムが崩壊したとき，放出される α 粒子の速さは，ラドンの速さの何倍か。また，α 粒子の運動エネルギーは，ラドンの運動エネルギーの何倍か。ただし，原子核の質量の比は，質量数の比に等しいとする。

(3) 放出される α 粒子の運動エネルギーは，$7.7\times10^{-13}\,\mathrm{J}$ である。α 粒子の速さは光速の何%か。ただし，$\sqrt{3}=1.73$，$\sqrt{7}=2.64$ とする。

(4) ラジウム $^{226}_{88}\mathrm{Ra}$ は，α 崩壊と β 崩壊を何回かした後，最終的には原子番号82の鉛 Pb になる。β 崩壊を n 回したとして，この鉛の質量数を n を用いて表せ。

(鹿児島大　改) ➡ 例題40・41

ヒント

408 (1) 半減期の式「$N=N_0\left(\dfrac{1}{2}\right)^{\frac{t}{T}}$」を用いる。

(2) $2 \fallingdotseq 1.26^3$ は，$\sqrt[3]{2} \fallingdotseq 1.26$ でもある。

409 (2) 運動量保存の法則を用いる。

(4) α 崩壊を x 回として式を立て，x を消去する。

知識

410. 核反応と運動エネルギー

原子核の崩壊とエネルギーの関係について，次の各問に答えよ。

(1)　静止していたある原子核が，質量がそれぞれ M_A〔kg〕と M_B〔kg〕の2個の原子核AとBに崩壊した。崩壊で発生するエネルギーを Q〔J〕として，原子核AとBの運動エネルギー K_A〔J〕，K_B〔J〕を求めよ。

(2)　ポロニウム ^{210}Po は，崩壊して ^{206}Pb となる。このとき放出される α 粒子の速さを 1.6×10^7 m/s とすると，^{206}Pb の運動エネルギーは何Jか。また，これは何MeVか。それぞれ有効数字2桁で求めよ。ただし，$1\ \mathrm{eV}=1.6\times10^{-19}$ J，α 粒子の質量を 6.6×10^{-27} kg とし，^{206}Pb と α 粒子の質量の比は，質量数の比に等しいとする。

(奈良女子大　改)　➡例題41

思考　記述

411. 質量欠損と結合エネルギー

グラフは，おもな原子核の，核子1個あたりの結合エネルギーを表す。グラフから，核子1個あたりの結合エネルギーは，質量数が大きくなるにつれて増加し，鉄 $^{56}_{26}Fe$ の原子核のあたりで最大になり，さらに質量数が大きくなると，ゆるやかに減少する傾向のあることがわかる。次の各問に答えよ。

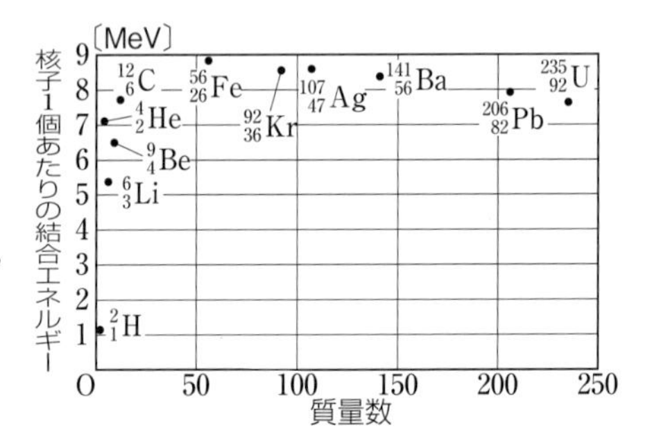

原子核	$^{235}_{92}U$	$^{141}_{56}Ba$	$^{92}_{36}Kr$
原子核1個あたりの結合エネルギー(MeV)	1.78×10^3	1.17×10^3	7.83×10^2

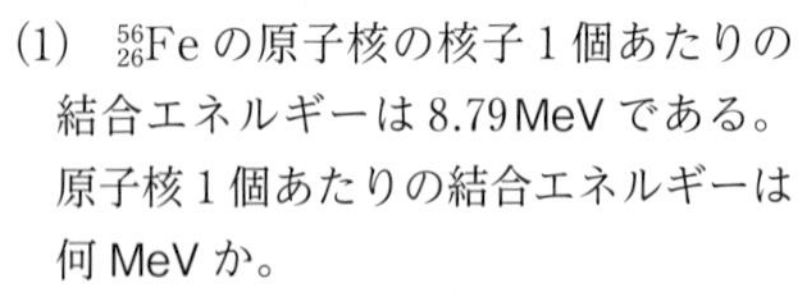

(1)　$^{56}_{26}Fe$ の原子核の核子1個あたりの結合エネルギーは8.79MeVである。原子核1個あたりの結合エネルギーは何MeVか。

(2)　ウラン $^{235}_{92}U$ の原子核が中性子1個を吸収して，バリウム $^{141}_{56}Ba$ とクリプトン $^{92}_{36}Kr$ の原子核，および3個の中性子になる核分裂がある。表で示された値を利用して，この核分裂における $^{235}_{92}U$ の原子核1個の分裂によって，放出されるエネルギーをMeV単位で求めよ。

(3)　陽子や重陽子などの軽い原子核どうしが結びつく核融合によっても，エネルギーが放出される。その理由を説明せよ。

(17. 愛知教育大　改)

ヒント

410　(1) 運動量保存の法則を利用する。発生したエネルギー Q は，K_A と K_B の和に等しい。

411　(2) 結合エネルギーが増加した分だけ，エネルギーが放出される。なお，単独の中性子に結合エネルギーはない。

知識

412. 恒星内部の核融合反応 ある恒星の内部では，次のような核融合反応がおこり，ヘリウム原子核が生成されている。ここで，p は陽子，e^+ は陽電子(電子と質量は同じで正の電荷をもつ粒子)，ν_e はニュートリノである。

① $p+p \longrightarrow {}^2_1H+e^++\nu_e$　② ${}^2_1H+p \longrightarrow$ (　　　)　③ 2(　　　) $\longrightarrow {}^4_2He+2p$

①，②，③の反応では，質量の減少によって，それぞれ 0.68×10^{-13} J，8.80×10^{-13} J，20.6×10^{-13} J のエネルギーが放出されているものとする。また，陽子 p の質量を 1.6726×10^{-27} kg，陽電子 e^+ の質量を 9.11×10^{-31} kg，真空中の光速を 3.00×10^8 m/s とし，ニュートリノ ν_e の質量は無視できるものとする。

(1) ②と③の(　　　)には同じ原子核が入る。(　　　)に入る原子核を答えよ。

(2) 重水素 ${}^2_1H$ の原子核の質量を，①の反応式から有効数字 5 桁で求めよ。

(3) ①～③の反応式から，4 個の陽子 p が，1 個のヘリウム ${}^4_2He$ の原子核と 2 個の陽電子，2 個のニュートリノになるときに発生するエネルギーを求めよ。

(4) ①～③の反応によって，この恒星が 1 年間に 1.20×10^{34} J のエネルギーを放出する場合，1 年間に何 kg の水素 ${}^1_1H$(陽子 p)がヘリウム ${}^4_2He$ に変換されているか。

(5) この恒星に含まれる水素 ${}^1_1H$ の質量が 2.00×10^{30} kg とすると，すべての水素が消費されるまでに何年かかるか。有効数字 1 桁で答えよ。　(21．大阪医科薬科大　改)

思考 やや難

413. 電子・陽電子の対消滅 陽電子は，電子の反粒子であり，電子の質量 m と等しく，正の電荷をもち，電荷の大きさは電子の電荷の大きさと等しい。物質中に入射した陽電子は，物質中の原子と衝突を繰り返し，静止した後，電子と対消滅をして γ 線光子を 2 つ放出する。このとき，対消滅によって失われた全質量 $2m$ が，γ 線光子のエネルギーに変換される。この対消滅の現象について，次の各問に答えよ。ただし，電子の質量を $m=9.1\times10^{-31}$ kg，光速を $c=3.0\times10^8$ m/s とする。

(1) 静止した陽電子と，運動エネルギーが 0 の電子が対消滅をして，2 つの γ 線光子が互いに逆向きに放出された。γ 線光子 1 個のエネルギーを求めよ。

(2) (1)における γ 線光子 1 個の運動量の大きさを求めよ。

次に，静止した陽電子と，運動エネルギーが 0 ではない電子が対消滅する場合を考える。電子の運動量の大きさが p で，その向きが図の y 軸の正の向きであるとき，2 つの γ 線光子が xy 平面内に放出された。1 つの γ 線光子の向きは，x 軸の正の向きとのなす角が θ であり，もう 1 つの γ 線光子の向きは，x 軸の負の向きとのなす角が θ であった。

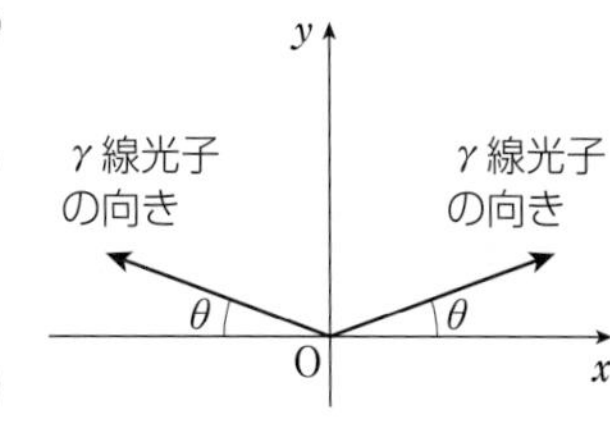

(3) $\sin\theta$ を，m，c，p を用いて表せ。

(慶應義塾大　改)

ヒント

412 (3) 1 個のヘリウム ${}^4_2He$ の原子核を生成するためには，それぞれの核反応式が何回ずつおこればよいかを，逆算して考え，発生するエネルギーを求める。

413 (3) 対消滅の前後で，エネルギーの保存，および運動量の保存が成り立つ。

総合問題

思考 記述

414. 光電効果◀ 光電効果は，金属に光があたると，電子が放出される現象である。1905年，アインシュタインは，光がエネルギーをもつ粒子(光子)であるという光量子仮説を唱え，光電効果を説明した。光量子仮説によると，光のエネルギーE〔J〕は，光の振動数ν〔Hz〕とプランク定数h〔J·s〕を用いて，$E=h\nu$で表される。次の各問に答えよ。

(1) 光量子仮説以前には，ヤングの干渉実験などから，光は波であるという波動説が有力であった。しかし，光電効果の発見によって，波動説に疑念がもたれるようになる。波動説で光電効果を説明できない理由を150字程度で述べよ。

(2) 光電効果の実験を行いたい。実験方法について，図の実験道具の中から必要なものを選び，図を用いて説明せよ。なお，図に示した実験道具以外に，必要なものがあれば用いてよい。 (愛知教育大 改)

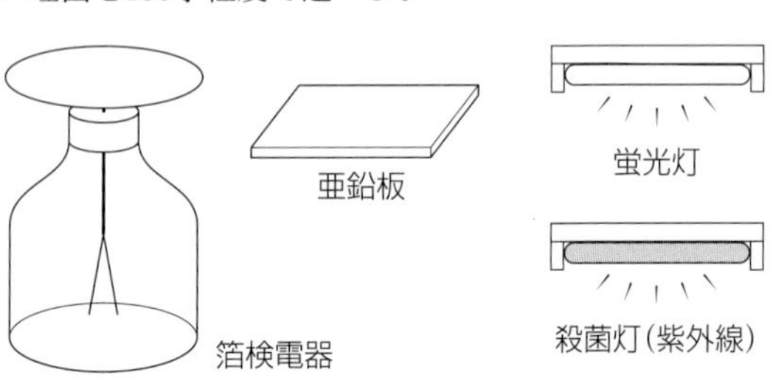

思考

415. 光子◀ 次の文の(　　)に入る適切な式を答えよ。

図のように，スピードガンは，正面に向かってくるボールに電波を照射し，反射された電波の振動数を検出して球速を測定する。真空中と空気中の光速をいずれもcとし，プランク定数をhとする。電波や可視光などの電磁波は，光子とよばれる粒子として扱える。また，振動数νの光子は，エネルギー$h\nu$と，電波の進む向きに運動量$\dfrac{h\nu}{c}$をもつ。

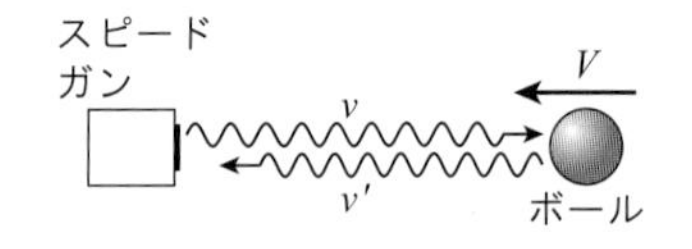

振動数νの光子1個と，質量M，速さVのボールの正面衝突を考える。図の右向きを正とし，ボールの衝突後の速さをV'，光子の衝突後の振動数をν'とする。ボールの運動の向きは負の向きで変わらない。運動量保存の法則から，$\dfrac{h\nu}{c}-MV=$(　1　)であり，エネルギー保存の法則から，$h\nu+\dfrac{1}{2}MV^2=$(　2　)となる。この2つの式からV'を消去すると，$\nu'-\nu=$(　3　)$+\dfrac{V}{c}(\nu+\nu')$となる。光子の運動量の大きさはボールの運動量の大きさに比べて十分に小さいので，右辺の第1項(　3　)は無視でき，$\nu'=$(　4　)$\times\nu$の関係が得られる。この式から，Vは，c，ν，ν'を用いて，$V=$(　5　)$\times c$と表すことができる。 (16. 東京理科大 改)

ヒント

414 (1) 波動のエネルギーは，振動数の2乗と振幅の2乗に比例する。

415 (3) 問題文で与えられた式を目安に，(1)，(2)で立てた式を変形していく。

思考

416. 光子による圧力◀ 1辺の長さがLの立方体容器内に，単位体積あたりN個の光子が存在し，不規則な運動をしている。光子どうしの衝突はなく，光子は容器の壁に衝突するまでは等速度運動をし，壁とは弾性衝突をするものとする。図のように，x軸，y軸，z軸をとり，以下では，x軸に垂直な面Aに着目して光子がおよぼす圧力を考察する。まず，面Aに向かって運動をしている1個の光子に着目する。光子の速さをc，運動量の大きさをpとし，それぞれのx成分をc_x，p_xとする。

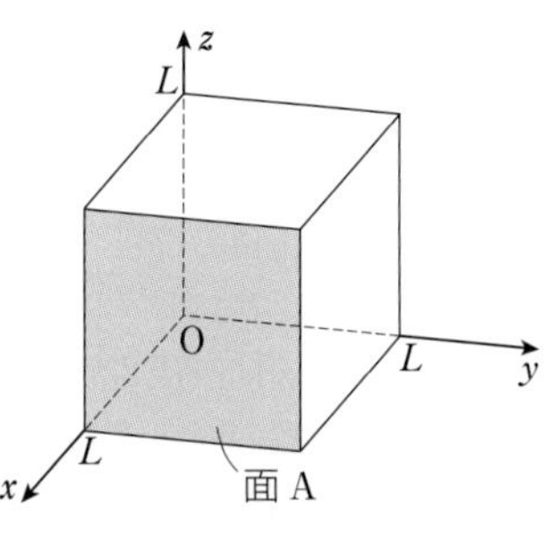

(1) この光子のp_xを，p，c，c_xを用いて表せ。

(2) この光子が単位時間に面Aにおよぼす力積の大きさI_xを，p_x，c_x，Lを用いて表せ。

次に，容器内の光子全体について考える。容器内の光子の数は十分に多く，光子全体の運動方向に偏りがなく，速度成分の2乗平均に関して，$\overline{c_x{}^2}=\frac{1}{3}c^2$の関係が成り立つとする。また，容器の各面が受ける圧力は等しいとする。

(3) 容器内の光子全体がおよぼす圧力Pを，N，p，cを用いて表せ。

(4) 容器内の光子全体の単位体積あたりのエネルギーをuとする。圧力Pを，uを用いて表せ。

(21．獨協医科大 改)

思考

417. 質量分析器◀ 図のように，領域1で静止していた質量m，電荷q (>0)の粒子を，電位差Vの極板間で加速し，磁束密度Bの一様な磁場がある領域2へ入射させる。図に示した向きにx，y，z軸をとると，粒子はxy面内で半径rの円軌道を描いた。

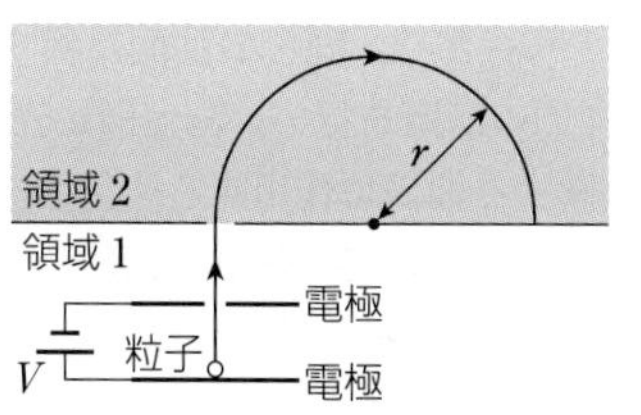

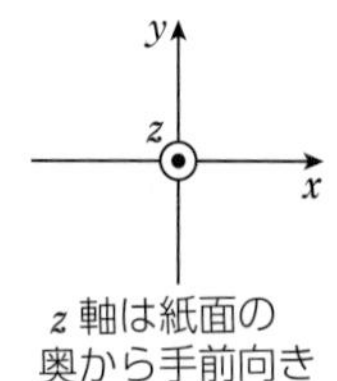

(1) 領域2へ入射したときの粒子の速さvはいくらか。

(2) 領域2の磁場の向きはどちら向きか。

(3) 半径rを，m，q，B，Vを用いて表せ。

元素には化学的性質は変わらないが，質量が異なる同位体が存在し，ウランの場合は^{235}Uと^{238}Uなどが存在する。ウラン原子を電荷が1.60×10^{-19}Cの1価の陽イオンにし，図の装置で円軌道の半径を測定すると，^{235}Uと^{238}Uを区別することができる。

(4) あるウラン原子を用いて半径rを測定したところ，$r=0.494$mであった。このウラン原子は^{235}U，^{238}Uのどちらと考えられるか。^{235}U，^{238}Uの原子1個の質量は，それぞれ3.90×10^{-25}kgと3.95×10^{-25}kgであり，磁束密度$B=1.00$T，電位差$V=5.00\times10^4$Vに設定していた。

(21．大阪電気通信大 改)

ヒント

416 (4) 光子1個のエネルギーは，速さcと運動量の大きさpの積cpで表される。

417 (2)(3) 粒子はローレンツ力を向心力として円運動をする。

思考 実験 やや難

418. 電気素量の測定◀

電気素量の測定に関して，次の各問に答えよ。なお，上下方向に向きのある物理量は，正負の符号つき物理量として扱う。

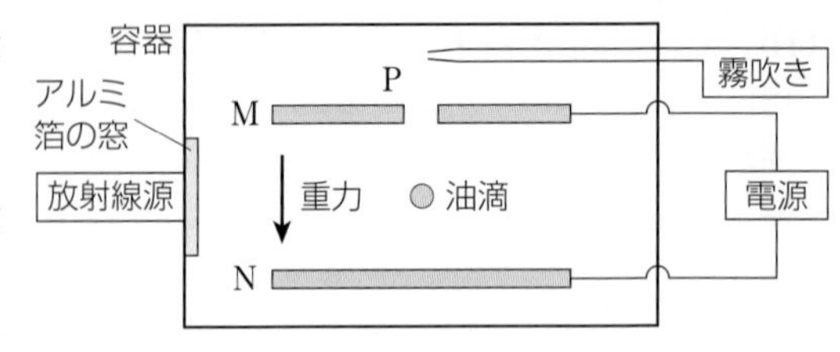

図のM，Nは直径 22cm の金属電極で，両者の間隔は16mmであり，電圧を加えることができる。Mの中心には小さな孔Pがあり，霧吹きによって生じた油滴が電極間に入るようになっている。手順1から4に沿って測定を行い，求めた油滴の半径 r と電荷の大きさ $|q|$ を表に示す。

	油滴1	油滴2	油滴3	油滴4
r〔$\times10^{-6}$m〕	0.9010	0.6386	0.4235	1.512
$1/r$〔$\times10^{6}$/m〕	1.110	1.566	2.361	0.6614
$\lvert q\rvert$〔$\times10^{-19}$C〕	3.951	10.49	9.236	20.42
	11.85	6.292	4.618	18.56
	1.976	12.58	13.85	22.27
	9.878	4.194	6.927	27.84

手順1　電極間の電圧を0にして，油滴を電極間に入れたところ，油滴は一定の速度 v_1 で落下した。

手順2　電場 E を加えたところ，油滴の速度はすみやかに一定の速度 v_2 になった。

手順3　容器に設けたアルミ箔の窓の外に放射線源を置き，油滴の電荷を変化させた。

手順4　手順2へもどり，同一の油滴に対する v_2 を測定した。同一の油滴に対して合計4回の測定を行い，測定順に表に示した。

(1)　速度 v で運動する油滴に作用する空気抵抗 F_S は，　$F_S=-krv$　…①
の式で近似できる。k は，空気抵抗を表す正の係数である。油滴の半径が十分に大きいとき，空気はなめらかな流体とみなすことができ，式①が成立する。手順1において，油滴に作用する力は空気抵抗と重力であり，空気による浮力は無視する。油の密度を ρ，重力加速度を g として，油滴の半径 r を求めよ。

(2)　手順2において，油滴に作用する力は，重力，空気抵抗，静電気力である。油滴の電荷 q を，v_1，v_2 を含んだ式で表せ。

(3)　表に示した油滴1から4の測定結果を用いて，それぞれの油滴に対して推定される電気素量 Q を，有効数字3桁で求めよ。また，$1/r$ と Q との関係を表すグラフを描け。

(4)　推定される電気素量 Q は，油滴によって異なる。これは，式①が近似式であることによる。式①の成立条件を考慮し，(3)のグラフを利用して，電気素量の値を求めよ。

(慶應義塾大　改)

ヒント

418　(3) 各油滴について，電荷の大きさの差をとって電気素量の推定値を調べる。

思考 やや難

419. 電子波と定常波◀ 運動エネルギー E(位置エネルギーは考えない)の電子の2次元の運動を考える。電子の電荷を $-e(e>0)$，質量を m，プランク定数を h とする。また，電子の閉じこめは，電子を完全に反射する障壁によるものとして扱い，障壁の表面では電子波の振幅は0になっているとする。

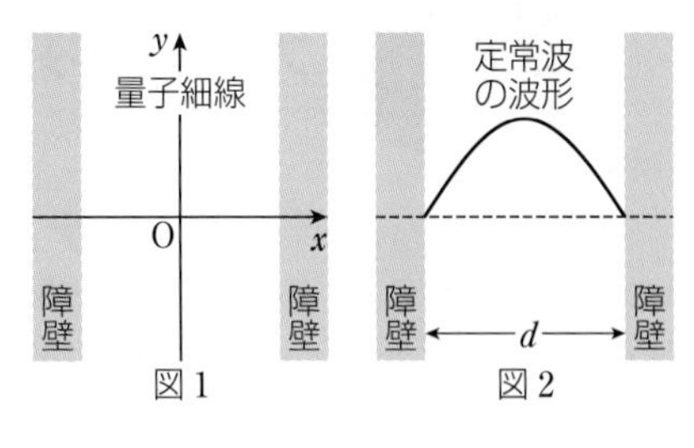

図1　図2

十分に長く，細い領域(量子細線とよぶ)に電子が閉じこめられている場合を考え，図1のように，障壁を配置し，障壁に垂直に x 軸，障壁間の中心線に y 軸をとる。量子細線内では，電子は波のように振る舞い，x 軸方向には定常波が形成されている。

(1) 図2のように，幅 d の量子細線の両端のみに節をもつ電子波の，x 軸方向の定常波の波長を求めよ。

(2) 幅 d の量子細線の x 軸方向に，両端のほかに $n-1$ 個の節をもつ電子波(以下，第 n 横モードとよぶ)の x 軸方向の運動量 $p_{x,n}$ を求めよ。ただし，n は自然数である。

(3) 第 n 横モードの電子波の y 軸方向の運動量 $p_{y,n}(>0)$ を，電子のエネルギー E，n などを用いて表せ。

(4) 量子細線内を y 軸方向に伝播できる，すべての横モードの指標 n が満たす不等式を求めよ。　(17．東京慈恵会医科大　改)

思考

420. 岩石の年代測定◀ 次の[　　]の中に適切な式を記入せよ。

カリウム－アルゴン法は，岩石中に含まれるカリウム40の核反応を利用して，岩石が生成した時期を推定する放射年代測定法の1つである。放射性同位体であるカリウム40は，次の2種類の核反応によって安定同位体へと変化する。

反応A：${}^{40}_{19}K+e^- \longrightarrow {}^{40}_{18}Ar+\gamma$　　反応B：${}^{40}_{19}K \longrightarrow {}^{40}_{20}Ca+e^-$

カリウム40の原子のうち，一部は(全体の10%とする)反応Aで，残りの部分は(全体の90%とする)反応Bで崩壊し，ともに T〔年〕で半減すると考えてよい。

年代測定に使われるのは反応Aで生じるアルゴン40である。マグマの中で核反応によって生じたアルゴン40は外界に拡散してしまい，岩石中に残らない。一方，冷えて岩石が形成された後に生成したアルゴン40はその場にとどまると考えてよい。岩石が形成された時点で，岩石内にアルゴン40は存在せず，カリウム40の存在量は N_0 であったとする。また，岩石が形成されてから現在まで t〔年〕が経過しているとする。

現在の岩石中のカリウム40の存在量 N_K は，$N_K=$[(1)]であり，現在のアルゴン40の存在量 N_{Ar} は，$N_{Ar}=$[(2)]である。岩石中の存在比を $\frac{N_{Ar}}{N_K}=a$ とすれば，岩石の年代 t と半減期 T の比は，a を用いて，$\frac{t}{T}=$[(3)]と表される。(22．奈良県立医科大　改)

ヒント

419 (3) 電子の運動エネルギーと運動量との関係を式で表す。(4) $p_{y,n}>0$ が条件となる。

420 (2) アルゴン40の存在量は，崩壊したカリウム40の量から求める。

特別演習

大学入学共通テスト 対策問題

◆ テストの概要 ◆

大学入学共通テストでは，知識の理解の質を問う問題や，思考力・判断力・表現力を要する問題が重視される。たとえば，社会生活・日常生活の中から課題を発見して解決方法を考える場面，資料やデータをもとに考察する場面など，種々の学習の過程を意識した場面に関する問題が扱われている。

「物理」科目では，科学的な探究の過程が特に重視される。受験生にとって既知でない内容も含めて，資料などをもとにして物理現象を分析的に考察したり，計算によって仮説を検証したりする力が求められる。

演習問題

思考 実験

1 運動の法則 物体の運動に関する探究の過程について，次の各問に答えよ。

A さんは，買い物でショッピングカートを押したり引いたりしたときの経験から，「物体の速さは物体にはたらく力と物体の質量のみによって決まり，(a)ある時刻の物体の速さ v は，その時刻に物体が受けている力の大きさ F に比例し，物体の質量 m に反比例する」という仮説を立てた。A さんの仮説を聞いたBさんは，この仮説は誤った思い込みだと思ったが，科学的に反論するためには実験を行って確かめることが必要であると考えた。

(1)　下線部(a) の内容を v，F，m の関係として表したグラフとして最も適当なものを，次の①～④のうちから一つ選べ。

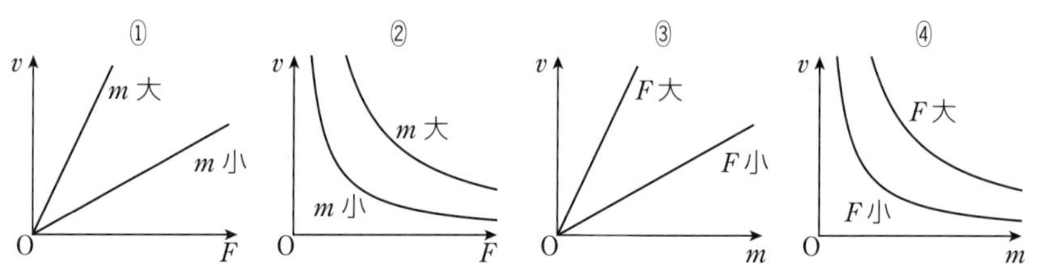

Bさんは，水平な実験机上をなめらかに動く力学台車と，ばねばかり，おもり，記録タイマー，記録テープからなる図1のような装置を準備した。そして，物体に一定の力を加えた際の，力の大きさや質量と物体の速さの関係を調べるために，次の2通りの実験を考えた。

【実験1】いろいろな大きさの力で力学台車を引く測定を繰り返し行い，力の大きさと速さの関係を調べる実験。

【実験2】いろいろな質量のおもりを用いる測定を繰り返し行い，物体の質量と速さの関係を調べる実験。

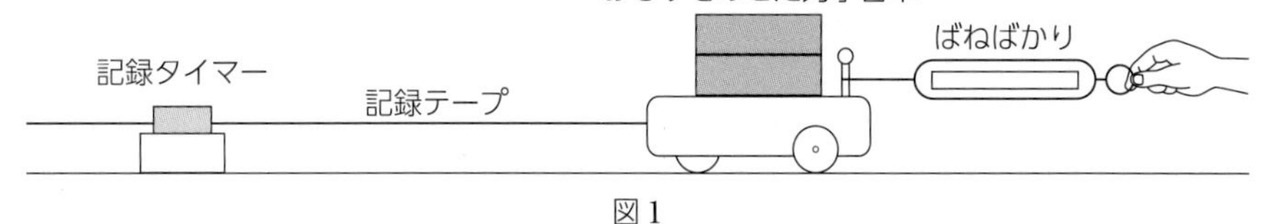

図1

(2) 【実験1】を行うときに必要な条件について説明した次の文章中の空欄 ア , イ に入れる語句として最も適当なものを，それぞれの直後の{ }で囲んだ選択肢のうちから一つずつ選べ。

それぞれの測定においては力学台車を一定の大きさの力で引くため，力学台車を引いている間は，

ア {① ばねばかりの目盛りが常に一定になる ② ばねばかりの目盛りが次第に増加していく ③ 力学台車の速さが一定になる} ようにする。

また，各測定では，

イ {① 力学台車を引く時間 ② 力学台車とおもりの質量の和 ③ 力学台車を引く距離} を同じ値にする。

【実験2】として，力学台車とおもりの質量の合計が，

ア：3.18kg
イ：1.54kg
ウ：1.01kg

の3通りの場合を考え，各測定とも台車を同じ大きさの一定の力で引くことにした。この実験で得られた記録テープから，台車の速さ v と時刻 t の関係を表す図2のグラフを描いた。ただし，台車を引く力が一定となった時刻をグラフの $t=0$ としている。

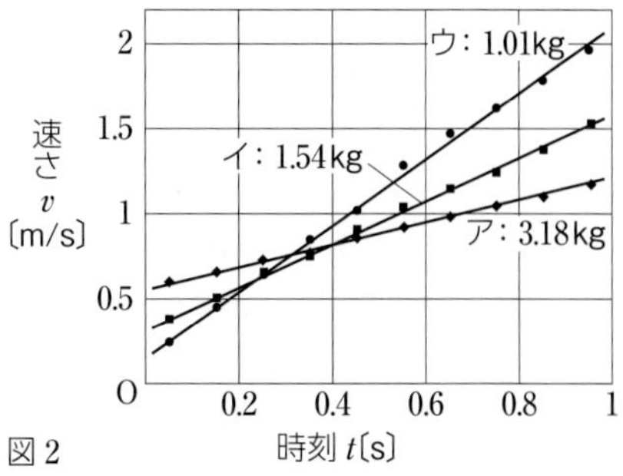

図2

(3) 図2の実験結果から，Aさんの仮説が誤りであると判断する根拠として最も適当なものを，次の①～④のうちから一つ選べ。

① 質量が大きいほど速さが大きくなっている。
② 質量が2倍になると，速さは4分の1倍になっている。
③ 質量による運動への影響は見いだせない。
④ ある質量の物体に一定の力を加えても，速さは一定にならない。

(22. 共通テスト 改)

思考

2 **運動量と力積** Aさんは固定した台座の上に立っていて，Bさんは水平な氷上に静止したそりの上に立っている。図1のように，Aさんが質量mのボールを速さv_A，水平面となす角θ_Aで斜め上方に投げたとき，ボールは速さv_B，水平面となす角θ_Bで，Bさんに届いた。そりとBさんをあわせた質量はMであった。ただし，そりと氷との間に摩擦力ははたらかず，空気抵抗は無視できるものとする。

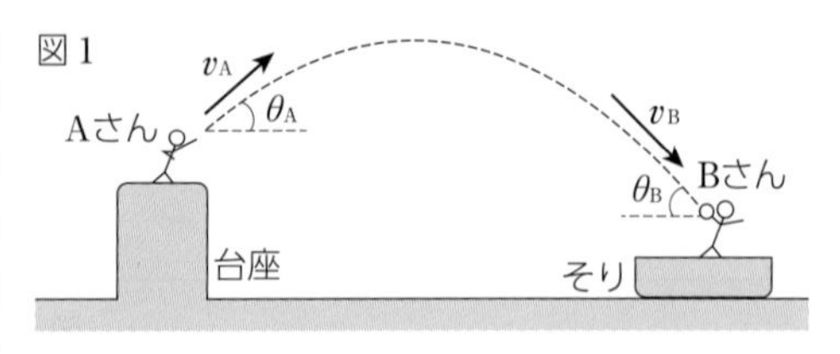

(1) 図1のように，Aさんが投げた瞬間のボールの高さの方が，Bさんに届く直前のボールの高さより高いとき，v_A，v_B，θ_A，θ_Bの大小関係を表す式として正しいものを，次の①～④のうちから一つ選べ。

① $v_A > v_B$, $\theta_A > \theta_B$　② $v_A > v_B$, $\theta_A < \theta_B$　③ $v_A < v_B$, $\theta_A > \theta_B$　④ $v_A < v_B$, $\theta_A < \theta_B$

(2) Bさんが届いたボールを捕球して，そりとBさんとボールが一体となって運動するときの全力学的エネルギーE_2と，捕球する直前の全力学的エネルギーE_1との差$\varDelta E = E_2 - E_1$について記述した文として最も適当なものを，次の①～④のうちから一つ選べ。

① $\varDelta E$は負の値であり，失われたエネルギーは熱などに変換される。
② $\varDelta E$は正の値であり，重力のする仕事の分だけエネルギーが増加する。
③ $\varDelta E$はゼロであり，エネルギーは常に保存する。
④ $\varDelta E$の正負は，mとMの大小関係によって変化する。

(3) 図2のように，Bさんが届いたボールを捕球できず，ボールがそり上面に衝突し跳ね返る場合を考える。このとき，衝突前に静止していたそりは，衝突後も静止したままであった。ただし，そり上面は水平となっており，そり上面とボールの間には摩擦力ははたらかないものとする。以下の考察の内容が正しくなるように，次の文章中の空欄［ア］・［イ］に入れる語句の組みあわせとして最も適当なものを，下の①～④のうちから一つ選べ。

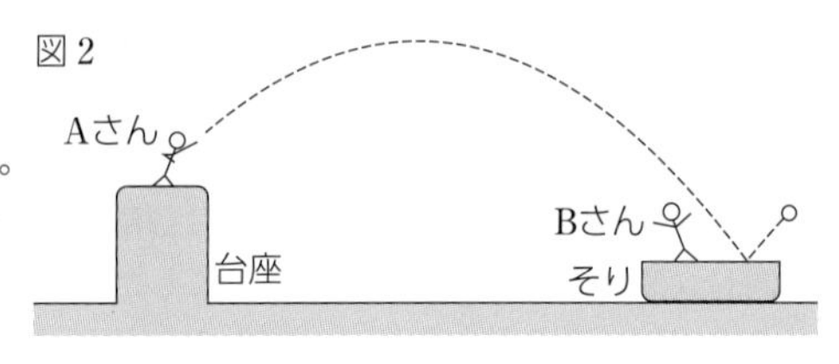

【考察】そりは摩擦のない氷の上にあるが，全く動かなかったので，ボールからそりにはたらいた力の［ア］，ボールとそりの衝突は［イ］と言える。

	ア	イ
①	力積がゼロ	エネルギー保存の法則から必ず弾性衝突になる
②	力積がゼロ	鉛直方向の運動によっては弾性衝突とは限らない
③	水平方向の成分がゼロ	エネルギー保存の法則から必ず弾性衝突になる
④	水平方向の成分がゼロ	鉛直方向の運動によっては弾性衝突とは限らない

（21．共通テスト　改）

思考

3 **気体の状態変化** シリンダーに，なめらかに動くピストンが取り付けられ，その中に気体が閉じ込められている。図1は，この気体を等温変化させたときの圧力と体積の変化のグラフである。

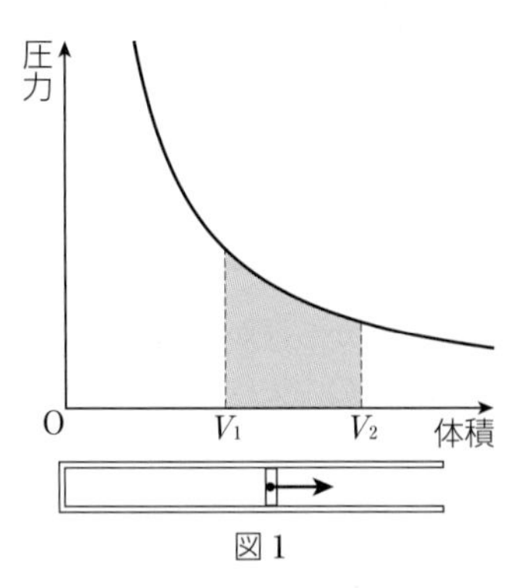

図1

(1) 図1のグラフの塗りつぶした部分の面積は，気体の体積が V_1 から V_2 へと変化する間に，気体が ＿＿ に対応する。＿＿ にあてはまる正しいものを，次の(イ)～(ニ)のうちからすべて選び出した組みあわせとして最も適当なものを，以下の①～⑨のうちから一つ選べ。

(イ) する仕事　　(ロ) される仕事

(ハ) 放出する熱量　　(ニ) 吸収する熱量

① (イ)　② (ロ)　③ (ハ)

④ (ニ)　⑤ (イ)と(ハ)　⑥ (イ)と(ニ)

⑦ (ロ)と(ハ)　⑧ (ロ)と(ニ)　⑨ 該当なし

図2は，シリンダー内の気体を，室内において2通りの方法で圧縮したときの，圧力と体積の変化のグラフである。温度が室温である最初の状態Aから，断熱変化させたのが状態B，状態Aから等温変化させて状態Bと同じ体積にしたのが状態Cである。状態Bでピストンを固定して，周囲と熱のやりとりができるようにすると，気体の温度が室温と同じ状態Cになるという定積過程を考えることができる。3つの過程(A→B，B→C，A→C)における，気体の内部エネルギーの変化，気体が吸収する熱量，気体がされる仕事を以下の表のように表した。

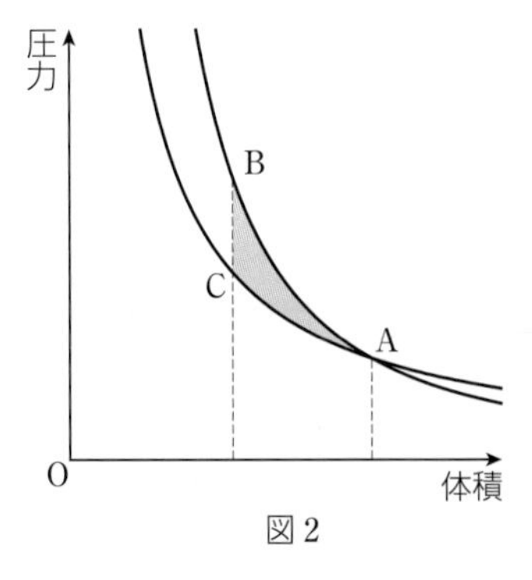

図2

	A→B	B→C	A→C
気体の内部エネルギーの変化	ΔU_{AB}	ΔU_{BC}	ΔU_{AC}
気体が吸収する熱量	Q_{AB}	Q_{BC}	Q_{AC}
気体がされる仕事	W_{AB}	W_{BC}	W_{AC}

(2) 表には9個の物理量があるが，0になる物理量の組みあわせとして最も適当なものを，次の①～⑥のうちから一つ選べ。

① ΔU_{AB}，Q_{BC}，W_{AC}　② ΔU_{AB}，W_{BC}，Q_{AC}

③ Q_{AB}，ΔU_{BC}，W_{AC}　④ Q_{AB}，W_{BC}，ΔU_{AC}

⑤ W_{AB}，ΔU_{BC}，Q_{AC}　⑥ W_{AB}，Q_{BC}，ΔU_{AC}

(22．共通テスト追・再試　改)

思考 実験

4 弦に生じる定常波 図1のように，金属製の弦の一端を板の左端に固定し，弦の他端におもりを取り付け，板の右端にある定滑車を通しておもりをつり下げた。そして，こま1とこま2を使って，弦を板から浮かした。さらに，こま1とこま2の中央にU型磁石を置き，弦に垂直で水平な磁場がかかるようにした。そして，弦に交流電流を流した。電源の交流周波数は自由に変えることができる。こま1とこま2の間隔をLとする。ただし，電源をつないだことによる弦の張力への影響はないものとする。

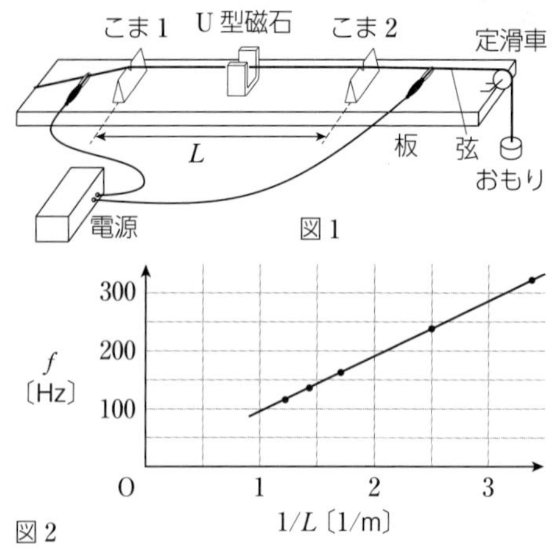

図1

図2

弦に交流電流を流して，腹が1個の定常波が生じたときの交流周波数fを測定した。これは，交流周波数と弦の基本振動数が一致して共振をおこした結果である。U型磁石が常に中央にあるように，こま1とこま2の間隔Lを変えながら実験を行い，縦軸に基本振動数f，横軸に$\frac{1}{L}$を取って，図2のようなグラフを作成した。

(1) $L=0.50$ m の弦の基本振動数は何 Hz か。最も適当な数値を，次の①～④のうちから一つ選べ。 [1] Hz

① 1.7×10^2　② 1.9×10^2　③ 2.7×10^2　④ 3.1×10^2

(2) 弦を伝わる波の速さは何 m/s か。次の空欄 [2] ～ [4] に入れる数字として最も適当なものを，次の①～⓪のうちから一つずつ選べ。ただし，同じものを繰り返し選んでもよい。 [2].[3]×10^[4] m/s

① 1　② 2　③ 3　④ 4　⑤ 5
⑥ 6　⑦ 7　⑧ 8　⑨ 9　⓪ 0

(3) 定常波について述べた次の文章中の空欄 [5] に入れる式として最も適当なものを，以下の①～④のうちから一つ選べ。

一般に，定常波は，波長も振幅も等しい逆向きに進む2つの正弦波が重なりあって生じる。図3は，時刻$t=0$の瞬間の右に進む正弦波の変位y_1(実線)と左に進む正弦波の変位y_2(破線)を，位置xの関数として表したグラフである。それぞれの振幅をA_0，波長をλ，振動数をfとすると，時刻tにおいて，

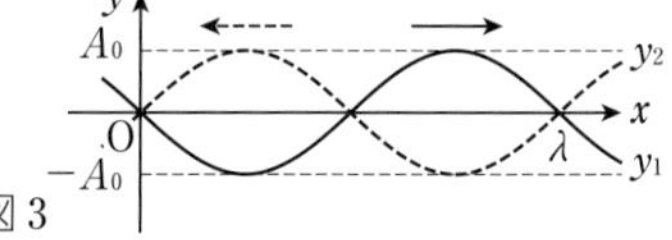

図3

$y_1=A_0\sin2\pi\left(ft-\frac{x}{\lambda}\right)$，$y_2=$ [5] と表される。

① $A_0\cos2\pi\left(ft+\frac{x}{\lambda}\right)$　② $-A_0\cos2\pi\left(ft+\frac{x}{\lambda}\right)$

③ $A_0\sin2\pi\left(ft+\frac{x}{\lambda}\right)$　④ $-A_0\sin2\pi\left(ft+\frac{x}{\lambda}\right)$　(21．共通テスト第2日程 改)

思考

5 **光の進み方** 装飾用にカット(研磨成形)したダイヤモンドが明るく輝く理由を考える。文章中の空欄 ア ～ キ に入れる語句や式として最も適当なものを，下の解答群からそれぞれ一つずつ選べ。ただし，同じものを繰り返し選んでもよく，解答群の「部分反射」は，境界面に入射した光の一部が反射し，残りの光は境界面を透過することを表す。

図1は，装飾用にカットしたダイヤモンドの断面であり，DE 面上のある点Pから入射した単色光の光路の一部を示している。この単色光でのダイヤモンドの絶対屈折率を n，外側の空気の絶対屈折率を1とすると，DE 面の入射角 i と屈折角 r の関係は ア で与えられる。点Pで屈折した光は，AC 面に入射角 θ_{AC} で入射する。このとき，θ_{AC} が大きくなり，臨界角 θ_C を超えると全反射がおこる。この臨界角 θ_C は イ から求められる。

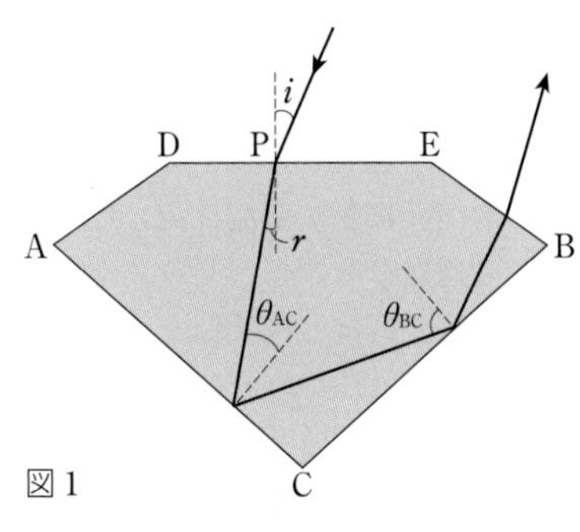

図1

図2は，入射角 i に対する AC 面の入射角 θ_{AC} と BC 面の入射角 θ_{BC} の変化を示す。(a)はダイヤモンド，(b)は同じ形にカットしたガラスの場合を示し，記号に ′ をつけて区別している。入射角が $i=i_c$ のとき，θ_{AC} はダイヤモンドの臨界角と等しい。

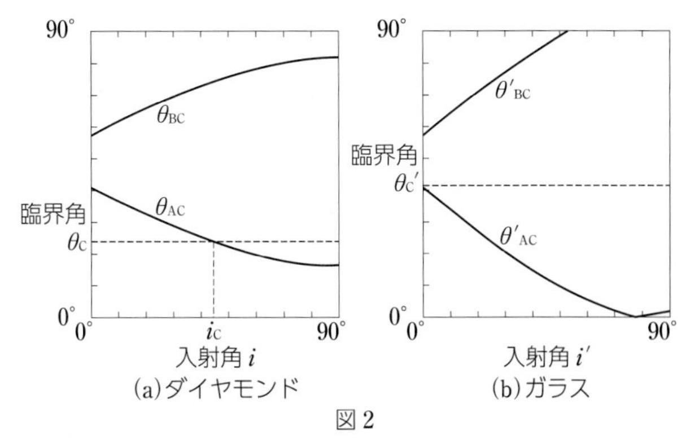

図2

光は，ダイヤモンドでは，$0° < i < i_c$ のとき面 AC で ウ し，$i_c < i < 90°$ のとき面 AC で エ する。ガラスでは，$0° < i' < 90°$ のとき面 AC で オ する。また，ダイヤモンドでは $0° < i < 90°$ のとき，面 BC で全反射する。ガラスでは面 BC に達した光は全反射する。

したがって，ダイヤモンドはガラスよりも屈折率が カ ため臨界角が小さく，入射角の広い範囲で二度 キ し，観察者のいる上方へ進む光がより多くなるため，ダイヤモンドはガラスよりも明るく輝いて見える。

解答群

① $\sin i = n \sin r$　② $\sin i = \frac{1}{n} \sin r$　③ $\sin\theta_C = n$　④ $\sin\theta_C = \frac{1}{n}$

⑤ 全反射　⑥ 部分反射　⑦ 屈折　⑧ 大きい　⑨ 小さい

(21．共通テスト　改)

思考

6 **コンデンサーを含む回路** 図のように，抵抗値が $10\,\Omega$ と $20\,\Omega$ の抵抗，抵抗値 R を自由に変えられる可変抵抗，電気容量が 0.10F のコンデンサー，スイッチおよび電圧が 6.0V の直流電源からなる回路がある。最初，スイッチは開いており，コンデンサーは充電されていないとする。

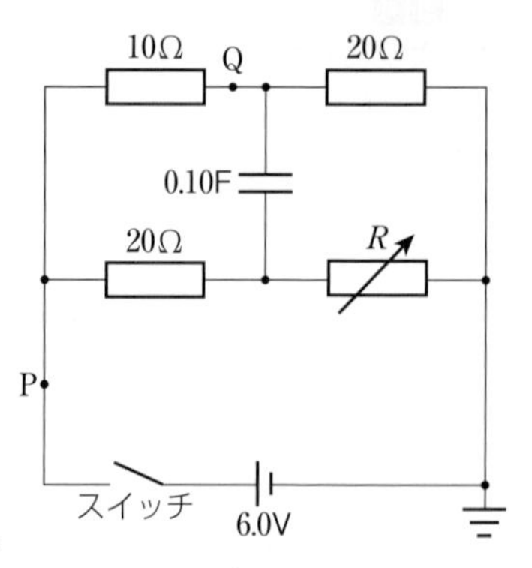

(1) 次の文章中の空欄 [1] に入れる選択肢として最も適当なものを，下の①～④のうちから一つ選べ。また，空欄 [2] に入れる数字として最も適当なものを，下の①～⑤のうちから一つ選べ。

可変抵抗の抵抗値を $R=10\,\Omega$ に設定する。スイッチを閉じた瞬間はコンデンサーに電荷はたくわえられていないので，コンデンサーの両端の電位差は 0V である。スイッチを閉じた瞬間の回路は [1] と同じ回路とみなせ，スイッチを閉じた瞬間に点Qを流れる電流の大きさは [2] $\times 10^{-1}$ A である。

[1] の解答群

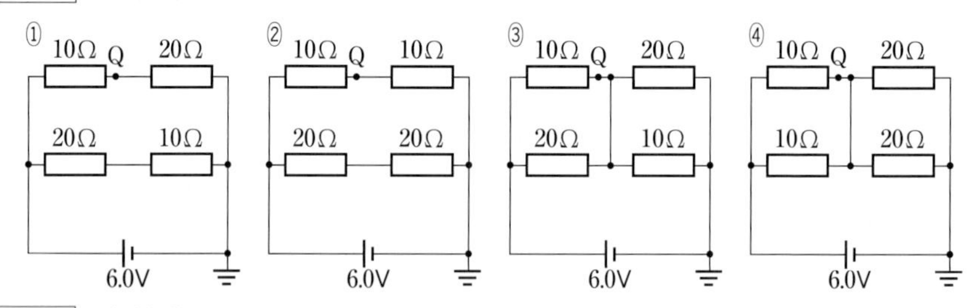

[2] の解答群

① 1.0　② 2.0　③ 3.0　④ 4.0　⑤ 5.0

(2) 次の文章中の空欄 [3]・[4] に入れる数値として最も適当なものを，下の①～⑤のうちから一つずつ選べ。ただし，同じものを繰り返し選んでもよい。

可変抵抗の抵抗値を $R=10\,\Omega$ にしたまま，スイッチを閉じて十分に時間が経過すると，コンデンサーに流れ込む電流は 0A となる。このとき，図の点Pを流れる電流の大きさは [3] A で，コンデンサーにたくわえられた電気量は [4] C であった。

① 0.10　② 0.20　③ 0.30　④ 0.40　⑤ 0.50

(3) スイッチを開いてコンデンサーにたくわえられた電荷を完全に放電させ，可変抵抗の抵抗値を変え，再びスイッチを入れると，点Pを流れる電流はスイッチを入れた直後の値を保持した。このときの可変抵抗の抵抗値 R を有効数字 2 桁で表すと，[5].[6] $\times 10^{[7]}$ Ω である。空欄 [5] ～ [7] に入れる数字として最も適当なものを，次の①～⓪のうちから一つずつ選べ。ただし，同じものを繰り返し選んでもよい。

① 1　② 2　③ 3　④ 4　⑤ 5
⑥ 6　⑦ 7　⑧ 8　⑨ 9　⓪ 0

（21．共通テスト　改）

思考 実験

7 コイルを通り抜ける磁石 図1のように，2つのコイルをオシロスコープにつなぎ，平面板をコイルの中を通るように水平に設置し，台車に初速を与えてこの板の上を走らせる。台車は平面板の上をなめらかに動き，台車に固定した細長い棒の先には，台車の進行方向にN極が向くように軽い棒磁石が取り付けられている。この実験では，コイル間の相互インダクタンスの影響は無視できるものとする。

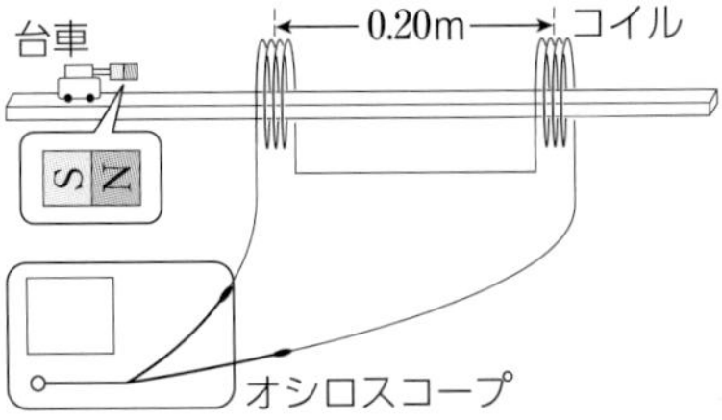

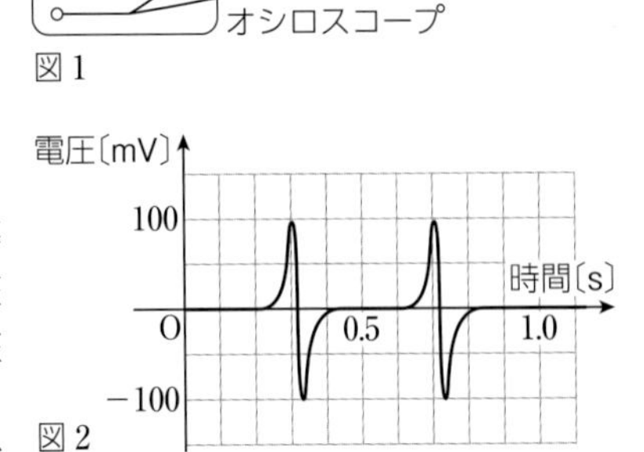

図1

電圧〔mV〕 100 −100 O 0.5 1.0 時間〔s〕

図2

台車が運動することにより，コイルには誘導起電力が発生する。オシロスコープにより電圧を測定すると，台車が動きはじめてからの電圧は図2のようになった。

(1) この実験に関して述べた次の文章中の空欄 [1] ～ [4] に入れる語句として最も適当なものを，以下の解答群からそれぞれ一つずつ選べ。ただし，同じものを繰り返し選んでもよい。

コイルに電磁誘導による電流が流れると，その電流がつくる磁場は，台車の速さを [1] する力をおよぼす。しかし，実際にはこの力は小さく，台車の運動はほぼ等速直線運動をした。この力が小さい理由は，オシロスコープの内部抵抗が [2] ので，コイルを流れる電流が [3] からである。空気抵抗も台車に影響を与えるが，この実験では台車が遅く，さらに台車の質量が [4] ので，空気抵抗の影響は小さい。

[1] の解答群

① 大きく　② 小さく　③ 台車に近づくときは大きく，遠ざかるときは小さく

④ 台車に近づくときは小さく，遠ざかるときは大きく

[2] ～ [4] の解答群

① 大きい　② 小さい

(2) Aさんが条件を変えて実験したところ，結果は図3のようになった。Aさんが加えた変更として最も適当なものを，次の①～⑤のうちから一つ選べ。ただし，選択肢に記述されている以外の変更は行わなかったものとし，磁石を追加した場合は，元の磁石と同じものを使用したものとする。

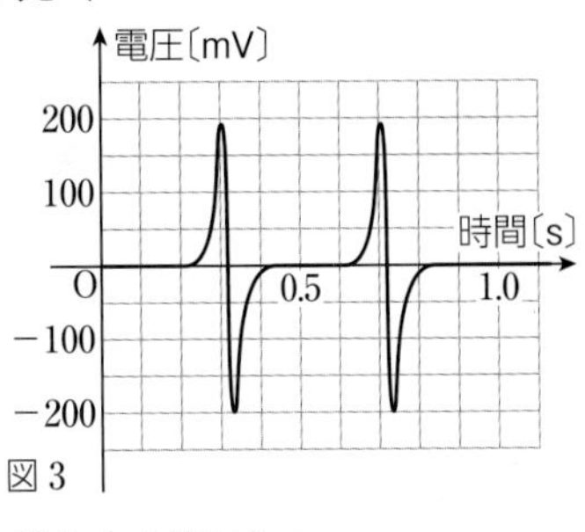

図3

① 台車の速さを $\sqrt{2}$ 倍にした。　② 台車の速さを2倍にした。

③ 台車につける磁石を [S N S N] のように2個つなげたものに交換した。

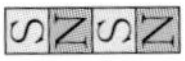

④ 台車につける磁石を [N S / S N] のように2個たばねたものに交換した。

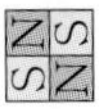

⑤ 台車につける磁石を [S N / S N] のように2個たばねたものに交換した。

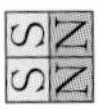

(22．共通テスト　改)

論述問題

第Ⅰ章 力学

思考 記述

1 ジャンプする台車 図のように，水平な面上を一定の速度で走る台車がある。この台車が，ある点Aで水平から角度45°の向きにジャンプして水平面をはなれ，最大の高さに達したとき，台車の前方にある塀の最上部すれすれを飛び越える装置をつくる。次の①，②の2つの方法でこの装置をつくるとき，いずれの場合も，台車は点Aに到達したときに，ある速さで動いている必要がある。①，②のそれぞれの装置について，水平な面上での台車の速さは，どちらが大きいか，あるいは等しいか。理由とともに答えよ。ただし，塀の厚さ，台車の大きさは無視できるものとする。

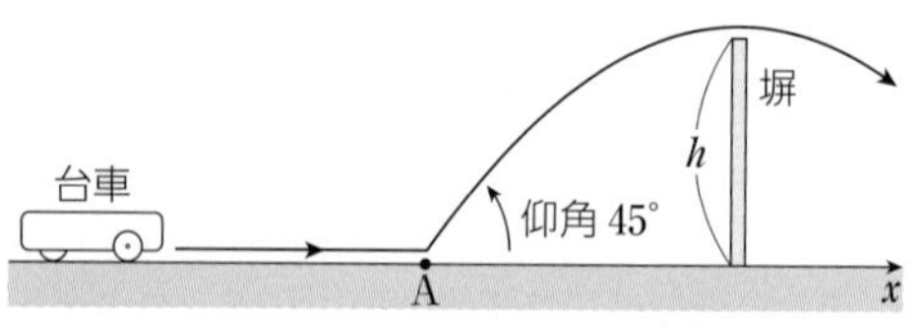

①点Aに，速さを変えずに角度を45°の向きに変えるジャンプ台を設置する。

②点Aに台車が到達したときに，瞬間的に鉛直上向きに圧縮空気を噴射し，台車の向きを水平から45°に変えてジャンプさせる装置を設置する。

思考 記述

2 レール上の球の運動 図のように，内側レールと外側レールの間を摩擦なく球が転がる装置をつくる。ばねをある距離だけ縮め，球を打ち出したところ，球は2重レール内の高さがhの点に到達した後，経路を逆もどりした。次に，内側レールを取り外し，同じだけばねを縮めて打ち出したところ，球はレールからの垂直抗力が0となる位置からレールをはなれ，斜方投射の放物運動をした。このとき，球の放物運動の最高到達点は，hよりも低くなった。この理由を説明せよ。

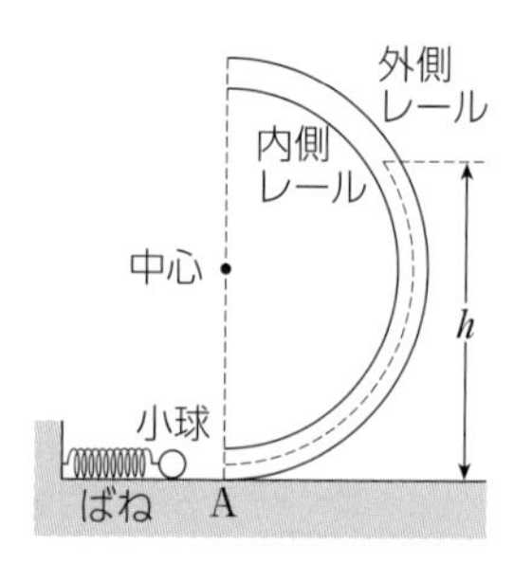

思考 記述

3 宇宙ステーションでの体重測定 無重力状態の宇宙ステーション内では，わたしたちが普段使用する体重計を用いて体重(質量)を測ることができない。そこで，ばねの単振動を利用する方法が用いられる。ばね定数kのばねに，なめらかに動く質量mの台を取りつけ，台に乗った人が振動する装置で周期Tを測り，Tの値をもとに体重を測定する。この装置の原理を説明せよ。

思考 記述

4 物体系の物理量 2つの台車がなめらかな直線上を互いに逆向きに運動し，正面衝突をする。直線は水平面内にあり，2つの台車の向き合う面には，衝突すると合体し，はなれなくなるような加工がされている。これらの台車の衝突実験において，次の物理量は，どのように変化するか，簡潔に説明せよ。

① 2つの台車の運動量の合計　　② 2つの台車の運動エネルギーの合計

③ 2つの台車の重心の速度

第Ⅱ章　熱力学

思考　記述

5　二乗平均速度　気体の温度は，気体分子の運動エネルギーの平均値で決まる。2種類の同じ温度の単原子分子からなる理想気体を考えるとき，原子量の大きな気体と，小さな気体で，二乗平均速度はどちらが大きくなるといえるか，簡潔に説明せよ。

思考　記述

6　気体の変化と力　図のように，内部に気体が入った円筒容器を鉛直に設置し，ピストンを位置Aまで押しこんだとき，加えた力の大きさは F_1 であった(状態1)。その後，気体の温度が変わらないように，ゆっくりとピストンを位置Bまで押しこみ，次に，断熱的にピストンを位置Aまでもどした(状態2)。このときのピストンを押す力の大きさ F_2 と，もとの力の大きさ F_1 とでは，どちらが小さいか。理由とともに説明せよ。

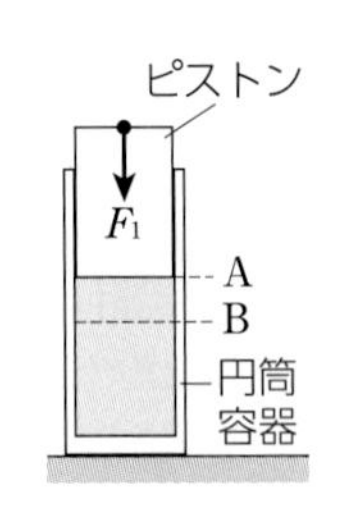

第Ⅲ章　波動

思考　記述

7　管楽器　フルートは，吹き口部と管部からなる管楽器で，奏者が吹き口に軽く息を吹くと，吹き口部が音源となり，音源から出た音が管部で共鳴する。フルートの吹き口は奏者の口で閉じられることはなく，両端が開いた開管とみなせる。クラリネットも，音源となる吹き口部と管部からなる管楽器であるが，音源である吹き口は，奏者の口で閉じられており，管部は片側だけが閉じた閉管とみなせる。管部の長さが同じであるフルートとクラリネットで，それぞれが出すことができる最も低い音の振動数には，どのような関係があるか，簡潔に説明せよ。ただし，開口端補正は考慮しなくてよい。　(21．関西医科大　改)

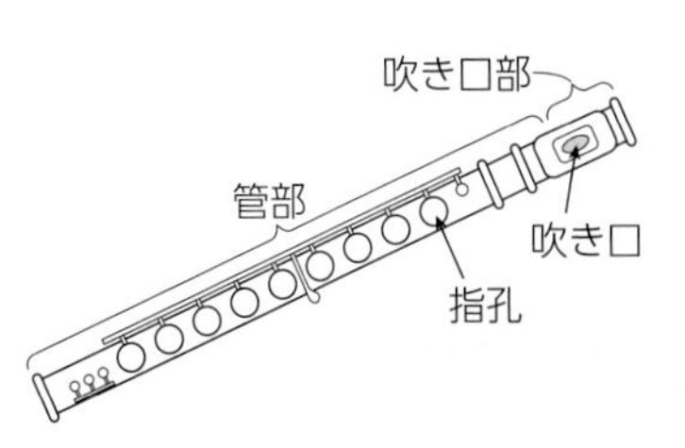

思考　記述

8　光のドップラー効果　一直線の道路上に物体が静止しており，一定の振動数の光と音を発し続けている。道路を走行する自動車の中の観察者が，この光と音を観察する。自動車が物体の近くを通過する前後において，車内の観察者は，音の高さの変化を認識することができる。しかし，光の色の変化を認識することはできない。その理由を50字以内で説明せよ。ただし，音のドップラー効果と同じ原理で，光のドップラー効果についても考えることができるものとする。

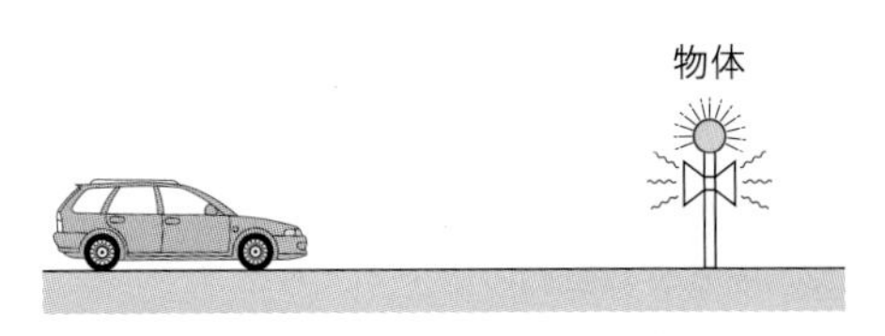

第Ⅳ章　電気

思考 記述

9　静電気力による位置エネルギー　水平な一直線上において，大きさの等しい正の電荷をもつ2つの質点A，Bの運動を考える。静止している質点Bに向かって，質点Aを十分に遠方から発射すると，A，B間の距離が最小となったとき，A，Bの運動エネルギーの和は最小となる。その理由を150字以内で説明せよ。ただし，A，Bにはたらく重力は無視できるものとする。

思考 記述

10　電流計と電圧計　電流計や電圧計は，抵抗を接続することで，その測定範囲を広げることができる。電流計，電圧計のそれぞれについて，抵抗の接続の仕方や，接続する抵抗の値と測定可能な値(電流または電圧)との関係を，A4用紙1枚以内で説明せよ。図を用いてもよい。なお，電流計や電圧計の内部抵抗の値はわかっているものとする。

思考 記述

11　電力輸送　発電所で発電された電気は，送電線を通じて，高い電圧で遠方まで輸送される。発電所から送電するときの電圧の実効値をV〔V〕，輸送する電力を一定値P〔W〕とし，これらの記号を用いて，高電圧で送電する理由を説明せよ。

第Ⅴ章　磁気

思考 記述

12　誘導電流　図のように，一部の形状が円弧となっているコイルが，絶縁体の棒に取り付けられ，支点Oを中心として鉛直面内で振り子のように振動する。支点Oよりも右側の領域には，紙面の裏から表の向きに一様な磁場が加えられている。コイルは一定の電気抵抗をもっており，摩擦や空気抵抗は無視できるものとする。図の状態でコイルを静かにはなしてから，十分な時間が経過するまでの間，コイルの運動はどのように変化していくか。エネルギーの観点から，200字以内で説明せよ。

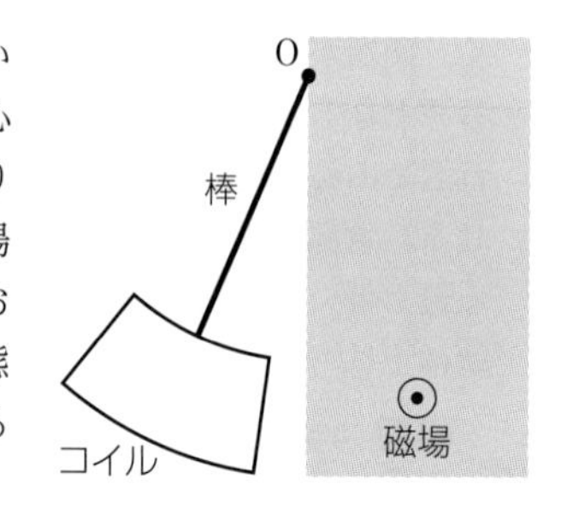

思考 記述

13　ネオジム磁石の落下　アルミニウム板とアクリル板を水平に置き，その上にそれぞれネオジム磁石をのせる。2つの板とネオジム磁石は，磁力によって反発したり，引きあったりしない。図のように，ネオジム磁石を乗せたそれぞれの板を同じだけ傾けると，アクリル板上のネオジム磁石は板の上をすべりおりた。アルミニウム板上でのネオジム磁石の動きは，どのようになるか。アクリル板の場合と比較して説明せよ。また，そのように考えた理由を簡潔に説明せよ。ただし，摩擦力は無視できるものとする。

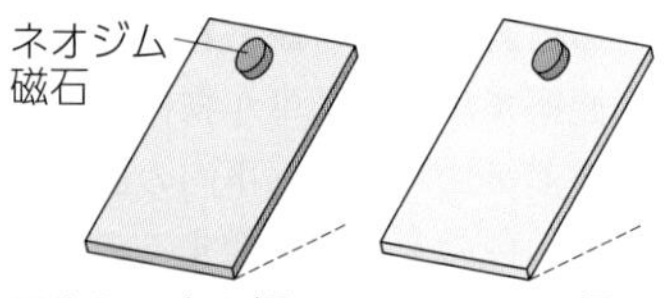

思考 記述

14 光電効果 光電管の陰極に光をあて，流れる光電流を測定する実験を行った。図は，光電管の陰極に対する陽極の電位Vと，光電流Iとの関係を示している。このグラフから，陰極にあてる光の振動数を変えずに光の強さを2倍にすると，光電流Iは2倍になるが，光電流Iが0になるときの陽極の電位の値は変わらないことがわかる。その理由を200字以内で説明せよ。

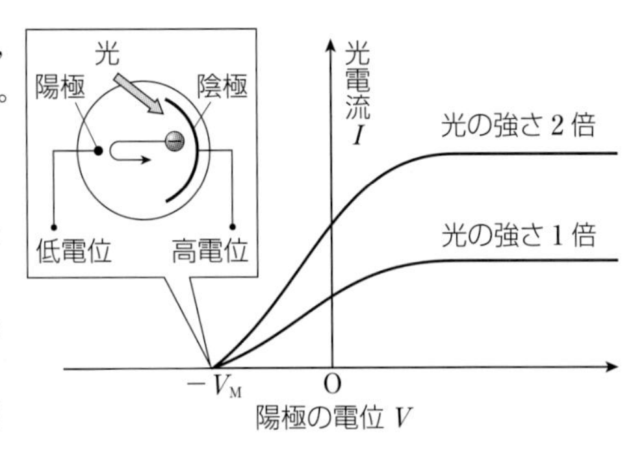

思考 記述

15 弱い光によるヤングの実験 図aは，ヤングの実験で光を検出するようすである。一般に，ヤングの実験では，図bのような明暗の縞模様が得られる。しかし，技術の進歩により，ヤングの実験を非常に弱い光源で行うことができるようになった。非常に弱い光源によるヤングの実験では，感光面には，点が1つずつ現れて検出されていき，図cのような模様が得られ，時間が経過するにつれて，図bの縞模様に近づいていく。図b，cからわかる光の性質について，粒子と波動の二重性の観点から50字程度で述べよ。

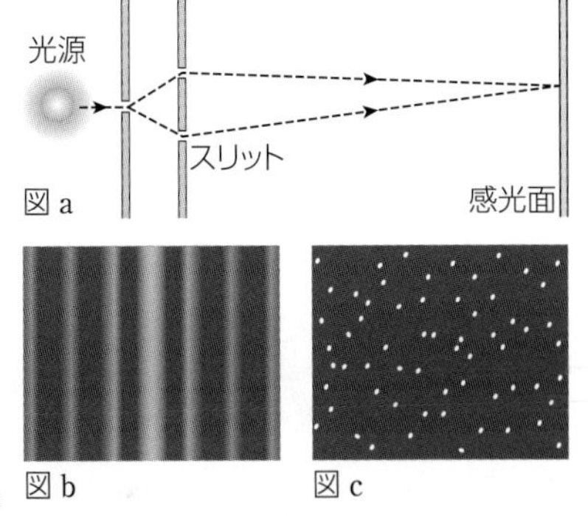

図b　図c

思考 記述

16 結合エネルギーと核反応 X→Y＋Zという核反応があり，この反応によってエネルギーが放出されたとする。X，Y，Zはそれぞれ異なる原子核を表し，反応の前後で，陽子の数の和と中性子の数の和はそれぞれ変化しない。また，Xの結合エネルギーを$E_X(>0)$，Yの結合エネルギーを$E_Y(>0)$，Zの結合エネルギーを$E_Z(>0)$とする。

(1) 結合エネルギーとは何か。「核子」という語句を用いて説明せよ。

(2) この核反応で放出されるエネルギーをE_X，E_Y，E_Zを用いて表せ。また，その理由を説明せよ。

思考 記述

17 放射線 図のように，放射性物質を穴の開いた鉛容器にいれてα線，β線，γ線を放出させる。紙面に垂直に表から裏に向かう磁場をかけたところ，図のように軌道が変化した。この結果をもたらした力の名称を答え，この結果から推測されるα線，β線，γ線の電気的な性質と軌跡の特徴を説明せよ。

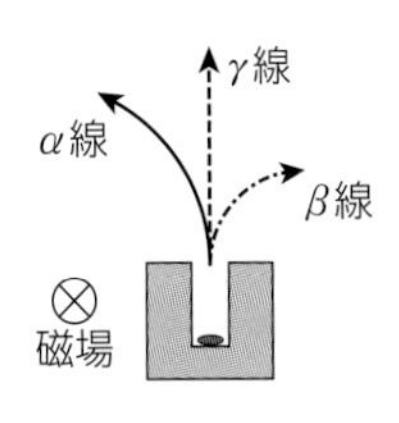

略解

1. (1) 2.5m/s, 10s (2) 2.0m/s, 10s

2. (1) A→B：北東向きに 28m/s,
B→A：南西向きに 28m/s
(2) 1.4×10^2m

3. (1) 5.8m/s
(2) 速さ：大きくなる，向き：略

4. (1) 3.0s (2) 10m/s (3) 2.9

5. (1) $H-\dfrac{gL^2}{2v_0{}^2}$ (2) $v_0>\sqrt{\dfrac{g}{2(H-h)}}L$

6. (1) 自由落下をするように見える
(2) 1.2×10^2m (3) 1.0×10^2m

7. (1) 時間：$\dfrac{v_0\sin\theta}{g}$，高さ：$\dfrac{v_0{}^2\sin^2\theta}{2g}$，
速さ：$v_0\cos\theta$
(2) 時間：$\dfrac{2v_0\sin\theta}{g}$，水平距離：$\dfrac{v_0{}^2\sin2\theta}{g}$
(3) 投射角：45°，水平距離：$\dfrac{v_0{}^2}{g}$

8. (1) $\sqrt{\dfrac{gL}{\sin2\theta}}$ (2) $\sqrt{gL}$，45°

9. (1) 1.0s (2) 4.9m (3) 4.0s (4) 68m

10. 5.0m/s

11. (1) 30° (2) $\dfrac{\sqrt{3}v^2}{g}$〔m〕
(3) 一定の速さ $\sqrt{3}v$〔m/s〕でAに近づくように見える。

12. (1) $\dfrac{\sqrt{3}}{2}v+\dfrac{g}{2}t$ (2) $\dfrac{v}{2}-\dfrac{\sqrt{3}}{2}gt$
(3) $\dfrac{v}{\sqrt{3}g}$ (4) 時刻：$\dfrac{2v}{\sqrt{3}g}$，距離：$\dfrac{4v^2}{3g}$

13. (1) $x_A=v_0\cos\theta\cdot t$，$y_A=v_0\sin\theta\cdot t-\dfrac{1}{2}gt^2$
(2) $x_B=\dfrac{1}{2}g\sin\alpha\cos\alpha\cdot t^2$，$y_B=-\dfrac{1}{2}g\sin^2\alpha\cdot t^2$
(3) $\tan\theta=\dfrac{1}{\tan\alpha}$

14. (1) 2.0s (2) 略 (3) 3.9

15. 略

16. (1) $T_1=T_2=30$N (2) $T_1=20$N，$T_2=40$N
(3) $T_1=80$N，$x=0.50$m

17. (0.40m, 0.10m)

18. (1) (0.83m, 0.83m) (2) (0.75m, 0.75m)

19. (1) 0.60m (2) 30N

20. 3：7

21. (1)(2) 略
(3) $T=\dfrac{\sqrt{3}}{2}W$，$N=\dfrac{\sqrt{3}}{2}W$，$F=W$

22. (1) $15\times1.50-Wx=0$
(2) $10\times1.00-W(x-0.50)=0$
(3) $W=25$N，$x=0.90$m

23. (1) $mg\cos2\theta\times L-Mg\cos\theta\times\dfrac{L}{2}=0$
(2) $\dfrac{M\cos\theta}{2\cos2\theta}$

24. (1) $\dfrac{L^2+Ll-l^2}{2(L+l)}$ (2) $\dfrac{\sqrt{5}-1}{2}L$

25. (1) 静止摩擦力：$mg\sin\theta$，垂直抗力：$mg\cos\theta$
(2) 平行：$\dfrac{mgh\sin\theta}{2}$，垂直：$\dfrac{mgl\cos\theta}{2}$
(3) $\dfrac{l}{h}$ (4) $\dfrac{l}{h}$

26. (1) 床：$3mg$，壁：$\dfrac{2mg}{\tan\theta}$ (2) $\dfrac{2}{3\tan\theta}$

27. (1) 水平：$T\cos\theta_1=F$，鉛直：$T\sin\theta_1=Mg$
(2) $\sqrt{F^2+(Mg)^2}$〔N〕
(3) $F(L_1+L_2)\sin\theta_2-MgL_1\cos\theta_2=0$
(4) $\dfrac{L_1+L_2}{L_1}\tan\theta_2$ (5) 1：2

28. (1) $F\leqq\mu N$ (2) $\dfrac{\sqrt{3}mgL}{4r}$
(3) $F=\dfrac{3mgL}{8r}$，$N=mg\left(1-\dfrac{\sqrt{3}L}{8r}\right)$
(4) $\dfrac{1}{\sqrt{3}}r\leqq L\leqq\dfrac{8\mu}{3+\sqrt{3}\mu}r$

29. 右向きに 0.80N·s，右向きに 1.6m/s

30. (1) 水平左向きから 45° 上向きに 8.5N·s
(2) 8.5×10^2N

31. (1) 35N·s (2) 15m/s

32. 右向きに 1.6m/s，11J

33. (1) $\dfrac{1}{4}v$ (2) 略

34. (1) 5.6m/s (2) 6.7m/s

35. (1) 0.50m/s (2) 0.75J

36. (1) v_S-u (2) $V+\dfrac{M}{m+M}u$

37. $x=0$

38. A：3.0m/s，B：4.0m/s

39. (1) 0.80 (2) 0.41m

40. 0.33

41. (1) $\dfrac{v_y}{g}$ (2) $v_x=S\sqrt{\dfrac{g}{2h}}$，$v_y=\sqrt{2gh}$
(3) $\sqrt{\dfrac{2h}{g}}$ (4) $0.60S$

42. (1) $v_A=8.0$m/s，$v_B=5.0$m/s (2) 9J

43. (1) A：0m/s，B：v〔m/s〕，0J
(2) A：$\dfrac{1}{5}v$〔m/s〕，B：$\dfrac{4}{5}v$〔m/s〕，$-\dfrac{4}{25}mv^2$〔J〕
(3) A：$\dfrac{1}{2}v$〔m/s〕，B：$\dfrac{1}{2}v$〔m/s〕，$-\dfrac{1}{4}mv^2$〔J〕

44. (1) $\dfrac{mv_0}{M+m}$ (2) $\dfrac{Mmv_0{}^2}{2(M+m)}$ (3) $\dfrac{mv_0}{\sqrt{k(M+m)}}$

45. (1) v_A：$\dfrac{\sqrt{3}}{2}v$，v_B：$\dfrac{1}{2}v$ (2) 略

46. (1) 0 (2) $v=\sqrt{\dfrac{2Mgh}{M+m}}$，$V=-\dfrac{m}{M}\sqrt{\dfrac{2Mgh}{M+m}}$
(3) $v'=-e\sqrt{\dfrac{2Mgh}{M+m}}$，$V'=e\dfrac{m}{M}\sqrt{\dfrac{2Mgh}{M+m}}$
(4) e^2h

47. (1) $\dfrac{2m}{m+M}v_0$ (2) $2MV$

(3) 縮み：$\sqrt{\dfrac{mM}{k(m+M)}}V$，

速さ：ともに $\dfrac{M}{m+M}V$

48. (1) $\dfrac{2v_0\sin\theta}{g}$　(2) $L_1=\dfrac{v_0{}^2\sin2\theta}{g}$

(3) $L_2=\dfrac{ev_0{}^2\sin2\theta}{g}$，$\dfrac{L_2}{L_1}=e$

(4) $L=\dfrac{v_0{}^2\sin2\theta}{(1-e)g}$

49. (1) $v_n=v\cos\theta$，$v_t=v\sin\theta$

(2) $w_n=v\cos\theta$，$w_t=0$

(3) $x=-\dfrac{v^2\cos^2\theta\sin\theta}{2\mu' g}$，$y=\dfrac{v^2\cos^3\theta}{2\mu' g}$

50. 角速度：$\dfrac{2\pi}{T}$，速さ：$\dfrac{2\pi R}{T}$，向心加速度：$\dfrac{4\pi^2 R}{T^2}$

51. (1) 角速度：0.10rad/s，加速度：$1.0\,\mathrm{m/s^2}$

(2) 向心力：1.0×10^3N，

72km/h のとき：4.0×10^3N

52. (1) 周期：$\dfrac{2\pi}{\omega}$，回転数：$\dfrac{\omega}{2\pi}$，速さ：$(L+x)\omega$

(2) 向心力：$m(L+x)\omega^2$，

ばね定数：$\dfrac{m(L+x)\omega^2}{x}$

53. 0.40

54. (1) $\dfrac{kL^2}{kL-mg}$

(2) 角速度：$\sqrt{\dfrac{g}{L}}$，周期：$2\pi\sqrt{\dfrac{L}{g}}$　(3) ①

55. (1) $\dfrac{mg}{\sin\theta}$　(2) $\dfrac{mg}{\tan\theta}$　(3) $\sqrt{gz_\mathrm{A}}$

(4) $2\pi\sqrt{\dfrac{z_\mathrm{A}}{g}\tan\theta}$

56. (1) $T\cos\theta+N\sin\theta-mg=0$

(2) $m\dfrac{v^2}{L\sin\theta}=T\sin\theta-N\cos\theta$

(3) $N=m\left(g\sin\theta-\dfrac{v^2}{L\tan\theta}\right)$

(4) $v_0=\sqrt{gL\sin\theta\tan\theta}$

(5) 大きくなる，理由は略

57. (1) $mg\cos\theta$　(2) $\sqrt{2gL(1-\cos\theta)}$

(3) $(3-2\cos\theta)mg$

58. (1) 1.0×10^2N，鉛直上向き　(2) 40kg

59. (1) $m(g\sin\theta-a\cos\theta)$　(2) $g\tan\theta$

60. (1) $g\tan\theta$　(2) (3) 略

61. (1) $4\pi^2 mRn^2$　(2) $\dfrac{1}{2\pi}\sqrt{\dfrac{g}{\mu R}}$

62. (1) $Mg\sin\theta$　(2) $m=M\cos\theta$　(3) $\sqrt{rg\tan\theta}$

(4) θ：1倍，r：4倍

63. (1) $\sqrt{\dfrac{k}{m}}a$　(2) $\sqrt{\dfrac{k}{m}a^2+2gR(1-\cos\theta)}$

(3) $mg(3\cos\theta-2)-\dfrac{ka^2}{R}$　(4) $\dfrac{ka^2}{3mgR}+\dfrac{2}{3}$

(5) $\dfrac{1}{3}\left(\dfrac{ka^2}{2}+mgR\right)$

64. (1) $\dfrac{9}{2}mg$　(2) $\dfrac{\pi}{6}$　(3) $\sqrt{\dfrac{2}{7}gL}$

(4) 点A，理由は略

65. (1) $\sqrt{2gh}$　(2) 運動エネルギー：$mg(h+r)$，

速さ：$\sqrt{2g(h+r)}$　(3) $mg\left(3+\dfrac{2h}{r}\right)$

(4) 速さ：$\sqrt{2g(h+r\cos\theta)}$，

点Cで受ける力の方が大きい。

(5) $h\leqq\dfrac{r\cos\theta}{2}$　(6) mg

66. $0<a\leqq\sqrt{3}\,g$

67. (1) $mg\sin\theta$　(2) $\sqrt{\dfrac{g}{a\cos\theta}}$　(3) $\dfrac{mg}{\cos\theta}$

(4) $\sqrt{\dfrac{\sin\theta+\mu\cos\theta}{\cos\theta-\mu\sin\theta}\cdot\dfrac{g}{a\sin\theta}}$

68. (ア) ωt　(イ) $\dfrac{2\pi}{\omega}$　(ウ) $A\sin\omega t$

(エ) $A\omega\cos\omega t$　(オ) $-A\omega^2\sin\omega t$

(カ) $-\omega^2 x$　(キ) 位相　(ク) $\omega t+\theta_0$

69. (1) $2\pi f$〔rad/s〕　(2) $x=A\sin2\pi ft$〔m〕

(3) $v=2\pi fA\cos2\pi ft$〔m/s〕　(4) $2\pi fA$〔m/s〕

(5) $4\pi^2 f^2 A$〔m/s²〕

70. (1) 0.50m　(2) 1.5s　(3) 1.0s　(4) 略

71. (1) 1.6rad/s　(2) 0.25Hz　(3) 12N

(4) 25N　(5) 25J

72. (1) kA　(2) $A\sqrt{\dfrac{k}{m}}$　(3) 左向きに $\dfrac{k}{m}A$

(4) $\dfrac{\pi}{2}\sqrt{\dfrac{m}{k}}$　(5) 点Q上に静止する

73. (1) $2\pi\sqrt{\dfrac{m}{k}}$　(2) $d\sqrt{\dfrac{k}{m}}$　(3) 変化しない

74. (1) $\dfrac{mg\sin\theta}{k}$　(2) $2\pi\sqrt{\dfrac{m}{k}}$

75. (1) $-(k_1+k_2)x$　(2) $2\pi\sqrt{\dfrac{m}{k_1+k_2}}$

76. (ア) 重力　(イ) $-mg\sin\theta$　(ウ) $-mg\dfrac{x}{L}$

(エ) $-m\omega^2 x$　(オ) $\dfrac{2\pi}{\omega}$　(カ) $2\pi\sqrt{\dfrac{L}{g}}$

77. (1) ばね振り子：$\sqrt{2}$倍，単振り子：1倍

(2) ばね振り子：$\sqrt{2}$倍，単振り子：$\sqrt{2}$倍

(3) ばね振り子：1倍，単振り子：$\sqrt{6}$倍

78. $\sqrt{\cos\theta}$ 倍

79. (1) 0　(2) $\dfrac{\pi}{2}\sqrt{\dfrac{M+m}{k}}$　(3) $\sqrt{\dfrac{k}{M+m}}a$

(4) $\sqrt{\dfrac{M}{M+m}}a$　(5) $\dfrac{\mu(M+m)g}{k}$

80. (1) $-\dfrac{k}{m_1+m_2}x$　(2) $\sqrt{\dfrac{k}{m_1+m_2}}$

(3) $m_2 g+\dfrac{m_2 k}{m_1+m_2}x$　(4) $A\leqq\dfrac{m_1+m_2}{k}g$

81. (1) $\dfrac{M}{M+m}v$　(2) $2\pi\sqrt{\dfrac{Mm}{(M+m)k}}$

(3) $\dfrac{Mv}{M+m}\sqrt{\dfrac{Mm}{(M+m)k}}$

82. $\pi\sqrt{\dfrac{mL}{S}}$

83. (1) $\dfrac{3h}{4}$　(2) $\dfrac{\pi}{4}\sqrt{\dfrac{h}{g}}$　(3) $\dfrac{\sqrt{3gh}}{2}$

84. 12年　**85.** 6.0×10^{24}kg

86. (1) $\dfrac{4\pi^2 mR\cos\theta}{T^2}$　(2) $\dfrac{4\pi^2 R}{T^2 g}$ 倍

87. 0.17倍

88. (1) $\sqrt{gR}$　(2) $2\pi\sqrt{\dfrac{R}{g}}$

89. (1) $\dfrac{1}{n^2}$ 倍　(2) $2\pi n\sqrt{\dfrac{nR}{g}}$　(3) 略

90. (1) $\dfrac{2\pi}{T}$〔rad/s〕　(2) $\sqrt[3]{\dfrac{GMT^2}{4\pi^2}}-R$〔m〕

91. 略

92. (1) $\dfrac{R^2}{(R+h)^2}mg$　(2) $\dfrac{Rh}{R+h}mg$

93. (1) $\sqrt{\dfrac{gR}{2}}$　(2) $-\dfrac{mgR}{4}$

94. (1) $\sqrt{\dfrac{2gRh}{R+h}}$　(2) $\sqrt{2gR}$

95. (ア) $m\dfrac{v^2}{r}=G\dfrac{Mm}{r^2}$　(イ) $\sqrt{\dfrac{GM}{r}}$

(ウ) $\dfrac{4\pi^2}{GM}r^3$　(エ) 1.6×10^2　(オ) 2

96. (ア) $\dfrac{2\pi}{T}$　(イ) $G\dfrac{m_1m_2}{(r_1+r_2)^2}$　(ウ) $r_1\omega^2$

(エ) $r_2\omega^2$　(オ) $\dfrac{r^3\omega^2}{G}$　(カ) $\dfrac{4\pi^2r^3}{GT^2}$

(キ) $r_1\sqrt{\dfrac{(m_1+m_2)G}{r^3}}$

97. (1) $-\dfrac{GMm}{2r}$　(2) $\dfrac{r_F}{r}=0.96$, $\dfrac{v_F}{v}=1.02$

98. (1) $V_0=\sqrt{\dfrac{GM}{r}}$, $T_0=2\pi\sqrt{\dfrac{r^3}{GM}}$

(2) $\dfrac{1}{2}rV_A=\dfrac{1}{2}RV_B$　(3) $V_A=\sqrt{\dfrac{2GMR}{r(R+r)}}$

(4) $T=\sqrt{\left(\dfrac{r+R}{2r}\right)^3}T_0$　(5) $\dfrac{V_A'}{V_0}=\sqrt{2}$

99. (1) $V_0\cos\theta$　(2) $V_0\sin\theta-g\sin\alpha\cdot t$

(3) $V_0\cos\theta\cdot t$　(4) $V_0\sin\theta\cdot t-\dfrac{1}{2}g\sin\alpha\cdot t^2$

(5) $\dfrac{V_0{}^2\sin\theta\cos\theta}{g\sin\alpha}$　(6) $\dfrac{V_0{}^2\sin^2\theta}{2g\sin\alpha}$

(7) $\dfrac{V_0{}^2\sin^2\theta}{2g}$　(8) $\dfrac{V_0{}^2\sin\theta\cos\theta(1+\sin\alpha)}{g\sin\alpha}$

(9) $\dfrac{V_0{}^2\sin^2\theta}{2g\tan\alpha}$

100. (1) x：$v_0\cos\alpha-g\sin\beta\cdot t$,
y：$v_0\sin\alpha-g\cos\beta\cdot t$

(2) $\dfrac{2v_0\sin\alpha}{g\cos\beta}$　(3) $\dfrac{2v_0{}^2\sin\alpha\cos(\alpha+\beta)}{g\cos^2\beta}$

(4) $\alpha=\dfrac{90^\circ-\beta}{2}$, $L=\dfrac{v_0{}^2(1-\sin\beta)}{g\cos^2\beta}$

101. (1) $-\dfrac{s^2}{2l}mg\sin\theta$　(2) $-\dfrac{1}{2}mgl\sin\theta$

(3) $\sqrt{\dfrac{(l^2-s^2)g\sin\theta}{l}}$

(4) $\sqrt{\dfrac{(l^2-s^2)g\sin\theta}{l}}t+\dfrac{1}{2}g\sin\theta\cdot t^2$

102. (1) $v>\sqrt{2gL\tan\theta}$　(2) $\dfrac{v^2\sin^2\theta}{2g}+L\sin\theta\cos\theta$

(3) $\mu\geqq\dfrac{m\sin\theta\cos\theta}{M+m\cos^2\theta}$　(4) $M\geqq3m\sin^2\theta$

103. (ア) $mv+MV=0$　(イ) $\dfrac{M}{M+m}$

(ウ) $-\dfrac{m}{M+m}$　(エ) $\sqrt{\dfrac{Mk}{m(M+m)}}$

(オ) $-\sqrt{\dfrac{mk}{M(M+m)}}$　(カ) $-\dfrac{m}{M+m}$

(キ) $\dfrac{2M+m}{M+m}$

104. (1) $\dfrac{m}{m+M}v$　(2) $\dfrac{Mv}{\mu'(m+M)g}$　(3) 略

(4) $v\geqq\sqrt{\dfrac{2\mu'(m+M)gL}{M}}$

105. (1) (ア) $-\mu g$　(イ) $v_0-\mu gt$　(ウ) $\dfrac{\mu g}{3}$

(エ) $\dfrac{\mu g}{3}t$　(オ) $\dfrac{v_0}{2\mu g}$

(2) 9倍　(3) 略　(4) $\dfrac{v_0{}^2}{24g}$

106. (1) $\dfrac{v_0{}^2}{l}$　(2) $m\left(\dfrac{v_0{}^2}{l}+g\sin\varphi\right)$

(3) $m\left(\dfrac{v_0{}^2}{l}-5g\sin\varphi\right)$　(4) $\sqrt{5gl\sin\varphi}$

107. (1) $V-V_P$

(2) $\dfrac{1}{2}MV_0{}^2=MV^2+\dfrac{1}{2}M(V-V_P)^2+2Mgr$

(3) $MV_0=2MV+M(V-V_P)$　(4) $\dfrac{V_0+V_P}{3}$

(5) $\sqrt{V_0{}^2-6gr}$

108. (1) $\tan\phi=\alpha$, 糸の張力：$mg\sqrt{\alpha^2+1}$

(2) $2\pi\sqrt{\dfrac{L\cos\theta}{g\sqrt{\alpha^2+1}}}$　(3) $\alpha\sqrt{gL}$

109. (1) $\omega_1=\sqrt{\dfrac{Mg}{2ml}}$, $K_1=Mgl$

(2) $\omega_2=2\sqrt{\dfrac{2Mg}{ml}}$, $K_2=4Mgl$, $T=8Mg$

(3) $2Mgl$　(4) 上向きに $\dfrac{7Mg}{m+M}$

110. (1) $\sqrt{2gl(1-\cos\theta)}$　(2) $mg(3\cos\theta-2)$

(3) $\dfrac{2}{3}$　(4) $\dfrac{2m}{3}\sqrt{\dfrac{2gl}{3}}$　(5) $\dfrac{P}{M+m}$

(6) $1-\dfrac{P^2}{2mgl(M+m)}$

111. (1) $\dfrac{\mu' mg}{k}$

(2) 周期：$2\pi\sqrt{\dfrac{m}{k}}$, 振幅：$\sqrt{\dfrac{m}{k}}v_0$

(3) $t_1=\dfrac{(\mu-\mu')mg}{kV}$, $x_1=\dfrac{(\mu-\mu')mg}{k}$

(4) $x_2=\sqrt{x_1{}^2+\dfrac{mV^2}{k}}$

112. (1) $\dfrac{Mg}{l}$　(2) 直前：$\sqrt{2g(h+l)}$,

直後：$\dfrac{m}{M+m}\sqrt{2g(h+l)}$

(3) $-\dfrac{M+m}{M}l$ (4) $2\pi\sqrt{\dfrac{(M+m)l}{Mg}}$

(5) $\dfrac{m}{M}\sqrt{\dfrac{(3Ml+ml+2Mh)l}{M+m}}$

(6) 小球：$ma=N-mg$,

板：$Ma=\dfrac{Mg}{l}x_1-N-Mg$

(7) 0 (8) $H>\dfrac{M(M+3m)}{2m^2}l$

113. (1) $\dfrac{4\pi Gm\rho}{3}r$ (2) $\sqrt{\dfrac{3\pi}{G\rho}}$ (3) $\dfrac{T}{3}$ (4) $\dfrac{T}{4}$

114. (1) $\dfrac{\sqrt{(\mu' mg)^2+kmv_0{}^2}-\mu' mg}{k}$

(2) $v_0>\sqrt{\dfrac{\mu m(\mu+2\mu')}{k}}g$ (3) $\dfrac{\mu' mg}{k}$

(4) $\dfrac{2\mu' mg}{k}-x_1$ (5) $x_1-2(n-1)\dfrac{\mu' mg}{k}$

115. (1) $\dfrac{mg\sin\theta}{k}$ (2) $x>\dfrac{2mg\sin\theta}{k}$

(3) $\dfrac{2\pi}{3}\sqrt{\dfrac{m}{k}}$ (4) $\sqrt{\dfrac{kx^2}{m}-2gx\sin\theta}$

(5) $x\left(\dfrac{kx}{mg}-2\sin\theta\right)\sin 2\theta$ (6) 25° (7) 45°

116. [ア] $\dfrac{\Delta v}{\Delta t}$, [イ] $mg-kv$, [ウ] $\dfrac{mg}{k}$,

[エ] $\dfrac{m}{k}$, [オ] g, [カ] g, [キ] 0

(1) ② (2)(3) 略

117. 1.2×10^5Pa

118. (1) 3.0×10^5Pa (2) 3.6×10^{-2}m^3

119. (1) 1.0×10^5Pa (2) 7.5×10^4Pa

120. (1) 1.0×10^5Pa (2) 1.4×10^5Pa (3) 0.25m

121. (a) 0.20m (b) 0.30m **122.** 1.5倍

123. (1) $pV=6.0\times10^2$

(2) A：3.0×10^2K, B：4.5×10^2K

124. ウ

125. (1) A側 (2) $\dfrac{T-T_0}{T+T_0}L$

126. 体積：5.8×10^{-3}m^3, 物質量：0.40mol

127. (1) $p_0+\dfrac{mg}{S}$〔Pa〕 (2) $\dfrac{nRT_0}{p_0S+mg}$〔m〕

(3) $\dfrac{nRT_1}{p_0S+mg}$〔m〕

128. 1.2×10^5Pa

129. (1) A：0.24mol, B：0.30mol

(2) 1.5×10^5Pa (3) 0.12mol

130. (1) 1倍 (2) $\sqrt{5}$倍 (3) 2倍

131. (1) 4.7×10^{-26}kg (2) 5.0×10^2m/s

(3) 4.7×10^{-23}N·s (4) 2.1×10^{27}個

132. (1) $\dfrac{p+p_0}{2}$ (2) A：$\dfrac{pVT'}{(V+Sx)T}$,

B：$\dfrac{1}{2}\left\{\dfrac{pVT'}{(V+Sx)T}+p_0\right\}$

133. (1) 20% (2) 8.0×10^4Pa

134. (1) ρ_0Vg (2) $\dfrac{m_0p_0}{RT_0}$ (3) $(\rho_1V+M)g$

(4) $\dfrac{T_0}{T_1}\rho_0$ (5) $\dfrac{\rho_0V}{\rho_0V-M}T_0$

135. (1) $\dfrac{nRT}{2V}$〔Pa〕 (2) $\dfrac{1}{4}n$〔mol〕 (3) $3T$〔K〕

(4) $4T$〔K〕

136. (1) (ア) $\dfrac{2L}{v_x}$ (イ) $\dfrac{v_x}{2L}t$ (ウ) $\dfrac{mv_x{}^2}{L}$

(エ) $\dfrac{Nm\overline{v^2}}{3L}$ (オ) $\dfrac{Nm\overline{v^2}}{3L^3}$

(2) 略 (3) 1.7×10^6m^2/s^2

137. (1) $2mv\cos\theta$ (2) $2r\cos\theta$ (3) $\dfrac{v}{2r\cos\theta}$

(4) $\dfrac{mv^2}{r}$ (5) $\dfrac{m\overline{v^2}}{r}\cdot nN_A$ (6) $\dfrac{m\overline{v^2}\cdot nN_A}{3V}$

(7) $\dfrac{3R}{2N_A}T$

138. 2.5×10^2J **139.** 9.0×10^2J

140. (1) 1.6×10^5Pa (2) 96℃

141. 42J **142.** 1.2×10^2J

143. 8.3×10^2J

144. (1) 2.0×10^2J (2) 5.0×10^2J

145. A

146. (1) 内部エネルギー：$\dfrac{9}{2}nRT_0$〔J〕, 仕事：0J

(2) $\dfrac{9}{2}nRT_0$〔J〕 (3) $\dfrac{3}{2}R$〔J/(mol·K)〕

(4) 内部エネルギー：$\dfrac{9}{2}nRT_0$〔J〕,

仕事：$3nRT_0$〔J〕

(5) $\dfrac{15}{2}nRT_0$〔J〕 (6) $\dfrac{5}{2}R$〔J/(mol·K)〕

147. $T=1.5\times10^3$K, $p=5.0\times10^6$Pa

148. (1) 4.0×10^{-2}m (2) 80J (3) 外から加えた熱

149. (1) 圧力：$\dfrac{Mg}{S}$〔Pa〕, 温度：$\dfrac{Mgh_0}{nR}$〔K〕

(2) $Mg(h_1-h_0)$〔J〕 (3) $\dfrac{3Mg}{2}(h_1-h_0)$〔J〕

(4) $\dfrac{5Mg}{2}(h_1-h_0)$〔J〕

150. (1) A→B：定圧変化, B→C：定積変化

(2) B：4.5×10^2K, C：9.0×10^2K

(3) A→B, 3.0×10^2J (4) C, 理由は略

151. (1) (a), (b), (c) (2) 定圧変化：(a), (C)

等温変化：(b), (B) 断熱変化：(c), (A)

152. 略

153. (1) 熱量：$nC_p(T_2-T_1)$, 仕事：$p_1(V_2-V_1)$

(2) $nC_V(T_2-T_1)$ (3) $nC_V(T_2-T_1)$ (4) 略

154. (1) 0.50mol (2) 2.5×10^3J (3) 8.0×10^2K

(4) 仕事：1.7×10^3J, 熱量：4.2×10^3J

(5) -2.5×10^3J

155. (1) $\dfrac{RT_0}{SL}$〔Pa〕 (2) $\dfrac{Mg\Delta L}{3R}$〔K〕

156. (1) $\dfrac{n_1T_1+n_2T_2}{n_1+n_2}$

(2) Ⅰ：$\dfrac{(n_1+n_2)V_1}{V_1+V_2}$，Ⅱ：$\dfrac{(n_1+n_2)V_2}{V_1+V_2}$

(3) 物質量：$\dfrac{(n_1+n_2+n_3)V_1}{V_1+V_2+V_3}$，

圧力：$\dfrac{n_1T_1+n_2T_2+n_3T_3}{V_1+V_2+V_3}R$

(4) $\dfrac{n_1T_1+n_2T_2}{n_1+n_2}$

157. (1) $T_A=\dfrac{p_1}{p_0}T_0$，$T_B=\dfrac{V_1}{V_0}T_0$，$T_D=\dfrac{p_1V_1}{p_0V_0}T_0$

(2) $W_{SB}=p_0(V_1-V_0)$，$\Delta U_{SB}=\dfrac{3}{2}p_0(V_1-V_0)$，

$Q_{SB}=\dfrac{5}{2}p_0(V_1-V_0)$ (3) $\dfrac{3}{2}(p_0V_0-p_1V_1)$

(4) (イ)，(ウ)，(エ)，(ア)

158. (1) ともに$4T_1$

(2) $Q_{BC}=-\dfrac{15}{2}p_0V_0$，$Q_{CA}=\dfrac{9}{2}p_0V_0$

(3) $\dfrac{9}{2}p_0V_0$ (4) $p=-\dfrac{p_0}{V_0}V+5p_0$

(5) 温度：$\dfrac{25}{4}T_1$，体積：$\dfrac{5}{2}V_0$

159. (1) 略 (2) Q_1-Q_0〔J〕 (3) $1-\dfrac{Q_0}{Q_1}$

160. (1) (a) $2u-v_x$ (b) $-2muv_x$ (c) $\dfrac{v_x\Delta L}{2Lu}$

(d) $-mv_x{}^2\dfrac{\Delta L}{L}$ (2) $-p\Delta V$ (3) 下降した

161. (1) $\dfrac{p_0V_0}{p_1}$

(2) $\Delta U_X=0$，$\Delta U_Y=\dfrac{3p_0V_0}{2}\left(\dfrac{T_1}{T_0}-1\right)$

(3) $\dfrac{3p_0V_0}{2}\left(\dfrac{T_1}{T_0}-1\right)$ (4) $W_A-\dfrac{3p_0V_0}{2}\left(\dfrac{T_1}{T_0}-1\right)$

162. (1) $Q_1=\dfrac{3}{2}R(T_2-T_1)$，$W_1=0$ (2) Q_2

(3) $\dfrac{T_2}{T_1}V_1$ (4) $R(T_2-T_1)$

(5) $Q_2-R(T_2-T_1)$ (6) 略

163. (1) $\dfrac{kl}{S}$〔Pa〕，$\dfrac{kl^2}{nR}$〔K〕

(2) $\dfrac{4kl}{3S}$〔Pa〕，$\dfrac{16kl^2}{9nR}$〔K〕

(3) 内部エネルギー：$\dfrac{7kl^2}{6}$〔J〕，

仕事：$\dfrac{7kl^2}{18}$〔J〕，熱量：$\dfrac{14kl^2}{9}$〔J〕

164. (1) $\dfrac{p_0V_0}{p_0S+Mg}$ (2) $\dfrac{T_1}{T_0}\cdot\dfrac{p_0V_0}{p_0S+Mg}$

(3) W_{BC}：$\dfrac{T_1-T_0}{T_0}p_0V_0$，$Q_{BC}$：$\dfrac{5}{2}W_{BC}$

(4) $\dfrac{T_1-T_0}{T_0}\cdot\dfrac{p_0S}{Mg}$ (5) 略

165. (1) $\dfrac{\rho_1RT_1}{M}$ (2) $\dfrac{d_1}{\rho_1}T_0$ (3) $\rho_1+\dfrac{m}{V_1}$

(4) $\dfrac{V_1}{V_2}\rho_1$ (5) 略

166. (1) $\dfrac{5}{3}$ (2) $p_0+\dfrac{mg}{S}$ (3) $\left(\dfrac{p_0S}{p_0S+mg}\right)^{\frac{3}{5}}$

(4) $\left(\dfrac{p_0S+mg}{p_0S}\right)^{\frac{2}{5}}$ (5) $\left\{\left(\dfrac{p_0S+mg}{p_0S}\right)^{\frac{2}{5}}-1\right\}C_VT_0$

167. (1) 周期：0.50s，波長：1.0m

(2) $y=0.10\sin 4\pi t$〔m〕

(3) $y=0.10\sin 4\pi\left(t-\dfrac{x}{2.0}\right)$〔m〕

168. (1) 振幅：2.0m，周期：4.0s，波長：2.0m

(2) 0.50m/s (3) 略

169. (1) 振幅：0.10m，波長：4.0m，速さ：10m/s

(2) y軸の正の向き

(3) $y=0.10\sin\pi\left(5.0t-\dfrac{x}{2.0}\right)$〔m〕

(4) 位相の差：πrad，$x=3.0$mの位置

(5) 位相：$\dfrac{\pi}{2}$rad，図は略

170. (1) 谷 (2) 移動する (3) 略

171. (1) 弱めあう，振幅：0cm

(2) 強めあう，振幅：1.0cm

172. 入射角：30°，反射波の波面は略

173. (エ)

174. (1) 速さ：0.69m/s，波長：3.5×10^{-2}m

(2) 媒質Ⅰ：20Hz，媒質Ⅱ：20Hz

(3) 60° (4) 略

175. 略

176. (1) 略 (2) 2.0m/s (3) 略

(4) $y=-A\sin 2\pi\left(\dfrac{t}{4.0}-\dfrac{x}{8.0}\right)$

177. (1) k (2) 略

178. (1) 2つ，$y=\dfrac{21}{8}\lambda$，$\dfrac{9}{16}\lambda$ (2) $\dfrac{1}{5}$

179. (1) θ (2) $\dfrac{vT}{2\cos\theta}$ (3) $\dfrac{vT}{\sin\theta}$

(4) 右向きに$\dfrac{v}{\sin\theta}$

180. (1) $\dfrac{t_0}{n_0}$〔s〕 (2) $\dfrac{L}{t_1}$〔m/s〕 (3) $\dfrac{Lt_0}{t_1n_0}$〔m〕

(4) $\dfrac{V+u}{V}n_0$

181. 2倍

182. (1) 1.5×10^3m/s (2) 0.60

183. (1) 1.0m (2) 3.4×10^2Hz

184. (1) 波長：0.10m，振動数：3.4×10^3Hz

(2) 長くなる

185. (1) 2.00m (2) 170Hz (3) 9.4s間

186. 近づく場合：700Hz，遠ざかる場合：660Hz

187. (1) 690Hz (2) 大きくなる

188. (1) $\dfrac{V}{V+v}f_0$ (2) $\dfrac{V}{V-v}f_0$ (3) $\dfrac{2vV}{V^2-v^2}f_0$

(4) 大きい

189. (1) 377Hz (2) 424Hz

190. (1) $\dfrac{V+v}{V-v}f_0$ (2) 20m/s

191. (1) A：$\frac{V}{V-v\cos\theta}f$，B：f
(2) $\frac{V+v\cos\theta}{V}f$

192. (1) (2) 略　(3) $v=\frac{f_1-f_2}{f_1+f_2}V$，$f_0=\frac{2f_1f_2}{f_1+f_2}$
(4) 20m/s　(5) 50m

193. (1) $\frac{V}{V-v}f_0$　(2) $d\sqrt{1+\left(\frac{v}{V}\right)^2}$
(3) A：③，B：④

194. (1) $\frac{2L}{c}$〔s〕　(2) $4nfL$〔m/s〕

195. (1) $\frac{4}{5}$　(2) $\frac{3}{5}$　(3) 略

196. 波長：4.0×10^{-7}m，速さ：2.0×10^{8}m/s，
振動数：5.0×10^{14}Hz

197. (1) 1.7　(2) 3.5mm

198. (1) $\frac{9}{8}$　(2) $\frac{2}{3}$　(3) $0\leqq\sin\theta_1<\frac{3}{4}$

199～201. 略　**202.** ③

203. (1) 位置：レンズの後方60cm，
大きさ：8.0cm，実像，倒立
(2) 暗くなる

204. 位置：レンズの前方15cm，
大きさ：4.5cm，虚像，正立

205. (1) $\frac{1}{a}-\frac{1}{b}=\frac{1}{f}$　(2) 5.0倍

206. 略

207. (1) (Ⅰ) 位置：前方15cm，大きさ：3.0cm
(Ⅱ) 位置：後方10cm，大きさ：12cm
(2) (Ⅰ) 実像，倒立　(Ⅱ) 虚像，正立
(3) (Ⅰ) 大きくなる　(Ⅱ) 小さくなる

208. (1) 位置：凸面鏡の後方15cm，大きさ：2.0cm
(2) 虚像，正立

209. 18cm

210. (1) $d\frac{x}{L}$　(2) 6.0×10^{-7}m　(3) 赤，緑，紫
(4) 小さくなる
(5) Oから近い側で紫，遠い側で赤が強めあい，色づいて見える

211. (1) 2.5×10^{3}本　(2) 大きい

212. (1) $d\frac{x}{L}$　(2) 略　**213.** (1) nd　(2) $\frac{nd}{c}$

214. (1) A：ずれる，B：ずれない，C：ずれる，
D：ずれる
(2) $\left(m+\frac{1}{2}\right)\frac{\lambda}{2n}$　(3) 強めあっている
(4) 1.0×10^{-7}m

215. (1) $\frac{\lambda}{n}$　(2) C：0，D：π　(3) $2d\cos\theta_2$
(4) $2d\cos\theta_2=\left(m+\frac{1}{2}\right)\frac{\lambda}{n}$

216. (1) $2d=\left(m+\frac{1}{2}\right)\lambda$　(2) $\frac{xD}{L}$　(3) 暗線
(4) $\frac{L\lambda}{2D}$　(5) $\frac{L\lambda}{2nD}$

217. (1) $\frac{r^2}{2R}$　(2) 強めあう：$\frac{r^2}{R}=\left(m+\frac{1}{2}\right)\lambda$，
弱めあう：$\frac{r^2}{R}=m\lambda$　(3) 暗い
(4) 1.5×10^{-2}m　(5) 小さい

218. (1) $\frac{\sin\theta}{1.5}$　(2) $\cos\theta'>\frac{n}{1.5}$　(3) $\sqrt{1.5^2-n^2}$
(4) 1.1

219. (1) $\frac{f_1x}{x-f_1}$　(2) $\frac{f_1}{x-f_1}$　(3) $d-\frac{f_1x}{x-f_1}<f_2$
(4) $\frac{f_2z}{z+f_2}+y$　(5) $\frac{f_1(z+f_2)}{f_2(x-f_1)}$

220. (1) 2γ　(2) $\alpha=\frac{h}{a}$，$\beta=\frac{h}{b}$，$\gamma=\frac{h}{R}$
(3) $\frac{2}{R}$　(4) $\frac{R}{2}$

221. (1) 凹面鏡の前方60cm，4.0cm，実像，倒立
(2) レンズの左側10cm，2.0cm，実像，倒立

222. (1) $n=\frac{\sin\theta_2}{\sin\theta_1}$　(2) $\frac{x}{d}=\tan\theta_1$，$\frac{x}{d'}=\tan\theta_2$
(3) $\frac{d}{d'}=\frac{\tan\theta_2}{\tan\theta_1}$　(4) $d'=\frac{d}{n}$

223. (1) $2s$　(2) 4.8×10^{-7}m

224. (1) $d\frac{x}{L}$　(2) $\left(N+\frac{1}{2}\right)\frac{l\lambda}{d}$　(3) $\frac{L}{m-1}$

225. (1) 略　(2) $2d\frac{x}{L}$　(3) $\frac{L\lambda}{4d}$

226. (1) ① $d\sin r$　② $d\sin i$　③ $|d(\sin r-\sin i)|$
④ 整数　(2) 5.9×10^{-4}mm

227. (1) $y_1=A\cos2\pi\left(\frac{t}{T}-\frac{x}{\lambda}\right)$
(2) $y_2=A\cos2\pi\left(\frac{t}{T}+\frac{x-2d}{\lambda}\right)$
(3) $y=2A\cos2\pi\left(\frac{d-x}{\lambda}\right)\cos2\pi\left(\frac{t}{T}-\frac{d}{\lambda}\right)$
(4) $2A$
(5) $y_2'=-A\cos2\pi\left(\frac{t}{T}+\frac{x-2d}{\lambda}\right)$，
$y'=-2A\sin2\pi\left(\frac{d-x}{\lambda}\right)\sin2\pi\left(\frac{t}{T}-\frac{d}{\lambda}\right)$，
振幅：0

228. (1) $\frac{2a}{c}$　(2) $2a$
(3) $\sqrt{(x+4a)^2+y^2}-\sqrt{x^2+y^2}=(2m+1)a$
$(m=0,\ 1,\ 2,\ \cdots)$
(4) $\left(-\frac{3}{2}a,\ 0\right)$，$\left(-\frac{1}{2}a,\ 0\right)$
(5) $\left(0,\ \pm\frac{15}{2}a\right)$，$\left(0,\ \pm\frac{7}{6}a\right)$

229. (1) $\frac{t_0}{n_0}$　(2) $\frac{LT}{t_1}$
(3) $n_1=\left(V+\frac{u}{\sqrt{2}}\right)\frac{t_0}{\lambda}$，$n_2=(V-u)\frac{t_0}{\lambda}$

230. (1) 波長：0.500m，音速：3.50×10^{2}m/s
(2) 7.29×10^{2}Hz　(3) 14m/s

231. (1) $d+b$　(2) $d-y$　(3) $\sqrt{x^2+(b-y)^2}$

(4) $\dfrac{x^2}{4b}$　(5) (c)

232. (1) $\varphi_A+\varphi_B=\beta$　(2) $\theta_A+\theta_B-\varphi_A-\varphi_B$
(3) $\left(\dfrac{n_2}{n_1}-1\right)\beta$

233. (1) $2(2\theta_2-\theta_1)$　(2) $\dfrac{\sin\theta_1}{\sin\theta_2}$　(3) 42
(a) θ_1 がずれても θ_r はあまり変化せず，広い範囲からの光が同じ向きに出る(32字)
(4) 紫色の光　(5) 紫

234. (ア) α　(イ) $n\alpha$　(ウ) $(n-1)\alpha$
(エ) $(n-1)\alpha$　(オ) $\dfrac{m\lambda}{2(n-1)\alpha}$

235. (ア) $\dfrac{O_1Q'}{f-z}$　(イ) $\dfrac{O_1Q'}{f}$　(ウ) $\dfrac{f(f-z)}{z}$
(エ) $\dfrac{f}{z}$　(オ) $\dfrac{O_1Q''}{f}$　(カ) $\dfrac{f+O_1Q''}{f+O_1Q'}$
(キ) $\dfrac{fz}{f-z}$　(ク) $\dfrac{z}{f-z}$　(ケ) $\dfrac{f}{f-z}$
問　B

236. (ア) $d\sin\theta_n=\dfrac{\lambda}{n}$　(イ) $n\sin\theta_n$
(ウ) $d\sin\theta=\lambda$　(エ) $\dfrac{x}{\sqrt{L^2+x^2}}$
問(1) 1.6μm　(2) 略

237. (1) $8k\dfrac{Q^2}{r^2}$，引力　(2) $k\dfrac{Q^2}{r^2}$，斥力

238. (1) $mg\tan\theta$　(2) $2l\sin\theta\sqrt{\dfrac{mg\tan\theta}{k}}$

239. (1) (a) A：負，B：正　(b) A：0，B：0
(2) (a) 0　(b) 0

240. (1) 負　(2) 閉じる　(3) 開く，正　(4) 略

241. (1) 2.3×10^{-8}N　(2) 50N/C，B→Aの向き
(3) 8.0×10^{-8}N，A→Bの向き

242. (1) $k\dfrac{q}{r^2}$〔N/C〕　(2) $4\pi kq$ 本

243. 略

244. (1) −60J　(2) C→D，60J
(3) A→B，1.4×10^2J
(4) 5.0×10^2N，Dを通る等電位線に垂直で負電荷に向かう向き

245. (1) $k\dfrac{Q^2}{2a}$　(2) $\dfrac{\sqrt{3}kQ}{4a^2}$，x 軸の正の向き
(3) C：$k\dfrac{Q}{a}$，O：$2k\dfrac{Q}{a}$

246. (1) $a<x$　(2) $(2+\sqrt{2})a$〔m〕
(3) $\dfrac{2}{3}a$〔m〕，$2a$〔m〕

247. (1) ともに 2.0×10^2V/m　(2) 6.0V
(3) 2.0V，P　(4) 9.6×10^{-19}J　(5) 8.0m/s

248. (1) 4.6×10^3V/m，x 軸の負の向き
(2) B，理由は略　(3) 8.0×10^6m/s

249. $2\left(\dfrac{a}{\sqrt{a^2+b^2}}\right)^3$

250. (1) C→F，C→D，C→E　(2) ②

251. (1) 電位：$(4+3\sqrt{3})\dfrac{kQ}{r}$，電場：$\dfrac{5kQ}{r^2}$
(2) $\dfrac{4r}{5}$　(3) (a)

252. (1) 略　(2) 式：$\left(x-\dfrac{5}{3}a\right)^2+y^2=\left(\dfrac{4}{3}a\right)^2$
図形：半径が $\dfrac{4}{3}a$，中心の座標が $\left(\dfrac{5}{3}a,\ 0\right)$ の円

253. (1) $\dfrac{2k\rho}{r}$〔V/m〕　(2) $2\pi k\sigma$〔V/m〕
(3) $4\pi k\left(\dfrac{R}{r}\right)^2\sigma$〔V/m〕

254. 略

255. (1) $\dfrac{2\sqrt{2}kQq}{R}$　(2) $\dfrac{\sqrt{2}kQq}{mR^2}$
(3) $2\sqrt{\dfrac{\sqrt{2}kQq}{mR}}$

256. (1) $\dfrac{6kQq}{125a^2}$　(2) O：$\dfrac{kQ}{2a}$，C：$\dfrac{2kQ}{5a}$
(3) $\sqrt{\dfrac{kQq}{5ma}}$　(4) $2\sqrt{\dfrac{2kQq}{5ma}}$

257. (1) $-\dfrac{4k_0QaX}{(a^2-X^2)^2}$〔N/C〕　(2) $-\dfrac{4k_0Q^2}{a^3}\cdot X$
(3) $\dfrac{\pi a}{Q}\sqrt{\dfrac{ma}{k_0}}$〔s〕　(4) $\dfrac{2QX}{a}\sqrt{\dfrac{k_0}{ma}}$〔m/s〕

258. (1) 1.8×10^{-8}F　(2) -1.8×10^{-6}C

259. (1) 3.0×10^{-7}C　(2) 2.0×10^{-7}C，b

260. (1) CV　(2) 電気量：CV，電位差：$2V$
(3) 電気量：$\dfrac{CV}{2}$，電位差：V

261. (1) 2.5×10^{-5}J　(2) 1.0×10^{-6}F，5.0×10^{-5}J

262. 合成容量：1.0μF，2.0μF：12V，3.0μF：8.0V，6.0μF：4.0V

263. 並列：2.0×10^2V，直列：4.0×10^2V

264. (1) 12μF　(2) 52μF　(3) C_1：12V，C_2：8.0V
(4) C_1：2.4×10^{-4}C，C_2：2.4×10^{-4}C，C_3：8.0×10^{-4}C

265. (1) 電気量：3.0×10^{-4}C，
静電エネルギー：4.5×10^{-3}J，
仕事：9.0×10^{-3}J
(2) 2.0×10^{-4}C，20V　(3) 3.0×10^{-3}J　(4) 略

266. (1) C_1：2.8×10^{-4}C，
C_2：4.2×10^{-4}C，1.4×10^2V
(2) C_1：4.0×10^{-5}C，C_2：6.0×10^{-5}C，20V

267. (1) $\dfrac{(1+\varepsilon_r)CV}{2}$〔C〕　(2) $\dfrac{2\varepsilon_rCV}{1+\varepsilon_r}$〔C〕

268. (1) 10μF：2.0×10^{-5}C，20μF：1.0×10^{-4}C，
30μF：1.2×10^{-4}C
(2) 10μF：2.0V，20μF：5.0V，30μF：4.0V

269. (1) 4.8×10^{-5}C，12V
(2) cからdの向きに 2.0×10^{-5}C
(3) aが2.0V高い

270. (1) $\dfrac{CV}{2}$　(2) $\dfrac{CV}{4}$　(3) $\dfrac{3}{4}V$　(4) $\dfrac{3CV}{8}$
(5) $\dfrac{5CV}{16}$

271. (1) $4CV$　(2) 電位：$\dfrac{d^2-x^2}{d^2}V$

$Q_A=-\dfrac{2(d+x)}{d}CV$，$Q_B=-\dfrac{2(d-x)}{d}CV$

272. (1) (2) 略　(3) $\dfrac{4}{3}$ 倍

273. (1) $\dfrac{Q}{\varepsilon_0 S}$　(2) $\dfrac{Q}{\varepsilon_0 S}$　(3) Q　(4) Q
(5) $\dfrac{3\varepsilon_0 S}{d}$

274. (1) 容量：$2C_0$，電位差：$\dfrac{1}{2}V$
(2) 容量：$\dfrac{4}{3}C_0$，電位差：$\dfrac{3}{4}V$
(3) 容量：$\dfrac{3}{2}C_0$，電位差：$\dfrac{2}{3}V$
(4) 容量：$\dfrac{7}{6}C_0$，電位差：$\dfrac{6}{7}V$

275. (1) 電池：CV^2〔J〕，コンデンサー：$\dfrac{1}{2}CV^2$〔J〕
(2) $\dfrac{1}{2}CV^2$〔J〕　(3) $\dfrac{1-\varepsilon_r}{2\varepsilon_r}CV^2$〔J〕　(4) 略
(5) 右向きに$(\varepsilon_r-1)CV$〔C〕

276. (1) 3.0×10^{19}個　(2) 2.5×10^{-4}m/s

277. (1) 1.6Ω　(2) 1.8×10^{-8}Ω·m

278. (1) 5.1×10^{-4}Ω，並列　(2) 1.0×10^{3}Ω，直列
(3) 略

279. $E=1.5$V，$r=0.50$Ω

280. $r=0.50$Ω，$R=7.9$Ω

281. (1) A：0V，B：0V，C：0V，D：−100V
(2) A：20V，B：0V，C：−30V，D：−80V

282. R_1：下向きに0.80A，R_2：右向きに0.20A，
R_3：下向きに0.60A

283. (1) 図1：$\dfrac{2E}{2r+R}$，図2：$\dfrac{2E}{r+2R}$
(2) 【図1】起電力：$2E$，内部抵抗：$2r$，
【図2】起電力：E，内部抵抗：$\dfrac{r}{2}$

284. (1) 28Ω　(2) CからDの向き，理由は略

285. (1) 0.60A　(2) 2.0V

286. (1) R_1：0.30A，R_2：0A
(2) R_1：0.20A，R_2：0.20A　(3) 8.0×10^{-6}C

287. (1) 10mA　(2) 35mA

288. (1) $\dfrac{V}{L}$，右向き　(2) $\dfrac{eV}{L}$，左向き
(3) $\dfrac{eV}{kL}$　(4) $\dfrac{e^2nS}{kL}V$
(5) $R=\dfrac{kL}{e^2nS}$，$\rho=\dfrac{k}{e^2n}$　(6) 略

289. (A) (1) 抵抗：$\dfrac{V_1}{r}$，電圧計：$\dfrac{V_1}{t}$　(2) $\dfrac{r}{r+t}$
(B) (3) 抵抗：rI_2，電流計：sI_2　(4) $\dfrac{s}{r}$

290. (1) $\dfrac{RE^2}{(R+r)^2}$〔W〕
(2) 最大消費電力：$\dfrac{E^2}{4r}$〔W〕，抵抗値：r〔Ω〕

291. (1) $\dfrac{4R-R_x}{2R+R_x+3r}I_1$　(2) $4R$
(3) 小さくすればよい，理由は略

292. (1) $\dfrac{aRE_0}{L(R+r)}$　(2) $\dfrac{bRE_0}{L(R+r)}$　(3) $\dfrac{b}{a}E_1$
(4) 略

293. 0.30A

294. (1) $\dfrac{V}{2r}$　(2) 電流：$\dfrac{V}{3r}$，電気量：$\dfrac{CV}{3}$
(3) $4r$

295. (1) (ア) 0.30　(2) (イ) 1.0　(ウ) 0.50
(エ) 2.0×10^{-6}　(オ) 5.0×10^{-7}
(3) (カ) 1.0　(キ) 1.5　(ク) 6.0×10^{-6}
(4) (ケ) 1.0　(コ) 4.0×10^{-6}

296. (1) 8.8W　(2) $1.2I+1.1V=6.0$
(3) -4.0×10^{-6}C　(4) 7.2Ω

297. (1) 5.0V，0.50A　(2) 5.0Ω

298. (1) $\dfrac{E^2x}{(r+x)^2}$〔W〕　(2) 0.11Ω，9.0Ω
(3) 電力：25W，抵抗値：1.0Ω　(4) 略
(5) 起電力：1.6V，内部抵抗：0.10Ω

299. (1) $\dfrac{d}{d-a}C$　(2) $\dfrac{aCV^2}{2d}$　(3) $\dfrac{CV^2}{2kd}$
(4) $\dfrac{CV^2}{kd}$

300. (1) $C=\dfrac{\{\varepsilon_0x+\varepsilon(a-x)\}a}{d}$，
$U=\dfrac{\varepsilon^2a^3V^2}{2d\{\varepsilon_0x+\varepsilon(a-x)\}}$
(2) 極板間に引きこまれる向き(左向き)
(3) $\Delta Q=-\dfrac{(\varepsilon-\varepsilon_0)a\Delta x}{d}V$，
$\Delta U=-\dfrac{(\varepsilon-\varepsilon_0)a\Delta x}{2d}V^2$，
$\Delta E=-\dfrac{(\varepsilon-\varepsilon_0)a\Delta x}{d}V^2$
(4) 大きさ：$\dfrac{(\varepsilon-\varepsilon_0)a}{2d}V^2$，
向き：誘電体を引き出す向き(右向き)

301. (1) (ア) 4.0×10^{-4}　(イ) 8.0×10^{-6}
(ウ) 4.0×10^{-6}　(エ) 2.0
(オ) 3.0×10^{-4}　(カ) 16　(キ) 0
(2) 略

302. (1) $E_{AB}=\dfrac{Q}{2\pi\varepsilon rL}$，$E_{BC}=0$，$E_{CD}=\dfrac{Q}{2\pi\varepsilon rL}$
(2) $C_{AB}=\dfrac{2\pi\varepsilon R_AL}{d}$，$C_{CD}=\dfrac{2\pi\varepsilon R_CL}{d}$
(3) $\dfrac{2\pi\varepsilon LV}{d}(R_A+R_C)$

303. (1) $V_E=\dfrac{3}{2}V_0$，$I_E=\dfrac{V_0}{2R}$　(2) RI_0+3V_0
(3) $\dfrac{V_0I_0}{2RI_0+3V_0}$

304. (1) $V_1=0$，$V_2=V_0$
(2) $V_1=V_0$，$V_2=V_0$，$U=\dfrac{1}{2}CV_0^2$，$W=CV_0^2$
(3) $V_1=V_0$，$V_2=-V_0$　(4) $V_1=0$，$V_2=0$

305. 1.0×10^{-3}Wb

306. (1) 10 A/m　(2) 0.40
307. 反時計まわりに 1.3 A
308. 磁場：2.0×10^4 A/m，磁束密度：2.6×10^{-2} T
309. 辺 AB：イ，辺 CD：エ，時計まわり
310. (1) 左向きに 2.6×10^{-3} T
(2) 鉛直上向きに 3.9×10^{-4} N
311. (1) 向き：ア，理由：略　(2) $\dfrac{mg\tan\theta}{BL}$
312. (1) 紙面に垂直に裏から表の向き，0.60 N
(2) 紙面に垂直に裏から表の向き，0.30 N
(3) 0 N
313. (1) 紙面に垂直に裏から表の向き，0.40 A/m
(2) 右向き，1.5×10^{-6} N
314. Cu^{2+}：(イ)，SO_4^{2-}：(イ)
315. (1) イ　(2) qvB〔N〕　(3) $\dfrac{2mv}{qB}$〔m〕
(4) $\dfrac{\pi m}{qB}$〔s〕　(5) 距離：2 倍，時間：1 倍
316. 辺 PQ：xy 平面内で x 軸の正の向きから y 軸の正の向きに向かって 45° の角をなす向きに 7.1 N
辺 QR：x 軸の負の向きに 5.0 N
辺 RP：y 軸の負の向きに 5.0 N
317. (1) 電流：$\dfrac{E}{R+r}$，抵抗率：$\dfrac{\pi d^2R}{4L}$
(2) 鉛直上向き，$\dfrac{mg(R+r)}{\sqrt{3}\,EL}$
318. (1) $\dfrac{\mu_0 I_1}{\pi\sqrt{a^2+4r^2}}$
(2) y 軸の正の向きに $\dfrac{2\mu_0 I_1 I_2 a^2}{\pi(a^2+4r^2)}$
(3) 軸 KL を K 側から見て時計まわりに
$\dfrac{2\mu_0 I_1 I_2 a^2 r}{\pi(a^2+4r^2)}$
319. (1) P から R の向きに $\dfrac{3\sqrt{2}\,\mu I^2}{4\pi a}$　(2) $4I$
320. (1) $\mu_0 nI$，x 軸の正の向き　(2) $v_0<\dfrac{qBR}{\sqrt{3}\,m}$
(3) 略
321. (1) evB　(2) $V_0=3vBh$，面 S　(3) $\dfrac{B}{enh}$
322. (c)
323. (1) vBL〔V〕　(2) Q から P の向き，$\dfrac{vBL}{R}$〔A〕
(3) P　(4) 左向きに $\dfrac{vB^2L^2}{R}$〔N〕　(5) 略
324. (1) Q から P の向き，evB〔N〕
(2) P：負，Q：正
(3) P から Q の向き，eE〔N〕　(4) 略
325. (1) $\dfrac{2vBL}{R}$〔A〕　(2) $\dfrac{2vB^2L^2}{R}$〔N〕
326. (1) O　(2) $\dfrac{Ba^2\omega}{2}$〔V〕
327. 略
328. 点 A：反時計まわり，点 B：時計まわり
329. 略
330. (1) P：0 A，Q：下向きに 0.50 A
(2) P：下向きに 2.0 A，Q：0 A
(3) P：下向きに 2.0 A，Q：上向きに 2.0 A
331. (1) 25 V　(2) A　(3) 略
332. スイッチを P，Q に入れた直後：ともにソレノイドから遠ざかる
鉄の丸棒を挿入した場合：動きが大きくなる
333. (1) 誘導起電力：$\mu_0 vHd$，電流：$\dfrac{\mu_0 vHd}{R}$
(2) $\dfrac{\mu_0{}^2vH^2d^2}{R}$，鉛直上向き
(3) $g-\dfrac{\mu_0{}^2vH^2d^2}{mR}$，鉛直下向き
(4) $\dfrac{mgR}{\mu_0{}^2H^2d^2}$
334. (1) $\dfrac{mgR\tan\theta}{BL}$　(2) $\dfrac{mg}{\cos\theta}$　(3) $\dfrac{vBL\cos\theta}{R}$
(4) $\dfrac{mgR\tan\theta}{B^2L^2\cos\theta}$　(5) $\dfrac{m^2g^2R\tan^2\theta}{B^2L^2}$　(6) 略
335. (1) $\dfrac{1}{2}Br^2\omega$〔V〕　(2) 略　(3) $\dfrac{B^2r^4\omega^2}{4R}$〔W〕
(4) $\dfrac{B^2r^4\omega}{4Ra}$〔N〕
336. (1) 1.5 V　(2) 6.0 H　(3) 3.0 Ω
337. (1) $-\dfrac{\mu_0 a^2 vI}{2\pi L(L+a)}\Delta t$　(2) $\dfrac{\mu_0 a^2 vI}{2\pi L(L+a)}$
(3) x 軸の負の向き，理由は略
338. $BS\cos\omega t$
339. (1) 141 V　(2) 50 Hz　(3) 略
340. (1) $I=\dfrac{V_0}{R}\sin\omega t$，グラフは略　(2) $\dfrac{V_0{}^2}{2R}$
341. (1) ωL　(2) $I=\dfrac{V_0}{\omega L}\sin\left(\omega t-\dfrac{\pi}{2}\right)$，
グラフは略　(3) 0
342. (1) $\dfrac{1}{\omega C}$　(2) $I=\omega CV_0\sin\left(\omega t+\dfrac{\pi}{2}\right)$，
グラフは略　(3) 0
343. (1) コイル　(2) 2.0×10^2 Ω　(3) 0.64 H
344. (1) (a) $\dfrac{V}{R}$〔A〕　(b) 0 A
(2) (a) $\sqrt{R^2+\dfrac{4\pi^2L^2}{T^2}}$〔Ω〕
(b) $\sqrt{R^2+\dfrac{T^2}{4\pi^2C^2}}$〔Ω〕
(3) (a) $\dfrac{V_0}{\sqrt{2\left(R^2+\dfrac{4\pi^2L^2}{T^2}\right)}}$〔A〕
(b) $\dfrac{V_0}{\sqrt{2\left(R^2+\dfrac{T^2}{4\pi^2C^2}\right)}}$〔A〕
345. (1) 3.0 Ω　(2) 5.0 Ω　(3) 1.3×10^{-2} H
346. (1) 25 Hz
(2) 抵抗：1.6×10^2 V，コイル：2.0×10^2 V
コンデンサー：80 V
(3) 略　(4) 2.0×10^2 V
347. (1) 1.6×10^2 Hz　(2) 6.0×10^{-3} A
348. (1) 200 V，5.00 A　(2) 500 W　(3) 5.00 W

349. (1) $v=\frac{a\omega}{2}$〔m/s〕, $\theta=\pi-\omega t_1$〔rad〕

(2) $V_{PQ}=\frac{Ba^2\omega}{2}\sin\omega t_1$〔V〕, $V_{TP}=0$ V

(3) $Ba^2\omega\sin\omega t_1$〔V〕 (4) $\frac{Ba^2\omega}{R}\sin\omega t_1$〔A〕,

QからPの向き (5) $\frac{2B^2a^3\omega}{R}\sin^2\omega t_1$〔N〕

350. (1) $\Phi_1=\frac{\mu N_1I_1S}{l}$ (2) $V_1=-\frac{\mu N_1{}^2S}{l}\cdot\frac{\Delta I_1}{\Delta t}$,

$V_2=-\frac{\mu N_1N_2S}{l}\cdot\frac{\Delta I_1}{\Delta t}$ (3) $V_1=-V_0$

(4) $V_2=-\frac{N_2}{N_1}V_0$

351. (1) $a=RI_0$, $b=\omega LI_0$, $c=-\frac{I_0}{\omega C}$

(2) $d=RI_0$, $e=\left(\omega L-\frac{1}{\omega C}\right)I_0$

(3) $\sqrt{R^2+\left(\omega L-\frac{1}{\omega C}\right)^2}$ (4) $\frac{1}{2\pi\sqrt{LC}}$

352. (1) 下向きに $\frac{E}{R}$〔A〕 (2) $\frac{E}{R}\sqrt{\frac{L}{C}}$〔V〕

(3) $\frac{E}{R\sqrt{LC}}$〔A/s〕 (4) 略

353. (1) 抵抗：$\frac{V_0}{R}\sin\omega t$,

コイル：$\frac{V_0}{\omega L}\sin\left(\omega t-\frac{\pi}{2}\right)$, または $-\frac{V_0}{\omega L}\cos\omega t$,

コンデンサー：$\omega CV_0\sin\left(\omega t+\frac{\pi}{2}\right)$,

または $\omega CV_0\cos\omega t$

(2) $\sqrt{\frac{1}{R^2}+\left(\omega C-\frac{1}{\omega L}\right)^2}\,V_0$

(3) $\frac{1}{\sqrt{\frac{1}{R^2}+\left(\omega C-\frac{1}{\omega L}\right)^2}}$ (4) $\frac{1}{2\pi\sqrt{LC}}$

354. (1) H_P：$\frac{I_1}{2\pi(a-x)}$, H_Q：$-\frac{I_1}{2\pi(a+x)}$

(2) $\frac{I_1x}{\pi a^2}$ (3) $-\frac{\mu_0I_1I_2L}{\pi a^2}x$ (4) $2\pi a\sqrt{\frac{\pi m}{\mu_0I_1I_2L}}$

355. (1) P_1：反時計まわり, P_2：時計まわり
(2) 円の外側から中心の向き
(3) P_2 から P_1 の向き (4) P_4 から P_3 の向き
(5) 同じ向き

356. (1) $\frac{v_0BL}{R_1+R_2}$, y 軸の負の向き

(2) I_2BL, x 軸の正の向き (3) 略

(4) 速さ：$\frac{m_1}{m_1+m_2}v_0$, 電位：$-\frac{m_1}{m_1+m_2}v_0BL$

357. (1) $\frac{\mu_0NS}{l}I$ (2) $\frac{\mu_0NS}{l}\Delta I$ (3) $\frac{\mu_0N^2S}{l}$

(4) 略 (5) 0.65 J/cm³

358. (ア) qV_0 (イ) $\sqrt{\frac{2qV_0}{m}}$ (ウ) $\frac{mv_1}{qB}$

(エ) $\frac{\pi m}{qB}$ (オ) $\frac{1}{2T}$

359. (1) $\frac{mv_0}{er_0}$ (2) $V=\frac{\pi r_0{}^2\Delta B_1}{\Delta t}$, $E=\frac{r_0\Delta B_1}{2\Delta t}$

(3) $\frac{er_0\Delta B_1}{2\Delta t}$ (4) $\frac{er_0\Delta B_1}{2m}$

(5) $\Delta B_0=\frac{m\Delta v_0}{er_0}$, $\Delta B_0=\frac{\Delta B_1}{2}$

360. ① $\frac{mv_0}{qB}$ ② qv_yB ③ $-qv_xB$ ④ $\frac{qV}{d}$

⑤ $-qv_xB+\frac{qV}{d}$ ⑥ v_x-v_1 ⑦ $\frac{V}{Bd}$

⑧ $\frac{mV}{qB^2d}$ ⑨ $\frac{2\pi mV}{qB^2d}$ ⑩ $\frac{2mV}{qB^2d}$

361. (1) 10Ω (2) $\frac{R_V(R_S+2R_1)}{R_S(R_S+2R_1+R_V)}$

(3) $R_S \geqq 2.0\times10^3\,\Omega$ (4) $\frac{R_S}{R_V+2R_2+R_S}I$

(5) $\frac{R_V}{R_V+2R_2+R_S}$ (6) 略

362. (1) [イ]：$RI_0\sin\omega t$, [ロ]：$\omega LI_0\cos\omega t$
(2) 略 (3) 時計まわりに移動する, 図形は略

363. (1) 上向き (2) 右向き

364. 1.8×10^{11} C/kg

365. (1) P_1, 理由は略 (2) y 軸の正の向きに $\frac{eE}{m}$

(3) y 座標：$\frac{eEl^2}{2mv_0{}^2}$, y 成分：$\frac{eEl}{mv_0}$

(4) $\frac{eEl}{mv_0{}^2}$ (5) $\frac{eELl}{mv_0{}^2}$

(6) 紙面に垂直に表から裏の向き, $\frac{E}{v_0}$

(7) $\frac{EY}{B^2Ll}$

366. 1.60×10^{-19} C

367. (1) $kv_1=mg$ (2) $qE=mg+kv_2$

(3) $\frac{k(v_1+v_2)}{E}$

368. (1) 4.5×10^{-19} J (2) 2.4×10^{-19} J
(3) 2.1×10^{-19} J

369. (1) 6.0×10^{-19} J (2) 2.2×10^{-19} J
(3) 2.2×10^{-19} J

370. (1) 7.2×10^{-19} J (2) 6.6×10^{-34} J·s

371. (1) eV_M (2) 小さくなる (3) 大きくなる

372. (1) eV_1 (2) $h\nu_0$ (3) $\frac{eV_1}{\nu_1-\nu_0}$

373. (1) eV〔J〕 (2) $\frac{hc}{eV}$〔m〕 (3) $\frac{1}{2}$ 倍

374. (1) 1.5×10^3 eV (2) 8.3×10^{-10} m

(3) ① $\frac{1}{3}$ 倍 ② 1 倍

375. (1) 3.0×10^{-10} m (2) 60°

376. (1) エネルギー：$\frac{hc}{\lambda}$, 運動量の大きさ：$\frac{h}{\lambda}$

(2) $\frac{h}{\lambda}=-\frac{h}{\lambda'}+mv$ (3) $\frac{hc}{\lambda}=\frac{hc}{\lambda'}+\frac{1}{2}mv^2$

(4) $\frac{2h}{mc}$ (5) 略

377. (1) $\sqrt{\dfrac{2eV}{m}}$　(2) $\sqrt{2meV}$　(3) $\dfrac{h}{\sqrt{2meV}}$

378. (1) $\dfrac{2h}{\lambda}$　(2) $\dfrac{E\lambda}{hc}$　(3) $\dfrac{2E}{c}$

379. (1) 略　(2) $h\nu-eV_0$　(3) 略

380. (1) 2.5×10^{-11}m　(2) 4.0×10^{-15}J
(3) 2.0×10^{4}V

381. (1) 1.5×10^{7}m/s　(2) 略　(3) 2回

382. (1) 入射方向：$\dfrac{h}{\lambda}=\dfrac{h}{\lambda'}\cos\theta+p\cos\phi$
直角な方向：$0=\dfrac{h}{\lambda'}\sin\theta-p\sin\phi$
(2) 略　(3) π

383. 1.9×10^{-12}m

384. (1) 4.8×10^{-7}m　(2) 6.5×10^{-7}m

385. (1) $\dfrac{h}{mv}$　(2) $\dfrac{nh}{2\pi mv}$　(3) 1
(4) $n=1$，5.3×10^{-11}m

386. (1) -2.2×10^{-18}J　(2) 1.6×10^{-18}J
(3) 2.2×10^{-18}J

387. 10.2eV：第1励起状態，11.2eV：基底状態，
理由は略

388. (ア) $E-E'=h\nu$　(イ) 2.1

389. (1) $\dfrac{2k_0Ze^2}{r}$　(2) $\dfrac{2k_0Ze^2}{K}$　(3) 4.6×10^{-14}m

390. (1) 略　(2) 6.6×10^{-7}m

391. (1) 略　(2) 2.5　**392.** 1.66×10^{-27}kg

393. 76%

394. (1) c　(2) a　(3) b，理由は略

395. 略

396. (1) 陽子：90個，中性子：142個　(2) 208

397. (1) α崩壊：5回，β崩壊：4回
(2) (ア) 222　(イ) 86　(ウ) α　(エ) 218
(オ) 214　(カ) 82　(キ) β　(ク) 214

398. (1) 原子番号：12，質量数：24　(2) $\dfrac{1}{16}$倍
(3) 105時間　(4) 0.71倍

399. 1.7×10^{4}年前

400. (1) 1.5×10^{-29}kg，1.4×10^{-12}J　(2) 4.5×10^{-13}J

401. (1) ${}^{12}_{6}\mathrm{C}$　(2) 7.5MeV　(3) 略

402. (1) 1.0×10^{-3}kg　(2) 2.5×10^{3}kg

403. (1) ${}^{235}_{92}\mathrm{U}+{}^{1}_{0}\mathrm{n}\longrightarrow{}^{141}_{56}\mathrm{Ba}+{}^{92}_{36}\mathrm{Kr}+3{}^{1}_{0}\mathrm{n}$
(2) 0.1850u，3.07×10^{-28}kg
(3) 2.76×10^{-11}J，1.73×10^{2}MeV
(4) 3.33×10^{11}J

404. (1) $K_\mathrm{A}=\dfrac{m_\mathrm{B}}{m_\mathrm{A}}K_\mathrm{B}$　(2) $K_\mathrm{A}=\dfrac{m_\mathrm{B}}{m_\mathrm{A}+m_\mathrm{B}}\Delta Mc^2$，
$K_\mathrm{B}=\dfrac{m_\mathrm{A}}{m_\mathrm{A}+m_\mathrm{B}}\Delta Mc^2$

405. (1) $2{}^{1}_{1}\mathrm{H}+2{}^{1}_{0}\mathrm{n}\longrightarrow{}^{4}_{2}\mathrm{He}$
(2) 3.05×10^{-2}u，5.06×10^{-29}kg
(3) 1.14×10^{-12}J，7.12MeV

406. (1) 0.663%　(2) 5.96×10^{14}J

407. (1) 陽子：$2q_1+q_2=e$，中性子：$q_1+2q_2=0$
(2) uクォーク：$\dfrac{2}{3}e$，dクォーク：$-\dfrac{1}{3}e$

408. (1) $N=N_0\left(\dfrac{1}{2}\right)^{\frac{t}{30}}$　(2) 1.59×10^{25}個
(3) 1.16×10^{16}Bq

409. (1) 2.4×10^{3}年後
(2) 速さ：56倍，運動エネルギー：56倍
(3) 5.1%　(4) $214-2n$

410. (1) $K_\mathrm{A}=\dfrac{M_\mathrm{B}}{M_\mathrm{A}+M_\mathrm{B}}Q$〔J〕，$K_\mathrm{B}=\dfrac{M_\mathrm{A}}{M_\mathrm{A}+M_\mathrm{B}}Q$〔J〕
(2) 1.6×10^{-14}J，0.10MeV

411. (1) 4.92×10^{2}MeV　(2) 1.7×10^{2}MeV　(3) 略

412. (1) ${}^{3}_{2}\mathrm{He}$　(2) 3.3435×10^{-27}kg
(3) 3.96×10^{-12}J　(4) 2.03×10^{19}kg
(5) 1×10^{11}年

413. (1) 8.2×10^{-14}J　(2) 2.7×10^{-22}kg·m/s
(3) $\dfrac{2mcp}{p^2+4m^2c^2}$

414. 略

415. (1) $-\dfrac{h\nu'}{c}-MV'$　(2) $h\nu'+\dfrac{1}{2}MV'^2$
(3) $-\dfrac{h}{2Mc^2}(\nu+\nu')^2$　(4) $\dfrac{c+V}{c-V}$　(5) $\dfrac{\nu'-\nu}{\nu'+\nu}$

416. (1) $\dfrac{c_x}{c}p$　(2) $\dfrac{c_xp_x}{L}$　(3) $\dfrac{Ncp}{3}$　(4) $\dfrac{1}{3}u$

417. (1) $\sqrt{\dfrac{2qV}{m}}$　(2) z軸の正の向き
(3) $\dfrac{1}{B}\sqrt{\dfrac{2mV}{q}}$　(4) ${}^{235}\mathrm{U}$

418. (1) $\dfrac{1}{2}\sqrt{\dfrac{3kv_1}{\pi\rho g}}$　(2) $\dfrac{kr(v_2-v_1)}{E}$
(3) 1.98，2.10，2.31，1.86（$\times10^{-19}$C），
グラフは略
(4) 1.65×10^{-19}C

419. (1) $2d$　(2) $\pm\dfrac{nh}{2d}$　(3) $\sqrt{2mE-\left(\dfrac{nh}{2d}\right)^2}$
(4) $n<\dfrac{2d}{h}\sqrt{2mE}$

420. (1) $N_0\left(\dfrac{1}{2}\right)^{\frac{t}{T}}$　(2) $\dfrac{N_0}{10}\left\{1-\left(\dfrac{1}{2}\right)^{\frac{t}{T}}\right\}$
(3) $\dfrac{\log(10a+1)}{\log 2}$

特別演習

1 (1) ④　(2) [ア]：①，[イ]：②　(3) ④

2 (1) ④　(2) ①　(3) ④

3 (1) ⑥　(2) ④

4 (1) ②　(2) [2]：①，[3]：⑨，[4]：②
(3) ③

5 [ア]：①，[イ]：④，[ウ]：⑤，[エ]：⑥，
[オ]：⑥，[カ]：⑧，[キ]：⑤

6 (1) [1]：③，[2]：③
(2) [3]：④，[4]：②
(3) [5]：④，[6]：⓪，[7]：①

7 (1) [1]：②，[2]：①，[3]：②，
[4]：①
(2) ⑤

論述問題 **1** ～ **17**　略

新課程版　セミナー物理

2023年１月10日　初版　第１刷発行
2025年１月10日　初版　第３刷発行

編　者　第一学習社編集部

発行者　松本 洋介

発行所　株式会社 第一学習社

広島：広島市西区横川新町７番14号　〒733-8521　☎ 082-234-6800
東京：東京都文京区本駒込５丁目16番７号　〒113-0021　☎ 03-5834-2530
大阪：吹田市広芝町８番24号　〒564-0052　☎ 06-6380-1391

札　幌	☎ 011-811-1848	仙　台	☎ 022-271-5313	新　潟	☎ 025-290-6077
つくば	☎ 029-853-1080	横　浜	☎ 045-953-6191	名古屋	☎ 052-769-1339
神　戸	☎ 078-937-0255	広　島	☎ 082-222-8565	福　岡	☎ 092-771-1651

訂正情報配信サイト　47174-03

利用に際しては，一般に，通信料が発生します。

https://dg-w.jp/f/839eb

47174-03

■落丁，乱丁本はおとりかえいたします。

ISBN978-4-8040-4717-1

ホームページ
https://www.daiichi-g.co.jp/

ルートの開き方

ルート $\sqrt{\ }$（根号）を含む数値は，次のようにして開くことができる。

(1)　$\sqrt{\ }$ の中の数がある数の 2 乗である場合　【例】$\sqrt{81}=\sqrt{9^2}=9$

(2)　$\sqrt{\ }$ の中の数が 2 乗の積に分けられる場合　【例】$\sqrt{196}=\sqrt{2^2\times7^2}=2\times7=14$

(3)　$\sqrt{\ }$ の中が複雑な数になる場合は，開平計算が用いられる。

【例】$\sqrt{714}$ を開く。

①小数点を基準に，2 桁ずつに区切る。

②位取りの最も高い数字 7 に着目し，2 乗して 7 を超えず，かつ 7 に近い整数 2 を探す。

③左側に 2 を縦に並べて足し算し，右側では，7 から $2\times2=4$ を引き，次の区切り14をおろして314をかく。

④左側の○の位置に同じ 1 桁の整数を入れたとき，上下の積が314を超えず，かつ314に近い整数 6 を探す。

⑤左側では46と 6 を足し算し，右側では314から $46\times6=276$ を引き，次の区切り00をおろして，3800をかく。

⑥□の位置に同じ 1 桁の整数を入れたとき，上下の積が 3800 を超えず，かつ 3800 に近い整数 7 を探す。

⑦左側では 527 と 7 を足し算し，右側では 3800 から $527\times7=3689$ を引き，次の区切り 00 をおろして 11100 をかく。同様に△の位置に同じ 1 桁の整数を入れたとき，上下の積が 11100 を超えず，かつ 11100 に近い整数 2 を探す。

```
                           ④   ⑥   ⑦
                       ②-- 2   6.  7   2
      2  }                √7 | 1 4.| 0 0 | 0 0  --①
    + 2  }  ----③         4
   ------                 3 1 4
     4⑥  }                2 7 6
   +  ⑥  }  ----⑤        ---------
   ------                 3 8  0 0
    52[7] }               3 6  8 9
   +  [7] } ----⑦        ----------
   ------                 1  1 1 0 0
    534△2                 1  0 6 8 4
   +   △2                ----------
   ------                      4 1 6
    5344
```

⑧以下，同様の手順を繰り返す。（有効数字 3 桁では $\sqrt{714}=26.72\cdots\Rightarrow26.7$ となる）

よく用いられる平方根

平方根の値の覚え方には，次のものがある。

$\sqrt{2}=1.41421356\cdots\cdots$　（一夜一夜に人見ごろ）

$\sqrt{3}=1.7320508\cdots\cdots$　（人並みにおごれや）

$\sqrt{5}=2.2360679\cdots\cdots$　（富士山麓，オウム鳴く）

$\sqrt{6}=2.44949\cdots\cdots$　（似よ，よくよく）←正確には 2.4494897……

$\sqrt{7}=2.64575\cdots\cdots$　（菜に虫いない）

$\sqrt{10}=3.1622\cdots\cdots$　（人丸は三色に並ぶ）

近似計算

次の各場合においては，以下に示す近似式が成り立つ。

$|x|$ が 1 に比べて十分に小さいとき（$|x|\ll1$）

$(1+x)^n\fallingdotseq1+nx$　（nは実数）

【例】$\dfrac{1}{1+x}=(1+x)^{-1}\fallingdotseq1-x$

$\sqrt{1+x}=(1+x)^{\frac{1}{2}}\fallingdotseq1+\dfrac{1}{2}x$

θ〔rad〕が十分に小さいとき（$\theta\ll1$）

$\sin\theta\fallingdotseq\theta$　　$\cos\theta\fallingdotseq1$　　$\tan\theta\fallingdotseq\theta$